一线资深工程师教你学CAD/CAE/CAM丛书

Mastercam 2024 从入门到精通

北京兆迪科技有限公司　编著

扫描二维码
获取随书学习资源

机械工业出版社
CHINA MACHINE PRESS

本书是全面、系统学习 Mastercam 2024 软件的参考书，全书以 Mastercam 2024 中文版为蓝本进行编写，内容包括 Mastercam 2024 基础知识、系统配置与基本操作、基本图形的绘制与编辑、图形尺寸标注、曲面的创建与编辑、创建曲面曲线、实体的创建与编辑、Mastercam 2024 数控加工入门、2D 加工、曲面粗加工、曲面精加工、多轴铣削加工、车削加工和线切割加工。

本书是根据北京兆迪科技有限公司给国内外几十家不同行业的知名公司（含国外独资和合资公司）编写的培训教案整理而成的，具有很强的实用性和广泛的适用性。本书附赠学习资源，包括大量数控加工编程技巧和具有针对性的实例教学视频，并进行了详细的语音讲解。另外，学习资源中还包含本书所有的素材文件、练习文件及已完成的范例文件。

本书章节的安排次序采用由浅入深、循序渐进的原则。在内容安排上，本书结合大量的生产一线实例，对 Mastercam 2024 三维建模和数控编程模块中的一些抽象概念、命令和功能进行讲解，通俗易懂，化深奥为简单；在写作方式上，本书紧贴 Mastercam 2024 的实际操作界面，采用软件中真实的对话框、按钮等进行讲解，使初学者能够直观、准确地操作软件进行学习，从而提高学习效率。

本书可作为机械工程设计人员的 Mastercam 2024 自学教程和参考书籍，也可作为大专院校机械专业师生的教材、教辅图书。

图书在版编目（CIP）数据

Mastercam 2024从入门到精通/北京兆迪科技有限公司编著.—北京：机械工业出版社，2024.4（2024.11重印）

（一线资深工程师教你学CAD/CAE/CAM丛书）

ISBN 978-7-111-75384-1

Ⅰ.①M… Ⅱ.①北… Ⅲ.①数控机床－加工－计算机辅助设计－应用软件 Ⅳ.①TG659-39

中国国家版本馆 CIP 数据核字（2024）第 058142 号

策划编辑：丁　锋　　责任编辑：丁　锋

责任校对：孙明慧　张　薇　　封面设计：张　静

责任印制：张　博

北京雁林吉兆印刷有限公司印刷

2024年11月第1版第2次印刷

184mm×260mm·26.75印张·609千字

标准书号：ISBN 978-7-111-75384-1

定价：99.90 元

电话服务　　网络服务

客服电话：010-88361066　　机　工　官　网：www.cmpbook.com

010-88379833　　机　工　官　博：weibo.com/cmp1952

010-68326294　　金　书　网：www.golden-book.com

封底无防伪标均为盗版　　机工教育服务网：www.cmpedu.com

前　　言

Mastercam 是一套功能强大的数控加工（NC）软件，采用图形交互式自动编程方法实现 NC 程序的编制，非常经济、高效，应用范围涉及航空航天、汽车、机械、造船、医疗器械和电子等诸多领域。Mastercam 2024 与以前的版本相比，增加并增强了许多功能，如增强了 B 轴外形车削的功能，支持在车铣复合加工中角度铣头的使用，改进了孔加工的处理，引入了用于优化动态粗切和区域粗加工的等高刀路，该刀路现支持识别倒扣毛坯，从而优化刀路运动以减少空切等。

本书是系统、全面学习 Mastercam 2024 软件的参考书，全书特色如下。

- 内容全面、丰富，除介绍了 Mastercam 2024 的数控编程模块外，还介绍了其三维建模 CAD 模块。
- 实例丰富，对软件中的主要命令和功能，先结合简单的实例进行讲解，然后安排一些较复杂的生产一线的综合实例，帮助读者深入理解、灵活运用。
- 讲解详细，条理清晰，保证自学的读者能独立学习和实际运用。
- 写法独特，采用 Mastercam 2024 软件中真实的对话框、菜单和按钮等进行讲解，使初学者能够直观、准确地操作软件，从而大大提高学习效率。
- 附加值高，本书附赠学习资源，包括大量 Mastercam 编程技巧和具有针对性的实例教学视频，并配有详细的语音讲解，可以帮助读者轻松、高效地学习。

本书由北京兆迪科技有限公司编著，参加编写的人员有詹友刚和刘静。本书经过多次审校，但仍不免有疏漏之处，恳请广大读者予以指正。

本书随书学习资源中含有“读者意见反馈卡”的电子文档，请读者认真填写本反馈卡，并发送 E-mail 给我们。

电子邮箱：zhanygjames@163.com。咨询电话：010-82176248，010-82176249。

编　者

本书导读

为了能更好地学习本书的知识，请您仔细阅读下面的内容。

写作环境

本书采用的写作蓝本是 Mastercam 2024 中文版。

学习资源使用

为方便读者练习，特将本书所有素材文件、已完成的实例文件、配置文件和视频语音讲解文件等放入随书附赠的学习资源中，读者在学习过程中可以打开相应素材文件进行操作和练习。

本书附赠学习资源，建议读者在学习本书前，将学习资源中的所有文件复制到计算机硬盘的 D 盘中。在 D 盘上 mcx2024 目录下共有 2 个子目录。

（1）work 子目录：包含本书全部已完成的实例文件。

（2）video 子目录：包含本书讲解用的视频文件（含语音讲解）。读者学习时，可在该子目录中按顺序查找所需的视频文件。

学习资源中带有“ok”扩展名的文件或文件夹表示已完成的范例。

相比于老版本的软件，Mastercam 2024 在功能、界面和操作上变化极小，经过简单的设置后，几乎与老版本完全一样。因此，对于软件新老版本操作完全相同的内容部分，学习资源中仍然使用老版本的视频讲解，对于绝大部分读者而言，并不影响软件的学习。

本书约定

- 本书中有关鼠标操作的简略表述说明如下。
  - ☑ 单击：将鼠标指针移至某位置处，然后按一下鼠标的左键。
  - ☑ 双击：将鼠标指针移至某位置处，然后连续快速地按两次鼠标的左键。
  - ☑ 右击：将鼠标指针移至某位置处，然后按一下鼠标的右键。
  - ☑ 单击中键：将鼠标指针移至某位置处，然后按一下鼠标的中键。
  - ☑ 滚动中键：只滚动鼠标的中键，而不按中键。
  - ☑ 选择（选取）某对象：将鼠标指针移至某对象上，单击以选取该对象。
  - ☑ 拖移某对象：将鼠标指针移至某对象上，然后按下鼠标的左键不放，同时移动鼠标，将该对象移动到指定的位置后再松开鼠标的左键。
- 本书中的操作步骤分为 Task、Stage 和 Step 三个级别，说明如下。
  - ☑ 对于一般的软件操作，每个操作步骤以 Step 字符开始。

- ☑ 每个 Step 操作视其复杂程度，其下面可含有多级子操作。例如 Step1 下可能包含（1）、（2）、（3）等子操作，（1）子操作下可能包含①、②、③等子操作，①子操作下可能包含 a）、b）、c）等子操作。
- ☑ 如果操作较复杂，需要几个大的操作步骤才能完成，则每个大的操作冠以 Stage1、Stage2、Stage3 等，Stage 级别的操作下再分 Step1、Step2、Step3 等操作。
- ☑ 对于多个任务的操作，则每个任务冠以 Task1、Task2、Task3 等，每个 Task 操作下则可包含 Stage 和 Step 级别的操作。
- 由于已建议读者将随书学习资源中的所有文件复制到计算机硬盘的 D 盘中，书中在要求设置工作目录或打开学习资源文件时，所述的路径均以“D:”开始。

技术支持

本书是根据北京兆迪科技有限公司给国内外一些知名公司（含国外独资和合资公司）编写的培训教案整理而成的，具有很强的实用性，其编写人员均来自北京兆迪科技有限公司。该公司专门从事 CAD/CAM/CAE 技术的研究、开发、咨询及产品设计与制造服务，并提供 Mastercam、Ansys、Adams 等软件的专业培训及技术咨询，读者在学习本书的过程中如果遇到问题，可通过访问该公司的网校 http：//www.zalldy.com/ 来获得技术支持。

为了感谢广大读者对兆迪科技图书的信任与厚爱，兆迪科技面向读者推出免费送课、最新图书信息咨询、与主编在线直播互动交流等服务。

- 免费送课。读者凭有效购书证明，可领取价值 100 元的在线课程代金券 1 张，此券可在兆迪科技网校（http：//www.zalldy.com/）免费换购在线课程 1 门，活动详情可以登录兆迪网校查看。

目　录

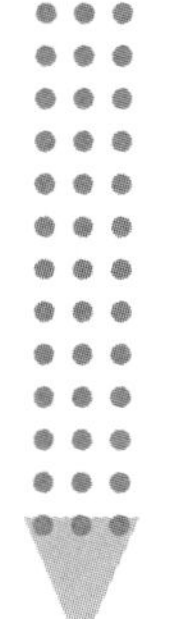

第 1 章　Mastercam 2024 基础知识

1.1　Mastercam 软件简介

Mastercam 是美国 CNC 公司开发的基于 PC 平台的 CAD/CAM 软件，它具有方便直观的几何造型功能。Mastercam 提供了设计零件外形所需的理想环境，其强大稳定的造型功能可设计复杂的曲线、曲面零件。

- 具有强大的曲面粗加工及灵活的曲面精加工功能。
- Mastercam 提供了多种先进的粗加工技术，以提高零件加工的效率和质量。
- 具有丰富的曲面精加工功能，可以从中选择合适的方法，加工复杂的零件。
- Mastercam 的多轴加工功能，为零件的加工提供了更多的灵活性。
- 具有可靠的刀具路径校验功能。Mastercam 可模拟零件加工的整个过程，模拟中不但能显示刀具和夹具，还能检查刀具和夹具与被加工零件的干涉、碰撞情况。

Mastercam 提供了 400 种以上的后置处理文件以适用于各种类型的数控系统，比如 FANUC 系统，机床为四轴联动卧式铣床。可根据机床的实际结构，编制专门的后置处理文件，刀具路径 NCI 文件经后置处理后生成加工程序。

Mastercam 2024 新增加了许多强大的功能，使 Mastercam 程序运行更流畅，设计和加工更高效。

1.2　Mastercam 软件的安装及工作界面

本节将介绍 Mastercam 2024 安装的基本过程及工作界面，并对 Mastercam 2024 的工作环境做简要的介绍。

1.2.1　Mastercam 2024 的安装

下面以 Mastercam 2024 为例，简单介绍 Mastercam 主程序的安装过程。

Step1. 下载或者复制安装包到计算机中，然后双击安装程序“Mastercam2024-pb1.exe”，此时系统会自动解压缩文件并开始安装。

Step2. 安装开始后，系统会弹出“2024（生成 26.0.7108.0）”对话框（一）。

Step3. 单击 Mastercam(R) 2024 安装 按钮，系统弹出“2024（生成 26.0.7108.0）”对话框（二），在下拉列表中选择 英语 选项。

Step4. 单击 下一步 按钮，系统弹出“2024（生成 26.0.7108.0）”对话框（三）。

Step5. 配置产品。单击 配置 Mastercam 按钮，系统弹出“2024（生成 26.0.7108.0）”对话框（四），保持系统默认的参数（用户可以根据自己的需求，单击 按钮选择其他的安装路径），单击 完成 按钮返回。

Step6. 设定安装路径。单击 下一步 按钮，选中 是，我接受许可协议中的条款(Y) 单选项，单击 下一步 按钮，系统弹出“2024（生成 26.0.7108.0）”对话框（五）。

Step7. 稍等片刻，系统弹出“2024（生成 26.0.7108.0）”对话框（六），单击 退出 按钮完成安装。

说明：Mastercam 仅提供英文版界面安装包，中文汉化包需要另行安装，用户可以根据需求自行下载安装。

1.2.2　启动 Mastercam 2024 软件

一般来说，有两种方法可启动并进入 Mastercam 2024 软件环境。

方法一：双击 Windows 桌面上的 Mastercam 2024 软件快捷图标，如图 1.2.1 所示。

图 1.2.1　Mastercam 2024 快捷图标

说明：只要是正常安装，Windows 桌面上都会显示 Mastercam 2024 软件快捷图标。快捷图标的名称可根据需要进行修改。

方法二：从 Windows 系统“开始”菜单进入 Mastercam 2024，操作方法如下。

Step1. 单击 Windows 桌面左下角的 按钮。

Step2. 选择 Mastercam 2024 → Mastercam 2024 命令，系统便进入 Mastercam 2024 软件环境。

1.2.3　Mastercam 2024 工作界面

在学习本节时，请先打开一个模型文件。具体的打开方法是：在快捷访问工具栏中单击 按钮，在“打开”对话框中选择 D：\mcx2024\work\ch01 目录，选中 MICRO-OVEN_SWITCH_MOLD_OK.mcam 文件后单击 打开(O) 按钮。

Mastercam 2024 用户界面包括操作管理、快捷访问工具栏、功能区、标题栏、系统坐标

系、选择工具栏、右侧选择工具按钮、状态栏以及图形区（图 1.2.2）。

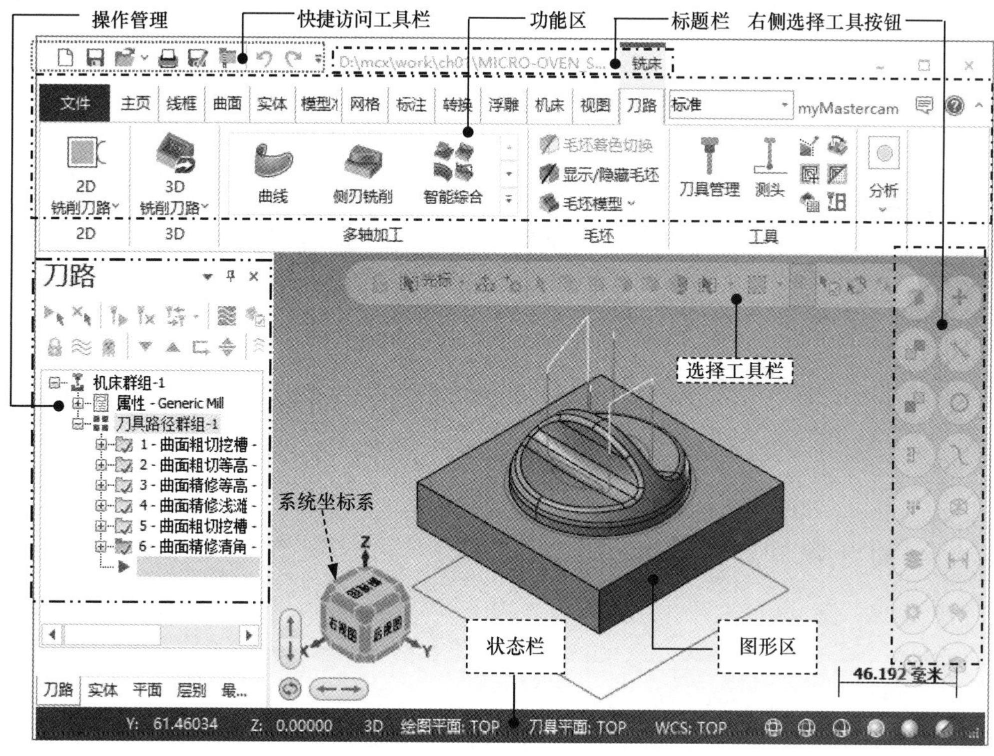

图 1.2.2　Mastercam 2024 用户界面

1. 操作管理

操作管理被固定在主窗口的左侧，它包括实体操作管理、刀具路径管理、平面管理和层别管理。可以通过选择 视图 功能选项卡 管理 区域中的命令进行打开或关闭。

2. 快捷访问工具栏

快捷访问工具栏中包含创建、保存、打开和修改模型等一些快捷命令按钮。快捷访问工具栏为快速进入命令及设置工作环境提供了极大的方便，用户可以根据具体情况定制快捷访问工具栏。

3. 功能区

功能区中包含“文件”“主页”“线框”“曲面”“实体”“建模”等命令功能选项卡。命令功能选项卡显示了 Mastercam 中所有的功能按钮，并以选项卡的形式进行分类。用户可以根据需要自己定义各功能选项卡中的按钮，也可以自己创建新的选项卡，将常用的命令按钮放在自定义的功能选项卡中。

注意：用户会看到有些菜单命令和按钮处于非激活状态（呈灰色，即暗色），这是因为它们目前还没有处在发挥功能的环境中，一旦进入相关的环境，便会自动激活。

4. 标题栏

标题栏显示了当前的软件版本以及活动的模型文件名称。

5. 选择工具栏

选择工具栏（图 1.2.3）主要用于通过设置选择方式来快速选取某种需要的要素（如线、面、实体等）。

图 1.2.3　选择工具栏

6. 状态栏

状态栏用于显示当前所选择图素的数量、Z 向深度、绘图平面、刀具平面和模型外观等状态。

7. 图形区

图形区是 Mastercam 2024 模型图像的显示区。

1.3　Mastercam 2024 的文件管理

Mastercam 2024 的文件管理功能是通过图 1.3.1 所示的快捷访问工具栏和图 1.3.2 所示的“文件”下拉菜单实现的。下面简单地介绍一下文件管理的相关命令。

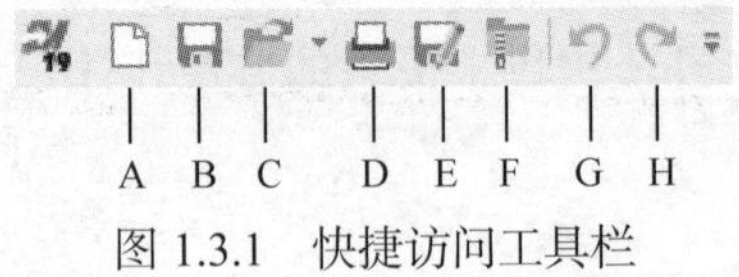

图 1.3.1　快捷访问工具栏

1.3.1　新建文件

每当打开 Mastercam 2024 后，系统会自动创建一个文件并进入创建图形状态。此外，在完成一个图形的设计之后需设计其他的图形时，也需要创建一个新的文件以便分类管理。

图 1.3.1 所示的快捷访问工具栏中各按钮功能说明如下。

A：新建文件。
B：保存文件。
C：打开文件。
D：打印预览。
E：另存为。
F：Zip2Go 压缩文件向导。
G：撤销。
H：恢复。

图 1.3.2 “文件”下拉菜单

新建文件有如下两种方法。

方法一：在快捷访问工具栏中单击 按钮。

方法二：选择下拉菜单 文件 → 新建 命令。

说明：在新建文件时，如果当前文件有所改动或者没有保存，系统将弹出图 1.3.3 所示的“Mastercam 2024”对话框，提示用户是否保存原文件。

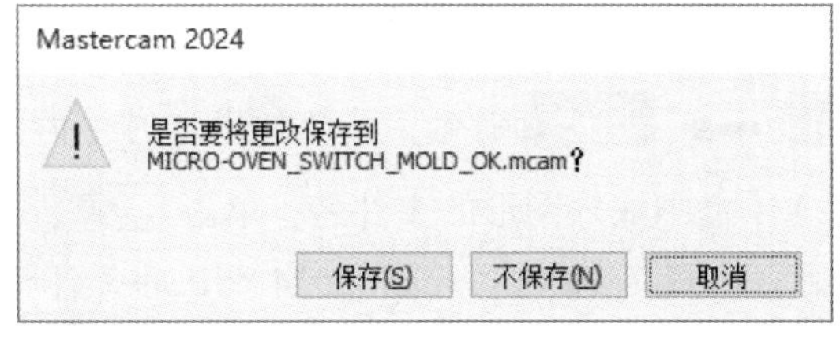

图 1.3.3 “Mastercam 2024”对话框

1.3.2 打开文件

打开文件是打开现有的图形文件，以便查看现有的文件或编辑该文件。

打开文件有如下两种方法。

方法一：在快捷访问工具栏中单击 按钮。

方法二：选择下拉菜单 文件 → 打开 命令。

选择下拉菜单 文件 → 打开 命令，系统弹出图 1.3.4 所示的“打开”对话框。在“查找范围”下拉列表中选择相应的路径，然后在“打开”对话框中选择要打开的文件，单击 打开(O) 按钮即可打开该文件。

图 1.3.4 “打开”对话框

1.3.3 保存文件

保存文件很重要，工作时每隔一段时间就应该对所做的工作进行保存，这样能避免一些不必要的麻烦。

保存文件有如下两种方法。

方法一：在快捷访问工具栏中单击 按钮。

方法二：选择下拉菜单 文件 → 保存 命令。

选择下拉菜单 文件 → 另存为 命令，系统弹出“另存为”对话框。选择要保存的路径，然后在 文件名(N): 文本框中输入图形的文件名，单击 保存(S) 按钮即可保存该文件。

说明：在保存文件时，一般是以 Mastercam 2024 默认的文件格式（.mcam）进行保存，用户也可以在 保存类型(T): 下拉列表中选择其他的文件格式保存文件，以便数据的传输。

1.3.4 合并文件

合并文件是将现有的 MCX 文件中的图素合并到当前的文件中，方便创建一个与已有的 MCX 文件中图素相同的设计。

合并文件的方法：选择下拉菜单 文件 → 合并 命令，系统弹出“打开”对话框；在“查找范围”下拉列表中选择相应的路径，然后在文件列表中选择要合并的文件，单击 打开(O) 按钮即可合并该文件，同时系统弹出图 1.3.5 所示的“合并模型”对话框。

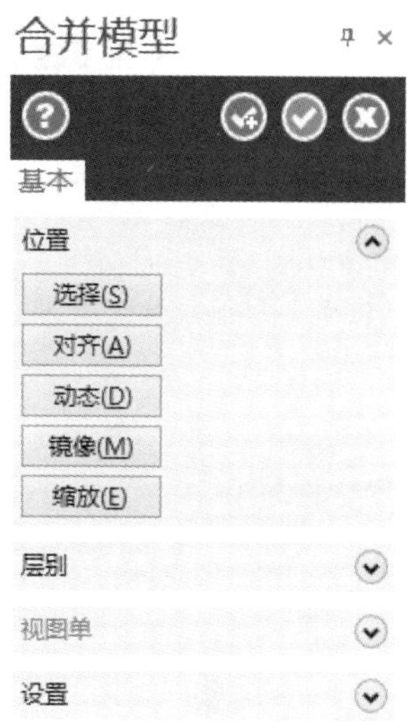

图 1.3.5 “合并模型”对话框

1.3.5 转换文件

转换文件是使 Mastercam 可以与其他 CAD、CAM 软件，如 AutoCAD、SolidWorks、CATIA 等软件进行数据交换，即 Mastercam 可以输入这些软件的图形文件，或者可以输出这些软件能够识别的文件格式。

1. 将其他 CAD、CAM 软件的图形文件输入的方法

选择下拉菜单 文件 → 转换 → 导入文件夹 命令，系统弹出“导入文件夹”对话框。用户可以在 导入文件类型: 下拉列表中选择需要输入的文件类型，然后定义源文件目录和转换后存放的目录，最后单击 ✔ 按钮，即可将其他 CAD、CAM 软件的图形文件转换成 Mastercam 文件。

2. 将其他 CAD、CAM 软件的图形文件输出的方法

选择下拉菜单 文件 → 导出文件夹 命令，系统弹出“导出文件夹”对话框。用户可以在 输出文件类型: 下拉列表中选择需要输出的文件类型，然后定义源文件目录和转换后存放的目录，最后单击 ✔ 按钮，即可将 Mastercam 文件转换成其他 CAD、CAM 软件的图形文件。

1.3.6 打印文件

打印出图是 CAD 工程中一个必不可少的环节。

打印文件有如下两种方法。

方法一：在快捷访问工具栏中单击 🖶 按钮。

方法二：选择下拉菜单 文件 → 打印 命令。

选择下拉菜单 文件 → 打印 命令，系统弹出“打印”对话框。在该对话框中用户可以设置打印方向、线宽、颜色、打印比例等，还可以通过单击 打印机属性 按钮，在系统弹出的“文档属性”对话框中选择打印机、纸张大小等。

第 2 章　系统配置与基本操作

2.1　系 统 配 置

设置 Mastercam 的系统配置是用户学习和使用 Mastercam 应该掌握的基本技能。合理设置 Mastercam 的工作环境，对于提高工作效率、使用个性化环境具有极其重要的意义。当系统默认配置不能满足用户的需求时，可以自行进行设置。

选择下拉菜单 文件 ➡ 配置 命令，系统弹出图 2.1.1 所示的“系统配置”对话框。在该对话框中可以进行系统配置。

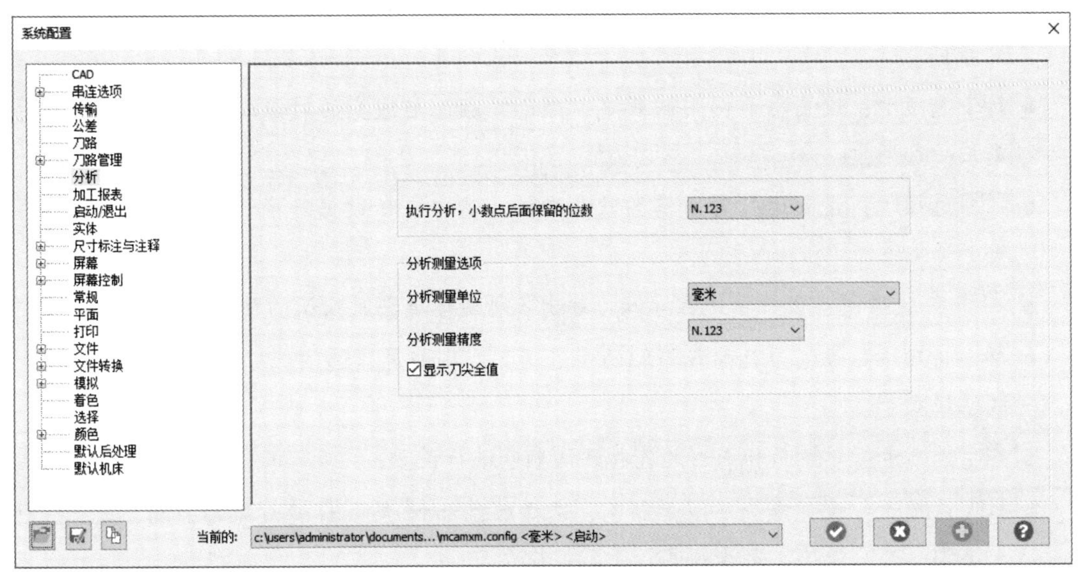

图 2.1.1　“系统配置”对话框

图 2.1.1 所示的“系统配置”对话框中的部分选项的说明如下。

- CAD 选项卡：对自动产生圆弧的中心线、曲线 / 曲面的构建形式、曲面的显示密度、图素的线型与线宽、转换选项等进行设置。
- 串连选项 选项卡：对限定、默认串连模式、封闭式串连方向、嵌套式串连等串连操作进行设置。

- 传输 选项卡：对控制器和 Mastercam 之间的数据传输通信进行设置。
- 公差 选项卡：设置公差。
- 刀路 选项卡：对刀具路径显示、刀具路径的曲面选取、标准设置、删除记录文件、缓存等进行设置。
- 刀路管理 选项卡：设置机床群组的名称和附加值、刀具路径群组的名称和附加值、NC 文件的名称和附加值。
- 分析 选项卡：设置系统进行分析时尺寸的精度和单位。
- 加工报表 选项卡：对加工报表、机床列表等进行设置。
- 启动/退出 选项卡：设置启动 / 退出时当前的配置文件、快捷键、加载模块、绘图平面、编辑器、附加程序，以及可撤销操作的最大次数等参数。
- 实体 选项卡：设置实体的生成和显示控制参数，如定义新的实体操作在实体管理器中的位置、原始曲面的处理和实体所在的图层等。
- 尺寸标注与注释 选项卡：设置标注和注释，包括尺寸属性的设置、尺寸文字的设置、注解文字的设置、引导线 / 延伸线的设置和尺寸标注的设置等。
- 屏幕 选项卡：设置系统的图像显示模式、鼠标中键功能、网格设置和视角配置等。
- 打印 选项卡：设置当前图形的线宽、颜色，颜色与线宽的对应，以及是否打印文件名称与日期等。
- 文件 选项卡：设置运行时所需的默认文件，其中包括数据路径、数据文件、自动保存和备份等。
- 文件转换 选项卡：设置系统在导入、导出各种实体类型时默认的初始化参数。
- 模拟 选项卡：设置刀具路径模拟的步进模式、刷新屏幕选项、刀具显示、夹头显示、颜色显示等。
- 颜色 选项卡：对界面和图形的各种默认颜色进行设置。
- 着色 选项卡：设置颜色（图素颜色、选择颜色和材质）、环境灯光的强弱、光源（灯光类型、光源强度、光源颜色）等。
- 默认后处理 选项卡：设置运行后处理器的控制参数，例如是否输出 MCX 文件说明，是否保存 NC 与 NCI 文件，是否编辑已存在的文件，还可以设置是否将 NC 文件发送到数控机床等。
- 默认机床 选项卡：设置系统在进行铣削加工、车削加工、雕刻加工和线切割加工时的默认机床类型及机床文件位置。

2.2 设置图素属性

图素是构成几何图形的基本元素，其包括点、直线、曲线、曲面和实体等。在Mastercam 2024 中每种图素除了它们本身所包含的几何信息外，还有其他的属性，比如颜色、线型、线宽和所在的图层等。一般在绘制图素之前，需要先在图形区空白的位置右击，然后在系统弹出的图 2.2.1 所示的“属性”工具栏（或在 主页 功能选项卡的 属性 区域）中设置这些属性。

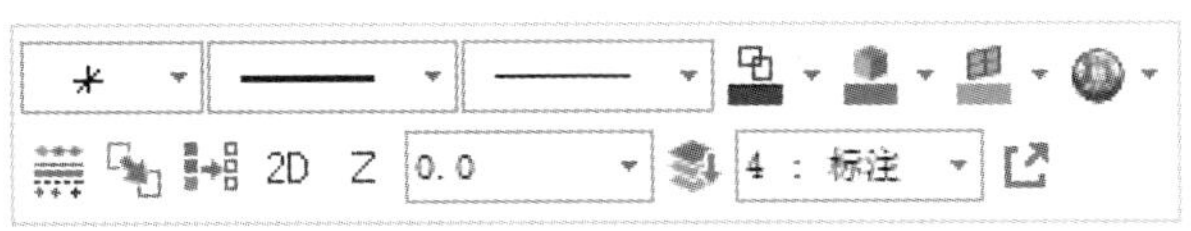

图 2.2.1 “属性”工具栏

2.2.1 颜色设置

在“属性”工具栏中单击“线框颜色”、“实体颜色”或者“曲面颜色”右侧的按钮，系统弹出图 2.2.2 所示的“颜色”面板。用户可以在 默认颜色 区域或 标准颜色 区域中选择一种颜色，或者单击 更多颜色... 按钮，在系统弹出图 2.2.3 所示的“颜色”对话框中自定义颜色，然后单击按钮，完成颜色的设置。

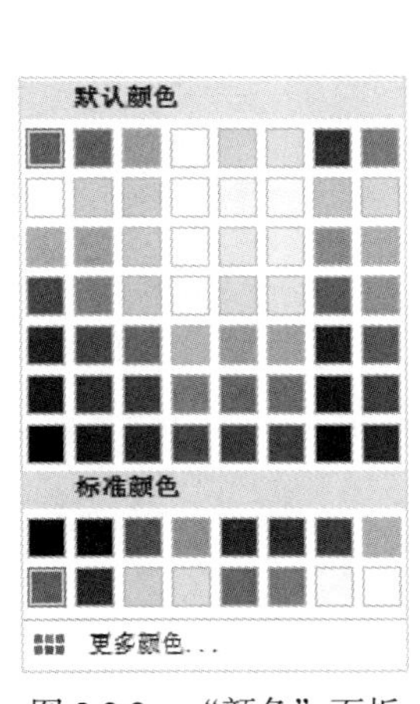

图 2.2.2 “颜色”面板

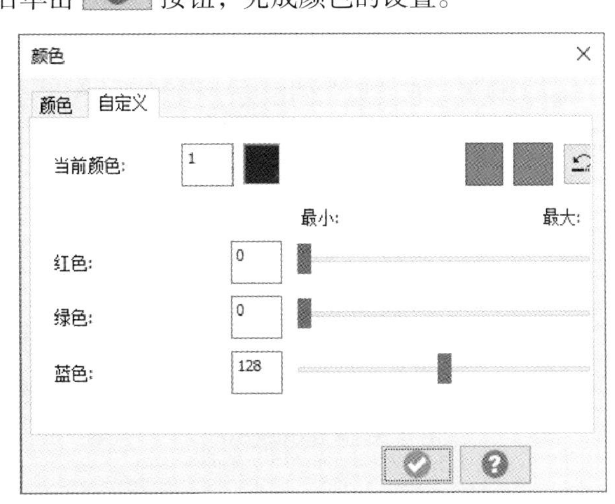

图 2.2.3 “颜色”对话框

2.2.2 图层管理

通过图层管理，用户可以将图素、曲面、实体、尺寸标注、刀具路径等对象放置在不同的图层中，以便对其进行编辑。

在操作管理区域的下方单击 层别 选项卡，系统弹出图 2.2.4 所示的“层别”选项卡。用户可以通过该选项卡新建图层、设置当前图层以及设置显示和隐藏图层。

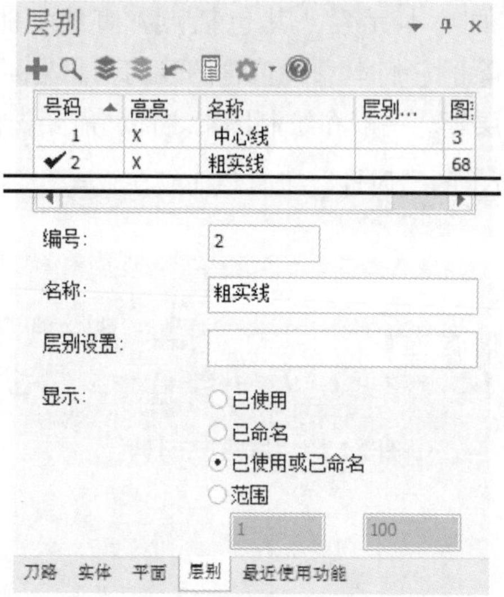

图 2.2.4 “层别”选项卡

下面以新建“粗实线”来介绍新建图层的操作方法。

Step1. 选择命令。在操作管理区域的下方单击 层别 选项卡，系统弹出“层别”选项卡。

Step2. 新建图层。在“层别”选项卡中单击“添加新层别”按钮 ➕，系统自动新建一个层号为 2 的图层，然后在 名称: 下方对应的文本框中双击输入图层的名称“粗实线”。

Step3. 设置“粗实线”图层为工作图层。在“层别”选项卡的 编号: 文本框中输入值 2，按 Enter 键完成设置。

说明

- 快速选择现有的图层作为工作图层：用户可以在“层别”选项卡的 号码 ▲ 下方单击对应的图层号即可选择现有的图层作为工作图层。
- 设置图层显示或隐藏：在“层别”选项卡 高亮 列中的单元格去掉 × 标记，表示该图层的所有图素已经被隐藏；再次单击此单元格，则显示该图层上的所有图素（注意：工作图层不能被隐藏）。

2.2.3 设置线型和线宽

用户可以通过“属性”工具栏中的“线型”下拉列表 和“线宽”下拉列表 设置线型和线宽。

2.2.4　属性的综合设置

属性的综合设置是指用户一次可以设置图素的多个属性，包括图素的颜色、线型、线宽、点样式、层别、曲面密度等。

属性的综合设置有如下两种方法。

方法一：在 主页 功能选项卡的 属性 区域中单击 按钮。

方法二：在图形区空白的位置右击，然后在系统弹出的“属性”工具栏中单击 按钮。

下面简单介绍属性的综合设置。

在 主页 功能选项卡的 属性 区域中单击 按钮，在系统弹出 选择要改变属性的图素 的提示下，选择要改变属性的图素，然后单击 结束选择 按钮，系统弹出“属性”对话框。用户可以通过该对话框对图素的属性进行综合设置。

2.3　用户自定义设置

用户自定义设置是根据用户自己的习惯、喜好对 Mastercam 2024 的工具栏、菜单和右击弹出的快捷菜单进行定制。下面以图 2.3.1 所示的在快捷访问工具栏中添加“导入文件夹”按钮 为例介绍用户自定义工具栏的操作过程。自定义功能区 / 鼠标右键菜单基本与自定义工具栏相似，不再赘述。

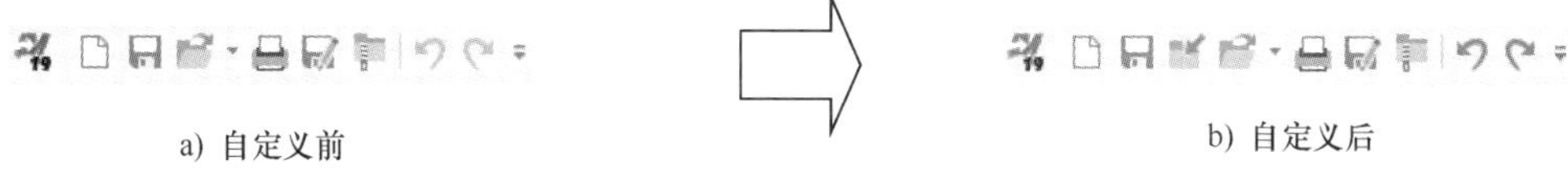

图 2.3.1　添加“导入文件夹”按钮

Step1. 选择命令。选择下拉菜单 文件 → 选项 命令，系统弹出“选项”对话框。

Step2. 定义工具栏和种类。在“选项”对话框中单击 快捷访问工具栏 选项卡，然后在 选择命令(C): 列表框中选择 文件选项卡 选项。

Step3. 添加“导入文件夹”按钮。在“选项”对话框的 命令(O): 区域中选中“导入文件夹”按钮 ，然后单击 添加(A)>> 按钮。

Step4. 单击 确定 按钮，完成自定义工具栏的定制。

2.4 网格设置

网格是一种矩阵参考点。将网格显示出来可以帮助用户提高绘图的精度和效率，而且显示的网格不会被打印出来。下面简单介绍网格的创建步骤。

Step1. 打开文件 D:\mcx2024\work\ch02.04\EXAMPLE.mcam。

Step2. 选择命令。选择 视图 功能选项卡 网格 区域中的 ◲ 按钮，系统弹出“网格”对话框。

Step3. 设置捕捉方式。在“网格”对话框的 抓取时 区域中选中 ⦿ 始终提示 单选项，定义捕捉方式为始终捕捉。

Step4. 设置网格参数。在 间距 区域的 X 文本框中输入值 1，在 Y 文本框中输入值 1。

Step5. 设置网格大小。在 大小 文本框中输入值 200。

Step6. 单击 ✔ 按钮，完成网格的设置。

2.5 其他设置

除了上面介绍的一些设置之外，Mastercam 2024 还为用户提供了一些更复杂的设置，例如隐藏和消隐、着色设置、清除颜色、统计图素以及复制屏幕到剪贴板等。下面分别对它们进行介绍。

2.5.1 隐藏图素和恢复隐藏的图素

隐藏和消隐可以隐藏图素或恢复隐藏的同一图层上的某些图素，而使用 2.2.2 小节提到的设置图层显示或隐藏，将会把放置在该图层上的所有图素全部隐藏或恢复，而不能隐藏或恢复同一图层上的部分图素。下面介绍图 2.5.1 所示的隐藏图素和恢复隐藏图素的操作方法。

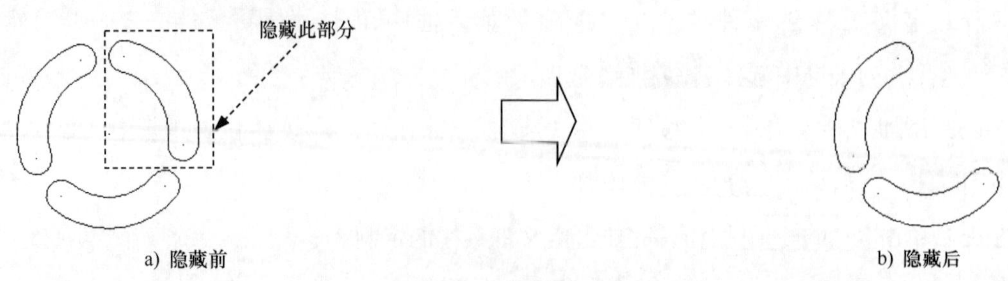

图 2.5.1 隐藏图素

1. 隐藏图素

Step1. 打开文件 D:\mcx2024\work\ch02.05.01\HIDE.mcam。

Step2. 选择命令。选择 主页 功能选项卡 显示 区域的 消隐 命令。

Step3. 定义隐藏对象。在绘图区框选图 2.5.2 所示的图素。

Step4. 按 Enter 键完成隐藏操作。

2. 恢复隐藏的图素

Step1. 打开文件 D:\mcx2024\work\ch02.05.01\UNHIDE.mcam，如图 2.5.3 所示。

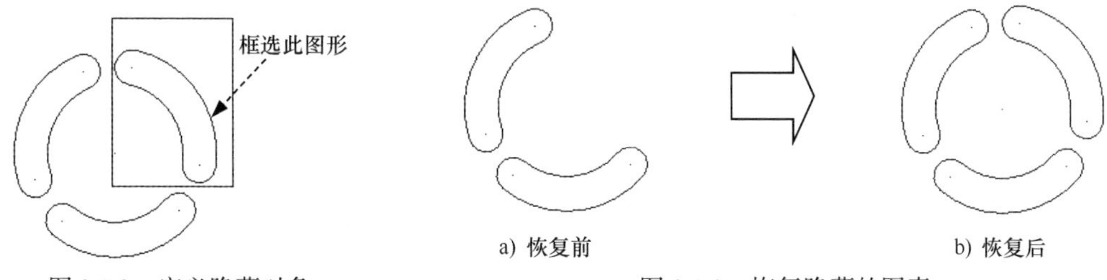

图 2.5.2 定义隐藏对象　　图 2.5.3 恢复隐藏的图素

Step2. 选择命令。选择 主页 功能选项卡 显示 区域的 恢复消隐 命令，同时在绘图区显示出图 2.5.4 所示的已经隐藏的所有图素。

Step3. 定义恢复隐藏的对象。在绘图区框选图 2.5.5 所示的图素。

Step4. 按 Enter 键完成恢复操作。

图 2.5.4 已隐藏的图素

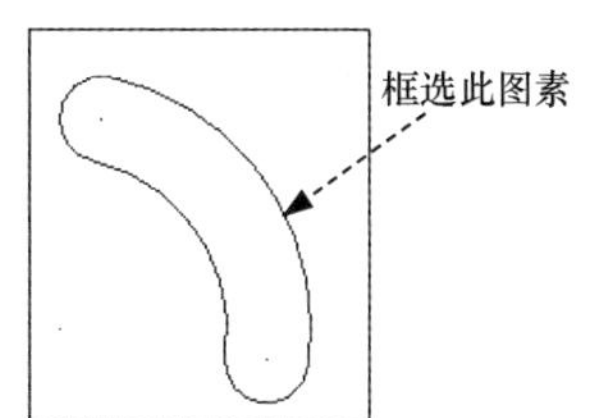

图 2.5.5 定义恢复隐藏的对象

2.5.2 着色设置

在使用 Mastercam 2024 设计三维模型时，用户可以通过着色设置来显示实体，也可以采用不同的颜色来显示实体。不同的着色设置，可以得到不同的着色效果。Mastercam 2024 总共为用户提供了六种显示模式。用户可以通过图 2.5.6 所示的 视图 选项卡的 外观 区域切换显示模式。下面将以一个三维模型为例来讲解着色设置的操作步骤。

说明：本小节实例的模型放置在 D:\mcx2024\work\ch02.05.02 目录中。

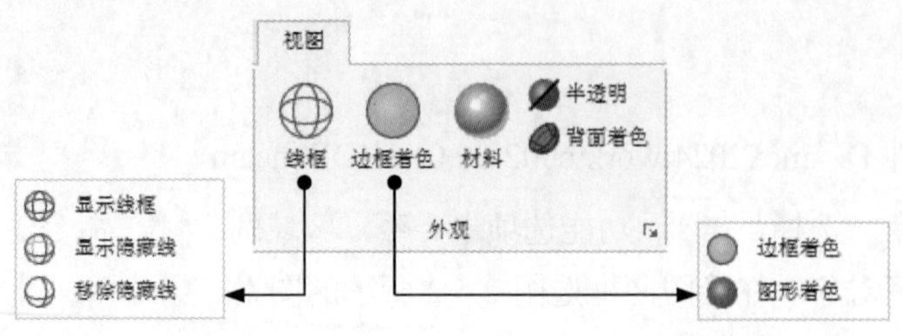

图 2.5.6 “视图”选项卡“外观”区域

- 显示线框 命令：模型以线框模式显示，所有边线显示为深颜色的细实线，如图 2.5.7 所示。
- 显示隐藏线 命令：模型以线框模式显示，可见的边线显示为深颜色的细实线，不可见的边线显示为浅颜色的细实线，如图 2.5.8 所示。

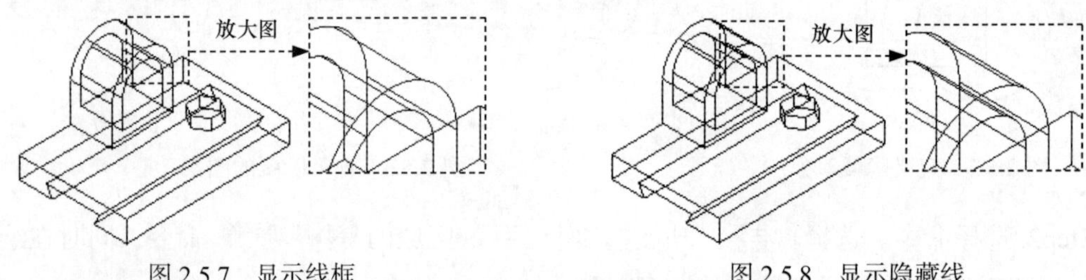

图 2.5.7 显示线框　　图 2.5.8 显示隐藏线

- 移除隐藏线 命令：模型以线框模式显示，可见边线显示为深颜色的细实线，不可见的边线被隐藏起来（即不显示），如图 2.5.9 所示。
- 图形着色 命令：模型以实体模式显示，以图素颜色为实体着色，边线不显示，如图 2.5.10 所示。

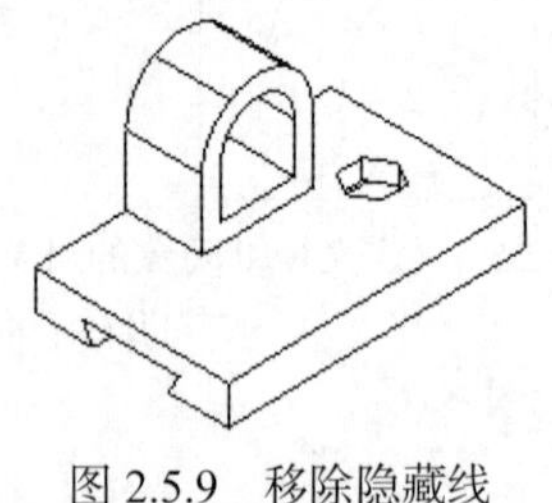

图 2.5.9 移除隐藏线

图 2.5.10 图形着色

2.5.3 消除颜色

一般图形在经过平移、旋转等转换编辑后，为了将新生成的图素与原有图素加以区别，Mastercam 2024 会自动以不同的颜色来显示它们，此时可以通过 主页 功能选项卡 属性 区域中的 命令使它们恢复原色。下面以图 2.5.11 所示的实例介绍消除颜色的

一般步骤。

Step1. 打开文件 D:\mcx2024\work\ch02.05.03\REMOVE_COLOR.mcam。

Step2. 选择命令。选择 主页 功能选项卡 属性 区域中的 命令消除图素颜色。

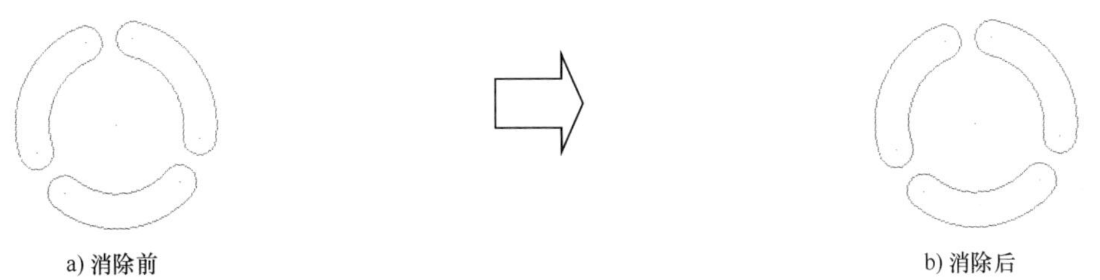

图 2.5.11 消除颜色

2.6 Mastercam 2024 的基本操作

在进行后面的章节学习之前，有必要先了解一下 Mastercam 2024 的一些基本操作知识，比如点的捕捉方法、不同图素的选择、视图与窗口、构图面、坐标系及构图深度等操作，从而为快速、精确、灵活地绘制图形打下基础，同时也能够使用户对 Mastercam 2024 软件有进一步的了解。

2.6.1 点的捕捉

在使用 Mastercam 2024 进行绘图时，点的捕捉使用得非常频繁，如在绘制同心圆时需要捕捉圆心，在绘制圆形长槽时需要捕捉端点等。Mastercam 2024 为用户提供的点的捕捉方式有以下几种。

1. 捕捉任意点

在使用 Mastercam 2024 进行绘图时，如果用户对捕捉点的位置没有明确的要求，则可以在绘图区的任意位置单击即可。

2. 自动捕捉点

在使用 Mastercam 2024 进行绘图时，如果用户想在现有图素上的某个位置绘制其他的图素，则可以将鼠标移动到现有图素的附近，系统将会在该图素特征附近显示特征符号（如端点、圆心等），表明当前位置即为捕捉，单击即可捕捉到该位置。

用户可以在图 2.6.1 所示的“选择”工具栏中单击“选择设置”按钮，系统弹出“选择”对话框，然后在该对话框中设置自动捕捉点的类型。

图 2.6.1 “选择”工具栏

3. **捕捉临时点**

在使用 Mastercam 2024 进行绘图时，有时用户只需在众多的特征点中选择某一个类型的特征点，如果再使用“选择设置”按钮 进行设置就太麻烦了。因此，Mastercam 2024 为用户提供了一种更为快捷的选取方法，即“选择”工具栏的“临时点”下拉列表 。

用户可以在图 2.6.2 所示的“选择”工具栏的“临时点”下拉列表 中选择捕捉类型。

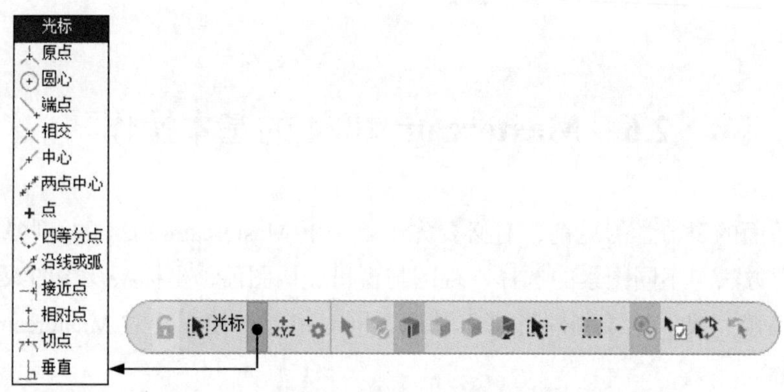

图 2.6.2 “选择”工具栏中的“临时点”下拉列表

2.6.2 图素的选择

在使用 Mastercam 2024 进行绘图时，常常需要对现有的图形进行设置、转换等操作，而这些操作都要涉及图素的选择。Mastercam 2024 提供了多种图素选择的方法，这些方法主要是通过图 2.6.3 所示的“选择”工具栏和右侧选择工具按钮区中的相关命令来实现的。

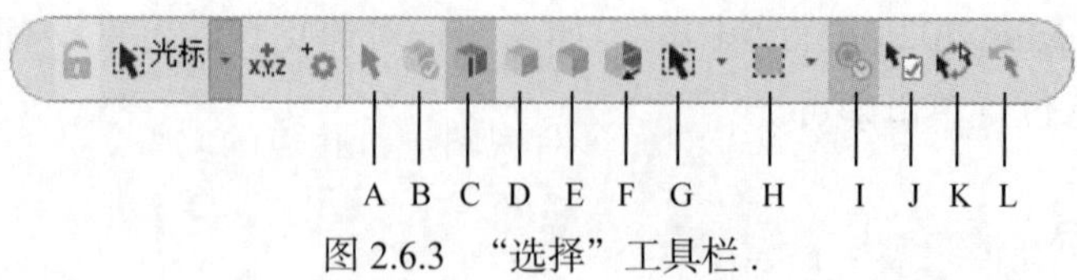

图 2.6.3 “选择”工具栏

图 2.6.3 所示的“选择”工具栏中部分按钮的功能说明如下。

A：标准设置。

B：选择实体。

C：选择实体边界。

D：选择实体面。

E：选择主体。

F：选择背面。

G：选择方式。

H：选择设置。

I：临时中心点。　　　　　　　　　　J：选择验证。

K：反选。　　　　　　　　　　　　　L：选择最后。

2.6.3　视图与窗口

在使用 Mastercam 2024 进行绘图时，常常需要对屏幕上现有的图形进行平移、缩放、旋转等操作，以方便地观看图形的细节。Mastercam 2024 的 视图 功能选项卡（图 2.6.4）提供了丰富的视图操作功能，包括视窗缩放、旋转、视图方向等。

说明：本小节实例的模型放置在 D:\mcx2024\work\ch02.06.03 目录中。

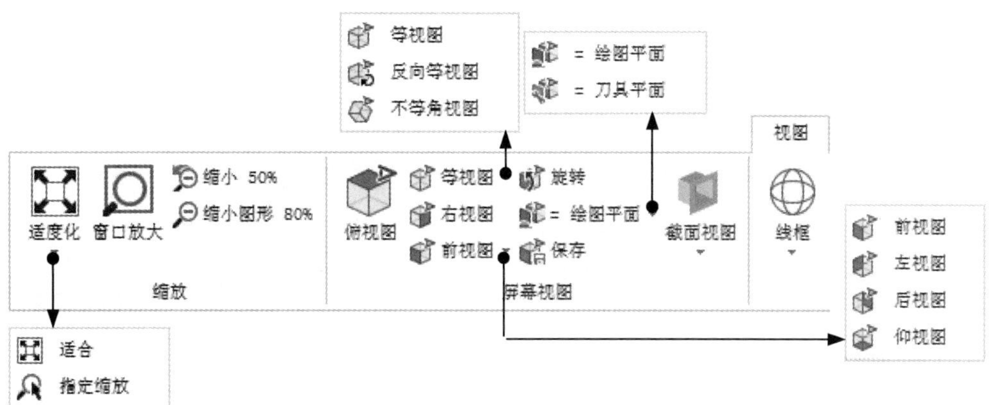

图 2.6.4　“视图”功能选项卡

1. 视图平移

视图平移可以对视图屏幕在同一个平面内进行上下左右的移动。按住 Shift 键的同时再按住鼠标中键可以快速对视图进行平移。

2. 视图缩放

在 Mastercam 2024 中为用户提供了多种视图缩放命令，用户可以通过 视图 功能选项卡 缩放 区域和 屏幕视图 区域中的命令对视图进行相应的调整。

- 适合 命令：用于将图形充满整个绘图窗口。
- 指定缩放 命令：用于将预选的图素缩放至适合到屏幕窗口。
- 窗口放大 命令：用于局部放大，用户需以矩形框的两个顶点的方式在绘图区定义放大区域。
- 缩小 50% 命令：用于缩小至当前视图的 50%。
- 缩小图形 80% 命令：用于缩小至当前视图的 80%。

3. 视图旋转

在使用 Mastercam 2024 进行绘图时，经常需要对图形进行旋转操作，以便观察图形。选择 视图 功能选项卡 屏幕视图 区域中的 旋转 命令，在系统弹出的“旋转平面”对话框中输入旋转角度，即可旋转视图。

也可以在图形区空白的位置右击，在系统弹出的快捷菜单中选择 动态旋转(D) 命令对视图进行旋转。在旋转时，首先需单击在绘图区选择一个点作为旋转中心，然后移动鼠标旋转图形，直到转到合适位置时再次单击完成图形的旋转操作。

说明： 使用鼠标中键可以快速旋转图形。

4. 视图方向

Mastercam 2024 除了为用户提供七种标准视图外，还提供了一些命令使用户能够以特定的方向观察图形。下面介绍七种标准视图以及一些特定视图的操作方法。

- 标准视图：在 视图 功能选项卡的 屏幕视图 区域中列出了七种系统设定好的视图，如图 2.6.5~ 图 2.6.11 所示。

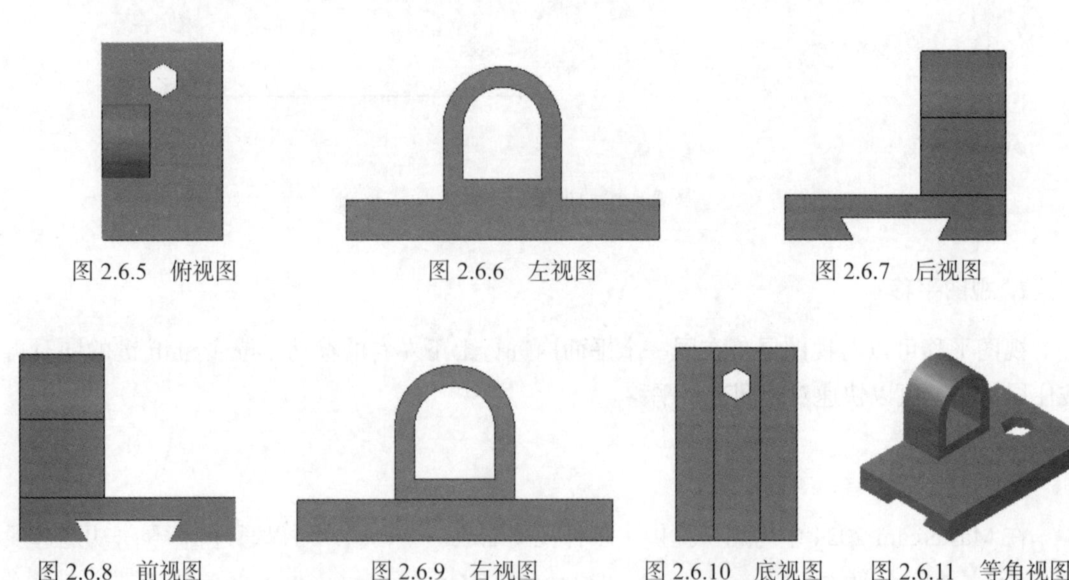

图 2.6.5　俯视图　　图 2.6.6　左视图　　图 2.6.7　后视图

图 2.6.8　前视图　　图 2.6.9　右视图　　图 2.6.10　底视图　　图 2.6.11　等角视图

- 选择视角：在操作管理区域中单击 平面 选项卡，系统弹出“平面”管理操作界面。用户可以直接在该界面中选择一个需要的视角，直接在对应的 G 列单元格中单击，完成视角的选择。

2.6.4　构图平面、坐标系及构图深度

在 Mastercam 2024 用户界面最下面的状态栏中显示当前绘图的环境，如图 2.6.12 所示。

下面对构图平面、坐标系及构图深度等几个比较重要的项目依次进行讲解。

说明：本小节实例的模型放置在 D:\mcx2024\work\ch02.06.04 目录中。

X: 170.02069 Y: 37.14980 Z: 0.00000 3D 绘图平面：俯视图 刀具平面：俯视图 WCS：俯视图

图 2.6.12 状态栏

1. 构图平面

构图平面是一个绘制二维图形的平面。三维造型的大部分图形一般可以分解为若干个平面图形进行拉伸、旋转等操作来完成，而这些绘制着二维图形的不同角度、不同位置的二维平面就是“构图平面”。

设置构图平面与设置“屏幕视角”类似，可以在图 2.6.13 所示的“平面”管理操作界面中进行设置。也可以在状态栏中单击 绘图平面: 按钮，系统弹出图 2.6.14 所示的“构图平面”快捷菜单，其中列出了许多设定构图平面，可以直接选择。下面对“平面”管理操作界面中设置构图平面的主要选项进行讲解。

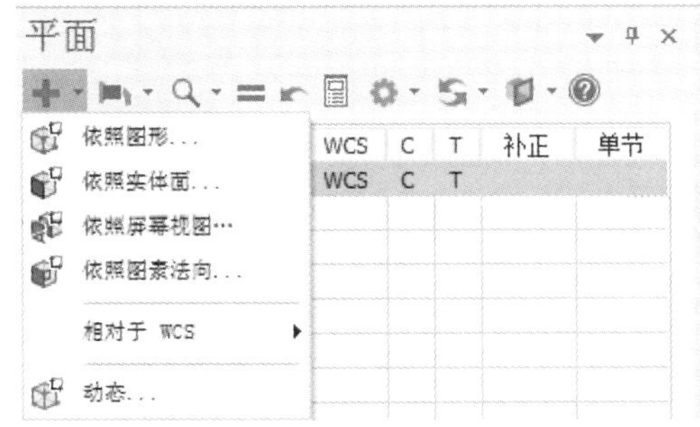

图 2.6.13 “平面”管理操作界面

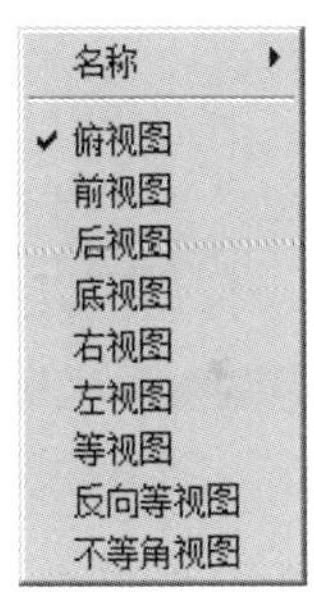

图 2.6.14 “构图平面”快捷菜单

- 标准构图平面：在图 2.6.14 所示的“构图平面”快捷菜单中列出了九个系统设定的标准构图平面，各个标准构图平面的示意图如图 2.6.15 所示，分别为俯视图（Top）、前视图（Front）、后视图（Back）、底视图（Bottom）、右视图（Right）、左视图（Left）和等角视图（ISO）。其中等角视图是该构图平面与三个坐标轴的夹角相等。
- 依照图形定面：需选择一个平面物体、两条相交的直线或者三个点来定义构图平面。
- 依照实体面定面：需选择一个实体的平面来定义构图平面。例如选择图 2.6.16 所示的模型表面为构图平面，系统弹出图 2.6.17 所示的“选择平面”对话框。用户可以通过该对话框定义视角。
- 依照屏幕视图定面：创建一个与屏幕相平行的构图平面。
- 依照图素法向定面：通过选择一条直线作为构图平面的法线来确定构图平面。例如选择图 2.6.18 所示的直线，系统弹出“选择视角”对话框。用户可以通过该对话框定义视角。

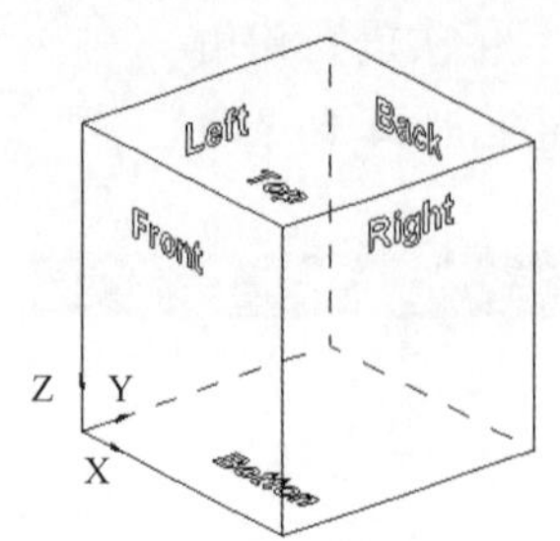

图 2.6.15　各种标准构图平面

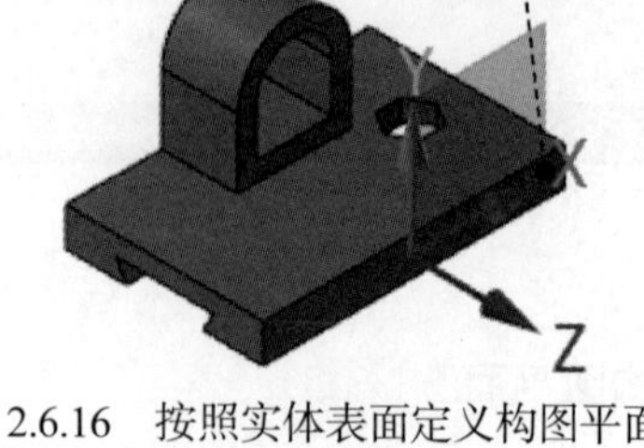

图 2.6.16　按照实体表面定义构图平面

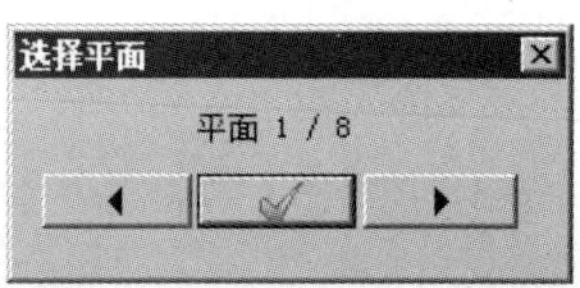

图 2.6.17　“选择平面”对话框

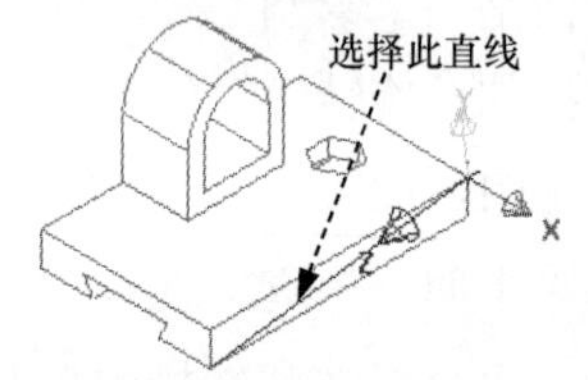

图 2.6.18　依法线定义构图平面

- 动态定面：通过选择一个坐标原点，选择指针轴动态改变坐标位置和方位的方式来确定构图平面。

2. 坐标系

Mastercam 2024 中的坐标系包括世界坐标系（WCS）和用户坐标系（UCS）两种。系统默认的坐标系被称为世界坐标系。按 <F9> 键可以显示世界坐标系，如图 2.6.19 所示；再次按 <F9> 键将隐藏世界坐标系。

在状态栏中单击 WCS 按钮，系统弹出图 2.6.20 所示的“WCS”快捷菜单。用户可以在此快捷菜单中设置世界坐标系。设置世界坐标系的方法与前面所述的设置“构图平面”的方法相同，设置完世界坐标系的构图平面后，还需要设置世界坐标系中的角度和位置。

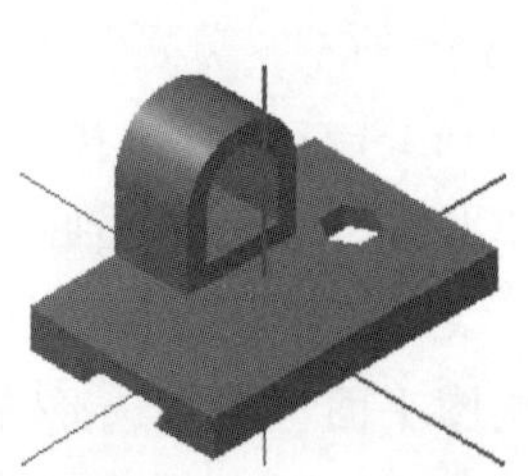

图 2.6.19　世界坐标系

图 2.6.20　“WCS”快捷菜单

若用户想对构图平面、刀具平面和坐标系等多项参数同时进行设置，可以在图 2.6.13 所示的“平面”管理操作界面中进行设置。

3. 构图深度

前面所讲的构图平面只是设置该平面的法线，而在同一条法线上的平面有无数个，并且

这些平面都是相互平行的，因此就需要定义一个所谓“构图深度”的值来确定平面的位置，所以构图深度就是二维平面相对于世界坐标系的空间位置。在默认情况下，构图深度为零，也就是通过世界坐标系的原点。

用户可以在状态栏的 Z: 0.00000 文本框中设置构图深度值，设置完构图深度值后需按 Enter 键应用构图深度值；或者在 主页 功能选项卡 规划 区域的 Z 0.0 文本框中输入数值来确定构图深度值。

第 3 章　基本图形的绘制与编辑

3.1　点 的 绘 制

Mastercam 2024 为用户提供了六种绘制点的方法，从而能够满足不同用户的需求。在 Mastercam 2024 中，点不仅有形状，而且有大小。点的形状可以通过“系统配置”对话框 CAD设置 选项卡中的 点类型 下拉列表 * 进行设置，也可以在 主页 功能选项卡 属性 区域的 * 下拉列表中进行设置。点在绘图区所占的百分比是不变的，即点的大小不随视图比例的变化而变化。

绘制点的各种命令位于 线框 功能选项卡 绘点 区域的 绘点 下拉列表中。

3.2　直线的绘制

Mastercam 2024 为用户提供了七种绘制直线的方法，从而能够满足用户的需求。绘制直线的各种命令位于 线框 功能选项卡的 绘线 区域中。

下面以图 3.2.1 所示的模型为例讲解直线的一般操作过程。

图 3.2.1　绘制直线

Step1. 打开文件 D：\mcx2024\work\ch03.02\ENDPOINT_LINE.mcam。

Step2. 选择命令。单击 线框 功能选项卡 绘线 区域中的 命令，系统弹出“线端点”对话框。

Step3. 定义直线的起点和终点。在绘图区选取图 3.2.1a 所示的点 1 为直线的起点，点 2 为直线的终点。

Step4. 单击 按钮，完成直线的绘制。

3.3 圆及圆弧的绘制

Mastercam 2024 为用户提供了七种绘制圆及圆弧的方法，它们位于 线框 功能选项卡的 圆弧 区域中。

3.3.1 三点画圆

“三点画圆”命令是通过指定两点或不在同一直线上的三个点来创建圆。下面以图 3.3.1 所示的模型为例讲解三点画圆的一般操作过程。

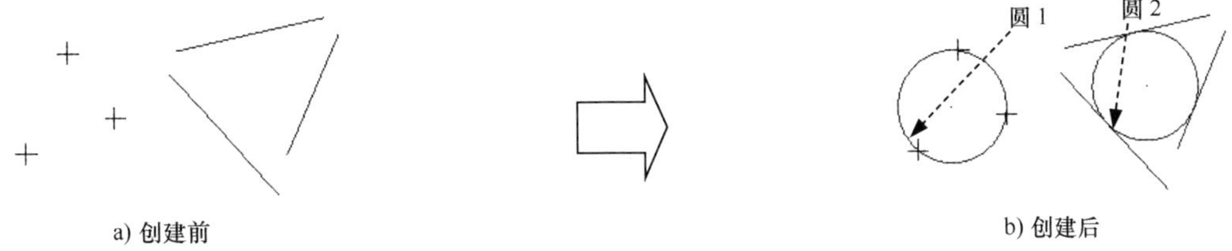

图 3.3.1 三点画圆

Step1. 打开文件 D:\mcx2024\work\ch03.03.01\CIRCLE_EDGE_POINT.MCX。

Step2. 选择命令。单击 线框 功能选项卡 圆弧 区域中的 已知边界点画圆 命令，系统弹出“已知边界点画圆”对话框。

Step3. 设置创建圆的方式。在“已知边界点画圆”对话框中选中 ◉ 三点(O) 单选项。

Step4. 创建图 3.3.1b 所示的圆 1。依次在绘图区选取图 3.3.1a 所示的三个点，创建图 3.3.1b 所示的圆 1。

Step5. 设置圆弧参数。在“已知边界点画圆”对话框中选中 ◉ 三点相切(A) 单选项。

Step6. 创建图 3.3.1b 所示的圆 2。依次在绘图区选取图 3.3.1a 所示的三条直线，创建图 3.3.2b 所示的圆 2。

Step7. 单击 ✓ 按钮，完成三点圆弧的绘制，如图 3.3.1b 所示。

3.3.2 中心、半径绘圆

“中心、半径绘圆”命令是通过确定圆心和一个圆的通过点创建圆弧。下面以图 3.3.2 所示的模型为例讲解中心、半径绘圆的一般操作过程。

Step1. 打开文件 D:\mcx2024\work\ch03.03.02\CIRCLE_CENTER_POINT.MCX。

Step2. 选择命令。单击 线框 功能选项卡 圆弧 区域中的 ⊙ 命令，系统弹出“已知点画圆”对话框。

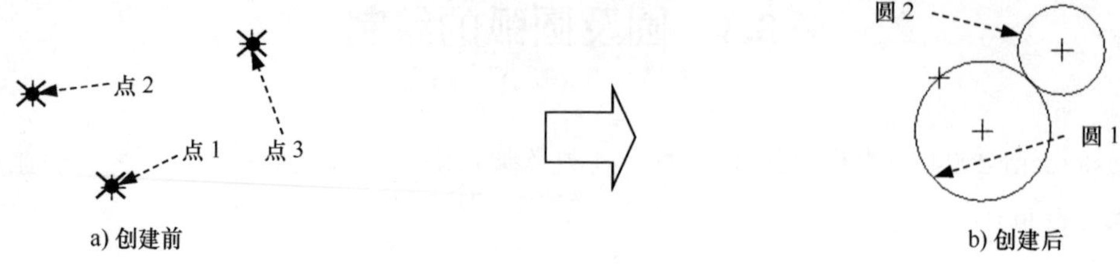

图 3.3.2　中心、半径绘圆

Step3. 设置创建圆方式。在“已知点画圆”对话框中选中 ◉ 手动(M) 单选项。

Step4. 创建图 3.3.2b 所示的圆 1。依次在绘图区选取图 3.3.2a 所示的点 1 和点 2，创建图 3.3.4b 所示的圆 1。

Step5. 设置圆参数。在“已知点画圆”对话框中选中 ◉ 相切(T) 单选项。

Step6. 创建图 3.3.2b 所示的圆 2。依次在绘图区选取图 3.3.2a 所示的点 3 和前面创建的圆 1，创建图 3.3.2b 所示的圆 2。

Step7. 单击 ✓ 按钮，完成中心、半径绘圆的操作，如图 3.3.2b 所示。

3.4　绘制矩形

以上所讲述的都是绘制点、直线、圆弧等单一图素的命令。除了这些绘制单一图素的命令，Mastercam 2024 还为用户提供了绘制复合图素的命令，如绘制矩形、绘制矩形形状图形等。这些复合图素是由多条直线和圆弧构成的，但是它们不是分别绘制的，而是由一个命令一次性创建出来的。不过这些复合图形并不是一个整体，各个组成图素是独立的。绘制这些复合图素的命令主要位于 线框 功能选项卡的 形状 区域中。

绘制矩形命令是通过确定矩形的两个顶点来创建矩形的。下面以图 3.4.1 所示的模型为例讲解绘制矩形的一般操作过程。

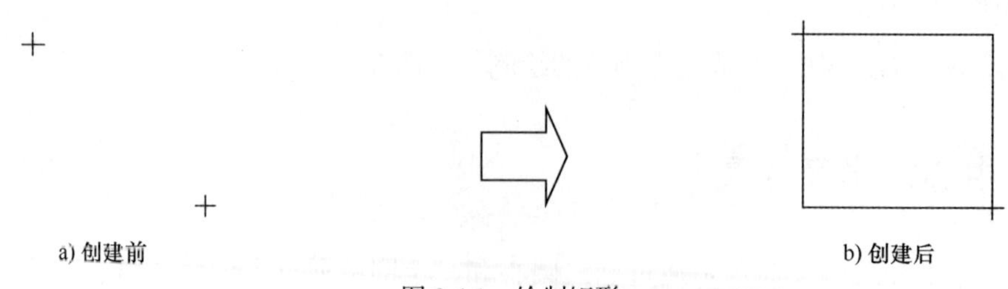

图 3.4.1　绘制矩形

Step1. 打开文件 D:\mcx2024\work\ch03.04.01\RECTANGLE.mcam。

Step2. 选择命令。单击 线框 功能选项卡 形状 区域的 □ 矩形 命令，系统弹出

“矩形”对话框。

Step3. 定义矩形的两个顶点。在绘图区选取图 3.4.1a 所示的两个点为矩形的两个顶点。

Step4. 单击 ✅ 按钮，完成矩形的绘制，如图 3.4.1b 所示。

3.5 绘制正多边形

在 Mastercam 2024 中，使用“多边形”命令可以绘制 3~360 条边的多边形。绘制方法是通过指定中心点和半径来确定正多边形的尺寸。下面以图 3.5.1 所示的模型为例讲解绘制正多边形的一般操作过程。

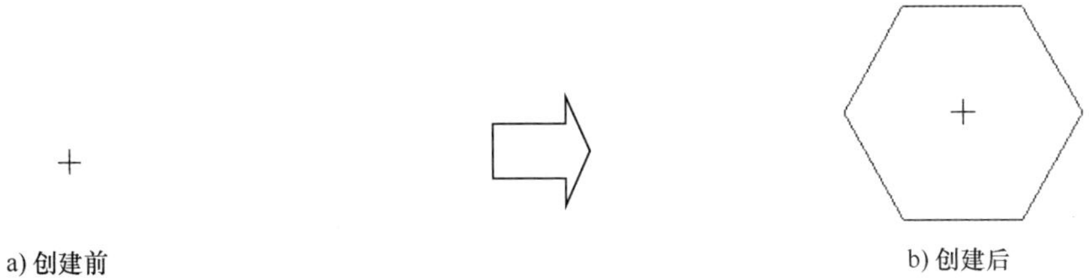

图 3.5.1 绘制正多边形

Step1. 打开文件 D：\mcx2024\work\ch03.05\POLYGON.mcam。

Step2. 选择命令。单击 线框 功能选项卡 形状 区域 矩形 下拉列表中的 ⬠ 多边形 命令，系统弹出“多边形”对话框。

Step3. 定义正多边形的中心位置。在绘图区选取图 3.5.1a 所示的点为正多边形的中心。

Step4. 设置正多边形的参数。在“多边形”对话框的 边数(S)： 文本框中输入值 6；在 半径(U)： 文本框中输入值 15，并选中 ◉外圆(F) 单选项。

Step5. 单击 ✅ 按钮，完成正多边形的绘制，如图 3.5.1b 所示。

3.6 图形文字

图形文字与标注文字不同，是图样中的几何信息要素，它可以用于加工。而标注文字是图样中的非几何信息要素，主要用于说明。下面以图 3.6.1 所示的模型为例讲解绘制图形文字的一般操作过程。

Step1. 打开文件 D：\mcx2024\work\ch03.06\LETTERS.mcam。

Step2. 选择命令。单击 线框 功能选项卡 形状 区域中的 A 命令，系统弹出“创建文字”对话框。

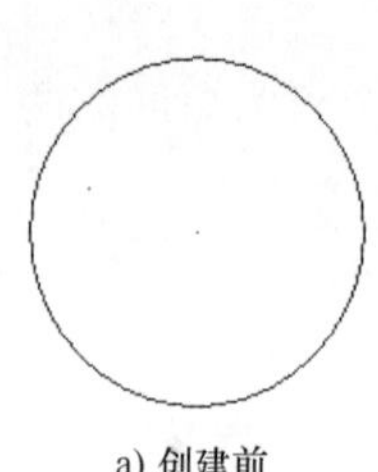

a) 创建前

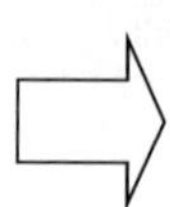

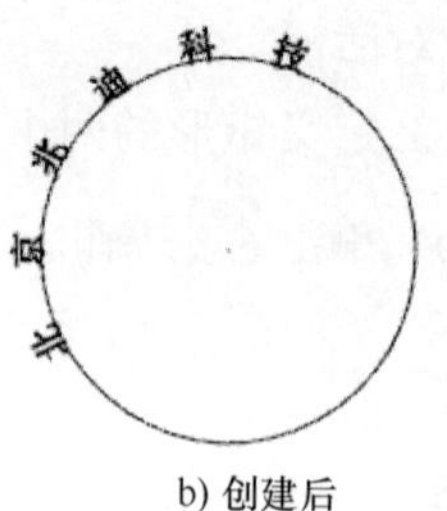

b) 创建后

图 3.6.1　绘制图形文字

Step3. 设置字型的参数。单击 按钮，在系统弹出的“字体”对话框中选择 宋体，在该 对话框中单击 确定 按钮。

Step4. 设置输入文字。在 字母(L) 文本框中输入“北京兆迪科技”的字样。

Step5. 设置文字的参数。在 尺寸 区域的 高度(T): 文本框中输入值 2；在 间距(S): 文本框中输入值 3。

Step6. 设置文字的对齐方式。在 对齐 区域中选中 ◉ 圆弧(A) 和 ◉ 顶部(P) 单选项；在 半径(U): 文本框中输入值 10。

Step7. 单击 按钮，完成图形文字的绘制。

说明： 如果第一次设置的文字没有间距，可退出重新设置一次。

3.7　删除与还原图素

删除与还原图素是在设计中常常用到的命令，它主要是对生成的多余图素或重复图素进行删除与还原操作。Mastercam 2024 具有较强的删除和还原功能，不仅可以删除多余的图素，还可以删除重复的图素，同时又具有还原删除图素的功能。删除和还原图素的命令主要位于 主页 功能选项卡 删除 区域中。

3.7.1　删除图素

“删除图素”命令用于删除多余的图素。此命令不仅能删除整个图素，而且还能删除图素的一部分。下面以图 3.7.1 所示的模型为例讲解删除图素的一般操作过程。

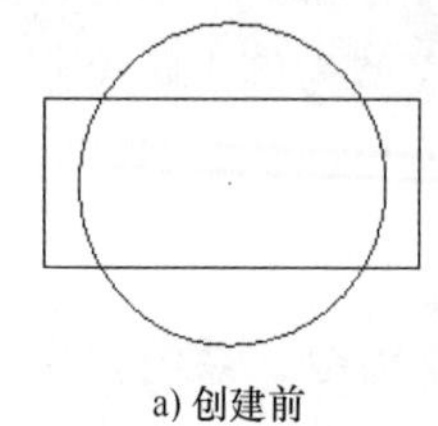

a) 创建前

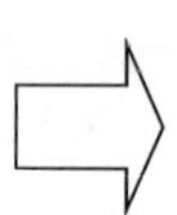

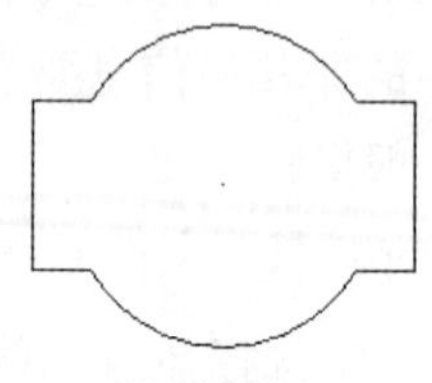

b) 创建后

图 3.7.1　删除图素

Step1. 打开文件 D：\mcx2024\work\ch03.07.01\DELETE_ENTITIES.mcam。

Step2. 选择命令。单击 主页 功能选项卡 删除 区域中的 删除图素 命令。

Step3. 定义删除对象。在绘图区选取图 3.7.2 所示的四条曲线。

Step4. 按 Enter 键，完成删除图素的操作。

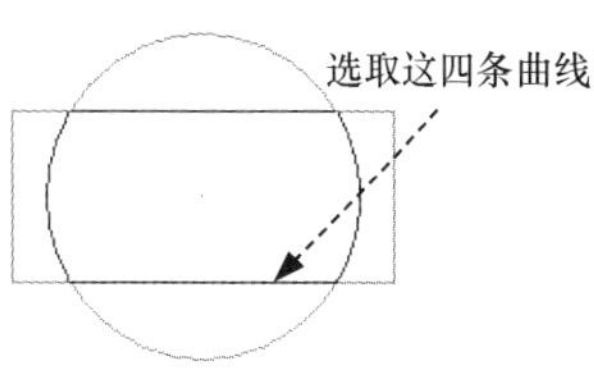

图 3.7.2 定义删除对象

3.7.2 删除重复图形

“删除重复图形”命令是删除重复的图形，只保留其中一个同类型的图形。下面以图 3.7.3 所示的模型为例讲解删除重复图形的一般操作过程。

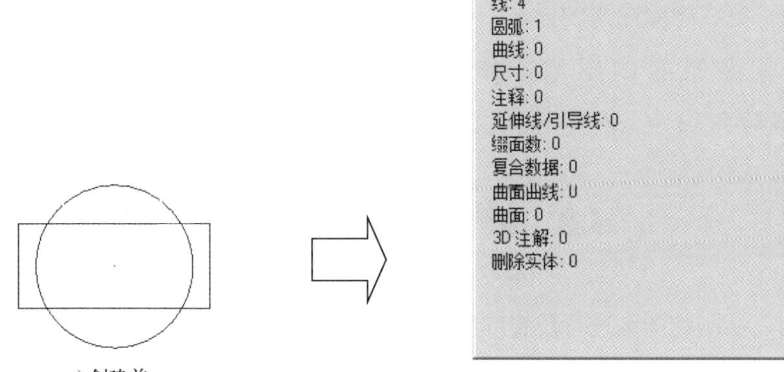

a) 创建前　　b) 创建后

图 3.7.3 删除重复图形

Step1. 打开文件 D：\mcx2024\work\ch03.07.02\DELETING_DUPLICATE.mcam。

Step2. 选择命令。单击 主页 功能选项卡 删除 区域中的 重复图形 命令，系统弹出图 3.7.3b 所示的“删除重复图形”对话框，可以看到共有 4 条直线和 1 条圆弧将被删除。

Step3. 单击 ✔ 按钮，完成删除重复图形的操作。

说明： 如果对删除的重复图形有特殊的要求时，可以通过单击 主页 功能选项卡 删除 区域 重复图形 下拉列表中的 高级 命令，然后选取要删除的对象，按 Enter 键，系统弹出“删除重复图形”对话框。用户可以通过该对话框设置删除重复图形的属性。

3.7.3 还原被删除图素

Mastercam 2024 为用户提供了还原被删除图素的命令，通过该命令可以还原前一步一个或多个已删除图素。下面介绍恢复图素的一般过程。

Step1. 打开文件 D：\mcx2024\work\ch03.07.03\UNDELETE.mcam。

Step2. 删除图 3.7.4a 所示的图素。

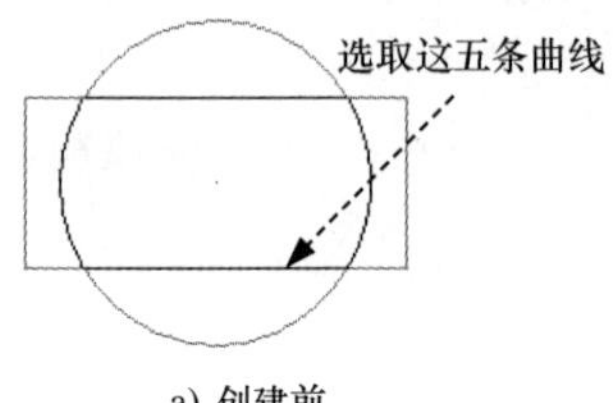

a) 创建前

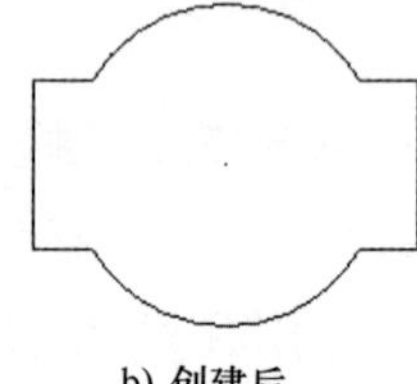

b) 创建后

图 3.7.4 删除图素

（1）选择命令。单击 主页 功能选项卡 删除 区域中的 删除图素 命令。

（2）定义删除对象。在绘图区选取图 3.7.4a 所示的五条曲线。

（3）按 Enter 键，完成删除图素的操作，如图 3.7.4b 所示。

Step3. 恢复上一步删除的图素。单击 主页 功能选项卡 删除 区域中的 恢复图素 命令，恢复删除的图素，如图 3.7.5 所示。

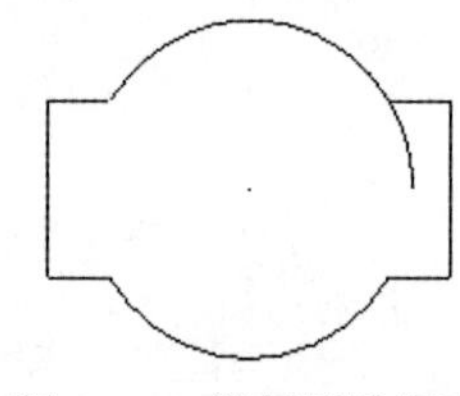

图 3.7.5 恢复删除图素

3.8 编辑图素

编辑图素是指对已绘制的图素进行位置或形状的调整，主要包括倒圆角、倒角、修剪 / 打断、连接图素、更改曲线、转换成 NURBS 曲线和转换曲线为圆弧等。编辑图素的命令主要位于 线框 功能选项卡的 修剪 区域中。

3.8.1 倒圆角

“倒圆角”命令可以在两个图素之间，或一个串连的多个图素之间的拐角处创建圆弧，并且该圆弧与其相邻的图素相切。“倒圆角”命令可以对直线或者圆弧进行操作，但是不能对样条曲线进行操作。下面以图 3.8.1 为例讲解倒圆角的一般操作过程。

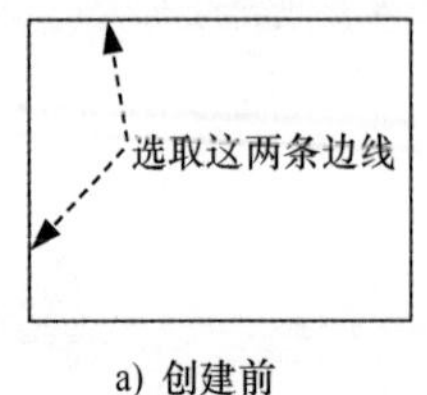

a) 创建前

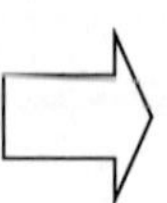

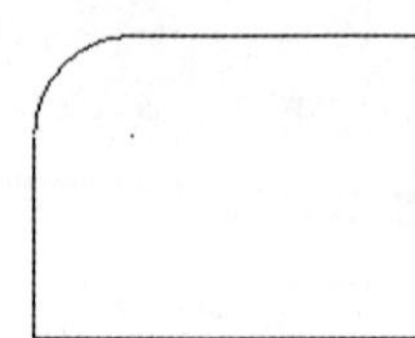

b) 创建后

图 3.8.1 倒圆角

1. 普通倒圆角

Step1. 打开文件 D:\mcx2024\work\ch03.08.01\FILLET_ENTITIES.mcam。

Step2. 选择命令。单击 线框 功能选项卡 修剪 区域中的 倒圆角 命令，系统弹出“倒圆角”对话框。

Step3. 定义倒圆角边。在绘图区选取图 3.8.1a 所示的两条边线。

Step4. 设置倒圆角参数。在“倒圆角”对话框的 半径(U): 文本框中输入值 5，并按 Enter 键确认；然后选中 ☑ 修剪图素(T) 复选框。

Step5. 单击 ✔ 按钮，完成倒圆角的创建，如图 3.8.1b 所示。

2. 串连倒圆角

Step1. 打开文件 D:\mcx2024\work\ch03.08.01\FILLET_ENTITIES.mcam。

Step2. 选择命令。单击 线框 功能选项卡 修剪 区域 倒圆角 下拉列表中的 串连倒圆角 命令，系统弹出“串连选项”对话框和“串连倒圆角”对话框。

Step3. 选取线串。在绘图区选取图 3.8.2 所示的边线，系统会自动串连选取与此边线相串连的所有边线，同时在绘图区显示串连的方向，如图 3.8.3 所示。单击 ✔ 按钮，完成线串的选取。

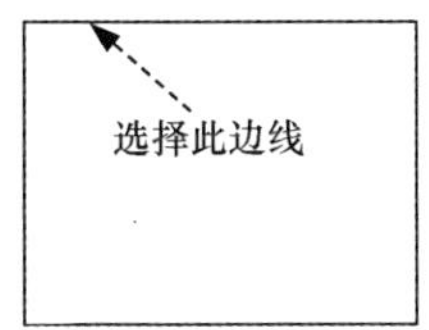

图 3.8.2　定义选取边线

图 3.8.3　串连方向

注意： 串连的方向会影响倒圆角的扫描方向和倒圆角的类型。如果所选取创建倒圆角的方式和倒圆角的扫描方向不匹配，将不会有倒圆角生成。

Step4. 设置倒圆角参数。在“串连倒圆角”对话框的 半径(U): 文本框中输入值 5，并按 Enter 键确认；然后选中 ☑ 修剪图素(T) 复选框。

Step5. 单击 ✔ 按钮，完成串连倒圆角的创建，如图 3.8.4b 所示。

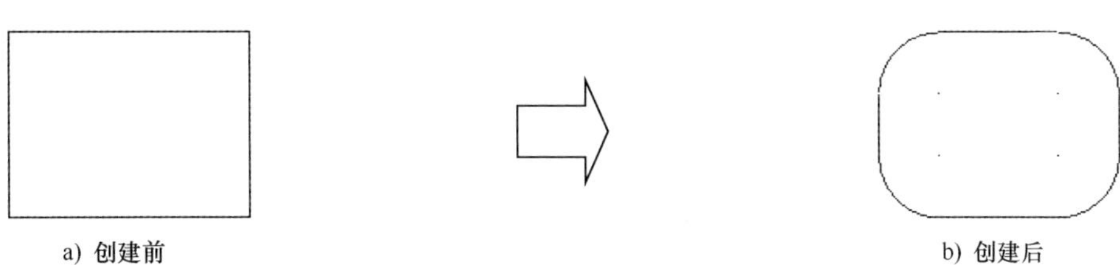

图 3.8.4　串连倒圆角

3.8.2 倒角

“倒角”命令可以在两个图素之间，或一个串连的多个图素之间的拐角处创建等距或不等距的倒角，其倒角的距离值是从两个图素的交点处算起。下面以图 3.8.5 为例讲解倒角的一般操作过程。

1. 普通倒角

Step1. 打开文件 D:\mcx2024\work\ch03.08.02\CHAMFER_ENTITIES.mcam。

Step2. 选择命令。单击 线框 功能选项卡 修剪 区域中的 倒角 命令，系统弹出“倒角”对话框。

Step3. 定义倒角边。在绘图区选取图 3.8.5a 所示的两条边线。

Step4. 设置倒角参数。在“倒角”对话框的 距离 1(1) 文本框中输入值 5，并按 Enter 键确认；然后选中 ☑ 修剪图素(T) 复选框。

Step5. 单击 按钮，完成倒角的创建，如图 3.8.5b 所示。

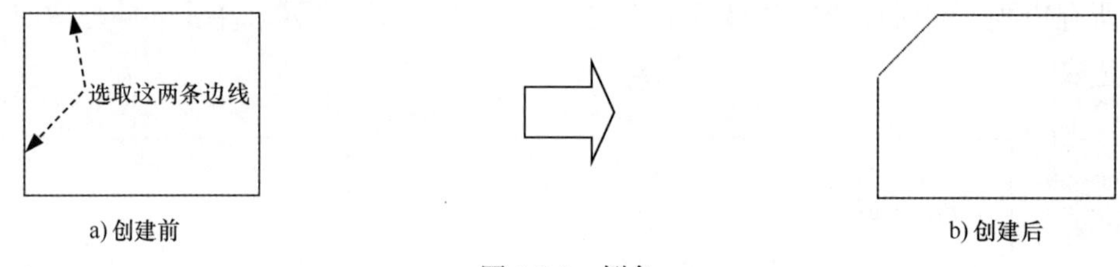

图 3.8.5 倒角

2. 串连倒角

Step1. 打开文件 D:\mcx2024\work\ch03.08.02\CHAMFER_ENTITIES.mcam。

Step2. 选择命令。单击 线框 功能选项卡 修剪 区域 倒角 下拉列表中的 串连倒角 命令，系统弹出“串连选项”对话框和“串连倒角”对话框。

Step3. 选取线串。在绘图区选取图 3.8.6 所示的边线，系统会自动串连选取与此边线相串连的所有边线，同时在绘图区显示串连的方向，如图 3.8.7 所示。单击 按钮完成线串的选取。

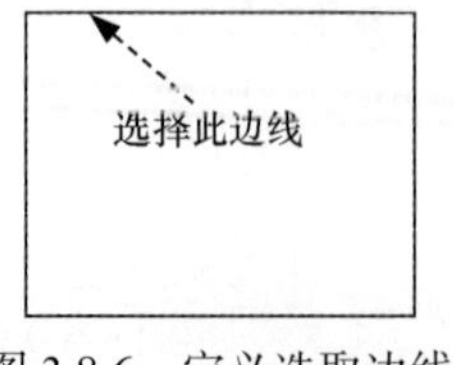

图 3.8.6 定义选取边线

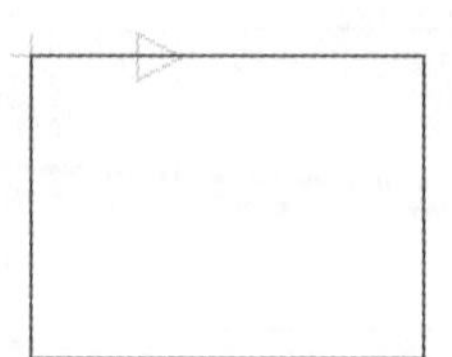
图 3.8.7 串连方向

Step4. 设置倒角参数。在“串连倒角”对话框的 ◉距离(D) 文本框中输入值 5，并按 Enter 键确认；然后选中 ☑修剪图素(T) 复选框。

Step5. 单击 ✅ 按钮，完成串连倒角的创建，如图 3.8.8 所示。

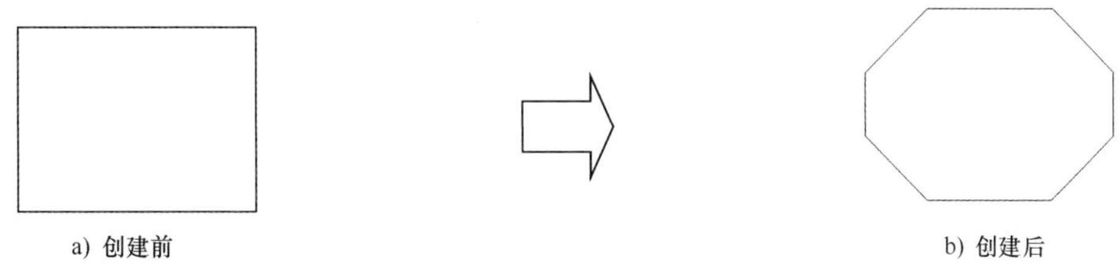

a) 创建前　　b) 创建后

图 3.8.8　串连倒角

3.8.3　修剪 / 打断

“修剪 / 打断”命令可以对图素进行修剪或者打断的编辑操作，或者沿着某一个图素的法线方向进行延伸。下面以图 3.8.9 所示的模型为例讲解修剪 / 打断的一般操作过程。

Step1. 打开文件 D：\mcx2024\work\ch03.08.03\TRIM_BREAK.mcam。

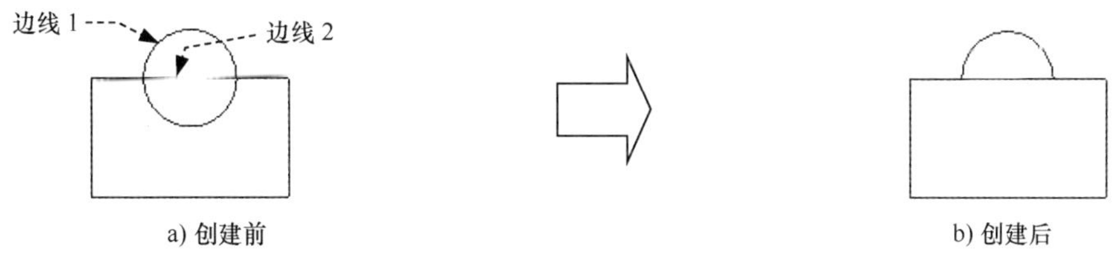

a) 创建前　　b) 创建后

图 3.8.9　修剪 / 打断

Step2. 选择命令。单击 线框 功能选项卡 修剪 区域中的 动态修剪 命令，系统弹出“动态修剪”对话框。

Step3. 设置修剪方式。在“动态修剪”对话框中单击 ◉修剪(T) 单选项和 ◉修剪 1 个图素(1) 单选项。

Step4. 定义修剪对象。在绘图区选取图 3.8.9a 所示的边线 1 和边线 2。

Step5. 单击 ✅ 按钮，完成修剪 / 打断的创建，如图 3.8.9b 所示。

3.9　转换图素

在使用 Mastercam 2024 进行绘图时，有时要绘制一些相同或近似的图形，此时可以根据用户的需要对其进行平移、镜像、旋转、缩放、偏置、投影、阵列、缠绕、拖拽等操作，以加快设计速度。转换图素的命令主要位于 转换 功能选项卡中。

3.9.1 平移

“平移”命令可以将指定的图素沿着某一个方向进行平移操作，该方向可以通过相对直角坐标系、极坐标系或者两点间的距离进行指定。通过“平移”命令可以创建一个或者多个与指定图素相同的图形。下面以图 3.9.1 所示的模型为例来讲解平移的一般操作过程。

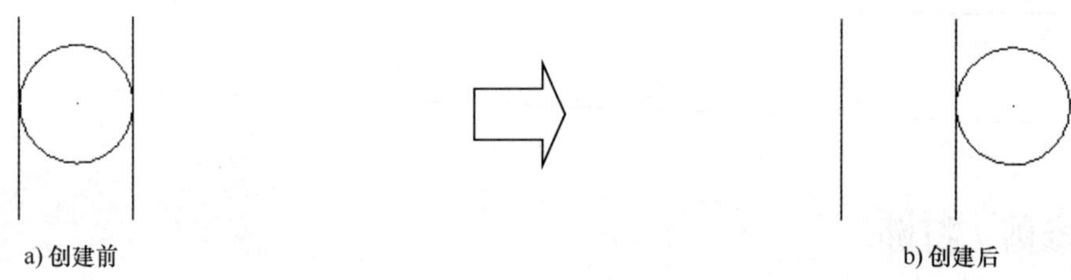

图 3.9.1 平移

Step1. 打开文件 D：\mcx2024\work\ch03.09.01\TRANSLATE.mcam。

Step2. 选择命令。单击 转换 功能选项卡 位置 区域中的 平移 命令。

Step3. 定义平移对象。在绘图区选取图 3.9.1a 所示的圆为平移对象，按 Enter 键完成平移对象的定义，此时系统弹出“平移”对话框。

Step4. 设置平移参数。在“平移”对话框中选中 ◉ 移动(M) 单选项；在 编号(N) 文本框中输入值 1。

Step5. 定义平移位置。在“平移”对话框的 向里始于/止于 区域中单击 重新选择(T) 按钮，选取图 3.9.2 所示的点 1（直线和圆的切点）为平移的起始点，然后选取图 3.9.2 所示的点 2（直线和圆的切点）为平移的终止点。

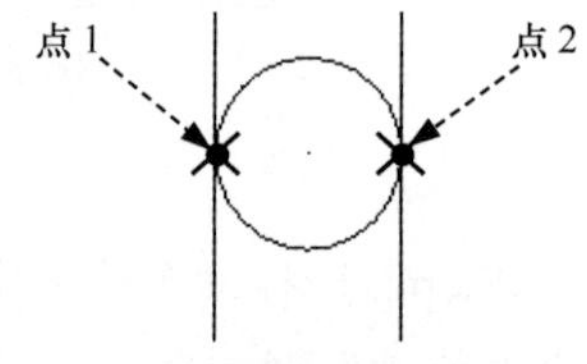

图 3.9.2 定义起始点和终止点

Step6. 单击 ✔ 按钮，完成平移的操作，如图 3.9.1b 所示。

3.9.2 镜像

“镜像”命令可以将指定的图素关于定义的镜像中心线进行对称操作。下面以图 3.9.3 所示的模型为例来讲解镜像的一般操作过程。

Step1. 打开文件 D：\mcx2024\work\ch03.09.02\MIRROR.mcam。

Step2. 选择命令。单击 转换 功能选项卡 位置 区域中的 镜像 命令。

Step3. 定义镜像对象。在“选择”工具栏的 ⬚ ▾ 下拉列表中选择 串连 选项，然后在绘图区选取图 3.9.3a 所示的圆弧为镜像对象，按 Enter 键，完成镜像对象的定义，此时系

统弹出“镜像”对话框。

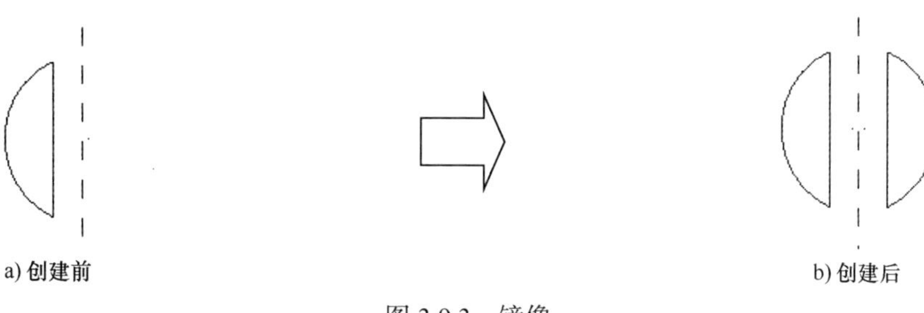

图 3.9.3 镜像

Step4. 设置镜像参数。在“镜像”对话框中选中 ◉复制(C) 单选项。

Step5. 设置镜像轴。在 轴 区域选中 ◉向里(V) 单选项，单击其后的 按钮，然后在绘图区选取图 3.9.3a 所示的直线为镜像轴。

Step6. 单击 按钮，完成镜像的操作，如图 3.9.3b 所示。

3.9.3 缩放

“缩放”命令可以将指定的图素关于定义的中心点按照定义的比例进行缩放。下面以图 3.9.4 所示的模型为例来讲解缩放的一般操作过程。

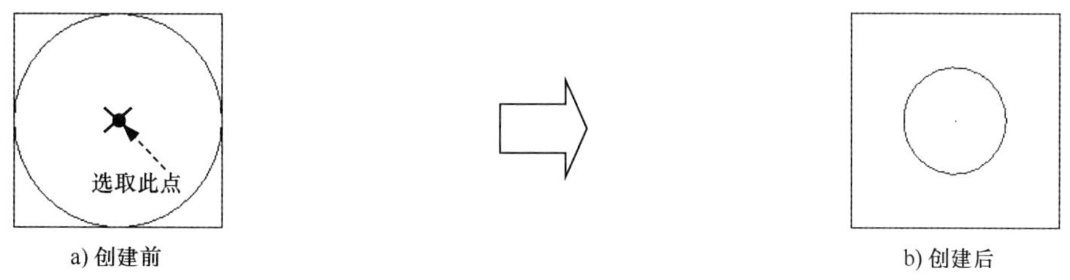

图 3.9.4 缩放

Step1. 打开文件 D:\mcx2024\work\ch03.09.03\SCALE.mcam。

Step2. 选择命令。单击 转换 功能选项卡 比例 区域中的 比例 命令。

Step3. 定义缩放对象。在绘图区选取图 3.9.4a 所示的圆为缩放对象，然后按 Enter 键，完成缩放对象的定义，此时系统弹出“比例”对话框。

Step4. 设置缩放参数。在“比例”对话框中选中 ◉移动(M) 单选项。

Step5. 设置缩放中心及缩放比例。单击 重新选择(T) 按钮，然后在绘图区选取图 3.9.4a 所示的点（圆的圆心）为旋转中心，在 缩放(S) 文本框中输入值 0.5。

Step6. 单击 按钮，完成缩放的操作，如图 3.9.4b 所示。

3.9.4 偏置

“偏置”命令可以将指定的图素向外或向内偏移一定的距离。下面以图 3.9.5 所示的模型为例来讲解偏置的一般操作过程。

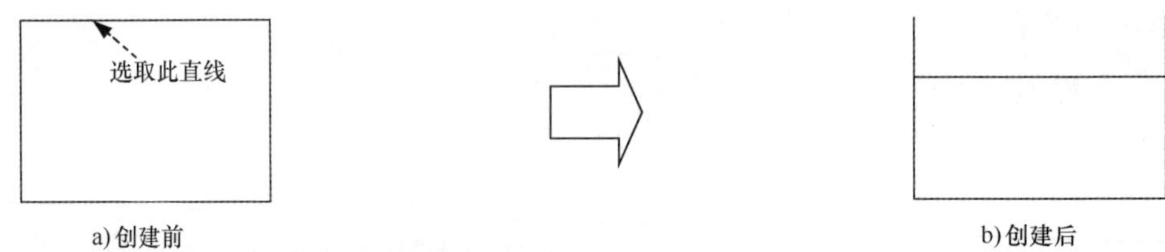

图 3.9.5 偏置

Step1. 打开文件 D：\mcx2024\work\ch03.09.04\OFFSET.mcam。

Step2. 选择命令。单击 转换 功能选项卡 补正 区域中的 单体补正 命令，系统弹出“偏移图素”对话框。

Step3. 设置偏置参数。在“偏移图素”对话框中选中 ◉ 移动(M) 单选项；在 距离(D) 文本框中输入值 5。

Step4. 定义偏置对象。在绘图区选取图 3.9.5a 所示的直线为偏置对象，然后在直线的下方单击。

Step5. 单击 按钮，完成偏置的操作，如图 3.9.5b 所示。

3.9.5 偏置外形

“偏置外形”命令可以将一个由多个图素首尾相连而成的图素向外或向内偏移一定距离。下面以图 3.9.6 所示的模型为例来讲解偏置外形的一般操作过程。

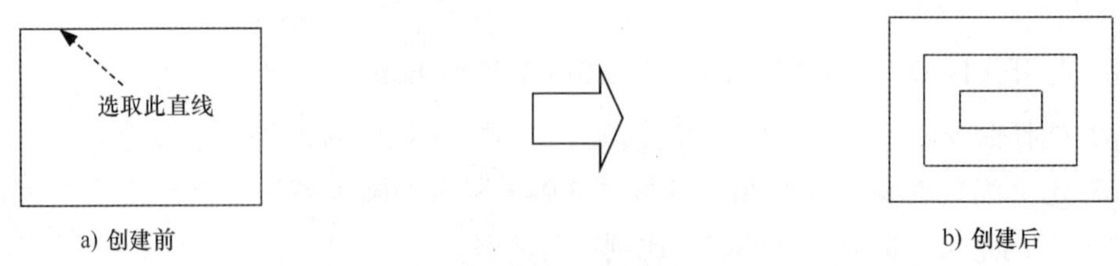

图 3.9.6 偏置外形

Step1. 打开文件 D：\mcx2024\work\ch03.09.05\OFFSET_CONTOUR.mcam。

Step2. 选择命令。单击 转换 功能选项卡 补正 区域中的 串连补正 命令，系统弹出“串连选项”对话框。

Step3. 定义偏置对象。在绘图区选取图 3.9.6a 所示的直线为偏置对象，系统会自动串连与它相连的图素并显示串连方向。单击 ✔ 按钮，完成偏置对象的定义，然后在所选图素外侧任意位置单击确定偏置方向，同时系统弹出“偏移串连”对话框。

Step4. 设置偏置参数。在“偏移串连”对话框中选中 ◉复制(C) 单选项；在 距离(E) 文本框中输入值 5；在 方向 区域选中 ◉双向(B) 单选项，取消选中 □修改圆角(F) 复选框。

Step5. 单击 ✔ 按钮，完成偏置外形的操作，如图 3.9.6b 所示。

3.9.6 投影

“投影”命令可以将指定的图素按照定义的高度进行投影，或投影到指定的平面、曲面上。下面以图 3.9.7 所示的模型为例来讲解投影的一般操作过程。

Step1. 打开文件 D:\mcx2024\work\ch03.09.06\PROJECT.mcam。

Step2. 选择命令。单击 转换 功能选项卡 位置 区域中的 投影 命令。

Step3. 定义投影对象。在绘图区选取图 3.9.7a 所示的圆为投影对象，按 Enter 键完成投影对象的定义，此时系统弹出“投影”对话框。

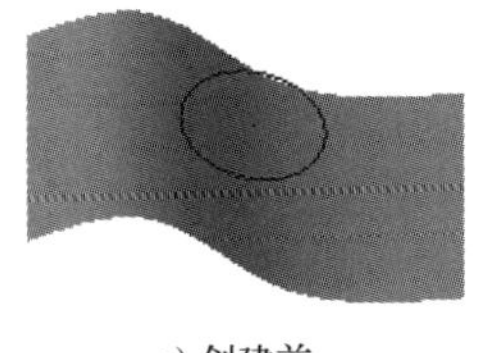

a) 创建前

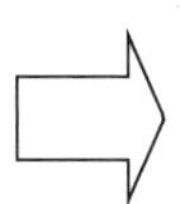

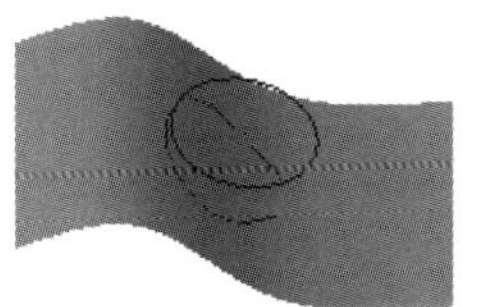

b) 创建后

图 3.9.7 投影

Step4. 定义投影面。在 投影到 区域选中 ◉曲面/实体(S) 单选项，然后在绘图区选取图 3.9.7a 所示的曲面为投影面，按 Enter 键，完成投影面的定义，此时系统返回至“投影”对话框。

Step5. 设置投影参数。在“投影”对话框中选中 ◉复制(C) 单选项。

Step6. 单击 ✔ 按钮，完成投影的操作，如图 3.9.7b 所示。

3.9.7 矩形阵列

“矩形阵列”命令可以将指定的图素沿两个定义的角度、按照指定的距离进行复制。下面以图 3.9.8 所示的模型为例来讲解矩形阵列的一般操作过程。

Step1. 打开文件 D:\mcx2024\work\ch03.09.07\RECTANGULAR_ARRAY.mcam。

Step2. 选择命令。单击 转换 功能选项卡 布局 区域中的 直角阵列 命令。

Step3. 定义阵列对象。在绘图区选取图 3.9.8a 所示的圆为阵列对象，然后按 Enter 键完成阵列对象的定义，此时系统弹出“直角阵列”对话框。

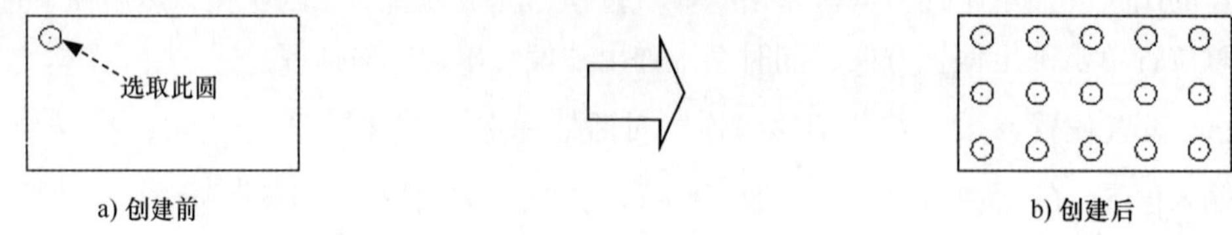

图 3.9.8　矩形阵列

Step4. 设置阵列参数。在“直角阵列”对话框 方向 1 区域的 实例(I) 文本框中输入值 5，在 距离(D) 文本框中输入值 25，在 角度(A) 文本框中输入值 0；在 方向 2 区域的 实例(N) 文本框中输入值 3，在 距离(C) 文本框中输入值 25，在 角度(G) 文本框中输入值 90，选中 ◉ 相反方向(P) 单选项。

Step5. 单击 ✔ 按钮，完成阵列的操作，如图 3.9.8b 所示。

第4章　图形尺寸标注

4.1　标注尺寸

标注尺寸用于确定图素的大小或图素间的相互位置，以及在图形中添加注释等。标注尺寸包括线性标注、角度标注、半径标注、直径标注等几种类型。

标注尺寸样式也就是尺寸标注的外观，比如标注文字的样式、箭头类型、颜色等都属于标注尺寸样式。标注尺寸样式由系统提供的多种尺寸变量控制，用户可以根据需要对其进行设置并保存，以便重复使用此样式，从而可以提高软件的使用效率。

在 Mastercam 2024 中，图形尺寸标注包括尺寸标注、注释和图案填充。它们主要位于 标注 功能选项卡中，如图 4.1.1 所示。

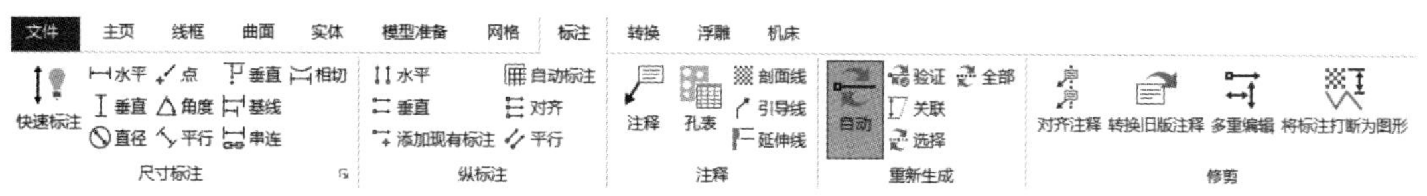

图 4.1.1　“标注”功能选项卡

4.1.1　尺寸标注的组成

一个完整的尺寸标注由标注文字、尺寸线、尺寸线的端点符号（箭头）、尺寸界线及标注起点组成，如图 4.1.2 所示。下面分别对尺寸标注的构成进行说明。

- 标注文字：用于表明图形大小的数值，标注文字除了包含一个基本的数值外，还可以包含前缀、后缀、公差和其他的任何文字。在创建尺寸标注时，可以控制标注文字字体及其位置和方向。
- 尺寸线：标注尺寸线简称尺寸线，一般是一条两端带箭头的线段，用于表明标注的范围。对于角度标注，尺寸线是一段圆弧。尺寸线应该使用细实线。
- 标注箭头：标注箭头位于尺寸线的两端，用于指出测量的开始和结束位置。系统默认使用楔形的箭头符号。此外，还提供了多种箭头符号，如三角形、开放三角形、

圆形框、矩形框、斜线、积分符号等，以满足用户的不同需求。

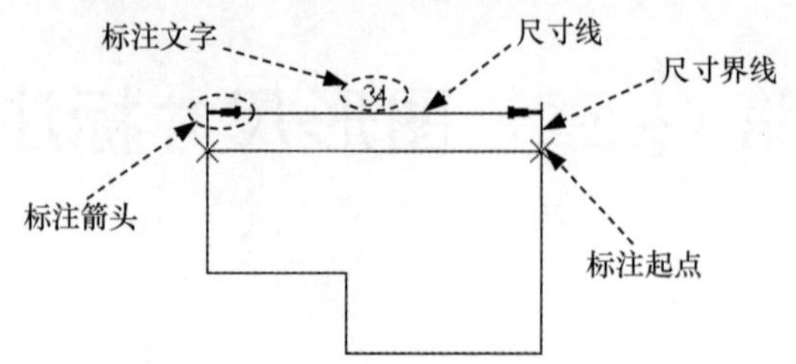

图 4.1.2　尺寸标注的元素

- 标注起点：标注起点是所标注对象的起点，系统测量的数据均以起点为计算点。标注起点通常与尺寸界线的起点重合，也可以利用尺寸变量，使标注起点与尺寸界线的起点之间有一小段距离。
- 尺寸界线：尺寸界线是表明标注范围的直线，可用于控制尺寸线的位置。尺寸界线也应该使用细实线。

4.1.2　设置尺寸标注样式

在对大小及复杂程度不同的零件图进行标注时，往往由于它们大小不同，而需要对尺寸标注的标注文字和尺寸箭头等因素的大小、形状进行调整，即进行尺寸标准样式设置。

单击 标注 功能选项卡 尺寸标注 区域的 按钮，系统弹出图 4.1.3 所示的“自定义选项”对话框，在该对话框中可以设置尺寸的属性、标注文本、注释文本、引导线和延伸线等尺寸标注样式。

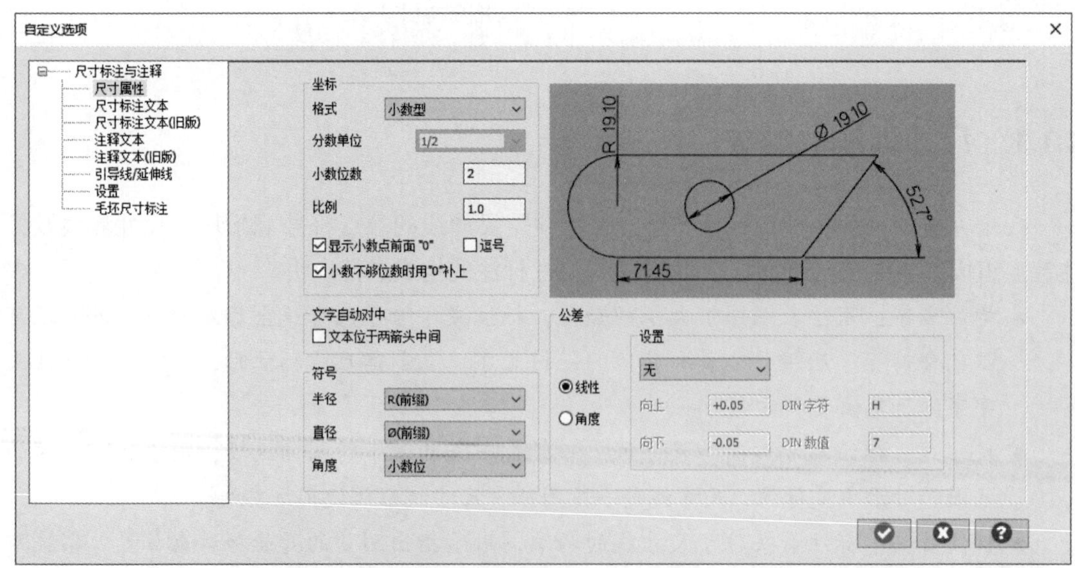

图 4.1.3　“自定义选项”对话框

4.1.3 尺寸标注

尺寸标注是在现有的图素上添加标注尺寸，使其成为完整的工程图。Mastercam 2024 为用户提供了多种标注命令，可以进行水平、垂直、平行、角度、半径、直径等标注。水平标注、垂直标注和平行标注统称为线性标注，用于标注图形对象的线性距离或长度。下面讲解创建尺寸标注的方法。

1. 水平标注

水平标注用于标注对象上的两点在水平方向上的距离，尺寸线沿水平方向放置。下面以图 4.1.4 所示的模型为例讲解水平标注的创建过程。

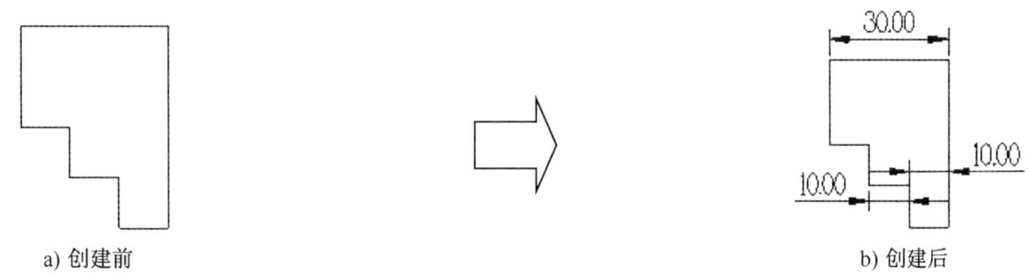

图 4.1.4 水平标注

Step1. 打开文件 D:\mcx2024\work\ch04.01.03\HORIZONTAL.mcam。

Step2. 选择命令。单击 标注 功能选项卡 尺寸标注 区域中的 水平 命令，系统弹出“尺寸标注”对话框。

Step3. 定义标注对象。在绘图区选取图 4.1.5 所示的直线为标注对象。

Step4. 定义标注尺寸的放置位置。在图 4.1.6 所示的位置单击以放置标注尺寸，如图 4.1.7 所示。

说明： 在定义标注对象时，选取图 4.1.5 所示的直线的两个端点也可以标出图 4.1.7 所示的效果。

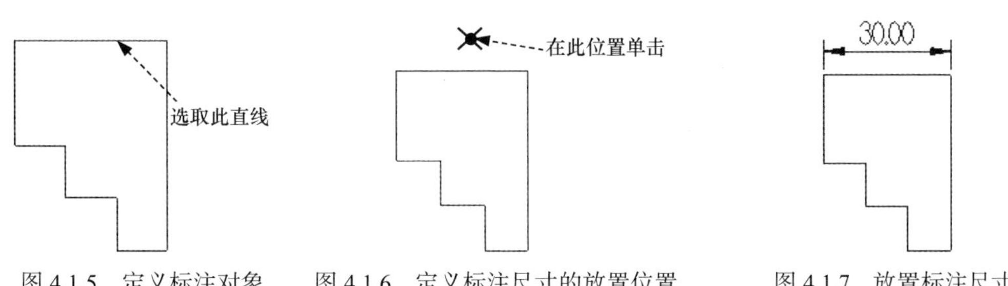

图 4.1.5 定义标注对象　图 4.1.6 定义标注尺寸的放置位置　图 4.1.7 放置标注尺寸

Step5. 参照 Step3、Step4 创建图 4.1.4b 所示的其余两个水平尺寸。

Step6. 在“尺寸标注”对话框中单击 ✓ 按钮，完成水平尺寸的标注。

2. 垂直标注

垂直标注用于标注对象上的两点在垂直方向上的距离，尺寸线沿垂直方向放置。下面以图 4.1.8 所示的模型为例讲解垂直标注的创建过程。

Step1. 打开文件 D:\mcx2024\work\ch04.01.03\VERTICAL.mcam。

Step2. 选择命令。单击 标注 功能选项卡 尺寸标注 区域中的 垂直 命令，系统弹出“尺寸标注”对话框。

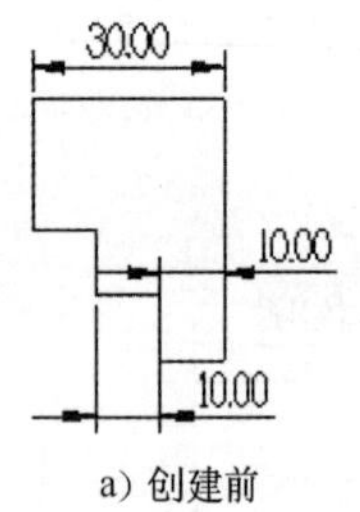

a) 创建前

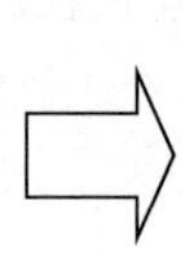

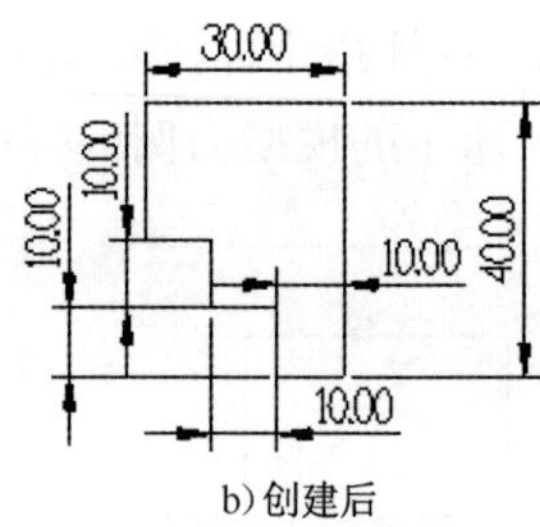

b) 创建后

图 4.1.8　垂直标注

Step3. 定义标注对象。在绘图区选取图 4.1.9 所示的直线为标注对象。

Step4. 定义标注尺寸的放置位置。在图 4.1.10 所示的位置单击以放置标注尺寸，放置后如图 4.1.11 所示。

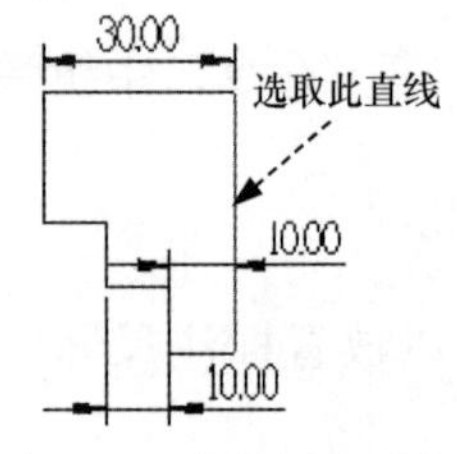

图 4.1.9　定义标注对象

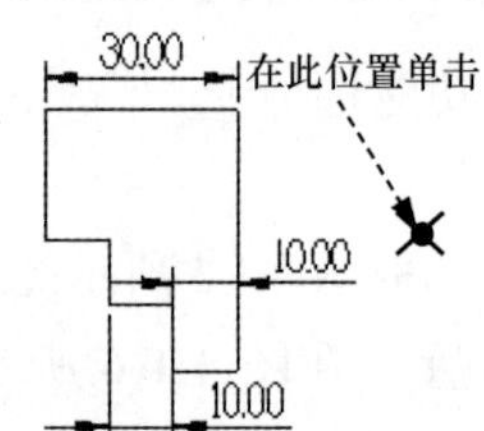

图 4.1.10　定义标注尺寸的放置位置

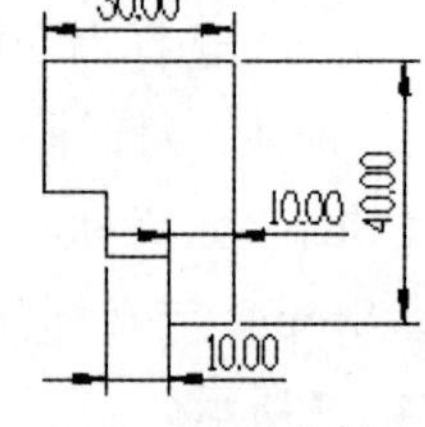

图 4.1.11　放置标注

Step5. 参照 Step3、Step4 创建图 4.1.8b 所示的其余两个垂直标注的尺寸。

Step6. 在“尺寸标注”对话框中单击 ✓ 按钮，完成垂直尺寸的标注。

3. 平行标注

平行标注用于标注两点在所选对象上的平行距离，尺寸线与所选对象平行放置。下面以图 4.1.12 所示的模型为例讲解平行标注的创建过程。

Step1. 打开文件 D:\mcx2024\work\ch04.01.03\ALIGNED.mcam。

Step2. 选择命令。单击 标注 功能选项卡 尺寸标注 区域中的 平行 命令，系统弹出“尺寸标注”对话框。

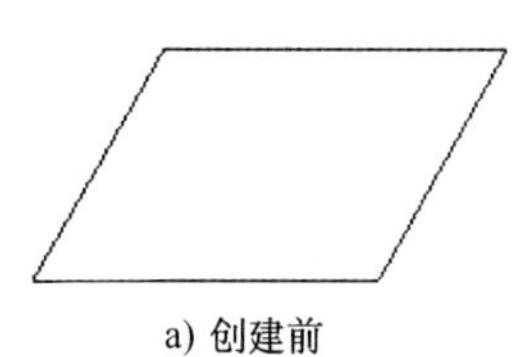
a) 创建前

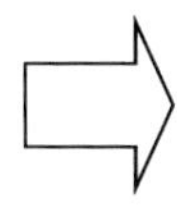

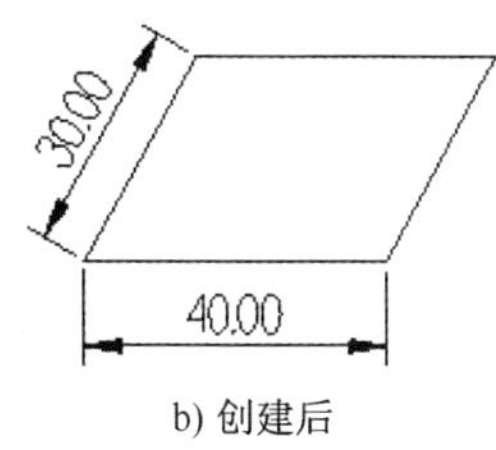

b) 创建后

图 4.1.12 平行标注

Step3. 定义标注对象。在绘图区选取图 4.1.13 所示的直线为标注对象。

Step4. 定义标注尺寸的放置位置。在图 4.1.14 所示的位置单击以放置标注尺寸，放置后如图 4.1.15 所示。

Step5. 参照 Step3、Step4 创建图 4.1.12b 所示的另一个平行尺寸。

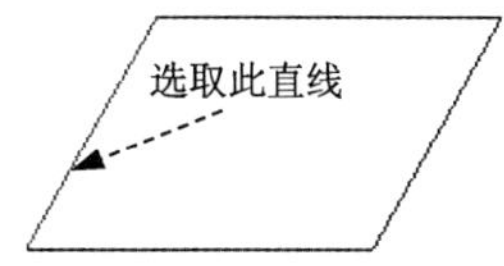

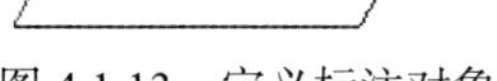
图 4.1.13 定义标注对象

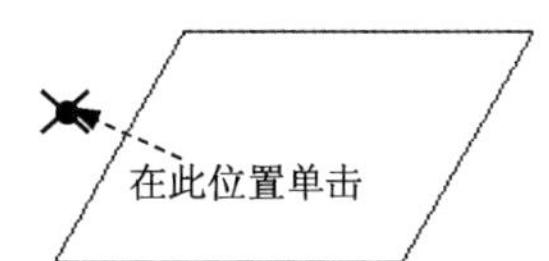

图 4.1.14 定义标注尺寸的放置位置

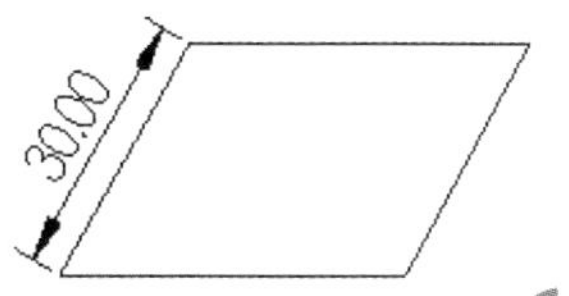

图 4.1.15 放置标注

Step6. 在“尺寸标注”对话框中单击 按钮，完成平行尺寸的标注。

4. 基准标注

基准标注是以已创建的线性尺寸为基准，并根据指定的点的位置进行线性标注。下面以图 4.1.16 所示的模型为例讲解基准标注的创建过程。

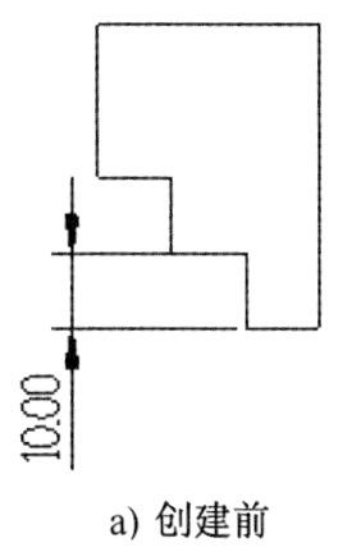

a) 创建前

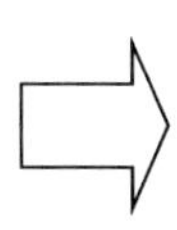

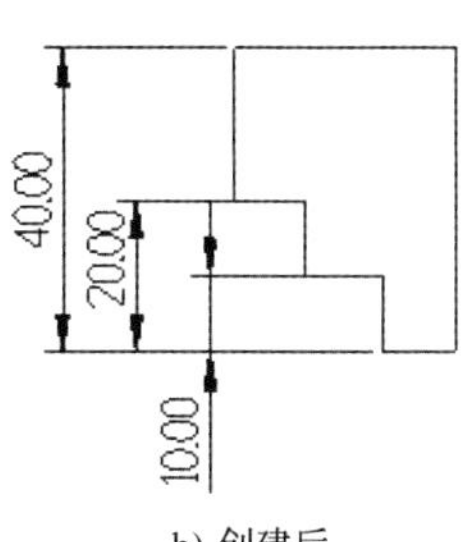

b) 创建后

图 4.1.16 基准标注

Step1. 打开文件 D: \mcx2024\work\ch04.01.03\BENCHMARK.mcam。

Step2. 选择命令。单击 标注 功能选项卡 尺寸标注 区域中的 基线 命令。

Step3. 定义基准。在绘图区选取图 4.1.17 所示的尺寸为基准。

Step4. 定义尺寸标注对象。依次在绘图区选取图 4.1.18 所示的点 1 和点 2，此时系统生成图 4.1.19 所示尺寸标注。

说明： 如果读者标注出的效果与图 4.1.19 不一致，可先在“自定义选项”对话框中

选中 ☑文字位于两箭头中间 复选框，在 基线增量 的 X 文本框中输入值 10，然后进行标注即可。

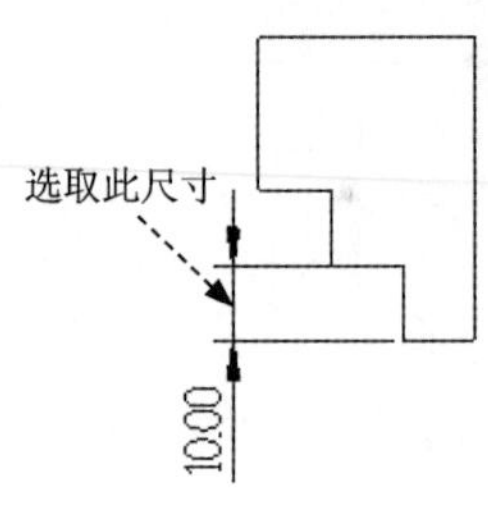

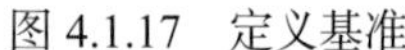
图 4.1.17 定义基准

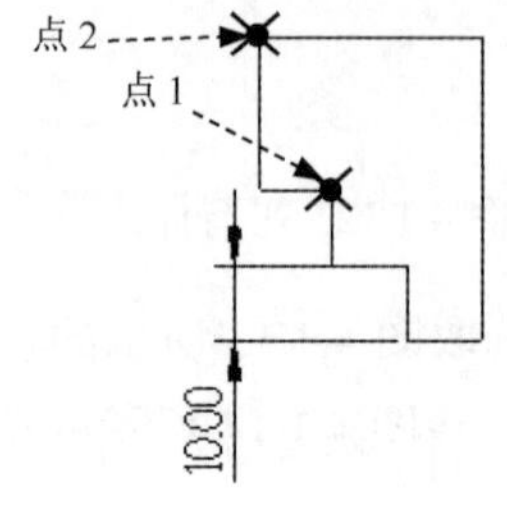

图 4.1.18 定义尺寸标注对象

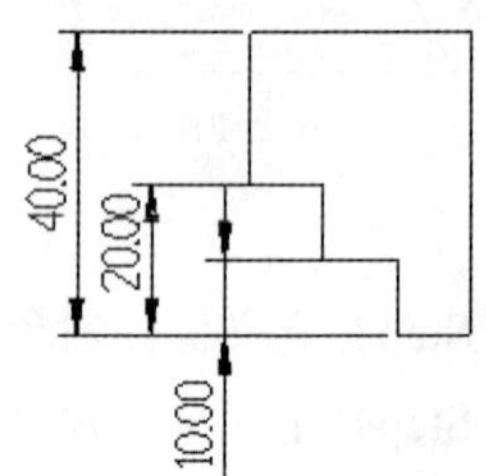

图 4.1.19 完成尺寸标注

Step5. 按两下 Esc 键退出基准标注状态。

5. 串连标注

串连标注是以已创建的线性尺寸为基准，并根据指定的点的位置进行线性标注。此命令与基准标注不同，使用串连标注创建的尺寸的尺寸线首尾相连且位于同一直线上。下面以图 4.1.20 所示的模型为例讲解串连标注的创建过程。

Step1. 打开文件 D:\mcx2024\work\ch04.01.03\CHAIN.mcam。

Step2. 选择命令。单击 标注 功能选项卡 尺寸标注 区域中的 串连 命令。

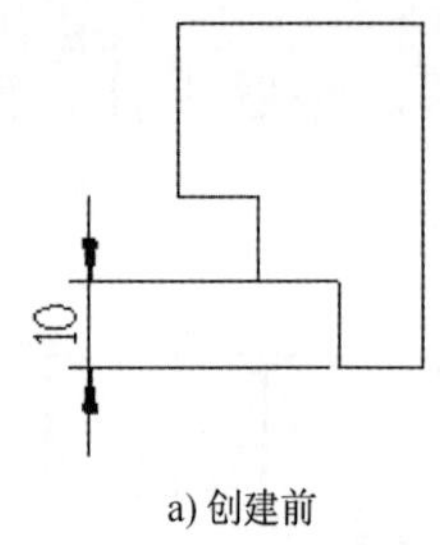

a) 创建前

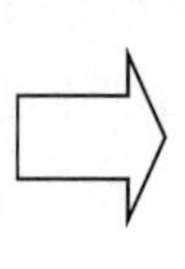

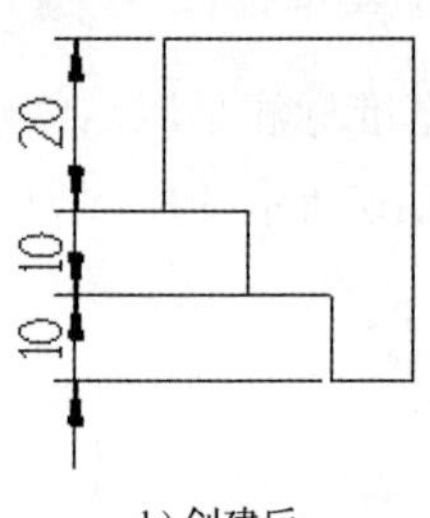

b) 创建后

图 4.1.20 串连标注

Step3. 定义基准。在绘图区选取图 4.1.21 所示的尺寸为基准。

Step4. 定义标注尺寸对象。依次在绘图区选取图 4.1.22 所示的点 1 和点 2，此时系统生成图 4.1.23 所示的尺寸标注。

Step5. 按两下 Esc 键退出串连标注状态。

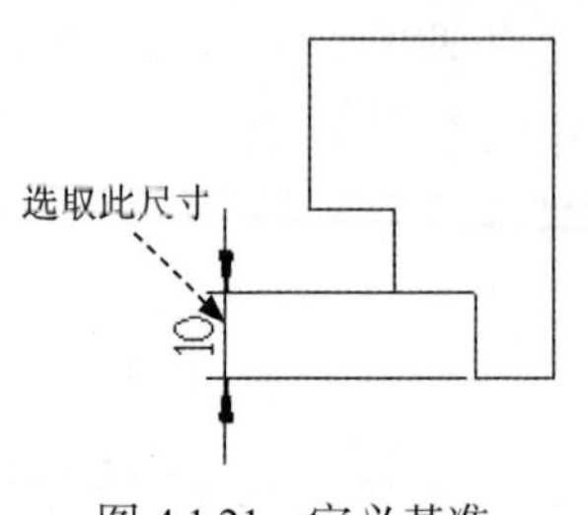

图 4.1.21 定义基准

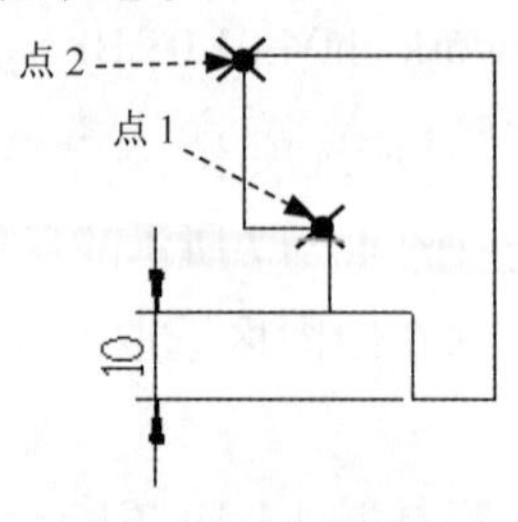

图 4.1.22 定义尺寸标注对象

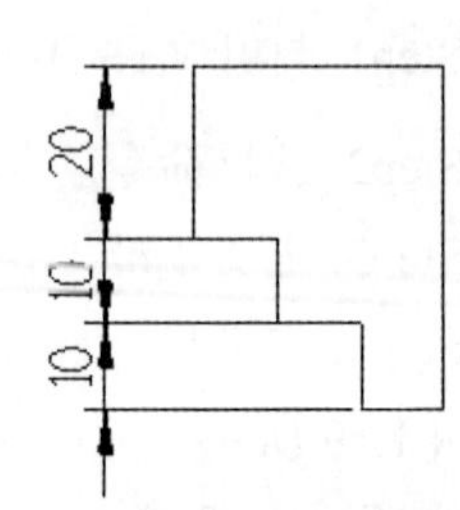

图 4.1.23 完成尺寸标注

6. 角度标注

角度标注用于标注两条直线间的夹角。下面以图 4.1.24 所示的模型为例讲解角度标注的创建过程。

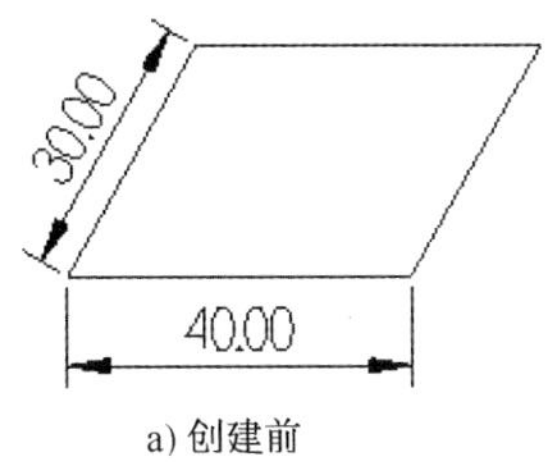

a) 创建前

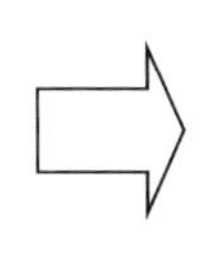

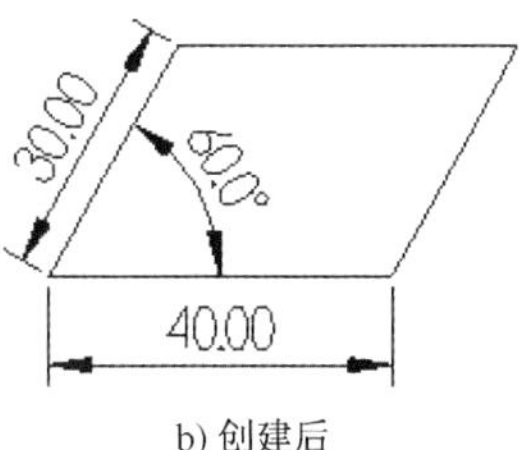

b) 创建后

图 4.1.24 角度标注

Step1. 打开文件 D: \mcx2024\work\ch04.01.03\ANGLE.mcam。

Step2. 选择命令。单击 标注 功能选项卡 尺寸标注 区域中的 △角度 命令，系统弹出“尺寸标注”对话框。

Step3. 定义标注对象。在绘图区选取图 4.1.25 所示的两条直线为标注对象。

Step4. 定义标注尺寸的放置位置。在图 4.1.26 所示的位置单击以放置标注尺寸，放置后如图 4.1.24b 所示。

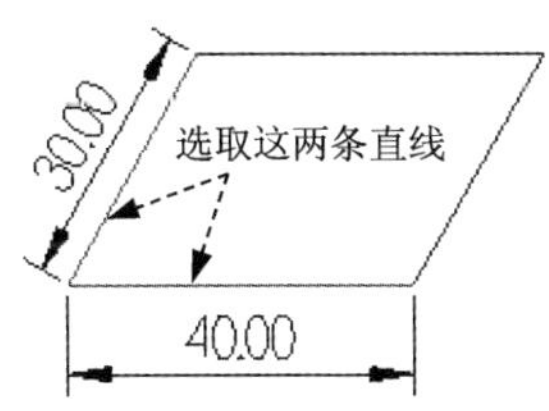

图 4.1.25 定义标注对象

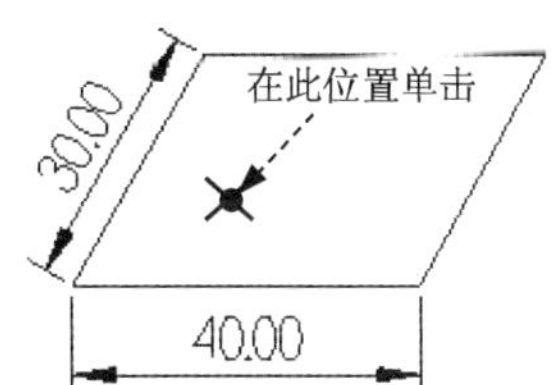

图 4.1.26 定义标注尺寸的放置位置

Step5. 在“尺寸标注”对话框中单击 ✓ 按钮，完成角度尺寸的标注。

说明：在没有放置标注尺寸时，用户可以在图 4.1.27 所示的三个放置点的位置单击，创建其余三个位置的角度尺寸标注，如图 4.1.28~ 图 4.1.30 所示。

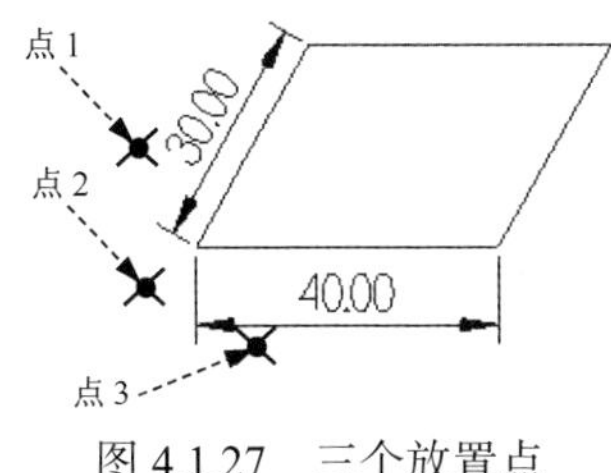

图 4.1.27 三个放置点

图 4.1.28 点 1 位置

7. 圆弧标注

圆弧标注用于标注圆或圆弧的直径或半径。下面以图 4.1.31 所示的模型为例讲解圆弧标注的创建过程。

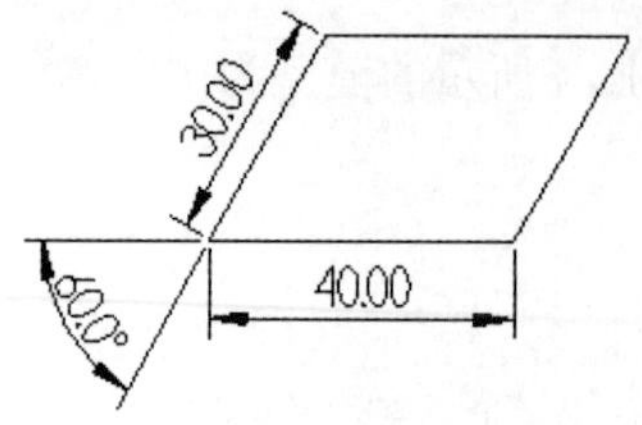

图 4.1.29　点 2 位置

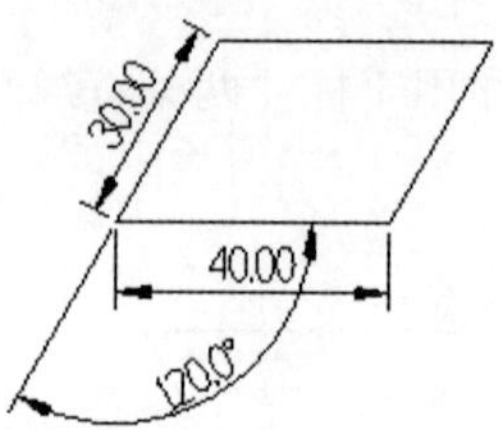

图 4.1.30　点 3 位置

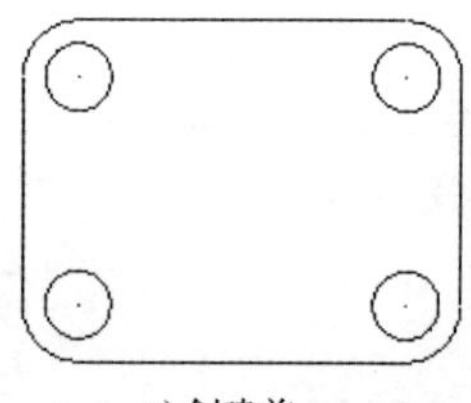

a) 创建前

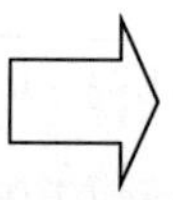

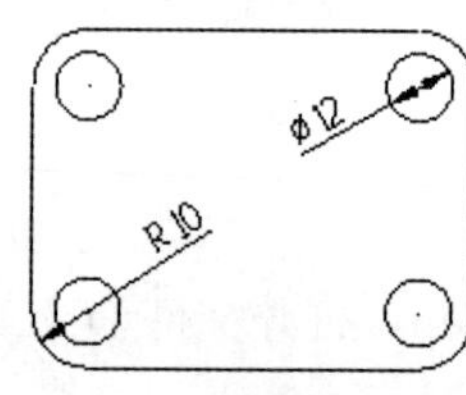

b) 创建后

图 4.1.31　圆弧标注

Step1. 打开文件 D: \mcx2024\work\ch04.01.03\ARC.mcam。

Step2. 选择命令。单击 标注 功能选项卡 尺寸标注 区域中的 直径 命令，系统弹出“尺寸标注”对话框。

Step3. 定义标注对象。在绘图区选取图 4.1.32 所示的圆为标注对象。

Step4. 定义标注尺寸的放置位置。在图 4.1.33 所示的位置单击以放置标注尺寸，放置后如图 4.1.34 所示。

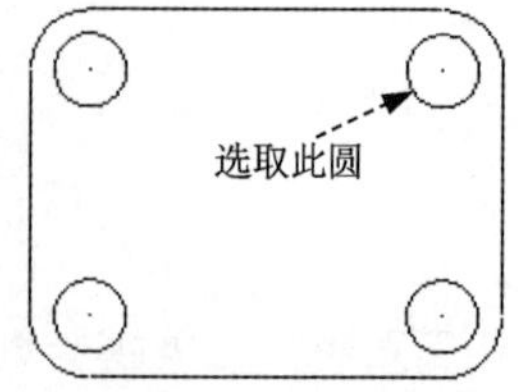

图 4.1.32　定义标注对象

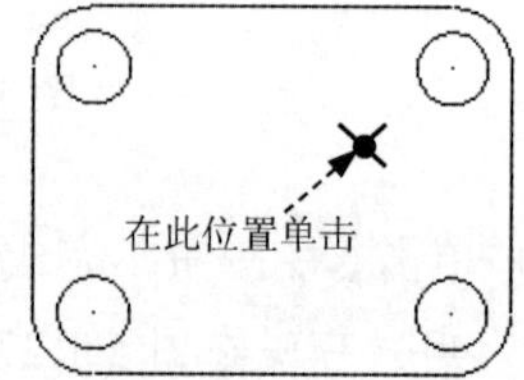

图 4.1.33　定义标注尺寸的放置位置

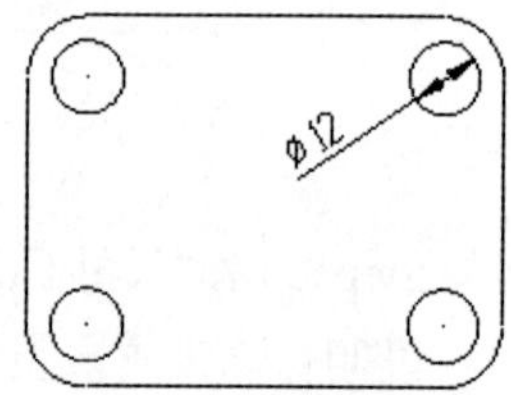

图 4.1.34　放置标注

Step5. 参照 Step3、Step4 创建图 4.1.31b 所示的半径尺寸。

Step6. 在“尺寸标注”对话框中单击 按钮，完成圆弧尺寸的标注。

8. 正交标注

正交标注用于标注点到直线或者两个平行直线之间的距离。下面以图 4.1.35 所示的模型为例讲解正交标注的创建过程。

Step1. 打开文件 D: \mcx2024\work\ch04.01.03\PERPENDICULARITY.mcam。

Step2. 选择命令。单击 标注 功能选项卡 尺寸标注 区域中的 垂直 命令，系统弹出

“尺寸标注”对话框。

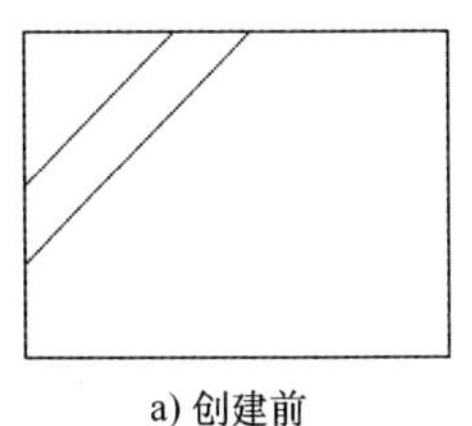

a) 创建前

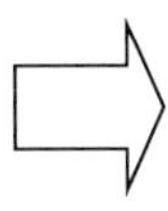

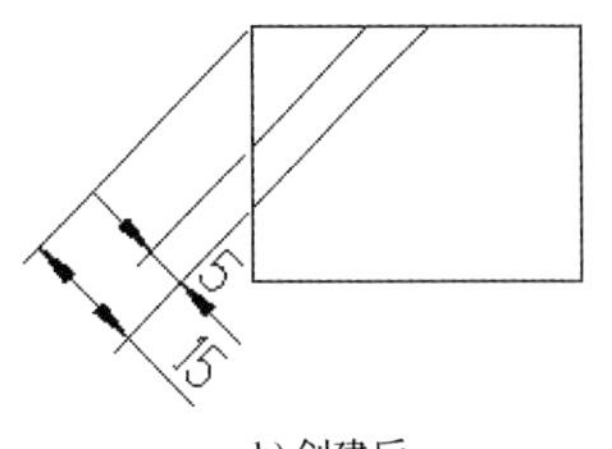

b) 创建后

图 4.1.35 正交标注

Step3. 定义标注对象。依次在绘图区选取图 4.1.36 所示的直线和点为标注对象。

Step4. 定义标注尺寸的放置位置。将尺寸放置在图 4.1.37 所示的位置。

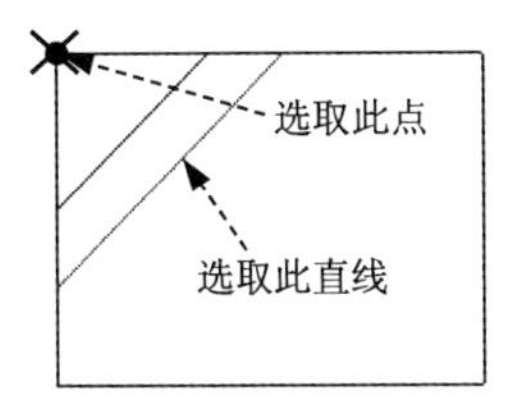

图 4.1.36 定义标注对象

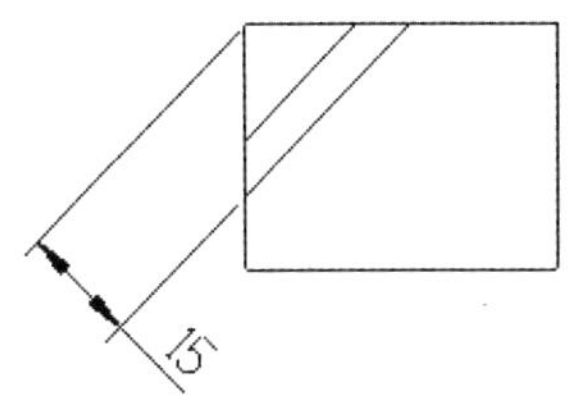

图 4.1.37 放置尺寸

Step5. 参照 Step3、Step4 创建图 4.1.35b 所示的另一个正交尺寸。

Step6. 在“尺寸标注”对话框中单击 按钮，完成正交尺寸的标注。

9. 相切标注

相切标注用于标注点、直线、圆弧与圆之间的距离。下面以图 4.1.38 所示的模型为例讲解相切标注的创建过程。

Step1. 打开文件 D: \mcx2024\work\ch04.01.03\TANGENCY.mcam。

Step2. 选择命令。单击 标注 功能选项卡 尺寸标注 区域中的 相切 命令，系统弹出“尺寸标注”对话框。

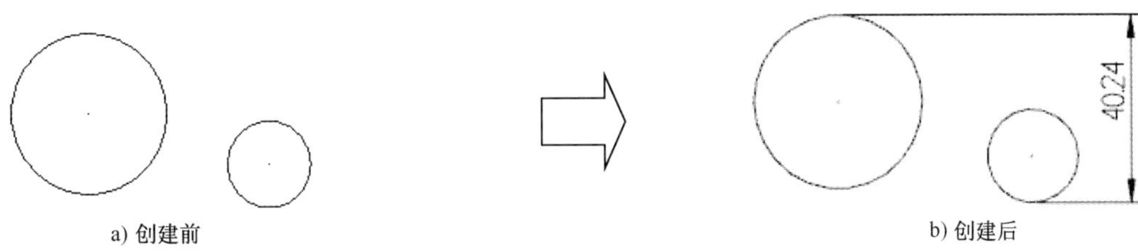

a) 创建前　　b) 创建后

图 4.1.38 相切标注

Step3. 定义标注对象。在绘图区选取图 4.1.38a 所示的两个圆弧为标注对象。

Step4. 定义标注尺寸的放置位置。将尺寸放置在图 4.1.38b 所示的位置。

说明：如果不能标注图 4.1.38b 所示的尺寸，则需在“尺寸标注”对话框“高级”选项卡中单击 按钮调整尺寸位置。

Step5. 在“尺寸标注”对话框中单击 按钮，完成相切尺寸的标注。

10. 水平坐标标注

水平坐标标注用于按照一定顺序标注对象上的两点在水平方向上的距离，尺寸线沿垂直方向放置。下面以图 4.1.39 所示的模型为例讲解水平坐标标注的创建过程。

Step1. 打开文件 D: \mcx2024\work\ch04.01.03\HORIZONTAL_GRADATION.mcam。

Step2. 选择命令。单击 标注 功能选项卡 纵标注 区域中的 水平 命令。

Step3. 定义开始坐标标注尺寸的位置。在绘图区选取图 4.1.40 所示的点（圆弧和直线的交点）位置为开始坐标标注尺寸的位置。

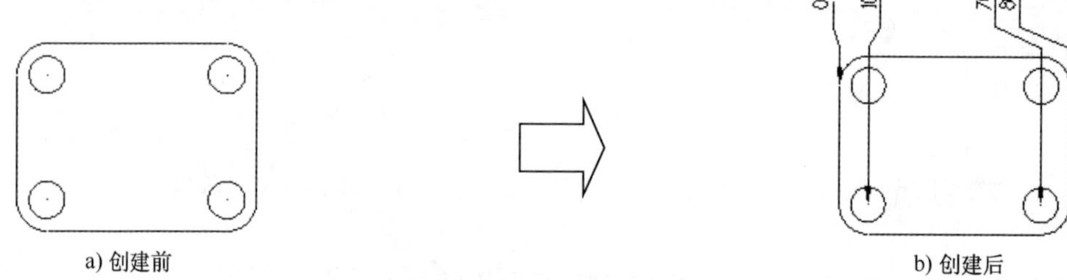

图 4.1.39　水平坐标标注

Step4. 定义开始坐标标注尺寸的放置位置。将尺寸放置在图 4.1.41 所示的位置。

Step5. 参照 Step3、Step4 标注其余三个水平坐标尺寸，如图 4.1.39b 所示。

Step6. 按 Esc 键退出水平坐标标注状态。

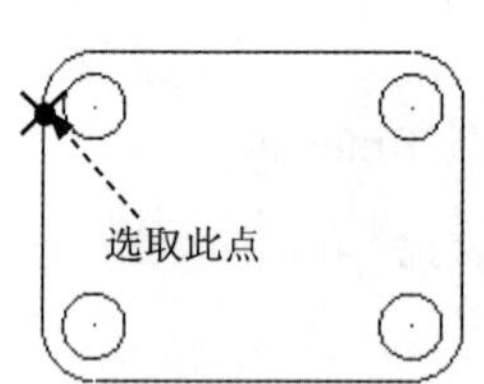

图 4.1.40　定义开始坐标标注尺寸的位置

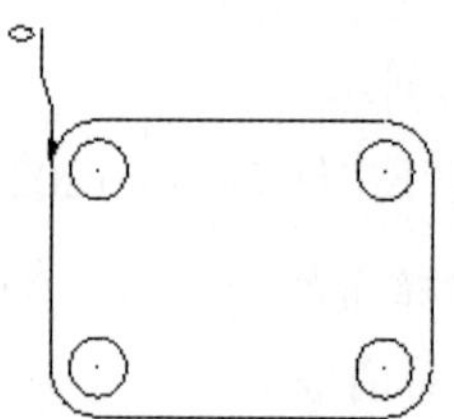

图 4.1.41　放置尺寸

11. 垂直坐标标注

垂直坐标标注用于按照一定顺序标注对象上的两点在垂直方向上的距离，尺寸线沿水平方向放置。下面以图 4.1.42 所示的模型为例讲解垂直坐标标注的创建过程。

Step1. 打开文件 D: \mcx2024\work\ch04.01.03\VERICVAL_GRADATION.mcam。

Step2. 选择命令。单击 标注 功能选项卡 纵标注 区域中的 垂直 命令。

Step3. 定义开始坐标标注尺寸的位置。在绘图区选取图 4.1.43 所示的点（圆弧和直线的交点）位置为开始坐标标注尺寸的位置。

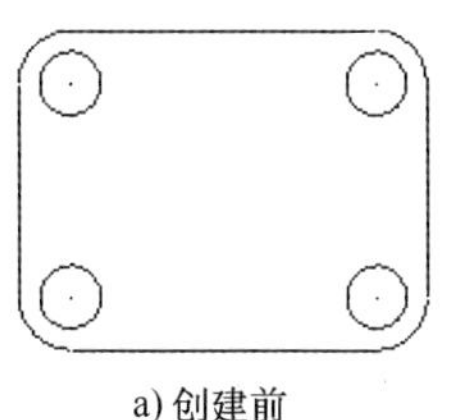

a) 创建前

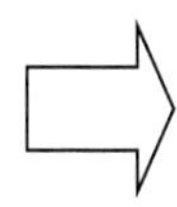

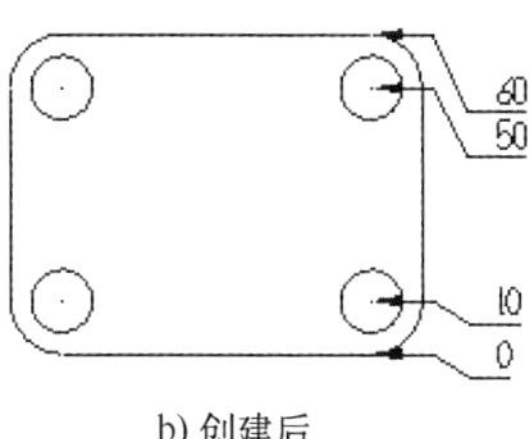

b) 创建后

图 4.1.42　垂直坐标标注

Step4. 定义开始坐标标注尺寸的放置位置。将尺寸放置在图 4.1.44 所示的位置。

Step5. 参照 Step3、Step4 标注其余三个垂直坐标尺寸，如图 4.1.42b 所示。

Step6. 按 Esc 键退出垂直坐标标注状态。

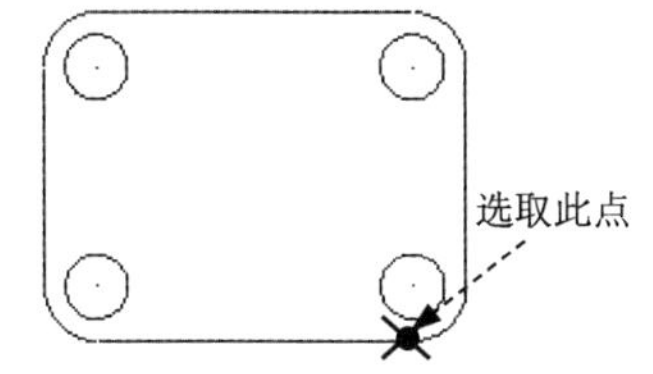

图 4.1.43　定义开始坐标标注尺寸的位置

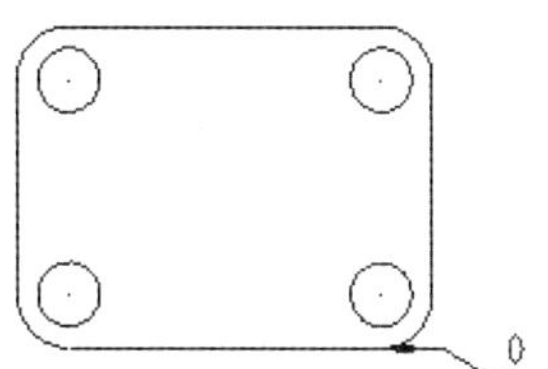

图 4.1.44　放置尺寸

12. 平行坐标标注

平行坐标标注用于按照一定顺序标注对象上的两点在所选对象上的平行距离，尺寸线沿所选对象的平行方向放置。下面以图 4.1.45 所示的模型为例讲解平行坐标标注的创建过程。

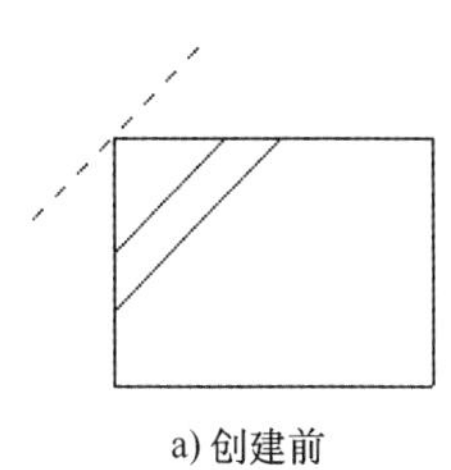

a) 创建前

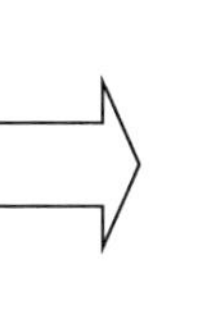

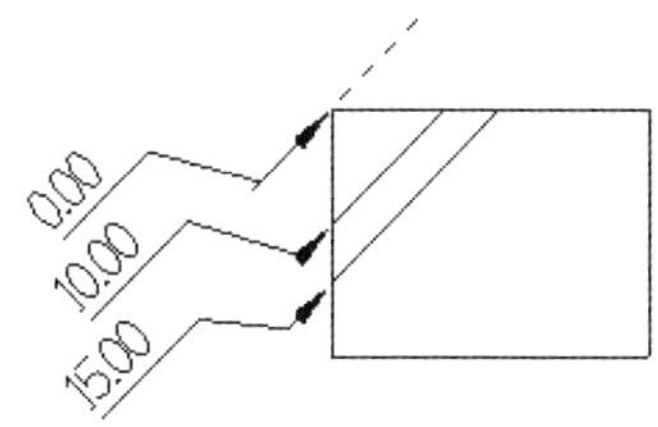

b) 创建后

图 4.1.45　平行坐标标注

Step1. 打开文件 D: \mcx2024\work\ch04.01.03\ALIGNED_GRADATION.mcam。

Step2. 选择命令。单击  标注 功能选项卡 纵标注 区域中的 平行 命令。

Step3. 定义开始坐标标注尺寸的位置。在绘图区选取图 4.1.46 所示的点 1（两直线的交点）和点 2 位置为开始坐标标注尺寸的位置。

Step4. 定义开始坐标标注尺寸的放置位置。将尺寸放置在图 4.1.47 所示的位置。

Step5. 定义下一个坐标标注尺寸的位置。在绘图区选取图 4.1.48 所示的直线端点位置为下一个标注尺寸的位置。

Step6. 定义下一个坐标标注尺寸的放置位置。将尺寸放置在图 4.1.49 所示的位置。

Step7. 参照 Step5、Step6 标注最后一个平行坐标尺寸，如图 4.1.45b 所示。

Step8. 按 Esc 键退出平行坐标标注状态。

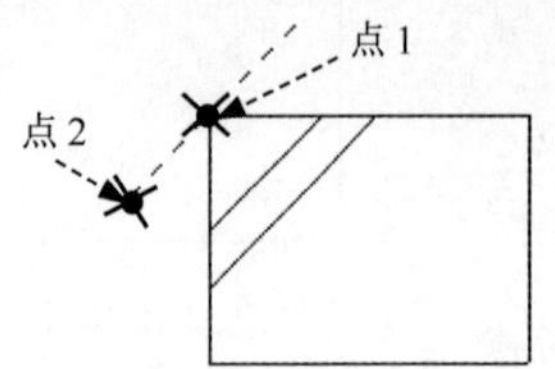

图 4.1.46　定义开始坐标标注尺寸的位置

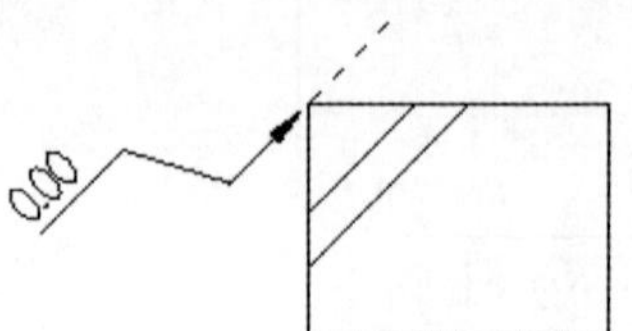

图 4.1.47　放置尺寸

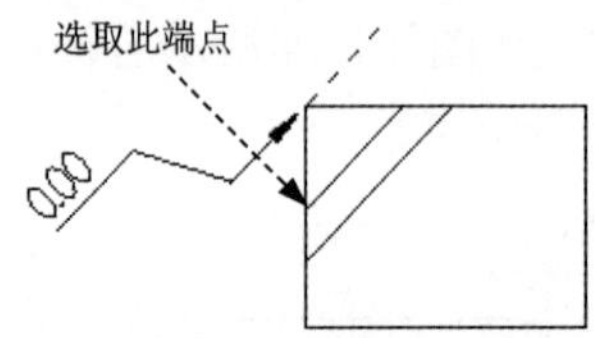

图 4.1.48　定义下一个顺序标注尺寸的位置

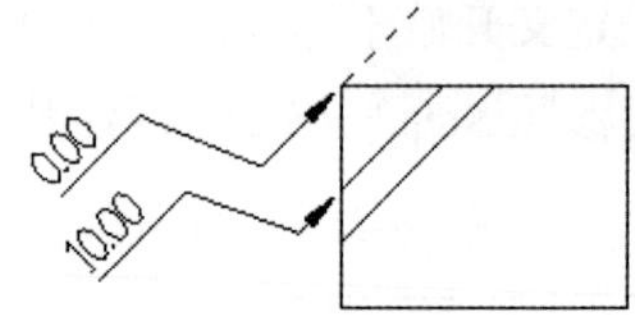

图 4.1.49　放置尺寸

13. 添加坐标标注

添加坐标标注是在现有的顺序尺寸上添加一个或多个新的顺序尺寸。下面以图 4.1.50 所示的模型为例讲解添加坐标标注的创建过程。

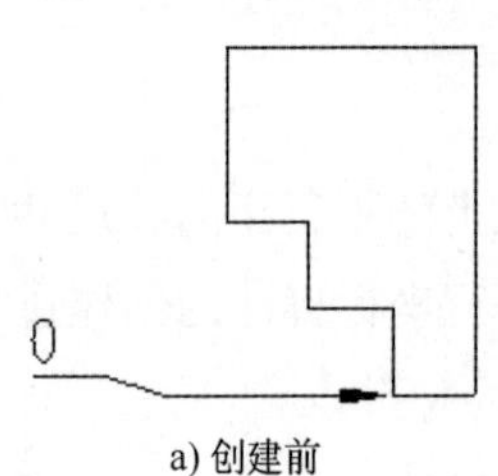

a) 创建前

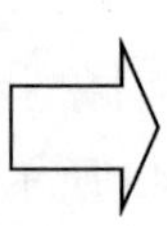

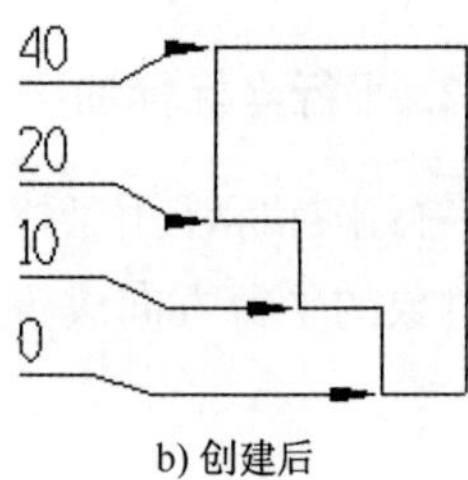

b) 创建后

图 4.1.50　添加坐标标注

Step1. 打开文件 D:\mcx2024\work\ch04.01.03\ADD_GRADATION.mcam。

Step2. 选择命令。单击 标注 功能选项卡 纵标注 区域中的 添加现有标注 命令。

Step3. 定义坐标尺寸。在绘图区选取图 4.1.51 所示的坐标尺寸。

Step4. 添加图 4.1.52 所示的三个坐标尺寸。

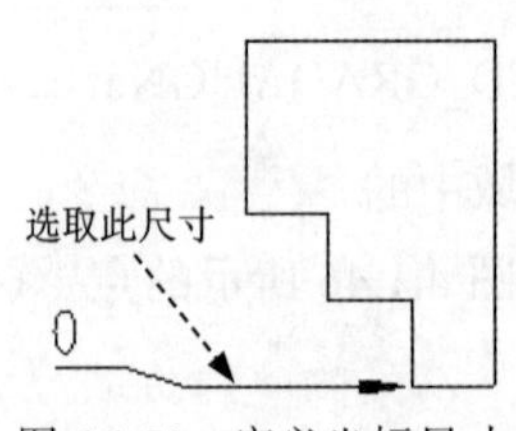

图 4.1.51　定义坐标尺寸

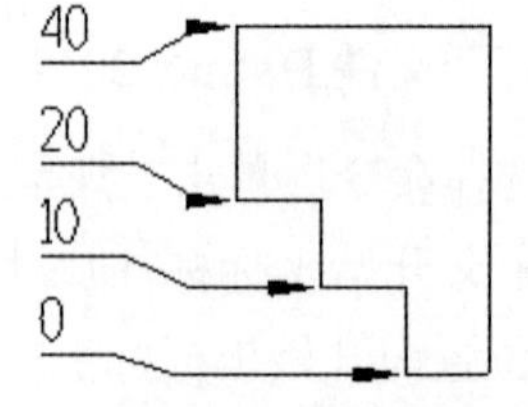

图 4.1.52　添加三个坐标尺寸

Step5. 按 Esc 键退出添加坐标标注状态。

14. 快速标注坐标尺寸

快速标注坐标尺寸是根据定义的标注基点创建水平和垂直两个方向上的坐标尺寸。下面

以图 4.1.53 所示的模型为例讲解快速标注坐标尺寸的创建过程。

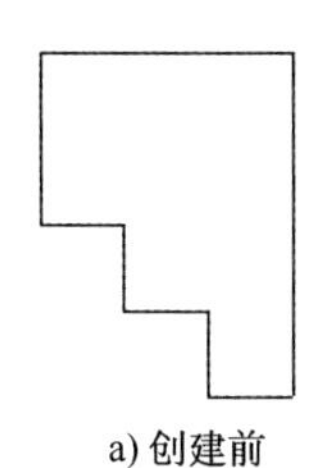

a) 创建前

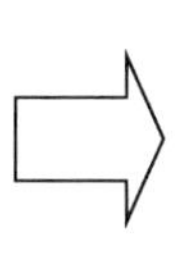

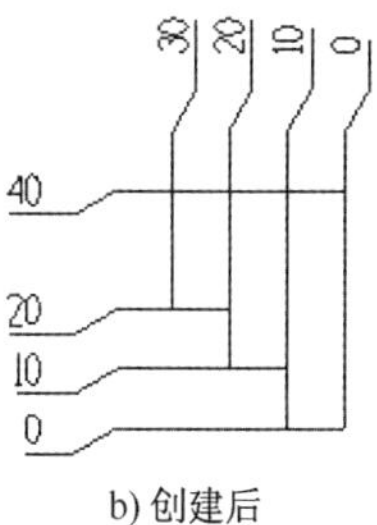

b) 创建后

图 4.1.53 快速标注坐标尺寸

Step1. 打开文件 D: \mcx2024\work\ch04.01.03\QUICK_GRADATION.mcam。

Step2. 选择命令。单击 标注 功能选项卡 纵标注 区域中的 自动标注 命令，系统弹出“纵坐标标注 / 自动标注”对话框。

Step3. 定义基准点。在“纵坐标标注 / 自动标注”对话框的 原点 区域中单击 选择(S)... 按钮，然后在绘图区选取图 4.1.54 所示的点（直线的端点）为基准点。

选取此点

图 4.1.54 定义基准点

Step4. 定义自动标注参数。在 创建 区域中选中 ☑水平 复选框和 ☑垂直 复选框；在 点位 区域中选中 ☑端点 复选框；在 选项 区域中选中 ☑小数点前加个 0 复选框，在 边距: 文本框中输入值 10。

Step5. 单击 ✓ 按钮，关闭“纵坐标标注 / 自动标注”对话框。然后在绘图区框选图 4.1.53a 所示的图形，此时系统会自动创建图 4.1.53b 所示的坐标尺寸。

15. 点位标注

点位标注是对选取的图素点进行二维或者三维的坐标标注。下面以图 4.1.55 所示的模型为例讲解点位标注的创建过程。

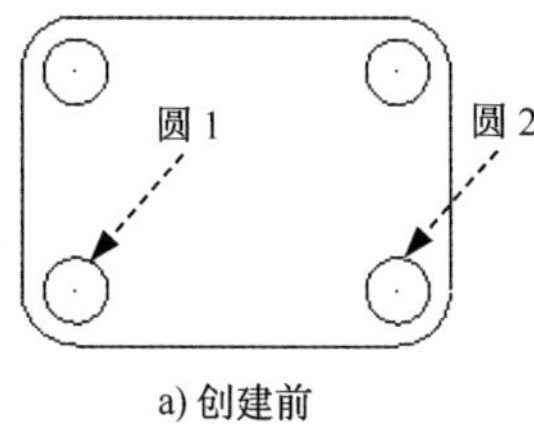

a) 创建前

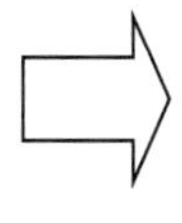

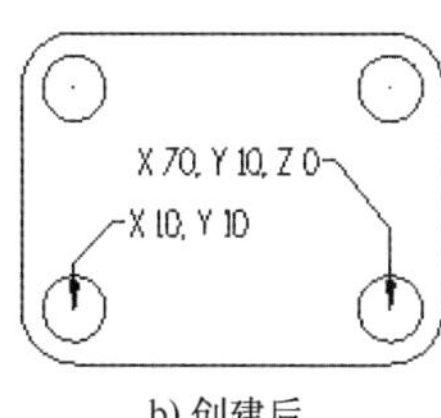

b) 创建后

图 4.1.55 点位标注

Step1. 打开文件 D: \mcx2024\work\ch04.01.03\POINT.mcam。

Step2. 点位的二维标注。

（1）选择命令。单击 标注 功能选项卡 尺寸标注 区域中的 点 命令，系统弹出

“尺寸标注”对话框。

（2）定义标注位置。在绘图区选取图 4.1.55a 所示的圆 1 的圆心，并放置点的坐标如图 4.1.55b 所示。

（3）在“尺寸标注”对话框中单击 按钮，完成点位的二维坐标标注。

Step3. 点位的三维标注。

（1）选择命令。单击 标注 功能选项卡 尺寸标注 区域的 按钮，系统弹出“自定义选项”对话框。

（2）设置参数。单击 尺寸文字 选项卡，在 点位标注 区域中选中 3D 标签 单选项。

（3）单击 按钮，完成参数的设置。

（4）选择命令。单击 标注 功能选项卡 尺寸标注 区域中的 点 命令，系统弹出“尺寸标注”对话框。

（5）定义标注位置。在绘图区选取图 4.1.55a 所示的圆 2 的圆心，并放置点的坐标如图 4.1.55b 所示。

（6）在“尺寸标注”对话框中单击 按钮，完成点位的三维坐标标注。

4.1.4 快速标注

使用“快速标注”命令 快速标注，可以自动判断所选图素的类型，从而自动选择合适的标注方式完成标注。下面以图 4.1.56 所示的模型为例讲解快速标注的创建过程。

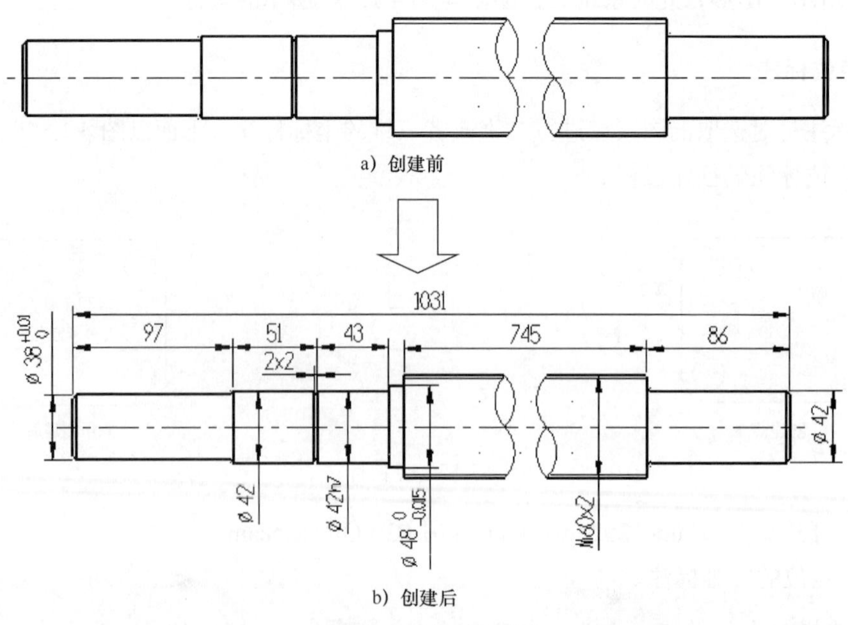

a）创建前

b）创建后

图 4.1.56 快速标注

Step1. 打开文件 D:\mcx2024\work\ch04.01.04\EXAMPLE.mcam。

Step2. 选择命令。单击 标注 功能选项卡 尺寸标注 区域中的 快速标注 命令，系统弹出“尺寸标注”对话框。

Step3. 标注图 4.1.57 所示的尺寸。

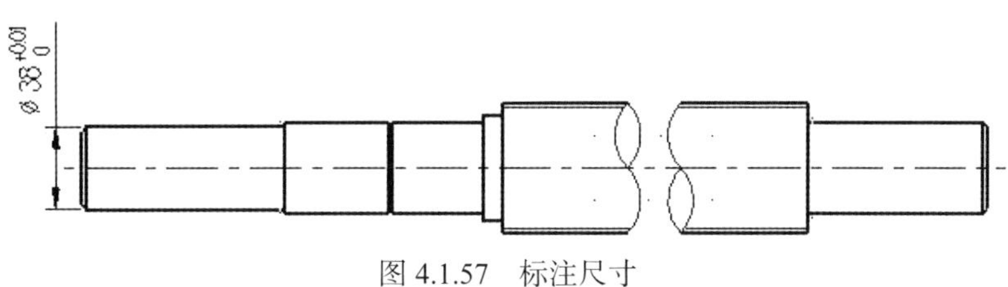

图 4.1.57 标注尺寸

（1）定义标注对象。在绘图区选取图 4.1.58 所示的直线为标注的对象。

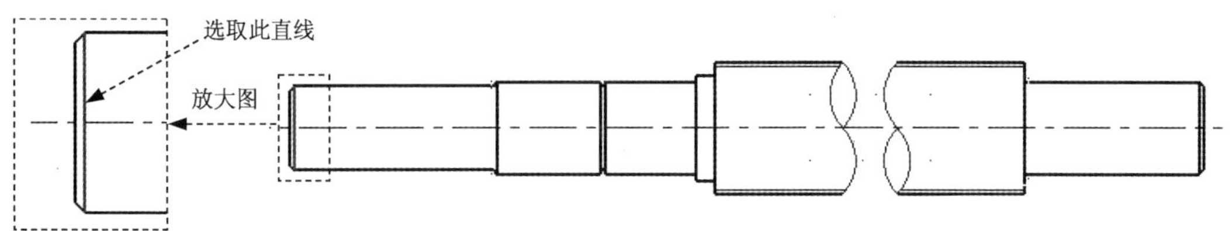

图 4.1.58 定义标注对象

（2）设置标注参数。在“尺寸标注”对话框中取消选中 文本居中(N) 复选框；选中 直径(D) 单选项和 应用到线性尺寸(Y) 复选框，添加直径符号；单击 高级 选项卡，在“高级”选项卡中单击 选项(O) 按钮；在“自定义选项”对话框 尺寸属性 选项卡的 坐标 区域的 小数位数 文本框中输入值 4，然后选中 显示小数点前面"0" 复选框，取消选中 逗号 复选框和 小数不够位数时用"0"补上 复选框；在 公差 区域的 设置 子区域的下拉列表中选择 +/- 选项，然后分别在 向上 文本框中输入值 0.01，在 向下 文本框中输入值 0；单击 引导线/延伸线 选项卡，在 箭头 区域的 线型 下拉列表中选择 开放三角形 选项，然后选中 填充 复选框。单击 ✓ 按钮，退出“自定义选项”对话框。

（3）放置尺寸。在图 4.1.57 所示的位置放置尺寸。

Step4. 标注图 4.1.59 所示的尺寸。

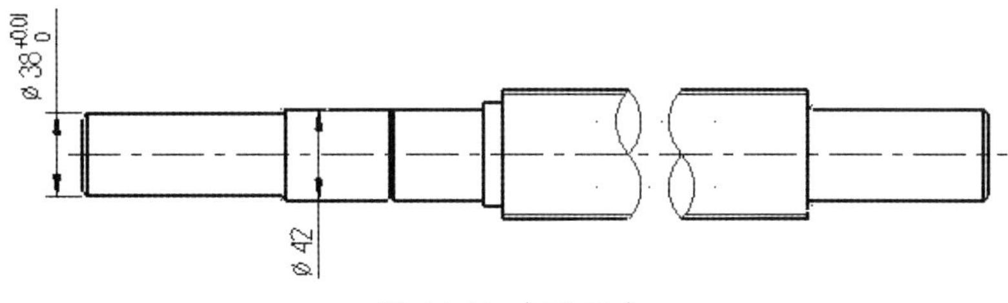

图 4.1.59 标注尺寸

（1）定义标注对象。在绘图区选取图 4.1.60 所示的直线为标注的对象。

（2）设置标注参数。在“尺寸标注”对话框的 基本 选项卡中选中 ◉ 直径(D) 单选项和 ☑ 应用到线性尺寸(Y) 复选框，添加直径符号；单击 高级 选项卡中的 选项(O) 按钮，在“自定义选项”对话框中单击 尺寸属性 选项卡，在 公差 区域的 设置 子区域的下拉列表中选择 无 选项。单击 ✔ 按钮，退出“自定义选项”对话框。

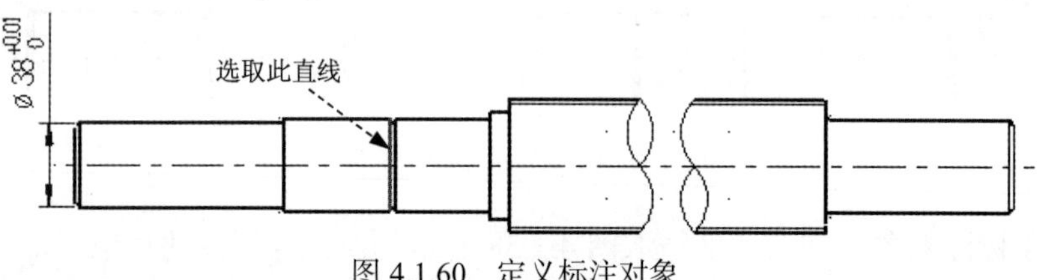

图 4.1.60　定义标注对象

（3）放置尺寸。在图 4.1.59 所示的位置放置尺寸。

Step5. 标注图 4.1.61 所示的尺寸。

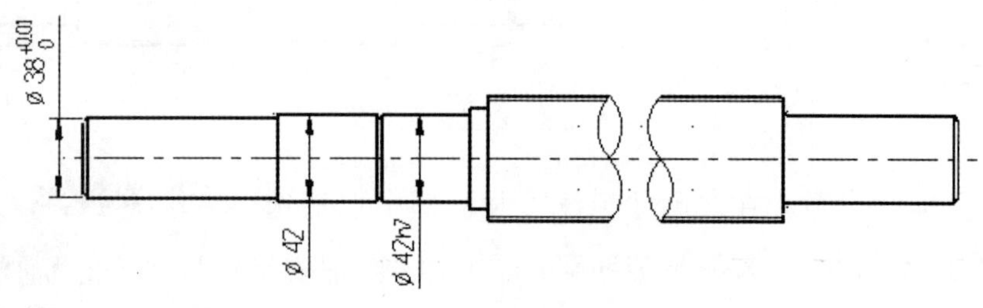

图 4.1.61　标注尺寸

（1）定义标注对象。在绘图区选取图 4.1.62 所示的直线为标注的对象。

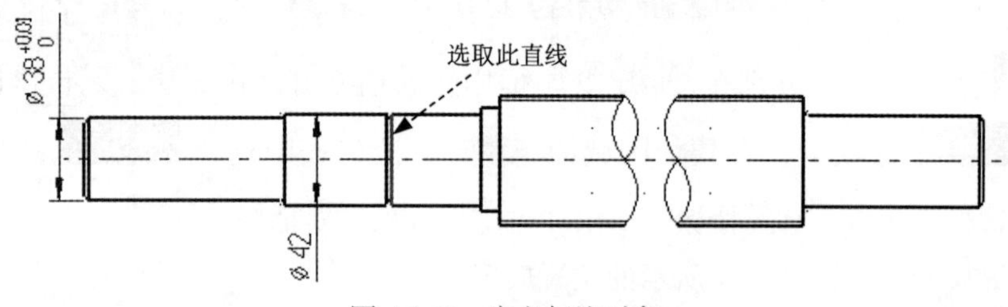

图 4.1.62　定义标注对象

（2）设置标注参数。在“尺寸标注”对话框的 基本 选项卡中选中 ◉ 直径(D) 单选项和 ☑ 应用到线性尺寸(Y) 复选框；单击 高级 选项卡中的 选项(O) 按钮；在“自定义选项”对话框中单击 尺寸属性 选项卡，在 公差 区域的 设置 子区域的下拉列表中选择 DIN 选项，然后分别在 DIN 字符: 文本框中输入 h，在 DIN 数值: 文本框中输入值 7。单击 ✔ 按钮，退出“自定义选项”对话框。

（3）放置尺寸。在图 4.1.61 所示的位置放置尺寸。

Step6. 标注图 4.1.63 所示的尺寸。

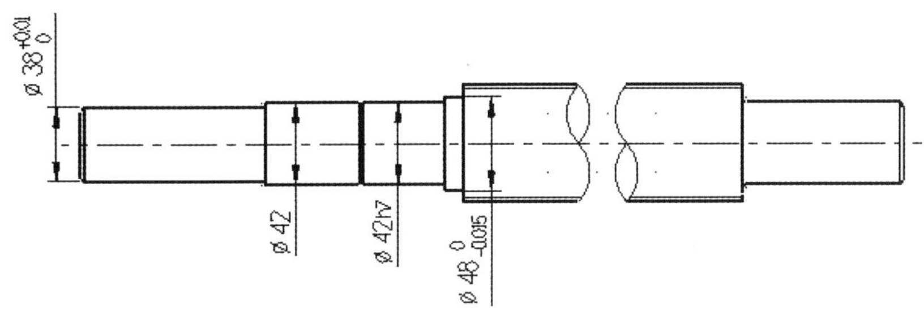

图 4.1.63 标注尺寸

（1）定义标注对象。在绘图区选取图 4.1.64 所示的直线为标注的对象。

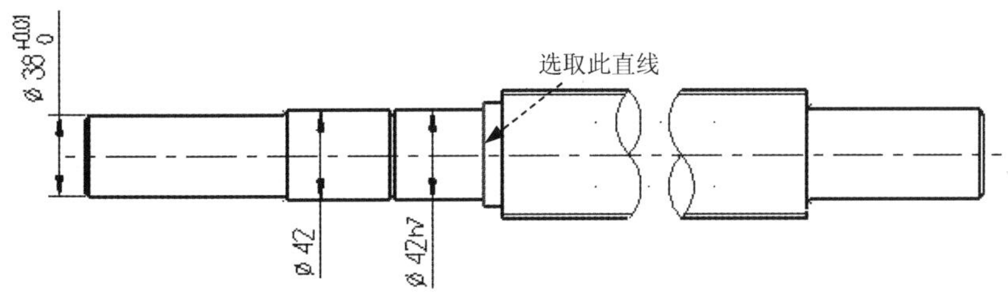

图 4.1.64 定义标注对象

（2）设置标注参数。在“尺寸标注”对话框的 基本 选项卡中选中 ◉ 直径(D) 单选项和 ☑ 应用到线性尺寸(Y) 复选框，添加直径符号；单击 高级 选项卡中的 选项(O) 按钮，在“自定义选项”对话框中单击 尺寸属性 选项卡，在 公差 区域的 设置 子区域的下拉列表中选择 +/- 选项，然后在 向上: 文本框中输入值 0，在 向下: 文本框中输入值 –0.015。单击 ✓ 按钮，退出“自定义选项”对话框。

（3）放置尺寸。在图 4.1.63 所示的位置放置尺寸。

Step7. 标注图 4.1.65 所示的尺寸。

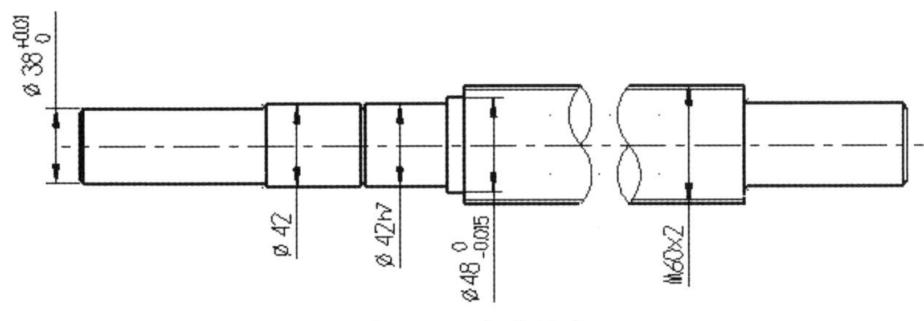

图 4.1.65 标注尺寸

（1）定义标注对象。在绘图区选取图 4.1.66 所示的点 1（两条粗实线交点）和点 2（两条粗实线交点）为标注的对象。

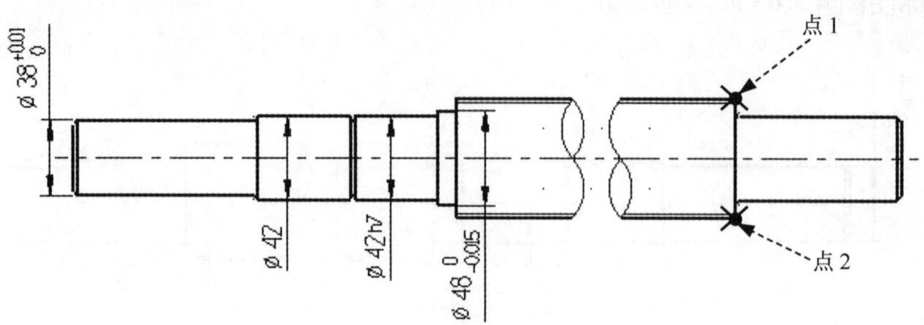

图 4.1.66　定义标注对象

（2）设置标注参数。在“尺寸标注”对话框中单击 高级 选项卡中的 选项(O) 按钮，在系统弹出的“自定义选项”对话框中单击 尺寸属性 选项卡，在 公差 区域的 设置 子区域的下拉列表中选择 无 选项。单击 ✓ 按钮，退出“自定义选项”对话框。在“尺寸标注”对话框中单击 基本 选项卡中的 编辑文字(E) 按钮，系统弹出“编辑尺寸文字”对话框。在该对话框的文本框中将原值改为 M60×2，单击 ✓ 按钮，退出“编辑尺寸文字”对话框。

（3）放置尺寸。在图 4.1.65 所示的位置放置尺寸。

Step8. 标注图 4.1.67 所示的尺寸。

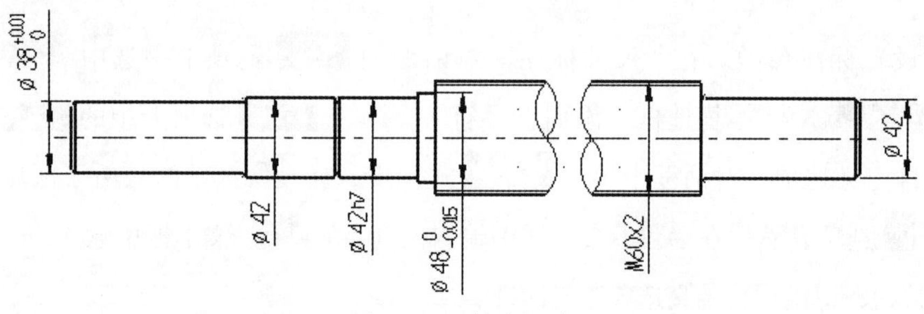

图 4.1.67　标注尺寸

（1）定义标注对象。在绘图区选取图 4.1.68 所示的直线为标注的对象。

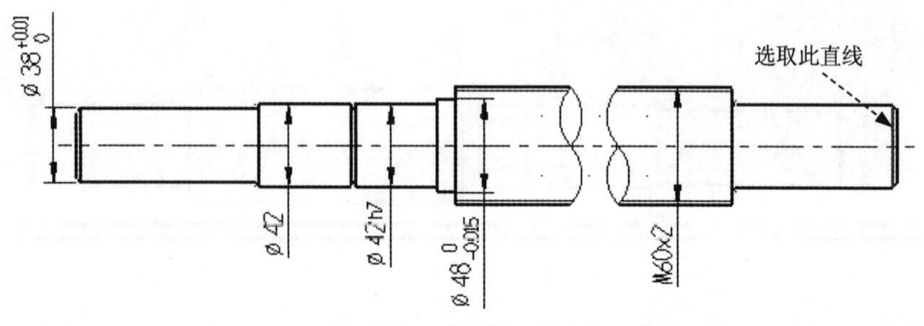

图 4.1.68　定义标注对象

（2）设置标注参数。在“尺寸标注”对话框中选中 ☑ 应用到线性尺寸(Y) 和 ☑ 文本居中(N) 复选框。

（3）放置尺寸。在图 4.1.67 所示的位置放置尺寸。

Step9. 标注图 4.1.69 所示的尺寸。

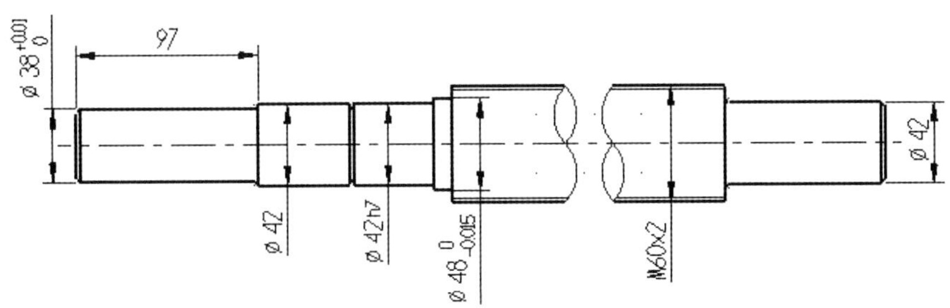

图 4.1.69 标注尺寸

（1）定义标注对象。在绘图区选取图 4.1.70 所示的点 1（粗实线交点）和点 2（粗实线交点）为标注的对象。

（2）设置标注参数。在“尺寸标注”对话框中选中 ◉水平(H) 单选项。

（3）放置尺寸。在图 4.1.69 所示的位置放置尺寸。

Step10. 标注图 4.1.71 所示的尺寸。

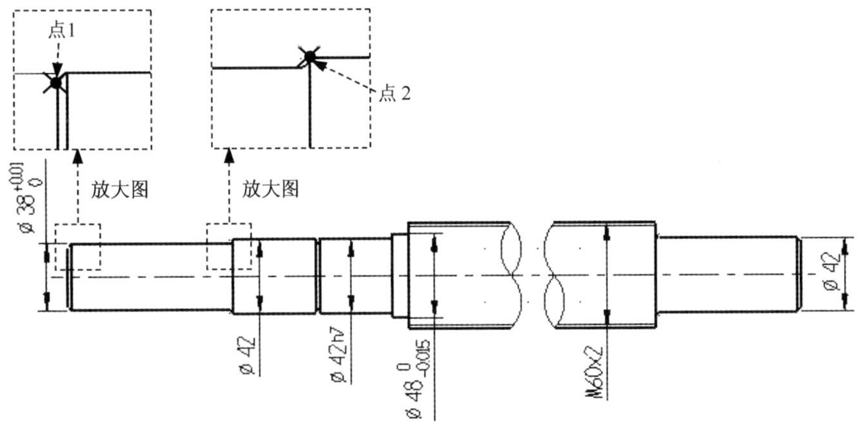

图 4.1.70 定义标注对象

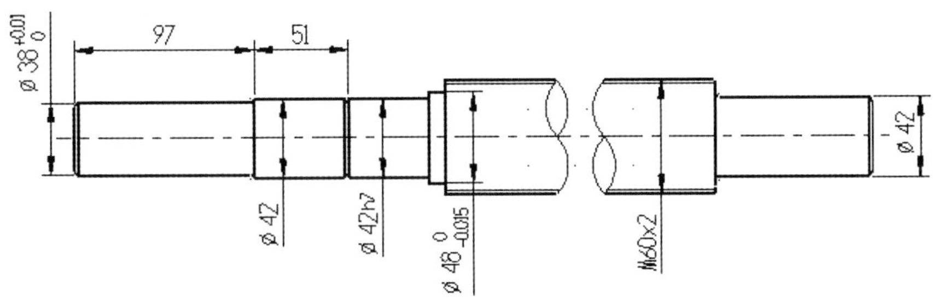

图 4.1.71 标注尺寸

（1）定义标注对象。在绘图区选取图 4.1.72 所示的点 1（粗实线交点）和点 2（粗实线交点）为标注的对象。

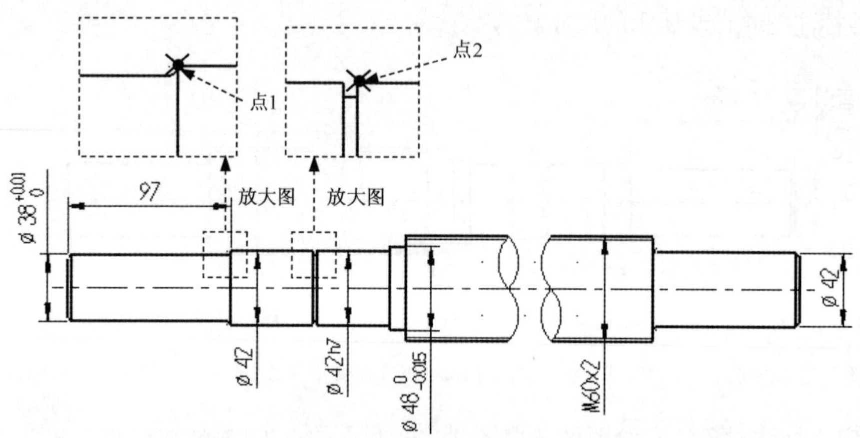

图 4.1.72　定义标注对象

（2）放置尺寸。在图 4.1.71 所示的位置放置尺寸。

Step11. 标注图 4.1.73 所示的尺寸。

（1）定义标注对象。在绘图区选取图 4.1.74 所示的点 1（粗实线交点）和点 2（粗实线交点）为标注的对象。

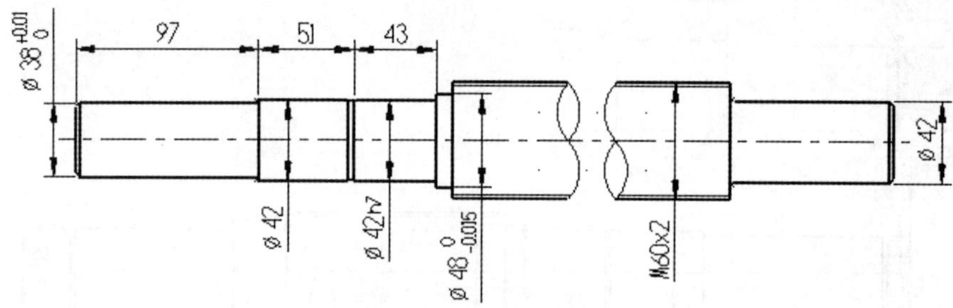

图 4.1.73　标注尺寸

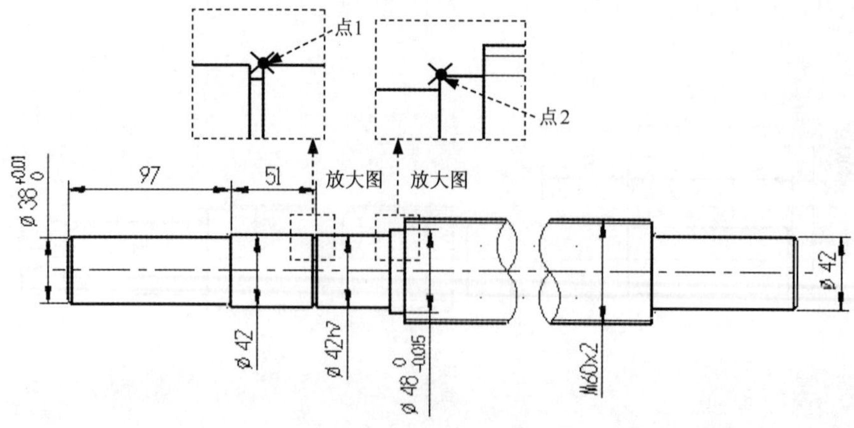

图 4.1.74　定义标注对象

（2）放置尺寸。在图 4.1.73 所示的位置放置尺寸。

Step12. 标注图 4.1.75 所示的尺寸。在绘图区选取图 4.1.76 所示的点 1（粗实线交点）和点 2（粗实线交点）为标注的对象；在“尺寸标注”对话框中单击 编辑文字(E) 按钮，系统弹出“编辑尺寸文字”对话框，在该对话框的文本框中将原值改为 745；在图 4.1.75 所示的位置放置尺寸。

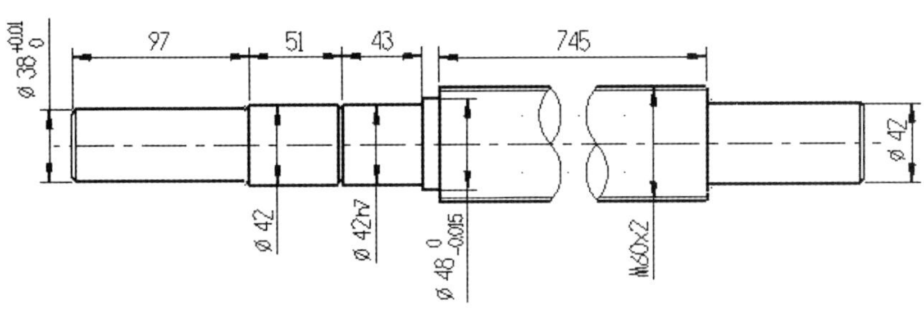

图 4.1.75　标注尺寸

Step13. 标注图 4.1.77 所示的尺寸。

（1）定义标注对象。在绘图区选取图 4.1.78 所示的点 1（粗实线交点）和点 2（粗实线交点）为标注的对象。

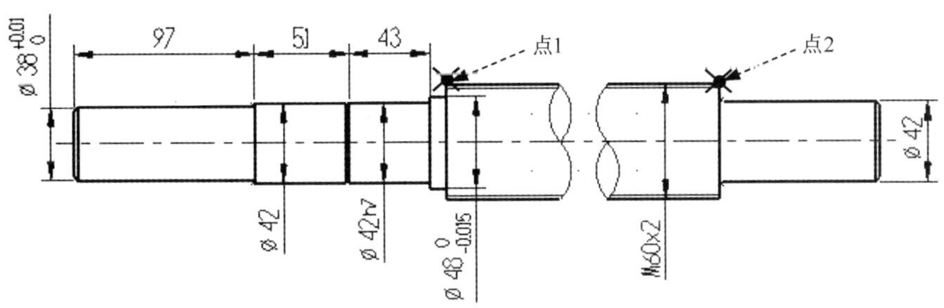

图 4.1.76　定义标注对象

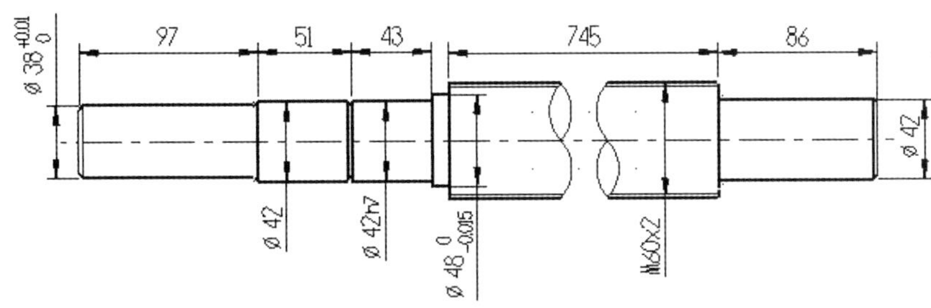

图 4.1.77　标注尺寸

（2）放置尺寸。在图 4.1.77 所示的位置放置尺寸。

Step14. 标注图 4.1.79 所示的尺寸。

（1）定义标注对象。在绘图区选取图 4.1.80 所示的点 1（粗实线交点）和点 2（粗实线交点）为标注的对象。

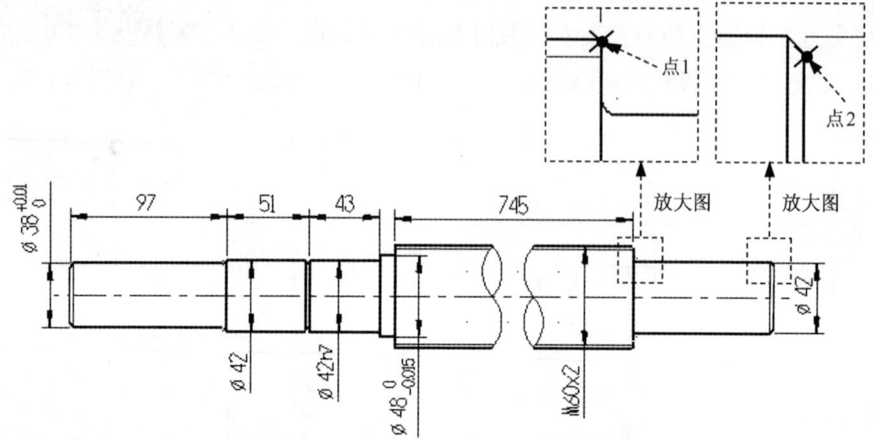

图 4.1.78　定义标注对象

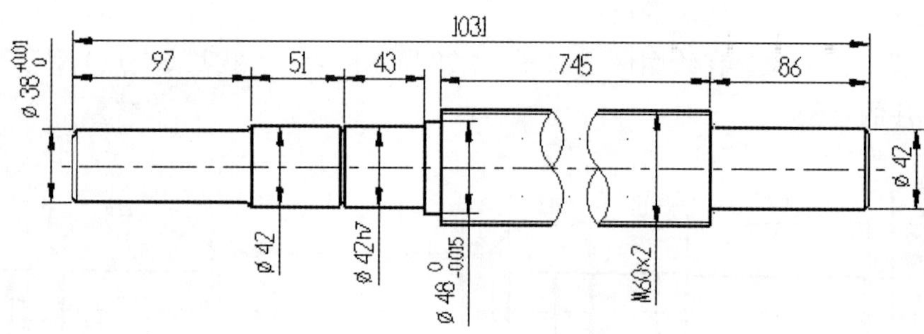

图 4.1.79　标注尺寸

（2）设置标注参数。在“尺寸标注”对话框中单击 编辑文字(E) 按钮，系统弹出“编辑尺寸文字”对话框，在该对话框的文本框中将原值改为 1031。

（3）放置尺寸。在图 4.1.79 所示的位置放置尺寸。

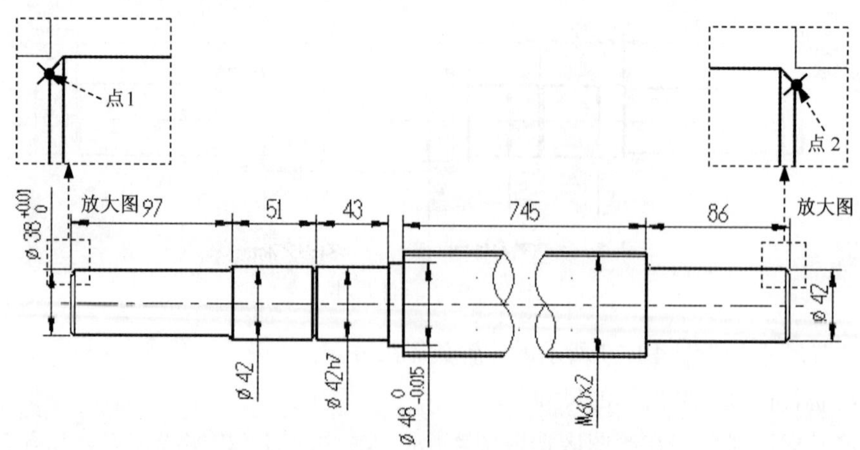

图 4.1.80　定义标注对象

Step15. 标注图 4.1.81 所示的尺寸。

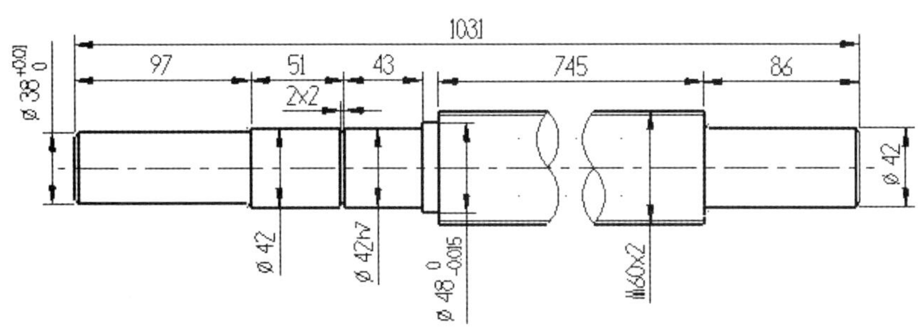

图 4.1.81　标注尺寸

（1）定义标注对象。在绘图区选取图 4.1.82 所示的点 1（粗实线交点）和点 2（粗实线交点）为标注的对象。

（2）设置标注参数。在“尺寸标注”对话框中单击 编辑文字(E) 按钮，系统弹出“编辑尺寸文字”对话框，在此对话框的文本框中将值改为 2×2。

（3）放置尺寸。在图 4.1.81 所示的位置放置尺寸。

Step16. 在“尺寸标注”对话框中单击 ✔ 按钮，完成快速标注尺寸的操作。

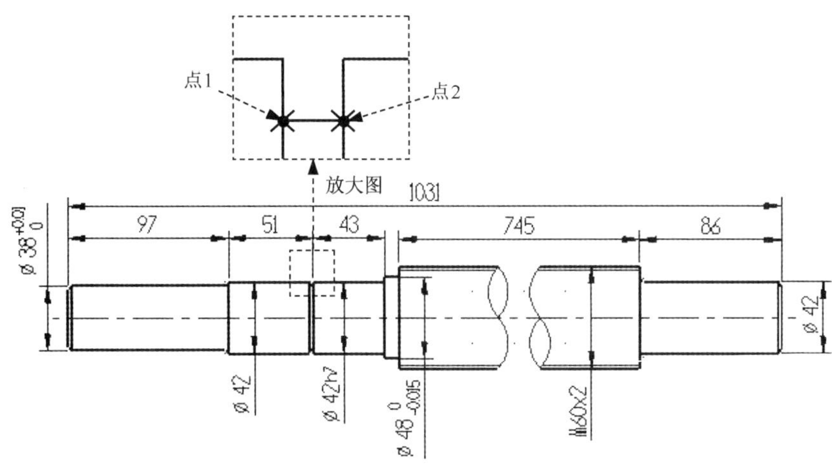

图 4.1.82　定义标注对象

4.2　其他类型的图形标注

在 Mastercam 2024 中，除了对图形进行尺寸标注外，用户还可以对图形进行其他标注，如绘制尺寸界线、绘制引导线、图形注释等。这些命令也位于 标注 功能选项卡中。

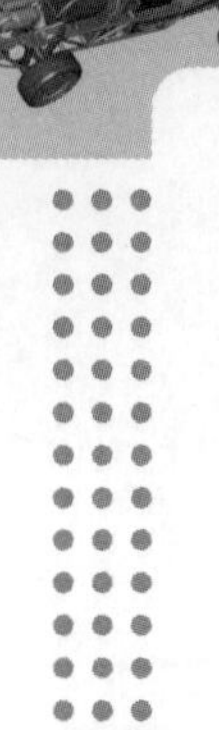

4.2.1 绘制尺寸界线

"尺寸界线"命令是绘制一条没有箭头的直线，用于创建对图素进行说明的注释文本之间的指引线。下面以图 4.2.1 所示的模型为例讲解绘制尺寸界线的过程。

Step1. 打开文件 D: \mcx2024\work\ch04.02.01\EXTENDABLE_LINE.mcam。

Step2. 选择命令。单击 标注 功能选项卡 注释 区域的 延伸线 命令。

Step3. 定义尺寸界线的起始点和终止点。在图 4.2.2 所示的点 1 位置单击，定义尺寸界线的起始点；然后在图 4.2.2 所示的点 2 位置单击，定义尺寸界线的终止点。

Step4. 按 Esc 键退出绘制尺寸界线状态。

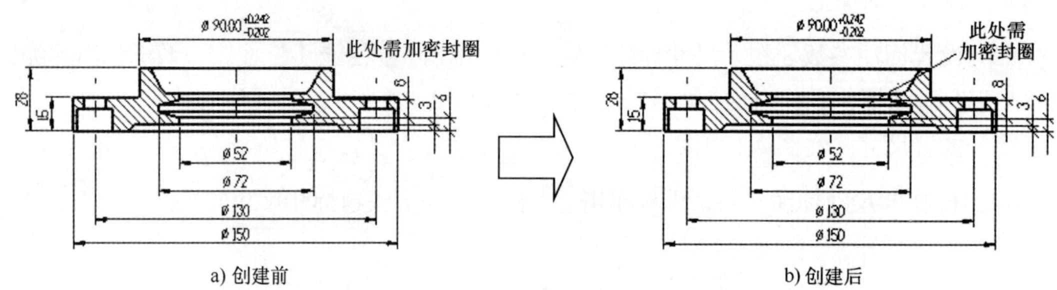

图 4.2.1 绘制尺寸界线

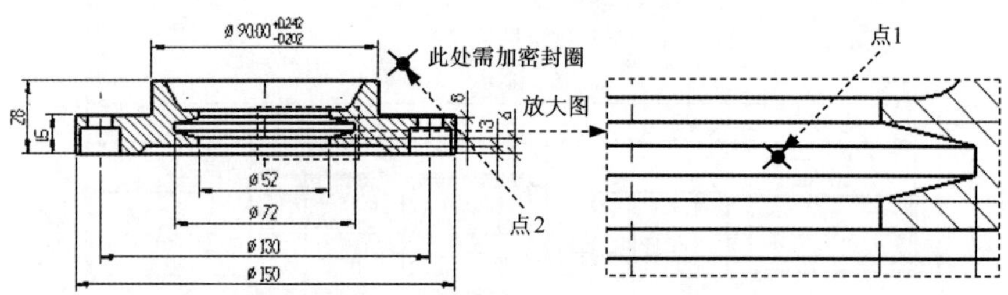

图 4.2.2 定义延伸线的起始点和终止点

4.2.2 绘制引导线

"引导线"命令是绘制一条有箭头的折线，用于创建对图素进行说明的注释文本之间的一条有箭头的折线。下面以图 4.2.3 所示的模型为例讲解绘制引导线的过程。

Step1. 打开文件 D: \mcx2024\work\ch04.02.02\GUIDE_LINE.mcam。

Step2. 选择命令。单击 标注 功能选项卡 注释 区域的 引导线 命令，系统弹出"引导线"对话框。

Step3. 定义引导线的起始点、转折点和终止点。在系统弹出的"引导线"对话框中选

中 ◉多段(M) 单选项，在图 4.2.4 所示的直线的中间位置单击，定义引导线的起始点；然后在图 4.2.4 所示的点 1 位置单击，定义引导线的转折点；最后在图 4.2.4 所示的点 2 位置单击，定义引导线的终止点。

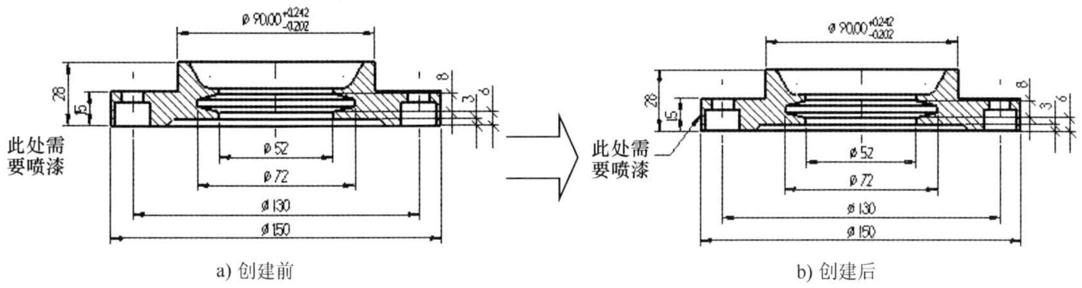

图 4.2.3　绘制引导线

Step4. 按两下 Esc 键退出绘制引导线状态。

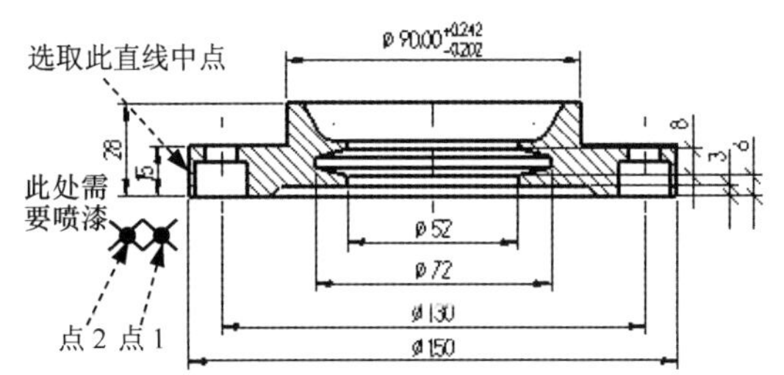

图 4.2.4　定义引导线的起始点和终止点

4.2.3　图形注释

使用“注解文字”命令可以在图形中添加注释文本信息。下面以图 4.2.5 所示的模型为例讲解图形注释的创建过程。

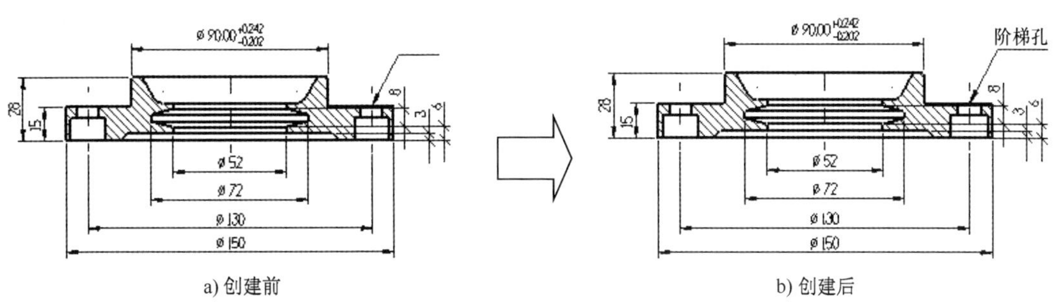

图 4.2.5　注解文字

Step1. 打开文件 D:\mcx2024\work\ch04.02.03\TEXT.mcam。

Step2. 选择命令。单击 标注 功能选项卡 注释 区域的 注解 命令，系统弹出“注释”对话框。

Step3. 设置图形注释产生方式。在“注释”对话框中选中 ◉注释(N) 单选项。

Step4. 输入添加的注解文字。在“注释”对话框的文本框中输入“阶梯孔”字样。

Step5. 设置图形注释属性。单击 按钮，系统弹出“字体”对话框。在“字体”对话框的 字体(F): 列表框中选择 宋体 选项，在 字形(Y): 列表框中选择 常规 选项，在 大小(S): 列表框中选择 10 选项。单击 确定 按钮，退出“字体”对话框。在“注释”对话框的 高度(H) 文本框中输入值 10。

Step6. 放置图形注释。将图形注释放置在图 4.2.5b 所示的位置，单击 按钮，完成图形注释的创建。

4.3 编辑图形标注

在 Mastercam 2024 中，用户可以使用“编辑”命令对现有的图形标注进行编辑，如标注属性、标注文字、尺寸标注和对引导线 / 尺寸界线等进行设置。下面以图 4.3.1 所示模型为例讲解编辑图形标注的操作。

Step1. 打开文件 D:\mcx2024\work\ch04.03\EDIT.mcam。

Step2. 选择命令。单击 标注 功能选项卡 修剪 区域的 多重编辑 命令。

Step3. 定义编辑对象。在绘图区选取图 4.3.1a 所示的 8、3、6 三个尺寸为编辑对象，然后按 Enter 键完成选取，此时系统弹出“自定义选项”对话框。

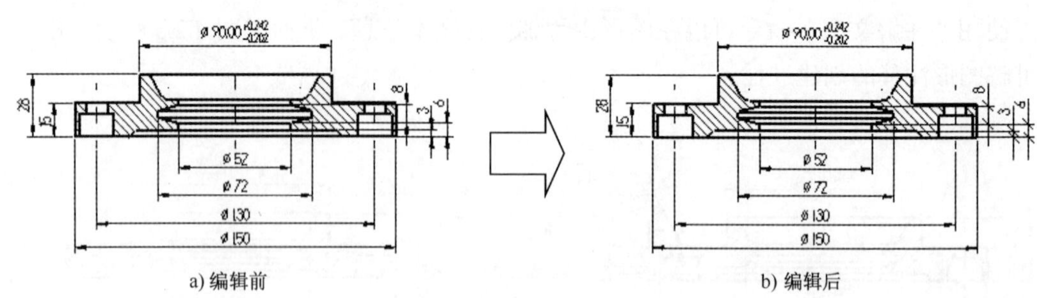

图 4.3.1 编辑图形标注

Step4. 设置参数。在“自定义选项”对话框中单击 引导线/延伸线 选项卡，在 箭头 区域的 线型: 下拉列表中选择 斜线 选项。

Step5. 单击 按钮，完成编辑图形标注的操作，如图 4.3.1b 所示。

4.4 基本图形设计实例

4.4.1 实例 1——支撑块

本实例将介绍图 4.4.1 所示的支撑块零件主体截面图形的创建过程，希望读者通过此实例学会图形的基本设置以及绘制方法。

说明： 本实例的详细操作过程请参见随书学习资源中 video 文件下的语音视频讲解文件。模型文件为 D: \mcx2024\work\ch04.04.01\EXAMPLE01.MCX。

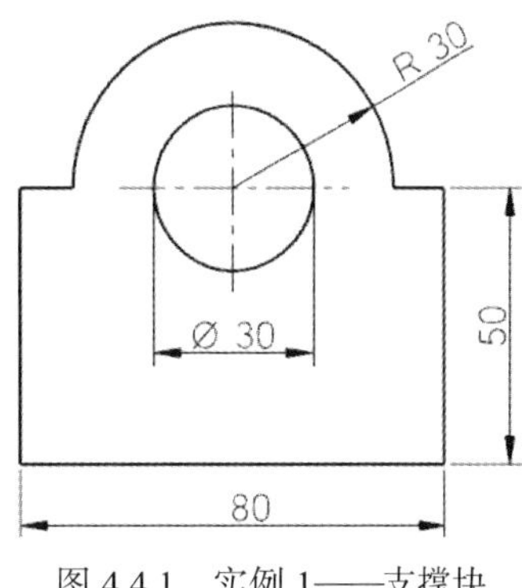

图 4.4.1 实例 1——支撑块

4.4.2 实例 2——垫片

本实例将介绍图 4.4.2 所示的垫片零件截面图形的创建过程，希望读者通过此实例学会图形大小调整、图形修剪以及图形镜像的应用方法。

说明： 本实例的详细操作过程请参见随书学习资源中 video 文件下的语音视频讲解文件。模型文件为 D: \mcx2024\work\ch04.04.02\EXAMPLE02.MCX。

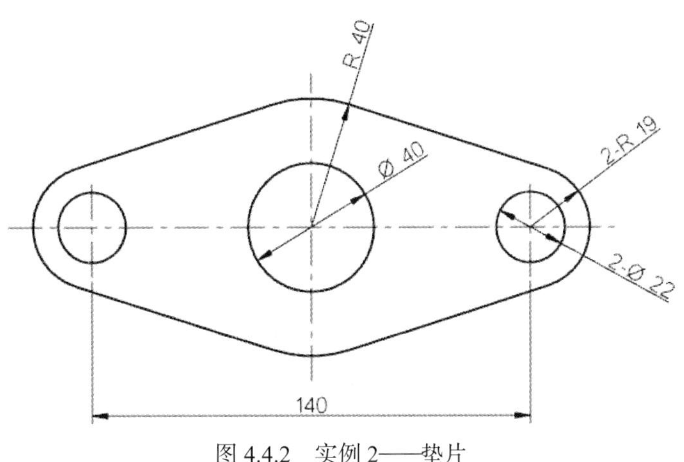

图 4.4.2 实例 2——垫片

4.4.3 实例 3——连接件

本实例将介绍图 4.4.3 所示的连接件截面图形的创建过程。本实例主要介绍圆和圆弧的绘制及标注方法，读者要重点掌握相切弧的绘制技巧。

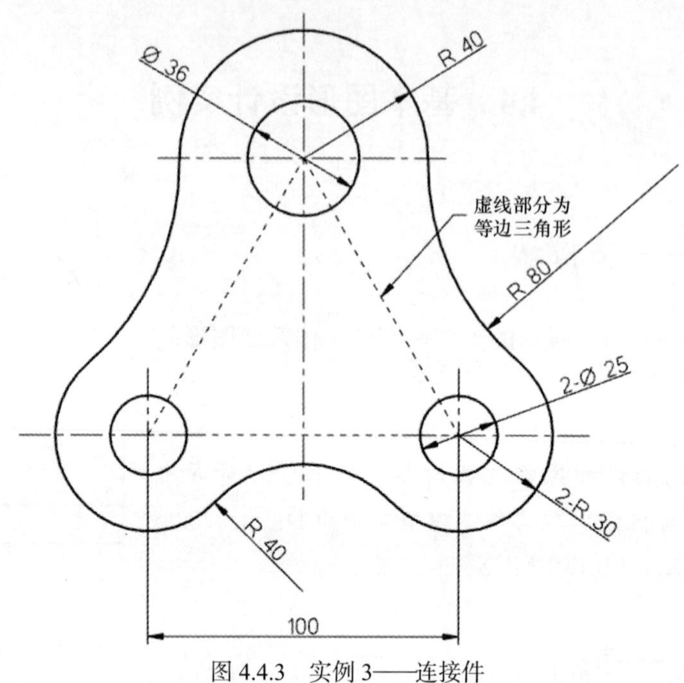

图 4.4.3 实例 3——连接件

说明：本实例的详细操作过程请参见随书学习资源中 video 文件下的语音视频讲解文件。模型文件为 D: \mcx2024\work\ch04.04.03\EXAMPLE03.MCX。

4.4.4 实例 4——固定环

本实例将介绍图 4.4.4 所示的固定环截面图形的创建过程，主要用到图形的旋转复制和图形偏置等功能。

说明：本实例的详细操作过程请参见随书学习资源中 video 文件下的语音视频讲解文件。模型文件为 D: \mcx2024\work\ch04.04.04\EXAMPLE04.MCX。

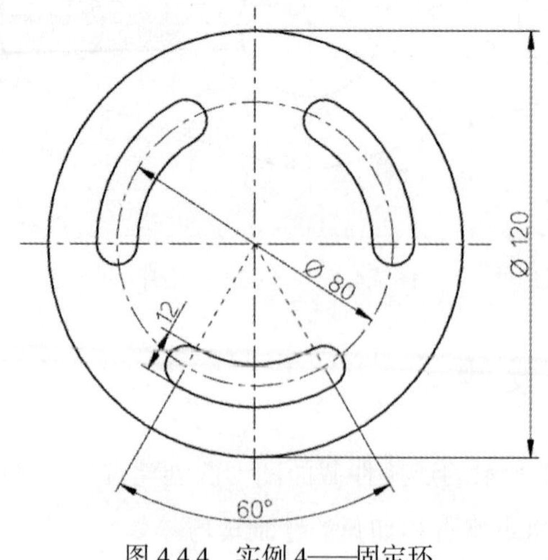

图 4.4.4 实例 4——固定环

第 5 章　曲面的创建与编辑

5.1　基本曲面的创建

在 Mastercam 2024 中，基本曲面为具有规则的、固定形状的曲面，其中包括圆柱面、圆锥面、立方体面、球面和圆环面等基本三维曲面。创建基本曲面的命令主要位于 曲面 功能选项卡的 基本曲面 区域中。

5.1.1　圆柱体

圆柱 命令是通过输入圆柱的半径和高度来创建圆柱曲面的，当然也可以为创建的圆柱面加一个起始角度和终止角度来创建部分圆柱面。下面以图 5.1.1 所示的模型为例来讲解圆柱面的创建过程。

Step1. 新建文件。

Step2. 选择命令。单击 曲面 功能选项卡 基本曲面 区域中的 圆柱 命令，系统弹出图 5.1.2 所示的“基本 圆柱体”对话框。

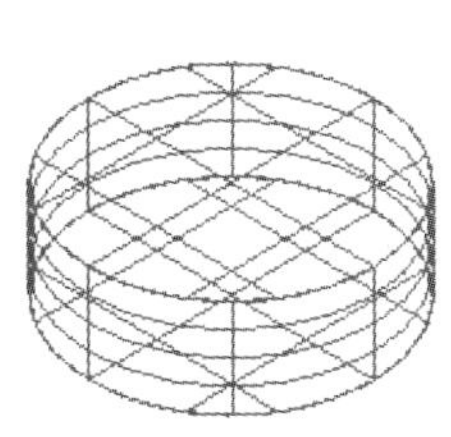

图 5.1.1　圆柱面

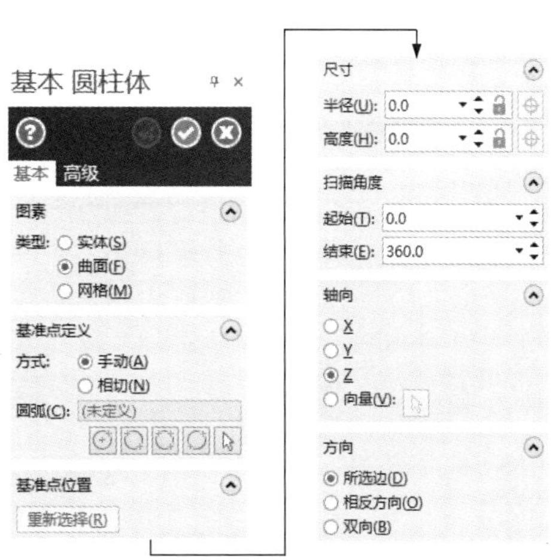

图 5.1.2　“基本 圆柱体”对话框

图 5.1.2 所示的“基本 圆柱体”对话框中部分选项的说明如下。

- 实体(S) 单选项：用于创建由实体构成的圆柱。
- 曲面(F) 单选项：用于创建由曲面构成的圆柱。
- 半径(U)：文本框：用于设置圆柱面的直径值。
- 高度(H)：文本框：用于设置圆柱面的高度值。
- 扫描角度 区域：用于设置圆柱的扫描角度，其包括 起始(T)：文本框和 结束(E)：文本框。
  - ☑ 起始(T)：文本框：用于设置圆柱曲面 / 实体的起始角度值。
  - ☑ 结束(E)：文本框：用于设置圆柱曲面 / 实体的终止角度值。
- 轴向 区域：用于设置圆柱曲面 / 实体的轴线的位置，包括 X 单选项、Y 单选项、Z 单选项、向量(V) 单选项和 按钮。
  - ☑ X 单选项：用于设置 X 轴为圆柱曲面 / 实体的轴线，如图 5.1.3 所示。
  - ☑ Y 单选项：用于设置 Y 轴为圆柱曲面 / 实体的轴线，如图 5.1.4 所示。
  - ☑ Z 单选项：用于设置 Z 轴为圆柱曲面 / 实体的轴线，如图 5.1.5 所示。
  - ☑ 向量(V) 单选项：用于选取圆柱曲面 / 实体的轴线。选中该单选项，单击 按钮，用户可以在绘图区选取一条直线或两点作为圆柱曲面 / 实体的轴线。

图 5.1.3　X 轴

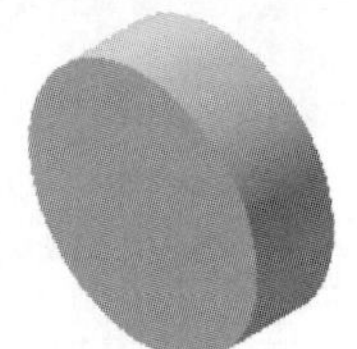
图 5.1.4　Y 轴

图 5.1.5　Z 轴

- 方向 区域：用于调整创建曲面 / 实体圆柱的方向，其有三种状态，分别为 所选边(D)、相反方向(O) 和 双向(B)，如图 5.1.6~ 图 5.1.8 所示。

图 5.1.6　所选边（状态 1）

图 5.1.7　相反方向（状态 2）

图 5.1.8　双向（状态 3）

Step3. 定义圆柱曲面的基点位置。在“选择”工具栏中单击 按钮，在系统弹出的文本框中输入坐标值（0，0，0），并按 Enter 键确认。

Step4. 设置圆柱曲面的参数。在“基本 圆柱体”对话框中选中 曲面(F) 单选项，

在 半径(U): 文本框中输入值 30，按 Enter 键确认；在 高度(H): 文本框中输入值 20，按 Enter 键确认。

Step5. 单击 ✓ 按钮，完成圆柱曲面的创建。

Step6. 保存文件。选择下拉菜单 文件 → 保存 命令，在系统弹出的“另存为”对话框中输入文件名“CYLINDER”。

5.1.2 圆锥体

锥体 命令是通过输入圆锥的半径和高度来创建圆锥体曲面的，当然也可以为创建的圆锥体面加一个起始角度和终止角度来创建部分圆锥体面。下面以图 5.1.9 所示的模型为例讲解圆锥体曲面的创建过程。

Step1. 新建文件。

Step2. 选择命令。单击 曲面 功能选项卡 基本曲面 区域中的 锥体 命令，系统弹出图 5.1.10 所示的“基本 圆锥体”对话框。

图 5.1.9 圆锥体曲面

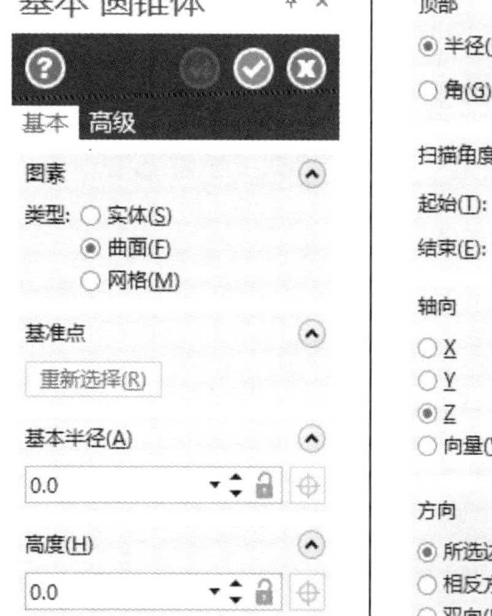

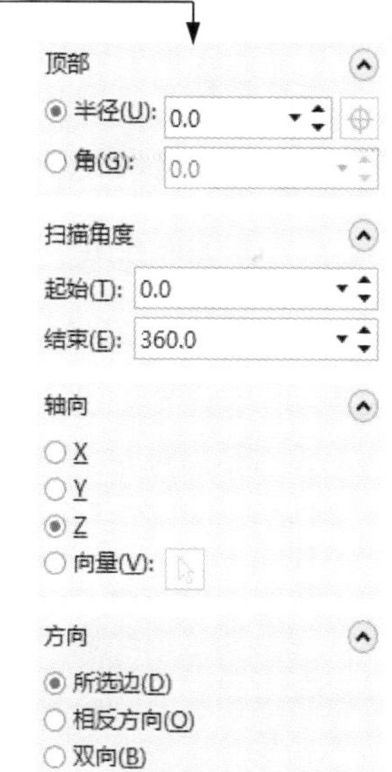

图 5.1.10 “基本 圆锥体”对话框

图 5.1.10 所示的“基本 圆锥体”对话框中部分选项的说明如下。

- 实体(S) 单选项：用于创建由实体构成的圆锥体。
- 曲面(F) 单选项：用于创建由曲面构成的圆锥体。
- 基本半径(A) 文本框：用于设置圆锥体底面的直径值。
- 高度(H): 文本框：用于设置圆锥体的高度值。

- 顶部 区域：用于设置圆锥体顶部的创建方式，包括 半径(U): 单选项和 ◉角(G): 单选项。
  - ☑ 半径(U): 单选项：用于设置通过定义半径来创建圆锥的顶部。用户可以在其后的文本框中输入值来定义圆锥顶部的半径值。
  - ☑ ◉角(G): 单选项：用于设置通过定义圆锥母线与圆锥中心轴的夹角来创建圆锥的顶部。用户可以在其后的文本框中输入值来定义圆锥母线与圆锥中心轴的夹角。
- 扫描角度 区域：用于设置圆锥体的扫描角度，包括 起始(T): 文本框和 结束(E): 文本框。
  - ☑ 起始(T): 文本框：用于设置曲面/实体圆锥体的起始角度值。
  - ☑ 结束(E): 文本框：用于设置曲面/实体圆锥体的终止角度值。
- 轴向 区域：用于设置曲面/实体圆锥体的轴线的位置，包括 ◉X 单选项、◉Y 单选项、◉Z 单选项、◉向量(V) 单选项和 按钮。
  - ☑ ◉X 单选项：用于设置 X 轴为曲面/实体圆锥体的轴线。
  - ☑ ◉Y 单选项：用于设置 Y 轴为曲面/实体圆锥体的轴线。
  - ☑ ◉Z 单选项：用于设置 Z 轴为曲面/实体圆锥体的轴线。
  - ☑ ◉向量(V) 单选项：用于选取曲面/实体圆锥体的轴线。选中该单选项，单击 按钮，用户可以在绘图区选取一条直线或两点作为曲面/实体圆锥体的轴线。
- 方向 区域：用于调整创建曲面/实体圆锥的方向，有三种状态，分别为 ◉所选边(D)、◉相反方向(O) 和 ◉双向(B)，如图 5.1.11~图 5.1.13 所示。

图 5.1.11　所选边（状态 1）

图 5.1.12　相反方向（状态 2）

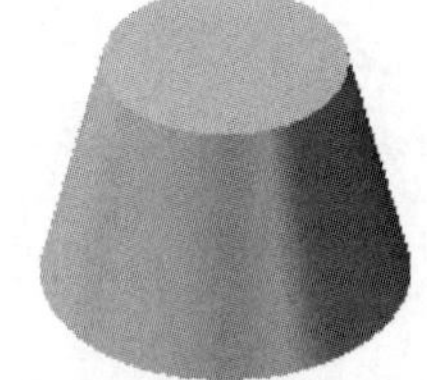
图 5.1.13　双向（状态 3）

Step3. 定义圆锥曲面的基点位置。在“选择”工具栏中单击 按钮，在系统弹出的文本框中输入坐标值（0，0，0），并按 Enter 键确认。

Step4. 设置圆锥曲面的参数。在“基本 圆锥体”对话框中选中 ◉曲面(F) 单选项，在 基本半径(A) 文本框中输入值 30，按 Enter 键确认；在 高度(H): 文本框中输入值 20，按 Enter 键确认；在 顶部 区域选中 半径(U): 单选项，并在其后的文本框中输入值 20，按 Enter 键确认。

Step5. 单击 按钮，完成圆锥曲面的创建。

Step6. 保存文件。选择下拉菜单 文件 → 保存 命令，在系统弹出的“另存为”对话框中输入文件名“CONE”。

5.1.3 立方体

“立方体”命令 立方体 是通过定义立方体的长度、宽度和高度来创建立方体的。下面以图 5.1.14 所示的模型为例讲解立方体曲面的创建过程。

Step1. 新建文件。

Step2. 选择命令。单击 曲面 功能选项卡 基本曲面 区域中的 立方体 命令，系统弹出图 5.1.15 所示的“基本 立方体”对话框。

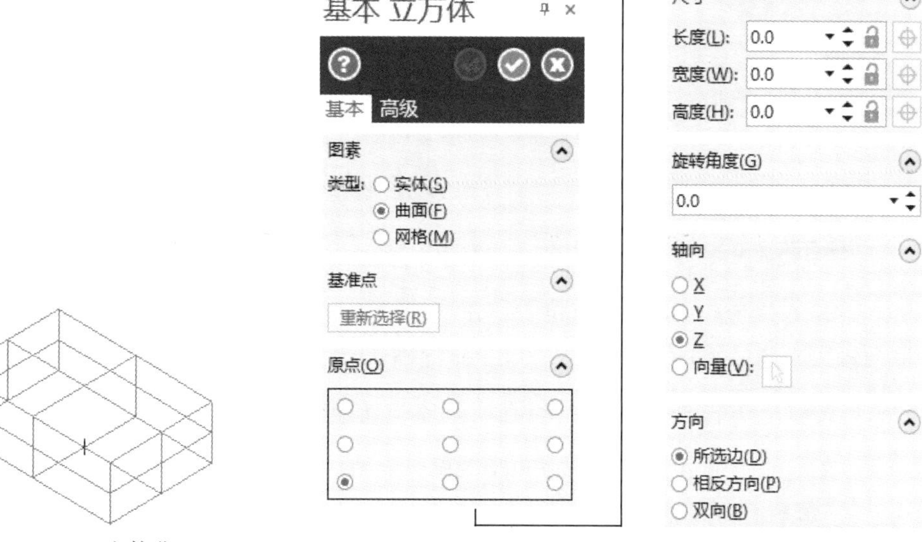

图 5.1.14 立方体曲面

图 5.1.15 “基本 立方体”对话框

图 5.1.15 所示的“基本 立方体”对话框中部分选项的说明如下。

- 实体(S) 单选项：用于创建由实体构成的立方体。
- 曲面(F) 单选项：用于创建由曲面构成的立方体。
- 原点(O) 区域：用于设置立方体基准点的位置。
- 长度(L) 文本框：用于定义立方体的长度值。
- 宽度(W) 文本框：用于定义立方体的宽度值。
- 高度(H) 文本框：用于定义立方体的高度值。

- 旋转角度(G) 文本框：用于定义立方体绕 Z 轴旋转的角度值。
- 轴向 区域：用于设置曲面 / 实体立方体的轴线的位置，包括 X 单选项、Y 单选项、Z 单选项、向量(V) 单选项和 按钮。
  - ☑ X 单选项：用于设置 X 轴为曲面 / 实体立方体的轴线，如图 5.1.16 所示。
  - ☑ Y 单选项：用于设置 Y 轴为曲面 / 实体立方体的轴线，如图 5.1.17 所示。
  - ☑ Z 单选项：用于设置 Z 轴为曲面 / 实体立方体的轴线，如图 5.1.18 所示。
  - ☑ 向量(V) 单选项：用于选取曲面 / 实体立方体的轴线。选中该单选项，单击 按钮，用户可以在绘图区选取一条直线或两点作为曲面 / 实体立方体的轴线。

图 5.1.16　X 轴

图 5.1.17　Y 轴

图 5.1.18　Z 轴

- 方向 区域：用于调整创建曲面 / 实体立方体的方向，其有三种状态，分别为 所选边(D)、相反方向(P) 和 双向(B)。

Step3. 定义立方体曲面的基点位置。在“选择”工具栏中单击 XYZ 按钮，在系统弹出的文本框中输入坐标值（0，0，0），并按 Enter 键确认。

Step4. 设置立方体曲面的参数。在“基本立方体”对话框中选中 曲面(F) 单选项，在 长度(L) 文本框中输入值 30，按 Enter 键确认；在 宽度(W) 文本框中输入值 20，按 Enter 键确认；在 高度(H) 文本框中输入值 10，按 Enter 键确认。

Step5. 单击 按钮，完成立方体曲面的创建。

Step6. 保存文件。选择下拉菜单 文件 → 保存 命令，在系统弹出的“另存为”对话框中输入文件名“BLOCK”。

5.1.4　球体

球体 命令是通过定义球的半径来创建球体的，当然也可以为创建的球体面加一个起始角度和终止角度来创建部分球体面。下面以图 5.1.19 所示的模型为例讲解球体曲面的创建过程。

Step1. 新建文件。

Step2. 选择命令。单击 曲面 功能选项卡 基本曲面 区域中的 球体 命令，系统弹出图 5.1.20 所示的“基本 球体”对话框。

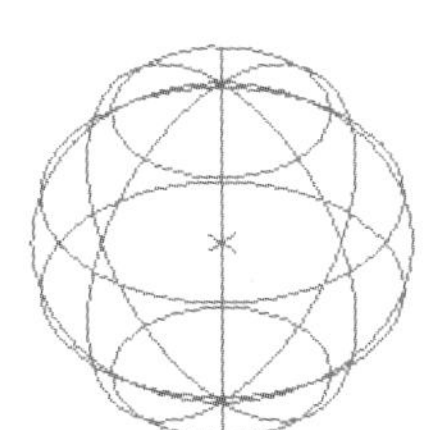

图 5.1.19 球体曲面

图 5.1.20 “基本 球体”对话框

图 5.1.20 所示的“基本球体”对话框中部分选项的说明如下。

- 半径(U): 文本框：用于定义球体的半径值。
- 扫描角度 区域：用于设置球体的扫描角度，包括 起始(T): 文本框和 结束(E): 文本框。
  - ☑ 起始(T): 文本框：用于设置曲面 / 实体球体的起始角度值。
  - ☑ 结束(E): 文本框：用于设置曲面 / 实体球体的终止角度值。

Step3. 定义球体曲面的基点位置。在“选择”工具栏中单击 按钮，在系统弹出的文本框中输入坐标值（0, 0, 0），并按 Enter 键确认。

Step4. 设置球体曲面的参数。在“基本 球体”对话框中选中 ◉ 曲面(F) 单选项，在 半径(U): 文本框中输入值 50，并按 Enter 键确认。

Step5. 单击 按钮，完成球体曲面的创建。

Step6. 保存文件。选择下拉菜单 文件 → 保存 命令，在系统弹出的“另存为”对话框中输入文件名“BALL”。

5.1.5 圆环体

圆环体 命令是通过定义圆环中心线的半径和圆环环管的半径来创建圆环体，当然也可以为创建的圆环体面加一个起始角度和终止角度来创建部分圆环体面。下面以图 5.1.21 所示的模型为例讲解圆环体曲面的创建过程。

Step1. 新建文件。

Step2. 选择命令。单击 曲面 功能选项卡 基本曲面 区域中的 圆环体 命令，系统弹出图 5.1.22 所示的“基本 圆环体”对话框。

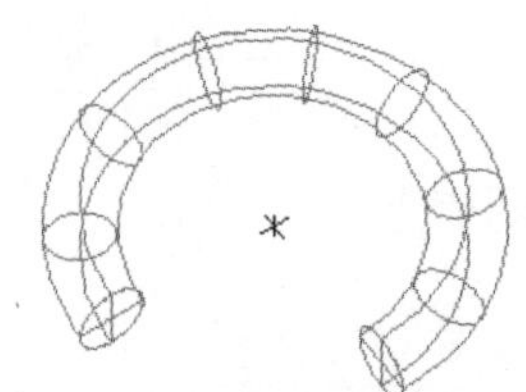
图 5.1.21 圆环体曲面

图 5.1.22 “基本 圆环体”对话框

图 5.1.22 所示的“基本 圆环体”对话框中部分选项的说明如下。

- 大径(M) 文本框：用于定义到圆环体中心的距离。
- 小径(N) 文本框：用于定义圆环体的圆环环管的半径。
- 扫描角度 区域：用于设置圆环体的扫描角度，包括 起始(T): 文本框和 结束(E): 文本框。
  - ☑ 起始(T): 文本框：用于设置曲面 / 实体圆环体的起始角度值。
  - ☑ 结束(E): 文本框：用于设置曲面 / 实体圆环体的终止角度值。

Step3. 定义圆环体曲面的基点位置。在“选择”工具栏中单击 xyz 按钮，在系统弹出的文本框中输入坐标值（0，0，0），并按 Enter 键确认。

Step4. 设置圆环体曲面的参数。在“基本 圆环体”对话框中选中 曲面(F) 单选项，在 大径(M) 文本框中输入值 50，并按 Enter 键确认；在 小径(N) 文本框中输入值 10，并按 Enter 键确认；在 扫描角度 区域的 起始(T): 文本框中输入值 0，并按 Enter 键确认；在 结束(E): 文本框中输入值 270，并按 Enter 键确认。

Step5. 单击 按钮，完成圆环体曲面的创建。

Step6. 保存文件。选择下拉菜单 文件 → 保存 命令，在系统弹出的“另存为”对话框中输入文件名“TORUS”。

5.2 曲面的创建

在 Mastercam 2024 中，曲面通常是由一个或多个封闭或者开放的二维图形，经过拉伸、旋转等命令创建的。创建曲面的命令主要位于 曲面 功能选项卡的 创建 区域中，如图 5.2.1 所示。

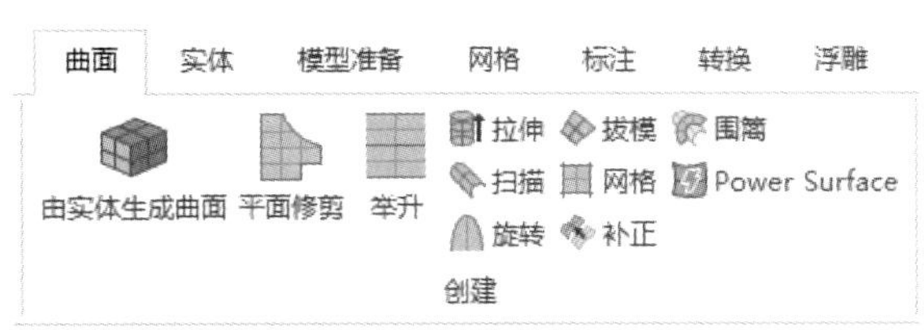

图 5.2.1 “曲面”功能选项卡“创建”区域

5.2.1 拉伸曲面

拉伸 命令是将指定的一个封闭的图形沿其法向方向进行平移来创建曲面的，平移之后的曲面为封闭的几何体。下面以图 5.2.2 所示的模型为例讲解拉伸曲面的创建过程。

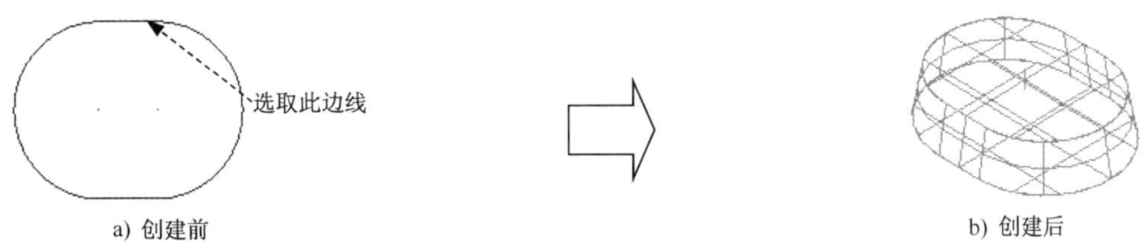

图 5.2.2 拉伸曲面

Step1. 打开文件 D: \mcx2024\work\ch05.02.01\EXTRUDED_SURFACE.mcam。

Step2. 选择命令。单击 曲面 功能选项卡 创建 区域中的 拉伸 命令，系统弹出“线框串联”对话框和图 5.2.3 所示的“拉伸曲面”对话框。

Step3. 定义拉伸轮廓。选取图 5.2.2a 所示的边线，此时系统会自动选取与此边线相连的所有图素。

图 5.2.3 所示的“拉伸曲面”对话框中部分选项的说明如下。

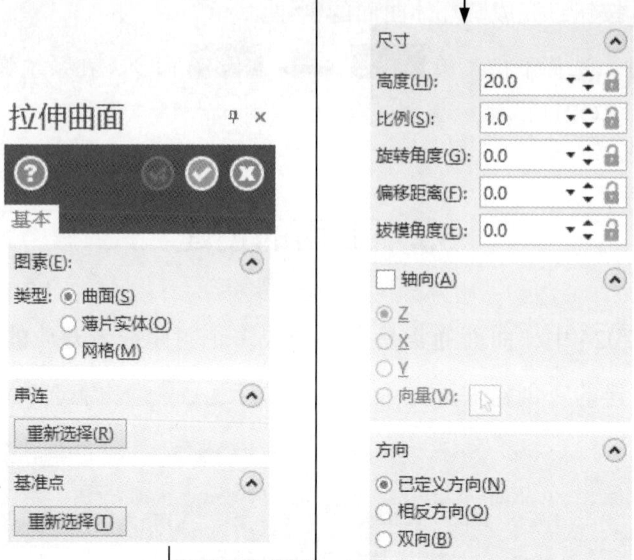

图 5.2.3 “拉伸曲面”对话框

- 重新选择(R) 按钮：用于选取拉伸曲面的轮廓。单击此按钮，系统弹出“线框串连”对话框。用户可以通过该对话框选取拉伸曲面的轮廓。
- 重新选择(T) 按钮：用于定义拉伸曲面的基点。单击此按钮，用户可以在绘图区选取一点作为拉伸曲面的基点。
- 高度(H): 文本框：用于定义拉伸曲面的深度值。
- 比例(S): 文本框：用于定义拉伸曲面的缩放比例值。
- 旋转角度(G): 文本框：用于定义拉伸曲面绕其中心轴旋转的角度值。
- 偏移距离(F): 文本框：用于定义拉伸曲面的偏移距离值，如图 5.2.4 所示。
- 拔模角度(E): 文本框：用于定义拉伸曲面的拔模角度值，如图 5.2.5 所示。

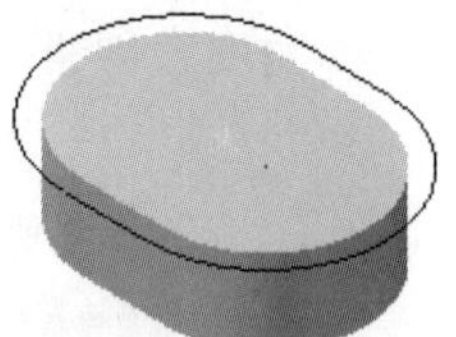

图 5.2.4 偏移距离

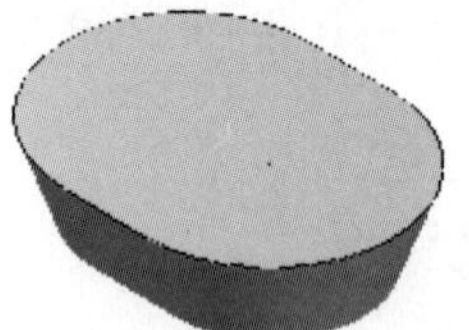

图 5.2.5 拔模角度

- ☑ 轴向(A) 复选框：用于设置拉伸曲面的中心轴。当选中此复选框时，Z、X、Y 和 ◉ 向量(V) 单选项被激活。

☑ X 单选项：用于设置 X 轴为拉伸曲面的中心轴，如图 5.2.6 所示。

☑ Y 单选项：用于设置 Y 轴为拉伸曲面的中心轴，如图 5.2.7 所示。

☑ Z 单选项：用于设置 Z 轴为拉伸曲面的中心轴，如图 5.2.8 所示。

☑ ◉向量(V) 单选项：用于选取拉伸曲面的轴线。选中该单选项，单击 按钮，用户可以在绘图区选取一条直线或两点作为拉伸曲面的轴线。

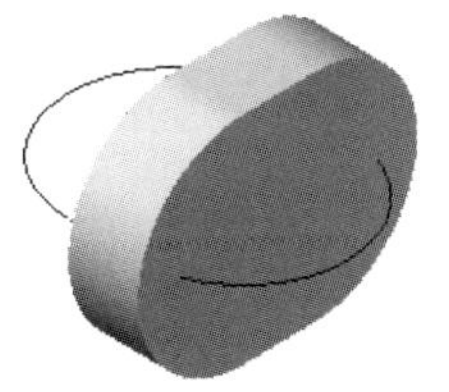

图 5.2.6　X 轴

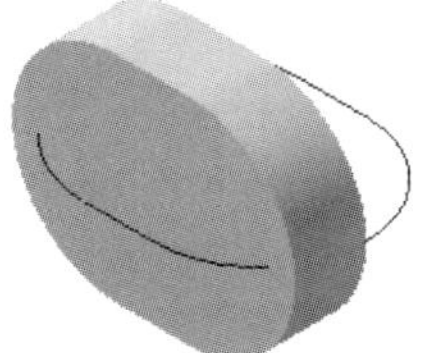

图 5.2.7　Y 轴

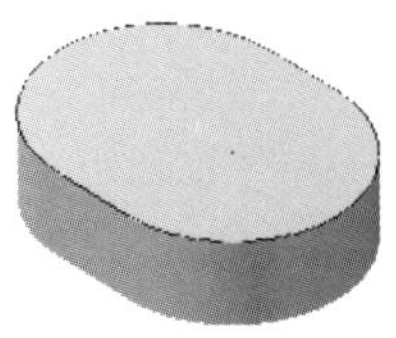

图 5.2.8　Z 轴

- 方向 区域：用于调整拉伸曲面的拉伸方向，有三种状态，分别为 ◉已定方向(D)、◉相反方向(O) 和 ◉双向(B)，如图 5.2.9~ 图 5.2.11 所示。

图 5.2.9　已定方向（状态 1）

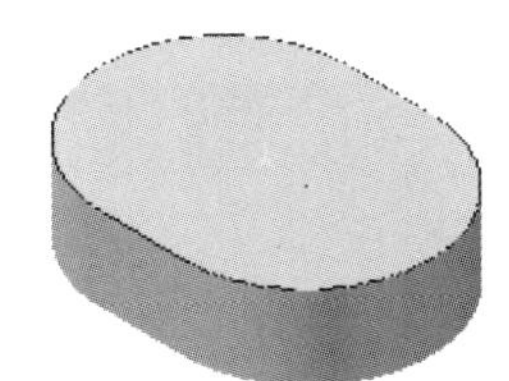

图 5.2.10　相反方向（状态 2）

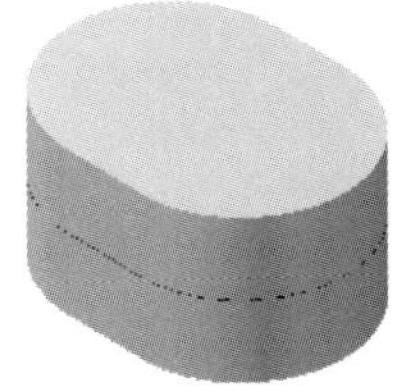

图 5.2.11　双向（状态 3）

Step4. 设置拉伸参数。在“拉伸曲面”对话框的 高度(H): 文本框中输入值 20，按 Enter 键确认；在 旋转角度(G): 文本框中输入值 10，按 Enter 键确认，结果如图 5.2.2b 所示。

Step5. 单击 按钮，完成拉伸曲面的创建。

5.2.2　旋转曲面

旋转 命令是将指定的串连图素绕定义的旋转轴旋转一定角度来创建曲面的。下面以图 5.2.12 所示的模型为例讲解旋转曲面的创建过程。

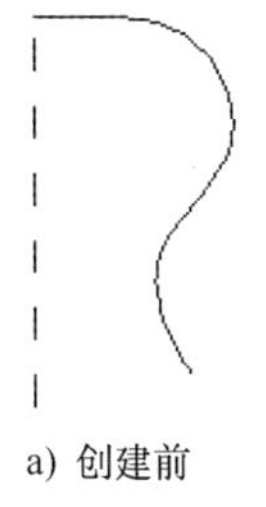

a) 创建前

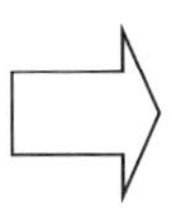

b) 创建后

图 5.2.12　旋转曲面

Step1. 打开文件 D:\mcx2024\work\ch05.02.02\REVOLVEDE_SURFACES.mcam。

Step2. 选择命令。单击 曲面 功能选项卡 创建 区域中的 旋转 命令，系统弹出"线框串连"对话框和图 5.2.13 所示的"旋转曲面"对话框。

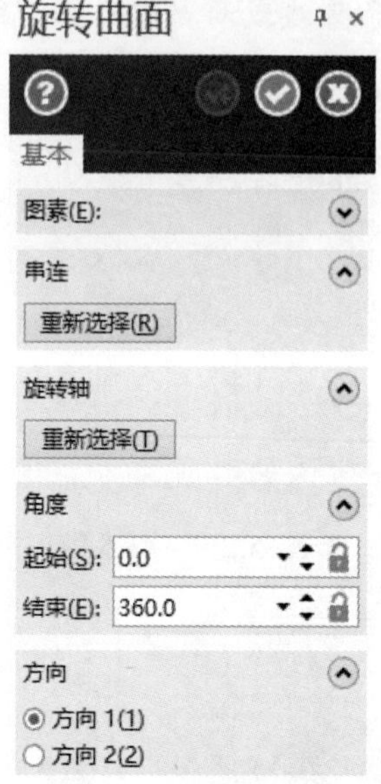

图 5.2.13 "旋转曲面"对话框

Step3. 定义旋转轮廓。在"线框串连"对话框中单击 按钮，选取图 5.2.14 所示的曲线，此时系统会自动为所选取的图素添加方向，如图 5.2.15 所示；选取图 5.2.16 所示的直线，单击"线框串连"对话框中的 按钮，完成旋转轮廓的定义。

图 5.2.14 定义旋转轮廓 1　　图 5.2.15 选取方向　　图 5.2.16 定义旋转轮廓 2

图 5.2.13 所示的"旋转曲面"对话框中的部分选项的说明如下。

- 重新选择(R) 按钮：用于选取旋转曲面的轮廓。单击此按钮，系统弹出"线框串连"对话框。用户可以通过该对话框选取旋转曲面的轮廓。
- 重新选择(T) 按钮：用于定义旋转曲面的旋转轴。单击此按钮，用户可以在绘图区选取一直线作为旋转曲面的旋转轴。
- 起始(S): 文本框：用于定义旋转曲面的起始角度值。
- 结束(E): 文本框：用于定义旋转曲面的终止角度值。
- 方向 区域：用于改变旋转方向，如图 5.2.17 所示。

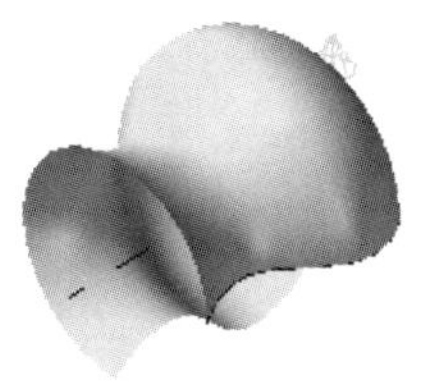

a) 方向1

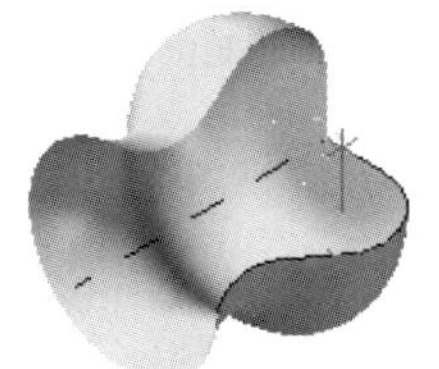

b) 方向2

图 5.2.17 改变旋转方向

Step4. 定义旋转轴。选取图 5.2.12a 所示的虚线为旋转轴。

Step5. 设置旋转参数。在“旋转曲面”对话框的 起始(S): 文本框中输入值 0，在 结束(E): 文本框中输入值 360。

Step6. 单击 ✅ 按钮，完成旋转曲面的创建。

5.2.3 曲面偏置

补正 命令是将现有的曲面沿着其法向方向移动一段距离。下面以图 5.2.18 所示的模型为例讲解曲面偏置的创建过程。

Step1. 打开文件 D: \mcx2024\work\ch05.02.03\OFFSET_SURFACES.mcam。

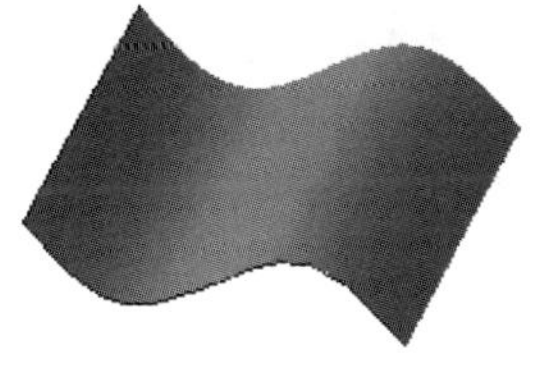

a) 创建前

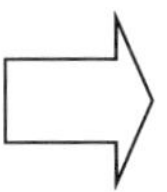

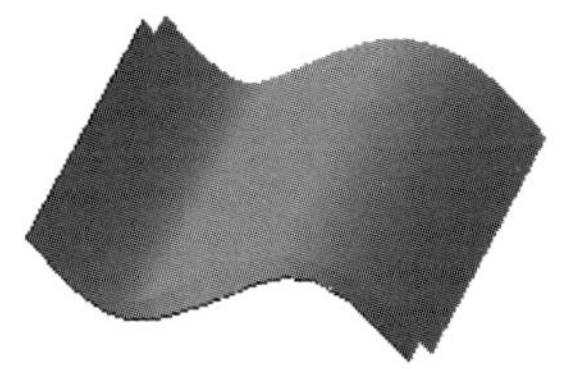

b) 创建后

图 5.2.18 曲面偏置

Step2. 选择命令。单击 曲面 功能选项卡 创建 区域中的 补正 命令。

Step3. 定义偏置曲面。在绘图区选取图 5.2.18a 所示的曲面为偏置曲面，然后按 Enter 键完成偏置曲面的定义，系统弹出图 5.2.19 所示的“曲面补正”对话框。

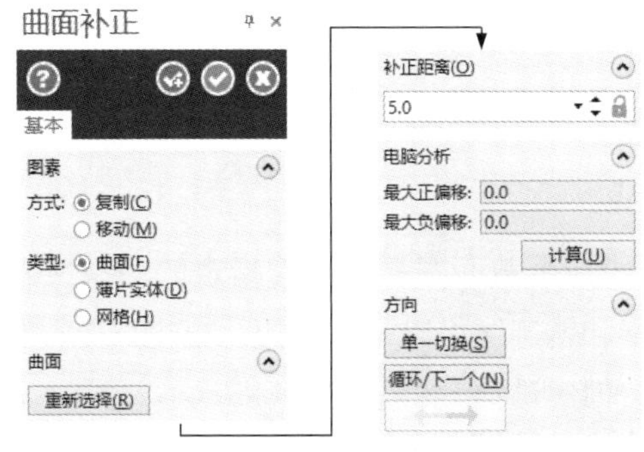

图 5.2.19 “曲面补正”对话框

图 5.2.19 所示的“曲面补正”对话框中的部分选项的说明如下。

- ◉复制(C) 单选项：用于设置根据指定的偏置距离和方向复制选取的偏置曲面，如图 5.2.20 所示。
- ◉移动(M) 单选项：用于设置根据指定的偏置距离和方向移动选取的偏置曲面，如图 5.2.21 所示。

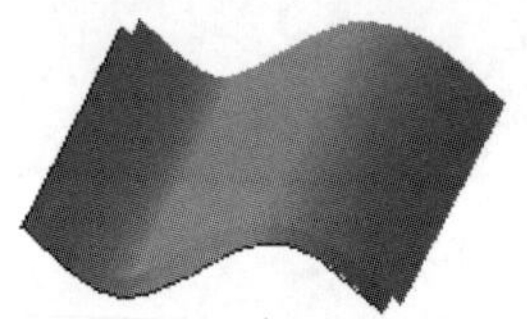
图 5.2.20　复制

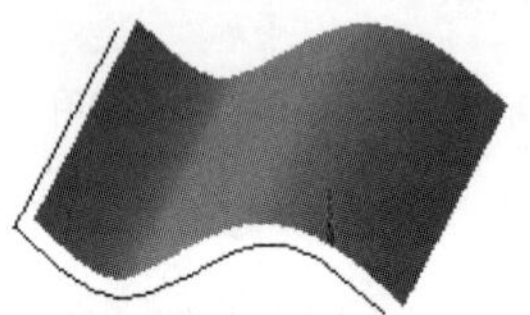
图 5.2.21　移动

- 重新选择(R) 按钮：用于选取偏置的曲面。单击此按钮，用户可以在绘图区选取要偏置的曲面。
- 补正距离(O) 文本框：用于设置偏置距离。
- 单一切换(S) 按钮：用于单独翻转偏置曲面。单击此按钮，在绘图区显示图 5.2.22 所示的曲面的法向，此时单击此曲面可以调整偏置方向，如图 5.2.23 所示。

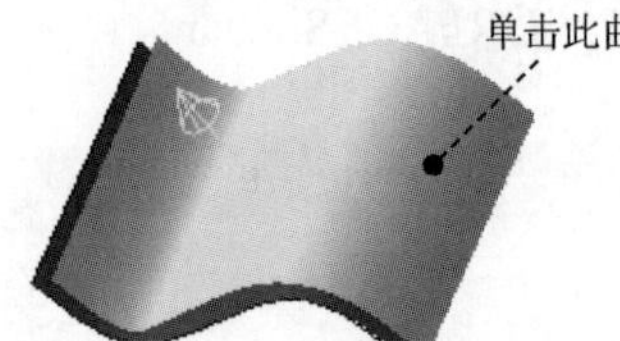

图 5.2.22　曲面的法向

图 5.2.23　调整偏置方向

- 循环/下一个(N) 按钮：用于在多个偏置曲面之间进行切换。
- ⟵⟶ 按钮：用于调整偏置曲面的偏置方向。

Step4. 设置偏置参数。在“曲面补正”对话框中选中 ◉复制(C) 单选项，在 补正距离(O) 文本框中输入值 5。

Step5. 单击 ✔ 按钮，完成曲面偏置的创建。

5.2.4　扫描曲面

扫描 命令是将一个或多个截面图素，沿着指定的一条或者多条轨迹线进行扫描来创建曲面的。定义的截面图素和轨迹线可以是封闭的，也可以是开放的。下面以图 5.2.24 所示的模型为例讲解扫描曲面的创建过程。

Step1. 打开文件 D: \mcx2024\work\ch05.02.04\SWEPT_SURFACES.mcam。

Step2. 选择命令。单击 曲面 功能选项卡 创建 区域中的 扫描 命令，系统弹出“线框串连”对话框和图 5.2.25 所示的“扫描曲面”对话框。

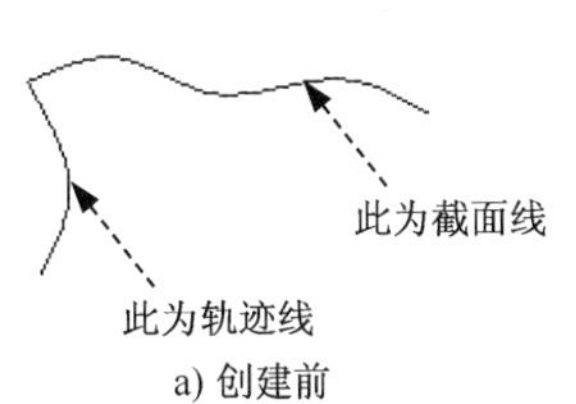

a) 创建前

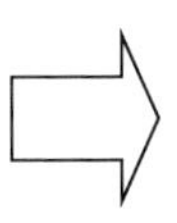

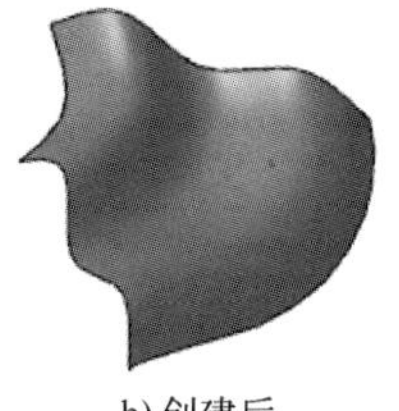

b) 创建后

图 5.2.24　扫描曲面

Step3. 定义截面线。单击 按钮，选取图 5.2.24a 所示的截面线，此时系统会自动为所选取的图素添加方向，如图 5.2.26 所示；单击 按钮，完成截面线的定义，同时系统再次弹出“线框串连”对话框。

Step4. 定义轨迹线。单击 按钮，选取图 5.2.24a 所示的轨迹线，此时系统会自动为所选取的图素添加方向，如图 5.2.27 所示；单击 按钮，完成轨迹线的定义，系统返回“扫描曲面”对话框。

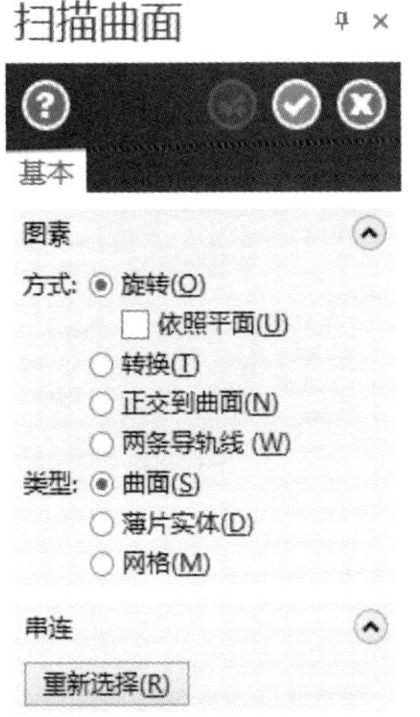

图 5.2.25　“扫描曲面”对话框

图 5.2.26　定义截面线

图 5.2.27　定义轨迹线

图 5.2.27 所示的“扫描曲面”对话框中的部分选项的说明如下。

- 旋转(O) 单选项：用于设置使用截面线不仅沿着轨迹线做平移运动，而且截面线按照轨迹线的走势，做一定的旋转运动的方式创建扫描曲面，如图 5.2.28 所示。
- 转换(T) 单选项：用于设置使用截面线沿着轨迹线做平移运动的方式创建扫描曲面，如图 5.2.29 所示。
- 正交到曲面(N) 单选项：用于设置与轨迹线相关的曲面，以此来控制曲面的扫描生成。

- ◉两条导轨线(W) 按钮：用于设置截面图素和轨迹线为两条以上时创建扫描曲面。

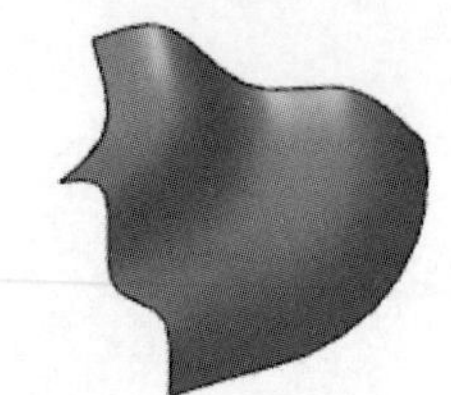

图 5.2.28　旋转

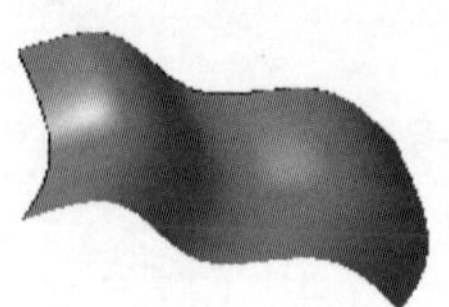

图 5.2.29　转换

- 重新选择(R) 按钮：用于选取扫描曲面的截面图素和轨迹图素。单击此按钮，系统弹出“线框串连”对话框。用户可以通过该对话框选取扫描曲面的截面图素和轨迹图素。

Step5. 设置扫描方式。在“扫描曲面”对话框中选中 ◉旋转(O) 单选项。

Step6. 单击 ✅ 按钮，完成扫描曲面的创建。

5.2.5　网状曲面

网格 命令是通过指定相交的网格线来控制曲面的形状，就像渔网一样。此种曲面的创建方式适用于创建变化多样、形状复杂的曲面。下面以图 5.2.30 所示的模型为例讲解网状曲面的创建过程。

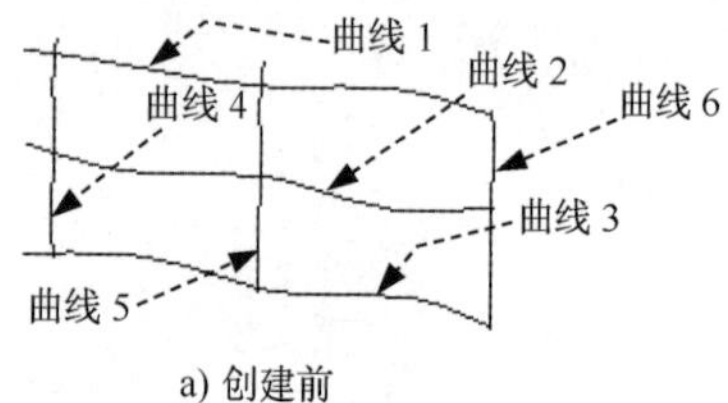

a) 创建前

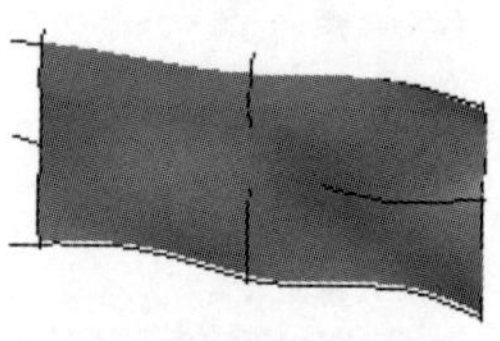

b) 创建后

图 5.2.30　网状曲面

Step1. 打开文件 D: \mcx2024\work\ch05.02.05\NET_SURFACE.mcam。

Step2. 选择命令。单击 曲面 功能选项卡 创建 区域中的 网格 命令，系统弹出“线框串连”对话框和图 5.2.31 所示的“平面修剪”对话框。

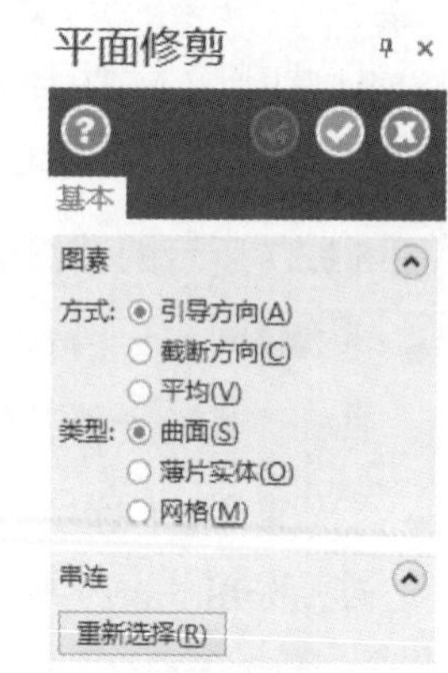

图 5.2.31　“平面修剪”对话框

图 5.2.31 所示的“平面修剪”对话框中的部分选项的说明如下。

- 方式: 区域：用于定义曲面的Z轴深度，包括 ◉引导方向(A) 单选项、◉截断方向(C) 单选项和 ◉平均(V) 单选项。

☑ ◉ 引导方向(A) 单选项：用于设置使用引导方向控制 Z 轴深度。

☑ ◉ 截断方向(C) 单选项：用于设置使用截面方向控制 Z 轴深度。

☑ ◉ 平均(V) 单选项：用于设置使用引导方向和截面方向的平均值控制 Z 轴深度。

Step3. 设置控制网格曲面深度方式。在 方式: 区域选中 ◉ 截断方向(C) 单选项。

Step4. 定义网格线。在绘图区依次选取图 5.2.30a 所示的曲线 1、曲线 2、曲线 3、曲线 4、曲线 5 和曲线 6，单击“线框串连”对话框中的 ✓ 按钮，完成网格线的定义。

Step5. 单击“平面修剪”对话框中的 ✓ 按钮，完成网状曲面的创建。

5.2.6 直纹 / 举升曲面

举升 命令是将多个截面图形按照一定的顺序连接起来创建曲面的。若每个截面图形间用直线相连，则称为直纹；若每个截面图形间用曲线相连，则称为举升。因直纹曲面和举升曲面创建的步骤基本相同，所以下面以图 5.2.32 所示的模型为例，讲解举升曲面的创建过程，直纹曲面的创建过程就不再赘述了。

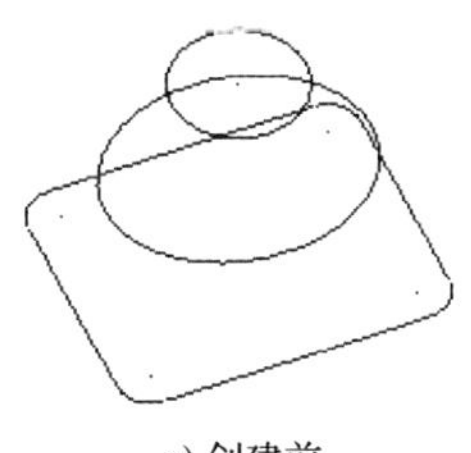

a) 创建前

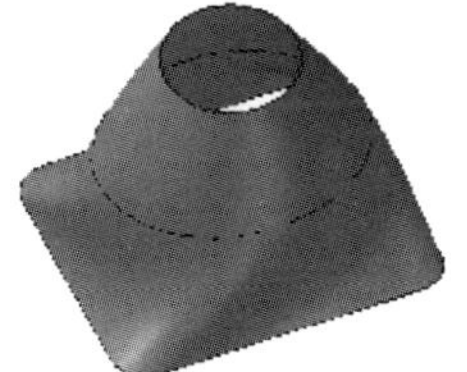

b) 创建后

图 5.2.32 举升曲面

Step1. 打开文件 D: \mcx2024\work\ch05.02.06\RULED_LOFTED_SURFACES.mcam。

Step2. 选择命令。单击 曲面 功能选项卡 创建 区域中的 举升 命令，系统弹出“线框串连”对话框。

Step3. 定义截面图形。选取图 5.2.33 所示的直线，系统会自动选取图 5.2.34 所示的线串，并显示串连方向；选取图 5.2.35 所示的椭圆，系统会自动选取图 5.2.36 所示的线串，并显示串连方向；选取图 5.2.37 所示的圆，系统会自动选取图 5.2.38 所示的线串，并显示串连方向；单击 ✓ 按钮，完成截面图形的定义，同时系统弹出图 5.2.39 所示的“直纹 / 举升曲面”对话框。

注意：要使箭头方向保持一致。

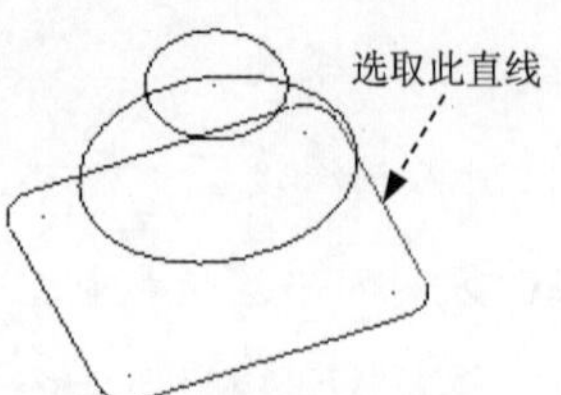

图 5.2.33　选取直线

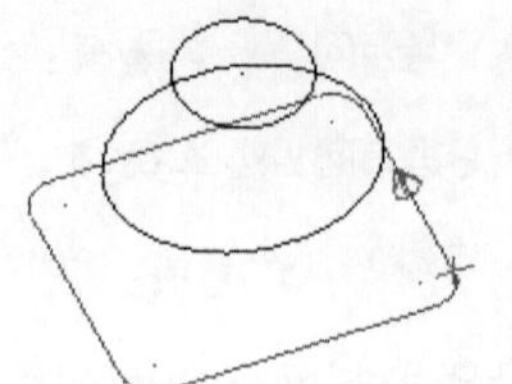

图 5.2.34　自动选取的线串 1

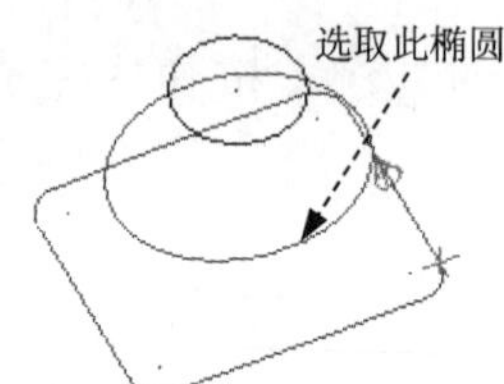

图 5.2.35　选取椭圆

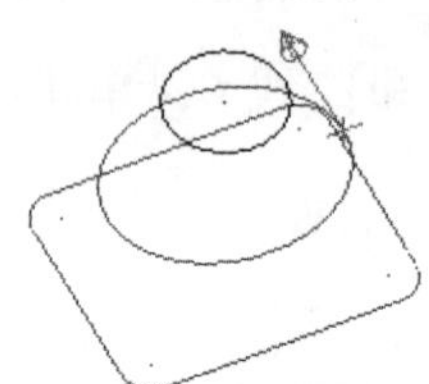

图 5.2.36　自动选取的线串 2

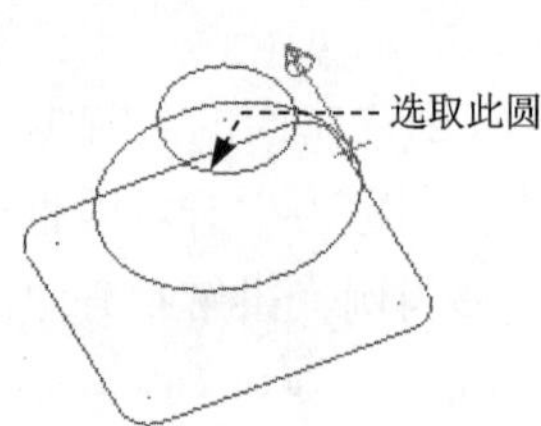

图 5.2.37　选取圆

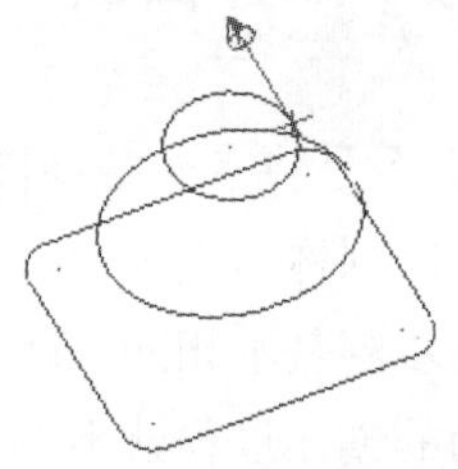

图 5.2.38　自动选取的线串 3

说明：在选取截面图形时，选取的方向不同，创建的曲面也不同。

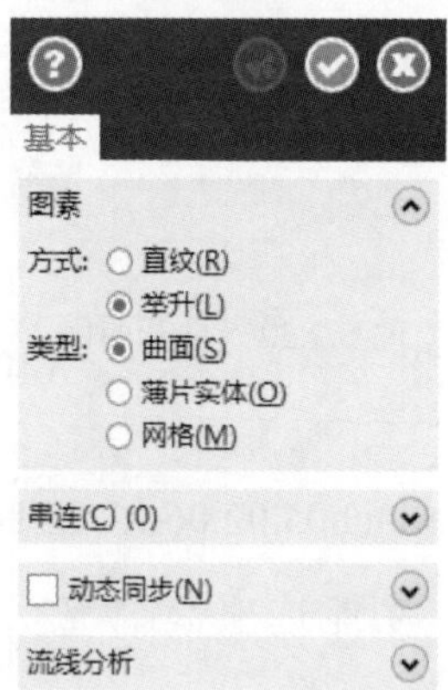

图 5.2.39　“直纹 / 举升曲面”对话框

Step4. 单击 按钮，完成举升曲面的创建。

5.2.7　拔模曲面

拔模 命令是以当前的构图平面为参考，将一条或多条外形轮廓沿构图平面的法向方

向，按照定义的长度和角度创建带有斜度的曲面。外形轮廓可以是二维的，也可以是三维的；既可以是封闭的，也可以是开放的。下面以图 5.2.40 所示的模型为例讲解拔模曲面的创建过程。

a) 创建前

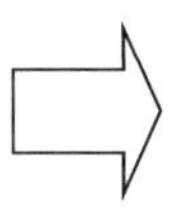

b) 创建后

图 5.2.40 拔模曲面

Step1. 打开文件 D: \mcx2024\work\ch05.02.07\DRAFT_SURFACE.mcam。

Step2. 选择命令。单击 曲面 功能选项卡 创建 区域中的 拔模 命令，系统弹出“线框串连”对话框和图 5.2.41 所示的“曲面拔模”对话框。

Step3. 定义拔模曲面的外形轮廓。在绘图区选取图 5.2.42 所示的圆为拔模曲面的外形轮廓，系统会自动显示串连方向，如图 5.2.43 所示，单击“线框串连”对话框中的 按钮，完成外形轮廓的定义。

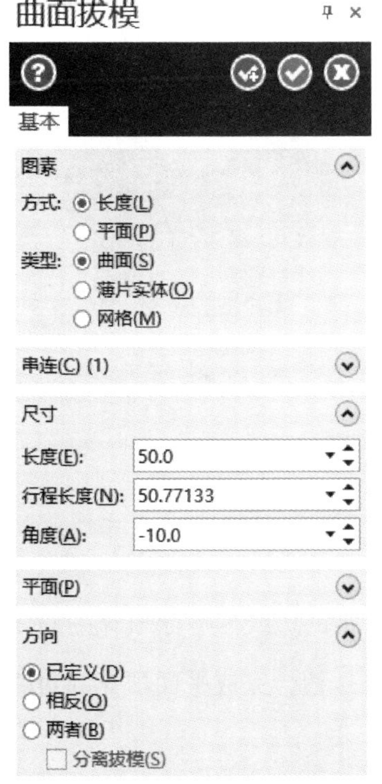

图 5.2.41 “曲面拔模”对话框

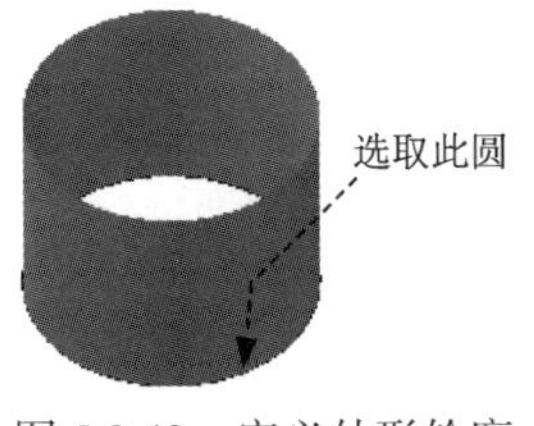

图 5.2.42 定义外形轮廓

图 5.2.43 显示串连方向

图 5.2.41 所示的“曲面拔模”对话框中部分选项的说明如下。

- ⊙长度(L) 单选项：用于设置使用定义长度和角度的方式创建拔模曲面。
- ⊙平面(P) 单选项：用于设置使用定义角度和牵引截止面的方式创建拔模曲面。
- 长度(E): 文本框：用于定义拔模曲面的牵引长度。
- 行程长度(N): 文本框：用于定义拔模曲面的真实牵引长度。
- 角度(A): 文本框：用于定义拔模曲面的牵引角度。
- 方向 区域：用于调整牵引方向，有三种状态，分别为 ⊙已定义(D)、⊙相反(O) 和 ⊙两者(B)。
- ☑分离拔模(S) 复选框：用于设置在两个牵引方向上都使用定义牵引角度，仅当调整牵引方向为 ⊙两者(B) 状态时可用。

Step4. 设置拔模曲面的参数。在“曲面拔模”对话框的 长度(E): 文本框中输入值 50，按 Enter 键确认；在 角度(A): 文本框中输入值 –10，按 Enter 键确认。

Step5. 单击 ✔ 按钮，完成拔模曲面的创建，如图 5.2.40b 所示。

5.2.8 平面填充

平面修剪 命令是对一个封闭图形的内部进行填充后获得平整的曲面。下面以图 5.2.44 所示的模型为例讲解平面填充的创建过程。

a) 创建前

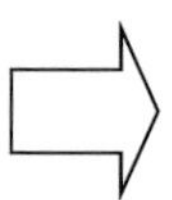

b) 创建后

图 5.2.44 平面填充

Step1. 打开文件 D: \mcx2024\work\ch05.02.08\FLAT_BOUNDARY.mcam。

Step2. 选择命令。单击 曲面 功能选项卡 创建 区域中的 平面修剪 命令，系统弹出图 5.2.45 所示的“恢复到边界”对话框和“线框串连”对话框。

Step3. 定义平面填充的封闭图形。在绘图区选取图 5.2.46 所示的边线为平面填充的封闭图形，系统会自动显示串连方向，如图 5.2.47 所示；单击 ✔ 按钮，完成平面填充的封闭图形的定义。

图 5.2.45 所示的“恢复到边界”对话框中的部分选项的说明如下。

- 重新选择(R) 按钮：用于选取平面填充的封闭图形。单击此按钮，系统弹出“线框串连”

对话框。用户可以通过该对话框选取平面填充的封闭图形。

- 添加(A) 按钮：用于增加平面填充的图形。单击此按钮，系统弹出“线框串连”对话框。用户可以通过该对话框为现有的图形增加线串。
- ☑ 检查重叠串连(C) 复选框：用于设置在创建平整边界时，选择忽略嵌套式串连。

Step4. 单击 ✅ 按钮，完成平面填充的创建。

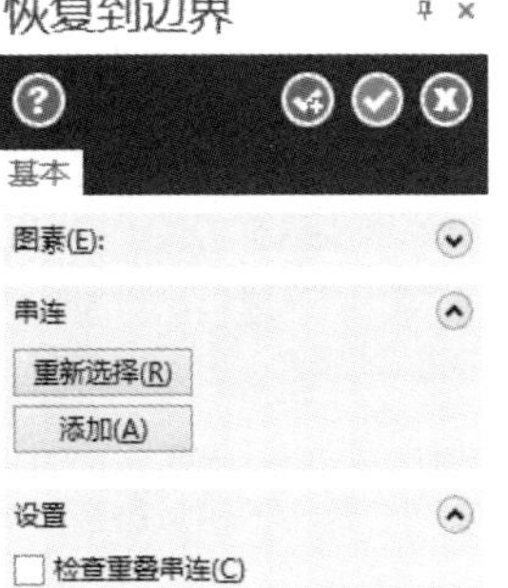

图 5.2.45 “恢复到边界”对话框

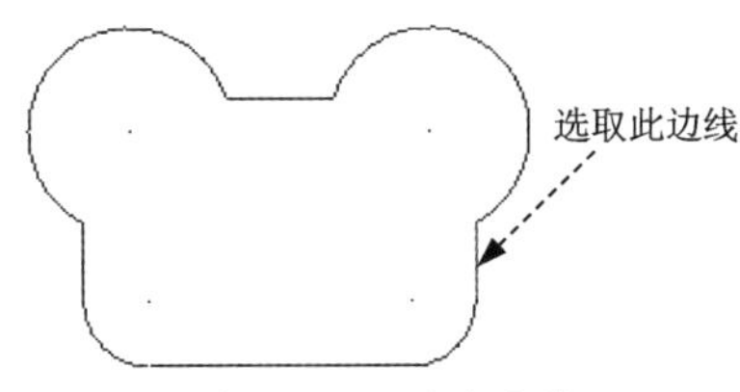

图 5.2.46 选取边线

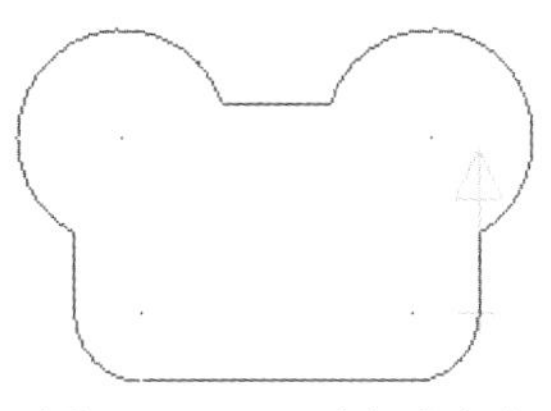

图 5.2.47 显示串连方向

5.2.9 由实体生成曲面

在 Mastercam 2024 中，实体和曲面之间是可以相互转换的，使用实体手段创建的实体模型可以转换成曲面，同时也可以将编辑好的曲面模型转换成实体。使用 由实体生成曲面 命令可以提取实体表面从而创建曲面。下面以图 5.2.48 所示的模型为例讲解由实体生成曲面的创建过程。

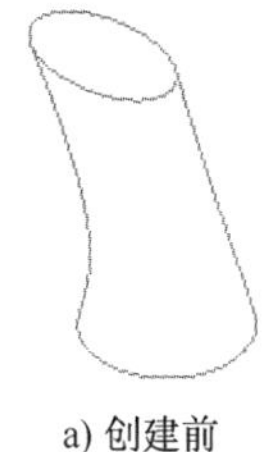

a) 创建前

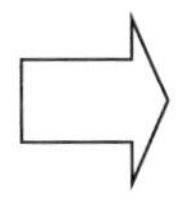

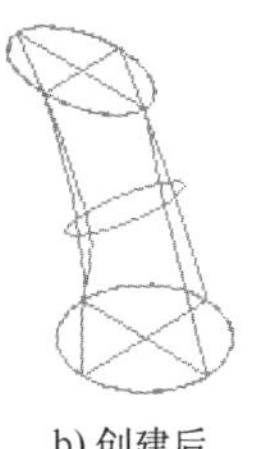

b) 创建后

图 5.2.48 由实体生成曲面

Step1. 打开文件 D: \mcx2024\work\ch05.02.09\SURFACE_FROM_SOLID.mcam。

Step2. 选择命令。单击 曲面 功能选项卡 创建 区域中的 由实体生成曲面 命令。

Step3. 设置选取方式。在“选择”工具栏中单击 按钮使其处于弹起状态，单击 按钮使其处于按下状态。

Step4. 定义实体。在绘图区选取图 5.2.48a 所示的实体。

Step5. 按 Enter 键完成实体的选取，然后单击 ✅ 按钮，完成由实体生成曲面的操作。

5.3 曲面的编辑

通过对 5.2 节的学习，读者了解到了创建各种曲面的方法，但是，仅创建曲面还不能满足用户的设计需求，还需要对已创建好的曲面进行编辑。Mastercam 2024 为用户提供了多种曲面编辑的方法，如曲面倒圆角、修剪曲面、曲面延伸、填补内孔、恢复修剪、分割曲面、移除边界、两曲面熔接、三曲面间熔接和三圆角面熔接等。编辑曲面的命令主要位于 曲面 功能选项卡的 修剪 区域中，如图 5.3.1 所示。

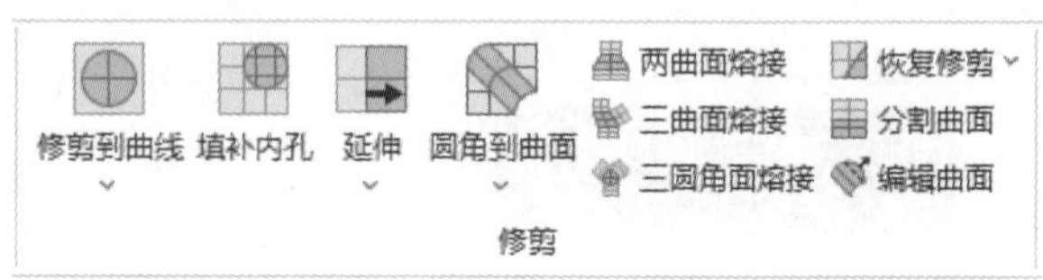

图 5.3.1 “曲面”功能选项卡“修剪”区域

5.3.1 曲面倒圆角

曲面倒圆角就是在现有的两个曲面之间创建圆角曲面，使这两个曲面进行圆角过渡连接。曲面倒圆角包括三种方式：在曲面和曲面相交处倒圆角、在曲面和曲线相交处倒圆角、在曲面和平面相交处倒圆角。

使用 圆角到曲面 命令可以在两个曲面之间产生圆角曲面。下面以图 5.3.2 所示的模型为例，介绍曲面倒圆角的创建过程。

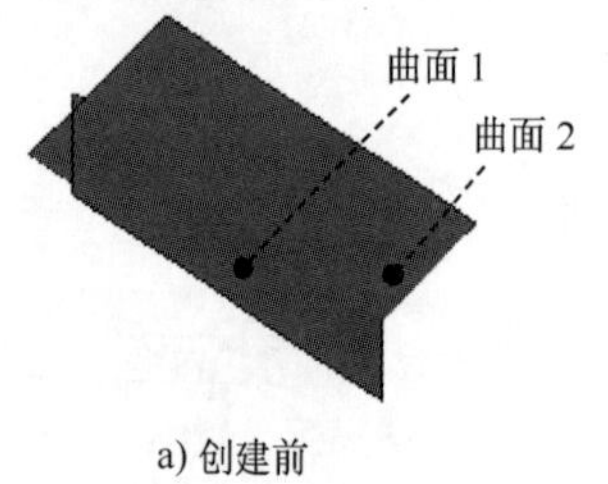

a) 创建前

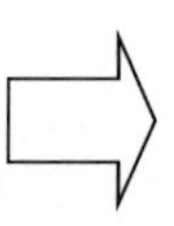

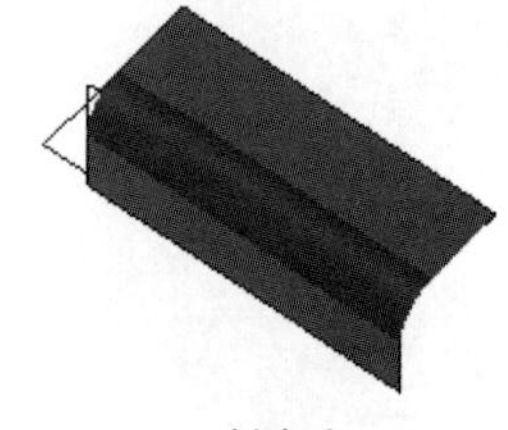

b) 创建后

图 5.3.2 曲面倒圆角

Step1. 打开文件 D: \mcx2024\work\ch05.03.01\FILLET_SURFACES_TO_SURFACES.mcam。

Step2. 选择命令。单击 曲面 功能选项卡 修剪 区域 圆角到曲面 下拉列表中的 圆角到曲面 命令，系统弹出图 5.3.3 所示的“曲面圆角到曲面”对话框。

Step3. 定义倒圆角的曲面。在绘图区选取图 5.3.2a 所示的曲面 1，然后按 Enter 键确认；在绘图区选取图 5.3.2a 所示的曲面 2，然后按 Enter 键确认。

图 5.3.3 所示的“曲面圆角到曲面”对话框中部分选项的说明如下。

- 修改(I) 按钮：用于设置创建圆角的方向。
- 半径(U) 文本框：用于定义圆角的半径值。

- ☑可变圆角(V) 区域：用于设置可变圆角的参数，其中包括 中点(M) 按钮、动态(Y) 按钮、修改 按钮、移除顶点(O) 按钮、循环(C) 按钮和 默认(L): 文本框。此区域当选中 ☑可变圆角(V) 复选框时可用。
  ☑ 中点(M) 按钮：用于改变定义的两个圆角标记中点的圆角曲面半径。单击此按钮，需要选取两个相邻的圆角标记。

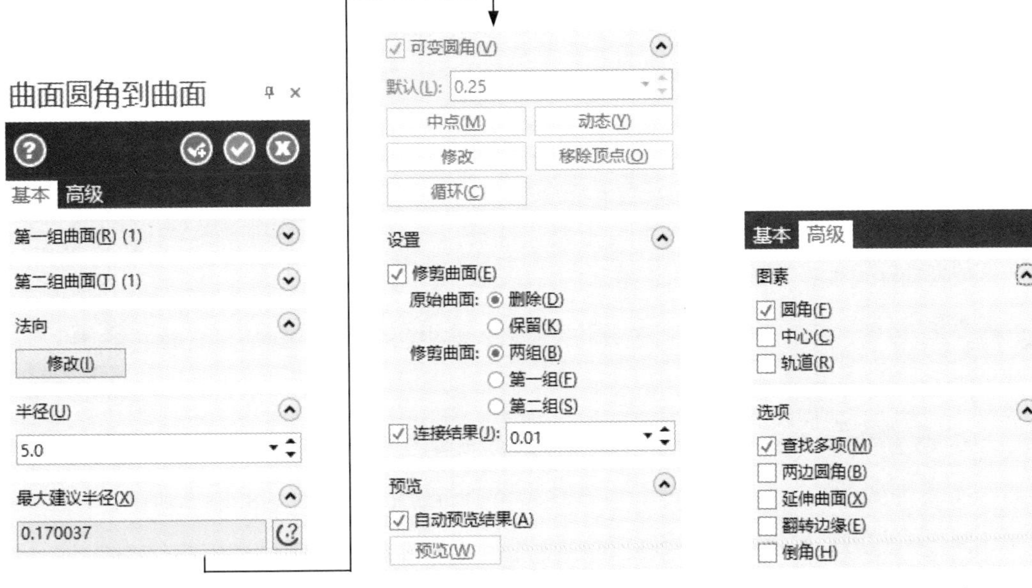

a) “基本”选项卡　　b) “高级”选项卡

图 5.3.3 “曲面圆角到曲面”对话框

☑ 动态(Y) 按钮：用于根据圆角曲面的中心曲线动态改变圆角曲面的半径。单击此按钮，需要先选取圆角曲面的中心曲线，然后再定义要改变圆角曲面半径的点的位置。

☑ 修改 按钮：用于改变选取的圆角标记的圆角曲面半径值。单击此按钮，需要选取要修改圆角曲面半径的圆角标记。

☑ 移除顶点(O) 按钮：用于删除选取的圆角标记。单击此按钮，需要选取要删除的圆角标记。

☑ 循环(C) 按钮：用于按照定义的圆角标记的半径创建圆角曲面。单击此按钮，系统弹出图 5.3.4 所示的“输入半径”对话框。用户可以在此对话框中输入第一个圆角标记处的圆角半径值，然后按 Enter 键确认。此时系统会让用户定义下一个圆角标记处的圆角半径值，直至定义完所有的圆角标记。

输入半径。
5.000

图 5.3.4 “输入半径”对话框

☑ 默认(L): 文本框：用于定义所选的圆角标记的圆角半径值。

- 设置 区域：用于设置修剪曲面的相关参数，其包括 ☑修剪曲面(E) 复选框、原始曲面 区域、修剪曲面 区域和 ☑连接结果(J) 复选框。
  - ☑ ☑修剪曲面(E) 复选框：用于设置激活 原始曲面 区域和 修剪曲面 区域的所有参数。
  - ☑ 原始曲面 区域：用于设置是否保留原始曲面，其中包括 ◉删除(D) 单选项和 ◉保留(K) 单选项。
  - ☑ 修剪曲面 区域：用于设置修剪对象，其中包括 ◉两组(B) 单选项、◉第一组(F) 单选项和 ◉第二组(S) 单选项。
  - ☑ ☑连接结果(J) 复选框：用于设置将连接公差内的圆角曲面和两个原始曲面连接成一个图素。
- 预览(W) 按钮：用于设置显示预览结果，如果选中 ☑自动预览结果(A) 复选框，则该按钮不可用。
- 图素 区域：用于设置创建图素的相关参数，其中包括 ☑圆角(F) 复选框、☑中心(C) 复选框和 ☑轨道(R) 复选框。
  - ☑ ☑圆角(F) 复选框：用于设置创建圆角曲面。
  - ☑ ☑中心(C) 复选框：用于设置创建圆角曲面的中心线，如图 5.3.5 所示。
  - ☑ ☑轨道(R) 复选框：用于设置在圆角曲面与圆角面之间创建两条样条曲线。这两条圆角曲线是圆角曲面的切边。
- ☑查找多项(M) 复选框：用于设置寻找多个结果。
- ☑两边圆角(B) 复选框：用于设置两侧都倒圆角，如图 5.3.6 所示。
- ☑延伸曲面(X) 复选框：用于设置圆角曲面延伸至较大曲面的边缘。
- ☑翻转边缘(E) 复选框：选中该复选框，可以允许在复杂图形区域创建一组更加完整的圆角曲面。
- ☑倒角(H) 复选框：用于设置创建两个曲面间的倒斜角，此时将不创建倒圆角。

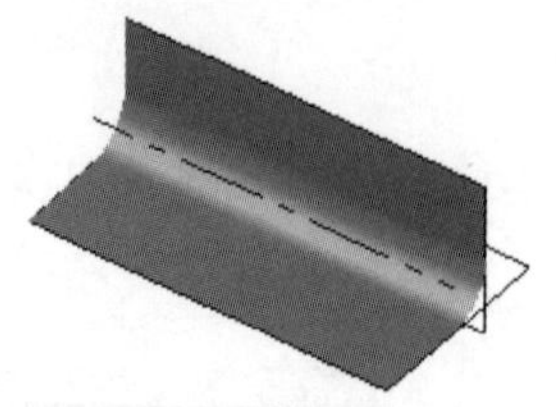
图 5.3.5　中心线

图 5.3.6　两侧都倒圆角

Step4. 设置倒圆角参数。在“曲面圆角到曲面”对话框的 半径(U) 文本框中输入值 5，按 Enter 键确认；选中 ☑修剪曲面(E) 复选框、☑连接结果(J) 复选框和 ☑自动预览结果(A) 复选框，单击 高级 选项卡，勾选 ☑延伸曲面(X) 复选框。

Step5. 单击 按钮，完成曲面与曲面倒圆角的创建。

5.3.2 修剪曲面

修剪曲面就是根据指定的修整边界对选定曲面进行剪裁操作，修整边界可以是曲面，也可以是曲线，还可以是平面。修剪曲面是通过三种命令来实现的，分别为修剪至曲面、修剪至曲线和修剪至平面。下面分别讲解三种修剪曲面的创建过程。

1. 修剪至曲面

使用 修剪到曲面 命令可以在两个曲面之间进行相互修剪。下面以图 5.3.7 所示的模型为例，介绍修剪至曲面的创建过程。

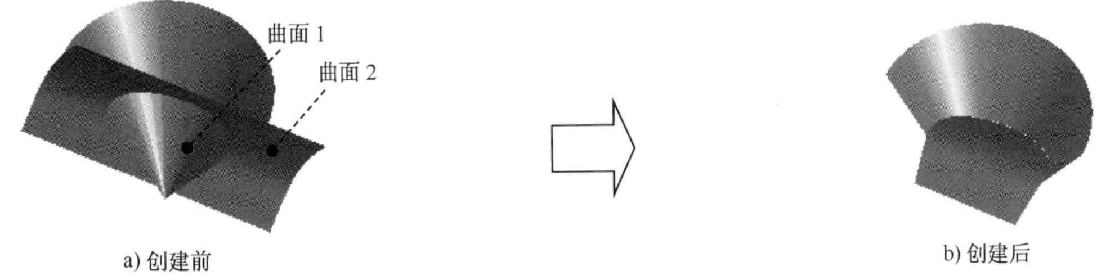

图 5.3.7 修剪至曲面

Step1. 打开文件 D: \mcx2024\work\ch05.03.02\TRIM_SURFACE_TO_SURFACE.mcam。

Step2. 选择命令。单击 曲面 功能选项卡 修剪 区域 修剪到曲线 下拉列表中的 修剪到曲面 命令，系统弹出图 5.3.8 所示的“修剪到曲面”对话框。

Step3. 定义修剪的曲面。在绘图区选取图 5.3.7a 所示的曲面 1，然后按 Enter 键完成曲面的选择；在绘图区选取图 5.3.7a 所示的曲面 2，然后按 Enter 键完成曲面的选择。

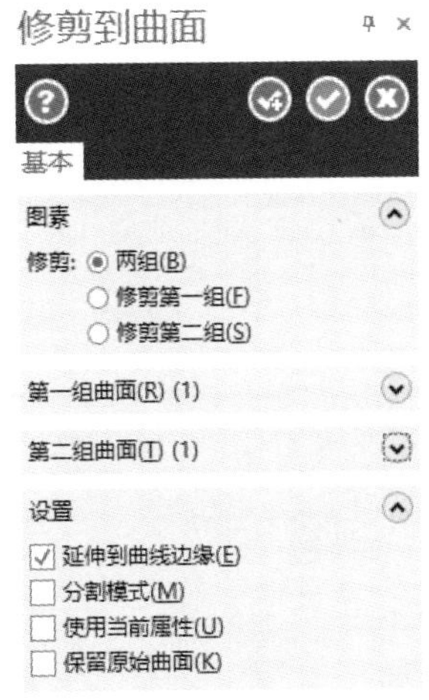

图 5.3.8 “修剪到曲面”对话框

图 5.3.8 所示的“修剪到曲面”对话框中的部分选项的说明如下。

- ◉两组(B) 单选项：用于设置修剪两个曲面。
- ◉修剪第一组(F) 单选项：用于设置修剪第一个曲面。
- ◉修剪第二组(S) 单选项：用于设置修剪第二个曲面。
- ☑延伸到曲线边缘(E) 复选框：用于设置将曲面的相交线延伸至曲面边界并进行修剪。
- ☑分割模式(M) 复选框：用于设置分割曲面。使用此命令进行修剪后不会把修剪的部分删除，而是将它保留下来，如图 5.3.9 所示。
- ☑使用当前属性(U) 复选框：用于设置修剪后的曲面使用当前系统设置的图素属性，如颜色、层别、线型和线宽等。
- ☑保留原始曲面(K) 复选框：用于设置保留原始曲面。

Step4. 设置修剪参数。在“修剪到曲面”对话框中选中 ◉两组(B) 单选项和 ☑延伸到曲线边缘(E) 复选框，取消选中 ☐分割模式(M) 和 ☐保留原始曲面(K) 复选框。

Step5. 定义修剪曲面的保留部分。

（1）在图 5.3.10 所示的曲面上单击，此时系统出现“保留箭头”，拖动鼠标将“保留箭头”移动到图 5.3.11 所示的位置，再次单击。

图 5.3.9　分割曲面

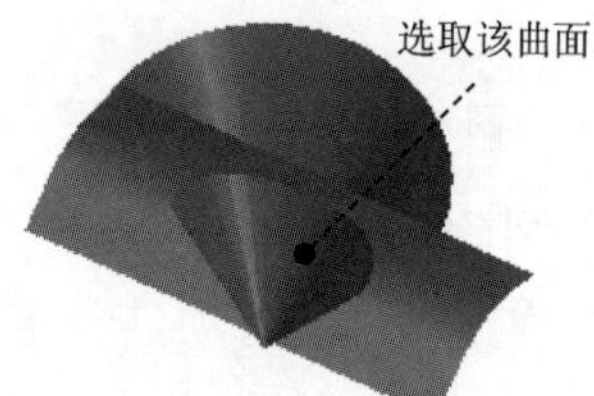

图 5.3.10　选取曲面 1

图 5.3.11　定义保留部分 1

（2）在图 5.3.12 所示的曲面上单击，此时系统出现“保留箭头”，拖动鼠标将“保留箭头”移动到图 5.3.13 所示的位置，再次单击。

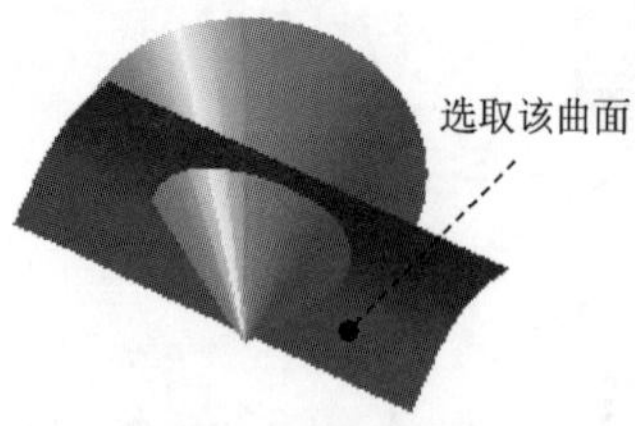

图 5.3.12　选取曲面 2

图 5.3.13　定义保留部分 2

Step6. 单击 ✓ 按钮，完成修整至曲面的操作。

2. 修剪至曲线

使用 修剪到曲线 命令可以根据指定的曲线对曲面进行修剪。下面以图 5.3.14 所示的

模型为例，介绍修剪至曲线的创建过程。

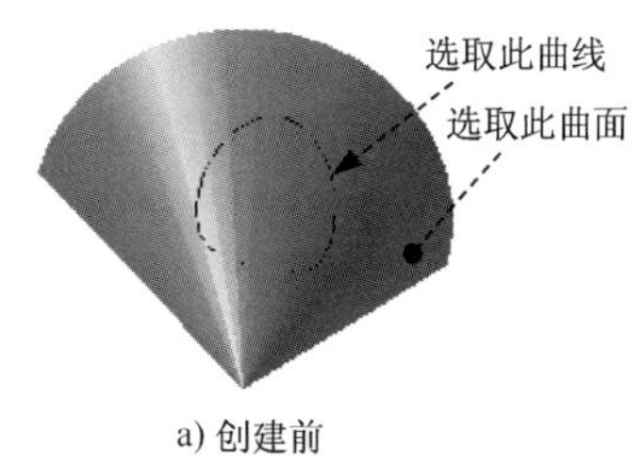

a) 创建前

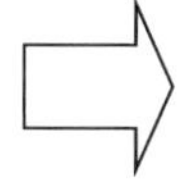

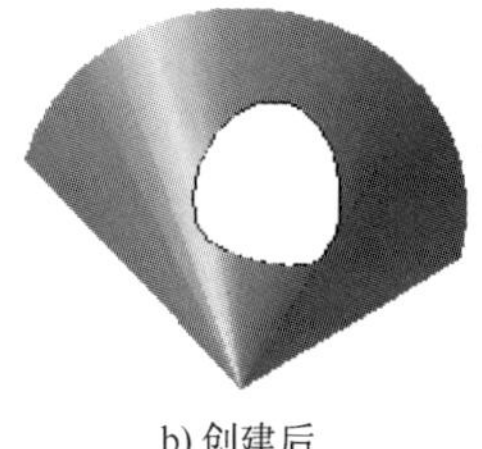

b) 创建后

图 5.3.14 修剪至曲线

Step1. 打开文件 D:\mcx2024\work\ch05.03.02\TRIM_CURVE_TO_SURFACE.mcam。

Step2. 选择命令。单击 曲面 功能选项卡 修剪 区域 修剪到曲线 下拉列表中的 修剪到曲线 命令，系统弹出图 5.3.15 所示的“修剪到曲线”对话框。

Step3. 定义修剪的曲面。在绘图区选取图 5.3.14a 所示的曲面，然后按 Enter 键完成曲面的选择，系统弹出“线框串连”对话框。在绘图区选取图 5.3.14a 所示的曲线，单击 按钮，完成曲线的选取。

图 5.3.15 所示的“修剪到曲线”对话框中的部分选项的说明如下。

- 绘图平面(C) 单选项：用于设置将所选取的曲线投影到定义的曲面上并进行修剪。用户可以在其后的文本框中输入计算修剪曲线的最大范围值，以免产生不需要的修剪结果。
- 法向(O) 单选项：用于设置将所选取的曲线，沿着当前构图平面的法向方向投影到定义曲面上并进行修剪。

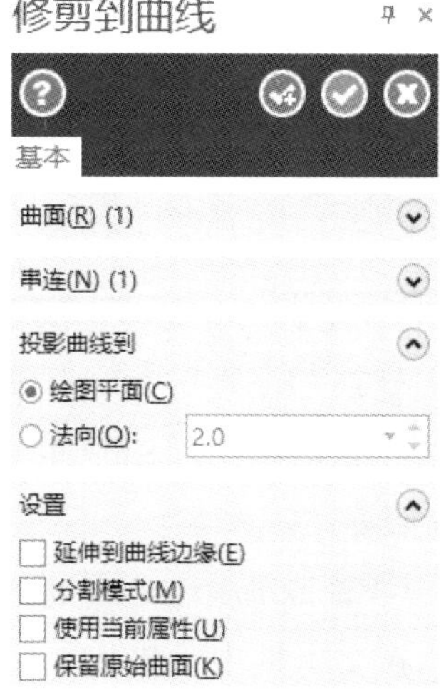

图 5.3.15 “修剪到曲线”对话框

Step4. 定义修剪曲面的保留部分。在图 5.3.16 所示的曲面上单击，此时系统出现“保留

箭头”，拖动鼠标将“保留箭头”移动到图 5.3.17 所示的位置，再次单击。

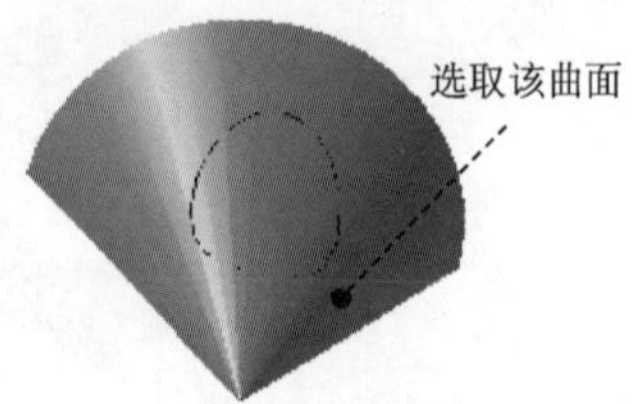

图 5.3.16　选取曲面 3

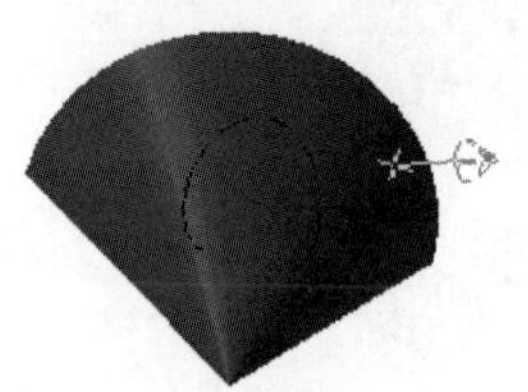

图 5.3.17　定义保留部分 3

Step5. 设置修剪参数。在“修剪到曲线”对话框中选中 ◉绘图平面(C) 单选项，取消选中 ☐保留原始曲面(K) 复选框。

Step6. 单击 ✅ 按钮，完成修整至曲线的操作。

3. 修剪至平面

使用 修剪到平面 命令可以根据指定的平面对曲面进行修剪。下面以图 5.3.18 所示的模型为例，介绍修剪至平面的创建过程。

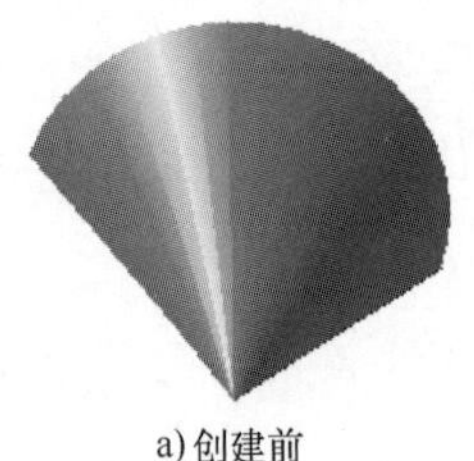

a) 创建前

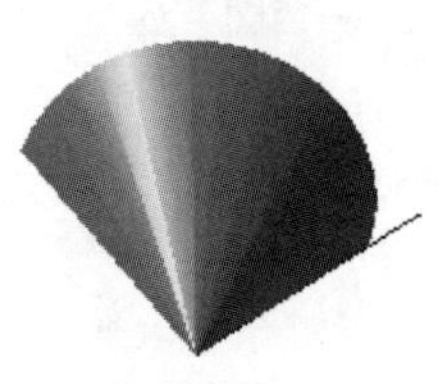

b) 创建后

图 5.3.18　修剪至平面

Step1. 打开文件 D: \mcx2024\work\ch05.03.02\TRIM_SURFACE_TO_PLANE.mcam。

Step2. 选择命令。单击 曲面 功能选项卡 修剪 区域 修剪到曲线 下拉列表中的 修剪到平面 命令，系统弹出图 5.3.19 所示的“修剪到平面”对话框。

Step3. 定义修剪曲面。在绘图区选取图 5.3.18a 所示的曲面，然后按 Enter 键完成曲面的选择。

Step4. 定义平面位置。单击 平面(P) 区域中的 Z 按钮，单击图形区中的方向箭头，在文本框中输入值 5，按两次 Enter 键确认。

Step5. 单击 ✅ 按钮，完成修剪至平面的操作。

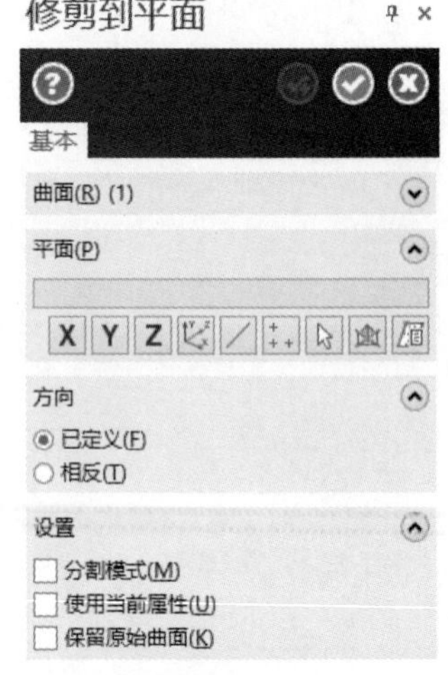

图 5.3.19　“修剪到平面”对话框

5.3.3　曲面延伸

曲面延伸就是将现有曲面的长度或宽度按照定义的值进行延伸，或者延伸到指定的平面。下面以图 5.3.20 所示的模型为例讲解曲面延伸的创建过程。

Step1. 打开文件 D: \mcx2024\work\ch05.03.03\SURFACE_EXTEND.mcam。

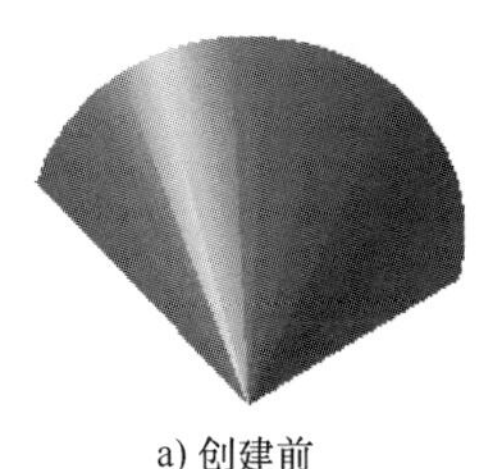

a) 创建前

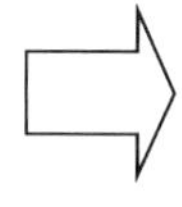

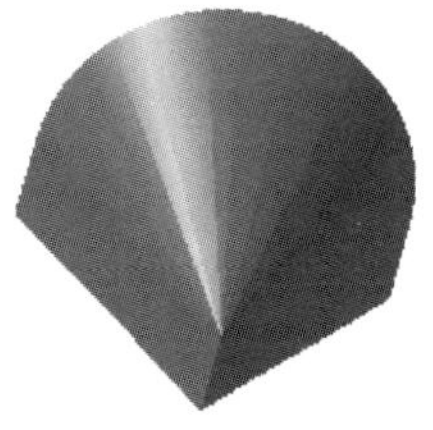

b) 创建后

图 5.3.20　曲面延伸

Step2. 选择命令。单击 曲面 功能选项卡 修剪 区域中的 延伸 命令，系统弹出图 5.3.21 所示的“曲面延伸”对话框。

图 5.3.21 所示的“曲面延伸”对话框中的部分选项的说明如下。

- 依照距离(D) 单选项：用于设置使用指定长度的方式进行延伸。
- 到平面(P) 单选项：用于设置延伸到指定的平面。选中该单选项，系统弹出“选择平面”对话框。用户可以通过该对话框来指定延伸至的平面。
- 线性(L) 单选项：用于设置线性延伸。
- 到非线(N) 单选项：用于设置非线性延伸。

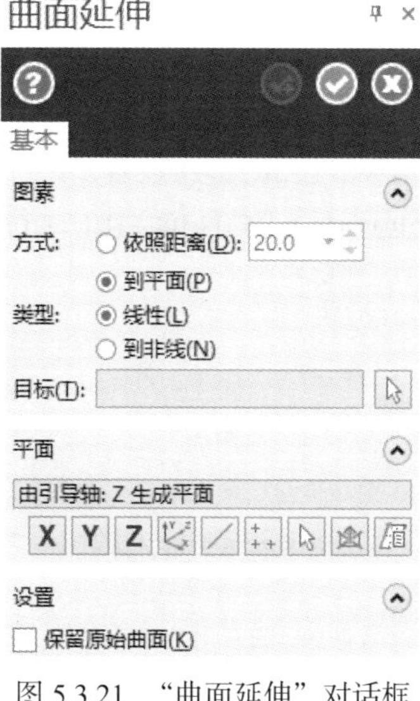

图 5.3.21　“曲面延伸”对话框

Step3. 设置延伸参数。在“曲面延伸”对话框选中 ◉到平面(P) 和 ◉线性(L) 单选项，单击 平面(P) 区域中的 Z 按钮，单击图形区中的方向箭头，在文本框中输入值 5，按两次 Enter 键确认。

Step4. 定义要延伸的曲面和边线。

（1）选取图 5.3.22 所示的曲面为延伸曲面，此时在延伸曲面上出现“箭头”，如图 5.3.22 所示。拖动鼠标将“箭头”移动到图 5.3.23 所示的位置，再次单击，完成一边的曲面延伸。

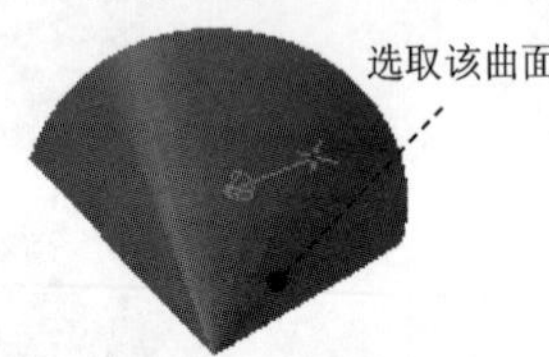

图 5.3.22　定义延伸曲面 1

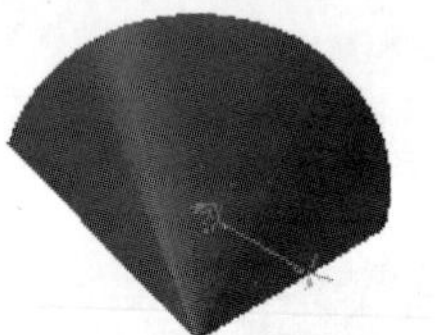
图 5.3.23　定义延伸边线 1

（2）选取图 5.3.24 所示的曲面为延伸曲面，此时在延伸曲面上出现“箭头”。拖动鼠标将“箭头”移动到图 5.3.25 所示的位置，再次单击，完成另一边的曲面延伸。

Step5. 单击 ✅ 按钮，完成图 5.3.20b 所示的曲面延伸的创建。

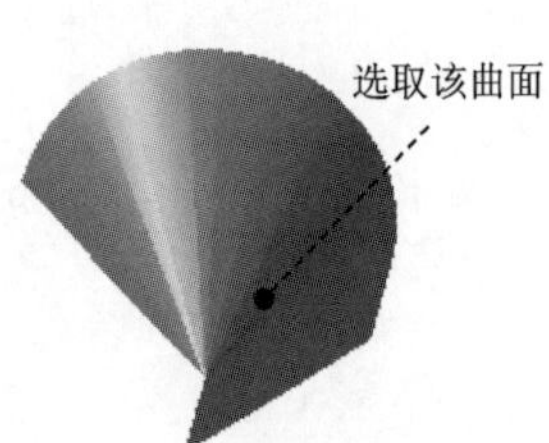

图 5.3.24　定义延伸曲面 2

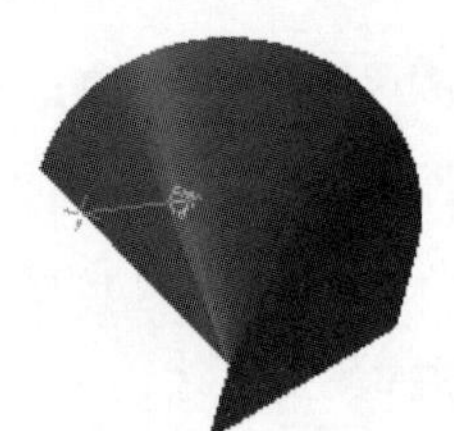
图 5.3.25　定义延伸边线 2

5.3.4　填补内孔

填补内孔就是在现有的曲面上的孔洞位置处创建一个新的曲面，以填补孔洞。下面以图 5.3.26 所示的模型为例，讲解填补内孔的创建过程。

Step1. 打开文件 D: \mcx2024\work\ch05.03.04\FILL_HOLES.mcam。

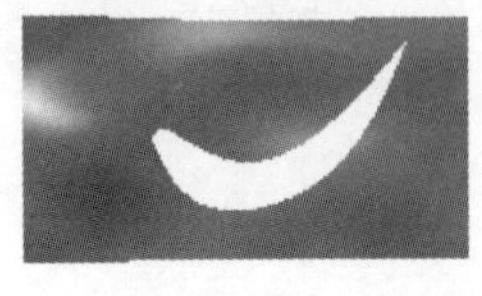
a) 创建前

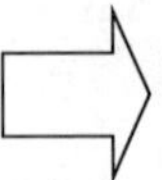
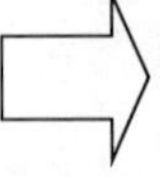

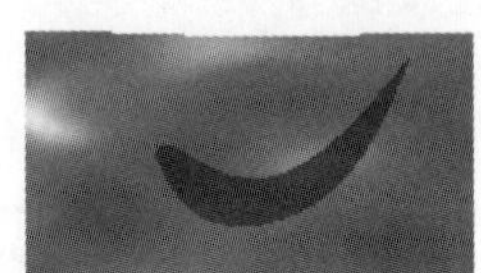
b) 创建后

图 5.3.26　填补内孔

Step2. 选择命令。单击 曲面 功能选项卡 修剪 区域中的 填补内孔 命令，系统弹出图 5.3.27 所示的“填补内孔”对话框。

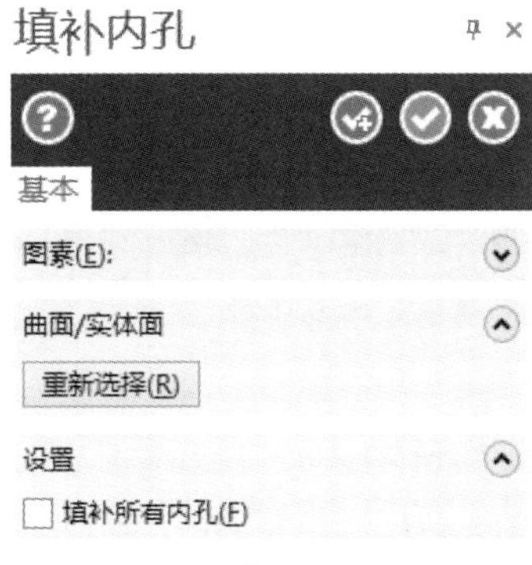

图 5.3.27 “填补内孔”对话框

Step3. 定义要填补的曲面和边线。选取图 5.3.28 所示的曲面为填补曲面，此时在填补曲面上出现“箭头”，如图 5.3.28 所示。拖动鼠标将“箭头”移动到图 5.3.29 所示的位置，再次单击，完成要填补的曲面和边线的定义。

图 5.3.28 定义填补曲面

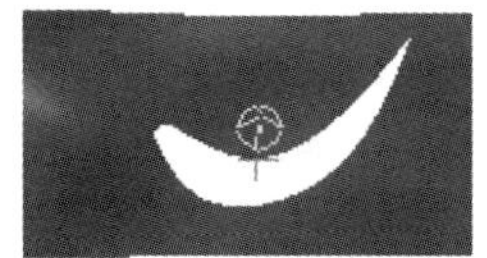

图 5.3.29 定义填补边线

Step4. 单击 ✓ 按钮，完成图 5.3.26b 所示的填补内孔的创建。

5.3.5 恢复修剪曲面

恢复修剪曲面就是取消之前对曲面进行的修剪操作，从而产生一个新的独立曲面。下面以图 5.3.30 所示的模型为例，讲解恢复修剪曲面的创建过程。

Step1. 打开文件 D: \mcx2024\work\ch05.03.05\UN-TRIM_SURFACES.mcam。

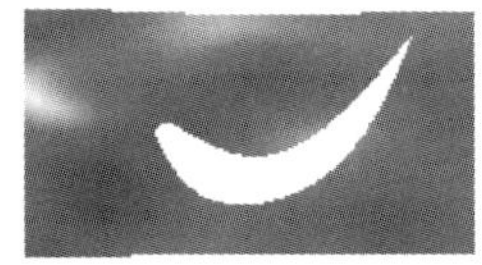

a) 创建前

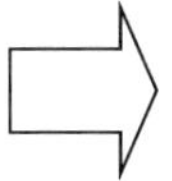

b) 创建后

图 5.3.30 恢复修剪

Step2. 选择命令。单击 曲面 功能选项卡 修剪 区域中的 恢复修剪 命令，系统弹出图 5.3.31 所示的“恢复修剪”对话框。

Step3. 设置恢复修剪曲面参数。在“恢复修剪”对话框中取消选中 □ 保留原始曲面(K) 复选框。

Step4. 定义恢复修剪曲面对象。选取图 5.3.30a 所示的曲面为恢复修剪曲面对象。

Step5. 单击 ✓ 按钮，完成图 5.3.30b 所示的恢复修剪曲面的创建。

图 5.3.31 “恢复修剪”对话框

5.3.6 分割曲面

分割曲面就是将定义的曲面按照定义的位置和方向进行打断的操作。下面以图 5.3.32 所示的模型为例，讲解分割曲面的创建过程。

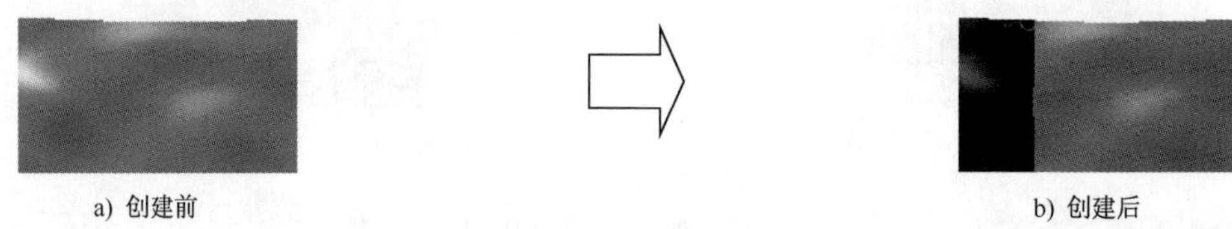

图 5.3.32 分割曲面

Step1. 打开文件 D: \mcx2024\work\ch05.03.06\SPLIT_SURFACE.mcam。

Step2. 选择命令。单击 曲面 功能选项卡 修剪 区域中的 分割曲面 命令，系统弹出图 5.3.33 所示的“分割曲面”对话框。

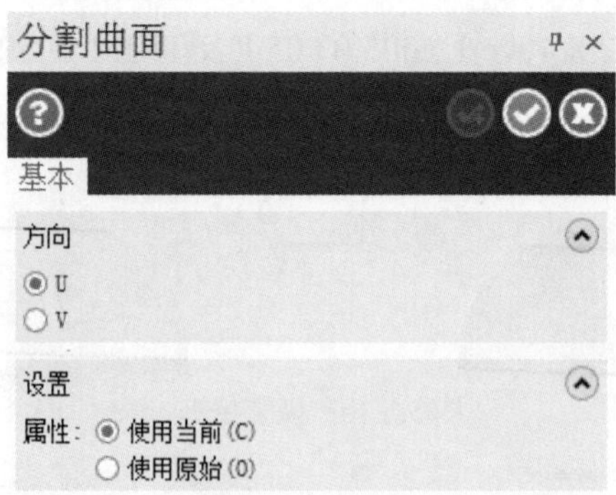

图 5.3.33 “分割曲面”对话框

图 5.3.33 所示的“分割曲面”对话框中的部分选项的说明如下。

- 方向 区域：用于切换方向，如图 5.3.34 所示。
- 使用当前(C) 单选项：用于设置分割后的曲面的属性参数由系统属性来决定。

● 使用原始(O) 单选项：用于设置分割后的曲面的属性由原曲面属性来决定。

a) 方向1

b) 方向2

图 5.3.34 切换方向

Step3. 定义分割曲面和打断位置。选取图 5.3.32a 所示的曲面为分割曲面，此时在该曲面上出现“箭头”，如图 5.3.35 所示。拖动鼠标将“箭头”移动到图 5.3.36 所示的位置，再次单击，完成分割曲面和打断位置的定义。

图 5.3.35 箭头

图 5.3.36 定义打断位置

Step4. 单击 按钮，完成图 5.3.32b 所示的分割曲面的创建。

5.4 曲面设计实例

本实例是一个日常生活中常见的微波炉调温旋钮，设计过程是：首先创建曲面旋转特征和基准曲线，然后利用基准曲线通过镜像构建曲面，再使用曲面修剪来塑造基本外形，最后进行倒圆角得到最终的模型。零件模型如图 5.4.1 所示。

图 5.4.1 零件模型

说明：本实例的详细操作过程请参见随书学习资源中 video 文件下的语音视频讲解文件。模型文件为 D: \mcx2024\work\ch05.04\GAS_OVEN_SWITCH。

第 6 章　创建曲面曲线

6.1　单一边界曲线

使用 单边缘曲线 命令可以在指定的曲面或实体的边缘生成单一的边界曲线。下面以图 6.1.1 所示的模型为例，讲解单一边界曲线的创建过程。

a) 创建前

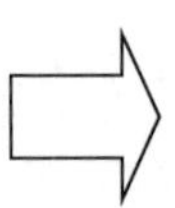

b) 创建后

图 6.1.1　创建单一边界曲线

Step1. 打开文件 D:\mcx2024\work\ch06.01\CURVE_ON_ONE_EDGE.mcam。

Step2. 选择命令。单击 线框 功能选项卡 曲线 区域中的 单边缘曲线 命令，系统弹出图 6.1.2 所示的“单边缘曲线”对话框。

图 6.1.2　“单边缘曲线”对话框

图 6.1.2 所示的“单边缘曲线”对话框中部分选项的说明如下。

- 打断角度(B) 文本框：用于设置在经过剪裁的曲面上创建边界时，边界的起始和终止位置。系统会根据定义的值，预测曲面边界线并计算其终止点，这个终止点是该边界改变方向的位置，其位置是根据大于或等于定义值计算而得的。
- ☑ 拟合线或圆弧(F) 复选框：用于设置是否使用适合的圆弧或线来创建曲面边界线。

Step3. 定义边界的附着面和边界位置。选取图 6.1.3 所示的曲面为边界的附着面，此时在所选取的曲面上出现图 6.1.4 所示的箭头。移动鼠标，将箭头移动到图 6.1.5 所示的位置单击，此时系统自动生成创建的边界预览。

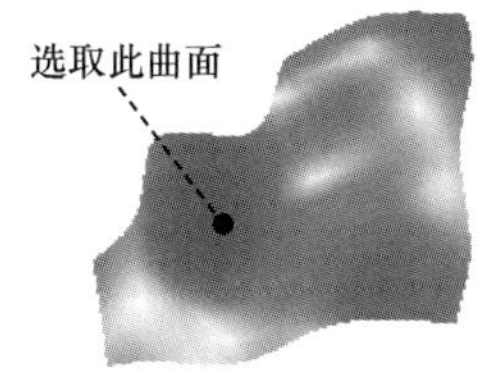

图 6.1.3　定义附着面

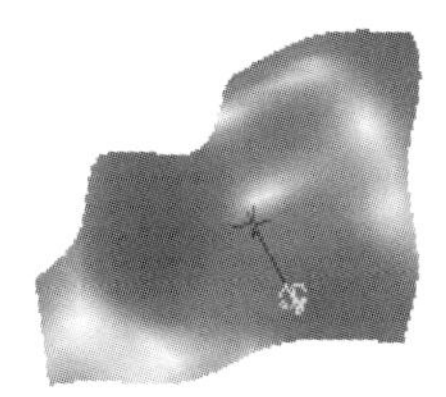
图 6.1.4　出现箭头

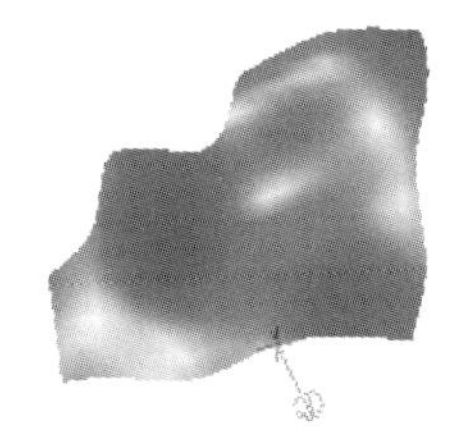
图 6.1.5　定义边界位置

Step4. 单击 ✓ 按钮，完成单一边界曲线的创建，结果如图 6.1.1b 所示。

6.2　所有边界曲线

使用 所有曲线边缘 命令是在指定的曲面或实体的边缘生成所有边界曲线。下面以图 6.2.1 所示的模型为例，讲解所有边界曲线的创建过程。

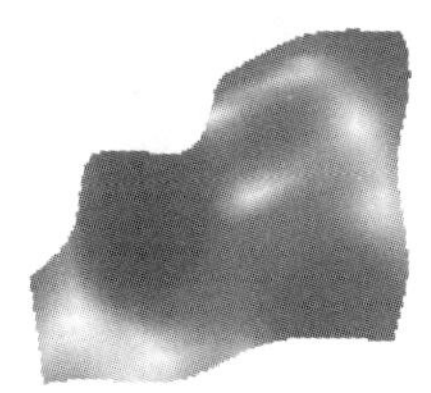
a) 创建前

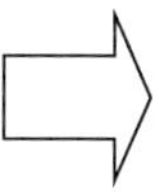

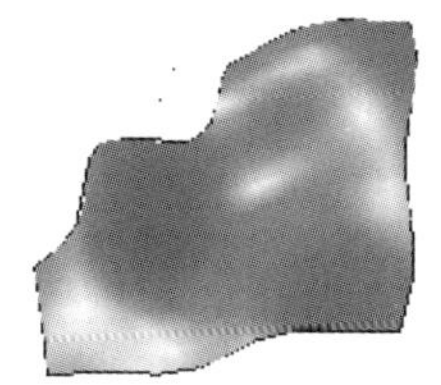
b) 创建后

图 6.2.1　创建所有边界曲线

Step1. 打开文件 D:\mcx2024\work\ch06.02\CURVE_ON_ALL_EDGE.mcam。

Step2. 选择命令。单击 线框 功能选项卡 曲线 区域中的 所有曲线边缘 命令，系统弹出图 6.2.2 所示的“所有曲线边缘”对话框。

Step3. 定义附着曲面。在绘图区选取图 6.2.1a 所示的面为附着曲面，然后按 Enter 键完成附着曲面的定义。

图 6.2.2 所示的“所有曲线边缘”对话框中部分选项的说明如下。

- 重新选择(R) 按钮：用于重新选取附着曲面。单击此按钮，用户可以在绘图区选取要创建边界的曲面或实体。
- ☑ 仅开放边缘(O) 复选框：用于设置仅在开放边界创建的曲线，其使用效果如图 6.2.3 所示。
- 打断角度(B) 文本框：用于设置在经过剪裁的曲面上创建边界时的边界起始和终止位置。系统会根据定义的值，预测曲面边界直线并计算其终止点，这个终止点是该边界改变方向的位置，其位置是根据大于或等于定义值计算而得的。
- ☑ 拟合线或圆弧(F) 复选框：用于设置是否使用适合的圆弧或线来创建曲面边界线。

Step4. 单击 按钮，完成所有边界曲线的创建，结果如图 6.2.1b 所示。

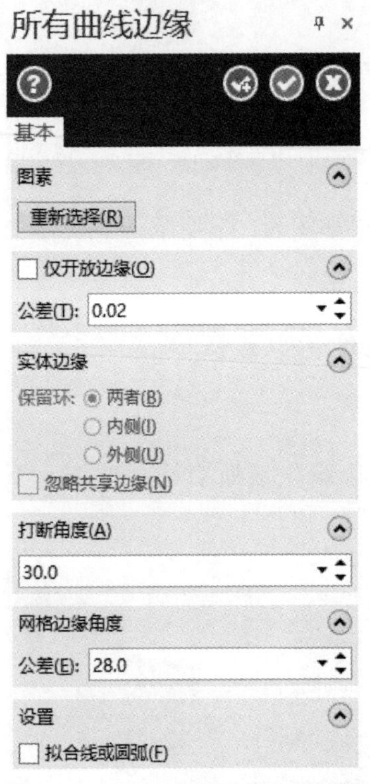

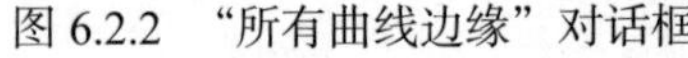

图 6.2.2 “所有曲线边缘”对话框

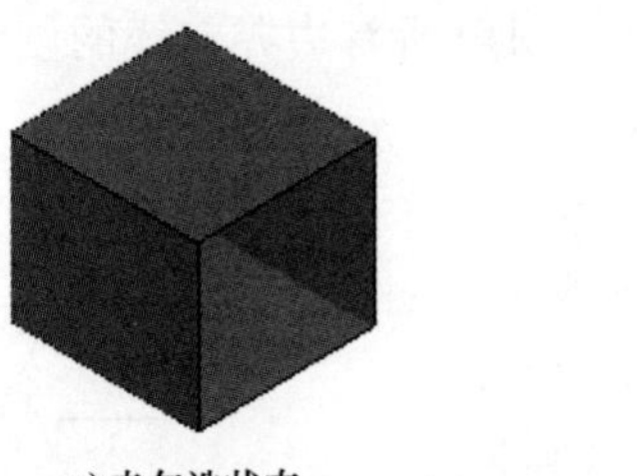

a) 未勾选状态

b) 勾选状态

图 6.2.3 “仅开放边缘”的使用效果

6.3 固定参数曲线

使用 绘制指定位置曲面曲线 命令是在定义的曲面上沿着曲面的一个或两个方向，在指定位置构建曲线。下面以图 6.3.1 所示的模型为例，讲解固定参数曲线的创建过程。

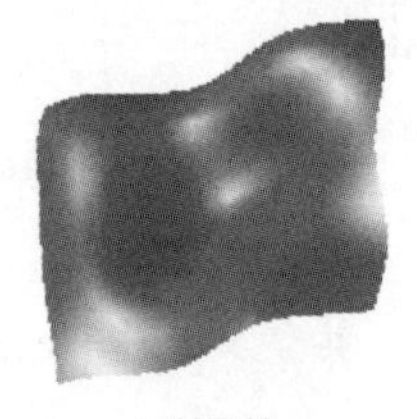

a) 创建前

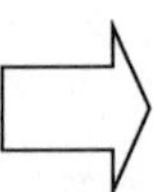

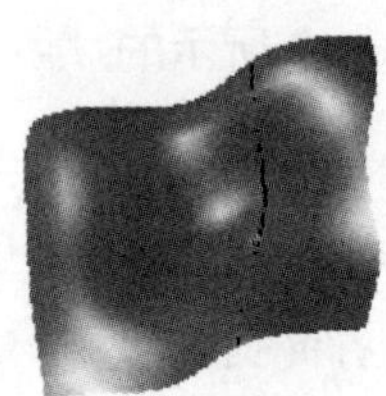

b) 创建后

图 6.3.1 创建固定参数曲线

Step1. 打开文件 D:\mcx2024\work\ch06.03\CURVE_CONSTANT_PARAMETER.mcam-6。

Step2. 选择命令。单击 线框 功能选项卡 曲线 区域 按平面曲线切片 下拉列表中的 绘制指定位置曲面曲线 命令，系统弹出图 6.3.2 所示的“绘制指定位置曲面曲线”对话框。

图 6.3.2 所示的“绘制指定位置曲面曲线”对话框中部分选项的说明如下。

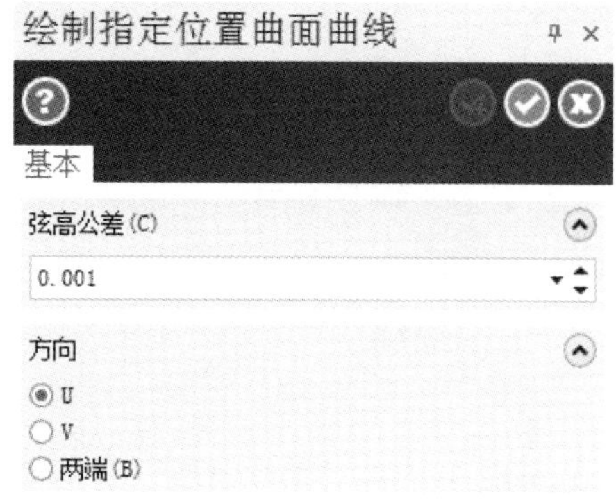

图 6.3.2 “绘制指定位置曲面曲线”对话框

- 弦高公差(C) 文本框：用于设置创建固定曲线的弦差值。此值限定了创建的固定曲线与指定曲面的最大距离。
- 方向 区域：用于调整固定曲线的方向，有三种状态，分别为 U、V 和 两端(B)，其对应结果分别如图 6.3.3～图 6.3.5 所示。

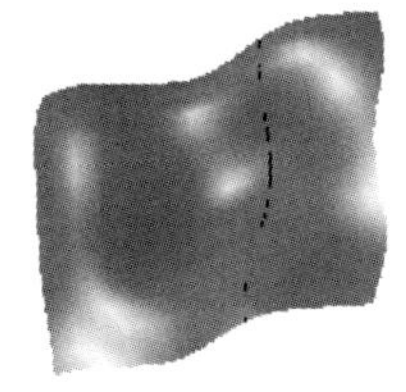
图 6.3.3 U（状态 1）

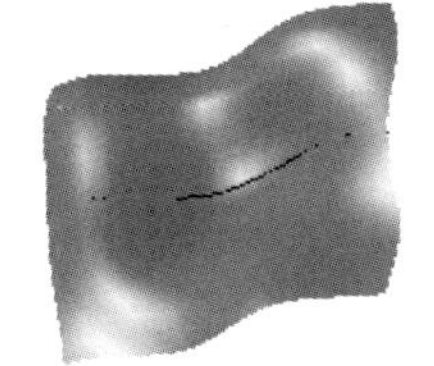
图 6.3.4 V（状态 2）

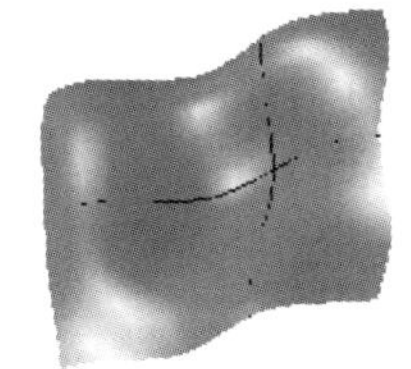
图 6.3.5 两端（状态 3）

Step3. 定义固定曲线的附着面与位置。选取图 6.3.6 所示的曲面为固定曲线的附着面，此时，在所选取的曲面上出现图 6.3.7 所示的箭头，移动鼠标将箭头移动到图 6.3.8 所示的位置单击，此时系统自动生成创建的固定曲线预览。

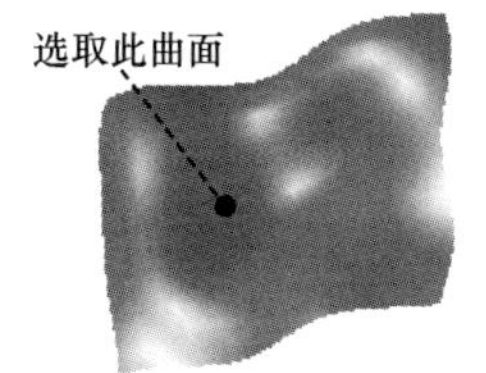

图 6.3.6 定义附着面

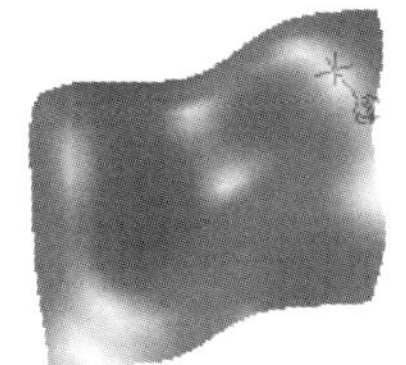
图 6.3.7 箭头

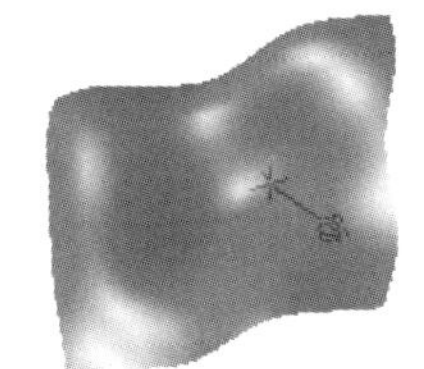
图 6.3.8 定义固定曲线位置

Step4. 单击 按钮，完成固定参数曲线的创建，如图 6.3.1b 所示。

6.4 流线曲线

使用 曲线流线 命令可以在定义的曲面上，沿着曲面在常数参数方向上创建指定间距的参数曲线。下面以图 6.4.1 所示的模型为例，讲解流线曲线的创建过程。

Step1. 打开文件 D:\mcx2024\work\ch06.04\CURVE_FLOWLINE.mcam。

Step2. 选择命令。单击 线框 功能选项卡 曲线 区域 按平面曲线切片 下拉列表中

的 曲线流线 命令，系统弹出图 6.4.2 所示的“曲线流线”对话框。

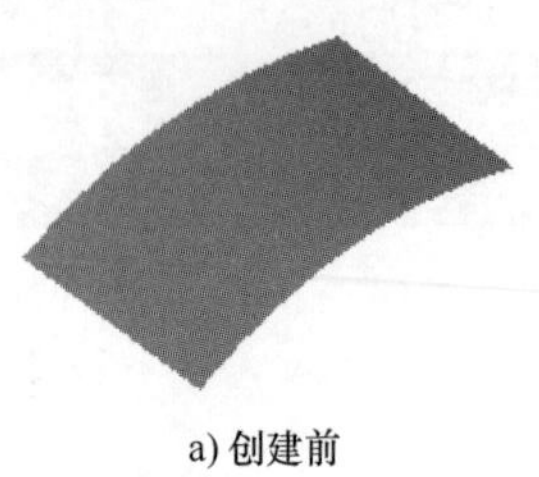

a) 创建前

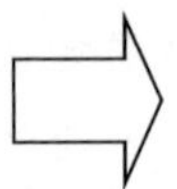

b) 创建后

图 6.4.1　创建流线曲线

图 6.4.2 所示的“曲线流线”对话框中部分选项的说明如下。

- 弦高公差(C) 文本框：用于设置创建流线曲线的弦差值。此值限定了创建的流线曲线与指定曲面的最大距离。
- 曲线质量 区域：用于设置创建的流线曲线的数量控制方式，包括 ◉弦高(H) 单选项、◉距离(D) 单选项和 ◉数量(N) 单选项。
  - ☑ ◉弦高(H) 单选项：用于设置使用弦高的方式控制流线曲线的数量。用户可以在其后的文本框中设置创建流线曲线的公差值。此值限定了创建的流线曲线与指定曲面的最大距离。使用此种方法创建的流线曲线的数量与间距，是根据所选取的曲面或实体面的形状和复杂程度而定的。
  - ☑ ◉距离(D) 单选项：用于设置使用相邻两条流线曲线之间的距离控制流线曲线的数量。用户可以在其后的文本框中定义相邻两条流线曲线之间的距离值。
  - ☑ ◉数量(N) 单选项：用于设置使用数值控制流线曲线的数量。用户可以在其后的文本框中定义要创建流线曲线的数量。
- 方向 区域：用于调整流线曲线的方向，有两种状态，分别为 ◉U 和 ◉V，如图 6.4.3 和图 6.4.4 所示。

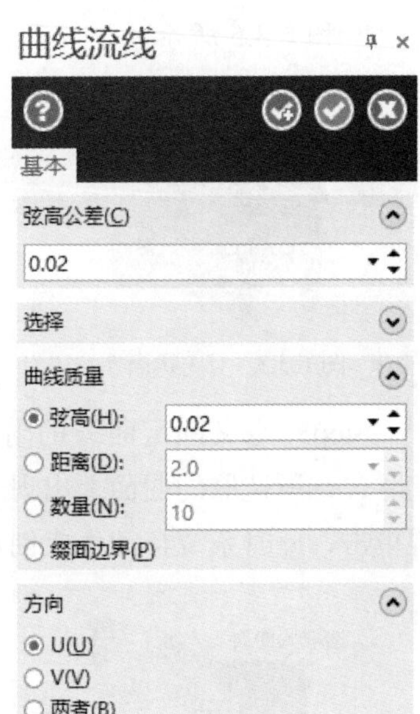

图 6.4.2　“曲线流线”对话框

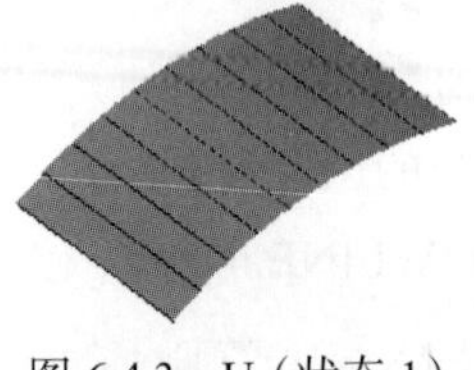

图 6.4.3　U（状态 1）

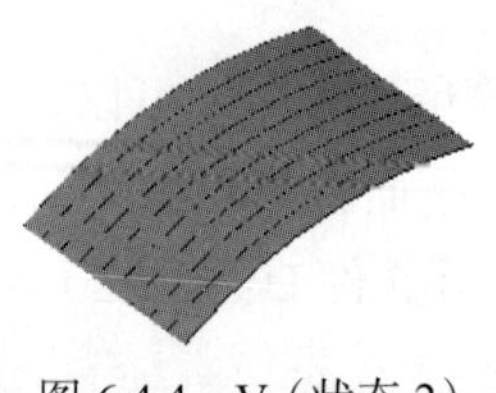

图 6.4.4　V（状态 2）

Step3. 定义流线曲线的附着面。在绘图区选取图 6.4.1a 所示的曲面为流线曲线的附着面。

Step4. 设置流线曲线的参数。在“曲线流线”对话框的 曲线质量 区域中选择 ◉ 数量(N) 单选项，并在其后的文本框中输入值 5。

Step5. 单击 ✔ 按钮，完成流线曲线的创建，如图 6.4.1b 所示。

6.5　动态曲线

使用 动态曲线 命令可以在定义的曲面上绘制任意曲线。下面以图 6.5.1 所示的模型为例，讲解动态曲线的创建过程。

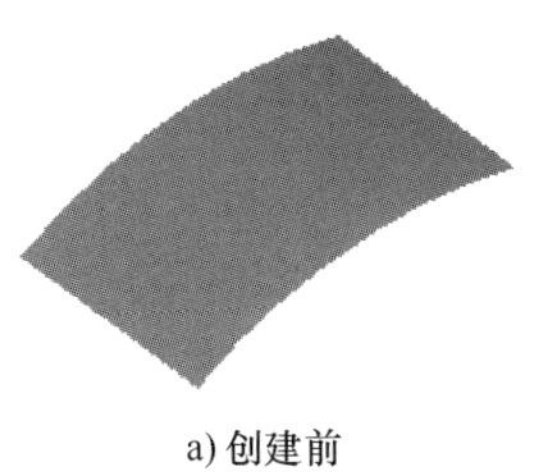

a) 创建前

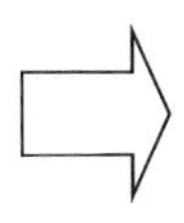

b) 创建后

图 6.5.1　创建动态曲线

Step1. 打开文件 D:\mcx2024\work\ch06.05\CURVE_DYNAMIC.mcam。

Step2. 选择命令。单击 线框 功能选项卡 曲线 区域 按平面曲线切片 下拉列表中的 动态曲线 命令，系统弹出图 6.5.2 所示的“动态曲线”对话框。

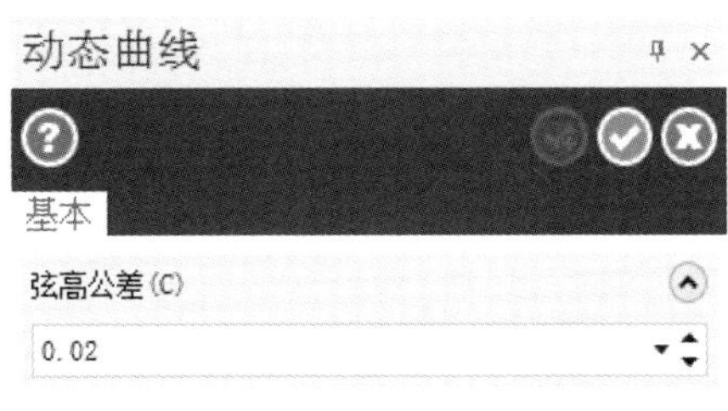

图 6.5.2　“动态曲线”对话框

Step3. 定义动态曲线的附着面并绘制曲线。

（1）定义动态曲线的附着面。选取图 6.5.1a 所示的曲面为动态曲线的附着面，此时在所选取的曲面上出现图 6.5.3 所示的箭头。

（2）绘制动态曲线。按照从左至右的顺序，在图 6.5.4 所示的位置依次单击，然后按 Enter 键确认。

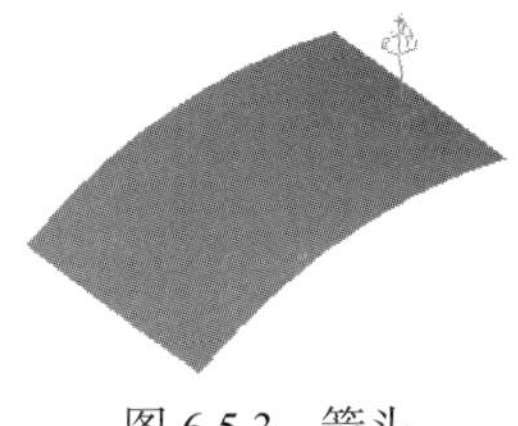

图 6.5.3　箭头

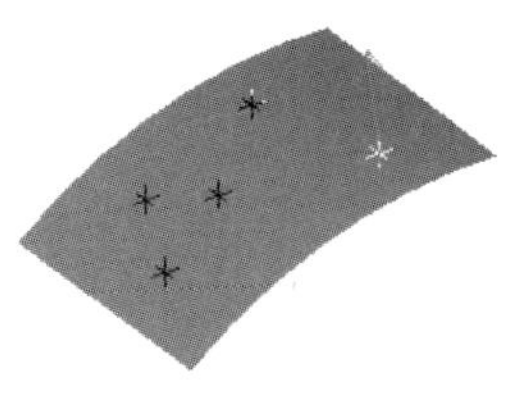

图 6.5.4　绘制动态曲线

Step4. 单击 ✓ 按钮，完成动态曲线的创建，如图 6.5.1b 所示。

6.6 曲面剖切线

使用 按平面曲线切片 命令可以创建曲面剖切线，即曲面与指定平面的交线。下面以图 6.6.1 所示的模型为例，讲解曲面剖切线的创建过程。

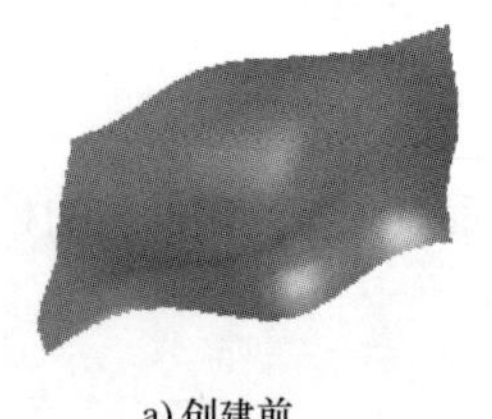
a) 创建前

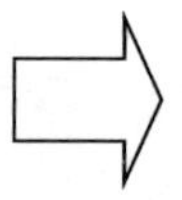

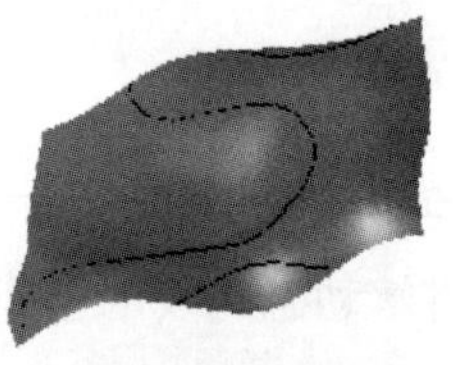
b) 创建后

图 6.6.1 创建曲面剖切线

Step1. 打开文件 D：\mcx2024\work\ch06.06\CURVE_SLICE.mcam。

Step2. 选择命令。单击 线框 功能选项卡 曲线 区域中的 按平面曲线切片 命令，系统弹出图 6.6.2 所示的“按平面曲线切片”对话框。

a)“基本”选项卡

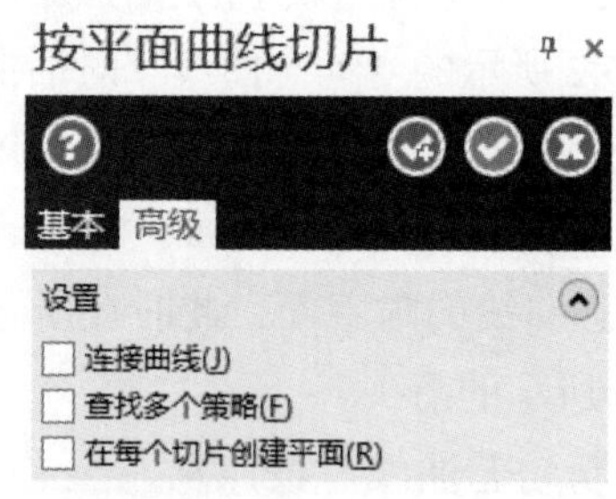

b)“高级”选项卡

图 6.6.2 “按平面曲线切片”对话框

图 6.6.2 所示的“按平面曲线切片”对话框中部分选项的说明如下。

- 间距(S) 文本框：用于定义补正平面的间隔值。当需要创建不同深度的剖切线时使用此文本框，如图 6.6.3 所示。
- 补正(O) 文本框：用于定义曲面的偏移距离。如果在此文本框中定义了曲面的偏移

距离，则系统会根据定义的值将曲面偏移，并与定义的平面相交来创建剖切线，如图 6.6.4 所示。

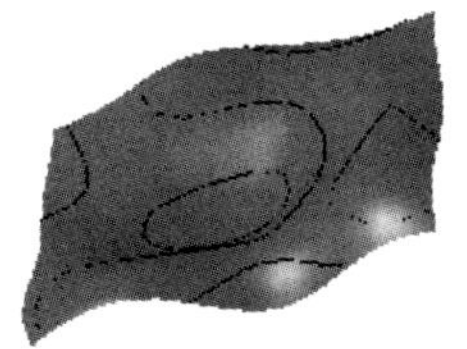

图 6.6.3 间距

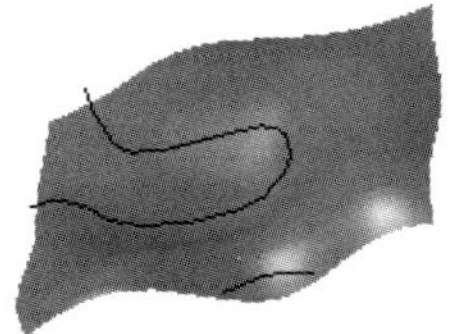

图 6.6.4 补正

- ☑连接曲线(J) 复选框：用于设置将剖切线连接成一个图素。
- ☑查找多个策略(F) 复选框：用于设置查找多个结果。如果不勾选此复选框，系统会将找到的第一个解作为最终结果，如图 6.6.5 所示。

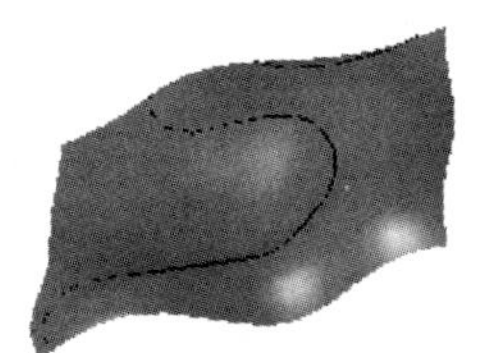

a) 未勾选状态

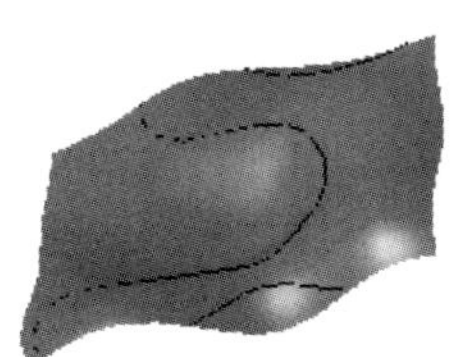

b) 勾选状态

图 6.6.5 查找多个策略

Step3. 选取要剖切的曲面。在绘图区选取图 6.6.1a 所示的曲面，单击 结束选择 按钮。

Step4. 定义剖切平面。单击 平面(P) 区域中的 Y 按钮，单击图形区中的方向箭头，在文本框中输入值 -2.5，按两次 Enter 键确认。

Step5. 设置剖切参数。在“按平面曲线切片”对话框的 间距(S) 文本框中输入值 0；在 补正(O) 文本框中输入值 0；单击 高级 选项卡，选中 ☑连接曲线(J) 复选框和 ☑查找多个策略(F) 复选框。

Step6. 单击 按钮应用设置参数，然后单击 按钮，完成剖切线的创建，如图 6.6.1b 所示。

6.7 曲面曲线

使用“曲面曲线”命令 曲面曲线 可以将曲线转化为曲面曲线。下面以图 6.7.1 所示的模型为例，讲解曲面曲线的创建过程。

Step1. 打开文件 D:\mcx2024\work\ch06.07\CURVE_SURFACE.mcam。

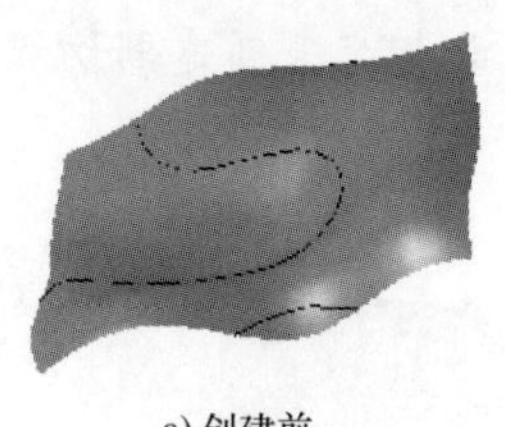
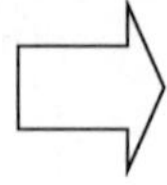
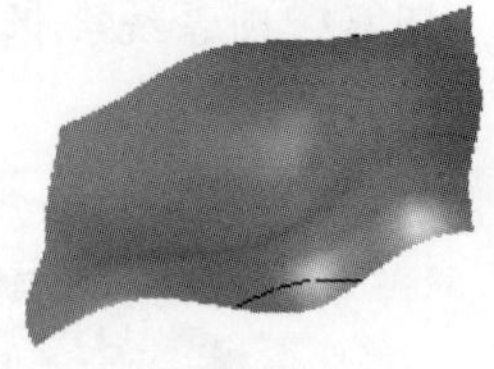

a) 创建前　　b) 创建后

图 6.7.1　创建曲面曲线

Step2. 选择命令。单击 线框 功能选项卡 曲线 区域 按平面曲线切片 下拉列表中的 曲面曲线 命令。

Step3. 定义要转化的曲线。选取图 6.7.2 所示的曲线为要转化的曲线，然后按 Enter 键完成曲线的转化。

Step4. 验证是否转化为曲面曲线。

（1）选择命令。选择 主页 功能选项卡 显示 区域的 消隐 命令。

（2）定义隐藏对象。在“选择”工具栏单击 按钮的右下角，系统弹出“选择所有—单一选择”对话框。

（3）在“选择所有—单一选择”对话框中选中 ☑ 曲面曲线 复选框。

（4）单击 按钮，关闭“选择所有—单一选择”对话框。

（5）框选图 6.7.3 所示的所有图素。

（6）按 Enter 键隐藏图素，如图 6.7.1b 所示。

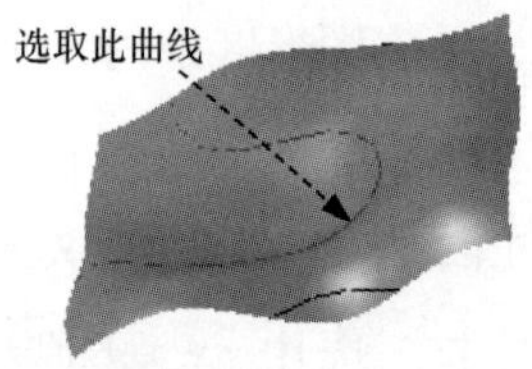

图 6.7.2　定义转化曲线

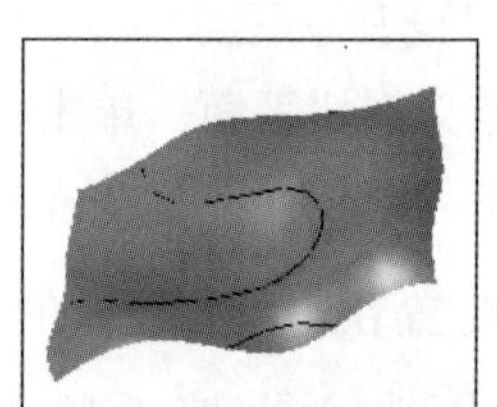

图 6.7.3　定义隐藏图素

6.8　分　模　线

使用 分模线 命令可以将曲面（零件）分为两个部分。下面以图 6.8.1 所示的模型为例，讲解分模线的创建过程。

Step1. 打开文件 D:\mcx2024\work\ch06.08\CURVE_PARTING_LINE.mcam。

Step2. 选择命令。单击 线框 功能选项卡 曲线 区域 按平面曲线切片 下拉列表中的 分模线 命令，系统弹出图 6.8.2 所示的“分模线”对话框。

a) 创建前

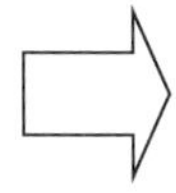

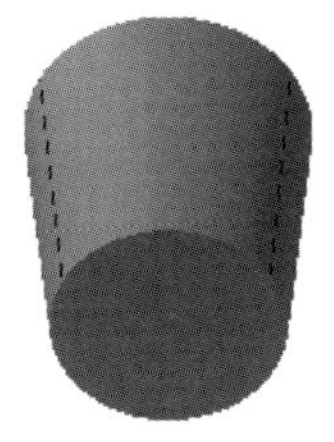

b) 创建后

图 6.8.1　创建分模线

图 6.8.2 所示的“分模线”对话框中部分选项的说明如下。

图 6.8.2　“分模线”对话框

- 曲线质量 区域：用于设置控制创建的分模线的精度，包括 ◉弦高(H) 单选项和 ◉距离(D) 单选项。
  - ☑ ◉弦高(H) 单选项：用于设置使用以弦高的方式控制分模线的质量。用户可以在其后的文本框中设置创建分模线的弦差值。此值限制了创建的分模线与指定曲面的最大距离。
  - ☑ ◉距离(D) 单选项：用于设置使用以分模线上点的修正距离控制分模线的质量。修正距离是指分模线上的点在指定曲面或实体面上沿曲线方向的距离。用户可以在其后的文本框中定义点的修正距离值。
- 角度(A) 文本框：用于定义分模线的倾斜角度值。

Step3. 定义要创建分模线的实体面。选取图 6.8.1a 所示的模型外表面，按 Enter 键完成要创建分模线的实体面的定义。

Step4. 设置构图平面。在状态栏中单击 WCS：俯视图 按钮，然后在系统弹出的快捷菜单中选择 ✔俯视图 命令。

Step5. 设置分模线参数。在“分模线”对话框的 角度(A) 文本框中输入值 30，按 Enter 键确认。

Step6. 单击 ✔ 按钮，完成分模线的创建，如图 6.8.1b 所示。

6.9　曲 面 交 线

使用 曲面交线 命令可以在两个曲面或实体的相交位置创建一条曲线。下面以图 6.9.1 所示的模型为例，讲解曲面交线的创建过程。

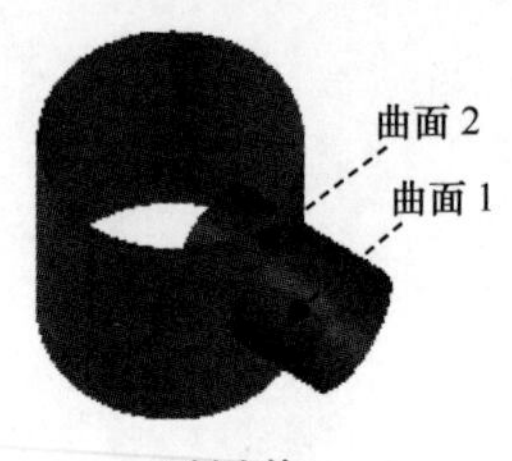

a) 创建前

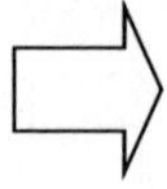

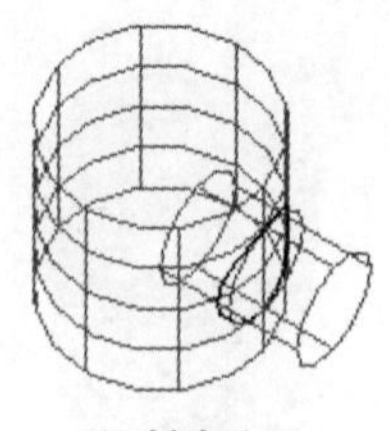
b) 创建后

图 6.9.1　创建曲面交线

Step1. 打开文件 D：\mcx2024\work\ch06.09\CURVE_INTERSECTION.mcam。

Step2. 选择命令。单击 线框 功能选项卡 曲线 区域 按平面曲线切片 下拉列表中的 曲面交线 命令，系统弹出“曲面交线”对话框。

Step3. 定义相交曲面。在绘图区选取图 6.9.1a 所示的曲面 1 为第一曲面，然后按 Enter 键完成第一曲面的定义；在绘图区选取图 6.9.1a 所示的曲面 2 为第二曲面，然后按 Enter 键完成第二曲面的定义，此时，“曲面交线”对话框中的参数被激活，如图 6.9.2 所示。

曲面交线
基本　高级
选择组 1(S) (1)
选择组 2(T) (1)
弦高公差(C)
0.02
补正
第一组(1): 0.0
第二组(2): 0.0

图 6.9.2　“曲面交线”对话框

图 6.9.2 所示的“曲面交线”对话框中部分选项的说明如下。

- 第一组(1) 文本框：用于设置第一曲面的偏移距离值。在此文本框中定义偏移距离，第一曲面的位置是不会改变的，而创建的交线会根据定义的值进行偏移，如图 6.9.3 所示。
- 第二组(2) 文本框：用于设置第二曲面的偏移距离值。在此文本框中定义偏移距离，第二曲面的位置是不会改变的，而创建的交线会根据定义的值进行偏移，如图 6.9.4 所示。

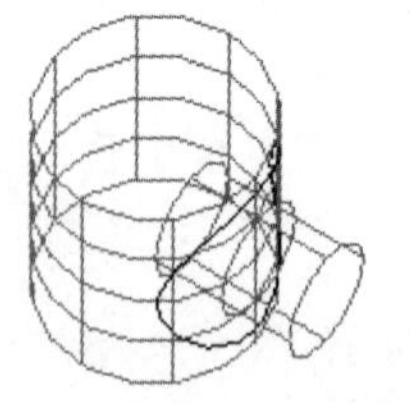
图 6.9.3　第一曲面偏移

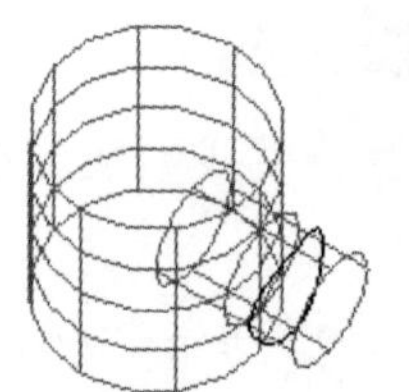
图 6.9.4　第二曲面偏移

Step4. 单击 ✔ 按钮，完成交线的创建，如图 6.9.1b 所示。

第 7 章　实体的创建与编辑

7.1　实体的创建

在 Mastercam 2024 中，实体通常是由一个或多个封闭的或者开放的二维图形经过拉伸、旋转、举升等命令创建的。创建实体的命令主要位于 实体 功能选项卡的 创建 区域中，如图 7.1.1 所示。

图 7.1.1　“创建”区域

7.1.1　拉伸实体

使用 拉伸 命令是将指定的一个或多个外形轮廓，沿着指定的方向和距离进行平移形成实体。如果所选取的外形轮廓为封闭曲线，可以生成实心实体或空心实体；当所选取的外形轮廓为开放曲线时，只能生成薄壁实体。下面以图 7.1.2 所示的模型为例，讲解拉伸实体的创建过程。

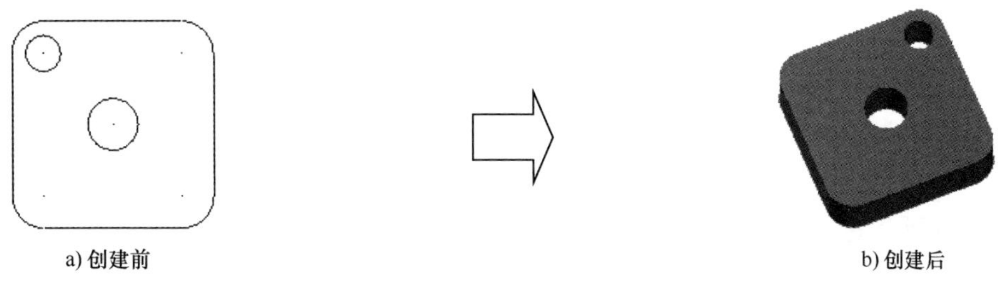

图 7.1.2　拉伸实体

Step1. 打开文件 D:\mcx2024\work\ch07.01.01\EXTRUDE.mcam。

Step2. 选择命令。单击 实体 功能选项卡 创建 区域中的 拉伸 命令，系统弹出

"线框串连"对话框和"实体拉伸"对话框。

Step3. 定义外形轮廓。选取图 7.1.3 所示的边线，此时系统会自动为所选取的图素添加方向，如图 7.1.4 所示；选取图 7.1.5 所示的圆，此时系统会自动为所选取的图素添加方向，如图 7.1.6 所示；选取图 7.1.7 所示的圆，此时系统会自动为所选取的图素添加方向，如图 7.1.8 所示；单击 ✔ 按钮，完成轮廓的定义，同时系统返回图 7.1.9 所示的"实体拉伸"对话框。

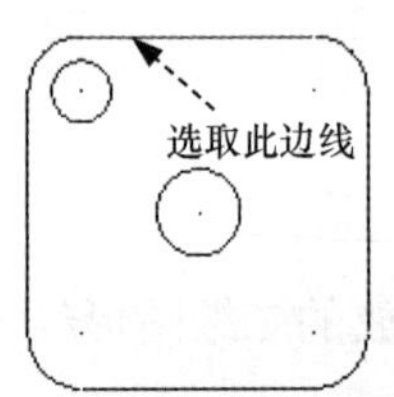

图 7.1.3　选取边线

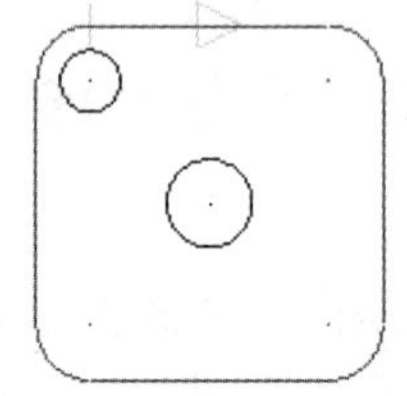
图 7.1.4　选取方向 1

图 7.1.5　选取圆 1

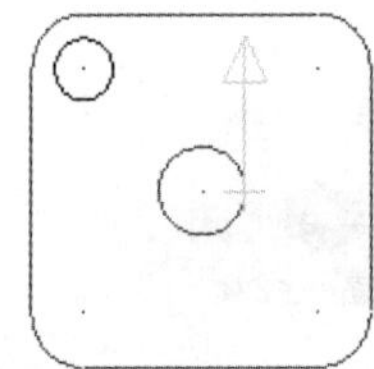
图 7.1.6　选取方向 2

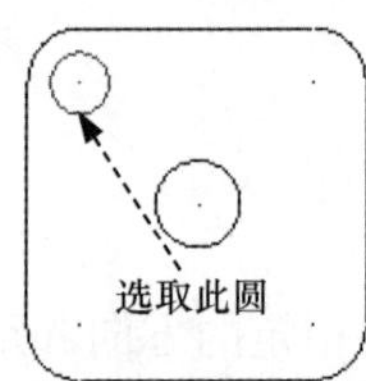

图 7.1.7　选取圆 2

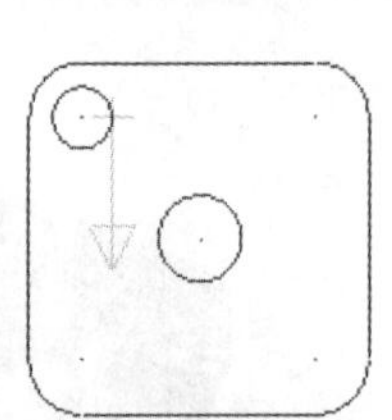
图 7.1.8　选取方向 3

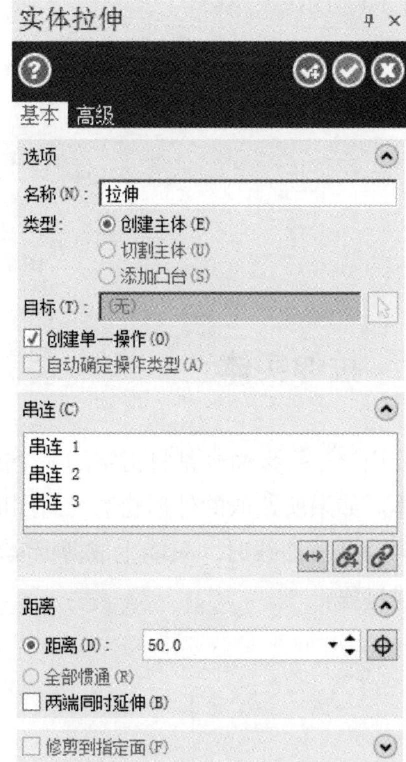

图 7.1.9　"实体拉伸"对话框

图 7.1.9 所示的"实体拉伸"对话框中的部分选项的说明如下。

➢ 基本 选项卡：用于设置拉伸的基本参数。

● 名称: 文本框：用于设置拉伸特征的名称。

● 类型: 区域：用于设置拉伸操作的方式，其中包括 ◉ 创建主体 单选项、◉ 切割主体 (U)

单选项、◉添加凸台(S) 单选项、☑创建单一操作 和 ☑自动确定操作类型 复选框。

- ☑ ◉创建主体 单选项：用于设置创建新的拉伸实体。
- ☑ ◉切割主体(U) 单选项：用于设置创建切除的拉伸特征。此单选项在创建最初的实体时不可用。
- ☑ ◉添加凸台(S) 单选项：用于在现有实体的基础上创建拉伸特征。使用此种方式创建的拉伸特征的材料与现有的实体相同。此单选项在创建最初的一个实体时不可用。
- ☑ ☑创建单一操作 复选框：用于将多个拉伸操作合成一个拉伸操作。当同时拉伸多个封闭轮廓时，如果不选中此复选框，则系统会在操作管理中创建相应个数的拉伸特征；反之，则创建一个拉伸特征。
- ☑ ☑自动确定操作类型 复选框：用于根据已选定的图形，自动创建 ◉添加凸台(S) 或者 ◉切割主体(U) 操作。

● 串连 区域：用于显示实体操作所选图元。

● 距离 区域：用于设置拉伸距离 / 方向的相关参数，其中包括 ↔ 按钮、◉距离 文本框、◉全部惯通(R) 单选项、☑两端同时延伸(B) 复选框和 ☑修剪到指定面(F) 复选框。

- ☑ ↔ 按钮：用于将特征生成的方向反转。
- ☑ ◉距离 文本框：用于定义拉伸的距离值。
- ☑ ◉全部惯通(R) 单选项：用于定义创建的拉伸特征完全贯穿所选择的实体，如图 7.1.10 所示。
- ☑ ☑两端同时延伸(B) 复选框：用于创建对称类型的拉伸特征。
- ☑ ☑修剪到指定面(F) 复选框：用于设置将拉伸体拉伸到选定的曲面并进行修剪。

➢ 高级 选项卡：用于设置拉伸的高级参数。

● ☑拔模 区域：用于设置拔模角的相关参数，其中包括 ☑拔模 复选框、角度 文本框、☑反向(V) 复选框、☑分割 复选框和 ☐拔模到端点 复选框。

- ☑ ☑拔模 复选框：用于设置创建拔模角，如图 7.1.11 所示。

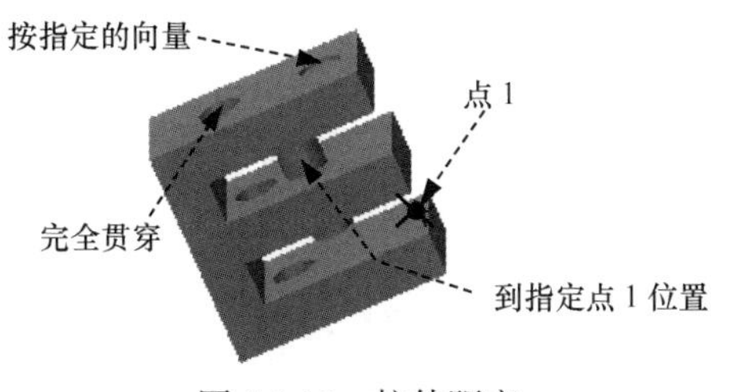

图 7.1.10 拉伸距离

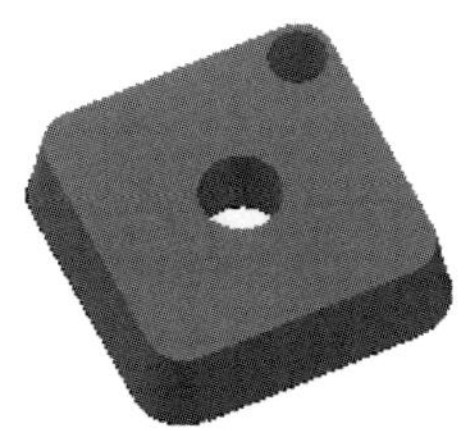

图 7.1.11 拔模

- ☑ 角度 文本框：用于定义拔模角度。

☑ ☑反向(V) 复选框：用于设置拔模方向相对于拉伸轮廓为朝外，如图 7.1.12 所示；反之，则朝内，如图 7.1.13 所示。

☑ ☑分割 复选框：用于设置拉伸两边同时拔模，如图 7.1.14 所示。当同时选中 ☑拔模 复选框和 ☑两端同时延伸(B) 复选框时此复选框可用，如图 7.1.15 所示。

图 7.1.12 朝外拔模

图 7.1.13 朝内拔模

图 7.1.14 两边同时拔模

图 7.1.15 两边同时延伸

☑ □拔模到端点 复选框：用于将定义的拔模角度应用至与曲线的开放式串联端点相关联的面。

- ☑壁厚 区域：用于设置薄壁特征的相关参数，其中包括 ☑壁厚 复选框、◉方向 1 单选项、◉方向 2 单选项、◉两端 单选项、方向 1: 文本框和 方向 2: 文本框。

☑ ☑壁厚 复选框：用于设置创建薄壁实体。选中此复选框后才能设置其他参数。

☑ ◉方向 1 单选项：用于设置薄壁实体的厚度方向相对于拉伸轮廓向内，如图 7.1.16 所示。

☑ ◉方向 2 单选项：用于设置薄壁实体的厚度方向相对于拉伸轮廓向外，如图 7.1.17 所示。

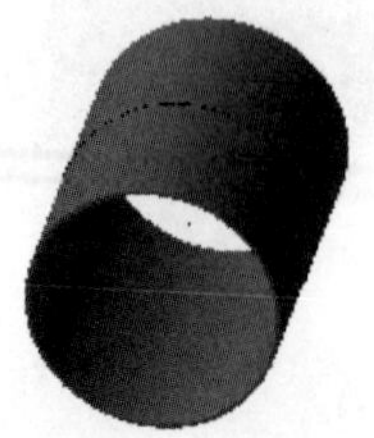
图 7.1.16 厚度朝内

图 7.1.17 厚度朝外

☑ ◉两端 单选项：用于设置薄壁实体的厚度方向相对于拉伸轮廓向两侧，如图 7.1.18 所示。

☑ 方向 1: 文本框：用于定义薄壁朝内的厚度值。

☑ 方向 2: 文本框：用于定义薄壁朝外的厚度值。

Step4. 设置拉伸参数。在“实体拉伸”对话框的 距离 区域中选中 ◉距离 单选项，然后在 ◉距离 文本框中输入值 20；单击 ↔ 按钮调整材料生成方向，如图 7.1.19 所示。

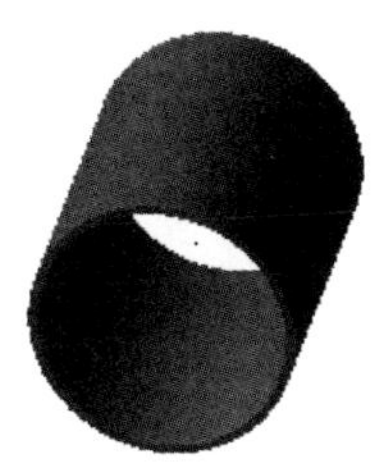

图 7.1.18 双向

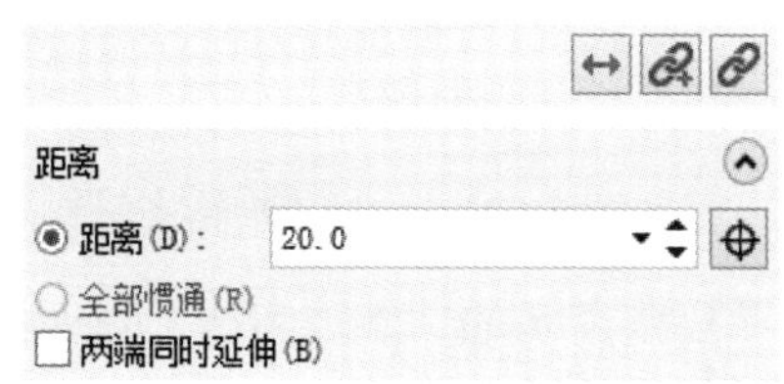

图 7.1.19 设置拉伸参数

Step5. 单击 ✔ 按钮，完成拉伸特征的创建。

7.1.2 实体旋转

使用 旋转 命令是将指定的一个或多个外形轮廓，绕着定义的旋转轴旋转形成实体。下面以图 7.1.20 所示的模型为例，讲解实体旋转的创建过程。

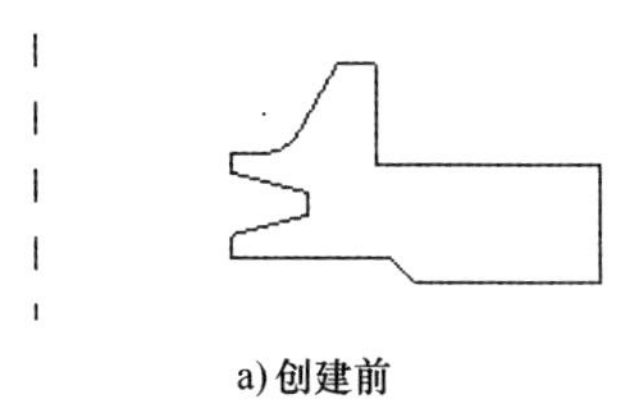

a) 创建前

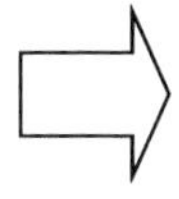

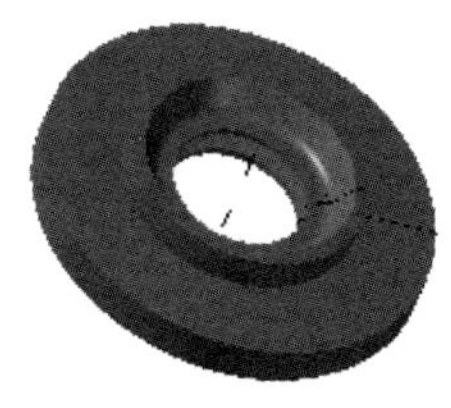

b) 创建后

图 7.1.20 实体旋转

Step1. 打开文件 D:\mcx2024\work\ch07.01.02\REVOLVE.mcam。

Step2. 选择命令。单击 实体 功能选项卡 创建 区域中的 旋转 命令，系统弹出“线框串连”对话框和“旋转实体”对话框。

Step3. 定义外形轮廓。选取图 7.1.21 所示的边线，此时系统会自动为所选取的图素添加方向，如图 7.1.22 所示；单击 ✔ 按钮，完成旋转轮廓的定义。

Step4. 定义旋转轴。选取图 7.1.23 所示的虚线为旋转轴，系统会在绘图区显示旋转方向，如图 7.1.24 所示。同时系统返回图 7.1.25 所示的“旋转实体”对话框。

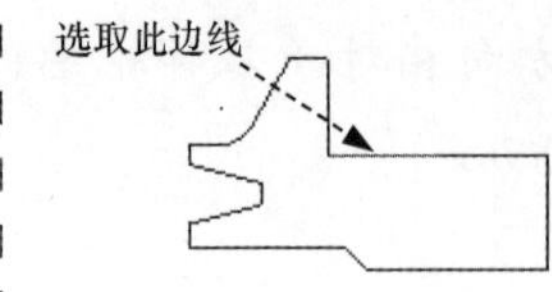

图 7.1.21 选取边线

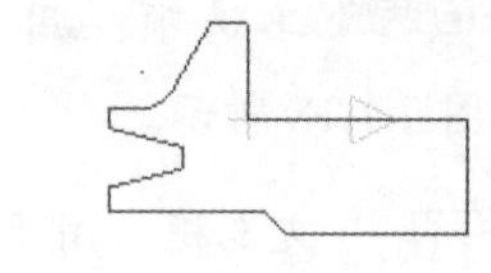

图 7.1.22 选取方向

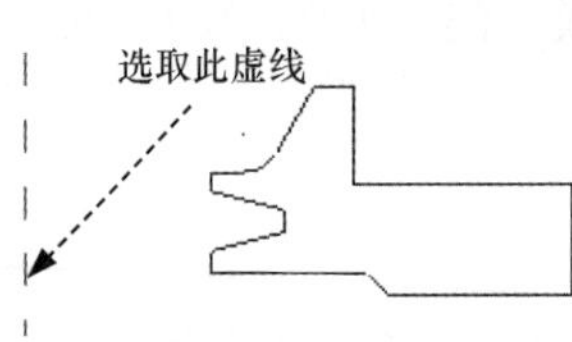

图 7.1.23 定义旋转轴

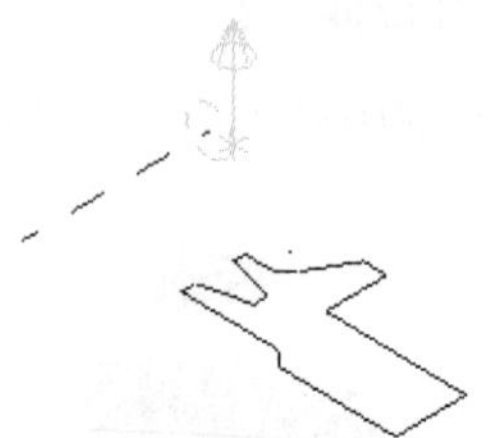

图 7.1.24 定义旋转方向

图 7.1.25 所示的"旋转实体"对话框中的部分选项的说明如下。

➢ 基本 选项卡：用于设置旋转的相关参数。

- 名称: 文本框：用于设置旋转特征的名称。
- 类型: 区域：用于设置旋转操作的方式，其包括 ◉创建主体 单选项、◉切割主体(U) 单选项、◉添加凸缘 单选项和 ☑创建单一操作 复选框。
  - ☑ ◉创建主体 单选项：用于设置创建新的旋转实体。
  - ☑ ◉切割主体(U) 单选项：用于设置创建切除的旋转特征。此单选项在创建最初的一个实体时不可用。
  - ☑ ◉添加凸缘 单选项：用于在现有实体的基础上创建旋转特征。使用此种方式创建的旋转特征的材料与现有的实体相同。此单选项在创建最初的一个实体时不可用。
  - ☑ ☑创建单一操作 复选框：用于将多个旋转操作合成一个旋转操作。当同时旋转多个封闭轮廓时，如果不选中此复选框，则系统会在操作管理中创建相应个数的旋转特征；反之，则创建一个旋转特征。

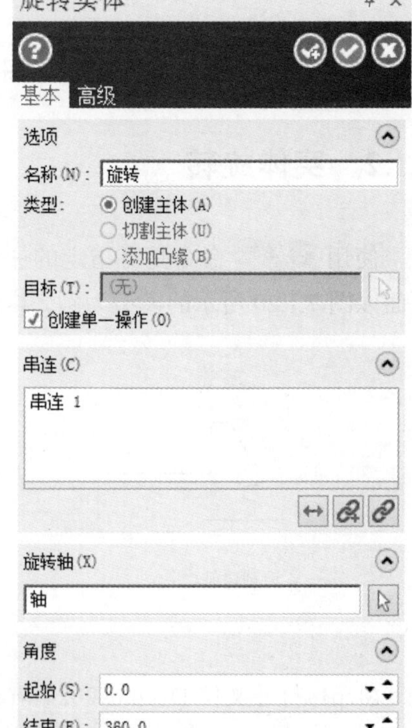

图 7.1.25 "旋转实体"对话框

- 串连 区域：用于显示实体操作所选图元。
- 旋转轴 区域：用于设置轴线的相关参数，其包括 按钮和"反向" 按钮。

☑ [按钮图标] 按钮：用于选择其他的旋转轴。

☑ ↔ 按钮：用于翻转旋转方向。

- 角度 区域：用于设置旋转角度的相关参数，其包括 起始(S): 文本框和 结束(E): 文本框。

☑ 起始(S): 文本框：用于设置旋转的起始角度值。

☑ 结束(E): 文本框：用于设置旋转的终止角度值。

➢ 高级 选项卡：用于设置薄壁实体的相关参数。

- ☑壁厚 区域：用于设置薄壁特征的相关参数，其中包括 ☑壁厚 复选框、◉方向 1 单选项、◉方向 2 单选项、◉两端 单选项、方向 1: 文本框和 方向 2: 文本框。

☑ ☑壁厚 复选框：用于设置创建薄壁实体。当选中此复选框时，☑壁厚 区域才可被激活。

☑ ◉方向 1 单选项：用于设置薄壁实体的厚度方向相对于旋转轮廓向内。

☑ ◉方向 2 单选项：用于设置薄壁实体的厚度方向相对于旋转轮廓向外。

☑ ◉两端 单选项：用于设置薄壁实体的厚度方向相对于旋转轮廓向两侧。

☑ 方向 1: 文本框：用于定义薄壁朝内的厚度值。

☑ 方向 2: 文本框：用于定义薄壁朝外的厚度值。

Step5. 设置旋转参数。在“旋转实体”对话框 角度 区域的 起始(S): 文本框中输入值 0；在 结束(E): 文本框中输入值 360。

Step6. 单击 ✔ 按钮，完成实体旋转的创建。

7.1.3 扫描

使用 扫描 命令是将指定的一个或多个共面且封闭的外形轮廓，沿着定义的一条轨迹进行扫描形成实体。下面以图 7.1.26 所示的模型为例，讲解扫描特征的创建过程。

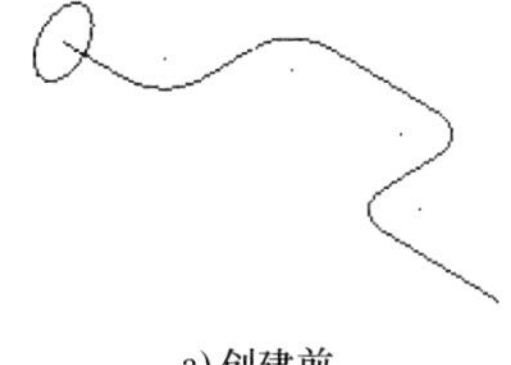

a) 创建前

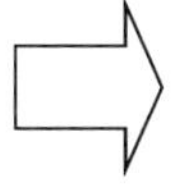

b) 创建后

图 7.1.26 扫描特征

Step1. 打开文件 D:\mcx2024\work\ch07.01.03\SWEEP.mcam。

Step2. 选择命令。单击 实体 功能选项卡 创建 区域中的 扫描 命令，系统弹出“线框串连”对话框和“扫描”对话框。

Step3. 定义扫描外形轮廓。选取图 7.1.27 所示的圆，此时系统会自动为所选取的图素添加方向，如图 7.1.28 所示；单击 ✔ 按钮，完成扫描外形轮廓的定义，此时系统再次弹出“线框串连”对话框。

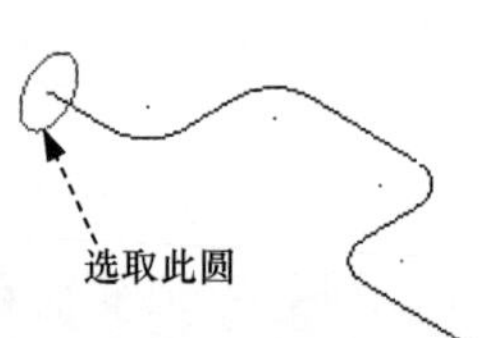

图 7.1.27　定义扫描外形轮廓

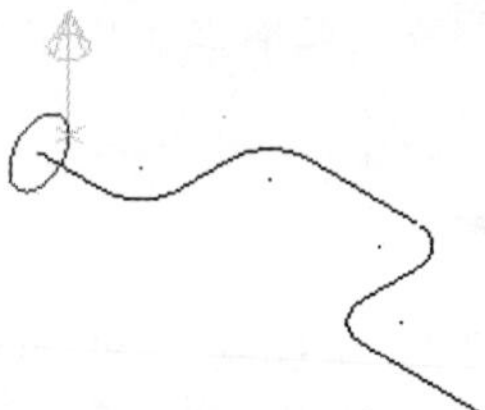

图 7.1.28　选取方向

Step4. 定义扫描轨迹。选取图 7.1.29 所示的曲线，此时系统会自动选取与此曲线相连的所有图素，并返回图 7.1.30 所示的“扫描”对话框。

选取此曲线

图 7.1.29　定义扫描轨迹

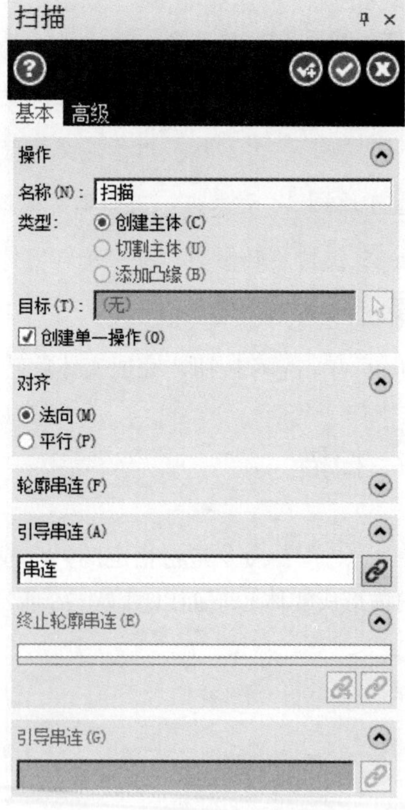

图 7.1.30　“扫描”对话框

图 7.1.30 所示的“扫描”对话框中的部分选项的说明如下。

- 名称：文本框：用于设置扫描的名称。

- 类型: 区域：用于设置扫描操作的方式，其中包括 创建主体 单选项、 切割主体(U) 单选项、 添加凸缘 单选项和 创建单一操作 复选框。
  - ☑ 创建主体 单选项：用于设置创建新的扫描实体。
  - ☑ 切割主体(U) 单选项：用于设置创建切除的扫描特征。此单选项在创建最初的一个实体时不可用。
  - ☑ 添加凸缘 单选项：用于在现有实体的基础上创建扫描特征。使用此种方式创建的扫描特征的材料与现有的实体相同。此单选项在创建最初的一个实体时不可用。
  - ☑ 创建单一操作 复选框：用于将多个扫描操作合成一个扫描操作。当同时扫描多个封闭轮廓时，如果不选中此复选框，则系统会在操作管理中创建相应个数的扫描特征；反之，则创建一个扫描特征。
- 轮廓串连(F) 文本框：用于定义扫描外形轮廓。
- 引导串连(A) 文本框：用于定义扫描轨迹。

Step5. 单击 按钮，完成扫描特征的创建。

7.1.4 举升实体

使用 举升 命令是将多个截面图形按照一定的顺序，以平滑或线性方式连接起来形成实体。下面以图 7.1.31 所示的模型为例，讲解举升实体特征的创建过程。

Step1. 打开文件 D:\mcx2024\work\ch07.01.04\LIFT.mcam。

Step2. 选择命令。单击 实体 功能选项卡 创建 区域中的 举升 命令，系统弹出“线框串连”对话框和“举升”对话框。

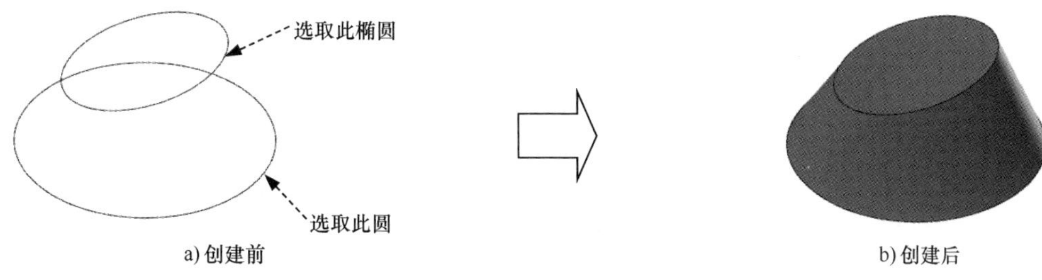

图 7.1.31　举升实体

Step3. 定义截面轮廓。

（1）定义第一个举升截面轮廓。选取图 7.1.31a 所示的椭圆，此时系统会自动选取与此直线相连的所有图素并添加串连方向。

（2）定义第二个举升截面轮廓。选取图 7.1.31a 所示的圆，此时系统会自动为此图素添加串连方向，单击“线框串连”对话框中的 ⟷ 使两个截面的串连方向保持相同。

（3）单击 ✓ 按钮，完成截面轮廓的定义，此时系统返回图 7.1.32 所示的“举升”对话框。

Step4. 设置举升参数。在“举升”对话框中取消选中 ☐创建直纹实体(R) 复选框。

Step5. 单击 ✓ 按钮，完成举升特征的创建。

图 7.1.32 “举升”对话框

7.1.5 由曲面生成实体

使用 由曲面生成实体 命令是根据曲面生成实体。下面以图 7.1.33 所示的模型为例讲解由曲面生成实体的创建过程。

a) 创建前

b) 创建后

图 7.1.33 由曲面生成实体

Step1. 打开文件 D:\mcx2024\work\ch07.01.05\SOLID_FROM_SURFACE.mcam。

Step2. 选择命令。单击 实体 功能选项卡 创建 区域中的 由曲面生成实体 命令。

Step3. 选取要缝合到实体的曲面。按“Ctrl+A”键选取所有可见曲面，然后按 Enter 键，此时系统弹出图 7.1.34 所示的“实体”对话框。

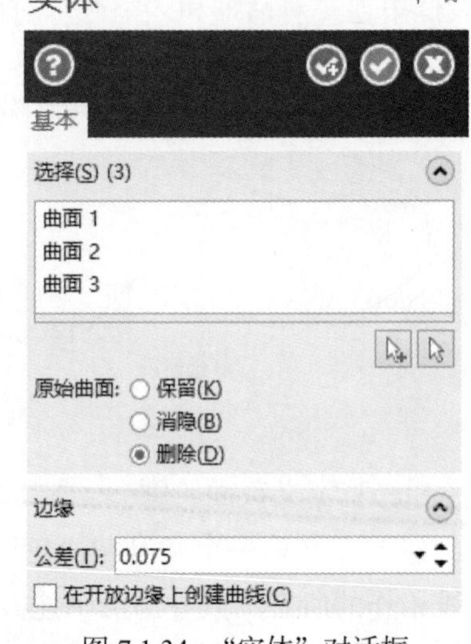

图 7.1.34 “实体”对话框

图 7.1.34 所示的“实体”对话框中的部分选项的说明如下。

- 原始曲面: 区域：用于设置处理原始曲面的方式，其包括 保留 单选项、 消隐 单选项和 删除 单选项。
  - ☑ 保留 单选项：用于设置保留原始曲面。
  - ☑ 消隐 单选项：用于设置隐藏原始曲面。

☑ 删除 单选项：用于设置删除原始曲面。

- 公差：文本框：用于设置曲面边界间允许的最大间隙值。如果超过了最大间隙值，则此曲面将不会被转为实体。

Step4. 设置串连选项。在“实体”对话框的 原始曲面：区域中选中 删除 单选项。

Step5. 单击 按钮，完成由曲面转为实体的创建。

7.2 实体的编辑

在 Mastercam 2024 中，实体编辑包括倒圆角、倒角、抽壳、加厚、实体修剪、牵引实体、移除实体表面、结合、切割、交集等。创建实体的命令主要位于 实体 功能选项卡的 创建 区域和 修剪 区域中，如图 7.2.1 所示。

图 7.2.1 “创建”区域和“修剪”区域

7.2.1 倒圆角

倒圆角可以在定义的实体边界线上产生圆角过渡。Mastercam 2024 为用户提供了三种倒圆角的命令，分别为“固定半径倒圆角”命令 固定半径倒圆角 、“面与面倒圆角”命令 面与面倒圆角 和“变化倒圆角”命令 变化倒圆角 。

Step1. 打开文件 D:\mcx2024\work\ch07.02.01\FILLET.mcam。

Step2. 选择命令。单击 实体 功能选项卡 修剪 区域 固定半倒圆角 下拉列表中的 固定半倒圆角 命令，系统弹出“实体选择”对话框和“固定圆角半径”对话框。

Step3. 定义倒圆角边。在“实体选择”对话框中只选中“边缘”按钮 ，选取图 7.2.2a 所示的边线，单击 按钮，完成倒圆角边的定义，同时系统返回图 7.2.3 所示的“固定圆角半径”对话框。

图 7.2.3 所示的“固定圆角半径”对话框中的部分选项的说明如下。

- 名称：文本框：用于设置倒圆角的名称。
- ☑ 沿切线边界延伸(P) 复选框：用于设置在与所选取边相切的所有边处创建圆角过渡，如图 7.2.4 所示（只选取了图 7.2.2a 所示的一条边线）。

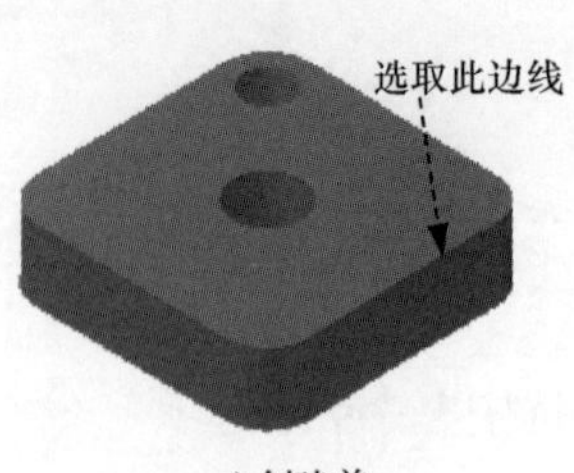

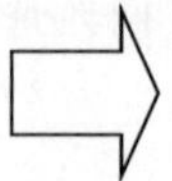

a) 创建前　　b) 创建后

图 7.2.2　等半径倒圆角

图 7.2.3　“固定圆角半径”对话框

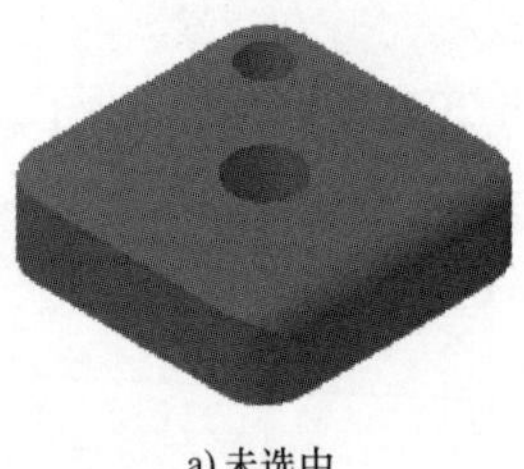

a) 未选中

b) 选中后

图 7.2.4　沿切线边界延伸

● ☑角落斜接 复选框：用于设置在角落处创建斜接，如图 7.2.5 所示。

a) 未选中

b) 选中后

图 7.2.5　角落斜接

● 半径 文本框：用于定义倒圆角的半径值。

Step4. 设置倒圆角参数。在“固定圆角半径”对话框的 半径 文本框中输入值 3；选中 ☑沿切线边界延伸(P) 复选框。

Step5. 单击 ✔ 按钮，完成等半径倒圆角的创建，如图 7.2.2b 所示。

7.2.2 倒角

倒角可以在定义的实体上产生倒角。Mastercam 2024 为用户提供了三种倒角的命令，分别为“单一距离倒角”命令 单一距离倒角、“不同距离倒角”命令 不同距离倒角 和“距离与角度倒角”命令 距离与角度倒角。

Step1. 打开文件 D:\mcx2024\work\ch07.02.02\CHAMFER.mcam。

Step2. 选择命令。单击 实体 功能选项卡 修剪 区域中的 单一距离倒角 命令，系统弹出“实体选择”对话框和“单一距离倒角”对话框。

Step3. 定义倒角边。在“实体选择”对话框中只选中“边缘”按钮，选取图 7.2.6a 所示的边线，单击 ✔ 按钮，完成倒角边的定义，同时系统返回图 7.2.7 所示的“单一距离倒角”对话框。

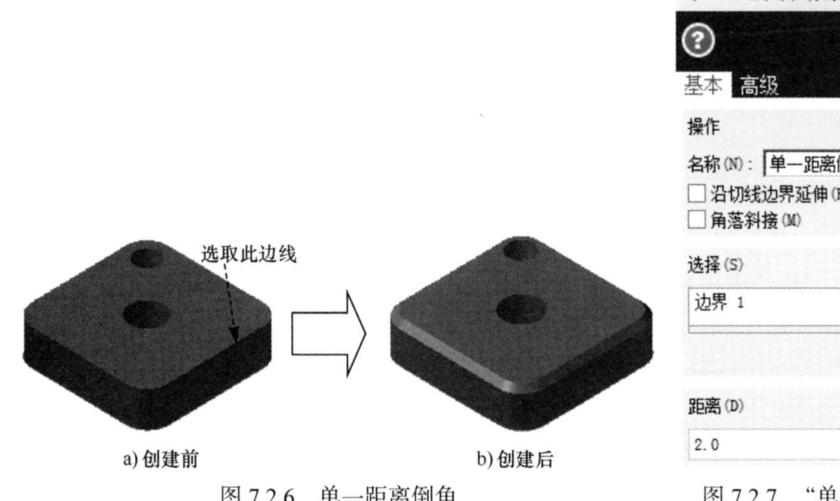

图 7.2.6 单一距离倒角

图 7.2.7 “单一距离倒角”对话框

图 7.2.7 所示的“单一距离倒角”对话框中的部分选项的说明如下。

● 名称: 文本框：用于设置倒角的名称。

● ☑角落斜接(M) 复选框：用于设置在角落处创建斜接，如图 7.2.8 所示。

● ☑沿切线边界延伸(P) 复选框：用于设置在与所选取边相切的所有边处创建倒角过渡。

a) 未选中

b) 选中后

图 7.2.8 角落斜接

● 距离 文本框：用于定义倒角的距离值。

Step4. 设置倒角参数。在“单一距离倒角”对话框的 距离 文本框中输入值 3；选中 ☑沿切线边界延伸(P) 复选框。

Step5. 单击 ✔ 按钮，完成单一距离倒角的创建，如图 7.2.6b 所示。

7.2.3 抽壳

使用 抽壳 命令可以将指定的面移除，并根据实体的结构将其中心掏空，使之形成定义壁厚的薄壁实体。下面以图 7.2.9 所示的模型为例，讲解抽壳的创建过程。

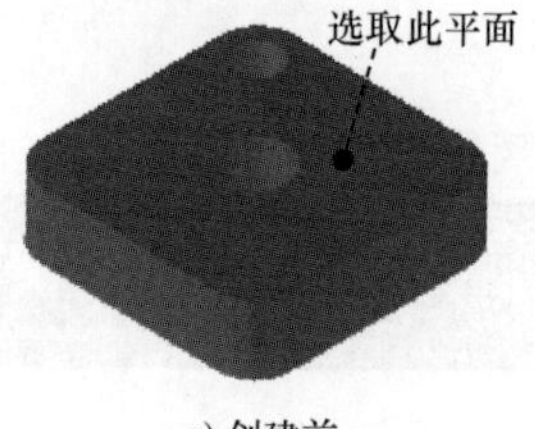

a) 创建前

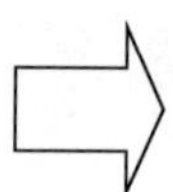

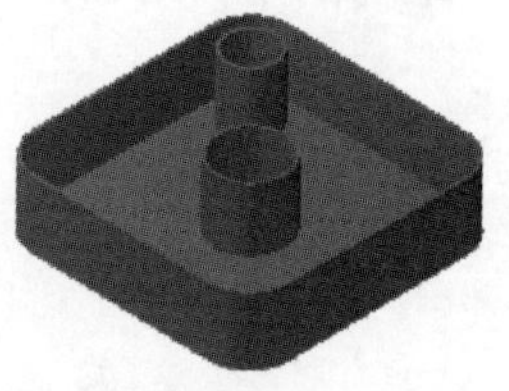

b) 创建后

图 7.2.9 抽壳

Step1. 打开文件 D:\mcx2024\work\ch07.02.03\SHELL_SOLID.mcam。

Step2. 选择命令。单击 实体 功能选项卡 修剪 区域中的 抽壳 命令，系统弹出“实体选择”对话框和“抽壳”对话框。

Step3. 定义抽壳移除面。在绘图区选取图 7.2.9a 所示的面为移除面，然后在“实体选择”对话框中单击 ✔ 按钮，完成抽壳移除面的定义，同时系统返回图 7.2.10 所示的“抽壳”对话框。

图 7.2.10 所示的“抽壳”对话框中的部分选项的说明如下。

● 名称: 文本框：用于设置抽壳的名称。

● 方向: 区域：用于定义抽壳的方向参数，其包括 ◉方向 1 单选项、◉方向 2 单选项和 ◉两端(B) 单选项。

☑ ◉方向 1 单选项：用于设置朝内创建抽壳，如图 7.2.11 所示。

图 7.2.10 “抽壳”对话框

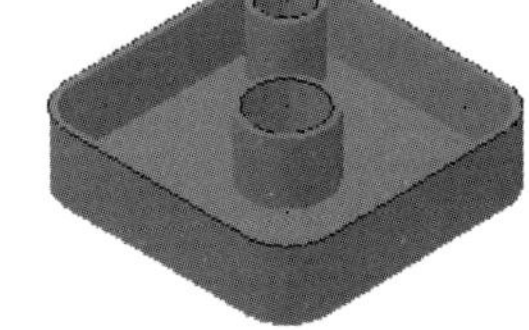

图 7.2.11 朝内

☑ 方向 2 单选项：用于设置朝外创建抽壳，如图 7.2.12 所示。

☑ 两端(B) 单选项：用于设置双向抽壳，如图 7.2.13 所示。

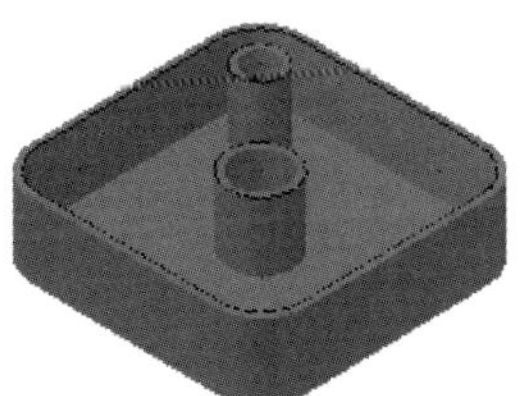

图 7.2.12 朝外

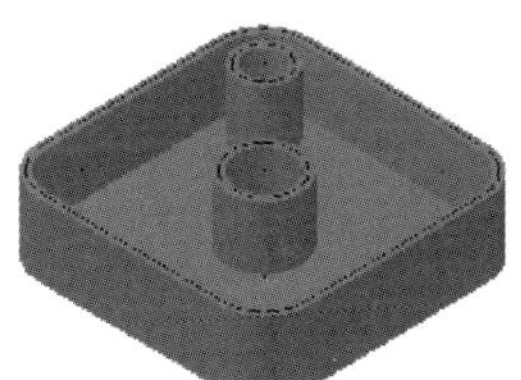

图 7.2.13 双向抽壳

- 抽壳厚度 区域：用于定义抽壳的参数，其中包括 方向 1: 文本框和 方向 2: 文本框。

☑ 方向 1: 文本框：用于定义朝内抽壳的厚度值。

☑ 方向 2: 文本框：用于定义朝外抽壳的厚度值。

Step4. 设置抽壳参数。在“抽壳”对话框的 方向: 区域中选中 方向 1 单选项；在 抽壳厚度 区域的 方向 1: 文本框中输入值 1。

Step5. 单击 按钮，完成抽壳的创建，如图 7.2.9b 所示。

7.2.4 加厚

使用 薄片加厚 命令可以将曲面生成的薄壁实体进行加厚。下面以图 7.2.14 所示的模型为例，讲解加厚的创建过程。

a) 创建前

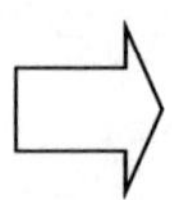

b) 创建后

图 7.2.14　加厚

Step1. 打开文件 D：\mcx2024\work\ch07.02.04\THICKEN_SHEET_SOLID.mcam。

Step2. 选择命令。单击 实体 功能选项卡 修剪 区域中的 薄片加厚 命令，系统弹出图 7.2.15 所示的“加厚”对话框。

Step3. 设置加厚方向。在“加厚”对话框的 方向: 区域选中 ◉方向 2 单选项，此时方向箭头如图 7.2.16 所示。

Step4. 设置加厚参数。在“加厚”对话框 加厚 区域的 方向 2: 文本框中输入值 2。

图 7.2.15　“加厚”对话框

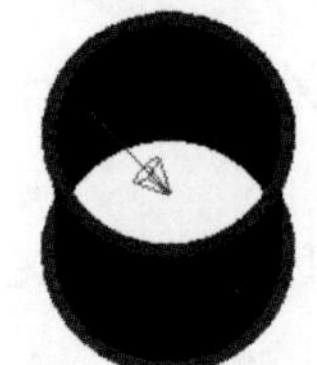

图 7.2.16　定义加厚方向

图 7.2.15 所示的“加厚”对话框中的部分选项的说明如下。

- 名称: 文本框：用于设置加厚的名称。
- 方向: 区域：用于定义加厚方向的参数，其包括 ◉方向 1 单选项、◉方向 2 单选项和 ◉两端(B) 单选项。

  ☑ ◉方向 1 单选项：用于设置以薄片实体为基础向内进行加厚。

  ☑ ◉方向 2 单选项：用于设置以薄片实体为基础向外进行加厚。

  ☑ ◉两端(B) 单选项：用于设置以薄片实体为对称面进行两侧加厚。

- 加厚 区域：用于定义增加的厚度值。

Step5. 单击 ✅ 按钮，完成加厚的创建，如图 7.2.14b 所示。

7.2.5　实体修剪

使用 修剪到曲面/薄片 命令可以根据定义的平面、曲面、薄壁实体切割指定的实体。用户可以根据需要保留其中的一部分，也可以保留两部分。下面以图 7.2.17 所示的模型为例，讲解实体修剪的创建过程。

图 7.2.17　实体修剪

Step1. 打开文件 D:\mcx2024\work\ch07.02.05\TRIM_SOLID.mcam。

Step2. 选择命令。单击 实体 功能选项卡 修剪 区域中的 修剪到曲面/薄片 命令，系统弹出“修剪到曲面 / 薄片”对话框。

Step3. 定义修剪体。在绘图区选取长方体作为修剪体，按 Enter 键确认。

Step4. 定义修剪工具体。在绘图区选取图 7.2.18 所示的曲面为修剪的工具体，此时系统返回图 7.2.19 所示的“修剪到曲面 / 薄片”对话框。

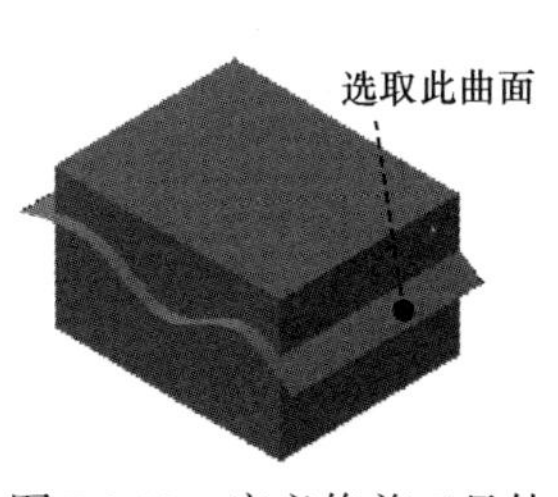

图 7.2.18　定义修剪工具体

图 7.2.19　“修剪到曲面 / 薄片”对话框

图 7.2.19 所示的“修剪到曲面 / 薄片”对话框中的部分选项的说明如下。

- 名称: 文本框：用于设置修剪实体的名称。
- ☑分割实体 复选框：用于设置保留修剪工具两侧的实体。
- ↔ 按钮：用于调整修剪方向。

Step5. 定义修剪方向。单击 ↔ 按钮，调整修剪方向，效果如图 7.2.17b 所示。

Step6. 单击 ✔ 按钮，完成修剪实体的创建，如图 7.2.17b 所示。

7.2.6 布尔结合

使用“布尔结合”命令可以使两个或者两个以上的单独且相交的实体，合并成一个独立的实体。下面以图 7.2.20 所示的模型为例讲解布尔结合的创建过程。

Step1. 打开文件 D:\mcx2024\work\ch07.02.06\UNITE.mcam。

Step2. 选择命令。单击 实体 功能选项卡 创建 区域中的 布尔运算 命令，系统弹出图 7.2.21 所示的“布尔运算”对话框。

Step3. 选择目标主体。在绘图区选取图 7.2.20a 所示的实体 1 为目标主体，然后在系统弹出的“实体选择”对话框中单击 ✔ 按钮。

Step4. 选择工具主体。单击“布尔运算”对话框 工具主体(B) 区域中的 按钮，系统弹出“实体选择”对话框。在绘图区选取图 7.2.20a 所示的实体 2 为工具主体，然后单击 ✔ 按钮。

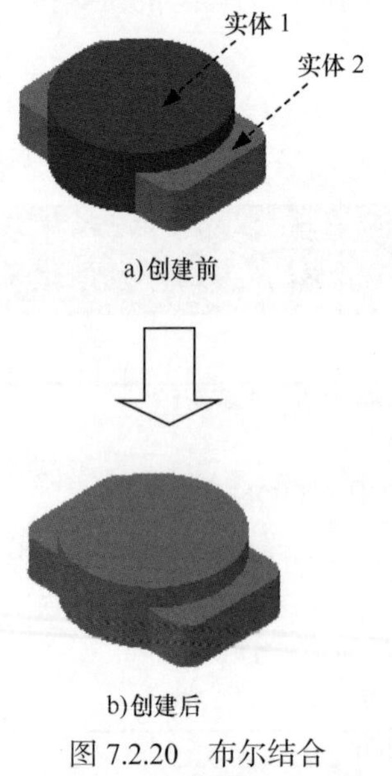

图 7.2.20 布尔结合

图 7.2.21 “布尔运算”对话框

Step5. 设置布尔参数。在“布尔运算”对话框中将 类型: 设置为 ◉结合(A)（图 7.2.21），

然后单击 ✓ 按钮，完成结合的创建，如图 7.2.20b 所示。

7.2.7 布尔切割

使用“布尔切割”命令可以用两个相交实体中的一个实体去修剪另一个实体。下面以图 7.2.22 所示的模型为例，讲解布尔切割的创建过程。

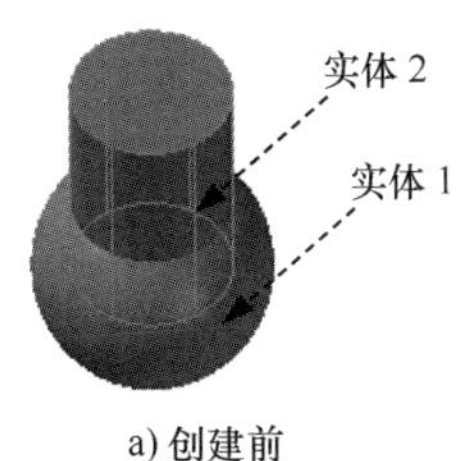

a) 创建前

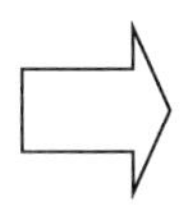

b) 创建后

图 7.2.22 布尔切割

Step1. 打开文件 D:\mcx2024\work\ch07.02.07\SUBTRACT.mcam。

Step2. 选择命令。单击 实体 功能选项卡 创建 区域中的 布尔运算 命令。

Step3. 选择目标主体。在绘图区选取图 7.2.22a 所示的实体 1 为目标主体，然后在系统弹出的“实体选择”对话框中单击 ✓ 按钮。

Step4. 选择工具主体。单击“布尔运算”对话框 工具主体(B) 区域中的 ↖ 按钮，系统弹出“实体选择”对话框。在绘图区选取图 7.2.22a 所示的实体 2 为工具主体，然后单击 ✓ 按钮。

Step5. 设置布尔参数。在“布尔运算”对话框中将 类型: 设置为 ◉ 切割(R)，然后单击 ✓ 按钮，完成切割的创建，如图 7.2.22b 所示。

7.2.8 布尔求交

使用“布尔求交”命令可以创建两个相交实体的共同部分。下面以图 7.2.23 所示的模型为例，讲解布尔求交的创建过程。

Step1. 打开文件 D:\mcx2024\work\ch07.02.08\INTERSECTION.mcam。

Step2. 选择命令。单击 实体 功能选项卡 创建 区域中的 布尔运算 命令。

Step3. 选择目标主体。在绘图区选取图 7.2.23a 所示的实体 1 为目标主体，然后在系统弹出的“实体选择”对话框中单击 ✓ 按钮。

Step4. 选择工具主体。单击“布尔运算”对话框 工具主体(B) 区域中的 ↖ 按钮，系统弹出“实体选择”对话框。在绘图区选取图 7.2.23a 所示的实体 2 为工具主体，然后单

击  按钮。

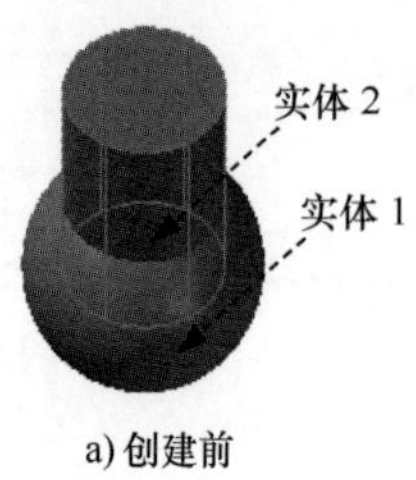

a) 创建前

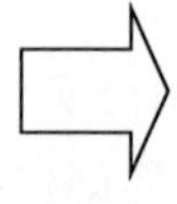

b) 创建后

图 7.2.23 布尔求交

Step5. 设置布尔参数。在“布尔运算”对话框中将 类型: 设置为 ◉ 交集(C)，然后单击 按钮，完成求交的创建，如图 7.2.23b 所示。

7.3 实体操作管理器

实体操作管理器可以详细地记录一个实体的创建过程，而且是有先后顺序的，记录中包含实体创建时的参数设置。所以，通过实体操作管理器可以对实体在创建过程中的参数进行修改、删除创建记录、改变创建顺序等操作。

实体操作管理器一般显示在屏幕左侧，如果在屏幕上没有显示，可以通过单击 视图 功能选项卡 管理 区域中的 实体 命令打开实体操作管理器，如图 7.3.1 所示。

有一些记录前面有一个“+”，单击此符号可以将该记录展开，可以看到记录的下一级操作信息，同时记录前的“+”变化为“−”；有些记录的前方有一个“−”，单击此符号可以将该记录下的项目折叠起来，减小占用面积。

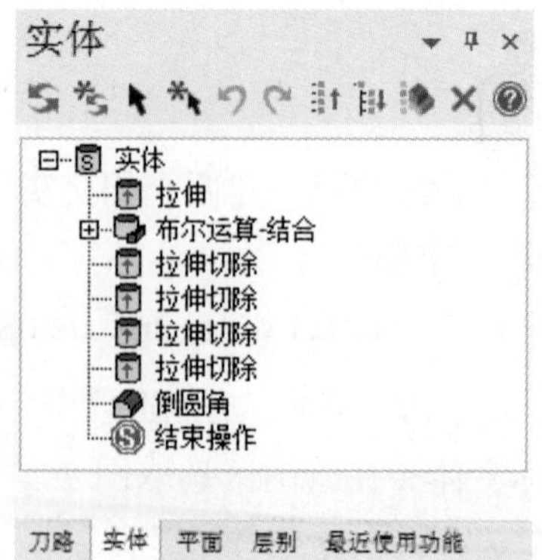

图 7.3.1 模型及实体操作管理器

在不同的项目上右击，系统将弹出相应的快捷菜单，从而能更方便地操作，如图 7.3.2

和图 7.3.3 所示。

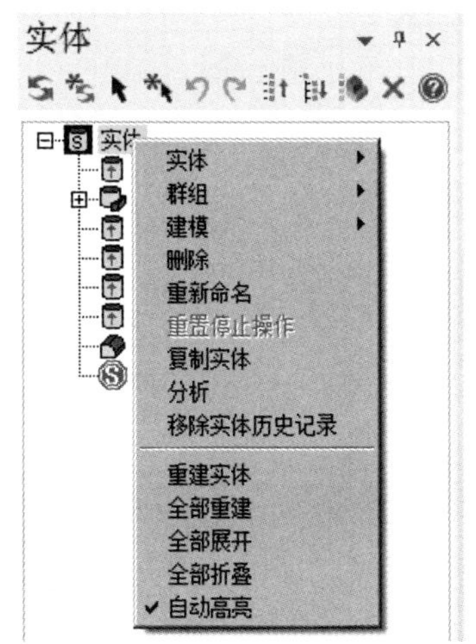

图 7.3.2　快捷菜单（一）

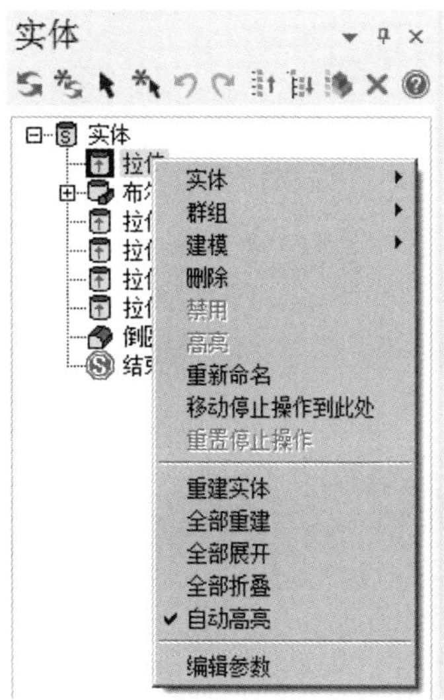

图 7.3.3　快捷菜单（二）

7.3.1　删除操作

删除操作是指在操作管理器中删除某项特征操作。下面以图 7.3.4 所示的模型为例，讲解删除指定项目的一般操作过程。

Step1. 打开文件 D：\mcx2024\work\ch07.03.01\DELETE.mcam。

Step2. 定义删除项目。右击图 7.3.5 所示的操作管理器中的项目，此时系统会自动弹出快捷菜单。

a) 删除前

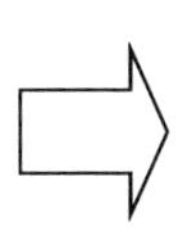

b) 删除后

图 7.3.4　删除操作

Step3. 选择命令。在系统弹出的快捷菜单中选择 删除 命令，系统会将指定的项目删除，同时在相关的记录符号上就会被打上“叉号”，如图 7.3.6 所示。

说明：“叉号”表明该项目已发生变化，需重新生成所有实体。

Step4. 重新生成实体。单击 按钮，重新计算所有实体，重新生成之后如图 7.3.4b 所示。

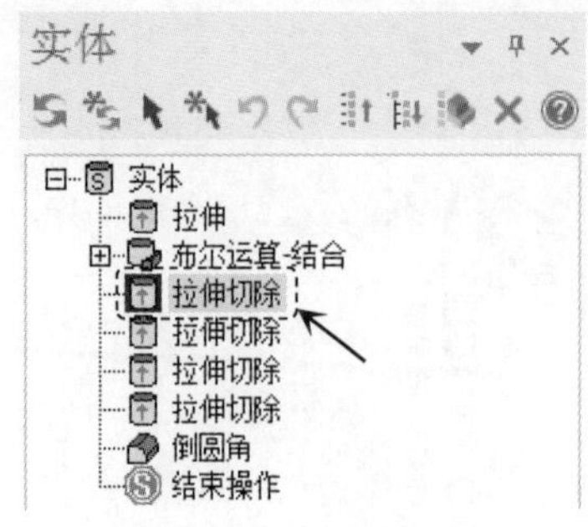

图 7.3.5　定义删除项目

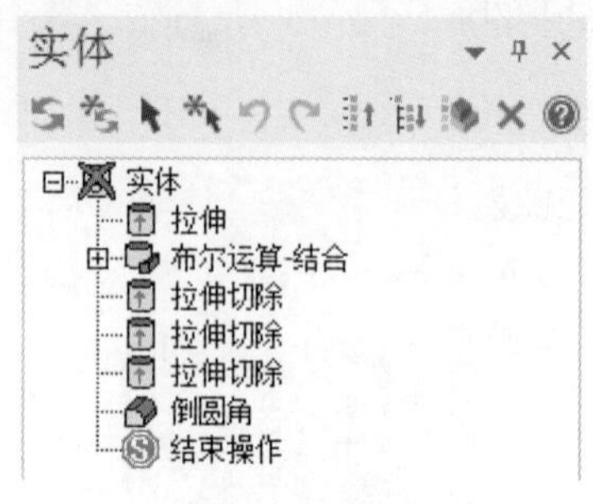

图 7.3.6　叉号

7.3.2　暂时屏蔽操作效果

暂时屏蔽操作效果是指忽略指定的操作对实体的影响。使用“禁用”命令 禁用 可以屏蔽指定的操作效果。下面以图 7.3.7 所示的模型为例，讲解暂时屏蔽操作效果的一般操作过程。

a) 屏蔽前

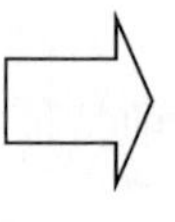

b) 屏蔽后

图 7.3.7　暂时屏蔽操作

Step1. 打开文件 D：\mcx2024\work\ch07.03.02\SHIELD.mcam。

Step2. 定义禁用项目。右击图 7.3.8 所示的操作管理器中的项目，此时系统会自动弹出快捷菜单。

Step3. 选择命令。在系统弹出的快捷菜单中选择 禁用 命令，系统会将指定的项目禁用，同时此项目会以灰色显示，如图 7.3.9 所示。

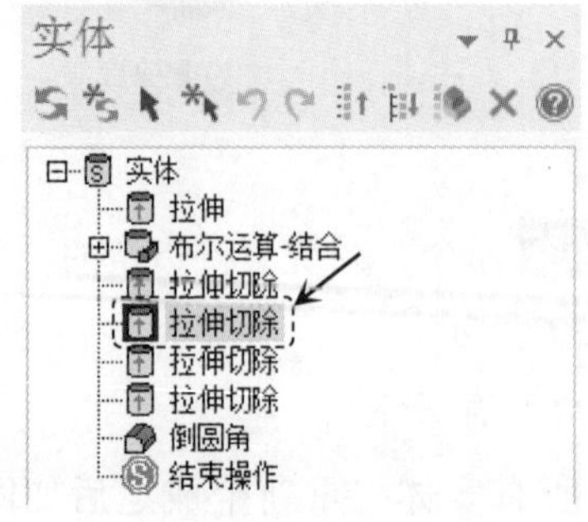

图 7.3.8　定义禁用项目

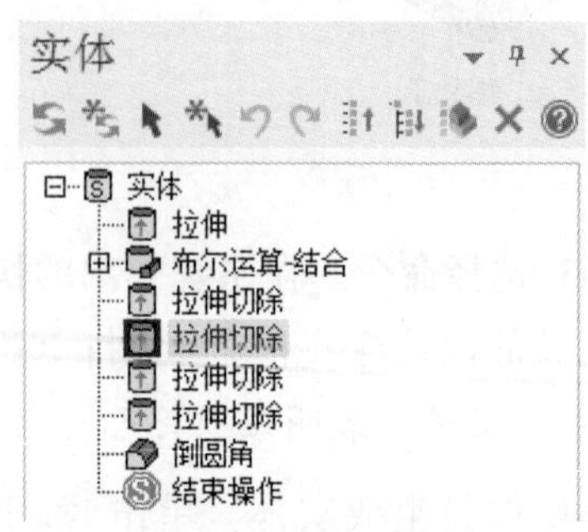

图 7.3.9　禁用效果

说明：保存模型之前应该取消操作的禁用，否则将无法保存模型。

7.3.3 编辑操作参数

欲修改已创建实体的参数，可以展开相应的记录，找到“参数”项并单击，即可打开相应的对话框重新设置参数。下面以图 7.3.10 所示的模型为例，讲解编辑操作参数的一般操作过程。

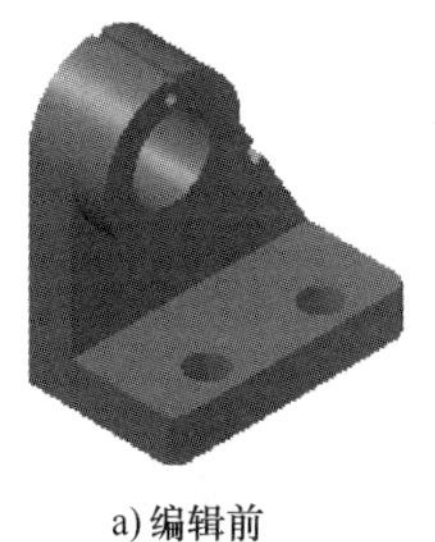

a) 编辑前

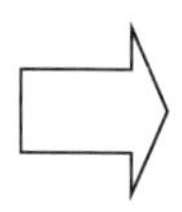

b) 编辑后

图 7.3.10 编辑操作参数

Step1. 打开文件 D:\mcx2024\work\ch07.03.03\EDIT.mcam。

Step2. 定义编辑项目。单击图 7.3.11 所示的项目前的“+”展开此项目；单击图 7.3.12 所示的项目前的“+”展开此项目；在图 7.3.13 所示的项目上右击，系统弹出图 7.3.14 所示的快捷菜单；在快捷菜单中选择 编辑参数 命令，系统会弹出“实体拉伸”对话框。

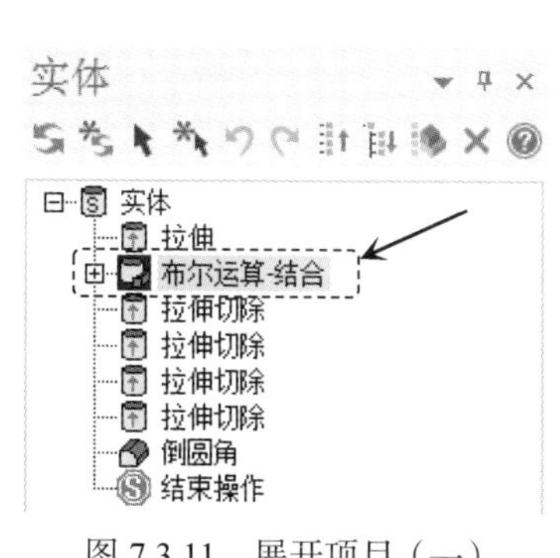

图 7.3.11 展开项目（一）

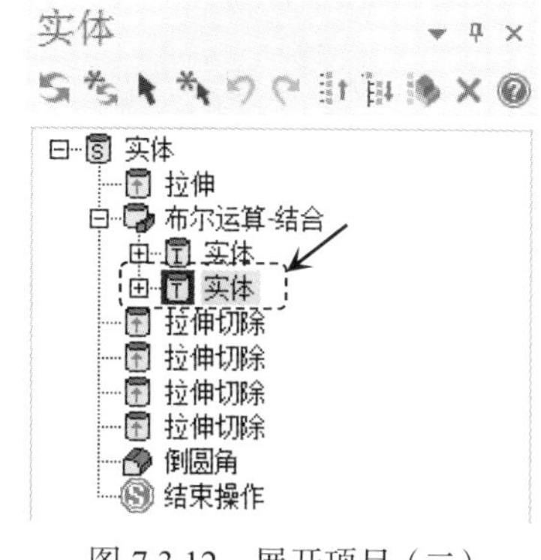

图 7.3.12 展开项目（二）

Step3. 编辑参数。将“实体拉伸”对话框 距离 区域的 ◉ 距离 文本框中的值改为 40，单击 ✓ 按钮，完成参数的编辑。此时模型及实体操作管理器如图 7.3.15 所示。

Step4. 重新生成实体。单击 按钮，重新计算所有实体，重新生成之后如图 7.3.10b 所示。

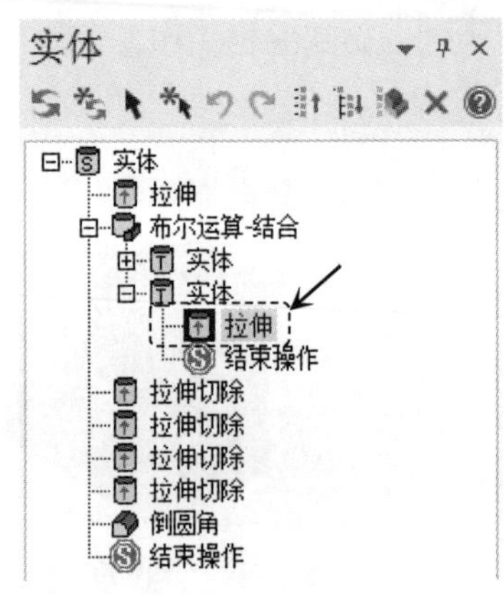

图 7.3.13　展开项目（三）

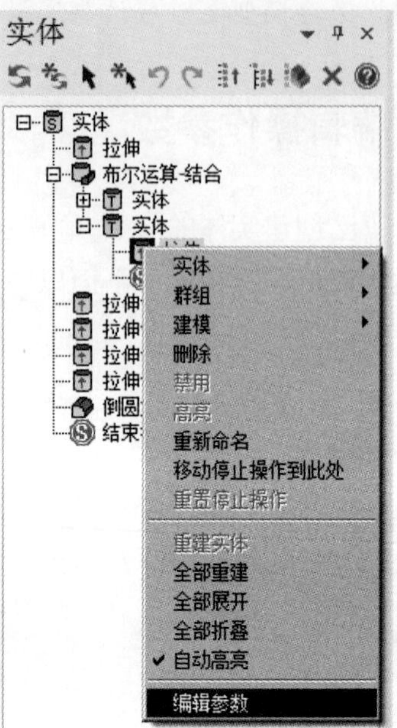

图 7.3.14　快捷菜单

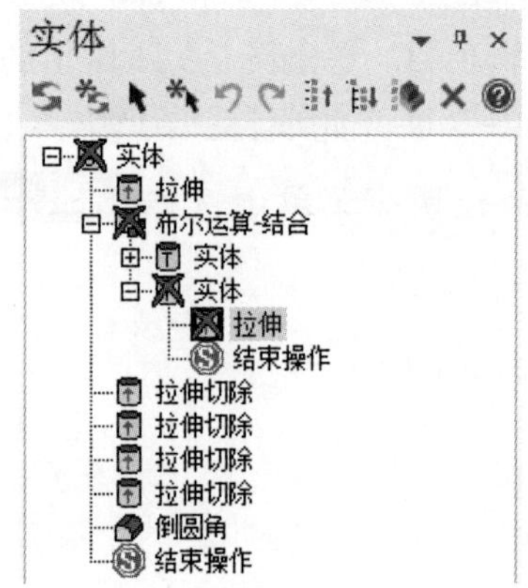

图 7.3.15　模型及实体操作管理器

7.3.4　编辑二维截形

一些实体是在二维截形的基础上创建的，例如拉伸实体、旋转实体、举升实体和扫描实体等。它们的实体记录中都有“图形”项，利用此项可以修改二维截形。下面以图 7.3.16 所示的模型为例，讲解编辑二维截形的一般操作过程。

Step1. 打开文件 D：\mcx2024\work\ch07.03.04\BOLT.mcam。

Step2. 定义编辑项目。右击图 7.3.17 所示的项目节点，在系统弹出的图 7.3.18 所示的快捷菜单中选择 编辑参数 命令。

a) 编辑前

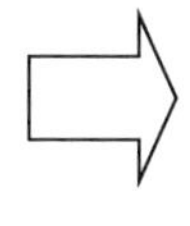

b) 编辑后

图 7.3.16　编辑二维截形

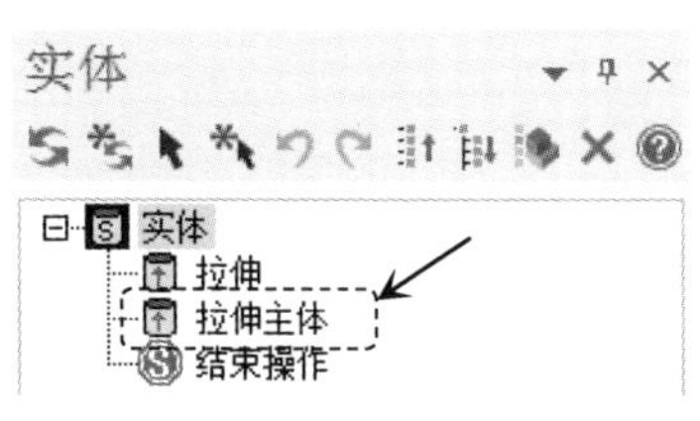

图 7.3.17　展开节点

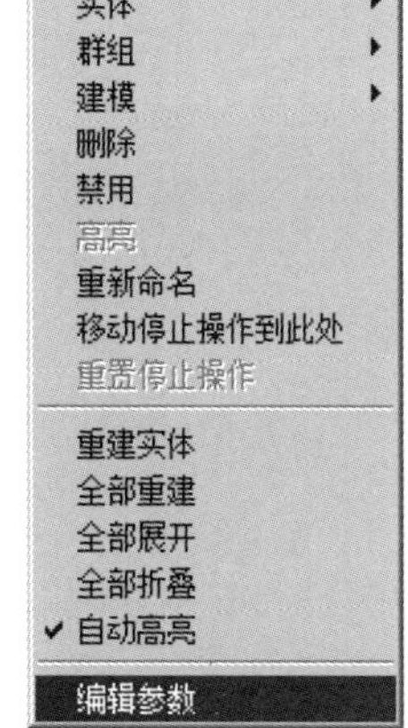

图 7.3.18　快捷菜单

Step3. 编辑截面图形。在系统弹出的“实体拉伸”对话框中右击 串连 区域中的串联 1，选择 全部重建 命令，系统弹出“线框串连”对话框。然后选取图 7.3.19 所示的边线，系统会自动串连与它相连的所有图素，并添加串连方向，如图 7.3.20 所示。单击 按钮，完成截面定义的选取，单击 按钮，完成截面图形的编辑。

Step4. 重新生成实体。单击 按钮重新计算所有实体，重新生成之后如图 7.3.16b 所示。

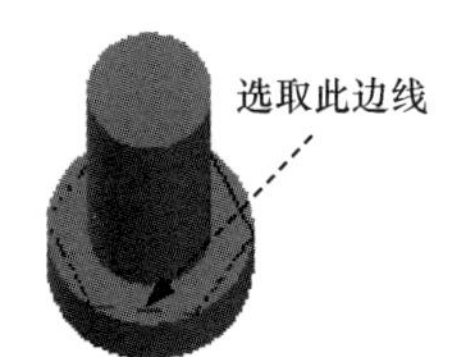

图 7.3.19　定义串连边线

图 7.3.20　串连方向

7.3.5　改变操作次序

操作管理器中的记录表明生成的实体的先后过程，改变操作的次序就是改变实体的生成过程。下面以图 7.3.21 所示的操作管理器为例，讲解改变操作次序的一般操作过程。

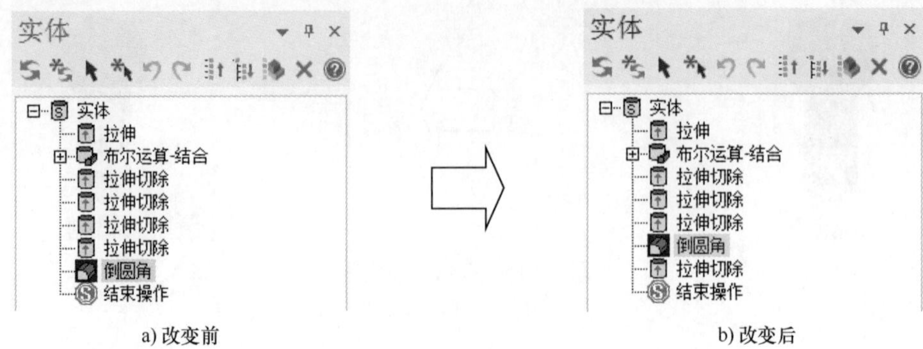

a) 改变前　　b) 改变后

图 7.3.21　改变操作次序

Step1. 打开文件 D：\mcx2024\work\ch07.03.05\CHANGE.mcam。

Step2. 改变次序的操作。在图 7.3.21a 所示的项目上按住鼠标左键不放，向上拖动鼠标，将项目移动到图 7.3.21b 所示的位置松开鼠标，完成操作次序的改变。

7.4　分　　析

Mastercam 2024 为用户提供了一些分析功能，可以分析图素的属性、点位、两点间距、角度、面积和体积、重叠或短小图素，以及曲面和实体的检测等。分析的命令主要位于 主页 功能选项卡 分析 区域中，如图 7.4.1 所示。下面分别进行介绍。

7.4.1　图素属性

使用 图素分析 命令可以显示图素的详细信息，图素的种类不同，其相关的详细信息也有所不同。同时，用户也可以通过修改这些信息来修改图素。下面以图 7.4.2 所示的模型为例，讲解分析图素属性的一般过程。

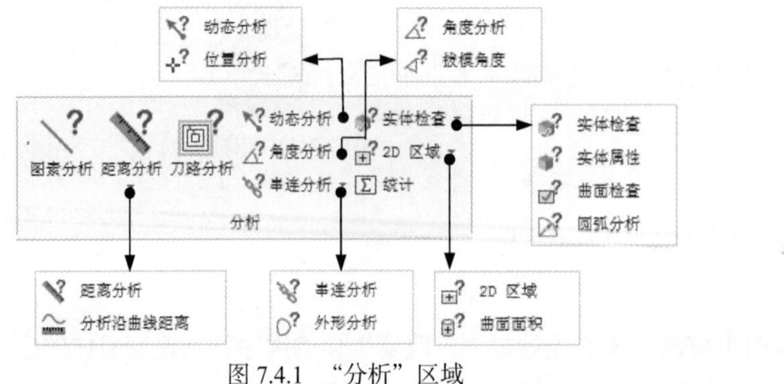

图 7.4.1　“分析”区域

图 7.4.2　实例模型

1. 直线属性

Step1. 打开文件 D:\mcx2024\work\ch07.04.01\PROPERTIES.mcam。

Step2. 定义要分析对象。选取图 7.4.3 所示的直线为分析对象。

Step3. 选择命令。单击 主页 功能选项卡 分析 区域中的 图素分析 命令，系统弹出图 7.4.4 所示的“线的属性”对话框。

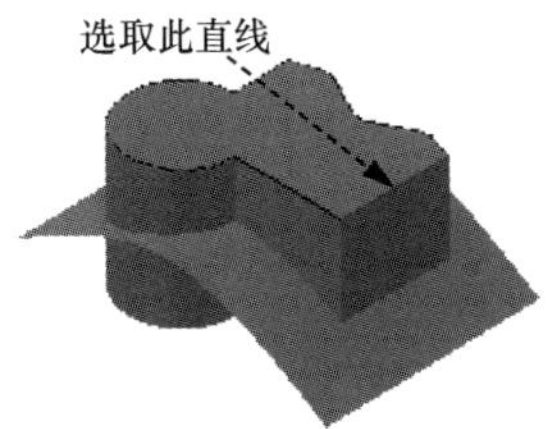

图 7.4.3 定义分析对象

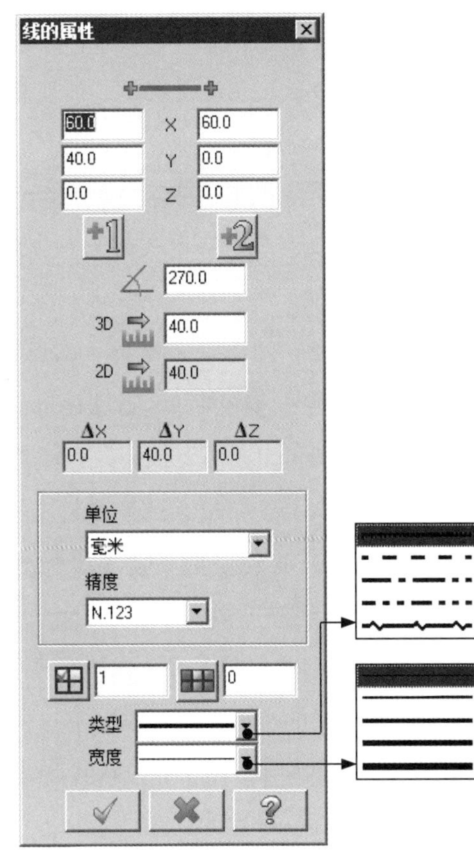

图 7.4.4 “线的属性”对话框

图 7.4.4 所示的“线的属性”对话框中的各选项的说明如下。

- X 文本框：用于设置线在 X 轴方向上的起点和终点的坐标值。用户可以在左边的文本框中定义直线的起点坐标值，在右边的文本框中定义终点坐标值。
- Y 文本框：用于设置线在 Y 轴方向上的起点和终点的坐标值。用户可以在左边的文本框中定义直线的起点坐标值，在右边的文本框中定义终点坐标值。
- Z 文本框：用于设置线在 Z 轴方向上的起点和终点的坐标值。用户可以在左边的文本框中定义直线的起点坐标值，在右边的文本框中定义终点坐标值。
- +1 按钮：用于设置起点位置。单击此按钮，用户可以在绘图区任意一点单击来定义线的起点位置。

- 按钮：用于设置终点位置。单击此按钮，用户可以在绘图区任意一点单击来定义线的终点位置。
- 文本框：用于设置线的角度值。
- 3D 文本框：用于设置线的 3D 长度值。如果直线是在 2D 模式下创建的，则此文本框仅显示 3D 长度，并不能对其长度值进行编辑；如果直线是在 3D 模式下创建的，则用户可以对 3D 长度值进行编辑。
- 2D 文本框：用于设置线的 2D 长度值。如果直线是在 2D 模式下创建的，则用户可以对 2D 长度值进行编辑；如果直线是在 3D 模式下创建的，则此文本框仅显示 2D 长度，并不能对其长度值进行编辑。
- ΔX 文本框：用于显示线在 X 轴方向上的增量值。
- ΔY 文本框：用于显示线在 Y 轴方向上的增量值。
- ΔZ 文本框：用于显示线在 Z 轴方向上的增量值。
- 文本框：用于定义线的所在图层。用户可以在其后的文本框中定义线的所在图层，也可单击按钮，通过弹出的“选择层别”对话框定义线的所在图层。
- 文本框：用于定义线的颜色。用户可以在其后的文本框中定义线的颜色，也可以单击按钮，通过系统弹出的“颜色”对话框定义线的颜色。
- 类型 下拉列表：用于设置线的类型，例如实线、虚线、中心线、双点画线和波折线。
- 宽度 下拉列表：用于定义线的宽度。

Step4. 修改线的类型。在 类型 下拉列表中选择 - - - - - 选项。

Step5. 单击 ✓ 按钮，完成直线属性修改的操作，如图 7.4.5 所示。

2. 圆弧属性

Step1. 打开文件 D:\mcx2024\work\ch07.04.01\PROPERTIES.mcam。

Step2. 定义要分析对象。选取图 7.4.6 所示的圆弧为分析对象。

图 7.4.5　修改直线属性

图 7.4.6　定义分析对象

Step3. 选择命令。单击 主页 功能选项卡 分析 区域中的 图素分析 命令，系统弹出图 7.4.7 所示的“圆弧属性”对话框。

图 7.4.7 所示的“圆弧属性”对话框中的各选项的说明如下。

- 文本框：用于设置圆心在 X 轴方向上的坐标值。
- 文本框：用于设置圆心在 Y 轴方向上的坐标值。
- 文本框：用于设置圆心在 Z 轴方向上的坐标值。
- 按钮：用于定义圆心的位置。单击此按钮，用户可以在绘图区任意一点单击定义圆心的位置。
- 文本框：用于定义圆弧的半径值。
- 文本框：用于定义圆弧的直径值。
- 按钮：用于定义半径的大小。单击此按钮，用户可以在绘图区任意一点单击定义半径的大小。
- 文本框：用于设置圆弧转过的角度值。
- 文本框：用于设置圆弧的 3D 长度值。
- 文本框：用于设置圆弧的起始角度值。
- 文本框：用于设置圆弧的终止角度值。

图 7.4.7 “圆弧属性”对话框

Step4. 修改线宽。在 宽度 下拉列表中选择第二个选项 。

Step5. 单击 按钮，完成圆弧属性修改的操作，如图 7.4.8 所示。

3. NURBS 曲线属性

Step1. 打开文件 D:\mcx2024\work\ch07.04.01\PROPERTIES.mcam。

Step2. 定义要分析对象。选取图 7.4.9 所示的曲线为分析对象。

Step3. 选择命令。单击 主页 功能选项卡 分析 区域中的 图素分析 命令，系统弹出图 7.4.10 所示的“NURBS 曲线属性”对话框。

图 7.4.10 所示的“NURBS 曲线属性”对话框中的各选项说明如下。

- 文本框：用于设置显示起点或终点在 X 轴方向上的坐标值。左边的文本框显示的为起点在 X 轴方向上的坐标值，右边的文本框显示的为终点在 X 轴方向上的坐标值。

图 7.4.8　修改圆弧属性

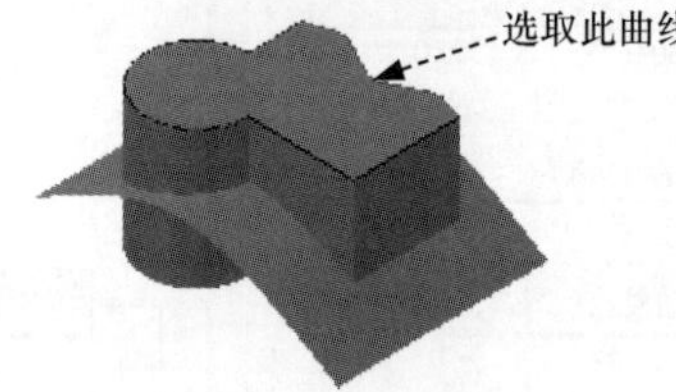

图 7.4.9　定义分析对象

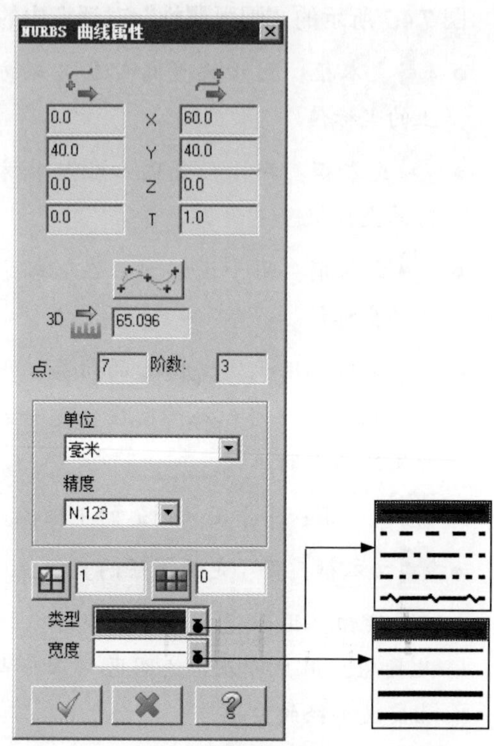

图 7.4.10　“NURBS 曲线属性”对话框

- Y 文本框：用于设置显示起点或终点在 Y 轴方向上的坐标值。左边的文本框显示的为起点在 Y 轴方向上的坐标值，右边的文本框显示的为终点在 Y 轴方向上的坐标值。
- Z 文本框：用于设置显示起点或终点在 Z 轴方向上的坐标值。左边的文本框显示的为起点在 Z 轴方向上的坐标值，右边的文本框显示的为终点在 Z 轴方向上的坐标值。
- 按钮：用于调整 NURBS 曲线的控制点位置。
- 3D 文本框：用于显示 NURBS 曲线的 3D 长度值。
- 点: 文本框：用于显示 NURBS 曲线的控制点数。
- 阶数: 文本框：用于显示 NURBS 曲线的阶数。

Step4. 修改 NURBS 曲线。单击 按钮，选取图 7.4.11 所示的控制点，并调整到图 7.4.12 所示的位置，按 Enter 键确认。

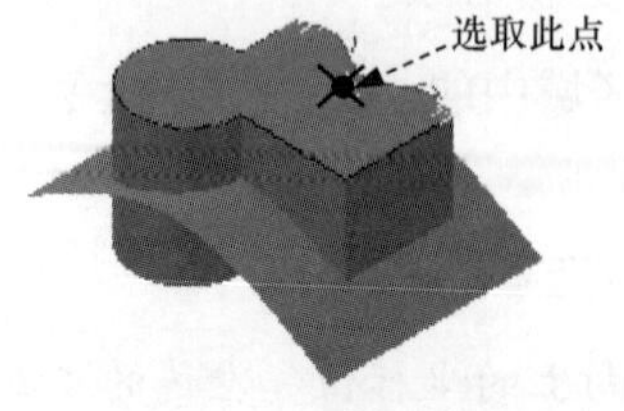

图 7.4.11　选取控制点

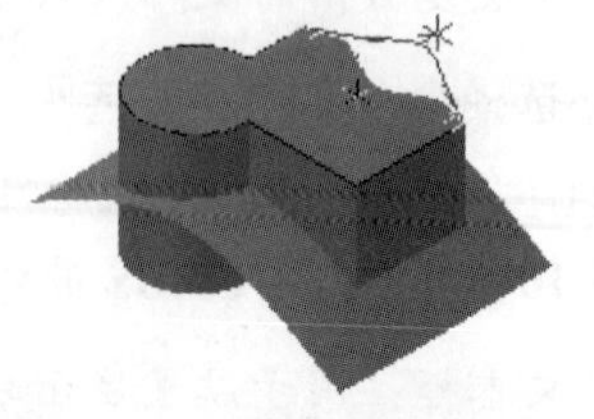

图 7.4.12　调整之后控制点位置

Step5. 单击 [✓] 按钮，完成 NURBS 曲线属性分析的操作。

4. NURBS 曲面属性

Step1. 打开文件 D:\mcx2024\work\ch07.04.01\PROPERTIES.mcam。

Step2. 选择命令。单击 主页 功能选项卡 分析 区域中的 图素分析 命令。

Step3. 定义要分析对象。选取图 7.4.13 所示的曲面为分析对象，系统弹出图 7.4.14 所示的“NURBS 曲面”对话框。

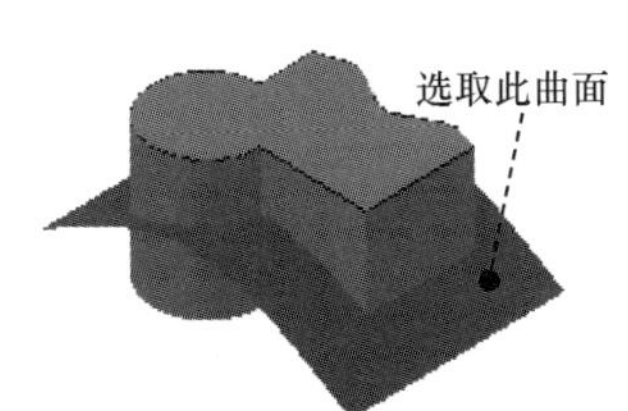

图 7.4.13　定义分析对象

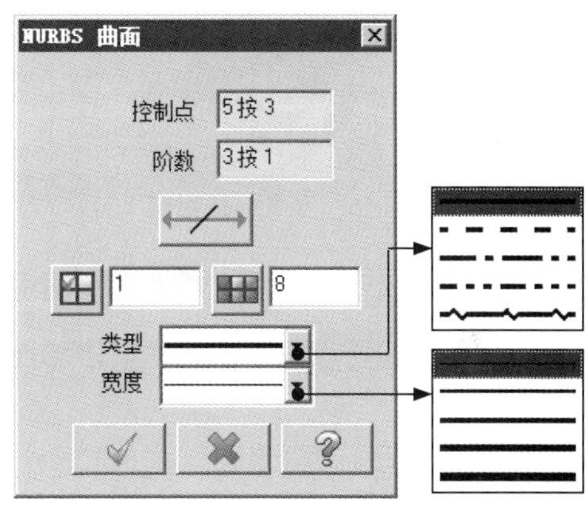

图 7.4.14　“NURBS 曲面”对话框

图 7.4.14 所示的“NURBS 曲面”对话框中的部分选项的说明如下。

- 控制点 文本框：用于显示曲面的控制点的数量。
- 阶数 文本框：用于显示曲面的阶数。
- 按钮：用于改变曲面的正向。

Step4. 修改显示颜色。在 文本框中输入值 13，按 Enter 键确认。

Step5. 单击 [✓] 按钮，完成 NURBS 曲面属性分析的操作。

5. 实体属性

Step1. 打开文件 D:\mcx2024\work\ch07.04.01\PROPERTIES.mcam。

Step2. 选择命令。单击 主页 功能选项卡 分析 区域中的 图素分析 命令。

Step3. 定义要分析对象。选取图 7.4.15 所示的实体为分析对象，系统弹出图 7.4.16 所示的“拉伸”对话框。

图 7.4.16 所示的“拉伸”对话框中的部分选项的说明如下。

- 最上面的文本框：用于定义所选的封闭实体的名称。
- 实体操作 文本框：用于显示创建所选的封闭实体的操作次数。
- 封闭的实体主体 按钮：用于显示实体的类型，例如“封闭的实体主体”“开放薄片实体”等。

图 7.4.15　定义分析对象

图 7.4.16　“拉伸”对话框

Step4. 修改显示颜色。在 文本框中输入值 13，按 Enter 键确认。

Step5. 单击 按钮，完成实体属性分析的操作。

7.4.2　点坐标

使用 位置分析 命令可以测量指定点的空间坐标值。下面以图 7.4.17 所示的模型为例，讲解测量点坐标的一般过程。

Step1. 打开文件 D:\mcx2024\work\ch07.04.02\ANALYZE_POSITION.mcam-7。

Step2. 选择命令。单击 主页 功能选项卡 分析 区域 动态分析 下拉列表中的 位置分析 命令。

Step3. 定义分析点的位置。选取图 7.4.18 所示的圆心点，系统弹出图 7.4.19 所示的“点分析”对话框。

图 7.4.17　实例模型

图 7.4.18　定义分析点的位置

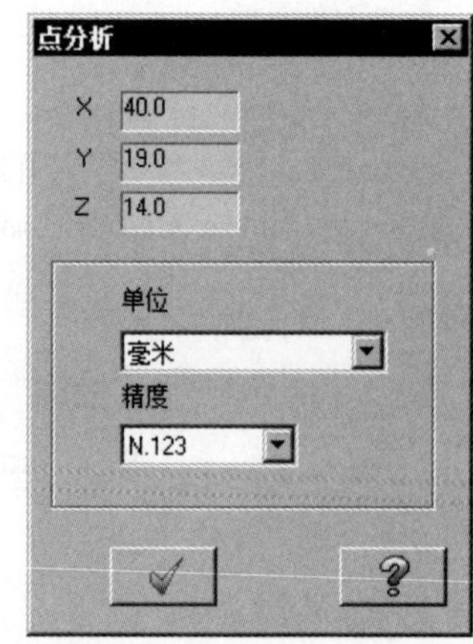

图 7.4.19　“点分析”对话框

Step4. 单击 [✓] 按钮，完成点坐标分析的操作。

7.4.3 分析距离

使用 距离分析 命令可以测量两对象间的距离。下面以图 7.4.20 所示的模型为例，讲解测量两点间距离的一般过程。

Step1. 打开文件 D:\mcx2024\work\ch07.04.03\ANALYZE_DISTANCE.mcam-7。

Step2. 选择命令。单击 主页 功能选项卡 分析 区域中的 距离分析 命令。

Step3. 定义分析点的位置。依次选取图 7.4.21 所示的圆心 1 和圆心 2 的点，系统弹出图 7.4.22 所示的“距离分析”对话框。

Step4. 单击 [✓] 按钮，完成两点间距离分析的操作。

图 7.4.20 实例模型

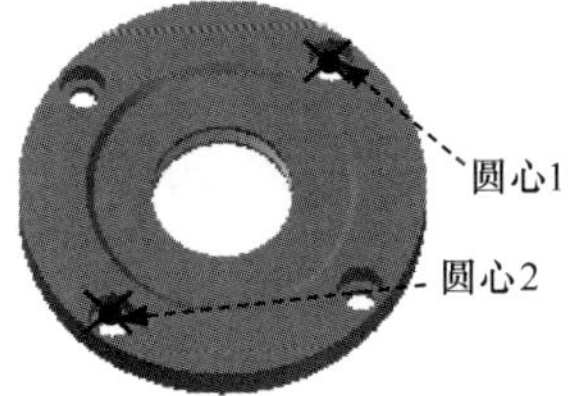

图 7.4.21 定义分析点的位置

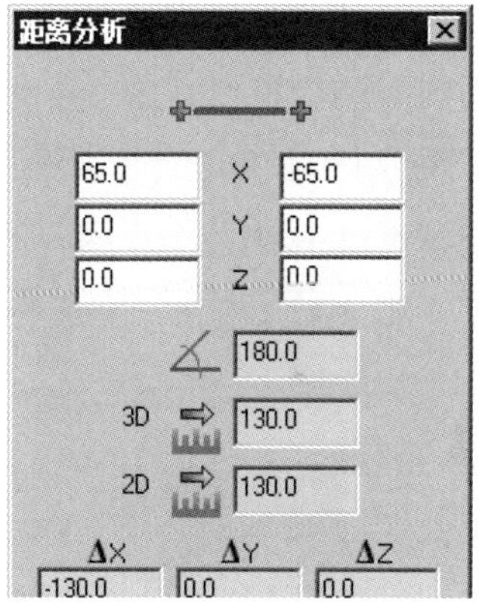

图 7.4.22 “距离分析”对话框

7.4.4 分析角度

使用 角度分析 命令可以测量两条直线所成的角度值。下面以图 7.4.23 所示的模型为例，讲解测量两线夹角的一般过程。

Step1. 打开文件 D:\mcx2024\work\ch07.05.04\ANALYZE_ANGLE.mcam。

Step2. 选择命令。单击 主页 功能选项卡 分析 区域中的 角度分析 命令，系统弹出图 7.4.24 所示的“角度分析”对话框。

图 7.4.24 所示的“角度分析”对话框中的各选项的说明如下。

- ⊙ 两线 单选项：用于定义测量两条直线。
- ⊙ 三点 单选项：用于以三点的方式定义测量两条直线的端点。

图 7.4.23　实例模型

图 7.4.24　“角度分析”对话框

- 夹角 文本框：用于显示两条直线的夹角。
- 补角 文本框：用于显示两条直线的补角。
- 绘图平面 单选项：用于显示测量的两条直线在当前的构图平面上所成的角度。
- 3D 单选项：用于显示测量的两条直线在空间所成的角度。

Step3. 设置测量类型。在“角度分析”对话框中选中 三点 单选项和 3D 单选项。

Step4. 定义两直线的位置。依次选取图 7.4.25 所示的点 1、点 2 和点 3，此时在“角度分析”的文本框中显示两条直线的夹角值，如图 7.4.26 所示。

Step5. 单击 ✓ 按钮，完成两线夹角分析的操作。

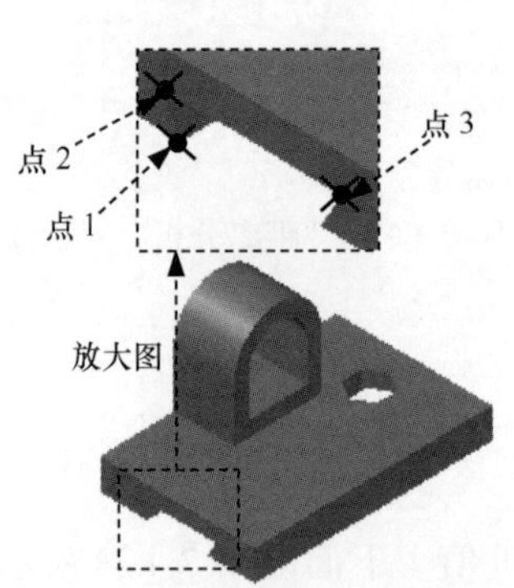

图 7.4.25　定义两直线的位置

图 7.4.26　在“角度分析”的文本框中显示夹角值

7.4.5　面积 / 体积

使用“实体检查”“2D 区域”子菜单中的命令，可以测量指定平面或曲面的面积以及定义实体的体积，它们分别为 2D 区域 命令、曲面面积 命令和 实体属性 命令。下面分别进行介绍。

1. 平面面积

使用 2D 区域 命令可以测量指定的串连图素所形成的封闭平面面积。下面以图 7.4.27 所示的模型为例，讲解平面面积测量的一般过程。

Step1. 打开文件 D：\mcx2024\work\ch07.04.05\ANALYZE_2D.mcam。

Step2. 设置构图平面。在状态栏中单击 绘图平面: 按钮，在系统弹出的快捷菜单中选择 前视图 命令。

Step3. 选择命令。单击 主页 功能选项卡 分析 区域中的 2D 区域 命令，系统弹出“线框串连”对话框。

Step4. 定义图素。选取图 7.4.28 所示的直线，系统会自动串连与它相连的图素并添加串连方向，如图 7.4.29 所示；单击 ✓ 按钮，完成图素的定义，同时系统弹出图 7.4.30 所示的“分析 2D 平面面积”对话框。

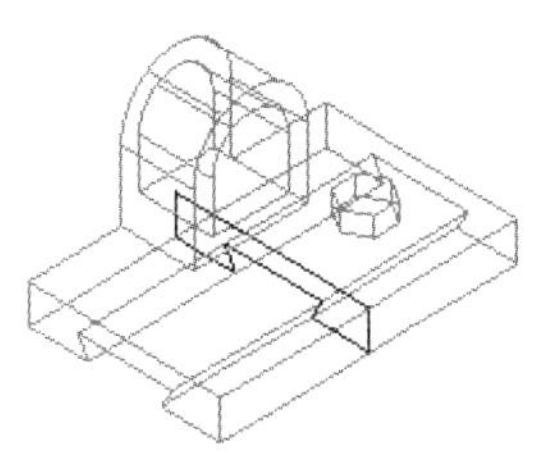

图 7.4.27 实例模型

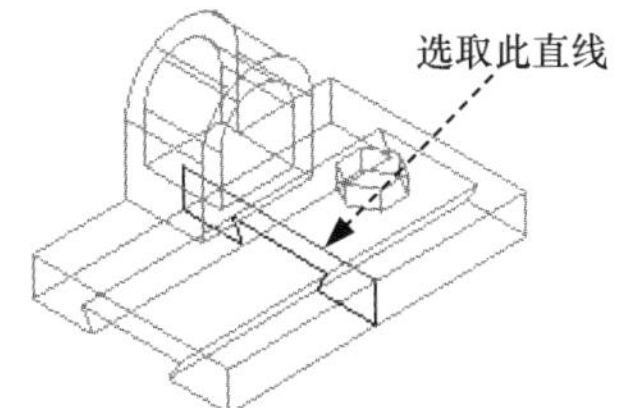

图 7.4.28 定义图素

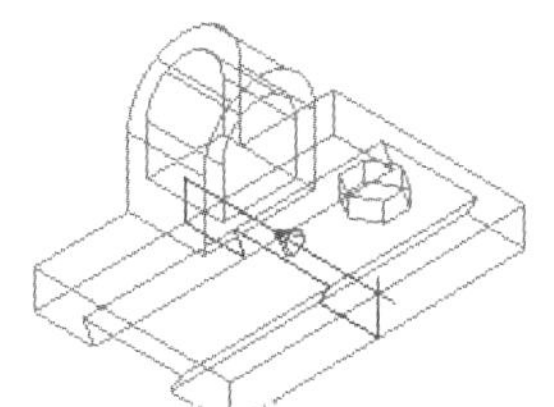

图 7.4.29 串连方向

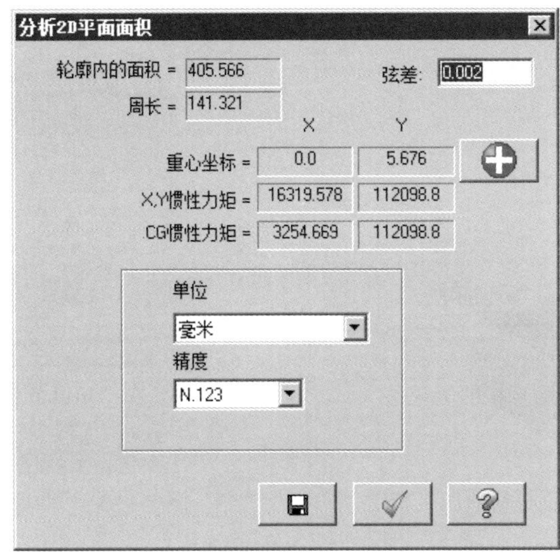

图 7.4.30 “分析 2D 平面面积”对话框

图 7.4.30 所示的“分析 2D 平面面积”对话框中的部分选项的说明如下。

- 弦差 文本框：用于设置分析的精确度，此值越小越精确，但是计算的时间比较长。

- 按钮：用于根据设置的参数重新计算结果。
- 按钮：用于保存计算的结果。

Step5. 保存分析结果。单击 按钮，系统弹出“另存为”对话框，输入文件名“ANALYZE_2D”，单击 保存(S) 按钮，保存分析结果。

Step6. 单击 按钮，完成平面面积分析的操作。

2. 曲面表面积

使用“曲面表面积”命令可以测量指定的曲面表面积。下面以图 7.4.31 所示的模型为例，讲解曲面表面积测量的一般过程。

Step1. 打开文件 D：\mcx2024\work\ch07.04.05\ANALYZE_SURFACE_AREA.mcam-7。

Step2. 选择命令。单击 主页 功能选项卡 分析 区域 2D 区域 下拉列表中的 曲面面积 命令。

图 7.4.31 实例模型

Step3. 定义分析曲面。在绘图区选取图 7.4.32 所示的曲面为分析曲面，然后按 Enter 键完成分析曲面的定义，同时系统弹出图 7.4.33 所示的“曲面面积分析”对话框。

Step4. 保存分析结果。单击 按钮，系统弹出“另存为”对话框，输入文件名“ANA LYZE_SURFACE_AREA”，单击 保存(S) 按钮，保存分析结果。

Step5. 单击 按钮，完成曲面表面积分析的操作。

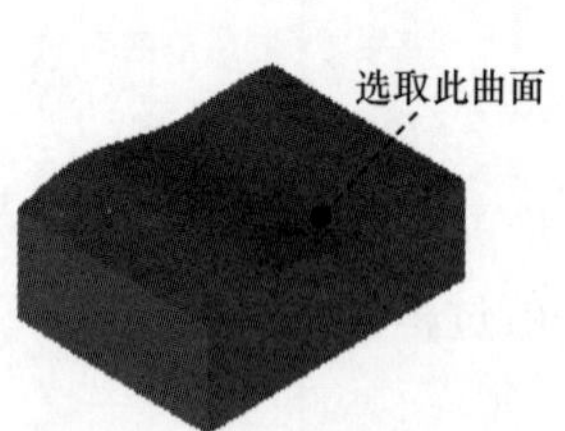

图 7.4.32 定义分析曲面

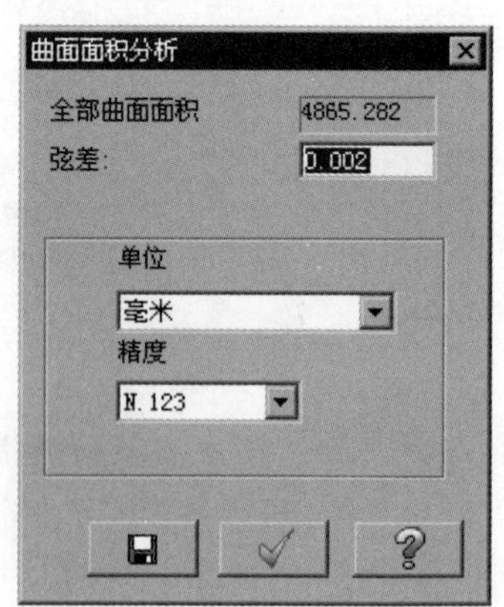

图 7.4.33 “曲面面积分析”对话框

3. 实体属性

使用 实体属性 命令可以测量指定的实体的体积、质量以及中心坐标。下面以图 7.4.34 所示的模型为例，讲解实体体积测量的一般过程。

Step1. 打开文件 D:\mcx2024\work\ch07.04.05\SOLID_PROPERTIES.mcam。

Step2. 选择命令。单击 主页 功能选项卡 分析 区域 实体检查 下拉列表中的 实体属性 命令，系统弹出图 7.4.35 所示的“分析实体属性”对话框。

图 7.4.35 所示的“分析实体属性”对话框中的部分选项的说明如下。

- 按钮：用于选取回转中心线。单击此按钮，用户可以在绘图区选取一条计算惯性力矩的回转中心线（直线）。

图 7.4.34 实例模型

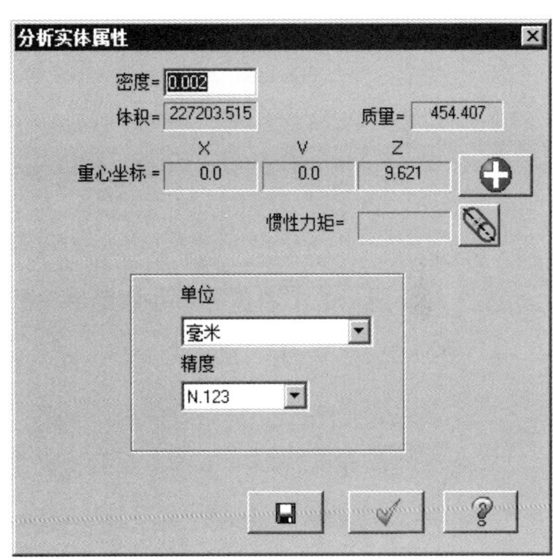

图 7.4.35 “分析实体属性”对话框

Step3. 保存分析结果。单击 按钮，系统弹出“另存为”对话框，输入文件名“SOLID_PROPERTIES”，单击 保存(S) 按钮，保存分析结果。

Step4. 单击 按钮，完成实体属性分析的操作。

7.4.6 分析串连

使用 串连分析 命令可以检测指定的串连图素中，是否存在重叠或者短小的图素等问题。下面以图 7.4.36 所示的模型为例，讲解串连分析的一般过程。

Step1. 打开文件 D:\mcx2024\work\ch07.04.06\ANALYZE_CHAIN.mcam。

Step2. 选择命令。单击 主页 功能选项卡 分析 区域中的 串连分析 命令，系统弹出“线框串连”对话框。

Step3. 定义分析对象。在“线框串连”对话框中单击 按钮，框选图 7.4.37 所示的所有图素，然后在三角形内任意一点单击定义搜索区域。单击 按钮，完成分析对象的定义，同时系统弹出图 7.4.38 所示的“串连分析”对话框。

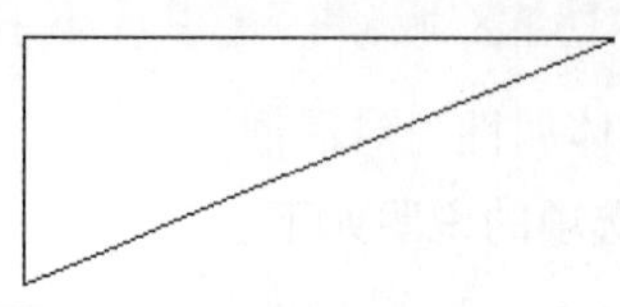

图 7.4.36　实例模型

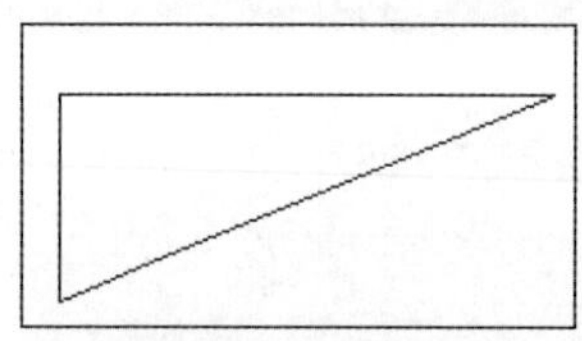

图 7.4.37　定义分析对象

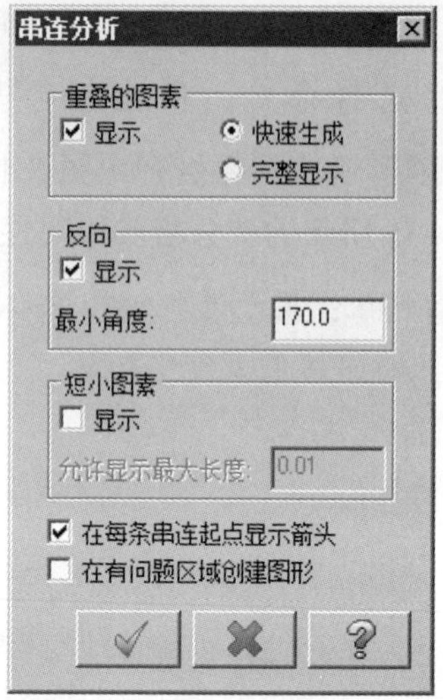

图 7.4.38　“串连分析”对话框

图 7.4.38 所示的“串连分析”对话框中的部分选项的说明如下。

- 重叠的图素 区域：用于设置分析重叠图素的相关参数，其包括 ☑显示 复选框、⊙快速生成 单选项和 ⊙完整显示 单选项。
  - ☑ ☑显示 复选框：用于设置以红色的圆形标记显示重叠图素。
  - ☑ ⊙快速生成 单选项：用于设置仅搜索临近的重叠图素。当选中 ☑显示 复选框时此单选项可用。
  - ☑ ⊙完整显示 单选项：用于设置搜索全部的重叠图素。当选中 ☑显示 复选框时此单选项可用。
- 反向 区域：用于设置分析反向的参数，其中包括 ☑显示 复选框和 最小角度: 文本框。
  - ☑ ☑显示 复选框：用于设置以方向标记串连方向大于定义的角度值的链。
  - ☑ 最小角度: 文本框：用于设置反向的最小角度值。
- 短小图素 区域：用于设置分析短小图素的相关参数，其包括 ☑显示 复选框和 允许显示最大长度: 文本框。
  - ☑ ☑显示 复选框：用于设置以蓝色圆形标记小于定义的最大长度值的图素。
  - ☑ 允许显示最大长度: 文本框：用于设置允许显示的最大长度值。当选中 ☑显示 复选框时此单选项可用。
- ☑在每条串连起点显示箭头 复选框：用于设置在每条链的起始点显示箭头，以便更好地指示串连间隙。
- ☑在有问题区域创建图形 复选框：用于设置根据用户定义的参数在有问题的位置创建显示图形。

Step4. 设置分析参数。在“串连分析”对话框的 重叠的图素 区域中选中 ☑ 显示 复选框和 ⊙ 完整显示 单选项；在 反向 区域中选中 ☑ 显示 复选框；在 短小图素 区域中选中 ☑ 显示 复选框；选中 ☑ 在每条串连起点显示箭头 复选框和 ☑ 在有问题区域创建图形 复选框。单击 ✓ 按钮，完成参数的设置，系统在绘图区添加图 7.4.39 所示的标记，同时系统弹出图 7.4.40 所示的“分析串连”对话框。

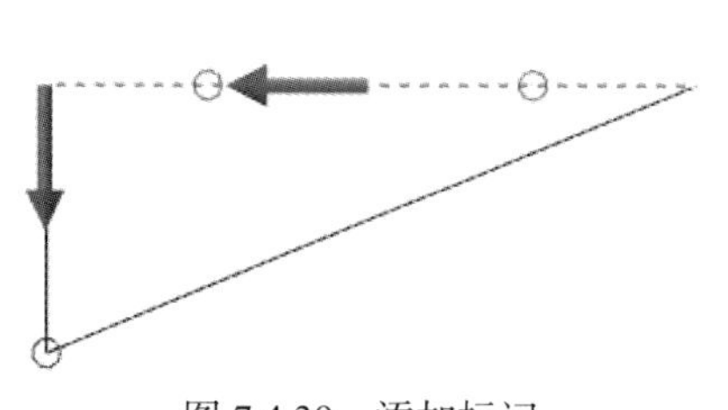

图 7.4.39 添加标记

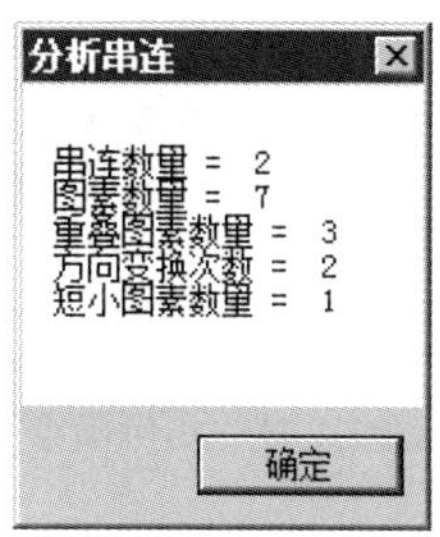

图 7.4.40 “分析串连”对话框

Step5. 单击 确定 按钮，关闭“分析串连”对话框。

7.4.7 测试曲面和实体

使用“实体检查”“角度分析”子菜单中的命令可以检测曲面或实体的一些错误，它们分别为 曲面检查、实体检查、圆弧分析 和 拔模角度 命令。下面分别对它们进行介绍。

1. 检测曲面

使用 曲面检查 命令可以检测曲面中的自相交、尖脊、小曲面、法向，以及基础曲面的一些信息。下面以图 7.4.41 所示的模型为例，讲解检测曲面的一般过程。

Step1. 打开文件 D:\mcx2024\work\ch07.04.07\TEST_SURFACES.mcam。

Step2. 选择命令。单击 主页 功能选项卡 分析 区域 实体检查 下拉列表中的 曲面检查 命令，系统弹出图 7.4.42 所示的“曲面检查”对话框。

图 7.4.42 所示的“曲面检查”对话框中的部分选项的说明如下。

- 按钮：用于选取要分析的曲面。单击此按钮，用户可以在绘图区选取要分析的曲面。
- ☑ 过切检查 复选框：用于设置检查在定义的公差中的自相交、尖脊等区域。
- 公差 文本框：用于设置检查公差值。
- ☑ 小曲面 复选框：用于设置检查小曲面。
- 最小面 文本框：用于定义最小曲面的最大值。

图 7.4.41 实例模型

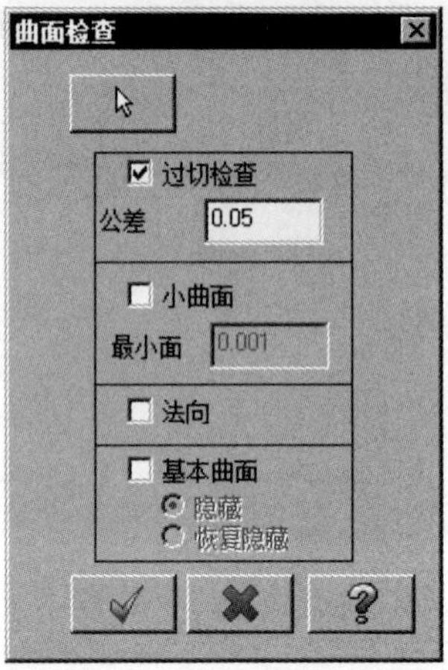

曲面检查
过切检查
公差 0.05
小曲面
最小面 0.001
法向
基本曲面
隐藏
恢复隐藏

图 7.4.42 “曲面检查”对话框

- 法向 复选框：用于设置检查与所选曲面法向相反的曲面，系统会自动显示其编号来表示与所选曲面法向相反的曲面。
- 基本曲面 复选框：用于检测基本曲面。
- 隐藏 单选项：用于检测隐藏了的基础曲面。
- 恢复隐藏 单选项：用于检测没隐藏的基础曲面。

说明： 基本曲面为裁剪曲面的原始曲面。

Step3. 定义分析曲面。在“曲面检查”对话框中单击 按钮，选取图 7.4.43 所示的曲面为分析曲面，然后按 Enter 键，完成分析曲面的定义。

Step4. 设置检查参数。在“曲面检查”对话框中选中 过切检查 复选框和 小曲面 复选框。

Step5. 单击 按钮应用设置参数，系统弹出图 7.4.44 所示的“小曲面”对话框。

Step6. 单击 确定 按钮，关闭“小曲面”对话框，同时系统弹出图 7.4.45 所示的“过切检查”对话框。

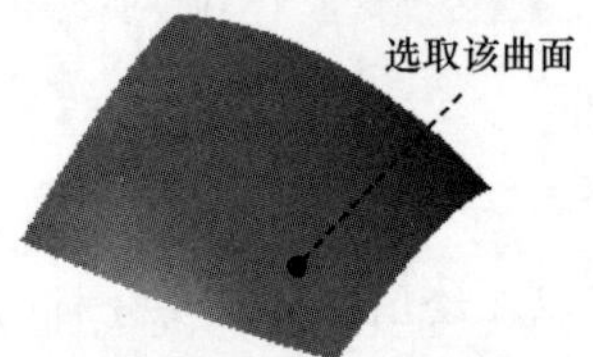

图 7.4.43 定义分析曲面

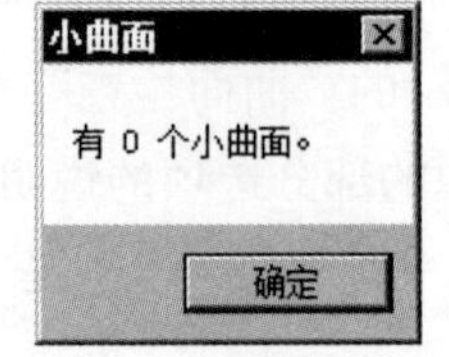

图 7.4.44 “小曲面”对话框

图 7.4.45 “过切检查”对话框

Step7. 单击 确定 按钮，关闭“过切检查”对话框，完成曲面的检查。

2. 检测实体

使用 实体检查 命令可以分析实体可能出现的错误情况，这个命令具有识别和描述具

体错误的功能，并以高亮的形式显示错误的位置。这个功能可以完整地分析由其他软件输入文件的实体，并确定实体。

分析实体只需单击 主页 功能选项卡 分析 区域中的 实体检查 命令即可，系统会弹出“分析结果”对话框，显示分析的结果。

3. 检测曲面曲率

使用 圆弧分析 命令可以检测曲面中的曲率分布信息。下面以图 7.4.46 所示的模型为例讲解检查曲面曲率的一般过程。

Step1. 打开文件 D:\mcx2024\work\ch07.04.07\TEST_ CURVATURE.mcam。

Step2. 选择命令。单击 主页 功能选项卡 分析 区域 实体检查 下拉列表中的 圆弧分析 命令，系统弹出图 7.4.47 所示的“圆弧分析”对话框。

Step3. 设置检查参数。在“圆弧分析”对话框中设置图 7.4.47 所示的参数，单击 按钮，分析结果如图 7.4.48 所示。

Step4. 单击 按钮，完成曲面曲率的分析。

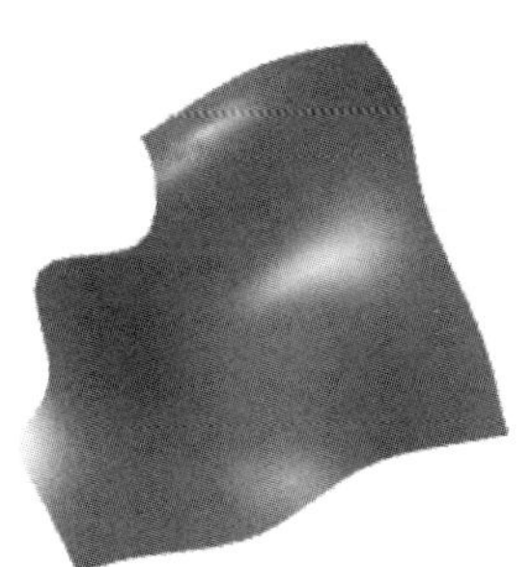

图 7.4.46 实例模型

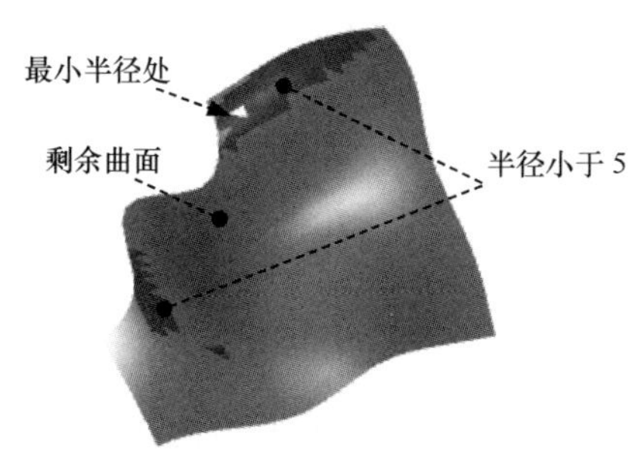

图 7.4.48 分析结果

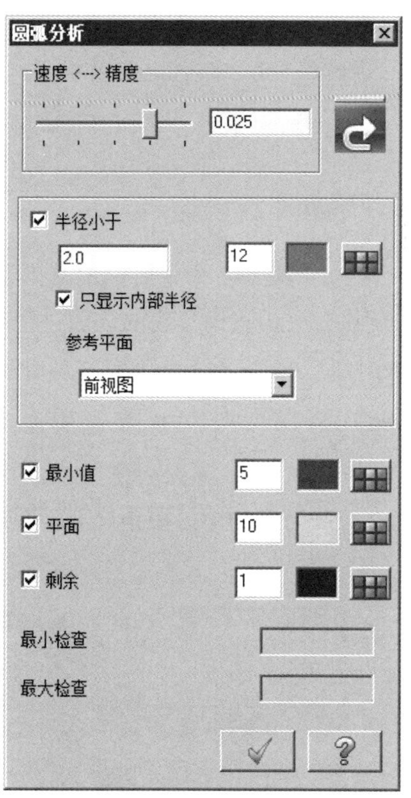

图 7.4.47 “圆弧分析”对话框

图 7.4.47 所示的“圆弧分析”对话框中的部分选项的说明如下。

- 速度 <---> 精度 区域：用于设置分析的速度和精度。
  - ☑ 滑块条：用于调节速度和精度的关系，拖动滑块向左则速度增加，精度降低，反之，则速度降低，精度增加。
  - ☑ 按钮：用于重新显示分析结果，仅在滑动条发生改变后被激活。
- ☑ 半径小于 复选框：用于设置检查小于指定曲率半径的区域。勾选该选项后，在其下的文本框中输入半径值，并设定必要的显示颜色。
- ☑ 只显示内部半径 复选框：用于设置检查沿参考平面分布的内部半径符合指定数值的区域。勾选该选项后，参考平面 下拉列表被激活。
- 参考平面 下拉列表：用于设置内部半径的测量平面。
- ☑ 最小值 复选框：勾选该项，系统以设定的颜色显示最小半径值区域。用户可在其后的文本框中输入对应的颜色编号，或者单击 按钮来定义显示颜色。
- ☑ 平面 复选框：勾选该项，系统以设定的颜色显示平面区域。其颜色设置方法参考 ☑ 最小值 复选框，以下不再赘述。
- ☑ 剩余 复选框：勾选该项，系统以设定的颜色显示其余的曲面部分。
- 最小检查 文本框：显示最小的测量数值。
- 最大检查 文本框：显示最大的测量数值。

4. 拔模角度

使用 拔模角度 命令可以检测模型中各曲面的拔模角度信息。下面以图 7.4.49 所示的模型为例讲解分析拔模角度的一般过程。

Step1. 打开文件 D:\mcx2024\work\ch07.04.07\TEST_DRAFT_ANGLE.mcam-7。

Step2. 选择命令。单击 主页 功能选项卡 分析 区域 角度分析 下拉列表中的 拔模角度 命令，系统弹出图 7.4.50 所示的“拔模角度分析”对话框。

图 7.4.50 所示的“拔模角度分析”对话框中的部分选项的说明如下。

- 参考平面 区域：用于设置拔模方向的参考平面。
  - ☑ 俯视图 下拉列表：用于设置检查在定义的公差中的自相交、尖脊等区域。
  - ☑ 使用曲面法向 单选项：用于设置使用曲面的法线方向进行拔模角度的检查。
  - ☑ 所有曲面点到参考平面 单选项：用于设置使用曲面的点到参考平面的方向进行拔模角度的检查。选中此单选项时不区分底面。
- 速度 <---> 精度 区域：用于设置分析的速度和精度。

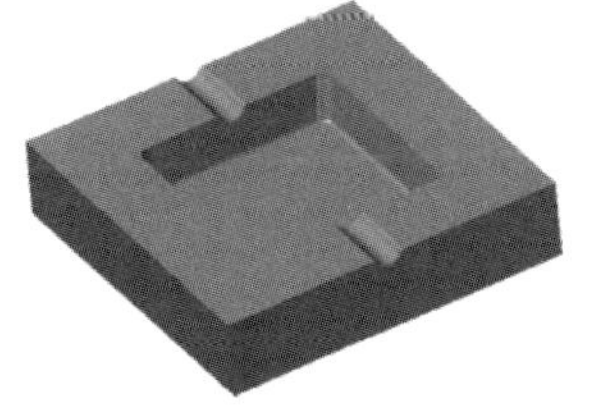

图 7.4.49 实例模型

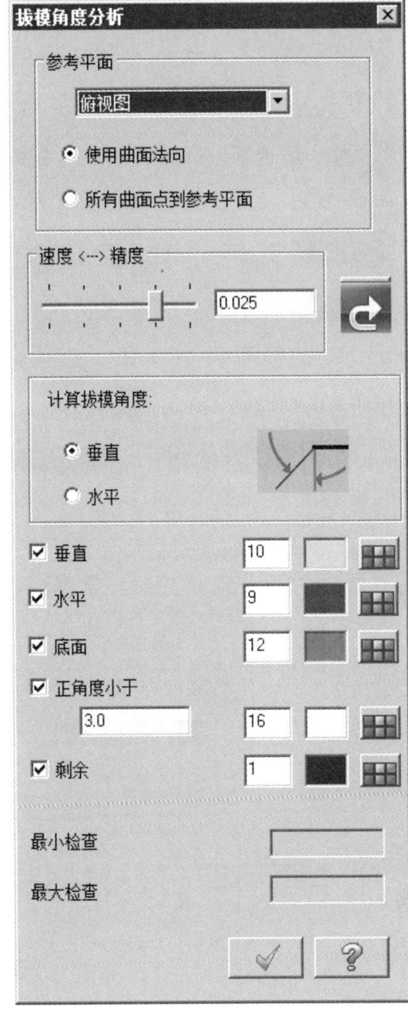

图 7.4.50 “拔模角度分析”对话框

☑ 滑块条：用于调节速度和精度的关系，拖动滑块向左则速度增加，精度降低。反之，则速度降低，精度增加。

☑ 按钮：用于重新显示分析结果，仅在滑动条发生改变后被激活。

- 计算拔模角度: 区域：用于设置计算拔模角度与参考平面的角度关系。其中包括 垂直 单选项和 水平 单选项。
- 垂直 复选框：勾选该项，系统以设定的颜色显示垂直于参考平面的曲面。用户可在其后的文本框中输入对应的颜色编号，或者单击 按钮来定义显示颜色。
- 水平 复选框：勾选该项，系统以设定的颜色显示平行于参考平面的曲面。其颜色设置方法参考 垂直 复选框，以下不再赘述。
- 底面 复选框：勾选该项，系统以设定的颜色显示沿拔模方向被其他曲面遮挡的曲面部分。

- ☑ 正角度大于 复选框：勾选该项，在其下的文本框中输入最小角度值，系统以设定的颜色显示拔模角度大于该数值的曲面部分。
- ☑ 剩余 复选框：勾选该项，系统以设定的颜色显示其余的曲面部分。
- 最小检查 文本框：显示最小的测量角度值。
- 最大检查 文本框：显示最大的测量角度值。

图 7.4.51 显示拔模角度曲面

Step3. 设置检查参数。在“拔模角度分析”对话框中设置图 7.4.50 所示的参数，单击 按钮，结果如图 7.4.51 所示。

Step4. 单击 按钮，完成拔模角度的分析。

7.5 实体设计实例

本综合实例介绍了基座的设计过程。希望读者在学习本实例后，可以熟练掌握拉伸特征和倒圆角特征的创建。零件模型如图 7.5.1 所示。

图 7.5.1 零件模型

说明： 本实例的详细操作过程请参见随书学习资源中 video 文件下的语音视频讲解文件。模型文件为 D:\mcx2024\work\ch07.05\BASE。

第 8 章　Mastercam 2024 数控加工入门

8.1　Mastercam 2024 数控加工流程

随着科学技术的不断进步与深化，数控技术已成为制造业逐步实现自动化、柔性化和集成化的基础技术。在学习数控加工之前，先介绍一下数控加工的特点和加工流程，以便进一步了解数控加工的应用。

数控加工具有两个特点：一是可以极大地提高加工精度；二是可以稳定加工质量，保持零件加工精度的一致性，即加工零件的质量和时间由数控程序决定而不是由人为因素决定。概括起来它具有以下优点。

（1）提高生产率。

（2）提高加工精度且保证加工质量。

（3）不需要熟练的机床操作人员。

（4）便于设计加工的变更，同时加工设定柔性强。

（5）操作过程自动化，一人可以同时操作多台机床。

（6）操作容易方便，降低了劳动强度。

（7）可以减少工装夹具。

（8）降低检查工作量。

在国内，Mastercam 数控加工软件因其操作便捷且比较容易掌握，所以应用较为广泛。Mastercam 2024 能够模拟数控加工的全过程，其一般流程如图 8.1.1 所示。

（1）创建制造模型，包括创建或获取设计模型以及工件规划。

（2）进入加工环境。

（3）设置工件。

（4）对加工区域进行设置。

（5）选择刀具，并对刀具的参数进行设置。

（6）设置加工参数，包括共性参数及不同的加工方式特有参数的设置。

（7）进行加工仿真。

（8）利用后处理器生成 NC 程序。

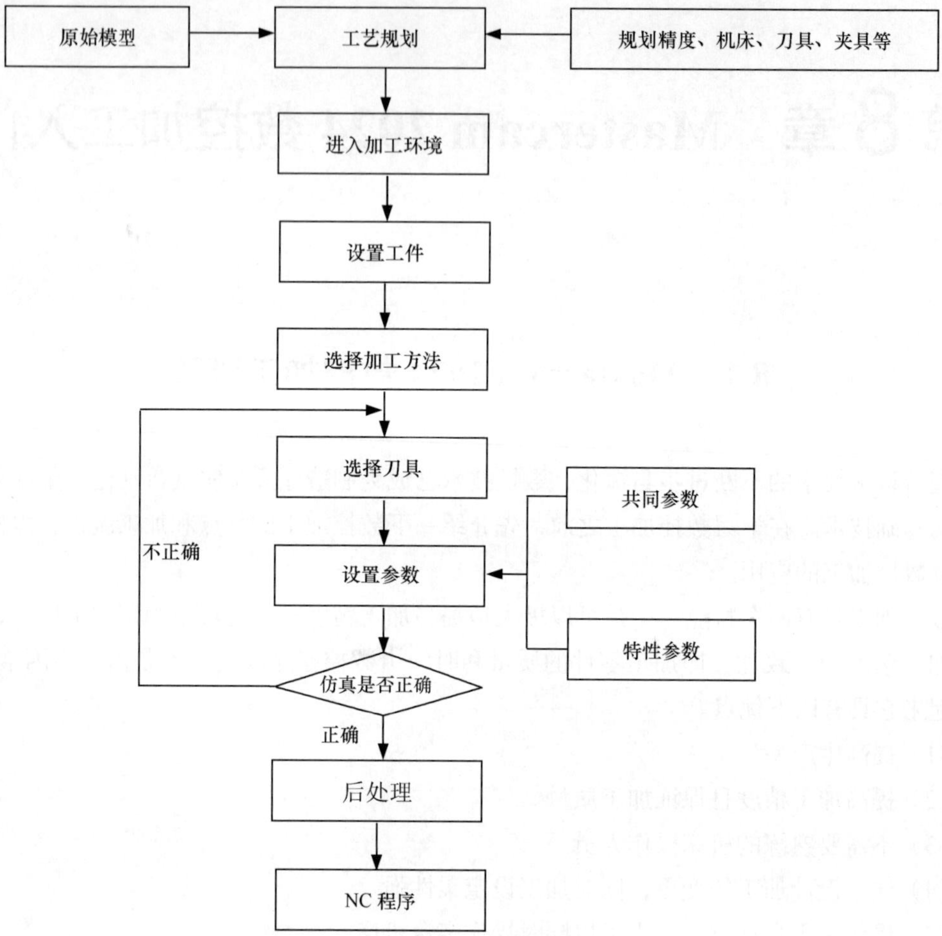

原始模型 → 工艺规划 ← 规划精度、机床、刀具、夹具等

进入加工环境

设置工件

选择加工方法

选择刀具

设置参数 ← 共同参数、特性参数

仿真是否正确（不正确 → 选择刀具；正确 ↓）

后处理

NC 程序

图 8.1.1 Mastercam 2024 数控加工流程图

8.2 Mastercam 2024 加工模块的进入

在进行数控加工操作之前首先需要进入 Mastercam 2024 数控加工环境，其操作如下。

Step1. 打开原始模型。在“快速访问工具栏”中单击 按钮，系统弹出“打开”对话框；在“查找范围”下拉列表中选择文件目录 D: \mcx2024\work\ch08，然后在中间的列表框中选择文件 MILLING.mcam；单击 打开(O) 按钮，系统打开模型并进入 Mastercam 2024 的建模环境。

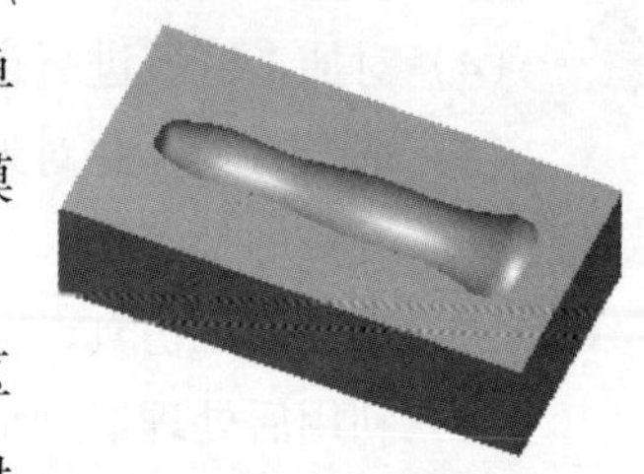
图 8.2.1 零件模型

Step2. 进入加工环境。单击 机床 功能选项卡 机床类型 区域 铣床 下拉列表中的 默认(D) 命令，系统进入加工环境，此时零件模型如图 8.2.1 所示。

关于 Mastercam 中原始模型的说明： 因为 Mastercam 在 CAD 方面的功能较为薄弱，所以在使用 Mastercam 进行数控加工前，经常使用其他 CAD 软件完成原始模型的创建，然后另存为 Mastercam 可以读取的文件格式，再通过 Mastercam 进行数控加工。

8.3 设置工件

工件也称毛坯，它是加工零件的坯料。为了使模拟加工时的仿真效果更加真实，我们需要在模型中设置工件；另外，当需要系统自动运算进给速度等参数时，设置工件也是非常重要的。下面还是以前面的模型 MILLING.mcam 为例，紧接着 8.2 节的操作来继续说明设置工件的一般步骤。

Step1. 在“刀路管理”中单击 属性 - Mill Default MM 节点前的“+”号，将该节点展开，然后单击 毛坯设置 节点，系统弹出图 8.3.1 所示的“机床群组设置”对话框（一）。

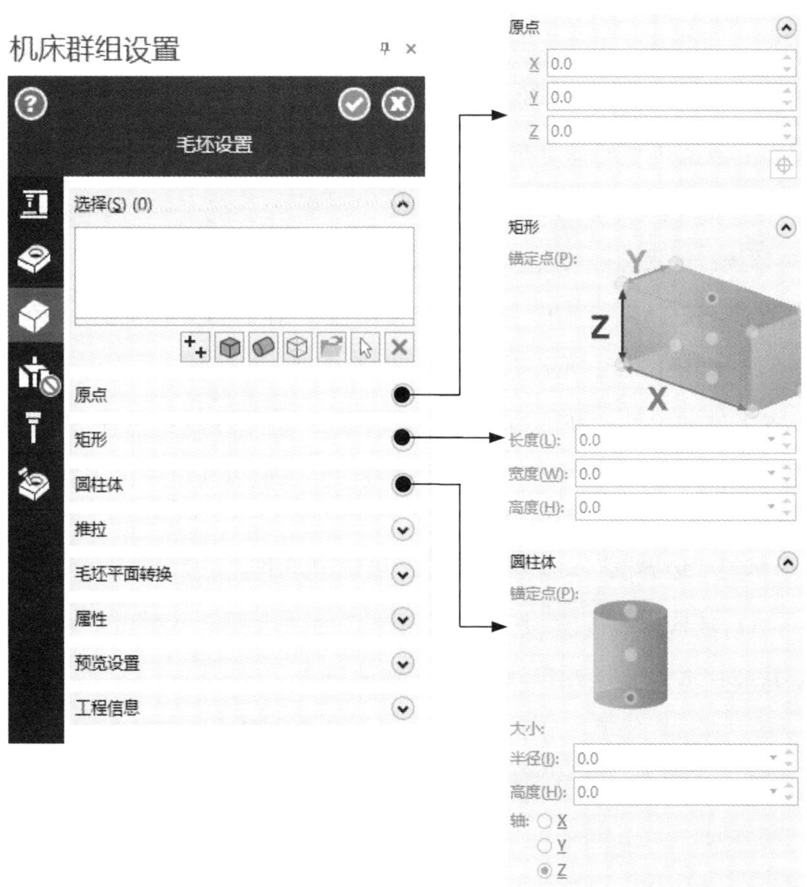

图 8.3.1 “机床群组设置”对话框（一）

图 8.3.1 所示的“机床群组设置”对话框（一）中的各选项的说明如下。

- 选择(S) 区域：用于选择工件的创建方式和参考对象。
  - ☑ 按钮：用于以选取模型对角点的方式定义工件的尺寸。当通过此种方式定义工件的尺寸后，模型的原点也会根据选取的对角点进行相应的调整。
  - ☑ 按钮：创建矩形或者立方体工件。
  - ☑ 按钮：创建圆柱形工件。
  - ☑ 按钮：根据用户所选取的几何体来创建一个最小的工件。
  - ☑ 按钮：打开现有文件作为工件。
  - ☑ 按钮：在图形窗口选择工件的参考几何对象。
  - ☑ 按钮：删除所有参考几何对象。
- 原点 区域：设置工件的原点，选择工件的创建方式和参考对象后即可进行设置。
- 矩形 区域：设置立方体工件的锚定点和大小。
- 圆柱体 区域：设置圆柱体工件的锚定点和大小。
- 推拉 区域：设置拖拉工件表面时的尺寸变化属性。
- 毛坯平面转换 区域：设置工件的参考平面，不同的参考平面会影响工件的位置。
- 属性 区域：设置工件的显示颜色。
- 预览设置 区域：设置工件的预览显示样式。
- 工程信息 区域：设置工件的材料、体积和重量等工程属性。

Step2. 设置工件的形状。在“机床群组设置”对话框（一）的 选择(S) 区域中单击 按钮，系统弹出图 8.3.2 所示的“边界框”对话框。

Step3. 设置工件的尺寸。在“边界框”对话框的 图素 区域中选择 ◉全部显示(A) 选项，在 形状 区域中选择 ◉立方体(R) 选项，单击 按钮，系统返回至“机床群组设置”对话框（二），此时该对话框部分界面如图 8.3.3 所示。

图 8.3.2 所示的“边界框”对话框中部分选项说明如下。

- 图素 区域：该区域包括 按钮、◉全部显示(A) 单选项。
  - ☑ 按钮：用于选取创建工件尺寸所需的图素。
  - ☑ ◉全部显示(A) 单选项：用于选取创建工件尺寸所需的所有图素。
- 形状 区域：该区域包括 ◉立方体 单选项、◉圆柱体 单选项。
  - ☑ ◉立方体 单选项：用于设置工件形状为立方体。
  - ☑ ◉圆柱体 单选项：用于设置工件形状为圆柱体。
- 立方体设置 区域：用于设置立方体的原点及 X、Y、Z 方向的工件尺寸。

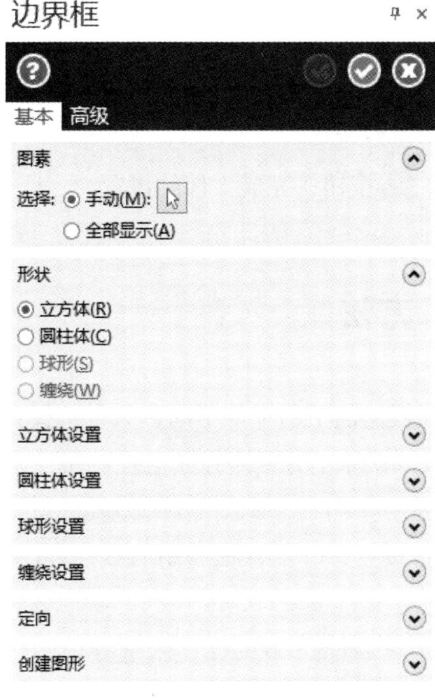

图 8.3.2 “边界框”对话框

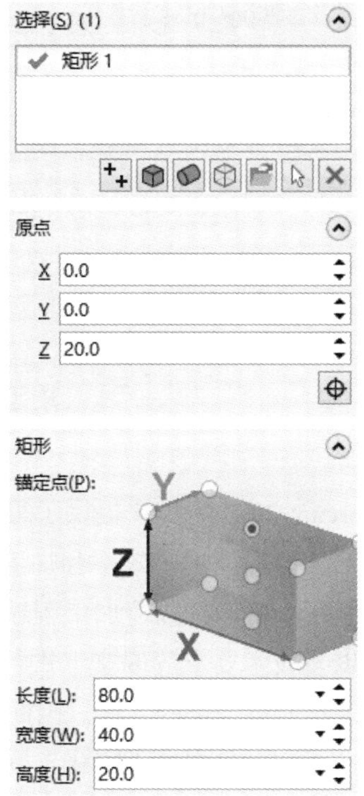

图 8.3.3 “机床群组设置”对话框（二）

- ☑ X 文本框：用于设置 X 方向的工件尺寸。
- ☑ Y 文本框：用于设置 Y 方向的工件尺寸。
- ☑ Z 文本框：用于设置 Z 方向的工件尺寸。

- 圆柱体设置 区域：用于设置圆柱体的原点位置及半径、高度、轴线方向等参数。
  - ☑ ⊙ X 单选项：用于设置圆柱体的轴线在 X 轴上。此单选项只有在工件形状为圆柱体时方可使用。
  - ☑ ⊙ Y 单选项：用于设置圆柱体的轴线在 Y 轴上。此单选项只有在工件形状为圆柱体时方可使用。
  - ☑ ⊙ Z 单选项：用于设置圆柱体的轴线在 Z 轴上。此单选项只有在工件形状为圆柱体时方可使用。
  - ☑ ☑ 中心轴(N) 复选框：用于设置圆柱体工件的轴心，当选中此复选框时，圆柱体工件的轴心在构图原点上；反之，圆柱体工件的轴心在模型的中心点上。
- 创建图形 区域：该区域包括 ☑ 线和圆弧(L) 复选框、☑ 角点(P) 复选框、☑ 中心点(E) 复选框、☑ 端面中心点 复选框和 ☑ 实体(D) 复选框。
  - ☑ ☑ 线和圆弧(L) 复选框：用于创建线或者圆弧。当定义的图形为矩形时，则会创建接近边界的直线；当定义的图形为圆柱形时，则会创建圆弧和线。

☑ 角点(P) 复选框：用于在边界盒的角或者长宽处创建点。

☑ 中心点(E) 复选框：用于创建一个中心点。

☑ 端面中心点 复选框：用于创建结束面上的一个中心点。

☑ 实体(D) 复选框：用于创建一个与模型相近的实体。

Step4. 单击“机床群组设置”对话框（二）中的 ✔ 按钮，完成工件的设置。

8.4 选择加工方法

Mastercam 2024 为用户提供了很多种加工方法，根据加工的零件不同，只有选择合适的加工方式，才能提高加工效率和加工质量，并通过 CNC 加工刀具路径获取控制机床自动加工的 NC 程序。在零件数控加工程序编制的同时，还要仔细考虑成型零件公差、形状特点、材料性质以及技术要求等因素，进行合理的加工参数设置，才能保证编制的数控程序高效、准确地加工出质量合格的零件。因此，加工方法的选择非常重要。

下面还是以前面的模型 MILLING.mcam 为例，紧接着 8.3 节的操作来继续说明选择加工方法的一般步骤。

Step1. 单击 刀路 功能选项卡 3D 区域中的“挖槽”命令。

Step2. 设置加工面。在图形区选择图 8.4.1 所示的曲面（共 10 个小曲面），然后按 Enter 键，系统弹出图 8.4.2 所示的“刀路曲面选择”对话框。

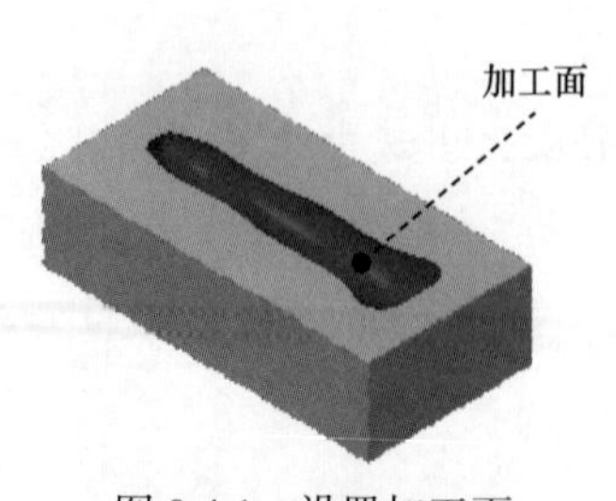

图 8.4.1 设置加工面

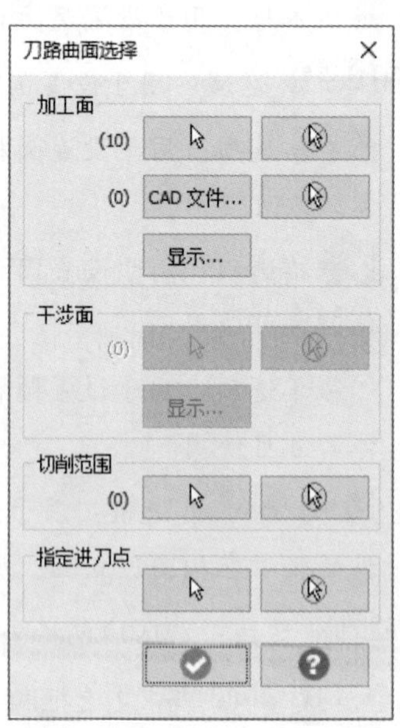

图 8.4.2 “刀路曲面选择”对话框

图 8.4.2 所示的“刀路曲面选择”对话框中各按钮的说明如下。

- 加工面 区域：该区域用于设置各种加工方法的加工曲面。
  - ☑ 按钮：单击该按钮后，系统返回视图区，用于选取加工曲面。
  - ☑ 按钮：用于取消所有已选取的加工曲面。
  - ☑ CAD 文件... 按钮：单击该按钮后，选取一个 STL 文件，从而指定加工曲面。
  - ☑ 按钮：用于取消所有通过 STL 文件指定的加工曲面。
  - ☑ 显示... 按钮：单击该按钮后，系统将在视图区中单独显示已选取的加工曲面。
- 干涉面 区域：用于干涉面的设置。
  - ☑ 按钮：单击该按钮后，系统返回视图区，用于选取干涉面。
  - ☑ 按钮：用于取消所有已选取的干涉面。
  - ☑ 显示... 按钮：单击该按钮后，系统将在视图区中单独显示已选取的干涉面。
- 切削范围 区域：该区域可以对切削范围进行设置。
  - ☑ 按钮：单击该按钮后，可以通过“串连选项”对话框选取切削范围。
  - ☑ 按钮：用于取消所有已选取的切削范围。
- 指定进刀点 区域：该区域可以对进刀点进行设置。
  - ☑ 按钮：单击该按钮后，系统返回视图区，用于选取进刀点。
  - ☑ 按钮：用于取消已选取的进刀点。

8.5 选择刀具

在 Mastercam 2024 生成刀具路径之前，需选择在加工过程中所使用的刀具。一个零件从粗加工到精加工可能要分成若干步骤，需要使用若干把刀具，而刀具的选择直接影响到加工精度和效率。所以，在选择刀具之前，要先了解加工零件的特征、机床的加工能力、工件材料的性能、加工工序、切削量以及其他相关的因素，然后再选用合适的刀具。

下面还是以前面的模型 MILLING.mcam 为例，紧接着 8.4 节的操作来继续说明选择刀具的一般步骤。

Step1. 在“刀路曲面选择”对话框中单击 按钮，系统弹出“曲面粗切挖槽”对话框。

Step2. 确定刀具类型。在“曲面粗切挖槽”对话框中单击 刀具过滤 按钮，系统弹出图 8.5.1 所示的“刀具过滤列表设置”对话框，单击该对话框 刀具类型 中的 全关(N) 按钮后，在刀具类型按钮中单击 （圆鼻铣刀）按钮，单击 按钮，关闭“刀具过滤列表设置”对话框，系统返回到“曲面粗切挖槽”对话框。

图 8.5.1 所示的“刀具过滤列表设置”对话框的主要功能是可以按照用户的要求对刀具

进行检索，其中各选项的说明如下。

- 刀具类型 区域：该区域将根据不同的加工方法列出不同的刀具类型，便于用户进行检索。单击任意一种刀具类型的按钮，则该按钮处于按下状态，即选中状态，再次单击，按钮弹起，即非选中状态。图 8.5.1 所示的 刀具类型 区域中共提供了 29 种刀具类型，依次为平底刀、球刀、圆鼻铣刀、面铣刀、圆角成型刀、倒角刀、槽铣刀、锥度刀、鸠尾铣刀、糖球型铣刀、钻头、绞刀、镗刀、右牙刀、左牙刀、中心钻、定位钻、镗杆、鱼眼孔钻、未定义、雕刻刀具、平头钻、高速铣刀、螺纹铣刀、圆桶形式、椭圆形式、锥度形式、透镜形式和镜筒形式。

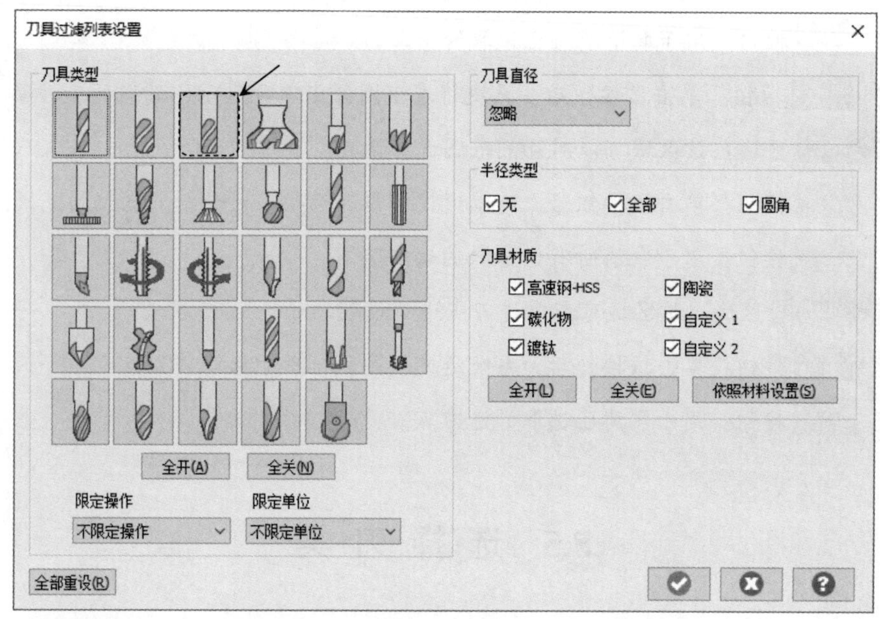

图 8.5.1 “刀具过滤列表设置”对话框

☑ 全开(A) 按钮：单击该按钮可以使所有刀具类型处于选中状态。

☑ 全关(N) 按钮：单击该按钮可以使所有刀具类型处于非选中状态。

☑ 限定操作 下拉列表：过滤已经用于加工操作的刀具。

☑ 限定单位 下拉列表：根据尺寸单位来过滤刀具。

- 刀具直径 区域：该区域中包含一个下拉列表，通过该下拉列表中的选项可以快速地检索到满足用户所需要的刀具直径。
- 半径类型 区域：根据刀具圆角类型来过滤刀具。
- 刀具材质 区域：用户可通过该区域所提供的刀具材料对刀具进行索引。

Step3. 选择刀具。在“曲面粗切挖槽”对话框中单击 选择刀库刀具... 按钮，系统弹出图 8.5.2 所示的“选择刀具”对话框，在该对话框的列表区域中选择图 8.5.2 所示的刀具。单

击 按钮，关闭“选择刀具”对话框，系统返回“曲面粗切挖槽”对话框。

刀号	装配名称	刀具名称	刀柄名称	直径	转角半径	长度	刀齿	类型	半径类型
257	--	END MILL WITH RADIUS - 3 / R0.5	--	3.0	0.5	5.0	4	圆鼻铣刀	角落
258	--	END MILL WITH RADIUS - 3 / R0.2	--	3.0	0.2	5.0	4	圆鼻铣刀	角落
259	--	END MILL WITH RADIUS - 4 / R0.2	--	4.0	0.2	7.0	4	圆鼻铣刀	角落
260	--	END MILL WITH RADIUS - 4 / R0.5	--	4.0	0.5	7.0	4	圆鼻铣刀	角落
261	--	END MILL WITH RADIUS - 5 / R0.5	--	5.0	0.5	8.0	4	圆鼻铣刀	角落
262	--	END MILL WITH RADIUS - 5 / R1.0	--	5.0	1.0	8.0	4	圆鼻铣刀	角落
263	--	END MILL WITH RADIUS - 6 / R0.5	--	6.0	0.5	10.0	4	圆鼻铣刀	角落
264	--	END MILL WITH RADIUS - 6 / R1.0	--	6.0	1.0	10.0	4	圆鼻铣刀	角落
265	--	END MILL WITH RADIUS - 8 / R1.0	--	8.0	1.0	13.0	4	圆鼻铣刀	角落
266	--	END MILL WITH RADIUS - 8 / R2.0	--	8.0	2.0	13.0	4	圆鼻铣刀	角落
267	--	END MILL WITH RADIUS - 8 / R0.5	--	8.0	0.5	13.0	4	圆鼻铣刀	角落
268	--	END MILL WITH RADIUS - 10 / R0.5	--	10.0	0.5	16.0	4	圆鼻铣刀	角落
269	--	END MILL WITH RADIUS - 10 / R1.0	--	10.0	1.0	16.0	4	圆鼻铣刀	角落
270	--	END MILL WITH RADIUS - 10 / R2.0	--	10.0	2.0	16.0	4	圆鼻铣刀	角落
271	--	END MILL WITH RADIUS - 12 / R1.0	--	12.0	1.0	19.0	4	圆鼻铣刀	角落
272	--	END MILL WITH RADIUS - 12 / R0.5	--	12.0	0.5	19.0	4	圆鼻铣刀	角落
273	--	END MILL WITH RADIUS - 12 / R2.0	--	12.0	2.0	19.0	4	圆鼻铣刀	角落
274	--	END MILL WITH RADIUS - 16 / R0.5	--	16.0	0.5	26.0	4	圆鼻铣刀	角落
275	--	END MILL WITH RADIUS - 16 / R1.0	--	16.0	1.0	26.0	4	圆鼻铣刀	角落
276	--	END MILL WITH RADIUS - 16 / R2.0	--	16.0	2.0	26.0	4	圆鼻铣刀	角落
277	--	END MILL WITH RADIUS - 20 / R1.0	--	20.0	1.0	32.0	4	圆鼻铣刀	角落
278	--	END MILL WITH RADIUS - 20 / R4.0	--	20.0	4.0	32.0	4	圆鼻铣刀	角落
279	--	END MILL WITH RADIUS - 20 / R2.0	--	20.0	2.0	32.0	4	圆鼻铣刀	角落

图 8.5.2 “选择刀具”对话框

Step4. 设置刀具参数。

（1）在“曲面粗切挖槽”对话框 刀具参数 选项卡的列表框中显示出上步选取的刀具，双击该刀具，系统弹出图 8.5.3 所示的“编辑刀具”对话框，设置图 8.5.3 所示的参数。

图 8.5.3 “编辑刀具”对话框

（2）设置刀具号。单击 下一步 按钮，在 刀号: 文本框中将原有的数值改为 1。

（3）设置刀具的加工参数。设置图 8.5.4 所示的参数。

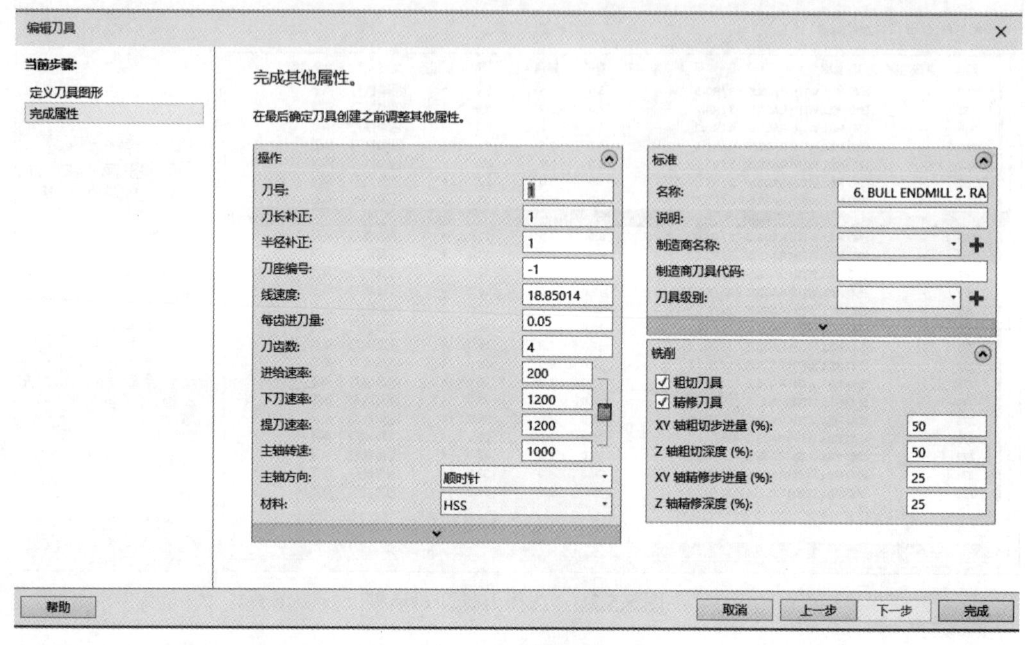

图 8.5.4 设置参数

（4）设置冷却方式。单击 冷却液 按钮，系统弹出“冷却液”对话框，在 Flood（切削液）下拉列表中选择 On 选项，单击该对话框中的 确定 按钮，关闭“冷却液”对话框。

Step5. 单击“编辑刀具”对话框中的 完成 按钮，完成刀具的设置。

8.6 设置加工参数

在 Mastercam 2024 中需要设置的加工参数包括共性参数及在不同的加工方式中所特有的参数。这些参数的设置直接影响数控程序编写的好坏，程序加工效率的高低也取决于加工参数设置得是否合理。

下面还是以前面的模型 MILLING.mcam 为例，紧接着 8.5 节的操作来继续说明设置加工参数的一般步骤。

Stage1. 设置共性参数

Step1. 设置曲面加工参数。在“曲面粗切挖槽”对话框中单击 曲面参数 选项卡，设置图 8.6.1 所示的参数。

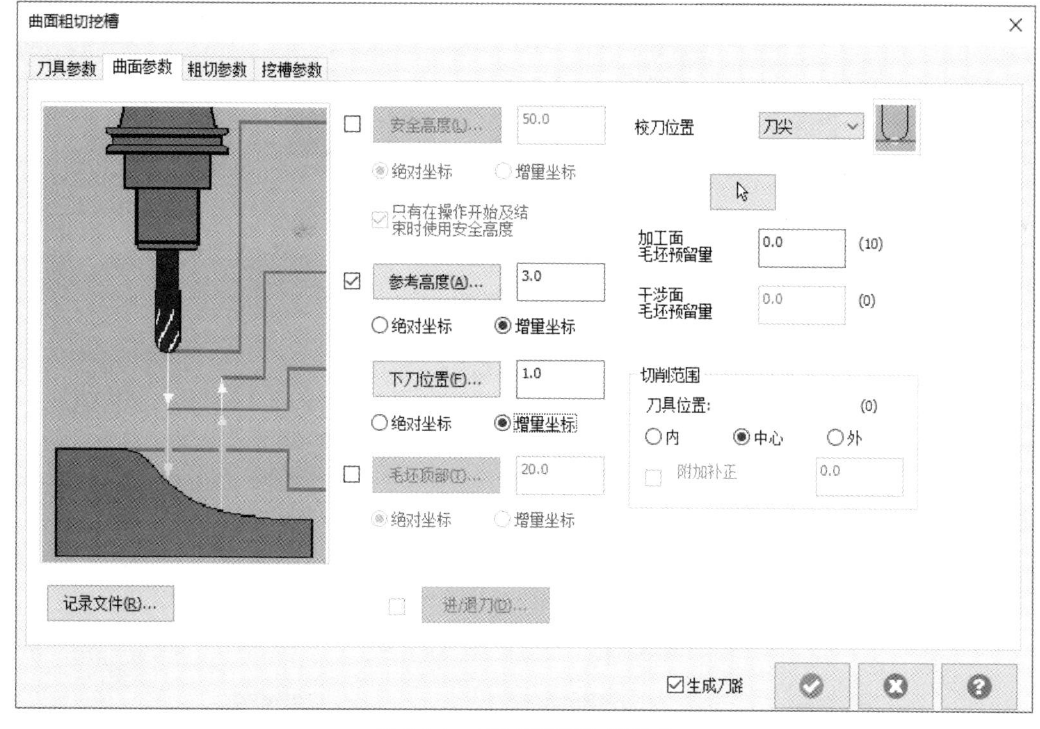

图 8.6.1 “曲面参数”选项卡

Step2. 设置粗加工参数。

（1）在“曲面粗切挖槽”对话框中单击 粗切参数 选项卡，如图 8.6.2 所示。

（2）设置进给量。在 Z 最大步进量: 文本框中输入值 0.3，其他参数采用系统默认的设置值，如图 8.6.2 所示。

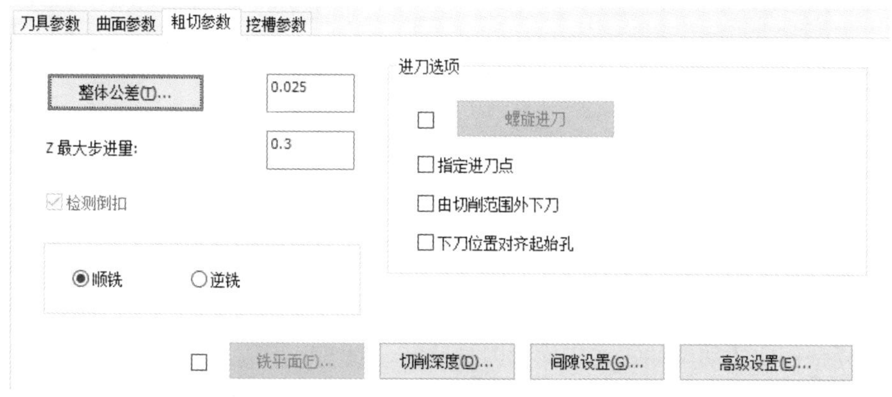

图 8.6.2 “粗切参数”选项卡

Stage2. 设置挖槽加工特有参数

Step1. 在“曲面粗切挖槽”对话框中单击 挖槽参数 选项卡，设置图 8.6.3 所示的参数。

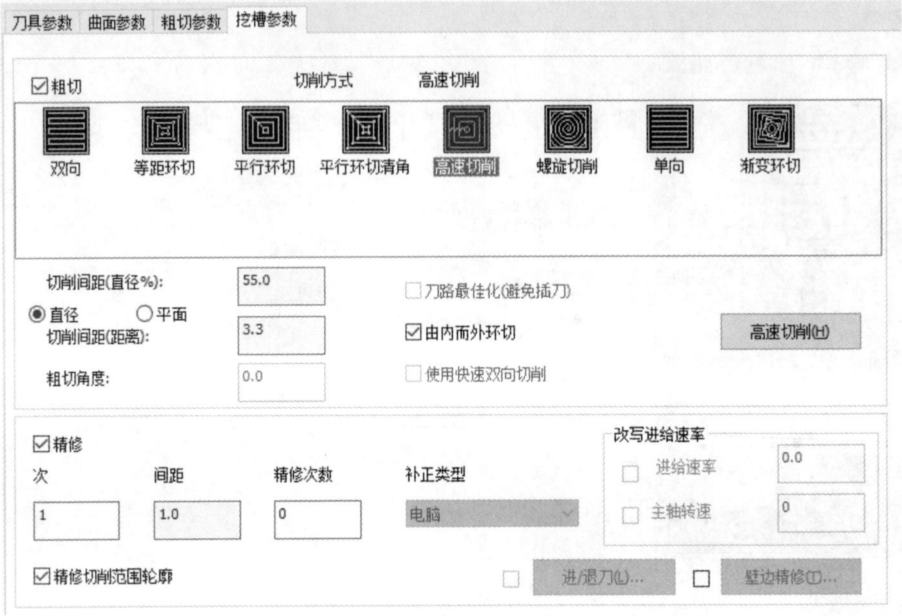

图 8.6.3 “挖槽参数”选项卡

Step2. 选中 ☑ 粗切 复选框，并在 切削方式 列表框中选择 高速切削 方式。

Step3. 在“曲面粗切挖槽”对话框中单击 ✔ 按钮，完成加工参数的设置，此时系统将自动生成图 8.6.4 所示的刀具路径。

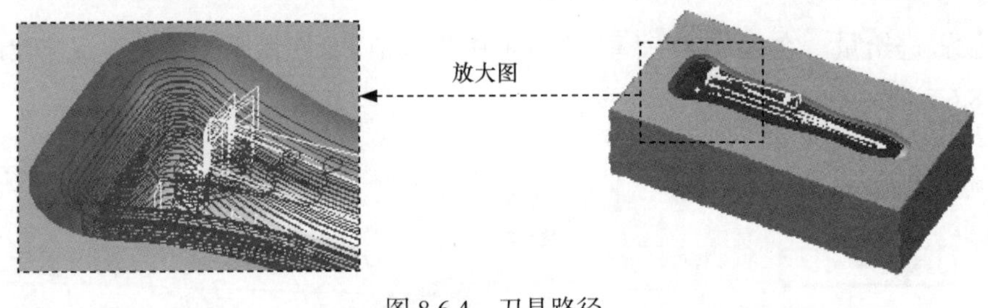

图 8.6.4 刀具路径

8.7 加 工 仿 真

加工仿真是用实体切削的方式来模拟刀具路径。对于已生成刀具路径的操作，可在图形窗口中以线框形式或实体形式模拟刀具路径，让用户在图形方式下很直接地观察到刀具切削工件的实际过程，以验证各操作工序的合理性。下面还是以前面的模型 MILLING.mcam 为例，紧接着 8.6 节的操作来继续说明加工仿真的一般步骤。

Step1. 路径模拟。

（1）在“刀路管理”中单击 刀路 - 626.7K - MILLING.NC - 程序编号 0 节点，系统弹出图 8.7.1

所示的“刀路模拟”对话框及图 8.7.2 所示的“路径模拟控制”操控板。

图 8.7.1 所示的“刀路模拟”对话框中部分按钮的说明如下。

- 按钮：用于显示“刀路”对话框的其他信息。

说明：“刀路模拟”对话框的其他信息包括刀具路径群组、刀具的详细资料，以及刀具路径的具体信息。

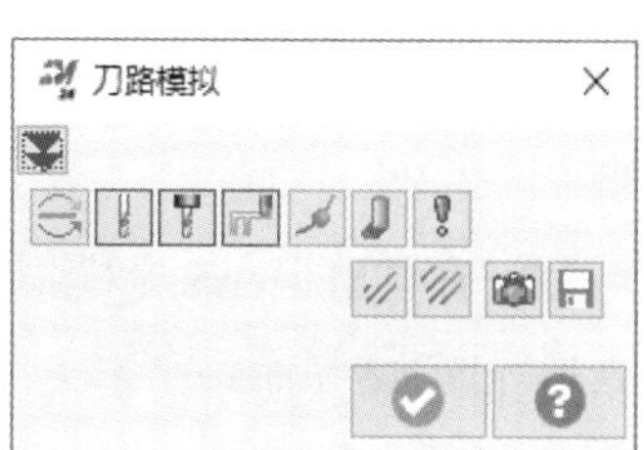

图 8.7.1 “刀路模拟”对话框

- 按钮：用于以不同的颜色显示各种刀具路径。
- 按钮：用于显示刀具。
- 按钮：用于显示刀具和刀柄。
- 按钮：用于显示快速移动。如果取消选中此按钮，将不显示刀路的快速移动和刀具运动。

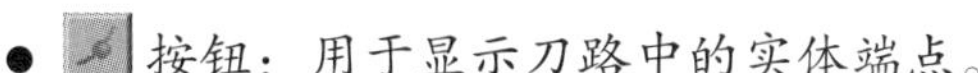

- 按钮：用于显示刀路中的实体端点。
- 按钮：用于显示刀具的阴影。
- 按钮：用于设置刀具路径模拟选项的参数。
- 按钮：用于移除屏幕上所有刀路。
- 按钮：用于显示刀路。当按钮处于选中状态时，单击此按钮才有效。
- 按钮：用于将当前状态的刀具和刀具卡头拍摄成静态图像。
- 按钮：用于将可见的刀路存入指定的层。

图 8.7.2 “路径模拟控制”操控板

图 8.7.2 所示的“路径模拟控制”操控板中各选项的说明如下。

- 按钮：用于播放刀具路径。
- 按钮：用于暂停播放刀具路径。
- 按钮：用于将刀路模拟返回起始点。
- 按钮：用于将刀路模拟返回一段。
- 按钮：用于将刀路模拟前进一段。
- 按钮：用于将刀路模拟移动到终点。
- 按钮：用于显示刀具的所有轨迹。
- 按钮：用于设置逐渐显示刀具的轨迹。
- 滑块：用于设置刀路模拟速度。
- 按钮：用于设置暂停设定的相关参数。

（2）在“路径模拟控制”操控板中单击按钮，系统开始对刀具路径进行模拟，结果与 8.6 节的刀具路径相同。在“刀路模拟”对话框中单击 按钮，关闭该对话框。

Step2. 实体切削验证。

（1）在“刀路管理”中确认 1 - 曲面粗切挖槽 - [WCS: 俯视图] - [刀具面: 俯视图] 节点被选中，然后单击“验证已选择的操作”按钮 ，系统弹出图 8.7.3 所示的“Mastercam 模拟器”对话框。

（2）在“Mastercam 模拟器”对话框中单击 按钮，系统开始进行实体切削仿真，仿真结果如图 8.7.4 所示。单击 按钮，关闭该对话框。

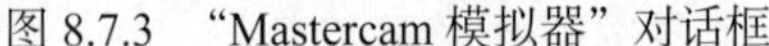
图 8.7.3 “Mastercam 模拟器”对话框

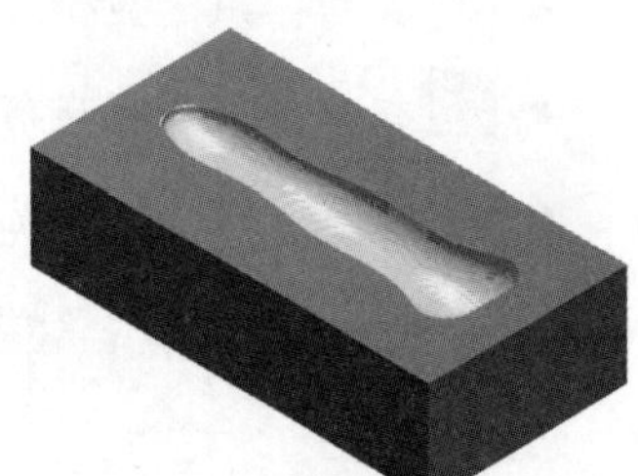
图 8.7.4 仿真结果

8.8 利用后处理生成 NC 程序

刀具路径生成并检验无误后，就可以进行后处理操作了。后处理是由 NCI 刀具路径文件转换成 NC 文件，而 NC 文件是可以在机床上实现自动加工的一种途径。

下面还是以前面的模型 MILLING.mcam 为例，紧接着 8.7 节的操作来继续说明利用后处理器生成 NC 程序的一般步骤。

Step1. 在“刀路管理”中单击 G1 按钮，系统弹出图 8.8.1 所示的“后处理程序”对话框。

Step2. 设置图 8.8.1 所示的参数，在“后处理程序”对话框中单击 按钮，系统弹出“另存为”对话框，选择合适的存放位置，单击 保存(S) 按钮。

Step3. 完成上步操作后，系统弹出图 8.8.2 所示的“Mastercam Code Expert”窗口。从窗口中可以观察到，系统已经生成了 NC 程序，然后可以关闭该窗口。

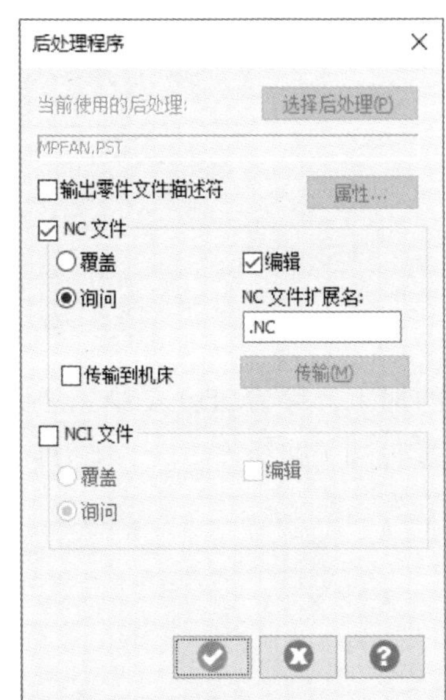

图 8.8.1 “后处理程序”对话框

图 8.8.2 “Mastercam Code Expert”窗口

Step4. 保存模型。选择下拉菜单 文件 ➡ 保存 命令，保存模型。

第 9 章　2D 加工

9.1　概　　述

在 Mastercam 2024 中，把零件只需二维图就可以完成的加工，称为 2D（二维）加工。二维刀路是利用二维平面轮廓，通过二维刀路模组功能产生零件加工路径程序。二维刀具的加工路径包括外形铣削、挖槽加工、面铣削、木雕加工和钻孔等。

9.2　外形铣加工

外形铣加工是沿选择的边界轮廓进行铣削，常用于外形粗加工或者外形精加工。下面以图 9.2.1 所示的模型为例来说明外形铣加工的过程，其操作过程如下。

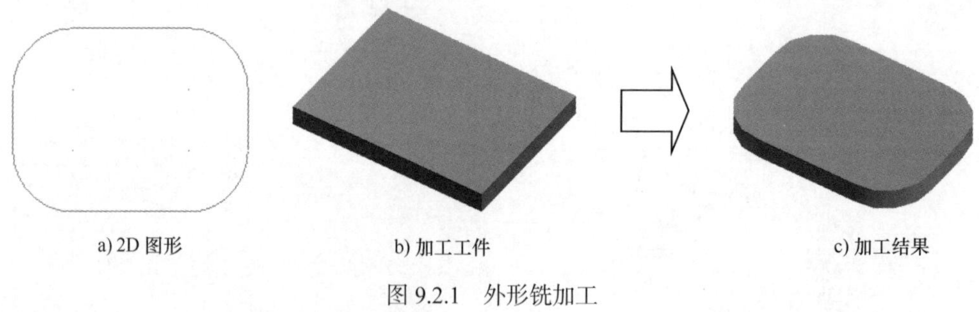

a) 2D 图形　　b) 加工工件　　c) 加工结果

图 9.2.1　外形铣加工

Stage1. 进入加工环境

Step1. 打开原始模型。在“快速访问工具栏”中单击 按钮，系统弹出图 9.2.2 所示的“打开”对话框。在“查找范围”下拉列表中选择文件目录 D：\mcx2024\work\ch09.02，选择文件 CONTOUR.mcam。单击 打开(O) 按钮，系统打开模型并进入 Mastercam 2024 的建模环境。

Step2. 进入加工环境。单击 机床 功能选项卡 机床类型 区域 铣床 下拉列表中的 默认(D) 命令，系统进入加工环境，此时零件模型二维图如图 9.2.3 所示。

图 9.2.2 “打开”对话框

Stage2. 设置工件

Step1. 在“刀路管理”中单击 属性 - Mill Default 节点前的“+”号，将该节点展开，然后单击 毛坯设置 节点，系统弹出图 9.2.4 所示的“机床群组设置”对话框（一）。

图 9.2.3 零件模型二维图

图 9.2.4 “机床群组设置”对话框（一）

Step2. 设置工件的形状。在“机床群组设置”对话框（一）的 选择(S) 区域中单击 按钮，系统弹出图 9.2.5 所示的“边界框”对话框。

Step3. 设置工件的尺寸。在“边界框”对话框的 图素 区域中选择 ◉全部显示(A) 选项，在 形状 区域中选择 ◉立方体(R) 选项，在 立方体设置 区域的 Z 文本框中输入值 2.0，单击 按钮，系统返回至图 9.2.6 所示的“机床群组设置”对话框（二）。

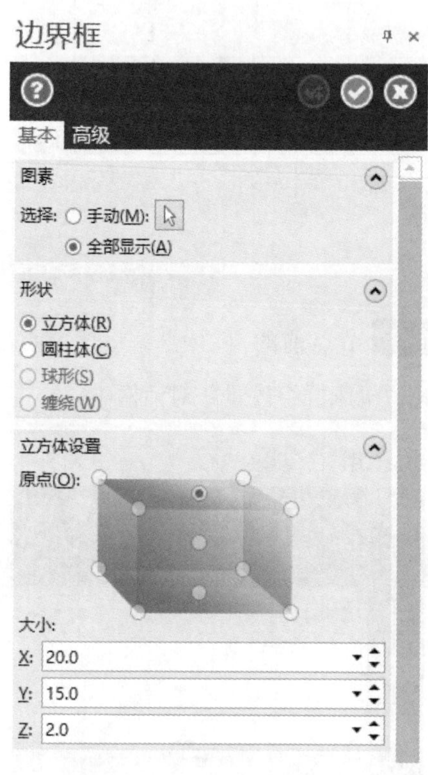

图 9.2.5 “边界框”对话框

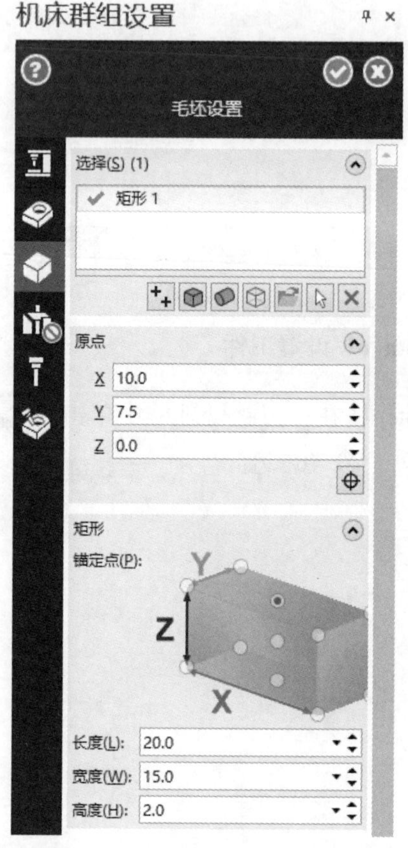

图 9.2.6 “机床群组设置”对话框（二）

Step4. 此时可以在图形区观察到透明显示的工件模型，如图 9.2.7 所示，单击“机床群组设置”对话框（二）中的 按钮，完成工件的设置。

Stage3. 选择加工类型

Step1. 单击 刀路 功能选项卡 2D 区域中的“外形”命令 ，系统弹出图 9.2.8 所示的“线框串连”对话框。

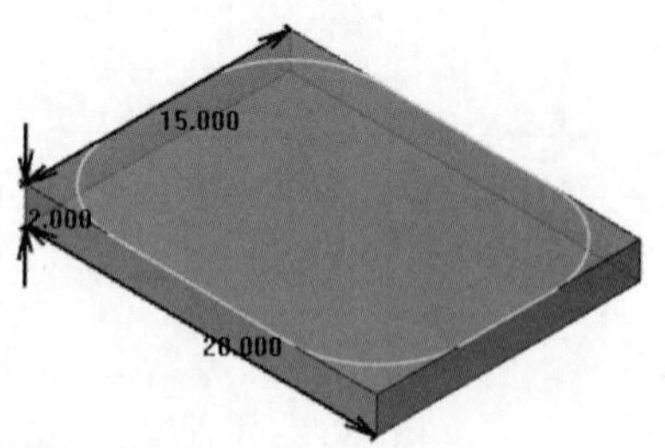

图 9.2.7 显示工件

Step2. 设置加工区域。采用对话框的默认参数设置，在图形区中选取图 9.2.9 所示的边线，系统自动选取图 9.2.10 所示的边链，单击 按钮，完成加工区域的设置，同时系统弹出图 9.2.11 所示的“2D 刀路 - 外形铣削”对话框。

图 9.2.8 “线框串连”对话框

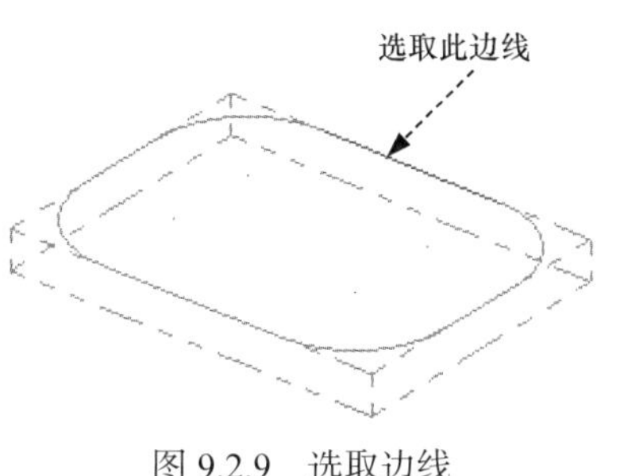

图 9.2.9 选取边线

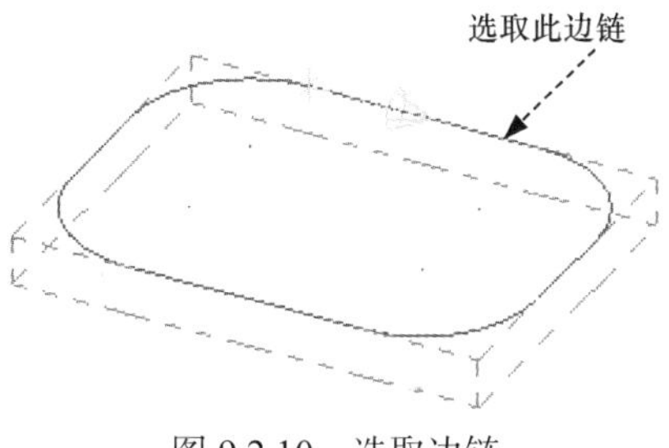

图 9.2.10 选取边链

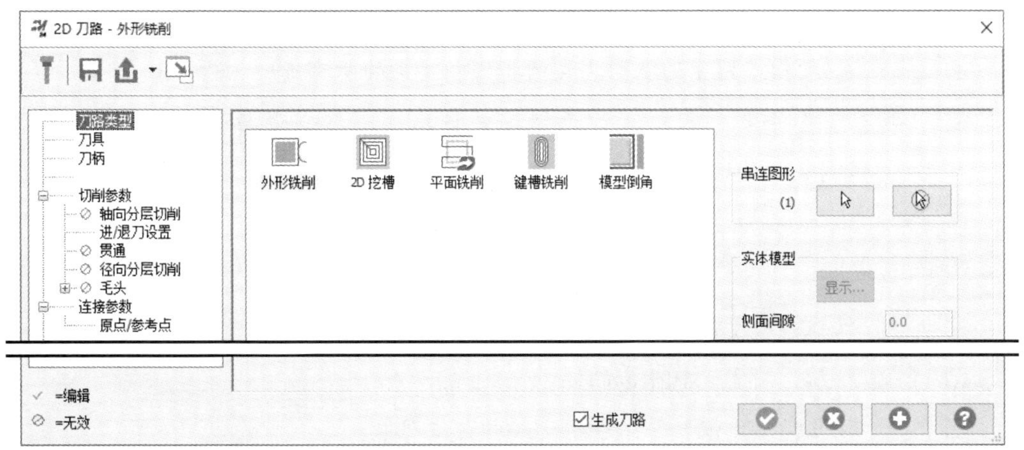

图 9.2.11 “2D 刀路 – 外形铣削”对话框

图 9.2.8 所示的“线框串连”对话框中各按钮的说明如下。

- 模式 区域：

☑ 按钮：用于选择线框中的链。当模型中出现线框时，此按钮会自动处于激活状态；当模型中没有出现线框，此按钮会自动处于不可用状态。

☑ 按钮：用于选取实体的边链。当模型中既出现了线框又出现了实体时，此按钮处于可用状态，当该按钮处于按下状态时，与其相关的功能才处于可用状态。当模型中没有出现实体，此按钮会自动处于不可用状态。

☑ 按钮：用于设置选取链的选项。

☑ 绘图平面 单选项：用于选取平行于当前平面中的链。

☑ 3D 单选项：用于同时选取 X、Y 和 Z 方向的链。

- 选择方式 区域：

☑ 按钮：用于直接选取与定义链相连的链，但遇到分支点时选择结束。在选取时基于选择类型单选项的不同而有所差异。按住 Shift 键单击可以选取相切的线链。

☑ 按钮：用于选取第一条链与第二条链之间的所有链。当定义的第一条链与第二条链之间存在分支点时，停止自动选取，用户可选择分支继续选取链。在选取时基于选择类型单选项的不同而有所差异。

☑ 按钮：用于选取定义矩形框内的图素。

☑ 按钮：用于选取多边形区域内的所有链。

☑ 按钮：该按钮既可以用于设置从起始点到终点的快速移动，又可以设置链的起始点的自动化，也可以控制刀具从一个特殊的点进入。

☑ 按钮：用于通过单击一点的方式选取封闭区域中的所有图素。

☑ 按钮：用于选取单独的链。

☑ 按钮：用于选取与定义的折线相交叉的所有链。

☑ 范围内 下拉列表：用于选取定义区域内、外或者与选定区域相交的所有链，该列表只有在 按钮或 按钮处于被激活的状态下，方可使用。

- 选择 区域：

☑ 按钮：用于恢复至上一次选取的链。

☑ 按钮：用于选取相似的链。

☑ 按钮：用于恢复至上一次选取的曲线对象。

☑ 按钮：用于结束链的选取。

☑ 按钮：用于设置相似链的选项。

☑ 按钮：用于显示所有方向箭头。

- 分支 区域：

☑ 按钮：用于选取上一个分支的链。

☑ 按钮：用于改变分支方向。

☑ 按钮：用于选取下一个分支的链。

- 起始/结束 区域：

☑ 按钮：用于设置起始点向后选取或排除链。

☑ 按钮：用于设置起始点向前选取或排除链。

☑ 按钮：用于拖动箭头动态选取链。

☑ 按钮：用于改变链的方向。

☑ 按钮：用于设置结束点向后选取或排除链。

☑ 按钮：用于设置结束点向前选取或排除链。

Stage4. 选择刀具

Step1. 确定刀具类型。在“2D 刀路 - 外形铣削”对话框的左侧节点列表中单击 刀具 节点，切换到刀具参数界面；单击 按钮，系统弹出图 9.2.12 所示的“刀具过滤列表设置”对话框，单击 刀具类型 区域中的 全关(N) 按钮后，在刀具类型按钮群中单击 （平底刀）按钮，单击 按钮，关闭“刀具过滤列表设置”对话框，系统返回至“2D 刀路 - 外形铣削”对话框。

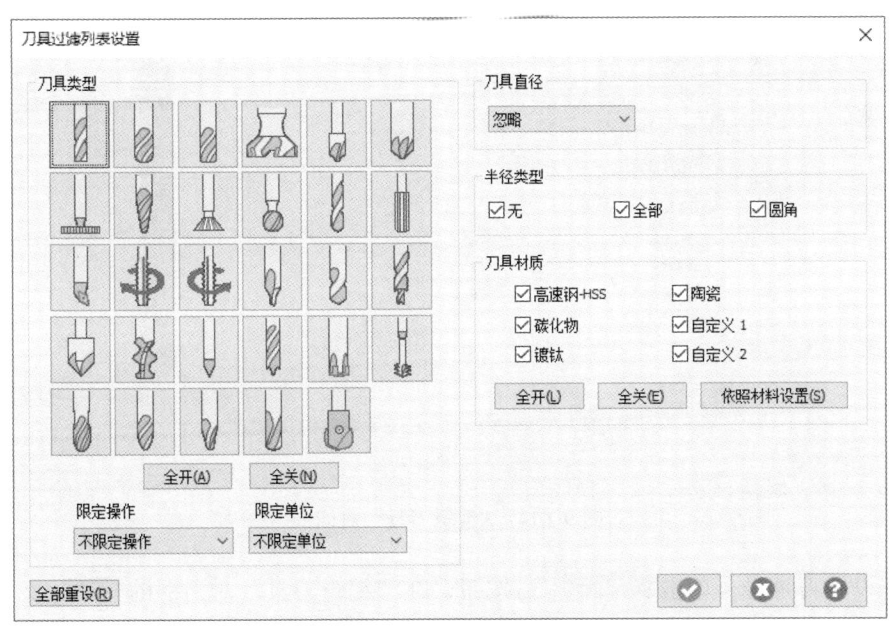

图 9.2.12 “刀具过滤列表设置”对话框

Step2. 选择刀具。在“2D 刀路 - 外形铣削”对话框中单击 按钮，系统弹出图 9.2.13 所示的“选择刀具”对话框，在该对话框的列表框中选择图 9.2.13 所示的刀具，单

击 [✔] 按钮，关闭“选择刀具”对话框，系统返回至“2D 刀路 - 外形铣削”对话框。

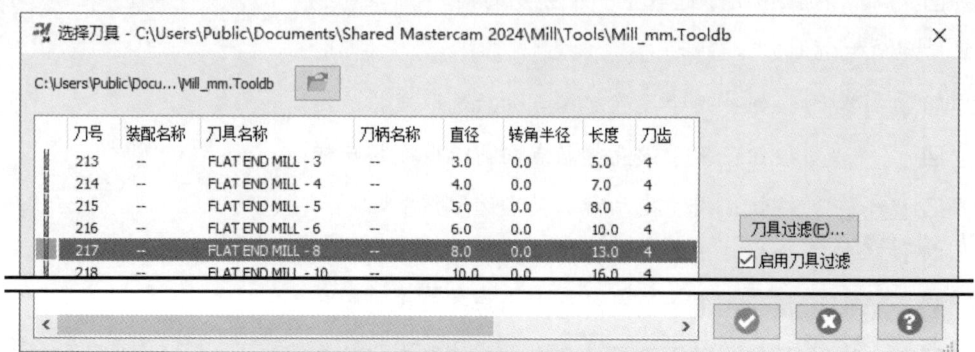

刀号	装配名称	刀具名称	刀柄名称	直径	转角半径	长度	刀齿
213	--	FLAT END MILL - 3	--	3.0	0.0	5.0	4
214	--	FLAT END MILL - 4	--	4.0	0.0	7.0	4
215	--	FLAT END MILL - 5	--	5.0	0.0	8.0	4
216	--	FLAT END MILL - 6	--	6.0	0.0	10.0	4
217	--	FLAT END MILL - 8	--	8.0	0.0	13.0	4
218	--	FLAT END MILL - 10	--	10.0	0.0	16.0	4

图 9.2.13 “选择刀具”对话框

Step3. 设置刀具参数。

（1）完成上步操作后，在“2D 刀路 - 外形铣削”对话框的刀具列表中双击该刀具，在系统弹出的“编辑刀具”对话框中设置图 9.2.14 所示的参数。

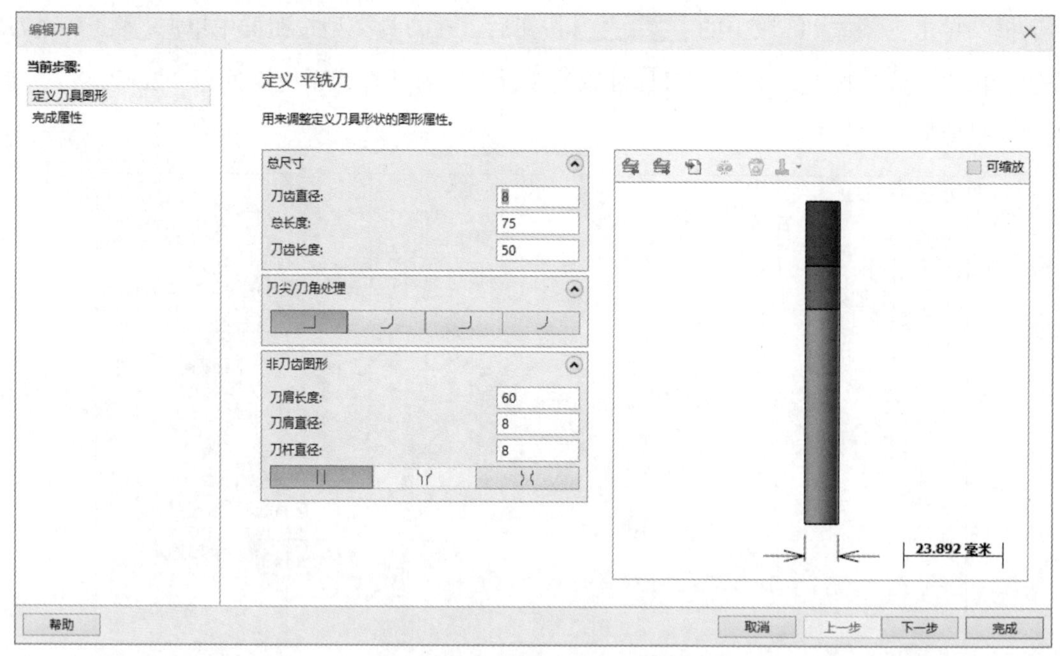

图 9.2.14 “编辑刀具”对话框

（2）设置刀具号。单击 [下一步] 按钮，在“编辑刀具”对话框的 [刀号:] 文本框中将原有的数值改为 1。

（3）设置刀具的加工参数。设置图 9.2.15 所示的参数。

（4）设置冷却方式。单击 [冷却液] 按钮，系统弹出“冷却液”对话框，在 [Flood] （切削液）下拉列表中选择 [On] 选项，单击该对话框中的 [确定] 按钮，系统返回至“编辑刀具”对话框。

Step4. 单击“编辑刀具”对话框中的 完成 按钮，完成刀具的设置，系统返回至“2D 刀路 - 外形铣削”对话框。

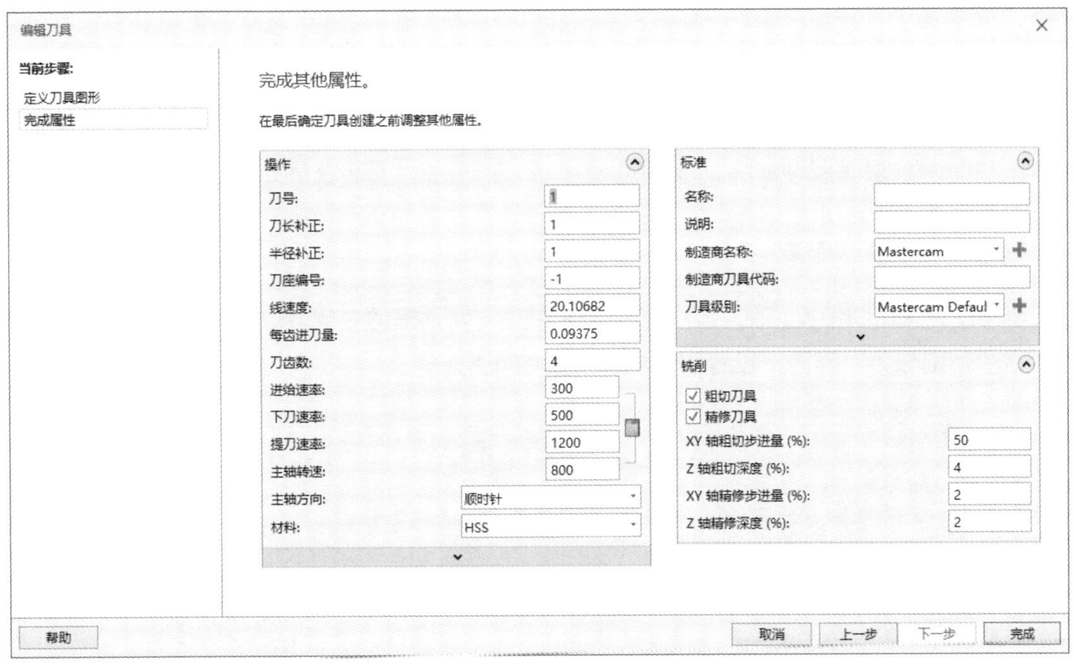

图 9.2.15 设置参数

图 9.2.15 所示的“参数”选项卡中部分选项的说明如下。

- 刀齿数：文本框：用于定义刀具切削刃的数量。
- 进给速率：文本框：用于定义进给速度。
- 下刀速率：文本框：用于定义下刀速度。
- 提刀速率 文本框：用于定义提刀速度。
- 本框：用于定义主轴旋转速度。
- 材料：下拉列表：用于设置刀具的材料，其包括 Carbide 选项、Ceramic 选项、HSS 选项、Ti Coated 选项、User Def 1 选项和 User Def 2 选项。
- 冷却液 按钮：用于定义加工时的冷却方式。单击此按钮，系统会弹出“冷却液”对话框，用户可以在该对话框中设置冷却方式。
- ☑公制 复选框：用于定义刀具的规格。当选中此复选框时，为米制；反之，则为英制。
- 名称：文本框：用于设置刀具文件的名称。
- 说明：文本框：用于添加刀具说明。

- 制造商名称: 文本框：用于设置制造商名称。
- 制造商刀具代码: 文本框：用于显示制造商刀具的代码。
- XY 轴粗切步进量 (%): 文本框：用于定义粗加工时 XY 方向的步进量相当于刀具直径的百分比。
- Z 轴粗切深度 (%): 文本框：用于定义粗加工时，Z 方向的步进量。
- XY 轴精修步进量 (%): 文本框：用于定义精加工时 XY 方向的步进量。
- Z 轴精修深度 (%): 文本框：用于定义精加工时 Z 方向的步进量。

Stage5. 设置加工参数

Step1. 设置切削参数。在“2D 刀路 - 外形铣削”对话框的左侧节点列表中单击 切削参数 节点，在“切削参数”界面中设置图 9.2.16 所示的参数。

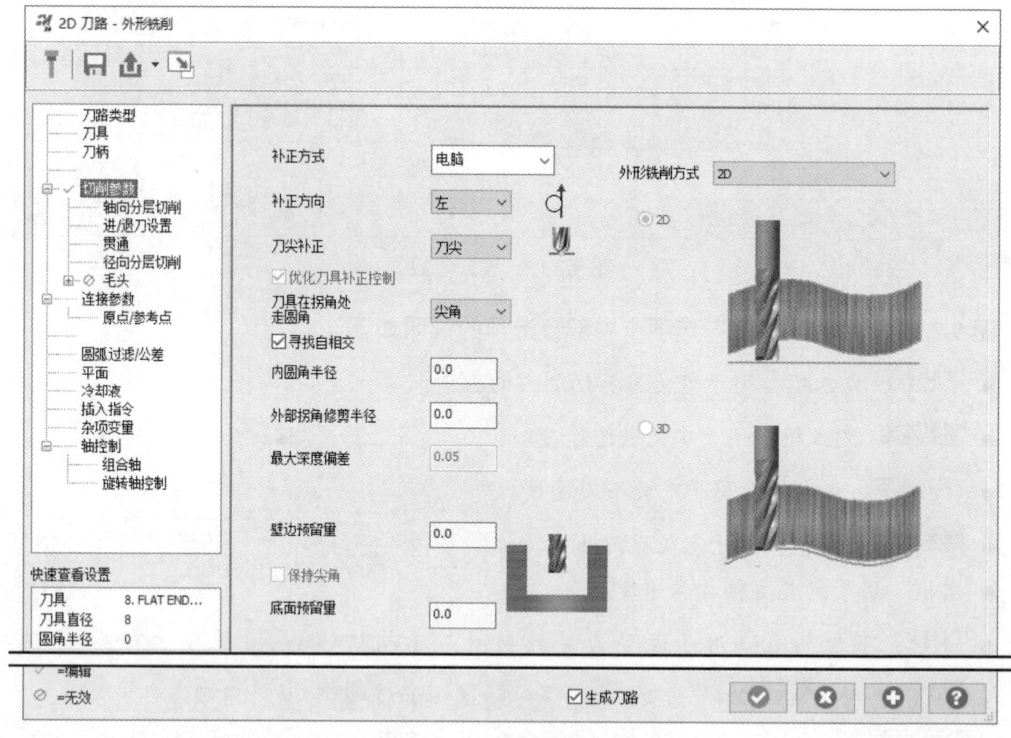

图 9.2.16 “切削参数”界面

图 9.2.16 所示的“切削参数”界面中部分选项的说明如下。

- 补正方式 下拉列表：由于刀具都存在各自的直径，如果刀具的中心点与加工的轮廓外形线重合，则加工后的结果将会比正确结果小，此时就需要对刀具进行补正。刀具的补正是将刀具中心从轮廓外形线上按指定的方向偏移一定距离。Mastercam 2024 为用户提供了如下五种刀具补正的形式。

- ☑ 电脑 选项：该选项表示系统将自动进行刀具补偿，但不进行输出控制的代码补偿。
- ☑ 控制器 选项：该选项表示系统将自动进行输出控制的代码补偿，但不进行刀具补偿。
- ☑ 磨损 选项：该选项表示系统将自动对刀具和输出控制代码进行相同的补偿。
- ☑ 反向磨损 选项：该选项表示系统将自动对刀具和输出控制代码进行相对立的补偿。
- ☑ 关 选项：该选项表示系统将不对刀具和输出控制代码进行补偿。

- 补正方向 下拉列表：该下拉列表用于设置刀具补正的方向，当选择 左 选项时，刀具将沿着加工方向向左偏移一个刀具半径的距离；当选择 右 选项时，刀具将沿着加工方向向右偏移一个刀具半径的距离。
- 刀尖补正 下拉列表：该下拉列表用于设置刀具在Z轴方向的补偿方式。
  - ☑ 中心 选项：当选择此选项时，系统将自动从刀具中心位置开始计算刀长。
  - ☑ 刀尖 选项：当选择此选项时，系统将自动从刀尖位置开始计算刀长。
- 刀具在拐角处走圆角 下拉列表：该下拉列表用于设置刀具在转角处铣削时是否有圆角过渡。
  - ☑ 无 选项：该选项表示刀具在转角处铣削时不采用圆角过渡。
  - ☑ 尖角 选项：该选项表示刀具在小于或等于135°的转角处铣削时采用圆角过渡。
  - ☑ 全部 选项：该选项表示刀具在任何转角处铣削时均采用圆角过渡。
- ☑ 寻找自相交 复选框：用于防止刀具路径相交而产生过切。
- 最大深度偏差 文本框：在3D铣削时该选项有效。
- 壁边预留量 文本框：用于设置沿XY轴方向的侧壁加工预留量。
- 底面预留量 文本框：用于设置沿Z轴方向的底面加工预留量。
- 外形铣削方式 下拉列表：该下拉列表用于设置外形铣削的类型，Mastercam 2024为用户提供了如下五种类型。
  - ☑ 2D 选项：当选择此选项时，则表示整个刀具路径的切削深度相同，都为之前设置的切削深度值。
  - ☑ 2D倒角 选项：当选择此选项时，则表示需要使用倒角铣刀对工件的外形进行铣削，其倒角角度需要在刀具中进行设置。用户选择该选项后，其下会出现图9.2.17所示的参数设置区域，可对相应参数进行设置。
  - ☑ 斜插 选项：该选项一般用于铣削深度较大的外形，它表示在给定的角度或高度后，以斜向进刀的方式对外形进行加工。用户选择该选项后，其下会出现图9.2.18所示的参数设置区域，可对相应参数进行设置。

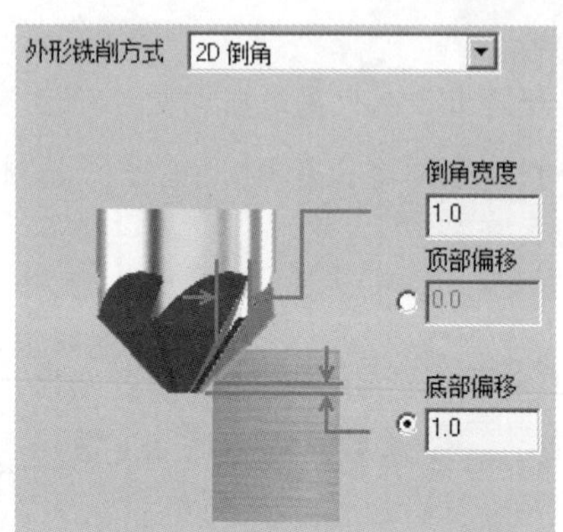

图 9.2.17 “2D 倒角”参数设置

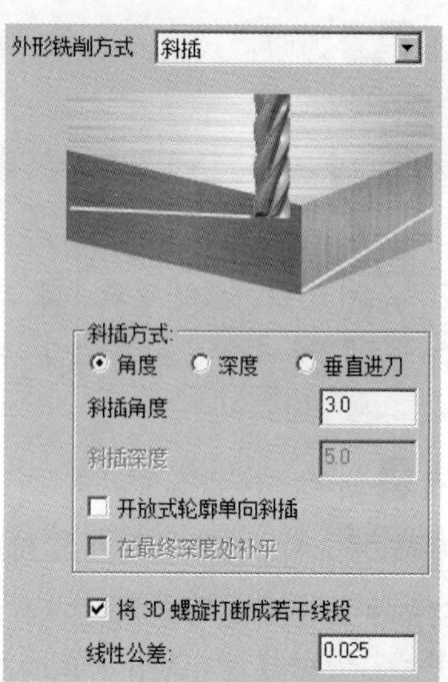

图 9.2.18 “斜插”参数设置

☑ 残料 选项：该选项一般用于铣削上一次对工件进行外形加工后留下的残料。用户选择该选项后，其下会出现图 9.2.19 所示的参数设置区域，可对相应参数进行设置。

☑ 摆线式 选项：该选项一般用于沿轨迹轮廓线进行铣削。用户选择该选项后，其下会出现图 9.2.20 所示的参数设置区域，可对相应的参数进行设置。

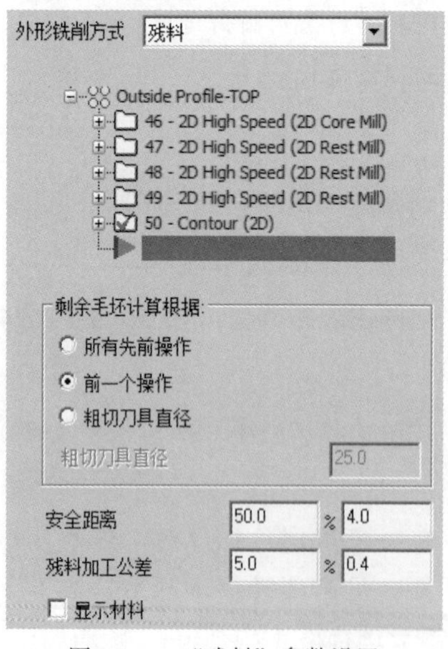

图 9.2.19 “残料”参数设置

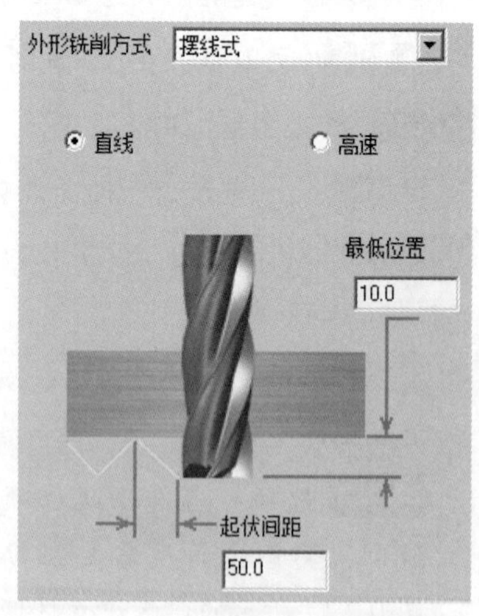

图 9.2.20 “摆线式”参数设置

Step2. 设置深度参数。在“2D 刀路 - 外形铣削”对话框的左侧列表中单击 轴向分层切削 节点，设置图 9.2.21 所示的参数。

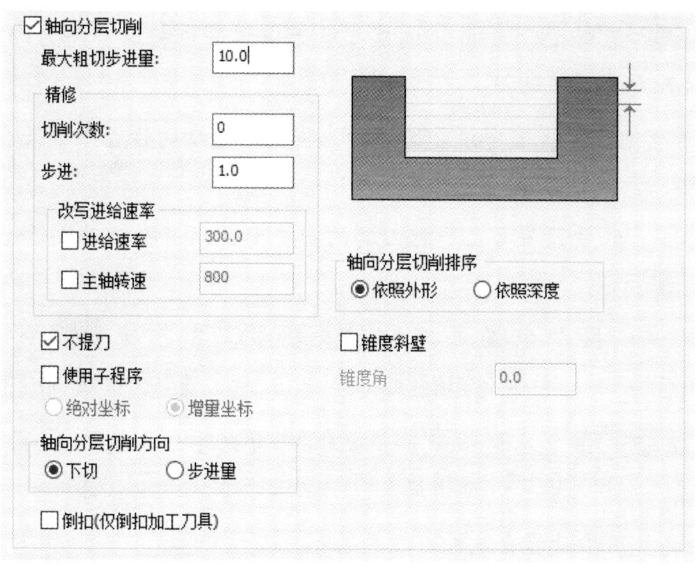

图 9.2.21 “轴向分层切削”参数设置

Step3. 设置进 / 退刀参数。在“2D 刀路 - 外形铣削”对话框的左侧节点列表中单击 进/退刀设置 节点，设置图 9.2.22 所示的参数。

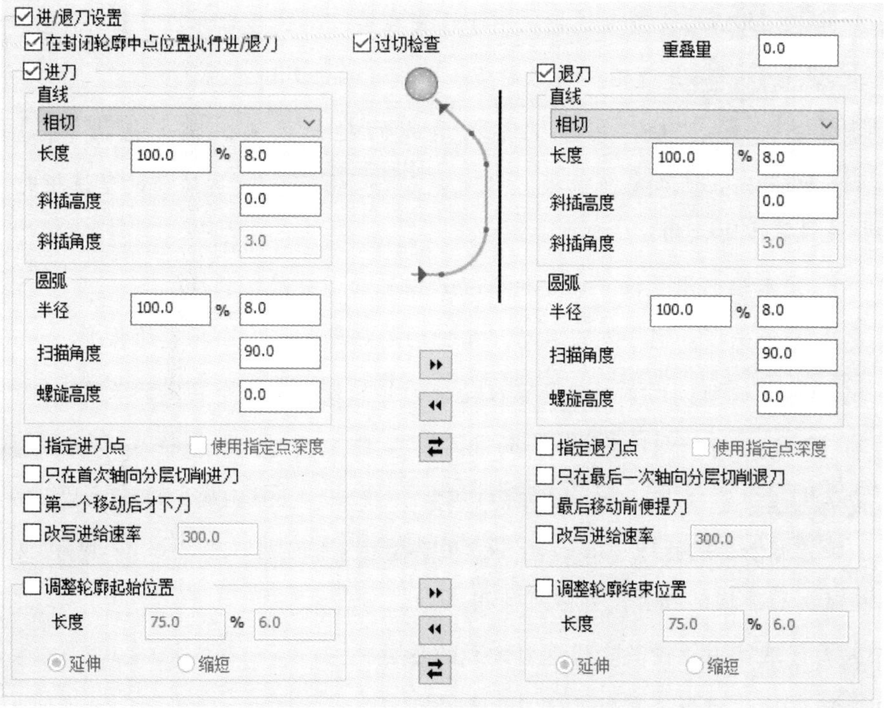

☑进/退刀设置
☑在封闭轮廓中点位置执行进/退刀 ☑过切检查 重叠量 0.0
☑进刀
直线
相切
长度 100.0 % 8.0
斜插高度 0.0
斜插角度 3.0
圆弧
半径 100.0 % 8.0
扫描角度 90.0
螺旋高度 0.0
☐指定进刀点 ☐使用指定点深度
☐只在首次轴向分层切削进刀
☐第一个移动后才下刀
☐改写进给速率 300.0
☐调整轮廓起始位置
长度 75.0 % 6.0
◉延伸 ○缩短
☑退刀
直线
相切
长度 100.0 % 8.0
斜插高度 0.0
斜插角度 3.0
圆弧
半径 100.0 % 8.0
扫描角度 90.0
螺旋高度 0.0
☐指定退刀点 ☐使用指定点深度
☐只在最后一次轴向分层切削退刀
☐最后移动前便提刀
☐改写进给速率 300.0
☐调整轮廓结束位置
长度 75.0 % 6.0
◉延伸 ○缩短

图 9.2.22 “进 / 退刀设置”参数设置

图 9.2.22 所示的“进 / 退刀设置”参数设置的各选项说明如下。

- ☑ 在封闭轮廓中点位置执行进/退刀 复选框：当选中该复选框时，将自动从第一个串连的实体的中点处执行进/退刀。
- ☑ 过切检查 复选框：当选中该复选框时，将进行过切的检查。如果在进/退刀过程中产生了过切，系统将自动移除刀具路径。
- 重叠量 文本框：用于设置与上一把刀具的重叠量，以消除接刀痕。重叠量为相邻刀具路径的刀具重合值。
- ☑ 进刀 区域：用于设置进刀的相关参数，其包括 直线 区域、圆弧 区域、☑ 指定进刀点 复选框、☑ 使用指定点深度 复选框、☑ 只在首次轴向分层切削进刀 复选框、☑ 第一个移动后才下刀 复选框和 ☑ 改写进给速率 复选框。当选中 ☑ 进刀 区域前的复选框时，此区域的相关设置方可使用。
  - ☑ 直线 区域：用于设置直线进刀方式的参数。
  - ☑ 圆弧 区域：用于设置圆弧进刀方式的参数。
  - ☑ ☑ 指定进刀点 复选框：用于设置最后链的点为进刀点。
  - ☑ ☑ 使用指定点深度 复选框：用于设置在指定点的深度处开始进刀。
  - ☑ ☑ 只在首次轴向分层切削进刀 复选框：用于设置仅第一次切削深度添加进刀移动。
  - ☑ ☑ 第一个移动后才下刀 复选框：用于设置在第一个位移后开启刀具补偿。
  - ☑ ☑ 改写进给速率 复选框：用于定义一个指定的进刀进给率。
- 调整轮廓起始位置 区域：用于调整轮廓线的起始位置，其中包括 长度 文本框、⊙ 延伸 单选项和 ⊙ 缩短 单选项。当选中 调整轮廓起始位置 区域前的复选框时，此区域的相关设置方可使用。
  - ☑ 长度 文本框：用于设置调整轮廓起始位置的刀具路径长度。
  - ☑ ⊙ 延伸 单选项：用于在刀具路径轮廓的起始处添加一个指定的长度。
  - ☑ ⊙ 缩短 单选项：用于在刀具路径轮廓的起始处去除一个指定的长度。
- 退刀 区域：用于设置退刀的相关参数，其包括 直线 区域、圆弧 区域、☑ 指定退刀点 复选框、☑ 使用指定点深度 复选框、☑ 只在最后一次轴向分层切削退刀 复选框、☑ 最后移动前便提刀 复选框和 ☑ 改写进给速率 复选框。当选中 ☑ 退刀 区域前的复选框时，此区域的相关设置方可使用。
  - ☑ 直线 区域：用于设置直线退刀方式的参数。
  - ☑ 圆弧 区域：用于设置圆弧退刀方式的参数。
  - ☑ ☑ 指定退刀点 复选框：用于设置最后链的点为退刀点。
  - ☑ ☑ 使用指定点深度 复选框：用于设置在指定点的深度处开始退刀。

☑ ☑只在最后一次轴向分层切削退刀 复选框：用于设置仅最后一次切削深度添加退刀移动。

☑ ☑ 最后移动前便提刀 复选框：用于设置在最后的位移处关闭刀具补偿。

☑ ☑ 改写进给速率 复选框：用于定义一个指定的退刀进给率。

- 调整轮廓结束位置 区域：用于调整轮廓线的终止位置，其中包括 长度 文本框、⊙ 延伸 单选项和 ⊙ 缩短 单选项。当选中 调整轮廓结束位置 区域前的复选框时，此区域的相关设置方可使用。

  ☑ 长度 文本框：用于设置调整轮廓终止位置的刀具路径长度。

  ☑ ⊙ 延伸 单选项：用于在刀具路径轮廓的终止处添加一个指定的长度。

  ☑ ⊙ 缩短 单选项：用于在刀具路径轮廓的终止处去除一个指定的长度。

Step4. 设置贯通参数。在“2D 刀路 - 外形铣削”对话框的左侧节点列表中单击 贯通 节点，设置图 9.2.23 所示的参数。

说明：设置贯穿距离需要在 ☑ 贯通 复选框被选中时方可使用。

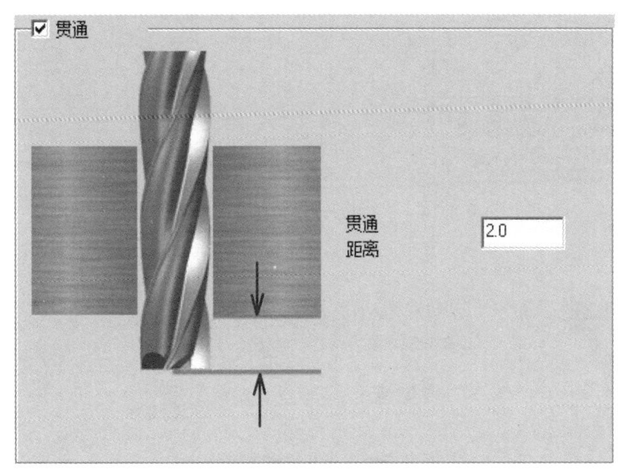

图 9.2.23 “贯通”参数设置

Step5. 设置分层切削参数。在“2D 刀路 - 外形铣削”对话框的左侧节点列表中单击 径向分层切削 节点，设置图 9.2.24 所示的参数。

Step6. 设置连接参数。在“2D 刀路 - 外形铣削”对话框的左侧节点列表中单击 连接参数 节点，设置图 9.2.25 所示的参数。

图 9.2.25 所示的“连接参数”参数设置中部分选项的说明如下。

- 安全高度... 按钮：当该按钮前的复选框处于选中状态时，该按钮可用。单击该按钮后，用户可以直接在图形区中选取一点来确定加工体的最高面与刀尖之间的距离；也可以在其后的文本框中直接输入数值来定义安全高度。

- 绝对坐标 单选项：当选中该单选项时，将自动从原点开始计算。
- 增量坐标 单选项：当选中该单选项时，将根据关联的几何体或者其他的参数开始计算。

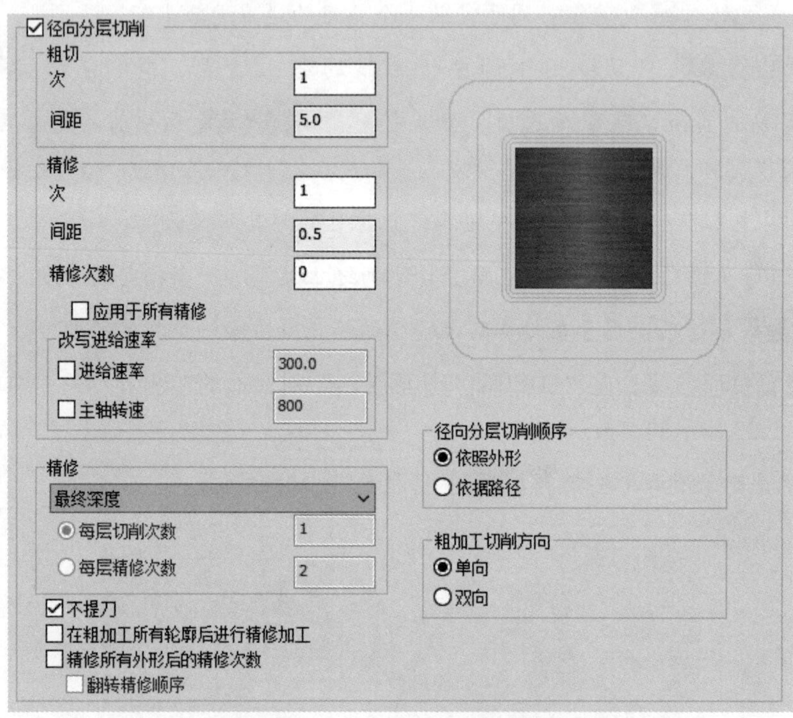

图 9.2.24 “径向分层切削”参数设置

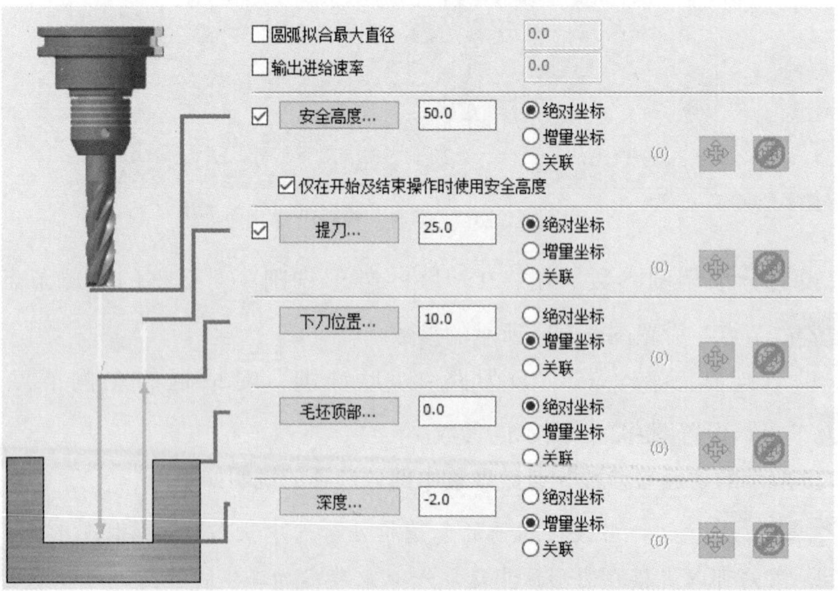

图 9.2.25 “连接参数”参数设置

- 提刀... 按钮：当该按钮前的复选框处于选中状态时，该按钮可用。单击该按钮后，用户可以直接在图形区中选取一点来确定下次走刀的高度，用户也可以在其后的文本框中直接输入数值来定义参考高度。

说明：参考高度应在进给下刀位置前进行设置，如果没有设置安全高度，则在走刀过程中，刀具的起始和返回值将固定为参考高度所定义的距离。

- 下刀位置... 按钮：单击该按钮后，用户可以直接在图形区中选取一点来确定从刀具快速运动转变为刀具切削运动的平面高度，用户也可以在其后的文本框中直接输入数值来定义参考高度。

说明：如果没有设置安全高度和参考高度，则在走刀过程中，刀具的起始值和返回值将固定为进给下刀位置所定义的距离。

- 毛坯顶部... 按钮：单击该按钮后，用户可以直接在图形区中选取一点来确定工件在Z轴方向上的高度，刀具在此平面将根据定义的刀具加工参数生成相应的加工增量。用户也可以在其后的文本框中直接输入数值来定义参考高度。
- 深度... 按钮：单击该按钮后，用户可以直接在图形区中选取一点来确定最后的加工深度，也可以在其后的文本框中直接输入数值来定义加工深度，但在2D加工中此处的数值一般为负值。

Step7. 单击“2D 刀路 - 外形铣削”对话框中的 ✔ 按钮，完成参数设置，此时系统将自动生成图 9.2.26 所示的刀具路径。

Stage6. 加工仿真

Step1. 路径模拟。

(1) 在“刀路管理”中单击 刀路 - 17.8K - CONTOUR.NC - 程序编号 0 节点，系统弹出图 9.2.27 所示的“刀路模拟”对话框及图 9.2.28 所示的“路径模拟控制”操控板。

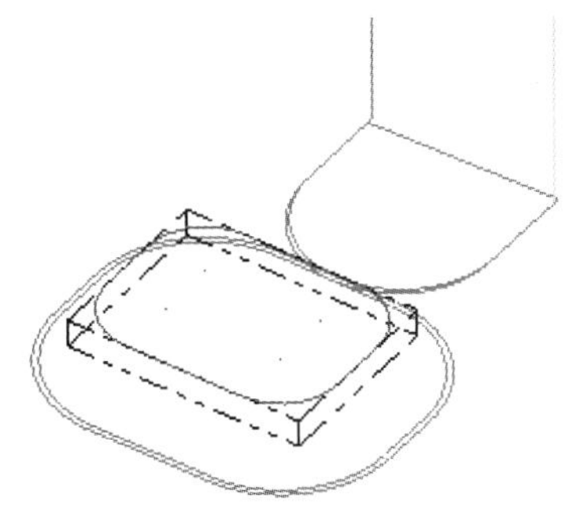

图 9.2.26 刀具路径

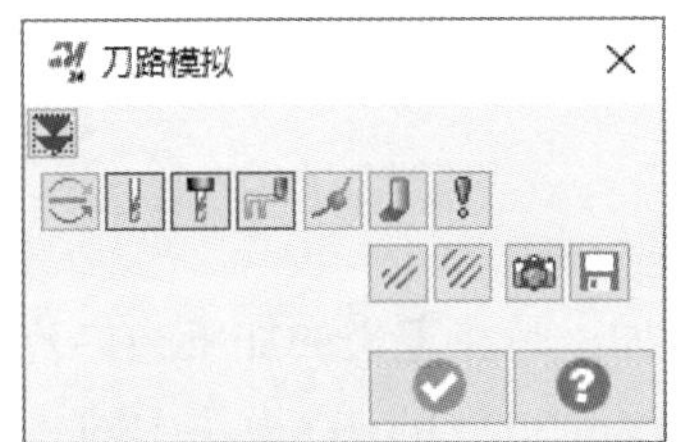

图 9.2.27 “刀路模拟”对话框

图 9.2.28 “路径模拟控制”操控板

（2）在“路径模拟控制”操控板中单击 ▶ 按钮，系统将开始对刀具路径进行模拟，结果与图 9.2.26 所示的刀具路径相同，单击“刀路模拟”对话框中的 ✔ 按钮。

Step2. 实体切削验证。

（1）在“刀路管理”中确认 1 - 外形铣削 (2D) - [WCS: 俯视图] - [刀具面: 俯视图] 节点被选中，然后单击“验证已选择的操作”按钮 ，系统弹出图 9.2.29 所示的“Mastercam 模拟器”对话框。

（2）在“Mastercam 模拟器”对话框中单击 ▶ 按钮，系统将开始进行实体切削仿真，仿真结果如图 9.2.30 所示，单击 × 按钮。

图 9.2.29 “Mastercam 模拟器”对话框

图 9.2.30 仿真结果

Step3. 保存模型。选择下拉菜单 文件 → 保存 命令，保存模型。

9.3 挖 槽 加 工

挖槽加工是在定义的加工边界范围内进行铣削加工。下面通过两个实例来说明挖槽加工在 Mastercam 2024 的 2D 模块中的一般操作过程。

9.3.1 实例 1

挖槽加工中的标准挖槽主要用来切削沟槽形状或切除封闭外形所包围的材料，常常用于对凹槽特征的精加工以及对平面的精加工。下面的一个实例（图 9.3.1）主要说明了标准挖槽加工的一般操作过程。

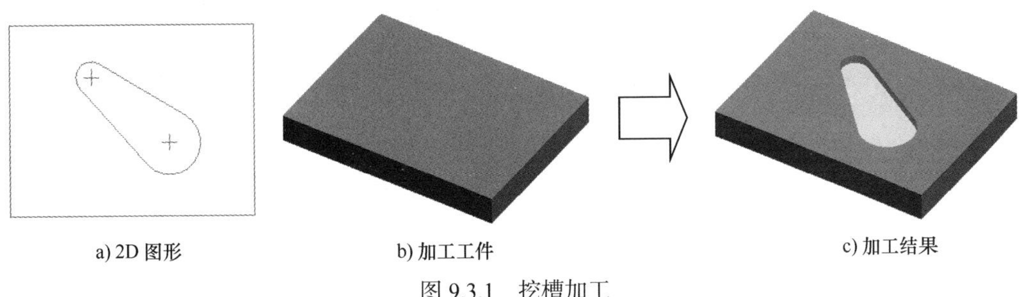

a) 2D 图形　　b) 加工工件　　c) 加工结果

图 9.3.1　挖槽加工

Stage1. 进入加工环境

Step1. 打开文件 D：\mcx2024\work\ch09.03\POCKET.mcam。

Step2. 进入加工环境。单击 机床 功能选项卡 机床类型 区域 铣床 下拉列表中的 默认(D) 命令，系统进入加工环境，此时零件模型二维图如图 9.3.2 所示。

Stage2. 设置工件

Step1. 在“刀路管理”中单击 属性 - Mill Default 节点前的“+”号，将该节点展开，然后单击 毛坯设置 节点，系统弹出图 9.3.3 所示的“机床群组设置”对话框（一）。

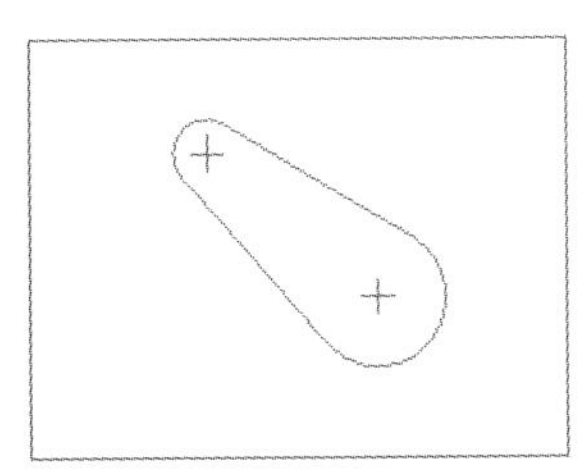

图 9.3.2　零件模型二维图

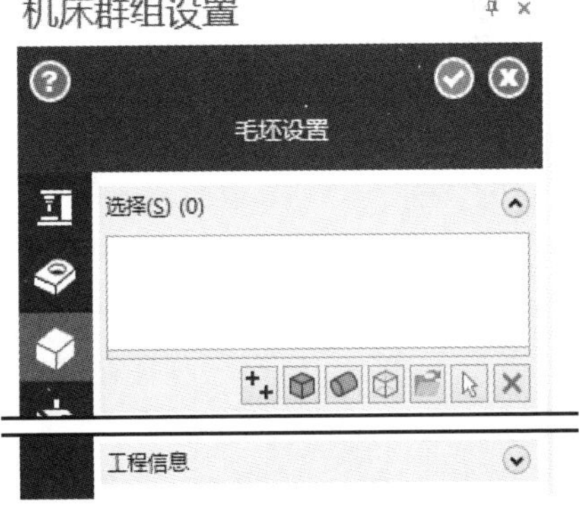

图 9.3.3　“机床群组设置”对话框（一）

Step2. 设置工件的形状。在“机床群组设置”对话框（一）的 选择(S) 区域中单击 按钮，系统弹出图 9.3.4 所示的“边界框”对话框。

Step3. 设置工件的尺寸。在“边界框”对话框的 图素 区域中选择 ◉ 全部显示(A) 选项，在 形状 区域中选择 ◉ 立方体(R) 选项，在 立方体设置 区域的 Z 文本框中输入值 10.0，单击 按钮，系统返回至图 9.3.5 所示的“机床群组设置”对话框（二）。

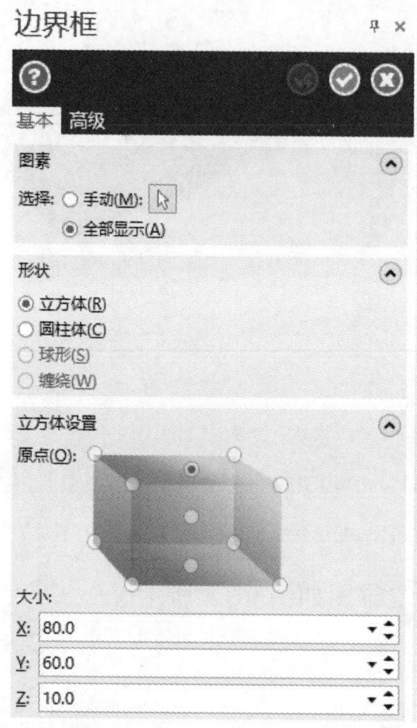

图 9.3.4 “边界框”对话框

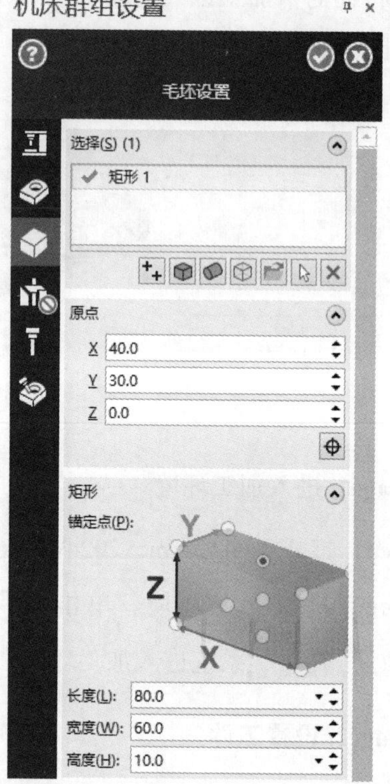

图 9.3.5 “机床群组设置”对话框（二）

Step4. 单击“机床群组设置”对话框（二）中的 按钮，完成工件的设置。单击 刀路 功能选项卡 毛坯 区域中的 显示/隐藏毛坯 命令，可以观察到零件的边缘多了红色的双点画线，双点画线围成的图形即为工件，如图 9.3.6 所示。

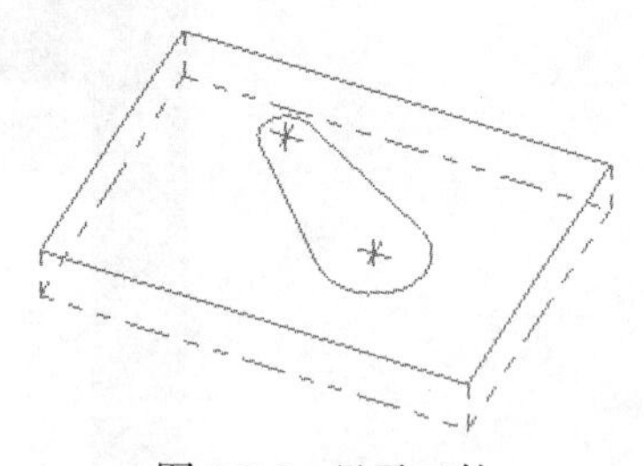

图 9.3.6 显示工件

Stage3. 选择加工类型

Step1. 单击 刀路 功能选项卡 2D 区域中的“挖槽”命令 ，系统弹出图 9.3.7 所示的“线框串连”对话框。

Step2. 设置加工区域。在图形区中选取图 9.3.8 所示的边线，系统自动选择图 9.3.9 所示的边链，单击 按钮，完成加工区域的设置，系统弹出图 9.3.10 所示的“2D 刀路 -2D 挖槽”对话框。

图 9.3.7 “线框串连”对话框

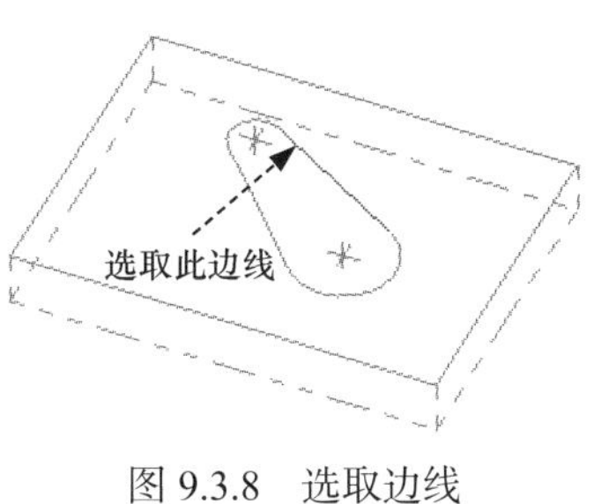

图 9.3.8 选取边线

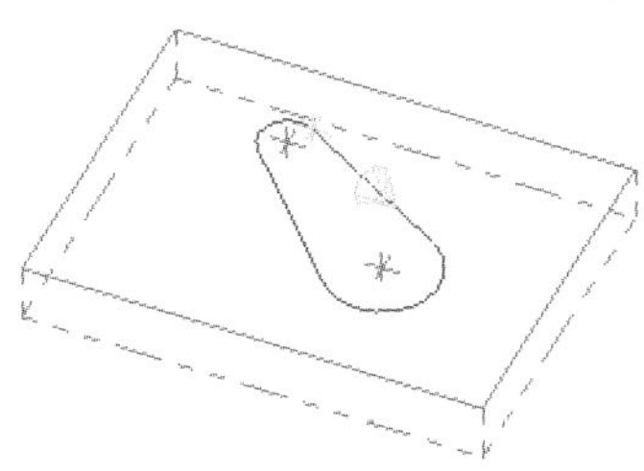

图 9.3.9 设置加工区域

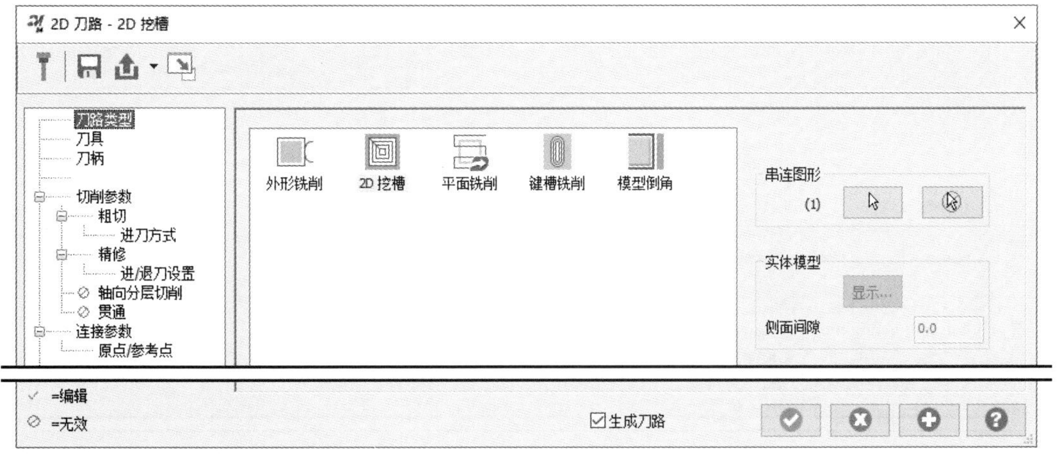

图 9.3.10 “2D 刀路 –2D 挖槽”对话框

Stage4. 选择刀具

Step1. 确定刀具类型。在“2D 刀路 –2D 挖槽”对话框的左侧节点列表中单击 刀具 节点，切换到刀具参数界面；单击 按钮，系统弹出图 9.3.11 所示的“刀具过滤列表设置”

对话框，单击 刀具类型 区域中的 全关(N) 按钮后，在刀具类型按钮群中单击 （圆鼻刀）按钮，单击 按钮，关闭“刀具过滤列表设置”对话框，系统返回至“2D 刀路 -2D 挖槽”对话框。

Step2. 选择刀具。在“2D 刀路 -2D 挖槽”对话框中单击 按钮，系统弹出图 9.3.12 所示的“选择刀具”对话框，在该对话框的列表框中选择图 9.3.12 所示的刀具。单击 按钮，关闭“选择刀具”对话框，系统返回至“2D 刀路 -2D 挖槽”对话框。

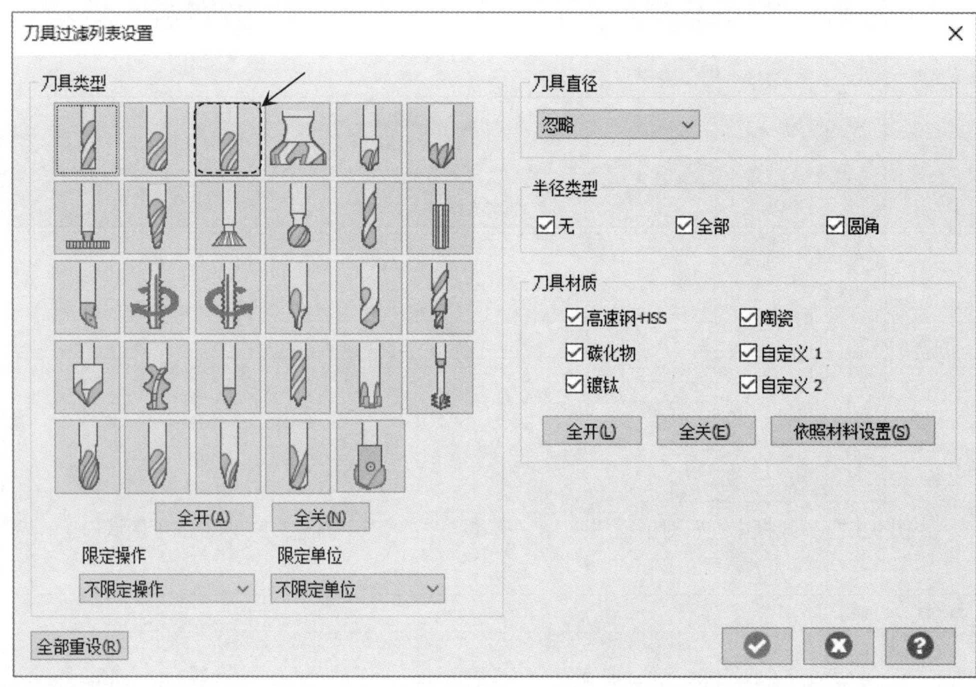

图 9.3.11 “刀具过滤列表设置”对话框

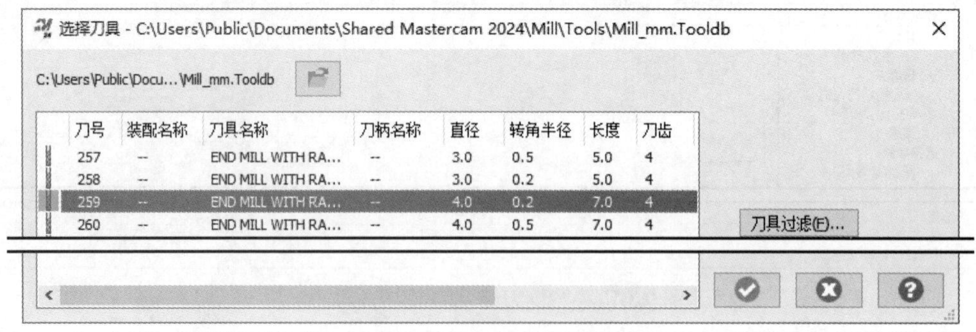

图 9.3.12 “选择刀具”对话框

Step3. 设置刀具参数。

（1）完成上步操作后，在“2D 刀路 -2D 挖槽”对话框刀具列表中双击该刀具，并在系统弹出的“编辑刀具”对话框中设置图 9.3.13 所示的参数。

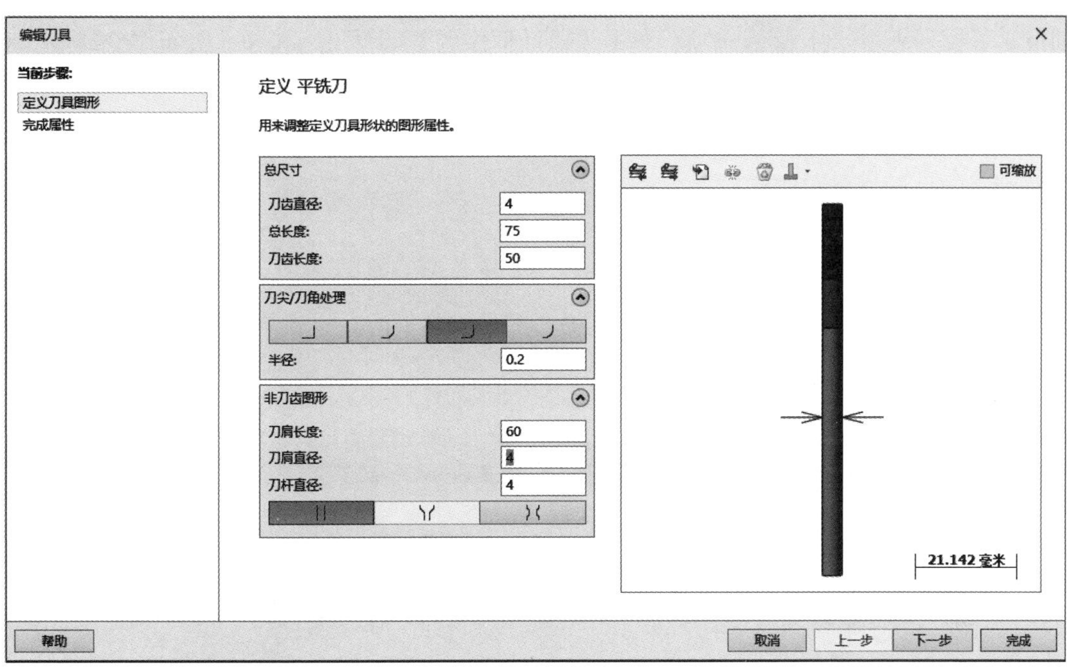

图 9.3.13 “编辑刀具”对话框

（2）设置刀具号。单击 下一步 按钮，在 刀号: 文本框中将原有的数值改为 1。

（3）设置刀具的加工参数。设置图 9.3.14 所示的加工参数。

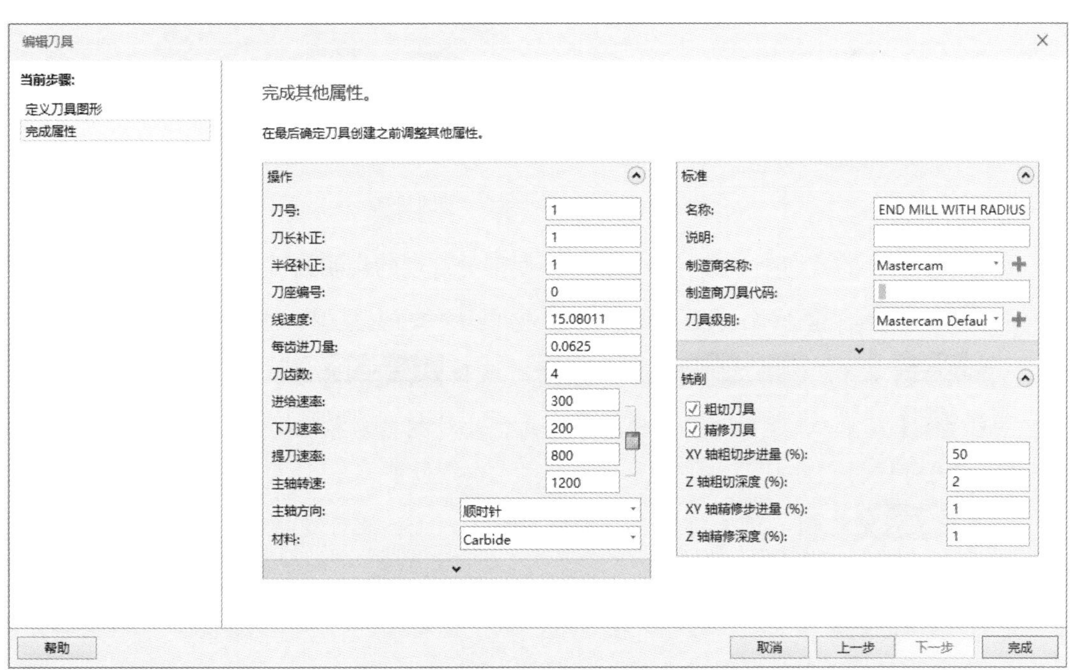

图 9.3.14 设置刀具参数

（4）设置冷却方式。单击 冷却液 按钮，系统弹出“冷却液”对话框，在 Flood（切削液）下拉列表中选择 On 选项，单击该对话框中的 确定 按钮，关闭“冷却液”对话框。

Step4. 单击“编辑刀具”对话框中的 完成 按钮，完成刀具的设置，系统返回至“2D 刀路 -2D 挖槽”对话框。

Stage5. 设置加工参数

Step1. 设置切削参数。在“2D 刀路 -2D 挖槽”对话框的左侧节点列表中单击 切削参数 节点，设置图 9.3.15 所示的参数。

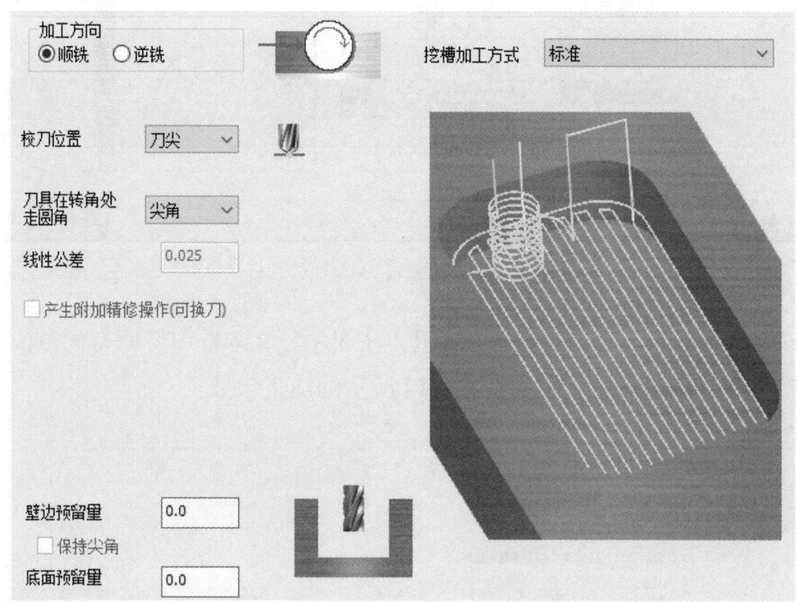

图 9.3.15 “切削参数”参数设置

图 9.3.15 所示的“切削参数”参数设置界面部分选项的说明如下。

- 挖槽加工方式 下拉列表：用于设置挖槽加工的类型，其中包括 标准 选项、平面铣 选项、使用岛屿深度 选项、残料 选项和 开放式挖槽 选项。
  - ☑ 标准 选项：该选项为标准的挖槽方式，此种挖槽方式仅对定义的边界内部的材料进行铣削。
  - ☑ 平面铣 选项：该选项为平面挖槽的加工方式，此种挖槽方式是对定义的边界所围成的平面的材料进行铣削。
  - ☑ 使用岛屿深度 选项：该选项为对工件上的“岛屿”进行加工的方式，此种加工方式能自动地调整铣削深度。
  - ☑ 残料 选项：该选项为残料挖槽的加工方式，此种加工方式可以对先前的加工自动进行残料计算并对剩余的材料进行切削。当使用这种加工方式时，其下会激活相关选项，可以对残料加工的参数进行设置。

☑ 开放式挖槽 选项：该选项为对未封闭串连区域进行铣削的加工方式。当使用这种加工方式时，其下会激活相关选项，可以对相应的参数进行设置。

Step2. 设置粗加工参数。在“2D 刀路 -2D 挖槽”对话框的左侧节点列表中单击 粗切 节点，设置图 9.3.16 所示的参数。

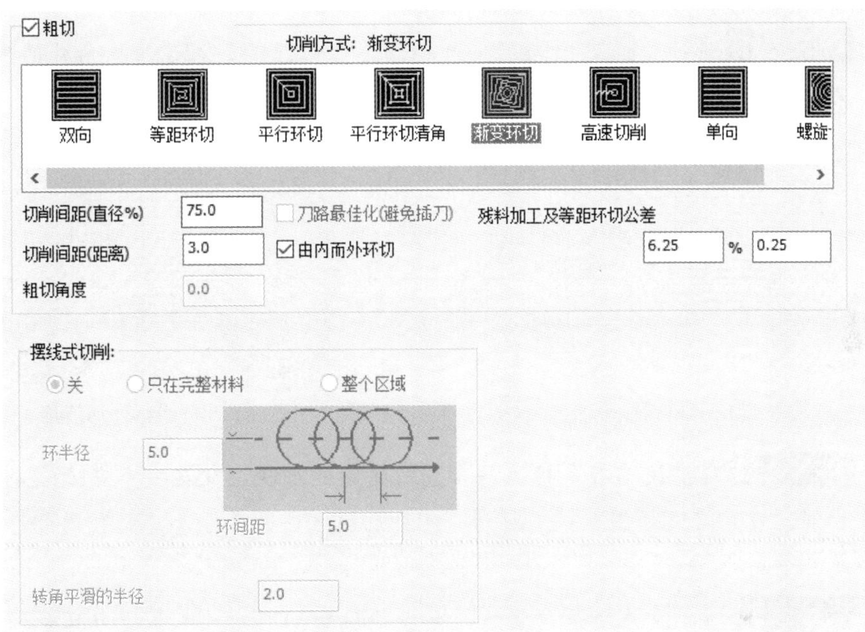

图 9.3.16 “粗切”参数设置

图 9.3.16 所示的“粗切”参数设置界面中部分选项的说明如下。

- ☑ 粗切 复选框：用于创建粗加工。
- 切削方式: 列表框：该列表框包括 双向、等距环切、平行环切、平行环切清角、渐变环切、高速切削、单向切削 和 螺旋切削 八种切削方式。

☑ 双向 选项：该选项表示根据粗加工的角采用 Z 形走刀，其加工速度快，但刀具容易磨损。采用此种切削方式的刀具路线如图 9.3.17 所示。

☑ 等距环切 选项：该选项表示根据剩余的部分重新计算出新的剩余部分，直到加工完成，刀具路线如图 9.3.18 所示。此种加工方法的切削范围比“平行环切”方法的切削范围大，比较适合加工规则的单型腔，加工后型腔的底部和侧壁的质量较好。

☑ 平行环切 选项：该选项是根据每次切削边界产生一定偏移量，直到加工完成，刀具路线如图 9.3.19 所示。由于刀具进刀方向一致，使刀具切削稳定，但不能保证清除切削残料。

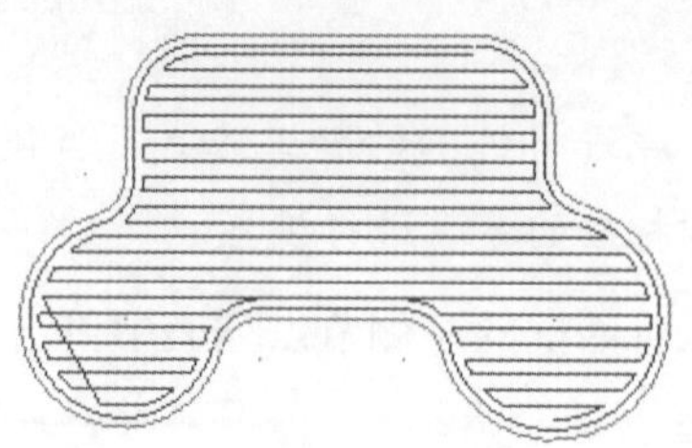

图 9.3.17　双向

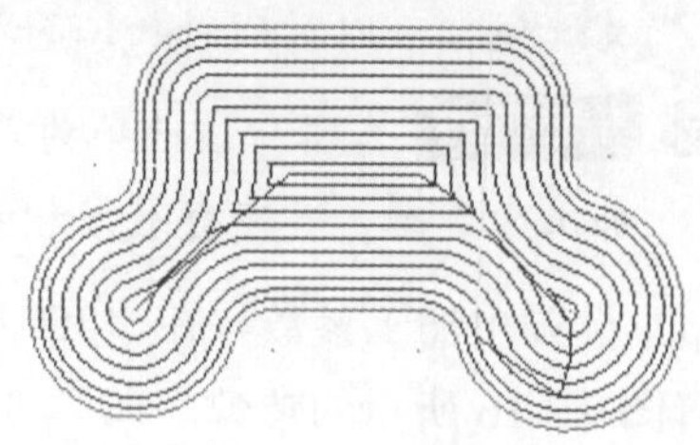

图 9.3.18　等距环切

☑ **平行环切清角** 选项：该选项与“平行环切”类似，但加入了清除角处的残量刀路，刀具路线如图 9.3.20 所示。

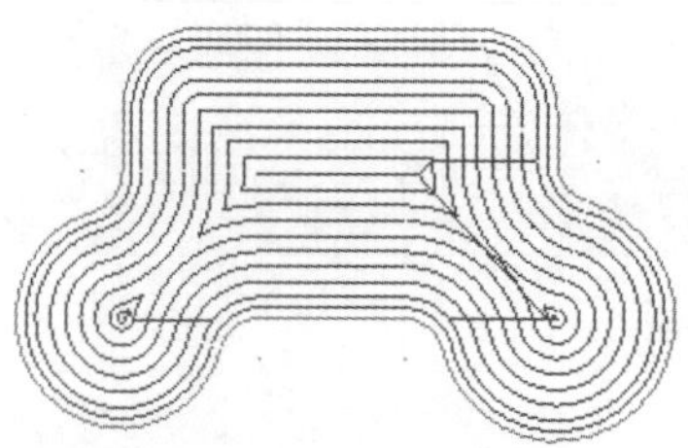

图 9.3.19　平行环切

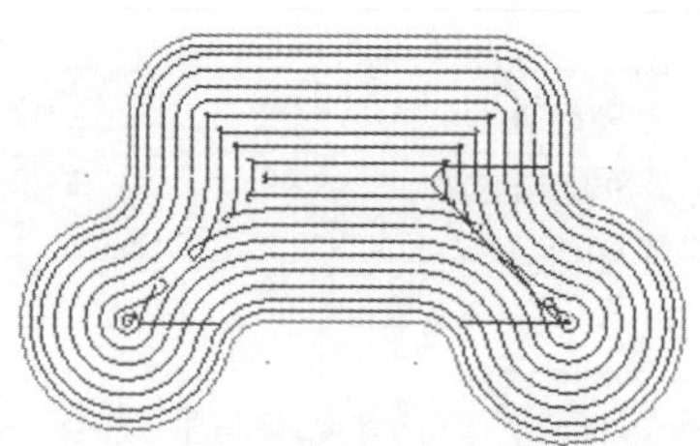

图 9.3.20　平行环切清角

☑ **渐变环切** 选项：该选项是根据凸台或凹槽间的形状，从某一个点逐渐地递进进行切削，刀具路线如图 9.3.21 所示。此种切削方法适合于加工型腔内部存在的一个或多个岛屿。

☑ **高速切削** 选项：该选项是在圆弧处生成平稳的切削，且不易使刀具受损的一种加工方式，但加工时间较长。刀具路线如图 9.3.22 所示。

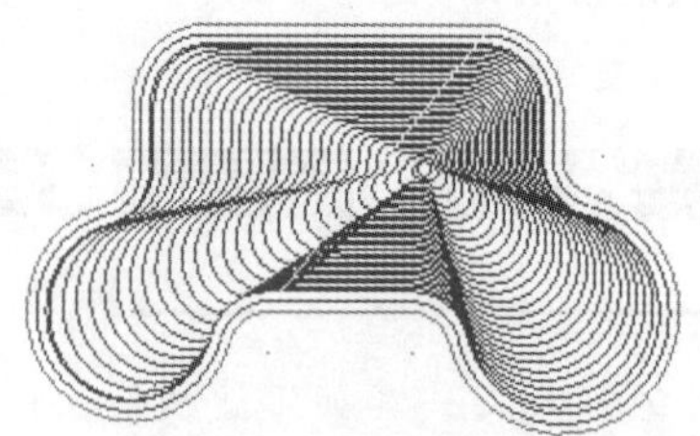

图 9.3.21　依外形环切

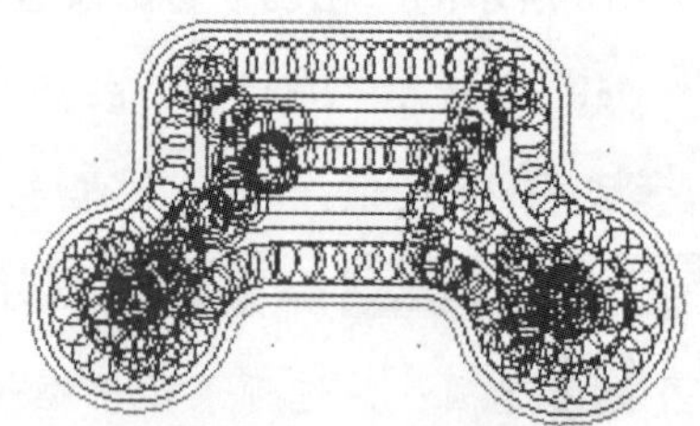

图 9.3.22　高速切削

☑ **单向切削** 选项：该选项是始终沿一个方向切削，适合在切削深度较大时选用，但加工时间较长。刀具路线如图 9.3.23 所示。

☑ **螺旋切削** 选项：该选项是从某一点开始，沿螺旋线切削，刀具路线如图 9.3.24 所示。此种切削方式在切削时比较平稳，适合在切削非规则型腔时选用，有较好的切削效果且生成的程序较短。

说明：读者可以打开 D：\mcx2024\work\ch09.03\EXMPLE.mcam 文件，通过更改不同的切削方式，仔细观察它们的特点。

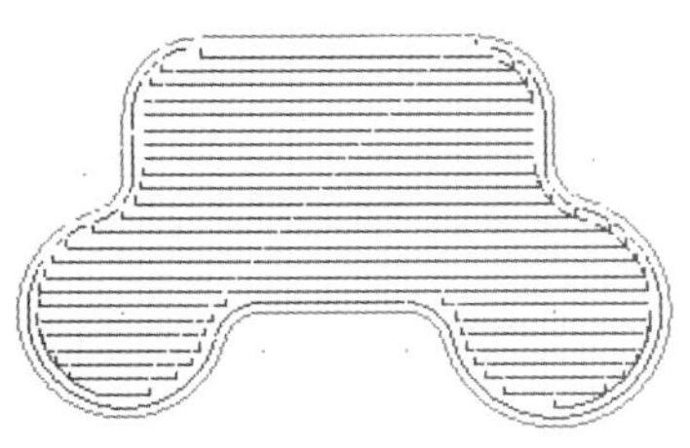

图 9.3.23 单向

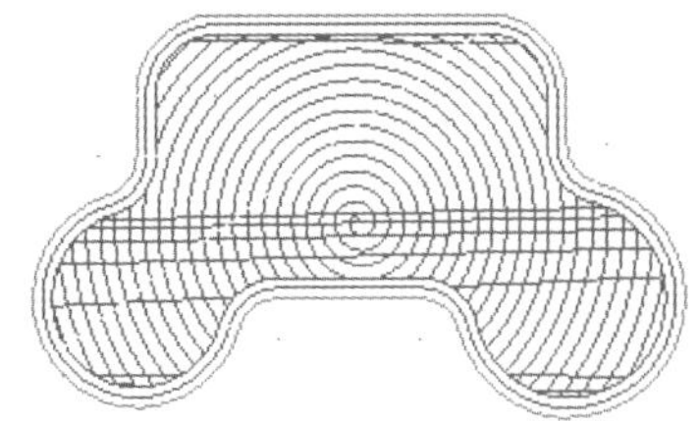
图 9.3.24 螺旋切削

- 切削间距(直径%) 文本框：用于设置切削间距为刀具直径的定义百分比。
- 切削间距(距离) 文本框：用于设置 XY 方向上的切削间距，XY 方向上的切削间距为距离值。
- 粗切角度 文本框：用于设置粗加工时刀具加工角的角度限制。此文本框仅在 切削方式: 为 双向 和 单向切削 时可用。
- ☑ 刀路最佳化(避免插刀) 复选框：用于防止在切削凸台或凹槽周围区域时因切削量过大而产生的刀具损坏。此选项仅在 切削方式: 为 双向、等距环切、平行环切 和 平行环切清角 时可用。
- ☑ 由内而外环切 复选框：用于设置切削方向。选中此复选框，则切削方向为由内向外切削；反之，则由外向内切削。此选项在 切削方式: 为 双向 和 单向切削 时不可用。
- 残料加工及等距环切公差 文本框：设置粗加工的加工公差，可在第一个文本框中输入刀具直径的百分比或在第二个文本框中输入具体值。

Step3. 设置粗加工进刀模式。在“2D 刀路 -2D 挖槽”对话框的左侧节点列表中单击 粗切 节点下的 进刀方式 节点，设置图 9.3.25 所示的参数。

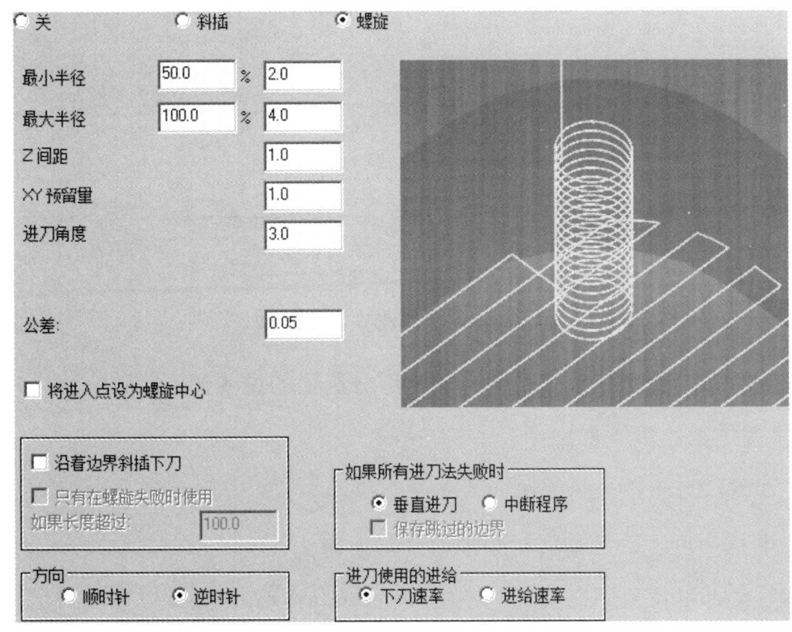

图 9.3.25 “进刀方式”参数设置

图 9.3.25 所示的“进刀方式”参数设置界面中部分选项的说明如下。

- 螺旋 单选项：用于设置螺旋方式下刀。
  - ☑ 最小半径 文本框：用于设置螺旋的最小半径。可在第一个文本框中输入刀具直径的百分比或在第二个文本框中输入具体值。
  - ☑ 最大半径 文本框：用于设置螺旋的最大半径。可在第一个文本框中输入刀具直径的百分比或在第二个文本框中输入具体值。
  - ☑ Z 间距 文本框：用于设置刀具在工件表面的某个高度开始螺旋下刀。
  - ☑ XY 预留量 文本框：用于设置刀具螺旋下刀时距离边界的距离。
  - ☑ 进刀角度 文本框：用于设置刀具螺旋下刀时的螺旋角度。

Step4. 设置精加工参数。在“2D 刀路 -2D 挖槽”对话框的左侧节点列表中单击 精修 节点，设置图 9.3.26 所示的参数。

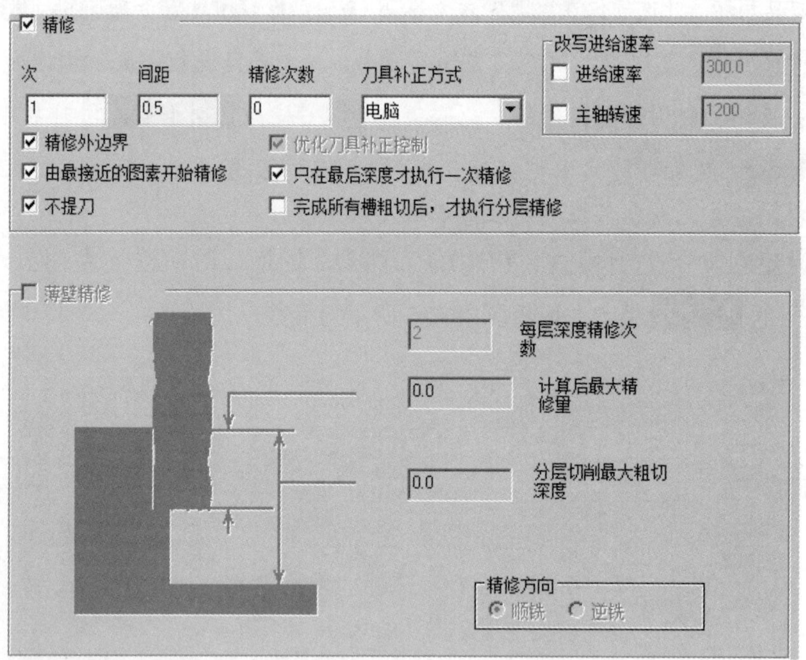

图 9.3.26 “精修”参数设置

图 9.3.26 所示的“精修”参数设置界面中部分选项的说明如下。

- ☑ 精修 复选框：用于创建精加工。
- 次 文本框：用于设置精加工的次数。
- 间距 文本框：用于设置每次精加工的切削间距。
- 精修次数 文本框：用于设置在同一路径精加工的精修次数。
- 刀具补正方式 文本框：用于设置刀具的补正方式。

- 改写进给速率 区域：用于设置精加工进给参数，该区域包括 进给速率 文本框和 主轴转速 文本框。
  - ☑ 进给速率 文本框：用于设置加工时的进给率。
  - ☑ 主轴转速 文本框：用于设置加工时的主轴转速。
- ☑ 精修外边界 复选框：用于设置精加工内 / 外边界。选中此复选框，则精加工外部边界；反之，则精加工内部边界。
- ☑ 由最接近的图素开始精修 复选框：用于设置粗加工后精加工的起始位置为最近的端点。当选中此复选框，则将最近的端点作为精加工的起始位置；反之，则将按照原先定义的顺序进行精加工。
- ☑ 不提刀 复选框：用于设置在精加工时是否返回到预先定义的进给下刀位置。
- ☑ 优化刀具补正控制 复选框：用于设置控制器补正的优化。
- ☑ 只在最后深度才执行一次精修 复选框：用于设置只在最后一次切削时进行精加工。当选中此复选框，则只在最后一次切削时进行精加工；反之，则将对每次切削进行精加工。
- ☑ 完成所有槽粗切后，才执行分层精修 复选框：用于设置完成所有粗加工后才进行多层的精加工。

Step5. 设置连接参数。在“2D 刀路 -2D 挖槽”对话框的左侧节点列表中单击 连接参数 节点，设置图 9.3.27 所示的参数。

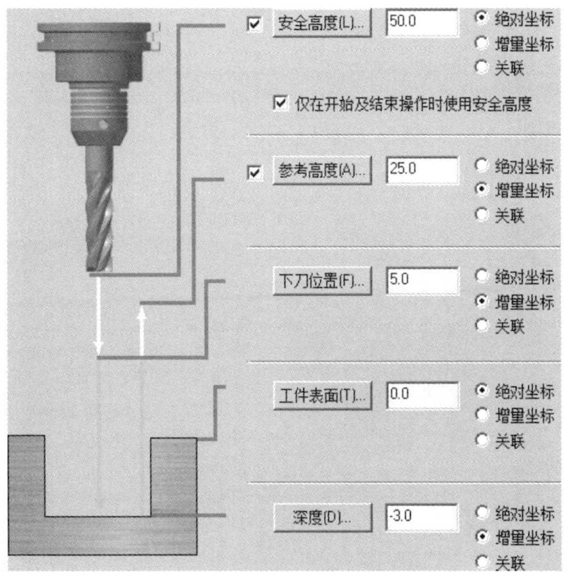

图 9.3.27 “连接参数”参数设置

Step6. 单击“2D 刀路 -2D 挖槽”对话框中的 ✔ 按钮，完成挖槽加工参数的设置，

此时系统将自动生成图 9.3.28 所示的刀具路径。

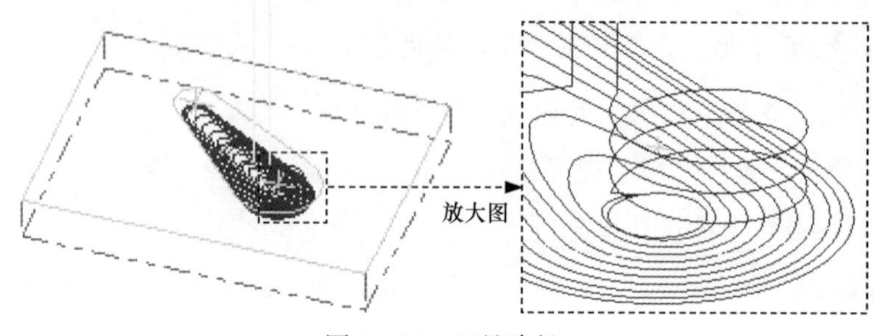

图 9.3.28　刀具路径

Stage6. 加工仿真

Step1. 路径模拟。

（1）在“刀路管理”中单击 刀路 - 17.2K - POCKET.NC - 程序编号 0 节点，系统弹出“刀路模拟”对话框及“路径模拟控制”操控板。

（2）在“路径模拟控制”操控板中单击 按钮，系统将开始对刀具路径进行模拟，结果与图 9.3.28 所示的刀具路径相同，在“刀路模拟”对话框中单击 按钮。

Step2. 切削实体验证。

（1）在“刀路管理”中确认 1 - 2D 挖槽 (标准) - [WCS: 俯视图] - [刀具面: 俯视图] 节点被选中，然后单击“验证已选择的操作”按钮，系统弹出图 9.3.29 所示的“Mastercam 模拟器”对话框。

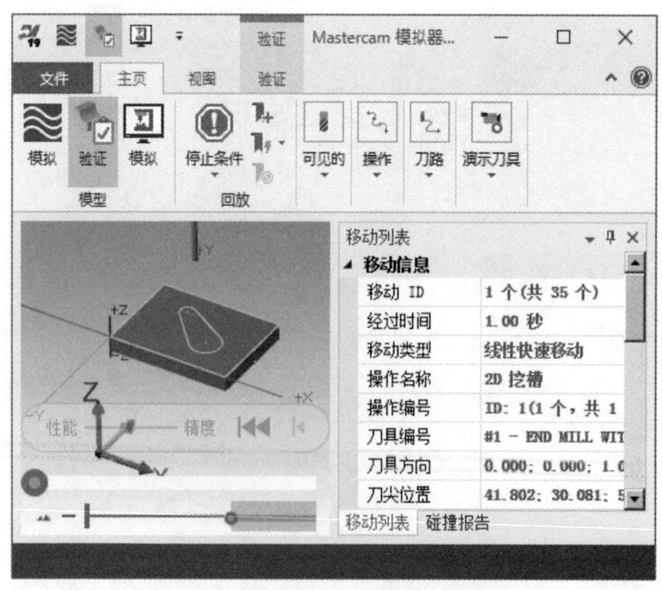

图 9.3.29　“Mastercam 模拟器”对话框

（2）在“Mastercam 模拟器”对话框中单击 ▶ 按钮，系统将开始进行实体切削仿真，仿真结果如图 9.3.30 所示，单击 × 按钮。

图 9.3.30 仿真结果

Step3. 保存模型。选择下拉菜单 文件 → 保存 命令，保存模型。

9.3.2 实例 2

加工凸台的方法不同于上一小节中的标准挖槽加工，它直接加工出平面从而得到所需要加工的凸台。下面通过一个实例（图 9.3.31）来说明加工凸台的一般操作过程。

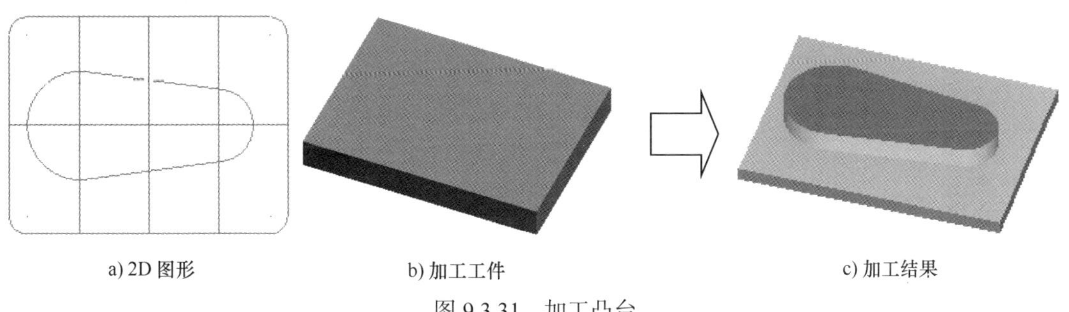

a) 2D 图形 b) 加工工件 c) 加工结果

图 9.3.31 加工凸台

Stage1. 进入加工环境

Step1. 打开文件 D:\mcx2024\work\ch09.03\POCKET_2.mcam。

Step2. 进入加工环境。单击 机床 功能选项卡 机床类型 区域 铣床 下拉列表中的 默认(D) 命令，系统进入加工环境，此时零件模型二维图如图 9.3.32 所示。

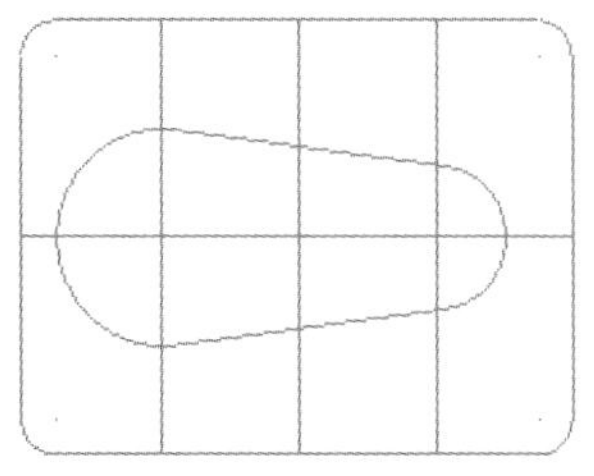

图 9.3.32 零件模型二维图

Stage2. 设置工件

Step1. 在“刀路管理”中单击 属性 - Mill Default 节点前的“+”号，将该节点展开，然后单击 毛坯设置 节点，系统弹出“机床群组设置”对话框。

Step2. 设置工件的形状。在“机床群组设置”对话框的 选择(S) 区域中单击 （创建矩形毛坯）按钮，按 <Ctrl+A> 键选取所有可见几何，然后按 Enter 键。

Step3. 设置工件参数。在“机床群组设置”对话框 矩形 区域的 高度(H): 文本框中输入值 10.0，如图 9.3.33 所示。

Step4. 单击“机床群组设置”对话框中的 按钮，完成工件的设置。单击 刀路 功能选项卡 毛坯 区域中的 显示/隐藏毛坯 命令，可以观察到零件的边缘多了红色的双点画线，双点画线围成的图形即为工件，如图 9.3.34 所示。

图 9.3.33 “机床群组设置”对话框

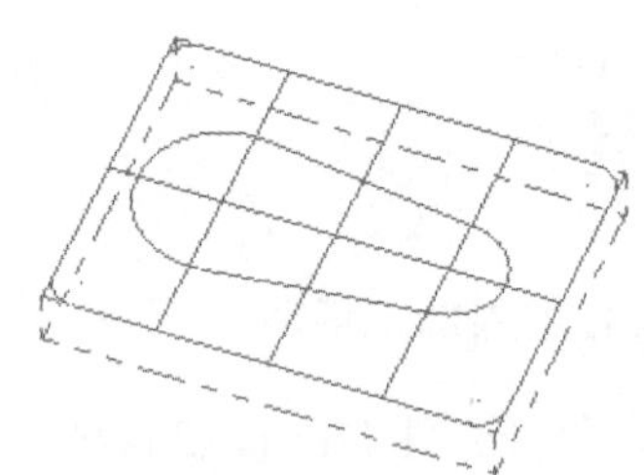
图 9.3.34 显示工件

Stage3. 选择加工类型

Step1. 单击 刀路 功能选项卡 2D 区域中的“挖槽”命令 ，同时系统弹出“线框串连”对话框。

Step2. 设置加工区域。在图形区中选取图 9.3.35 所示的边线，系统自动选取图 9.3.36 所示的边链；在图形区中选取图 9.3.37 所示的边线，系统自动选取图 9.3.38 所示的边链，单击 按钮，完成加工区域的设置，同时系统弹出 “2D 刀路 -2D 挖槽”对话框。

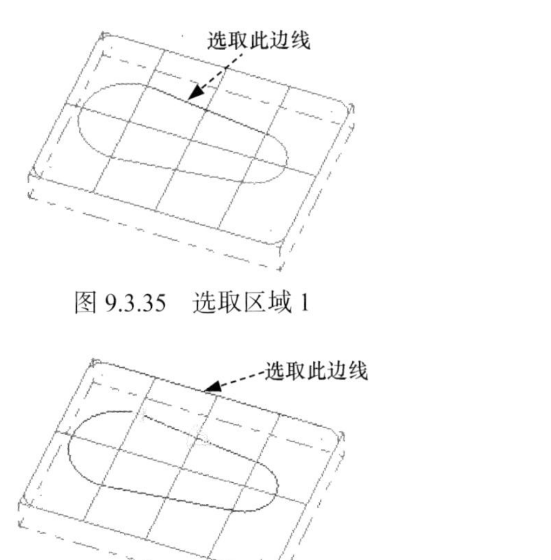

图 9.3.35　选取区域 1

图 9.3.37　选取区域 2

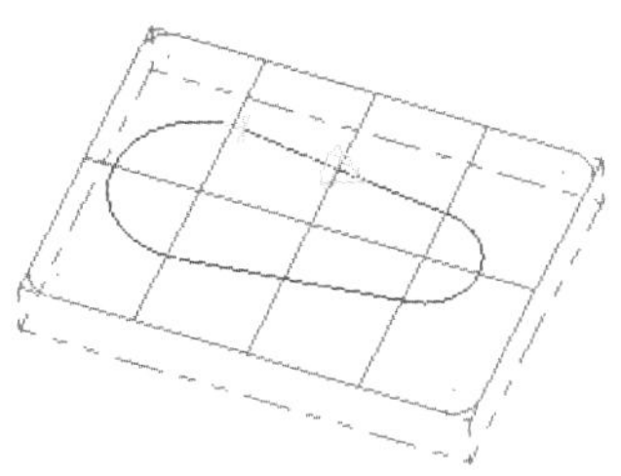

图 9.3.36　定义区域 1

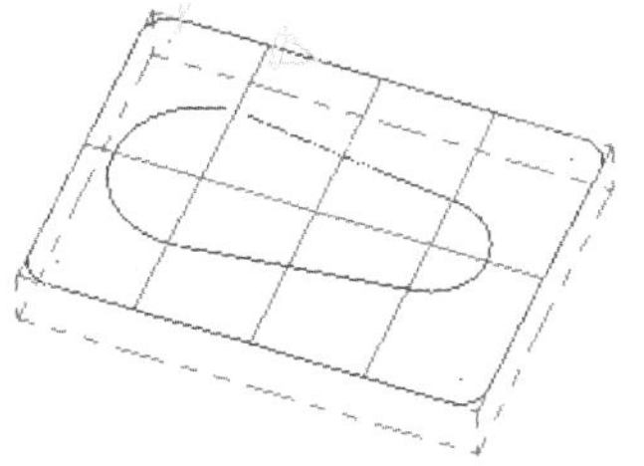

图 9.3.38　定义区域 2

Stage4. 选择刀具

Step1. 确定刀具类型。在“2D 刀路 -2D 挖槽”对话框的左侧节点列表中单击 刀具 节点，切换到刀具参数界面；单击 按钮，系统弹出图 9.3.39 所示的“刀具过滤列表设置”对话框，单击 刀具类型 区域中的 全关(N) 按钮后，在刀具类型按钮群中单击 （平底刀）按钮，单击 按钮，关闭“刀具过滤列表设置”对话框，系统返回至“2D 刀路 -2D 挖槽”对话框。

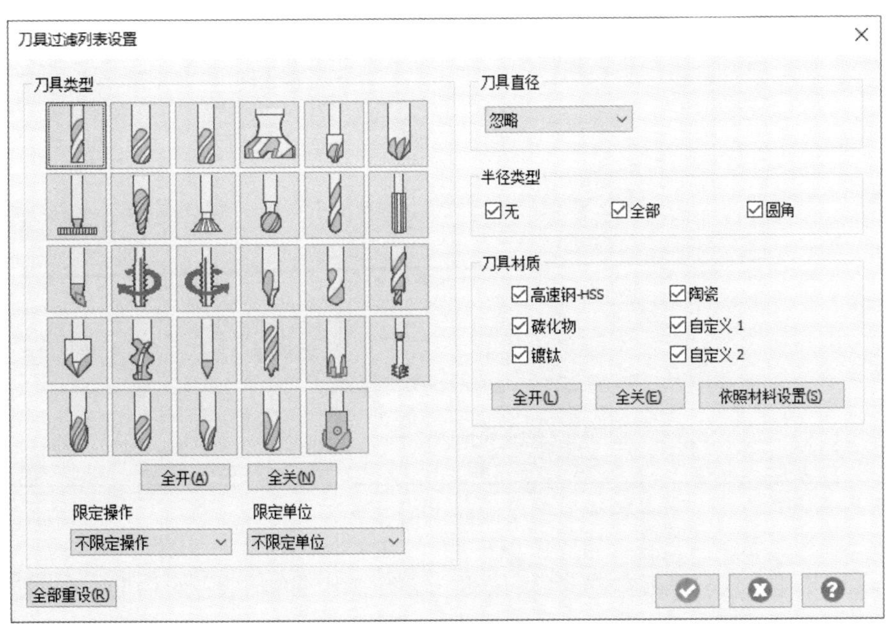

图 9.3.39　“刀具过滤列表设置”对话框

Step2. 选择刀具。在“2D 刀路 -2D 挖槽”对话框中单击 按钮，系统弹出“选择刀具”对话框，在该对话框的列表框中选择图 9.3.40 所示的刀具。单击 按钮，关闭“选择刀具”对话框，系统返回至“2D 刀路 -2D 挖槽”对话框。

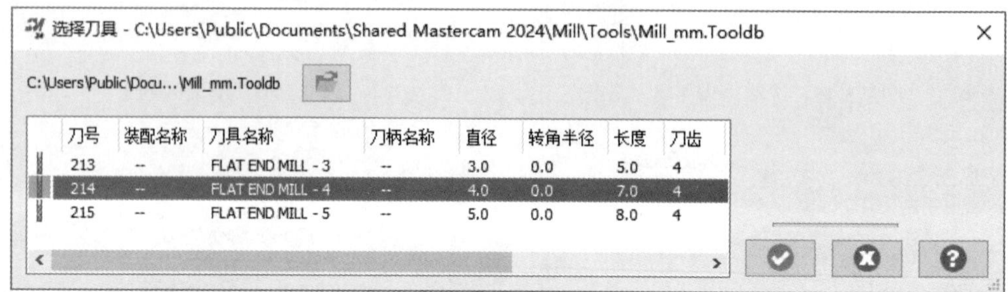

图 9.3.40 “选择刀具”对话框

Step3. 设置刀具参数。

（1）完成上步操作后，在“2D 刀路 -2D 挖槽”对话框的刀具列表中双击该刀具，系统弹出“编辑刀具”对话框。

（2）设置刀具号。单击 下一步 按钮，在 刀号: 文本框中将原有的数值改为 1。

（3）设置刀具的加工参数。设置图 9.3.41 所示的参数。

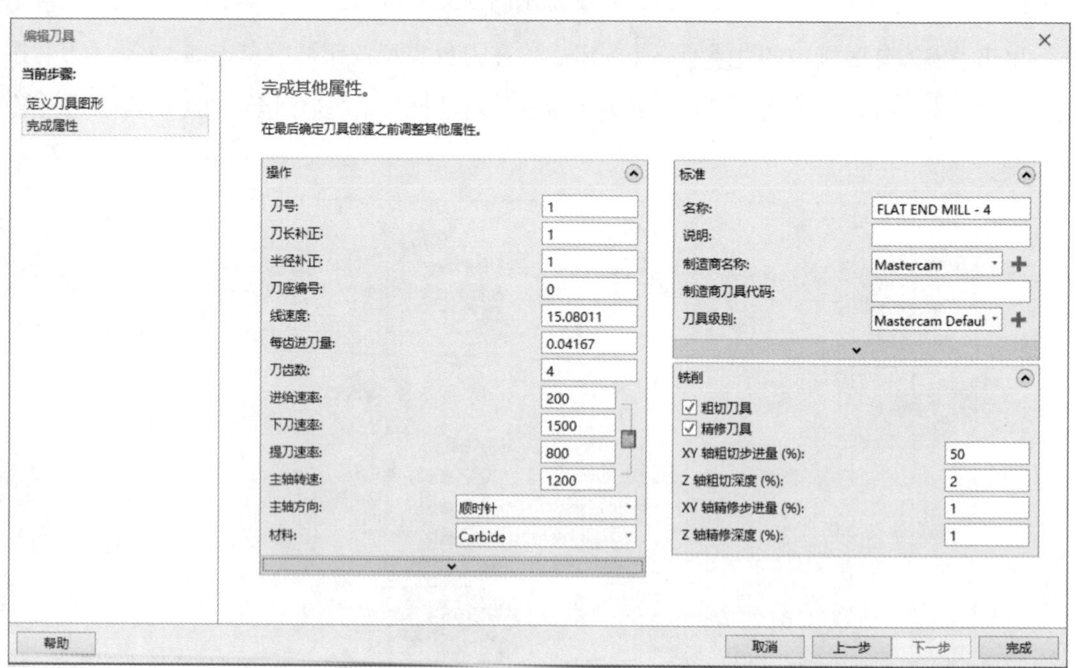

图 9.3.41 设置参数

（4）设置冷却方式。单击 冷却液 按钮，系统弹出“冷却液”对话框，在 Flood （切削液）下拉列表中选择 On 选项，单击该对话框中的 确定 按钮，关闭“冷却液”对话框。

Step4. 单击“编辑刀具”对话框中的 完成 按钮，完成刀具的设置，系统返回至“2D 刀路 -2D 挖槽”对话框。

Stage5. 设置加工参数

Step1. 设置切削参数。在“2D 刀路 -2D 挖槽”对话框的左侧节点列表中单击 切削参数 节点，设置图 9.3.42 所示的参数。

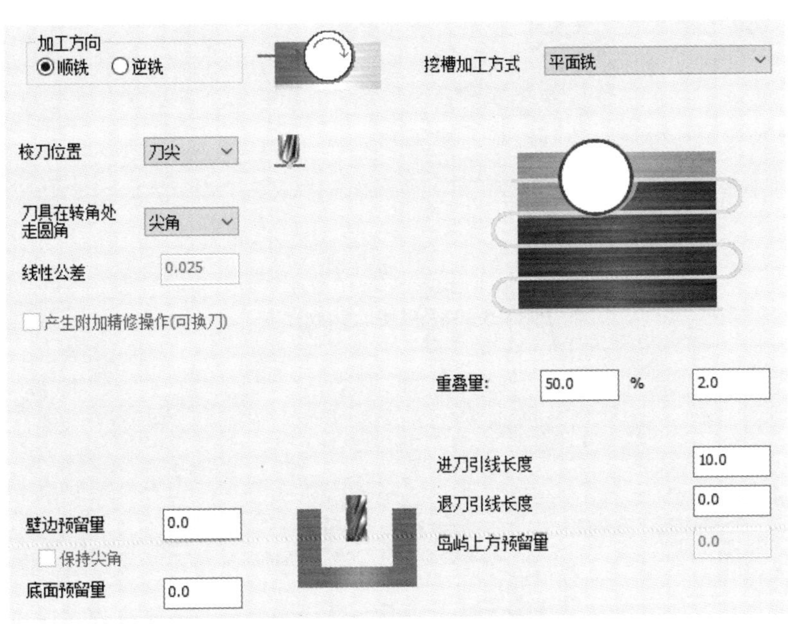

图 9.3.42 “切削参数”参数设置

Step2. 设置粗加工参数。在“2D 刀路 -2D 挖槽”对话框的左侧节点列表中单击 粗切 节点，设置图 9.3.43 所示的参数。

Step3. 设置精加工参数。在“2D 刀路 -2D 挖槽”对话框的左侧节点列表中单击 精修 节点，设置图 9.3.44 所示的参数。

Step4. 设置连接参数。在“2D 刀路 -2D 挖槽”对话框的左侧节点列表中单击 连接参数 节点，设置图 9.3.45 所示的参数。

Step5. 单击“2D 刀路 -2D 挖槽”对话框中的 ✔ 按钮，完成加工参数的设置，此时系统将自动生成图 9.3.46 所示的刀具路径。

Stage6. 加工仿真

Step1. 路径模拟。

（1）在“刀路管理”中单击 刀路 - 132.8K - POCKET_2.NC - 程序编号 0 节点，系统弹出“刀路模拟”对话框及“路径模拟控制”操控板。

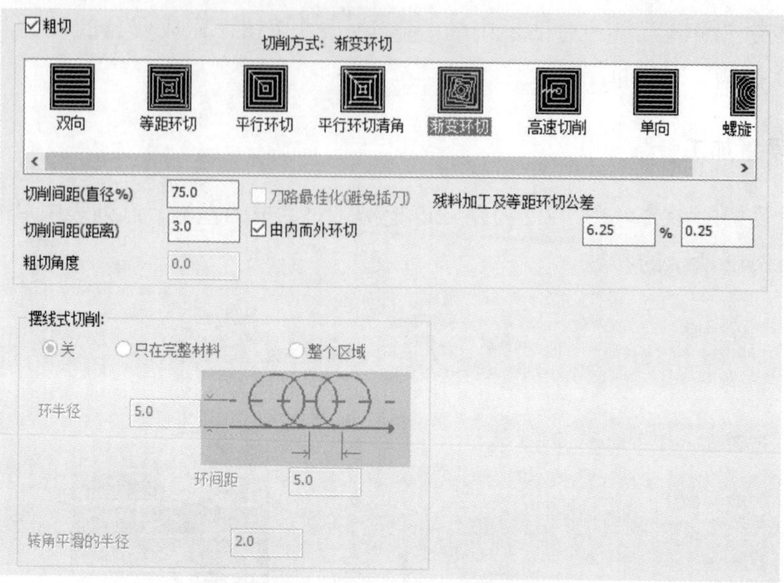

图 9.3.43 “粗切”参数设置

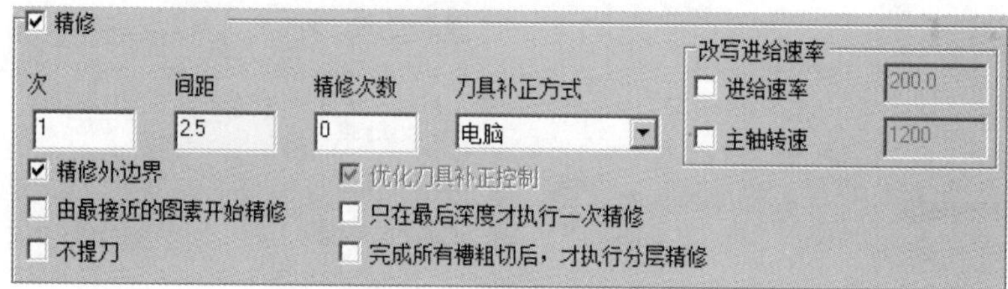

图 9.3.44 “精修”参数设置

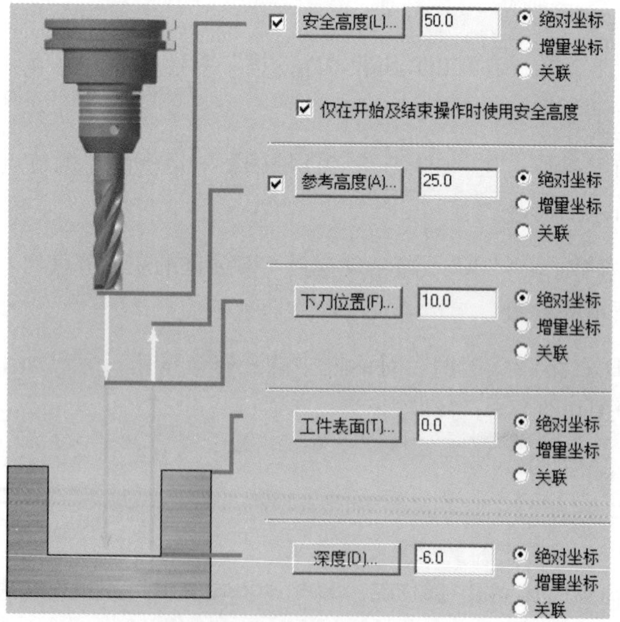

图 9.3.45 “连接参数”参数设置

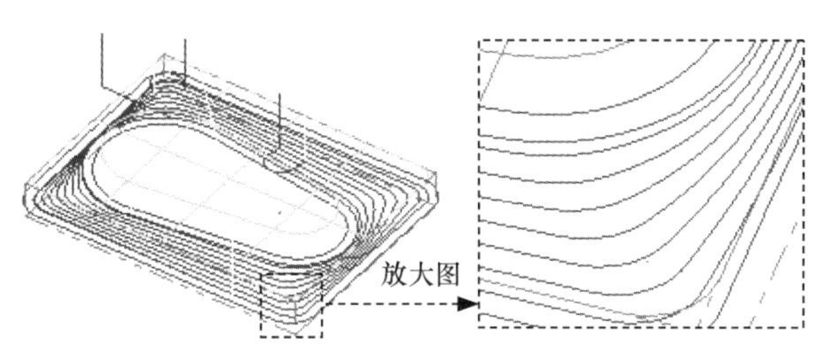

图 9.3.46 刀具路径

（2）在“路径模拟控制”操控板中单击 按钮，系统将开始对刀具路径进行模拟，结果与图 9.3.46 所示的刀具路径相同，在“刀路模拟”对话框中单击 按钮。

Step2. 实体切削验证。

（1）在“刀路管理”中确认 1 - 2D 挖槽 (平面加工) - [WCS: 俯视图] - [刀具面: 俯视图] 节点被选中，然后单击“验证已选择的操作”按钮 ，系统弹出“Mastercam 模拟器”对话框。

（2）在“Mastercam 模拟器”对话框中单击 按钮，系统将开始进行实体切削仿真，仿真结果如图 9.3.47 所示，单击 按钮。

图 9.3.47 仿真结果

Step3. 保存模型。选择下拉菜单 文件 → 保存 命令，保存模型。

9.4 面 铣 加 工

面铣加工是通过定义加工边界对平面进行铣削，常常用于工件顶面和台阶面的加工。下面通过一个实例（图 9.4.1）来说明 Mastercam 2024 进行面铣加工的一般过程，其操作步骤如下。

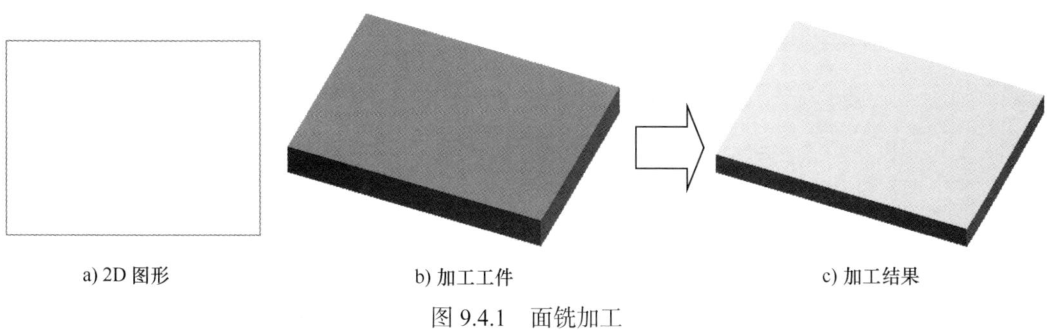

a) 2D 图形　　b) 加工工件　　c) 加工结果

图 9.4.1 面铣加工

Stage1. 进入加工环境

Step1. 打开文件 D：\mcx2024\work\ch09.04\FACE.mcam。

Step2. 进入加工环境。单击 机床 功能选项卡 机床类型 区域 铣床 下拉列表中的 默认(D) 命令，系统进入加工环境，此时零件模型二维图如图 9.4.2 所示。

图 9.4.2 零件模型二维图

Stage2. 设置工件

Step1. 在“刀路管理”中单击 属性 - Mill Default 节点前的“+”号，将该节点展开，然后单击 毛坯设置 节点，系统弹出“机床群组设置”对话框。

Step2. 设置工件的形状。在“机床群组设置”对话框的 选择(S) 区域中单击 （创建矩形毛坯）按钮，按 <Ctrl+A> 键选取所有可见几何，然后按 Enter 键。

Step3. 设置工件参数。在“机床群组设置”对话框 矩形 区域的 高度(H): 文本框中输入值 10.0，如图 9.4.3 所示。

Step4. 单击“机床群组设置”对话框中的 按钮，完成工件的设置。单击 刀路 功能选项卡 毛坯 区域中的 显示/隐藏毛坯 命令，可以观察到零件的边缘多了红色的双点画线，双点画线围成的图形即为工件，如图 9.4.4 所示。

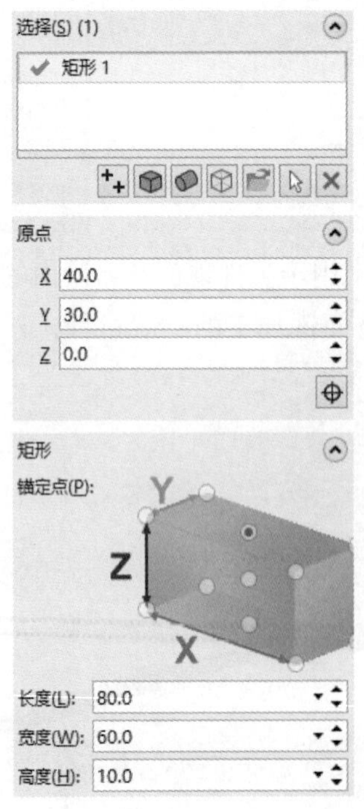

图 9.4.3 “机床群组设置”对话框

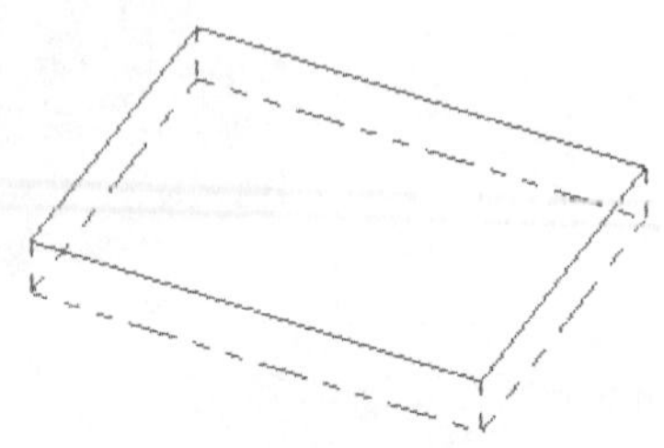

图 9.4.4 显示工件

Stage3. 选择加工类型

Step1. 单击 刀路 功能选项卡 2D 区域中的“面铣”命令，同时系统弹出“线框串连”对话框。

Step2. 设置加工区域。在图形区中选取图 9.4.5 所示的边线，系统自动选择图 9.4.6 所示的边链，单击 ✔ 按钮，完成加工区域的设置，同时系统弹出图 9.4.7 所示的“2D 刀路 - 平面铣削”对话框。

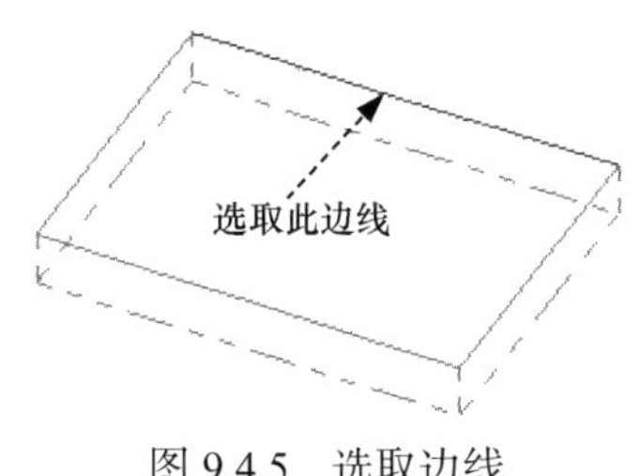

图 9.4.5 选取边线

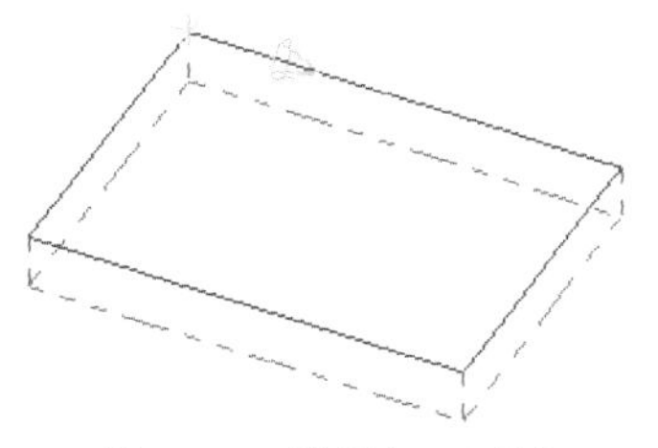
图 9.4.6 设置加工区域

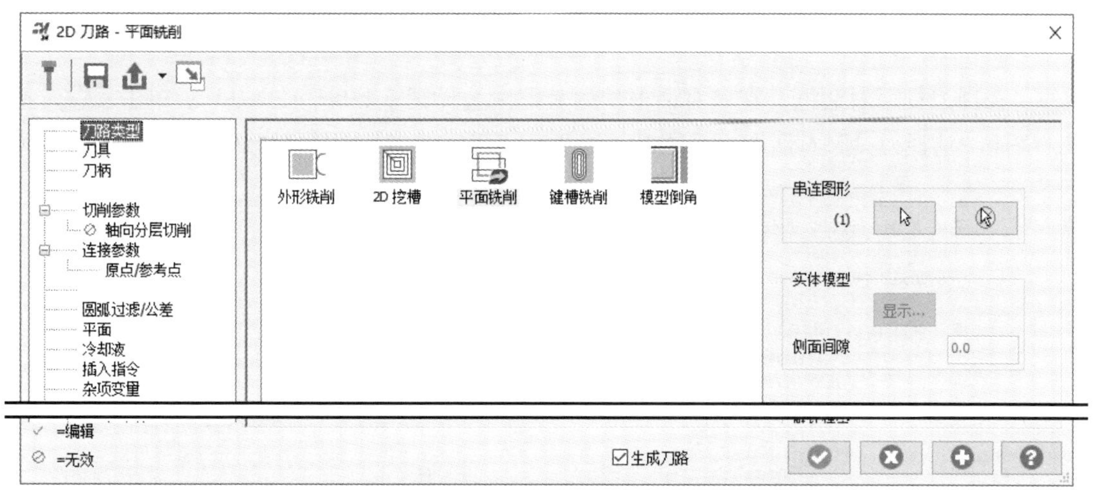

图 9.4.7 “2D 刀路 - 平面铣削”对话框

Stage4. 选择刀具

Step1. 确定刀具类型。在“2D 刀路 - 平面铣削”对话框的左侧节点列表中单击 刀具 节点，切换到刀具参数界面；单击 按钮，系统弹出图 9.4.8 所示的“刀具过滤列表设置”对话框，单击 刀具类型 区域中的 全关(N) 按钮后，在刀具类型按钮群中单击 （平底刀）按钮，单击 ✔ 按钮，关闭“刀具过滤列表设置”对话框，系统返回至“2D 刀路 - 平面铣削”对话框。

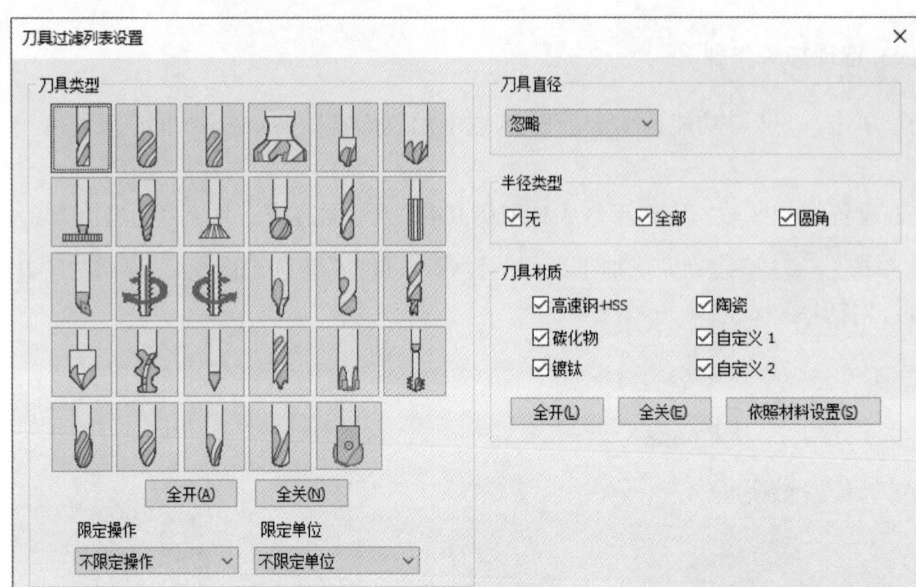

图 9.4.8 “刀具过滤列表设置”对话框

Step2. 选择刀具。在“2D 刀路 - 平面铣削”对话框中单击 按钮，系统弹出图 9.4.9 所示的“选择刀具”对话框，在该对话框的列表框中选择图 9.4.9 所示的刀具。单击 按钮，关闭“选择刀具”对话框，系统返回至“2D 刀路 - 平面铣削”对话框。

选择刀具 - C:\Users\Public\Documents\Shared Mastercam 2024\Mill\Tools\Mill_mm.tooldb

C:\Users\Public\Docu...\Mill_mm.tooldb

刀号	装配名称	刀具名称	刀柄名称	直径	转角半径	长度	刀齿
213	--	FLAT END MILL - 3	--	3.0	0.0	5.0	4
214	--	FLAT END MILL - 4	--	4.0	0.0	7.0	4
215	--	FLAT END MILL - 5	--	5.0	0.0	8.0	4
216	--	FLAT END MILL - 6	--	6.0	0.0	10.0	4
217	--	FLAT END MILL - 8	--	8.0	0.0	13.0	4
218	--	FLAT END MILL - 10	--	10.0	0.0	16.0	4
219	--	FLAT END MILL - 12	--	12.0	0.0	19.0	4
220	--	FLAT END MILL - 14	--	14.0	0.0	22.0	4
221	--	FLAT END MILL - 16	--	16.0	0.0	26.0	4
222	--	FLAT END MILL - 18	--	18.0	0.0	29.0	4
223	--	FLAT END MILL - 20	--	20.0	0.0	32.0	4
224	--	SHOULDER MILL - 25	--	25.0	0.0	15.0	2
225	--	SHOULDER MILL - 32	--	32.0	0.0	15.0	3

刀具过滤(F)...
☑启用刀具过滤
显示 20 把刀具(共 280 把)
显示模式
○刀具
○装配
◉两者

图 9.4.9 “选择刀具”对话框

Step3. 设置刀具参数。

（1）完成上步操作后，在“2D 刀路 - 平面铣削”对话框的刀具列表中双击该刀具，系统弹出“编辑刀具”对话框。

（2）设置刀具号。单击 下一步 按钮，在 刀号: 文本框中将原有的数值改为 1。

（3）设置刀具的加工参数。在 进给速率: 文本框中输入值 500.0，在 下刀速率: 文本框中输入值 200.0，在 提刀速率 文本框中输入值 800.0，在 主轴转速 文本框中输入值 600.0，如图 9.4.10 所示。

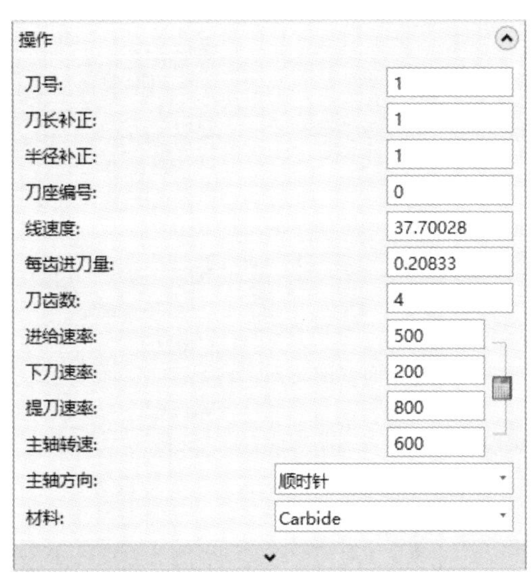

图 9.4.10 设置刀具的加工参数

（4）设置冷却方式。单击 冷却液 按钮，系统弹出“冷却液”对话框，在 Flood（切削液）下拉列表中选择 On 选项，单击该对话框中的 确定 按钮，关闭“冷却液”对话框。

Step4. 单击“编辑刀具”对话框中的 完成 按钮，完成刀具的设置，系统返回至“2D 刀路 - 平面铣削”对话框。

Stage5. 设置加工参数

Step1. 设置加工参数。在“2D 刀路 - 平面铣削”对话框的左侧节点列表中单击 切削参数 节点，设置图 9.4.11 所示的参数。

图 9.4.11 所示的“切削参数”参数设置界面中部分选项的说明如下。

- 切削方式 下拉列表：用于选择切削类型，包括 双向、单向、一刀式 和 动态 四种切削类型。
  - ☑ 双向 选项：该选项为切削方向往复变换的铣削方式。
  - ☑ 单向 选项：该选项为切削方向固定在某个方向的铣削方式
  - ☑ 一刀式 选项：该选项为在工件中心进行单向一次性铣削的加工。
  - ☑ 动态 选项：该选项为切削方向动态调整的铣削方式。

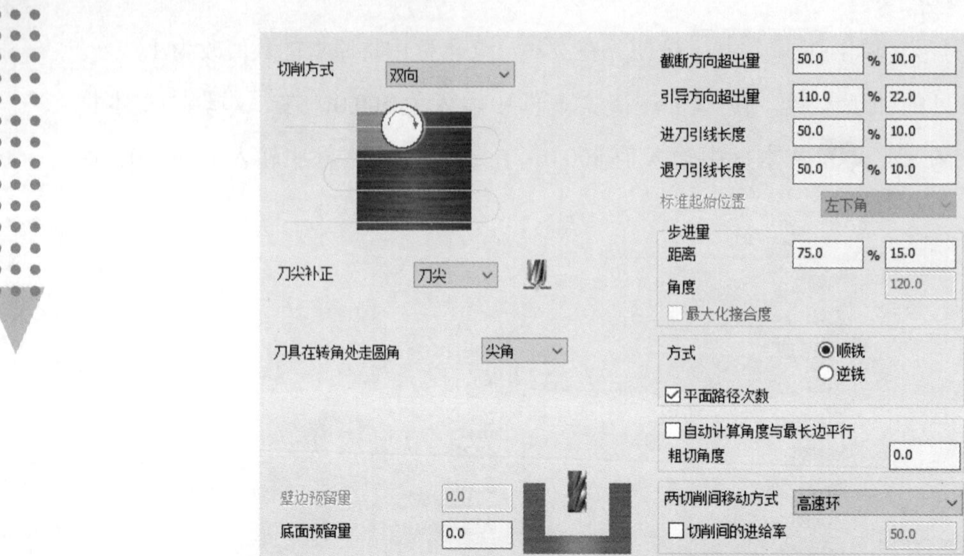

图 9.4.11 “切削参数”参数设置

- 两切削间移动方式 下拉列表：用于定义两切削间的运动方式，其包括 高速环、线性 和 快速进给 三种运动方式。
  - ☑ 高速环 选项：该选项为在两切削间自动创建 180° 圆弧的运动方式。
  - ☑ 线性 选项：该选项为在两切削间自动创建一条直线的运动方式。
  - ☑ 快速进给 选项：该选项为在两切削间采用快速移动的运动方式。
- 截断方向超出量 文本框：用于设置平面加工时垂直于切削方向的刀具重叠量。用户可在第一个文本框中输入重叠量与刀具直径的百分比，或在第二个文本框中直接输入距离值来定义重叠量。在 一刀式 切削类型时，此文本框不可用。
- 引导方向超出量 文本框：用于设置平面加工时平行于切削方向的刀具重叠量。用户可在第一个文本框中输入重叠量与刀具直径的百分比，或在第二个文本框中直接输入距离值来定义重叠量。
- 进刀引线长度 文本框：用于在第一次切削前添加额外的距离。用户可在第一个文本框中输入该距离与刀具直径的百分比，或在第二个文本框中直接输入距离值来定义该长度。
- 退刀引线长度 文本框：用于在最后一次切削后添加额外的距离。用户可在第一个文本框中输入该距离与刀具直径的百分比，或在第二个文本框中直接输入距离值来定义该长度。

Step2. 设置连接参数。在“2D 刀路 - 平面铣削”对话框的左侧节点列表中单击 连接参数 节点，设置图 9.4.12 所示的参数。

Step3. 单击“2D 刀路 - 平面铣削”对话框中的 ✔ 按钮，完成加工参数的设置，此时系统将自动生成图 9.4.13 所示的刀具路径。

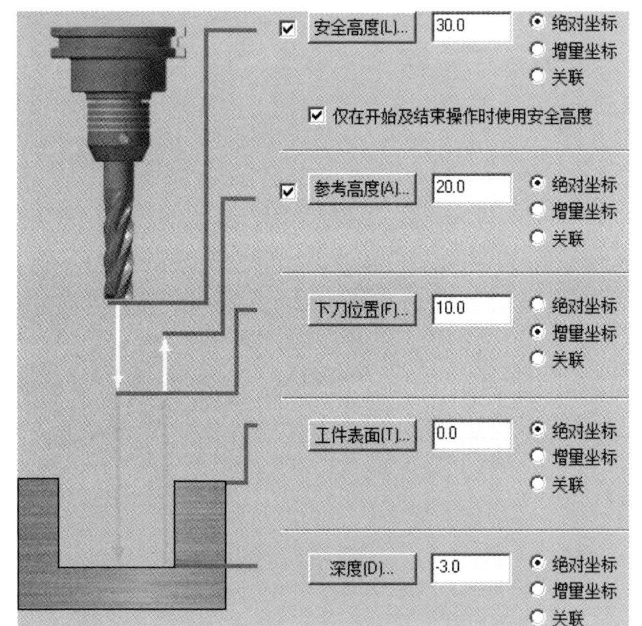

图 9.4.12 “共同参数”设置界面

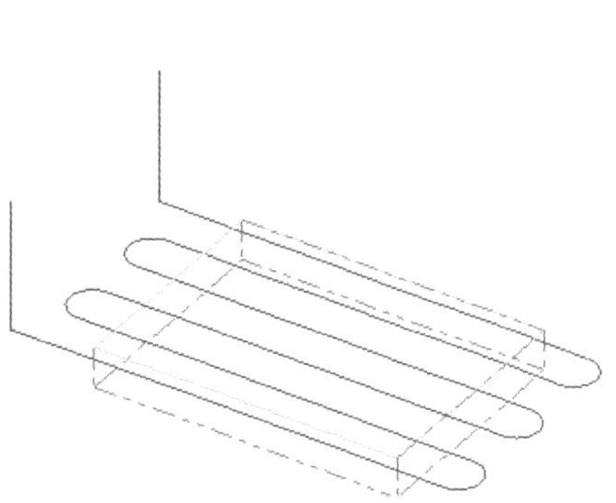

图 9.4.13 刀具路径

Stage6. 加工仿真

Step1. 路径模拟。

（1）在“刀路管理”中单击 刀路 - 8.4K - FACE.NC - 程序编号 0 节点，系统弹出“刀路模拟”对话框及“路径模拟控制”操控板。

（2）在“路径模拟控制”操控板中单击 ▶ 按钮，系统将开始对刀具路径进行模拟，结果与图 9.4.13 所示的刀具路径相同，在“刀路模拟”对话框中单击 ✔ 按钮。

Step2. 切削实体验证。

（1）在“刀路管理”中确认 1 - 平面铣 - [WCS: 俯视图] - [刀具面: 俯视图] 节点被选中，然后单击“验证已选择的操作”按钮 ，系统弹出“Mastercam 模拟器”对话框。

（2）在“Mastercam 模拟器”对话框中单击 ▶ 按钮，系统将开始进行实体切削仿真，仿真结果如图 9.4.14 所示，单击 × 按钮。

图 9.4.14 仿真结果

Step3. 保存模型。选择下拉菜单 文件 → 保存 命令，保存模型文件。

9.5 雕 刻 加 工

雕刻加工属于铣削加工的一个特例，它被包含在铣削加工范围，其加工图形一般是平面上的各种文字和图案。下面通过图 9.5.1 所示的实例，讲解雕刻加工的操作，其操作过程如下。

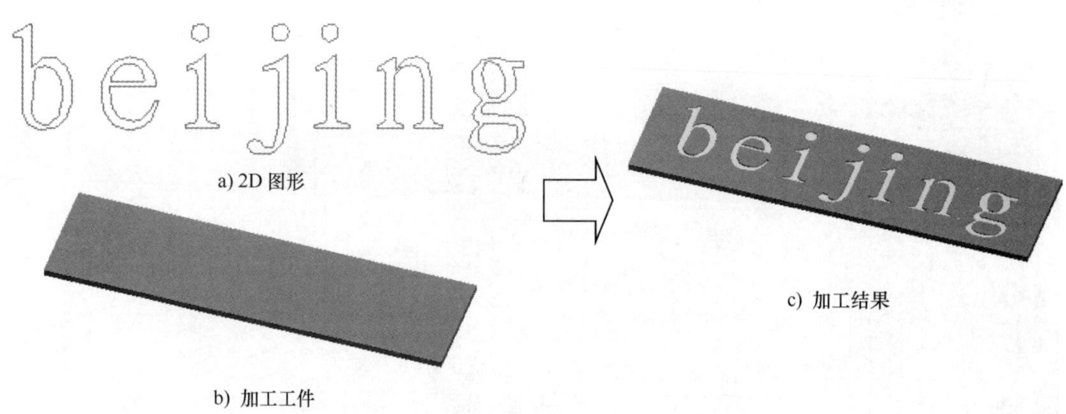
a) 2D 图形

b) 加工工件

c) 加工结果

图 9.5.1 雕刻加工

Stage1. 进入加工环境

Step1. 打开文件 D:\mcx2024\work\ch09.05\TEXT.mcam。

Step2. 进入加工环境。单击 机床 功能选项卡 机床类型 区域 铣床 下拉列表中的 默认(D) 命令，系统进入加工环境，此时零件模型二维图如图 9.5.2 所示。

图 9.5.2 零件模型二维图

Stage2. 设置工件

Step1. 在“刀路管理”中单击 属性 - Mill Default 节点前的“+”号，将该节点展开，然后单击 毛坯设置 节点，系统弹出“机床群组设置”对话框。

Step2. 设置工件的形状。在“机床群组设置”对话框的 选择(S) 区域中单击 （创建矩形毛坯）按钮，按 <Ctrl+A> 键选取所有可见几何，然后按 Enter 键。

Step3. 设置工件参数。在“机床群组设置”对话框 矩形 区域的 长度(L): 文本框中输入值 260.0，在 宽度(W): 文本框中输入值 65.0，在 高度(H): 文本框中输入值 10.0，如图 9.5.3 所示。

Step4. 单击“机床群组设置”对话框中的 按钮，完成工件的设置。单击 刀路 功能选项卡 毛坯 区域中的 显示/隐藏毛坯 命令，可以观察到零件的边缘多了红色的双点画线，双点画线围成的图形即为工件，如图 9.5.4 所示。

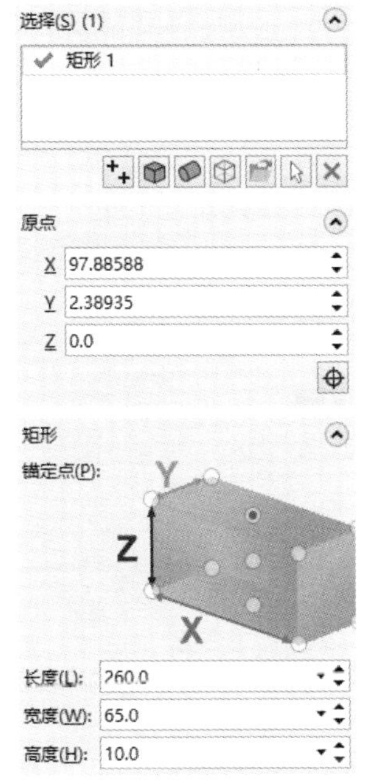

图 9.5.3 “机床群组设置”对话框

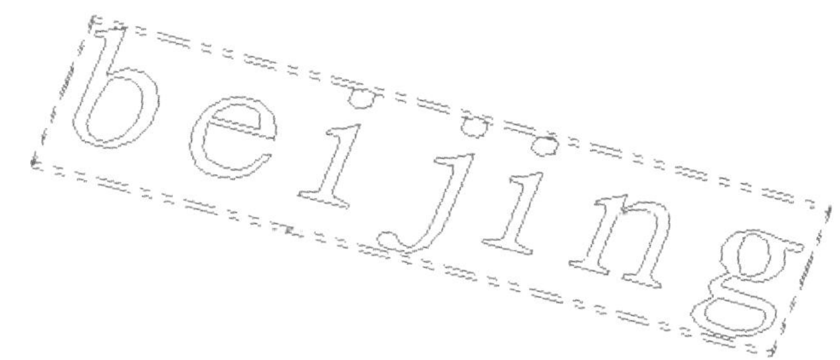

图 9.5.4 显示工件

Stage3. 选择加工类型

Step1. 单击 刀路 功能选项卡 2D 区域中的“雕刻”命令 ，同时系统弹出“线框串连”对话框。

Step2. 设置加工区域。在“线框串连”对话框中单击 按钮，在图形区中框选图 9.5.5 所示的模型零件，在空白处单击，系统自动选取图 9.5.6 所示的边链，单击 按钮，完成加工区域的设置，同时系统弹出图 9.5.7 所示的“雕刻”对话框。

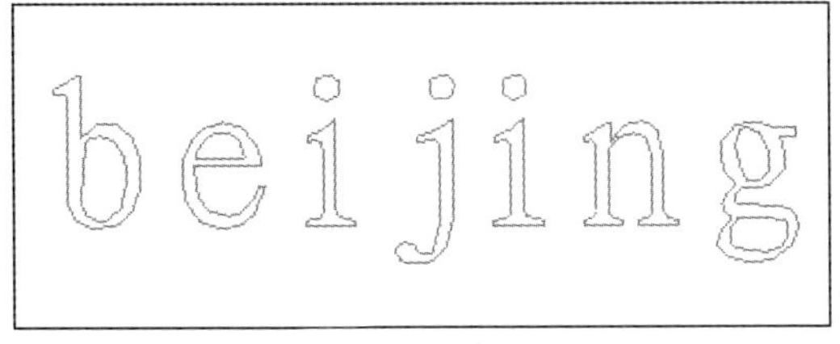

图 9.5.5 选取区域

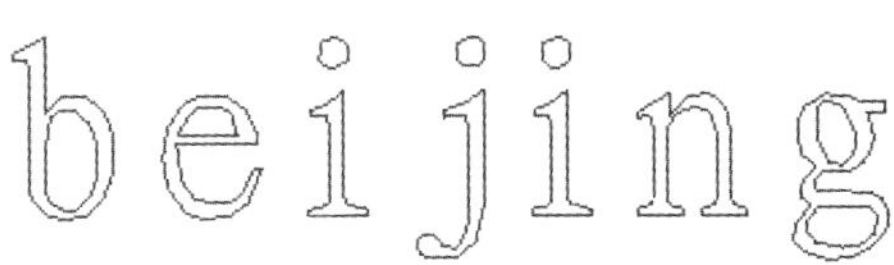

图 9.5.6 定义区域

图 9.5.7 “雕刻”对话框

Stage4. 选择刀具

Step1. 确定刀具类型。在“雕刻”对话框中单击 刀具过滤 按钮，系统弹出“刀具过滤列表设置”对话框，单击 刀具类型 区域中的 全关(N) 按钮后，在刀具类型按钮群中单击 （平底刀）按钮，单击 按钮，关闭“刀具过滤列表设置”对话框，系统返回至“雕刻”对话框。

Step2. 选择刀具。在“雕刻”对话框中单击 选择刀库刀具... 按钮，系统弹出图 9.5.8 所示的“选择刀具”对话框，在该对话框的列表框中选择图 9.5.8 所示的刀具。单击 按钮，关闭“选择刀具”对话框，系统返回至“雕刻”对话框。

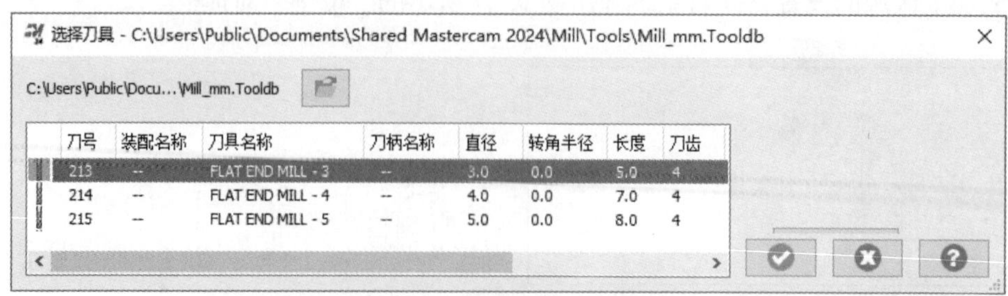

刀号	装配名称	刀具名称	刀柄名称	直径	转角半径	长度	刀齿
213	--	FLAT END MILL - 3	--	3.0	0.0	5.0	4
214	--	FLAT END MILL - 4	--	4.0	0.0	7.0	4
215	--	FLAT END MILL - 5	--	5.0	0.0	8.0	4

图 9.5.8 “选择刀具”对话框

Step3. 设置刀具参数。

（1）完成上步操作后，在“雕刻”对话框 刀具参数 选项卡的列表框中显示出上步选取的刀具，双击该刀具，系统弹出“编辑刀具”对话框。

（2）设置刀具直径。在“编辑刀具”对话框的 刀齿直径: 文本框中将原有的数值改为 1。

（3）设置刀具的加工参数。单击 下一步 按钮，在 刀号: 文本框中将原有的数值改为 1。在 进给速率: 文本框中输入值 300.0，在 下切速率: 文本框中输入值 500.0，在 提刀速率 文本框中输入值 1000.0，在 主轴转速 文本框中输入值 1200.0。

（4）设置冷却方式。单击 冷却液 按钮，系统弹出“冷却液”对话框，在 Flood （切削液）下拉列表中选择 On 选项，单击该对话框中的 确定 按钮，关闭“冷却液”对话框。

Step4. 单击“编辑刀具”对话框中的 完成 按钮，完成刀具的设置，系统返回至“雕刻”对话框。

Stage5. 设置加工参数

Step1. 设置加工参数。在“雕刻”对话框中单击 雕刻参数 选项卡，设置图 9.5.9 所示的加工参数。

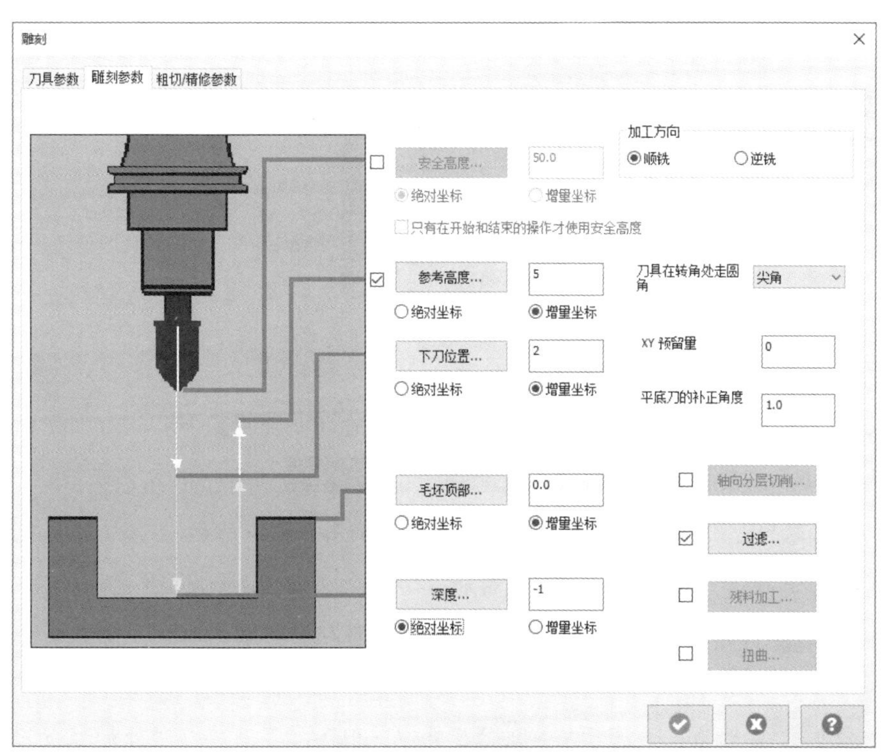

图 9.5.9 “雕刻参数”选项卡

图 9.5.9 所示的"雕刻参数"选项卡中部分选项的说明如下。

- 加工方向 区域：该区域包括 ⊙顺铣 单选项和 ⊙逆铣 单选项。
  - ☑ ⊙顺铣 单选项：切削方向与刀具运动方向相反。
  - ☑ ⊙逆铣 单选项：切削方向与刀具运动方向相同。
- 扭曲 按钮：用于设置两条曲线之间或在曲面上扭曲刀具路径的参数。这种加工方法在 4 轴或 5 轴加工时比较常用。当该按钮前的复选框被选中时方可使用，否则此按钮为不可用状态。

Step2. 设置加工参数。在"雕刻"对话框中单击 粗切/精修参数 选项卡，设置图 9.5.10 所示的参数。

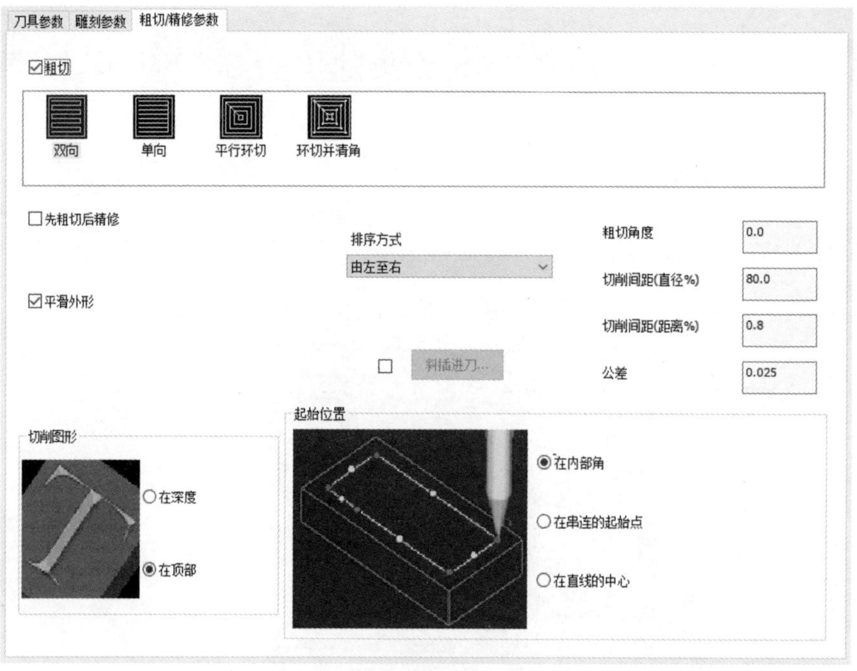

图 9.5.10 "粗切 / 精修参数"选项卡

图 9.5.10 所示的"粗切 / 精修参数"选项卡的部分选项说明如下。

- "粗加工"：包括 双向、单向、平行环切 和 环切并清角 四种切削方式。
  - ☑ 双向 选项：刀具往复切削方式，刀具路径如图 9.5.11 所示。
  - ☑ 单向 选项：刀具始终沿一个方向进行切削，刀具路径如图 9.5.12 所示。
  - ☑ 平行环切 选项：该选项是根据每次切削边界产生一定偏移量，直到加工完成，刀具路径如图 9.5.13 所示。此种加工方法不保证清除每次的切削残量。
  - ☑ 环切并清角 选项：该选项与 平行环切 类似，但加入了清除拐角处的残量刀路，刀具路径如图 9.5.14 所示。

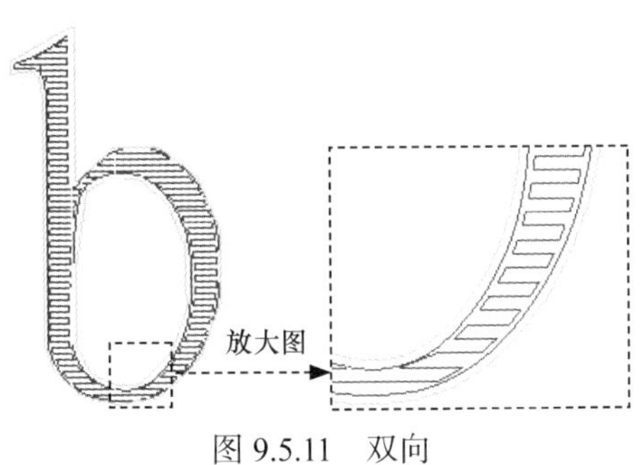

图 9.5.11 双向

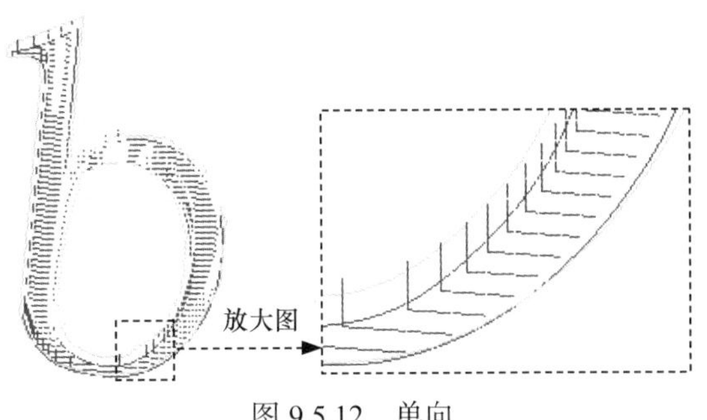

图 9.5.12 单向

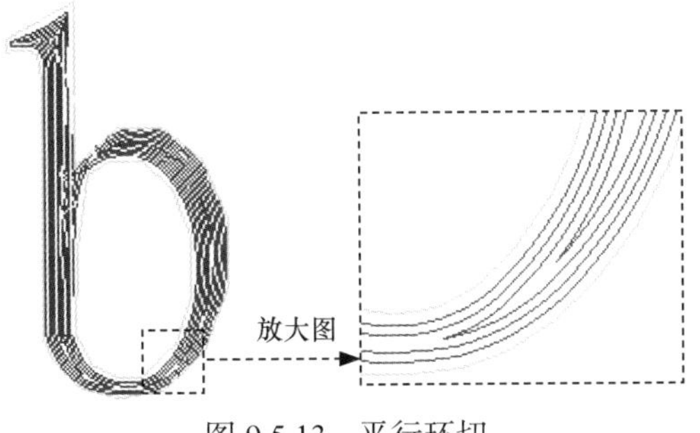

图 9.5.13 平行环切

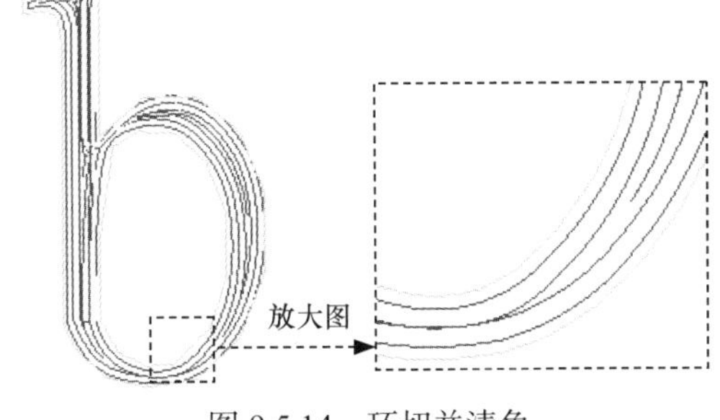

图 9.5.14 环切并清角

- 先粗切后精修 复选框：用于设置精加工之前进行粗加工，同时可以减少换刀次数。
- 平滑外形 复选框：用于设置平滑轮廓而不需要较小的公差。
- 排序方式 下拉列表：用于设置加工顺序，包括 选择排序、由上而下 和 由左至右 选项。
  - ☑ 选择排序 选项：按选取的顺序进行加工。
  - ☑ 由上而下 选项：按从上往下的顺序进行加工。
  - ☑ 由左至右 选项：按从左往右的顺序进行加工。
- 斜插进刀... 按钮：用于设置以一个特殊的角度下刀。当此按钮前的复选框被选中时方可使用，否则此按钮为不可用状态。
- 公差 文本框：用于调整走刀路径的精度。
- 切削图形 区域：该区域包括 在深度 单选项和 在顶部 单选项。
  - ☑ 在深度 单选项：用于设置以 Z 轴方向上的深度值来设计加工深度。
  - ☑ 在顶部 单选项：用于设置在 Z 轴方向上从工件顶部开始计算加工深度，以至于不会达到定义的加工深度。

Step3. 单击“雕刻”对话框中的 ✔ 按钮，完成加工参数的设置，此时系统将自动生成图 9.5.15 所示的刀具路径。

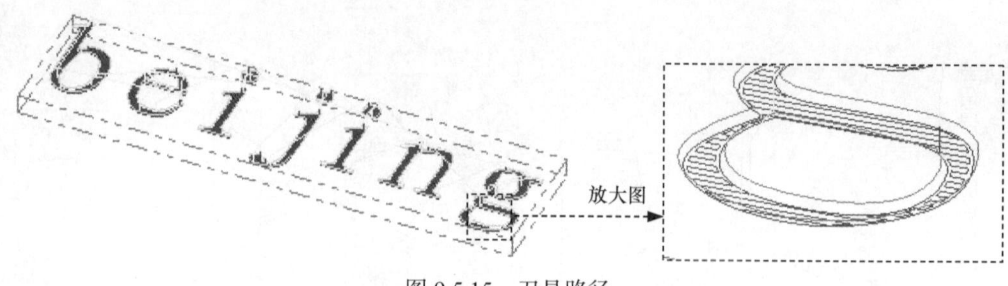

图 9.5.15　刀具路径

Stage6. 加工仿真

Step1. 路径模拟。

（1）在“刀路管理”中单击 刀路 - 120.1K - TEXT.NC - 程序编号 0 节点，系统弹出“刀路模拟”对话框及“路径模拟控制”操控板。

（2）在“路径模拟控制”操控板中单击 按钮，系统将开始对刀具路径进行模拟，结果与图 9.5.15 所示的刀具路径相同，在“刀路模拟”对话框中单击 按钮。

Step2. 实体切削验证。

（1）在“刀路管理”中确认 1 - 雕刻操作 - [WCS: 俯视图] - [刀具平面: 俯视图] 节点被选中，然后单击“验证已选择的操作”按钮，系统弹出“Mastercam 模拟器”对话框。

（2）在“Mastercam 模拟器”对话框中单击 按钮，系统将开始进行实体切削仿真，仿真结果如图 9.5.16 所示，单击 按钮。

Step3. 保存模型。选择下拉菜单 文件 → 保存 命令，保存模型。

图 9.5.16　仿真结果

9.6　钻孔加工

钻孔加工是以点或圆弧中心确定加工位置来加工孔或者螺纹，具体加工方式有钻孔、攻螺纹和镗孔等。下面通过图 9.6.1 所示的实例说明钻孔加工的过程，其操作如下。

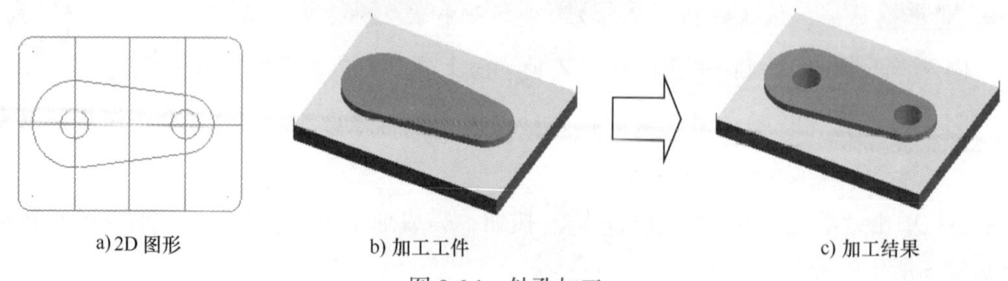

a) 2D 图形　　b) 加工工件　　c) 加工结果

图 9.6.1　钻孔加工

Stage1. 进入加工环境

打开文件 D:\mcx2024\work\ch09.06\POXKET_DRILLING.mcam，零件模型如图 9.6.2 所示。

Stage2. 选择加工类型

Step1. 单击 刀路 功能选项卡 2D 区域中的“钻孔”命令，系统弹出图 9.6.3 所示的“刀路孔定义”对话框，选取图 9.6.4 所示的两个圆的中心点为钻孔点。

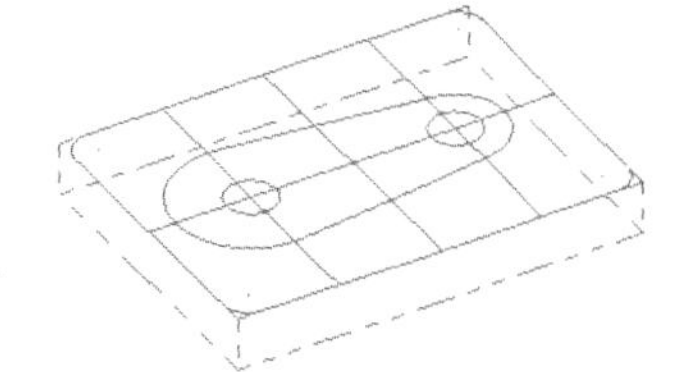

图 9.6.2 零件模型

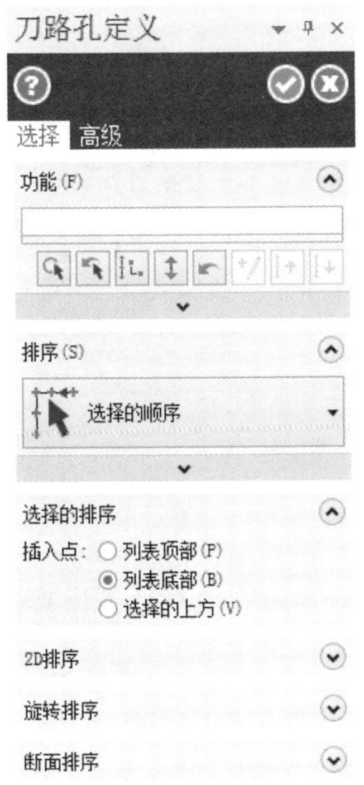

图 9.6.3 “刀路孔定义”对话框

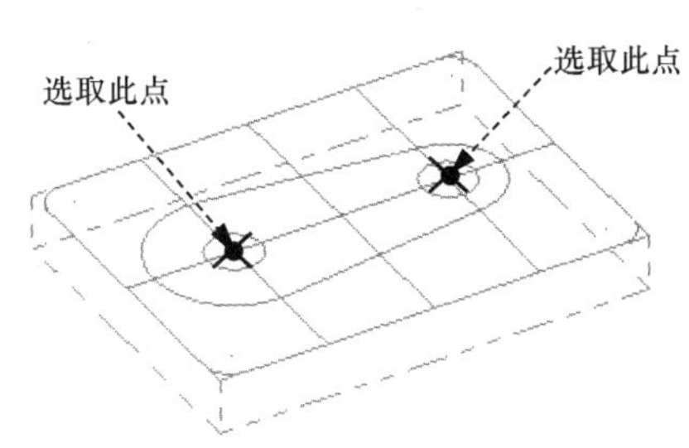

图 9.6.4 定义钻孔点

Step2. 单击 按钮，完成选取钻孔点的操作，同时系统弹出“2D 刀路 - 钻孔深孔钻 - 无啄孔”对话框。

图 9.6.3 所示的“刀路孔定义”对话框中各按钮的说明如下。

- 按钮：用于选取符合定义范围的所有圆心。
- 按钮：从制作刀路和其他排序顺序之前的孔中选择所有点。如果需要，可以继续选择其他点。
- 按钮：用于将先前操作中选取的点定义为本次的加工点，此种选择方式仅适合于以前有钻孔、扩孔、铰孔操作的加工。

- 按钮：用于颠倒点的顺序。
- 按钮：用于设置将点重置为原始顺序。
- 按钮：用于编辑定义点的相关参数，如在某点时的跳跃高度、深度等。
- 按钮：用于设置将选中的点向上移动。
- 按钮：用于设置将选中的点向下移动。
- 排序(S) 区域：用于设置加工点位的顺序，单击该区域的下拉列表，系统弹出“排序”下拉列表，如图 9.6.5 所示。其中“2D 排序”区域适合平面孔位的矩形排序；“旋转排序”区域适合平面孔位的圆周排序；“断面排序”区域适合旋转面上的孔位排序。

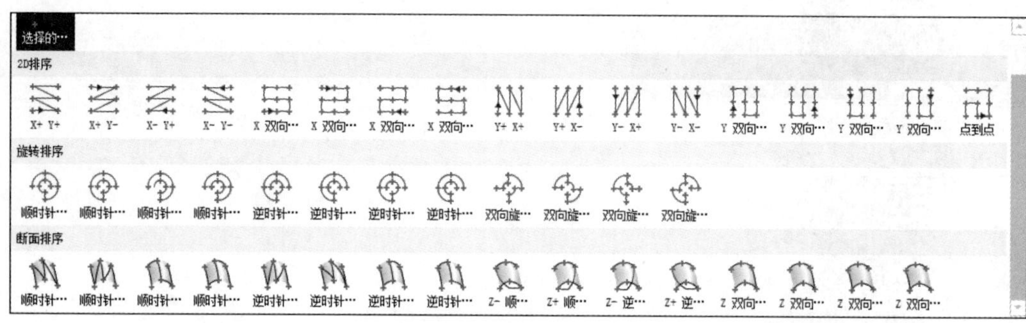

图 9.6.5 “排序”下拉列表

Stage3. 选择刀具

Step1. 确定刀具类型。在“2D 刀路 - 钻孔深孔钻 - 无啄孔”对话框中单击 刀具 节点，切换到刀具参数界面；单击 按钮，系统弹出“刀具过滤列表设置”对话框，单击 刀具类型 区域中的 全关(N) 按钮后，在刀具类型按钮群中单击 （钻头）按钮，单击 按钮，关闭“刀具过滤列表设置”对话框，系统返回至“2D 刀路 - 钻孔深孔钻 - 无啄孔”对话框。

Step2. 选择刀具。在“2D 刀路 - 钻孔深孔钻 - 无啄孔”对话框中单击 按钮，系统弹出图 9.6.6 所示的“选择刀具”对话框，在该对话框的列表框中选择图 9.6.6 所示的刀具。单击 按钮，关闭“选择刀具”对话框，系统返回至“2D 刀路 - 钻孔深孔钻 - 无啄孔”对话框。

Step3. 设置刀具参数。

（1）在“2D 刀路 - 钻孔深孔钻 - 无啄孔”对话框的刀具列表中双击该刀具，系统弹出“编辑刀具”对话框。

（2）设置刀具号。单击 下一步 按钮，在 刀号: 文本框中将原有的数值改为 2。

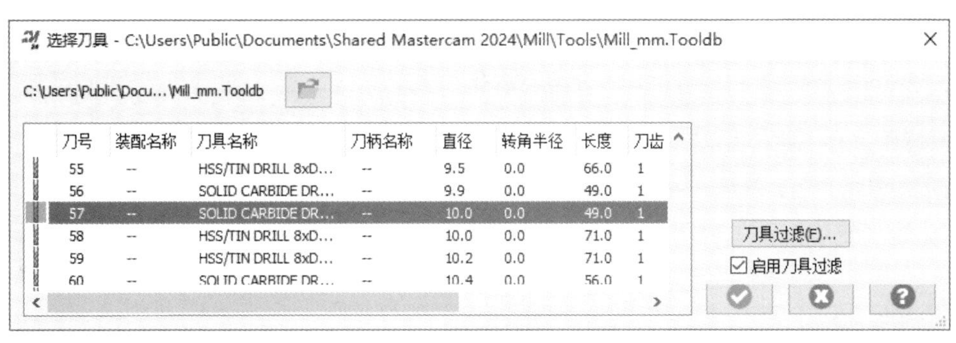

图 9.6.6 “选择刀具”对话框

（3）设置刀具的加工参数。在 进给速率: 文本框中输入值 300.0，在 下切速率: 文本框中输入值 200.0，在 提刀速率 文本框中输入值 1000.0，在 主轴转速 文本框中输入值 1200.0。

（4）设置冷却方式。单击 冷却液 按钮，系统弹出“冷却液”对话框，在 Flood（切削液）下拉列表中选择 On 选项，单击该对话框中的 确定 按钮，关闭“冷却液”对话框。

Step4. 单击“编辑刀具”对话框中的 完成 按钮，完成刀具的设置，系统返回至“2D 刀路 - 钻孔深孔钻 - 无啄孔”对话框。

Stage4. 设置加工参数

Step1. 设置切削参数。在“2D 刀路 - 钻孔深孔钻 - 无啄孔”对话框的左侧节点列表中单击 切削参数 节点，设置图 9.6.7 所示的参数。

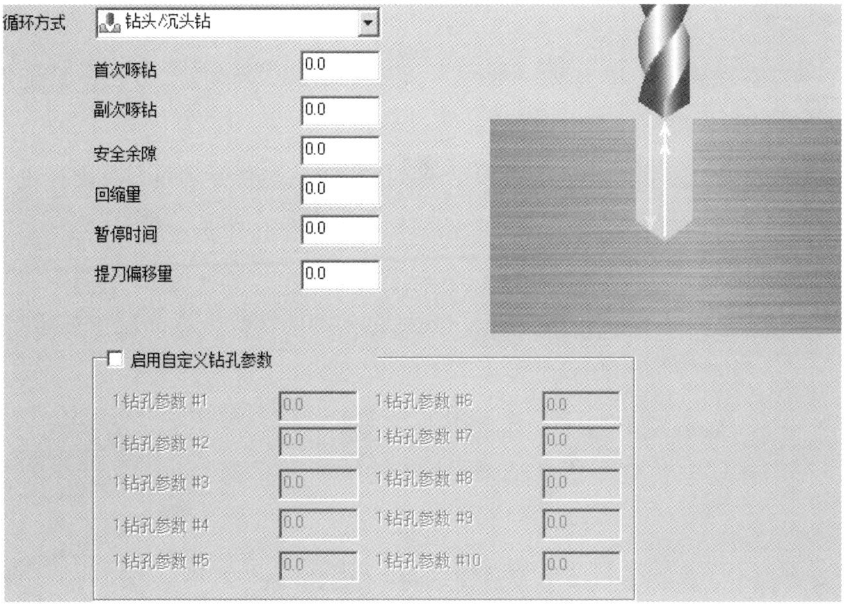

图 9.6.7 “切削参数”设置界面

说明：当选中 启用自定义钻孔参数 复选框时，可对 1~10 个钻孔参数进行设置。

Step2. 设置连接参数。在“2D 刀路 - 钻孔深孔钻 - 无啄孔”对话框左侧节点列表中单击 连接参数 节点，设置图 9.6.8 所示的参数。

Step3. 单击“2D 刀路 - 钻孔深孔钻 - 无啄孔”对话框中的 按钮，完成加工参数的设置，此时系统将自动生成图 9.6.9 所示的刀具路径。

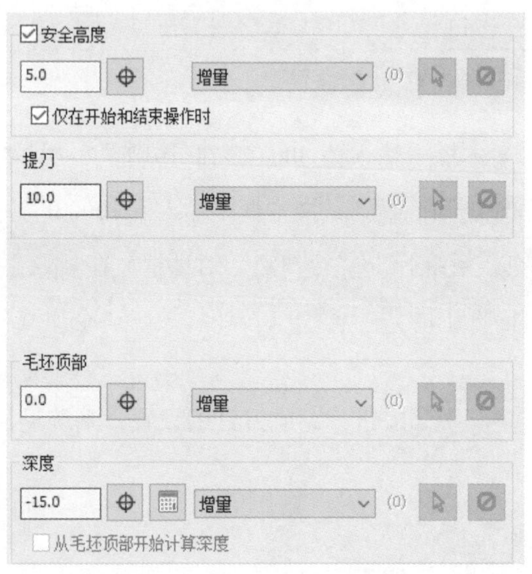

图 9.6.8 “连接参数”参数设置

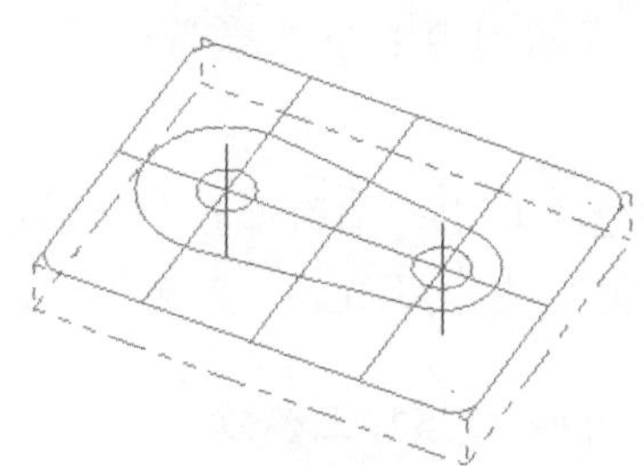

图 9.6.9 刀具路径

Stage5. 加工仿真

Step1. 路径模拟。

（1）在“刀路管理”中单击 刀路 - 7.6K - POXKET_2.NC - 程序编号 0 节点，系统弹出“刀路模拟”对话框及“路径模拟控制”操控板。

（2）在“路径模拟控制”操控板中单击 按钮，系统将开始对刀具路径进行模拟，结果与图 9.6.9 所示的刀具路径相同，在“刀路模拟”对话框中单击 按钮。

Step2. 实体切削验证。

（1）在“刀路管理”中单击 按钮，然后单击“验证已选择的操作”按钮 ，系统弹出“Mastercam 模拟器”对话框。

（2）在“Mastercam 模拟器”对话框中单击 按钮，系统将开始进行实体切削仿真，仿真结果如图 9.6.10 所示，单击 按钮。

Step3. 保存模型。选择下拉菜单 文件 → 保存 命令，保存模型。

图 9.6.10 仿真结果

9.7 全圆铣削路径

全圆铣削路径加工是针对圆形轮廓的 2D 铣削加工，可以通过指定点进行孔的螺旋铣削等。下面介绍创建常用的全圆铣削路径的操作方法。

9.7.1 全圆铣削

全圆铣削主要是用较小直径的刀具加工较大直径的圆孔，可对孔壁和底面进行粗精加工。下面以图 9.7.1 所示例子介绍全圆铣削加工的一般操作过程。

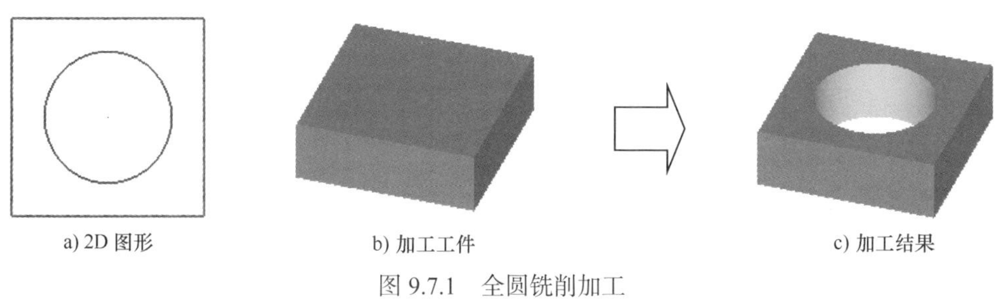

a) 2D 图形　　b) 加工工件　　c) 加工结果

图 9.7.1　全圆铣削加工

Stage1. 进入加工环境

打开文件 D:\mcx2024\work\ch09.07.01\CIRCLE_MILL.mcam，系统默认进入铣削加工环境。

Stage2. 设置工件

Step1. 在“刀路管理”中单击 属性 - Mill Default MM 节点前的“+”号，将该节点展开，然后单击 毛坯设置 节点，系统弹出“机床群组设置”对话框。

Step2. 设置工件的形状。在“机床群组设置”对话框的 选择(S) 区域中单击 （创建矩形毛坯）按钮，按 <Ctrl+A> 键选取所有可见几何参数，然后按 Enter 键。

Step3. 设置工件参数。在“机床群组设置”对话框 矩形 区域的 长度(L): 文本框中输入值 150.0，在 宽度(W): 文本框中输入值 150.0，在 高度(H): 文本框中输入值 50.0。

Step4. 单击“机床群组设置”对话框中的 按钮，完成工件的设置。单击 刀路 功能选项卡 毛坯 区域中的 显示/隐藏毛坯 命令，可以观察到零件的边缘多了红色的双点画线，双点画线围成的图形即为工件。

Stage3. 选择加工类型

Step1. 单击 刀路 功能选项卡 2D 区域中的“全圆铣削”命令 ，同时系统弹出“刀路孔定义”对话框。

Step2. 设置加工区域。在图形区中选取图 9.7.2 所示的钻孔点，单击 按钮，完成加工点的设置，同时系统弹出图 9.7.3 所示的“2D 刀路 - 全圆铣削”对话框。

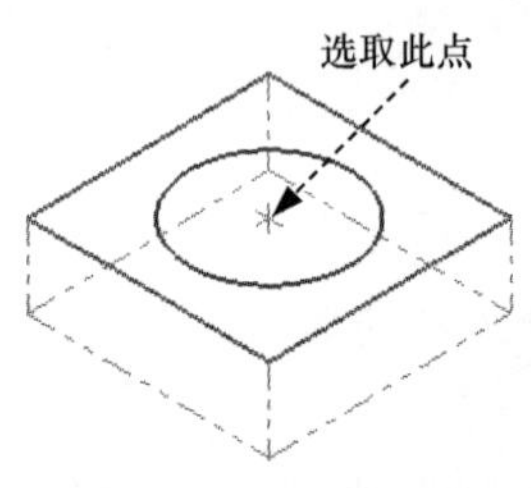

图 9.7.2 选取钻孔点

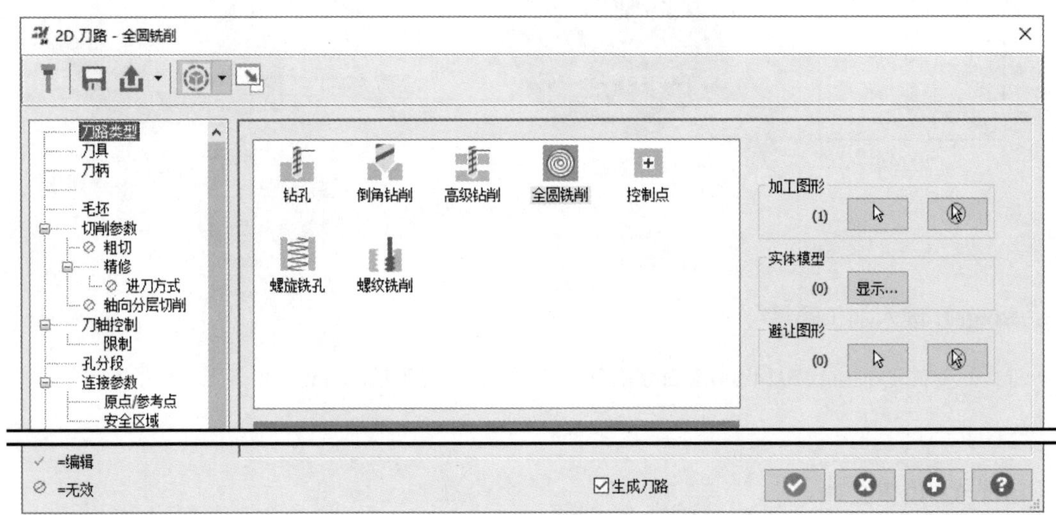

图 9.7.3 “2D 刀路 - 全圆铣削”对话框

Stage4. 选择刀具

Step1. 确定刀具类型。在“2D 刀路 - 全圆铣削”对话框的左侧节点列表中单击 刀具 节点，切换到刀具参数界面；单击 按钮，系统弹出“刀具过滤列表设置”对话框，单击 刀具类型 区域中的 全关(N) 按钮后，在刀具类型按钮群中单击 （平底刀）按钮，单击 按钮，关闭“刀具过滤列表设置”对话框，系统返回至“2D 刀路 - 全圆铣削”对话框。

Step2. 选择刀具。在“2D 刀路 - 全圆铣削”对话框中单击 按钮，系统弹出“选择刀具”对话框，在该对话框的列表框中选择“FLAT END MILL-20”刀具。单击 按钮，关闭“选择刀具”对话框，系统返回至“2D 刀路 - 全圆铣削”对话框。

Step3. 设置刀具参数。

（1）完成上步操作后，在“2D 刀路 - 全圆铣削”对话框的刀具列表中双击该刀具，系统弹出“编辑刀具”对话框。

（2）设置刀具号。单击 下一步 按钮，在 刀号: 文本框中将原有的数值改为 1。

（3）设置刀具的加工参数。设置图 9.7.4 所示的参数。

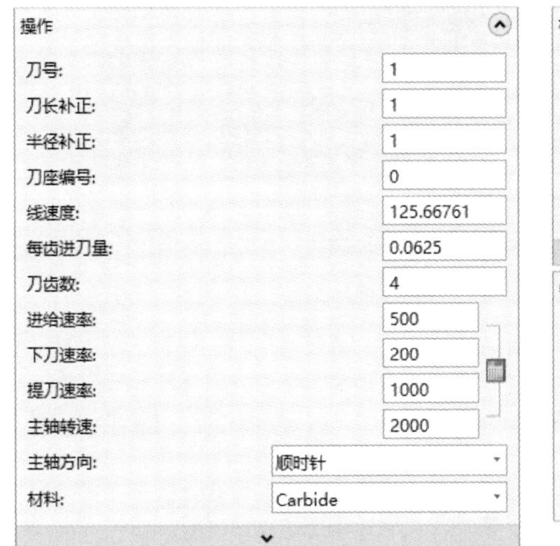

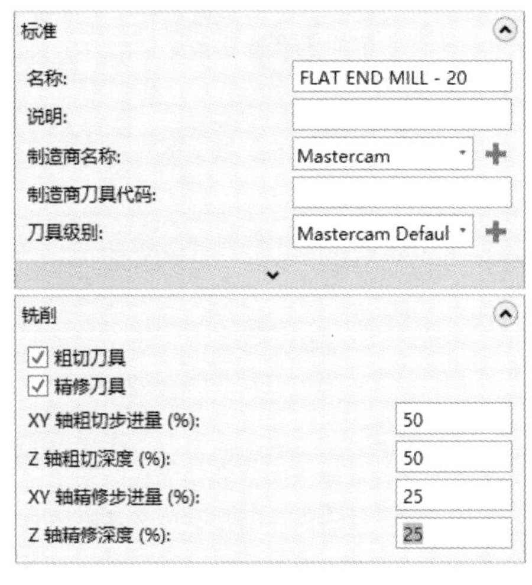

图 9.7.4 设置刀具的加工参数

（4）设置冷却方式。单击 冷却液 按钮，系统弹出“冷却液”对话框，在 Flood（切削液）下拉列表中选择 On 选项，单击该对话框中的 确定 按钮，关闭“冷却液”对话框。

Step4. 单击“编辑刀具”对话框中的 完成 按钮，完成刀具的设置，系统返回至“2D 刀路 - 全圆铣削”对话框。

Stage5. 设置加工参数

Step1. 设置切削参数。在“2D 刀路 - 全圆铣削”对话框的左侧节点列表中单击 切削参数 节点，设置图 9.7.5 所示的参数。

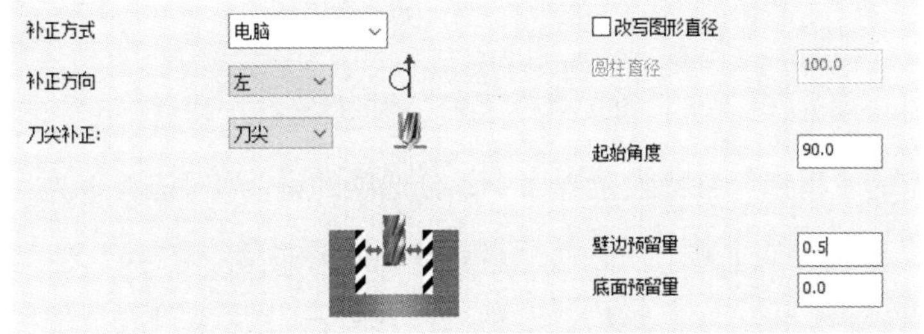

图 9.7.5 “切削参数”参数设置

Step2. 设置粗加工参数。在“2D 刀路 - 全圆铣削”对话框的左侧节点列表中单

击 粗切 节点，设置图 9.7.6 所示的参数。

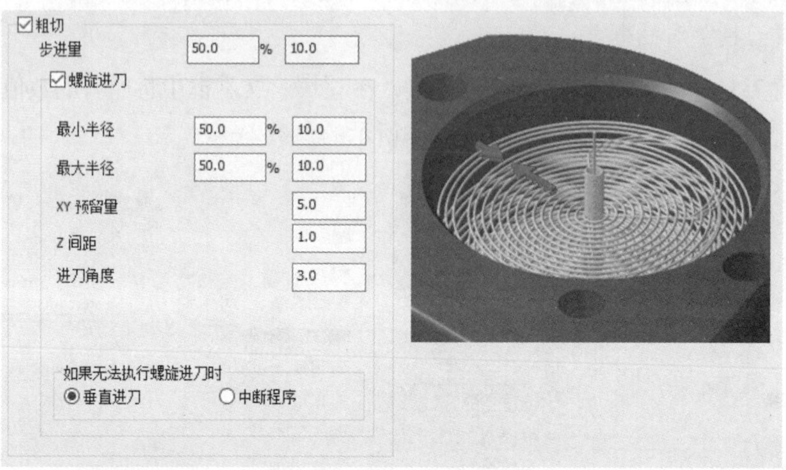

图 9.7.6 “粗切”参数设置

Step3. 设置精加工参数。在“2D 刀路 - 全圆铣削”对话框的左侧节点列表中单击 精修 节点，设置图 9.7.7 所示的参数。

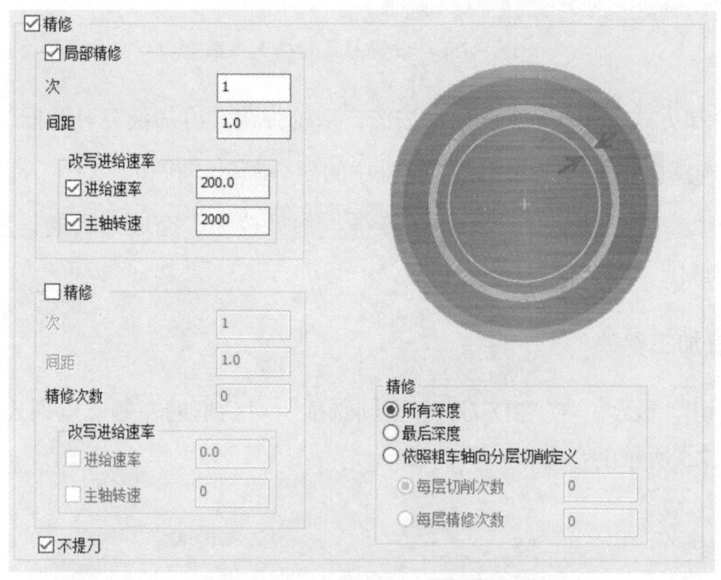

图 9.7.7 “精修”参数设置

图 9.7.7 所示的“精修”参数设置界面中部分选项的说明如下。

- ☑ 精修 复选框：选中该选项，将创建精加工刀具路径。
- ☑ 局部精修 复选框：选中该选项，将创建局部精加工刀具路径。
  - ☑ 次 文本框：用于设置精加工的次数。
  - ☑ 间距 文本框：用于设置每次精加工的切削间距。

☑ 改写进给速率 区域：用于设置精加工进给参数。

☑ 进给速率 文本框：用于设置加工时的进给率。

☑ 主轴转速 文本框：用于设置加工时的主轴转速。

● 精修 区域：用于设置精加工的深度位置。

☑ 所有深度 单选项：用于设置在每层切削时进行精加工。

☑ 最后深度 单选项：用于设置只在最后一次切削时进行精加工。

● 不提刀 复选框：用于设置在精加工时是否返回到预先定义的进给下刀位置。

Step4. 设置精加工进刀模式。在“2D 刀路 - 全圆铣削”对话框的左侧节点列表中单击 **精修** 节点下的 **进刀方式** 节点，设置图 9.7.8 所示的参数。

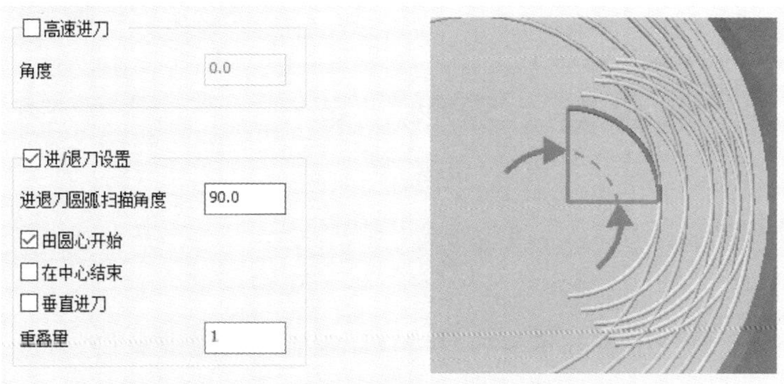

图 9.7.8 “进刀方式”参数设置

Step5. 设置深度参数。在“2D 刀路 - 全圆铣削”对话框的左侧列表中单击 轴向分层切削 节点，设置图 9.7.9 所示的参数。

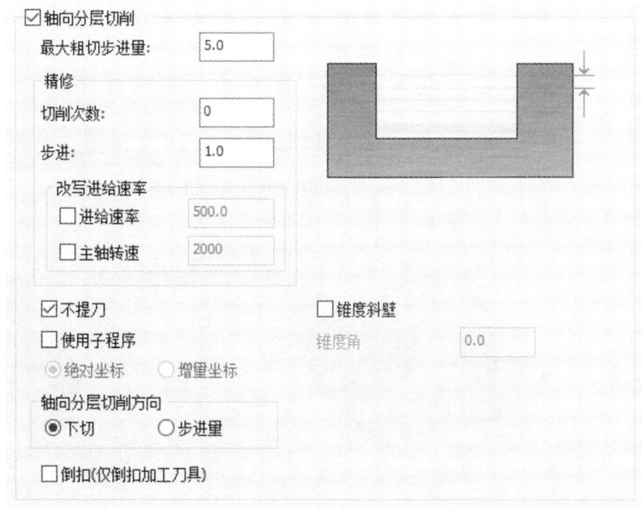

图 9.7.9 “轴向分层切削”参数设置

Step6. 设置连接参数。在“2D 刀路 - 全圆铣削”对话框的左侧节点列表中单击 连接参数 节点，在 深度 文本框中输入值 –50，其余采用默认参数。

Step7. 单击“2D 刀路 - 全圆铣削”对话框中的 ✔ 按钮，完成钻孔加工参数的设置，此时系统将自动生成图 9.7.10 所示的刀具路径。

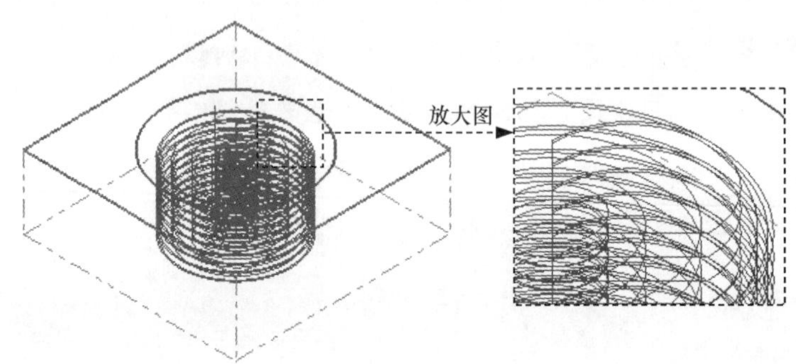

图 9.7.10 刀具路径

Stage6. 加工仿真

Step1. 路径模拟。

（1）在“刀路管理”中单击 刀路 - 36.9K - CIRCLE_MILL.NC - 程序编号 0 节点，系统弹出“刀路模拟”对话框及“路径模拟控制”操控板。

（2）在“路径模拟控制”操控板中单击 ▶ 按钮，系统将开始对刀具路径进行模拟，结果与图 9.7.10 所示的刀具路径相同，在“刀路模拟”对话框中单击 ✔ 按钮。

Step2. 保存模型。选择下拉菜单 文件 → 保存 命令，保存模型。

9.7.2 螺旋钻孔

螺旋钻孔是以螺旋线的走刀方式加工较大直径的圆孔，主要用于孔壁和孔底面进行粗精加工。下面以图 9.7.11 所示例子说明螺旋钻孔加工的一般操作过程。

图 9.7.11 螺旋钻孔加工

Stage1. 进入加工环境

打开文件 D：\mcx2024\work\ch09.07.02\HELIX_MILL.mcam，系统默认进入铣削加工环境。

Stage2. 选择加工类型

Step1. 单击 刀路 功能选项卡 2D 区域中的“螺旋铣孔”命令，系统弹出“刀路孔定义”对话框。

Step2. 设置加工区域。在图形区中选取图 9.7.12 所示的钻孔点，单击 按钮，完成加工点的设置，同时系统弹出“2D 刀路 - 螺旋铣孔”对话框。

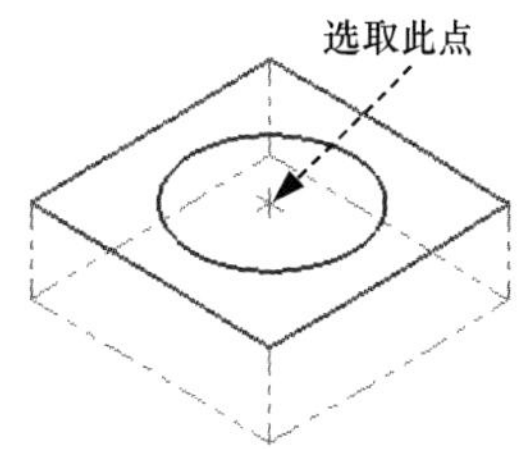

图 9.7.12 选取钻孔点

Stage3. 选择刀具

Step1. 选择刀具。在“2D 刀路 - 螺旋铣孔”对话框的左侧节点列表中单击 刀具 节点，切换到刀具参数界面；在该对话框的列表框中选择已有的刀具。

Step2. 其余参数采用上次设定的默认参数。

Stage4. 设置加工参数

Step1. 设置切削参数。在“2D 刀路 - 螺旋铣孔”对话框的左侧节点列表中单击 切削参数 节点，设置图 9.7.13 所示的参数。

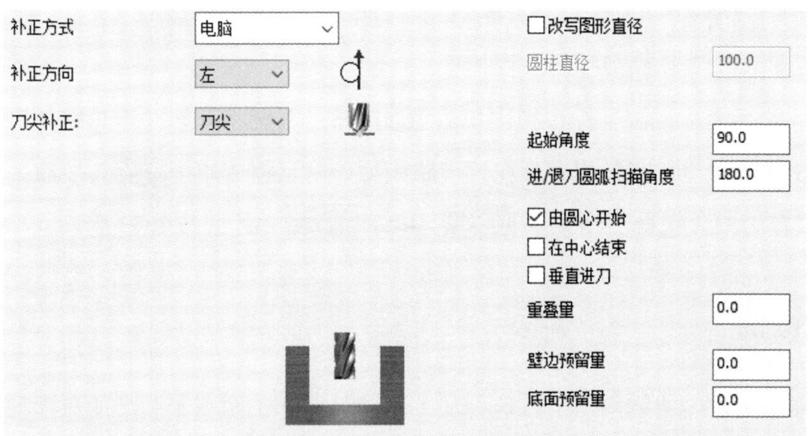

图 9.7.13 “切削参数”参数设置

Step2. 设置粗加工参数。在“2D 刀路 - 螺旋铣孔”对话框的左侧节点列表中单击 粗/精修 节点，设置图 9.7.14 所示的参数。

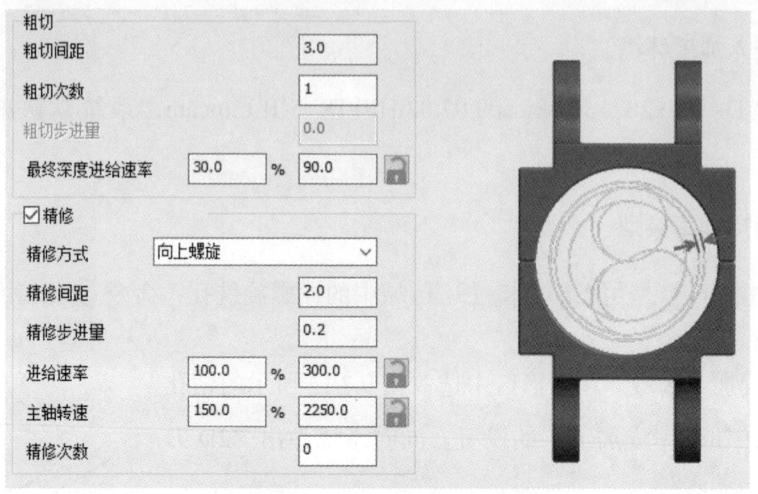

图 9.7.14 “粗 / 精修”参数设置

Step3. 设置连接参数。在“2D 刀路 - 螺旋铣孔”对话框的左侧节点列表中单击 连接参数 节点，在 深度(D)... 文本框中输入值 –50，其余采用默认参数。

Step4. 单击“2D 刀路 - 螺旋铣孔”对话框中的 ✔ 按钮，完成钻孔加工参数的设置，此时系统将自动生成图 9.7.15 所示的刀具路径。

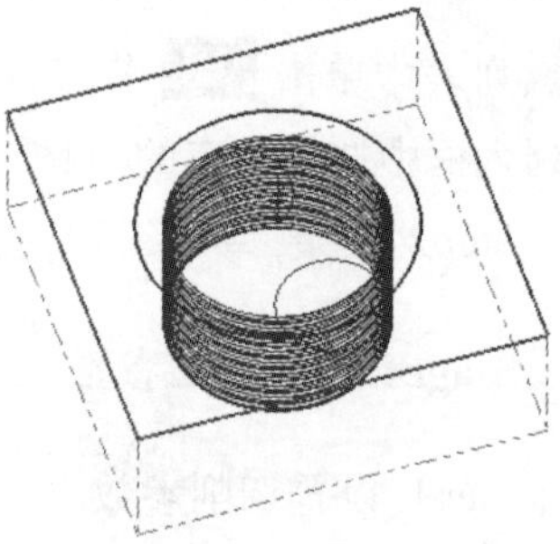

图 9.7.15 刀具路径

Stage5. 加工仿真

Step1. 路径模拟。

（1）在“刀路管理”中单击 刀路 - 19.1K - CIRCLE_MILL.NC - 程序编号 0 节点，系统弹出“刀路模拟”对话框及“路径模拟控制”操控板。

（2）在“路径模拟控制”操控板中单击 ▶ 按钮，系统将开始对刀具路径进行模拟，结果与图 9.7.15 所示的刀具路径相同，在“刀路模拟”对话框中单击 ✔ 按钮。

Step2. 保存模型。选择下拉菜单 文件 ➡ 保存 命令，保存模型。

9.7.3 铣键槽

铣键槽加工是常用的铣削加工，这种加工方式只能加工两端半圆形的矩形键槽。下面以图 9.7.16 所示例子说明铣键槽加工的一般操作过程。

Stage1. 进入加工环境

打开文件 D:\mcx2024\work\ch09.07.03\SLOT_MILL.mcam，系统默认进入铣削加工环境。

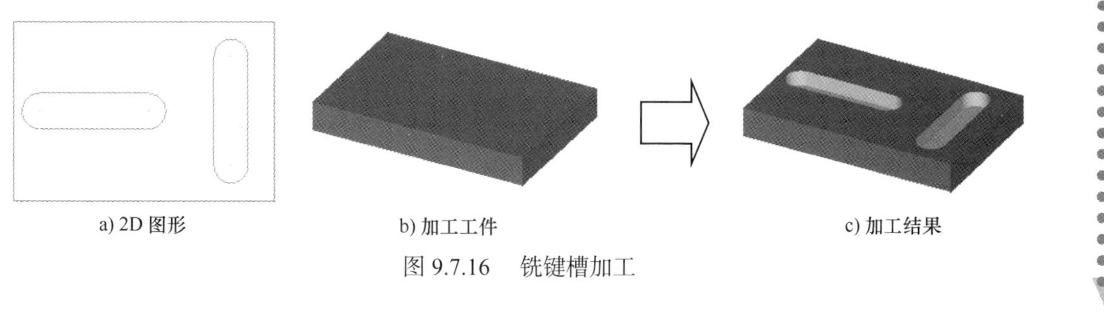

a) 2D 图形　　b) 加工工件　　c) 加工结果

图 9.7.16　铣键槽加工

Stage2. 设置工件

Step1. 在“刀路管理”中单击 属性 - Mill Default MM 节点前的“+”号，将该节点展开，然后单击 毛坯设置 节点，系统弹出“机床群组设置”对话框。

Step2. 设置工件的形状。在“机床群组设置”对话框的 选择(S) 区域中单击 （创建矩形毛坯）按钮，按 <Ctrl+A> 键选取所有可见几何，然后按 Enter 键。

Step3. 设置工件参数。在“机床群组设置”对话框 矩形 区域的 长度(L): 文本框中输入值 150.0，在 宽度(W): 文本框中输入值 100.0，在 高度(H): 文本框中输入值 20.0。

Step4. 单击“机床群组设置”对话框中的 按钮，完成工件的设置。单击 刀路 功能选项卡 毛坯 区域中的 显示/隐藏毛坯 命令，可以观察到零件的边缘多了红色的双点画线，双点画线围成的图形即为工件。

Stage3. 选择加工类型

Step1. 单击 刀路 功能选项卡 2D 区域中的“键槽铣削”命令 ，系统弹出“线框串连”对话框。

Step2. 设置加工区域。在图形区中选取图 9.7.17 所示的 2 条曲线链，单击 按钮，完成加工区域的设置，同时系统弹出“2D 刀路 - 键槽铣削”对话框。

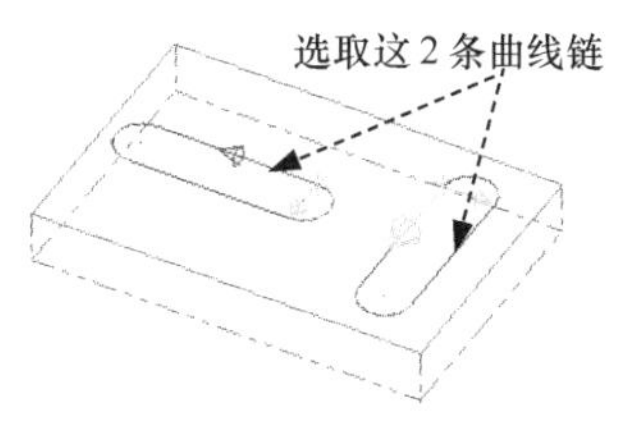

图 9.7.17　选取曲线链

Stage4. 选择刀具

Step1. 选择刀具。在“2D 刀路 - 键槽铣削”对话框的左侧节点列表中单击 刀具 节点，切换到刀具参数界面；单击 刀具过滤(F)... 按钮，系统弹出“刀具过滤列表设置”对话框，单

击 刀具类型 区域中的 全关(N) 按钮后，在刀具类型按钮群中单击 (平底刀) 按钮，单击 按钮，关闭“刀具过滤列表设置”对话框，系统返回至“2D 刀路 - 键槽铣削”对话框。

Step2. 选择刀具。在“2D 刀路 - 键槽铣削”对话框中单击 按钮，系统弹出“选择刀具”对话框，在该对话框的列表框中选择“FLAT END MILL-10”刀具。单击 按钮，关闭“选择刀具”对话框，系统返回至“2D 刀路 - 键槽铣削”对话框。

Step3. 设置刀具参数。

（1）完成上步操作后，在“2D 刀路 - 键槽铣削”对话框刀具列表中双击该刀具，系统弹出“编辑刀具”对话框。

（2）设置刀具号。单击 下一步 按钮，在 刀号: 文本框中将原有的数值改为 1。

（3）设置刀具的加工参数。设置图 9.7.18 所示的参数。

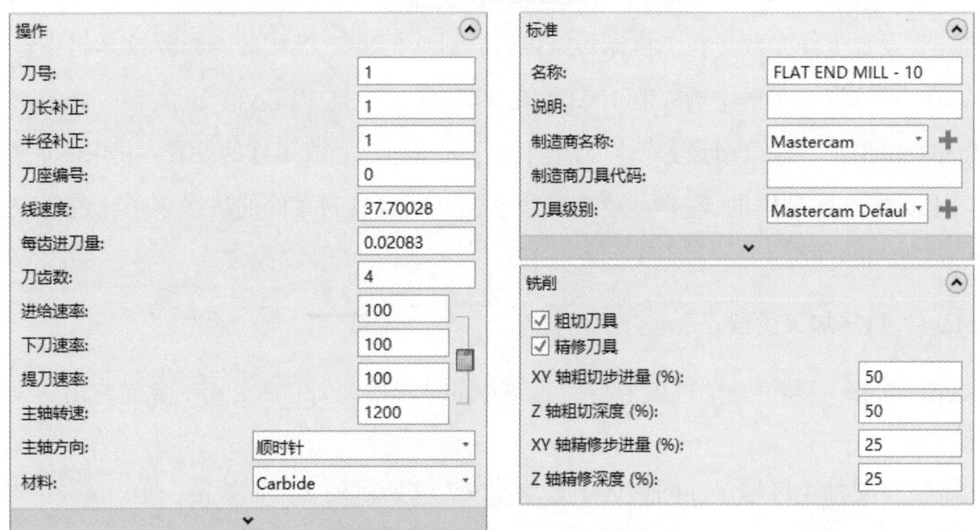

图 9.7.18　设置刀具加工参数

（4）设置冷却方式。单击 冷却液 按钮，系统弹出“冷却液”对话框，在 Flood （切削液）下拉列表中选择 On 选项，单击该对话框中的 确定 按钮，关闭“冷却液”对话框。

Step4. 单击“编辑刀具”对话框中的 完成 按钮，完成刀具的设置，系统返回至“2D 刀路 - 键槽铣削”对话框。

Stage5. 设置加工参数

Step1. 设置切削参数。在“2D 刀路 - 键槽铣削”对话框的左侧节点列表中单击 切削参数 节点，设置图 9.7.19 所示的参数。

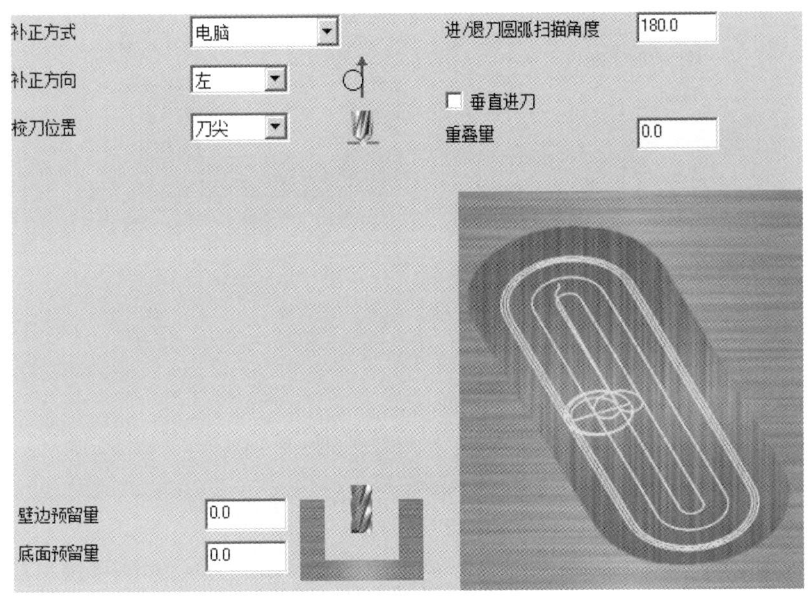

图 9.7.19 “切削参数”参数设置

Step2. 设置粗加工参数。在“2D 刀路 - 键槽铣削”对话框的左侧节点列表中单击 粗/精修 节点，设置图 9.7.20 所示的参数。

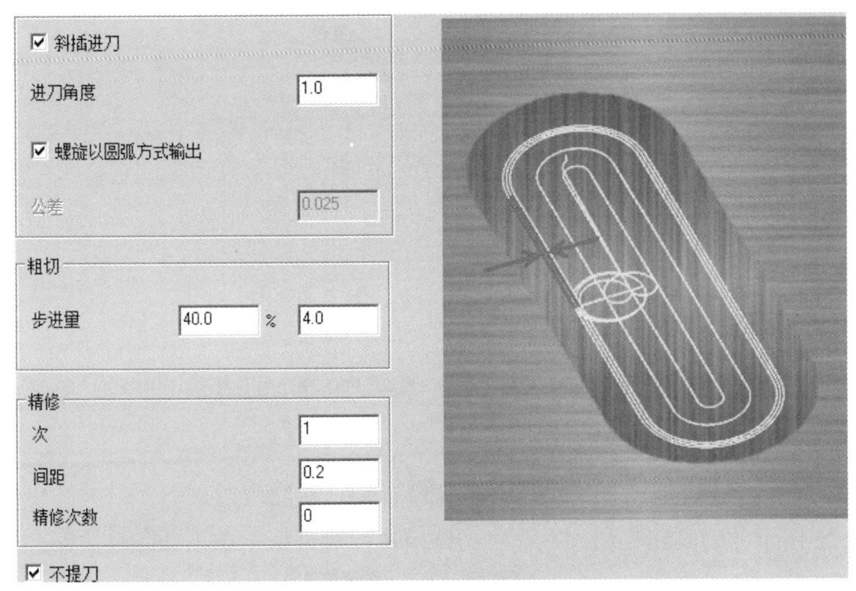

图 9.7.20 “粗 / 精修”参数设置

Step3. 设置深度参数。在“2D 刀路 - 键槽铣削”对话框的左侧列表中单击 径向分层切削 节点，设置图 9.7.21 所示的参数。

Step4. 设置连接参数。在“2D 刀路 - 键槽铣削”对话框的左侧节点列表中单击 连接参数 节点，在 深度(D)... 文本框中输入值 –10，其余采用默认参数。

☑轴向分层切削
最大粗切步进量: 2.0
精修
切削次数: 1
步进: 0.1
改写进给速率
☐进给速率 100.0
☐主轴转速 1200
☑不提刀
☐使用子程序
○绝对坐标 ◉增量坐标

图 9.7.21 “径向分层切削”参数设置

Step5. 单击“2D 刀路 - 键槽铣削”对话框中的 ✔ 按钮，完成键槽铣削加工参数的设置，此时系统将自动生成图 9.7.22 所示的刀具路径。

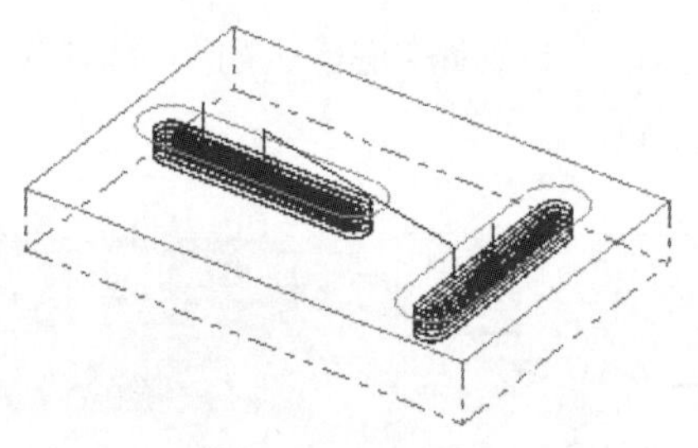

图 9.7.22 刀具路径

Stage6. 加工仿真

Step1. 路径模拟。

(1) 在“刀路管理”中单击 刀路 - 37.6K - SLOT_MILL.NC - 程序编号 0 节点，系统弹出“刀路模拟”对话框及“路径模拟控制”操控板。

(2) 在“路径模拟控制”操控板中单击 ▶ 按钮，系统将开始对刀具路径进行模拟，结果与图 9.7.22 所示的刀具路径相同，在“刀路模拟”对话框中单击 ✔ 按钮。

Step2. 保存模型。选择下拉菜单 文件 → 保存 命令，保存模型。

9.8 综 合 实 例

通过对前面二维加工刀具路径中参数设置和操作方法的学习，用户能掌握面铣削加工、挖槽加工、钻孔加工和外形铣削加工等二维数控加工方法。下面结合二维加工的各种方法来加工一个综合实例，具体加工流程（图 9.8.1）如下。

说明：本实例的详细操作过程请参见随书学习资源中 video 文件下的语音视频讲解文件。模型文件为 D:\mcx2024\work\ch09.08\EXAMPLE.mcam。

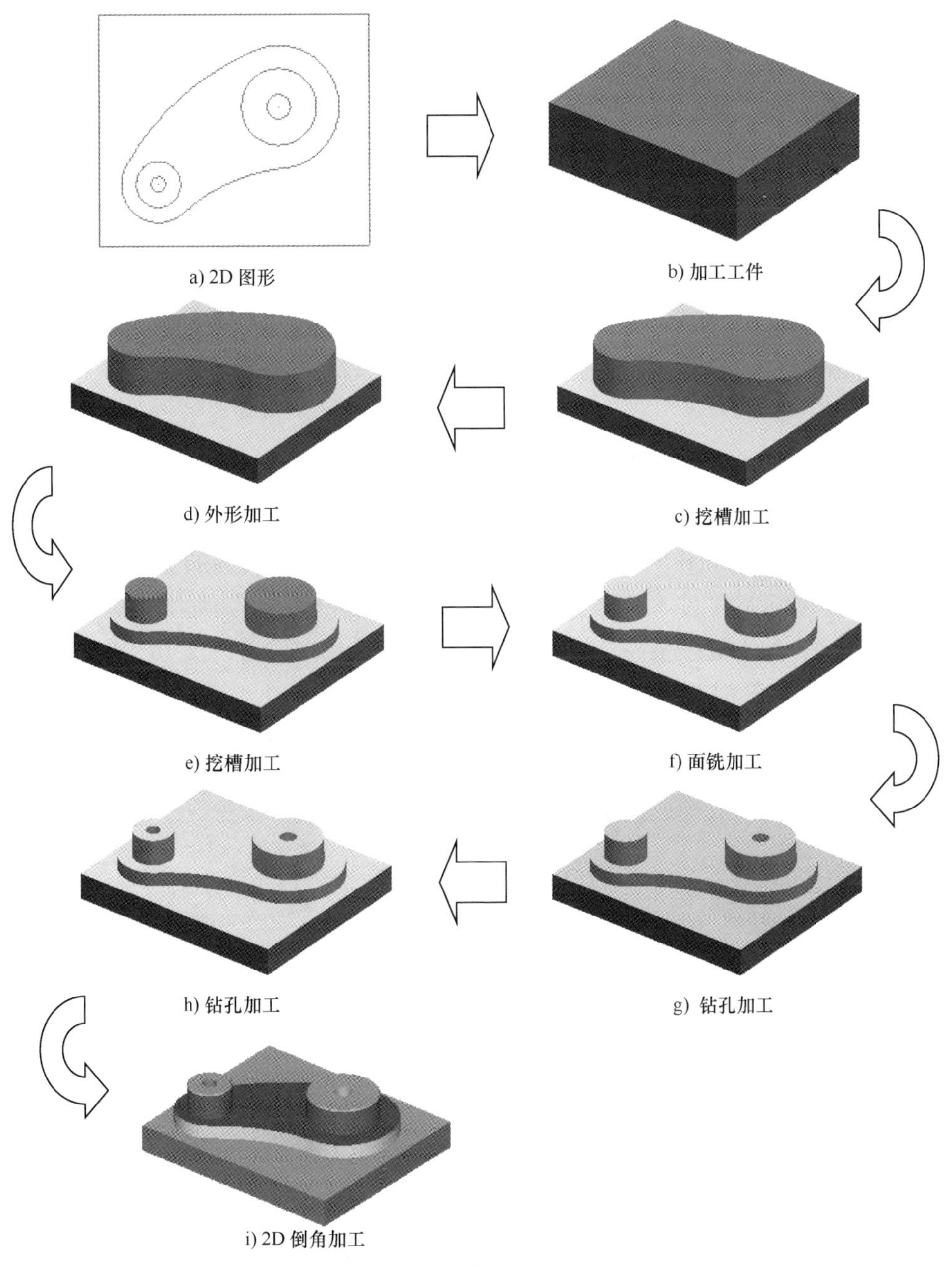

图 9.8.1 加工流程图

第 10 章　曲面粗加工

10.1　概　　述

粗加工阶段，从计算时间和加工效率方面考虑，以曲面挖槽加工为主。对于外形余量均匀的零件使用等高外形加工，可快速完成计算和加工。平坦的顶部曲面直接使用平行粗加工，采用较大的吃刀量，然后再使用平行精加工改善加工表面。

10.2　粗加工平行铣削加工

平行铣削加工（Parallel）通常用来加工陡斜面或圆弧过渡曲面的零件，是一种分层切削加工的方法，加工后零件（工件）的表面刀路呈平行条纹状。此加工方法刀路计算时间长，提刀次数多，加工效率不高，故实际加工中不常采用。下面以图 10.2.1 所示的模型为例，讲解粗加工平行铣削加工的一般过程。

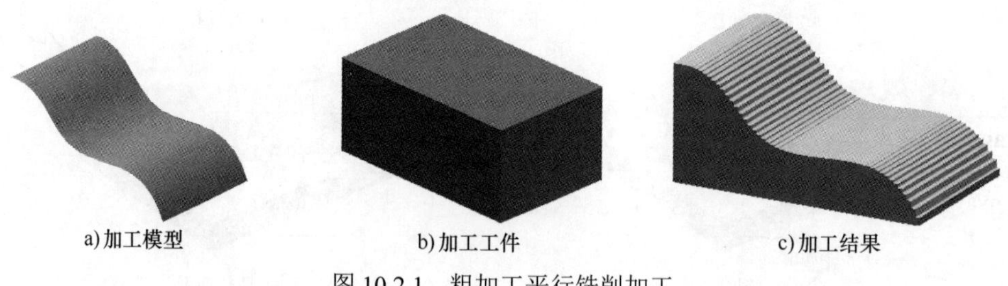

图 10.2.1　粗加工平行铣削加工

Stage1. 进入加工环境

打开文件 D: \mcx2024\work\ch10.02\ROUGH_PARALL.mcam，系统进入加工环境。

Stage2. 设置工件

Step1. 在“刀路管理”中单击 属性 - Generic Mill 节点前的“+”号，将该节点展开，然后单击 毛坯设置 节点，系统弹出“机床群组设置”对话框。

Step2. 设置工件的形状。在“机床群组设置”对话框的 选择(S) 区域中单击 （创建矩形毛坯）按钮，按 <Ctrl+A> 键选取所有可见几何，然后按 Enter 键。

Step3. 设置工件参数。在“机床群组设置”对话框 原点 区域的 Z 文本框中输入值 73.0，在 矩形 区域的 长度(L): 文本框中输入值 100.0，在 宽度(W): 文本框中输入值 160.0，在 高度(H): 文本框中输入值 73.0。

Step4. 单击“机床群组设置”对话框中的 按钮，完成工件的设置。单击 刀路 功能选项卡 毛坯 区域中的 显示/隐藏毛坯 命令，可以观察到零件的边缘多了红色的双点画线，双点画线围成的图形即为工件，如图 10.2.2 所示。

Stage3. 选择加工类型

Step1. 选择加工方法。单击 刀路 功能选项卡 3D 区域 粗切 列表中的“平行”命令 ，系统弹出“选择工件形状”对话框，采用系统默认的设置，单击 按钮。

Step2. 选取加工面。在图形区中选取图 10.2.3 所示的曲面，然后按 Enter 键，系统弹出“刀路曲面选择”对话框，采用系统默认的设置，单击 按钮，系统弹出“曲面粗切平行”对话框。

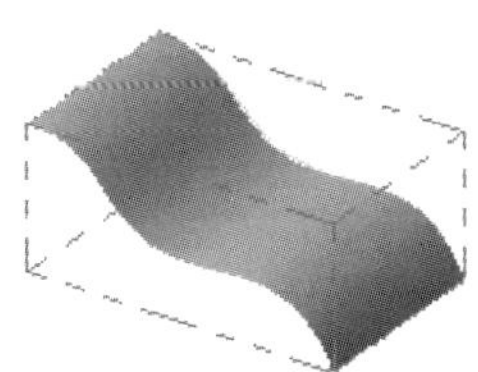

图 10.2.2 显示工件

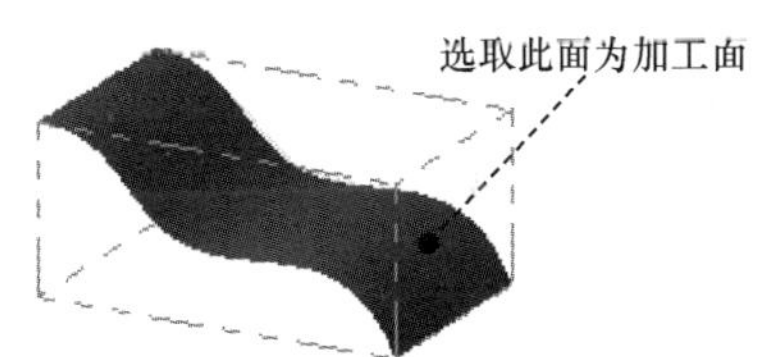

图 10.2.3 选取加工面

Stage4. 选择刀具

Step1. 选择刀具。

（1）确定刀具类型。在“曲面粗切平行”对话框中单击 刀具过滤(F)... 按钮，系统弹出“刀具过滤列表设置”对话框，单击 刀具类型 区域中的 全关(N) 按钮后，在刀具类型按钮群中单击 （圆鼻铣刀）按钮，单击 按钮，关闭“刀具过滤列表设置”对话框，系统返回至“曲面粗切平行”对话框。

（2）选择刀具。在“曲面粗切平行”对话框中单击 选择刀库刀具... 按钮，系统弹出图 10.2.4 所示的“选择刀具”对话框，在该对话框的列表中选择图 10.2.4 所示的刀具。单击 按钮，关闭“选择刀具”对话框，系统返回至“曲面粗切平行”对话框。

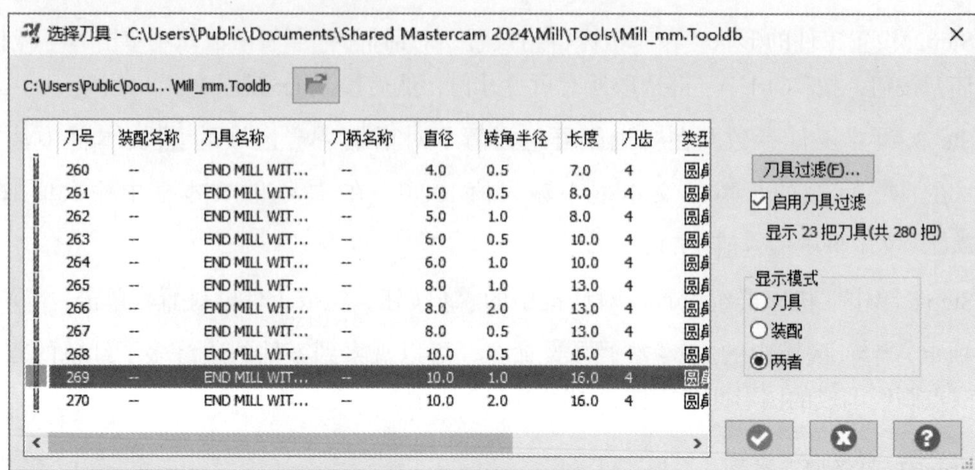

图 10.2.4 “选择刀具”对话框

Step2. 设置刀具相关参数。

(1) 在“曲面粗切平行”对话框 刀具参数 选项卡的列表框中双击上一步选择的刀具，系统弹出“编辑刀具”对话框。

(2) 设置刀具号。单击 下一步 按钮，在 刀号: 文本框中将原有的数值改为 1。

(3) 设置刀具参数。设置图 10.2.5 所示的参数。

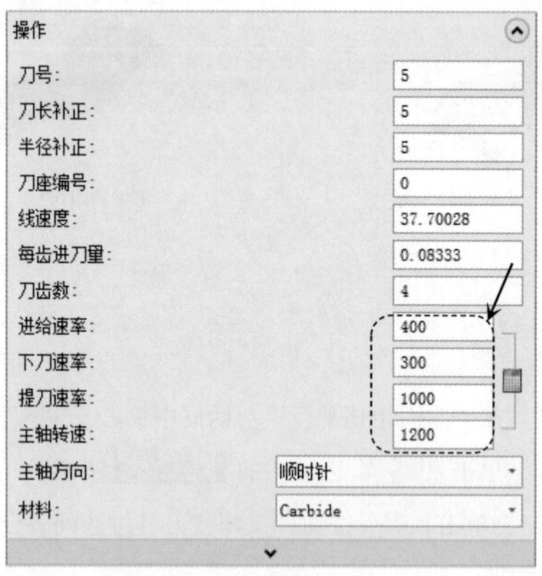

图 10.2.5 设置刀具参数

(4) 设置冷却方式。单击 冷却液 按钮，系统弹出“冷却液”对话框，在 Flood (切削液)下拉列表中选择 On 选项，单击该对话框中的 确定 按钮，关闭“冷却液”对话框。

（5）单击“编辑刀具”对话框中的 完成 按钮，完成刀具的设置。

Stage5. 设置加工参数

Step1. 设置曲面参数。在“曲面粗切平行”对话框中单击 曲面参数 选项卡，设置图 10.2.6 所示的参数。

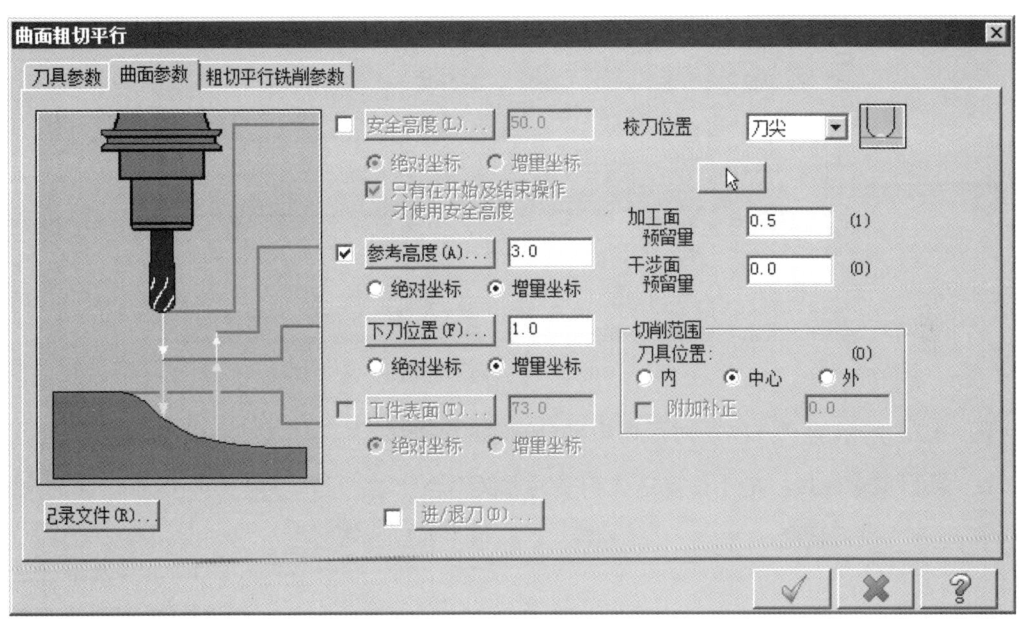

图 10.2.6 “曲面参数”选项卡

说明：此处设置的“曲面参数”在粗加工中属于共性参数，在进行粗加工时都要进行类似设置。

图 10.2.6 所示的“曲面参数”选项卡中部分选项的说明如下。

- ☑ 进/退刀(D)... 按钮：在加工过程中如需设置进 / 退刀向量时选中该复选框。单击此按钮系统弹出“方向”对话框，如图 10.2.7 所示。在此对话框中可以对进刀和退刀向量进行详细设置。
- 按钮：单击此按钮，系统弹出“刀具路径的曲面选择”对话框，可以对加工面及干涉面等进行相应设置。
- 加工面预留量 文本框：此文本框用于设置加工面的预留量。
- 干涉面预留量 文本框：此文本框用于设置干涉面的预留量。
- 切削范围 区域：主要是在加工过程中控制刀具与边界的位置关系。
  - ☑ ⊙ 内 单选项：设置刀具中心在加工曲面的边界内进行加工。
  - ☑ ⊙ 中心 单选项：设置刀具中心在加工曲面的边界上进行加工。

☑ 外 单选项：设置刀具中心在加工曲面的边界外进行加工。

☑ 附加补正 复选框：此选项用于设置对刀具的补偿值。只有在刀具的切削范围选中 内 或 外 单选项时，该复选框才被激活。

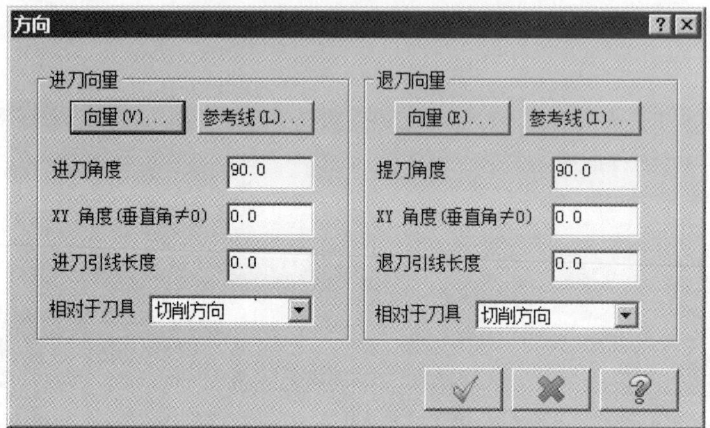

图 10.2.7 “方向”对话框

图 10.2.7 所示的“方向”对话框中部分选项的说明如下。

- 进刀向量 区域：用于设置进刀向量的相关参数，其包括 向量(V)... 按钮、参考线(L)... 按钮、进刀角度 文本框、XY 角度 文本框、进刀引线长度 文本框和 相对于刀具 下拉列表。

☑ 向量(V)... 按钮：用于设置进刀向量在坐标系的分向量值。单击此按钮，系统弹出图 10.2.8 所示的“向量”对话框，用户可以在相应的坐标系方向上定义分向量的值。

向量
X 方向 0.0
Y 方向 0.0
Z 方向 1.0

图 10.2.8 “向量”对话框

☑ 参考线(L)... 按钮：可在绘图区域直接选取直线作为进刀向量。

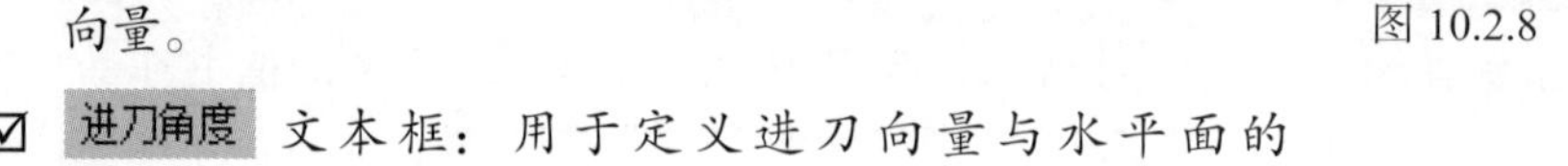

☑ 进刀角度 文本框：用于定义进刀向量与水平面的角度。

☑ XY 角度 文本框：用于定义进刀运动的水平角度。

☑ 进刀引线长度 文本框：用于定义进刀向量沿进刀角度方向的长度。

☑ 相对于刀具 下拉列表：用于定义进刀向量的参照对象，其包括 刀具平面X轴 选项和 切削方向 选项。

- 退刀向量 区域：用于设置退刀向量的相关参数，其包括 向量(V)... 按钮、参考线(L)... 按钮、提刀角度 文本框、XY 角度 文本框、退刀引线长度 文本框和 相对于刀具 下拉列表。

☑ 向量(V)... 按钮：用于设置退刀向量在坐标系的分向量值。单击此按钮，系统弹出“向量”对话框，用户可以在相应的坐标系方向上定义分向量的值。

☑ 参考线(L)... 按钮：用于在绘图区域直接选取直线作为退刀向量。

☑ 提刀角度 文本框：用于定义退刀向量与水平面的角度。

☑ XY 角度 文本框：用于定义退刀向量的水平角度。

☑ 退刀引线长度 文本框：用于定义退刀向量沿退刀角度方向的长度。

☑ 相对于刀具 下拉列表：用于定义退刀向量的参照对象，其包括 刀具平面X轴 选项和 切削方向 选项。

Step2. 设置粗加工平行铣削参数。

（1）在“曲面粗切平行”对话框中单击 粗切平行铣削参数 选项卡，如图 10.2.9 所示。

图 10.2.9 “粗切平行铣削参数”选项卡

（2）设置切削间距。在 最大切削间距(M)... 文本框中输入值 3.0。

（3）设置切削方式。在“曲面粗切平行”选项卡的 切削方式 下拉列表中选择 双向 选项。

（4）完成参数设置。其他参数设置保持系统默认设置值，单击“曲面粗切平行”对话框中的 ✔ 按钮，同时在图形区生成图 10.2.10 所示的刀路轨迹。

图 10.2.9 所示的“粗切平行铣削参数”选项卡中部分选项的说明如下。

- 整体公差(T)... 按钮：单击该按钮，系统弹出“圆弧过滤公差”对话框，如图 10.2.11 所示。在“圆弧过滤公差”对话框中可以对加工误差进行详细设置。

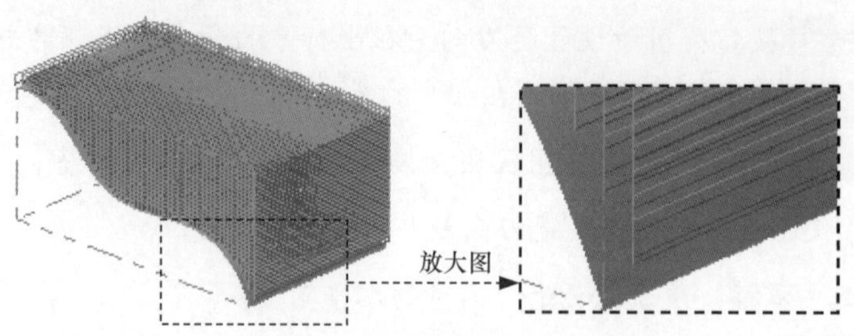

图 10.2.10　工件加工刀路轨迹

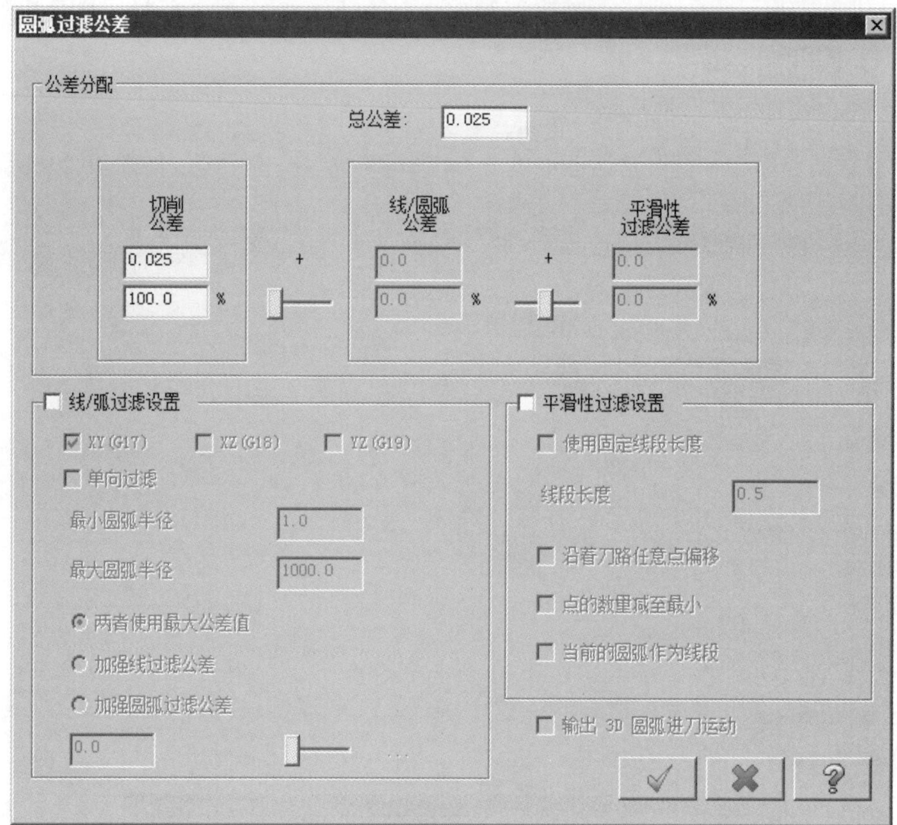

图 10.2.11　“圆弧过滤公差”对话框

- 切削方式 下拉列表：此下拉列表用于控制加工时的切削方式，包括 单向 和 双向 两个选项。
  - ☑ 单向 选项：选择此选项，则设定在加工过程中刀具在加工曲面上做单一方向的运动。
  - ☑ 双向 选项：选择此选项，则设定在加工过程中刀具在加工曲面上做往复运动。
- 最大切削间距(M)... 文本框：此文本框用于设置加工过程中相邻两刀之间的切削深度，深度越大，生成的刀路层越少。
- 下刀控制 区域：此区域用于定义在加工过程中系统对提刀及退刀的控制，包

括 切削路径允许多次切入、单侧切削 和 双侧切削 三个单选项。

- ☑ 切削路径允许多次切入 单选项：选中此单选项，则加工过程中允许刀具沿曲面的起伏连续下刀和提刀。
- ☑ 单侧切削 单选项：选中此单选项，则加工过程中只允许刀具沿曲面的一侧下刀和提刀。
- ☑ 双侧切削 单选项：选中此单选项，则加工过程中只允许刀具沿曲面的两侧下刀和提刀。

- 定义下刀点 复选框：选中此复选项，可以设置刀具在定义的下刀点附近开始加工。
- 允许沿面下降切削(-Z) 复选框：选中此复选框，表示在进刀的过程中让刀具沿曲面进行切削。
- 允许沿面上升切削(+Z) 复选框：选中此选项，表示在退刀的过程中允许刀具沿曲面进行切削。
- 最大切削间距(M)... 按钮：单击此按钮，系统弹出图 10.2.12 所示的“最大切削间距”对话框，通过此对话框可以设置铣刀在刀具平面的步进距离。
- 加工方式角度 文本框：用于设置刀具路径的加工角度，范围在 0°~360°，相对于加工平面的 X 轴，逆时针方向为正。

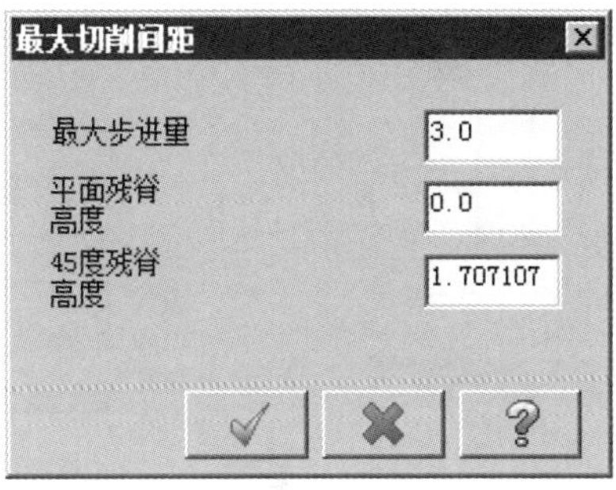

图 10.2.12 “最大切削间距”对话框

- 切削深度(D)... 按钮：单击此按钮，系统弹出图 10.2.13 所示的“切削深度”对话框，在此对话框中对切削深度进行具体设置，一般有“绝对坐标”和“增量坐标”两种方式，推荐使用“增量坐标”方式进行设定（设定过程比较直观）。

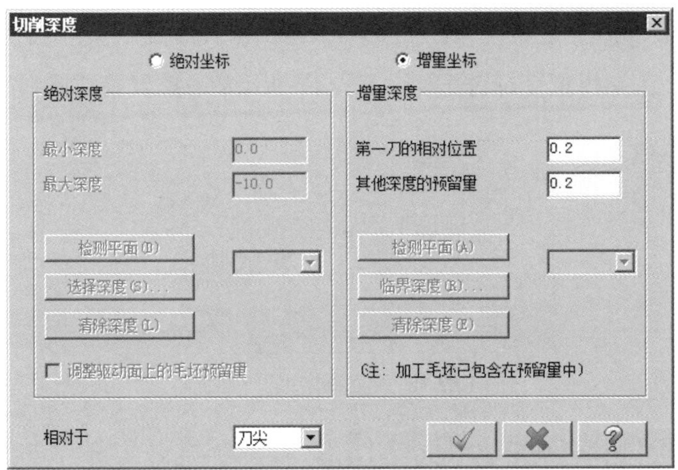

图 10.2.13 “切削深度”对话框

- 间隙设置(G)... 按钮：单击此按钮，系统弹出图 10.2.14 所示的“间隙设置”对话框。此对话框用于设置当刀具路径中出现开口或不连续面时的相关选项。
- 高级设置(E)... 按钮：单击此按钮，系统弹出图 10.2.15 所示的“高级设置”对话框，此对话框主要用于当加工面中有叠加或破孔时的刀路设置。

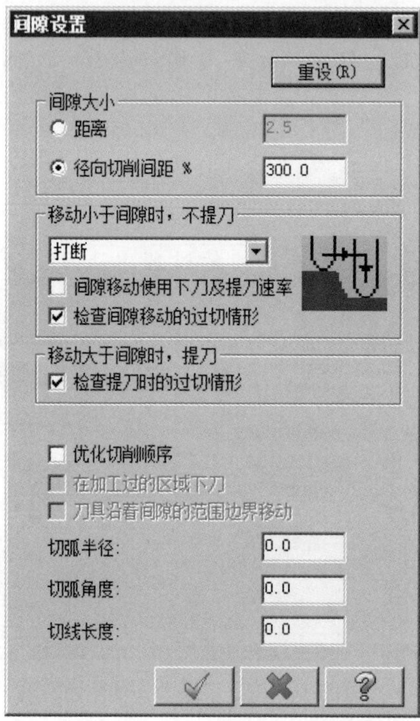

图 10.2.14 “间隙设置”对话框

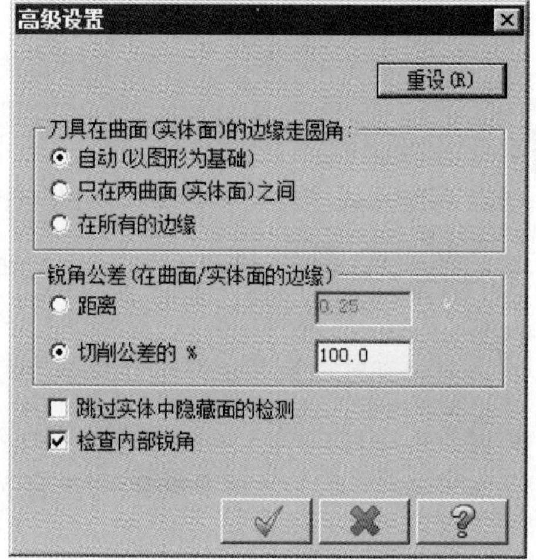

图 10.2.15 “高级设置”对话框

Stage6. 加工仿真

Step1. 路径模拟。

（1）在“刀路管理”中单击 刀路 - 713.3K - ROUGH_PARALL.NC - 程序号 0 节点，系统弹出图 10.2.16 所示的“刀路模拟”对话框及图 10.2.17 所示的“路径模拟控制”操控板。

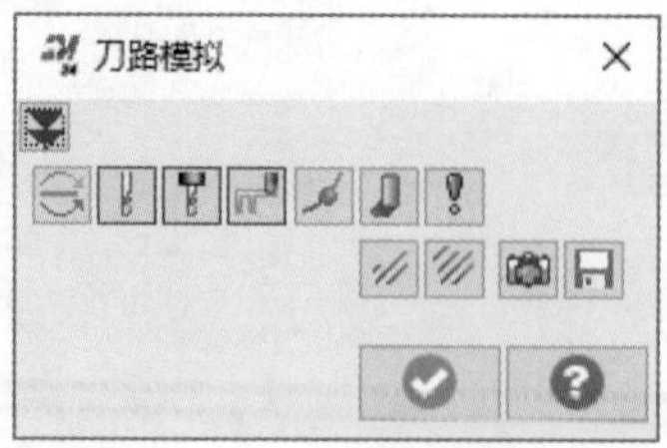

图 10.2.16 “刀路模拟”对话框

图 10.2.17 “路径模拟控制”操控板

（2）在“路径模拟控制”操控板中单击 按钮，系统将开始对刀具路径进行模拟，结果与图 10.2.10 所示的刀具路径相同，在“刀路模拟”对话框中单击 按钮。

Step2. 实体切削验证。

（1）在“刀路管理”中确认 1 - 曲面粗切平行 - [WCS: 俯视图] - [刀具面: 俯视图] 节点被选中，然后单击“验证已选择的操作”按钮 ，系统弹出“Mastercam 模拟器”对话框。

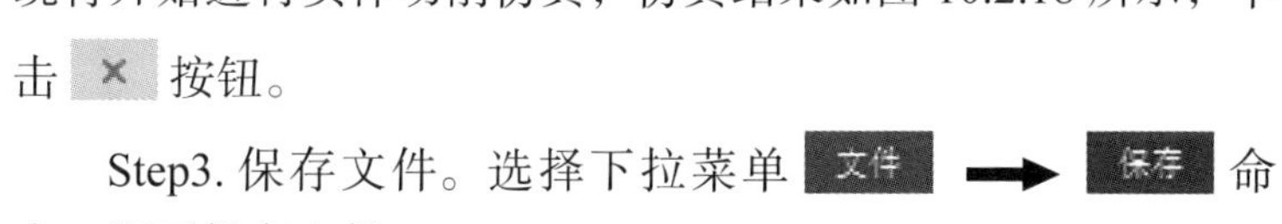

（2）在“Mastercam 模拟器”对话框中单击 按钮，系统将开始进行实体切削仿真，仿真结果如图 10.2.18 所示，单击 按钮。

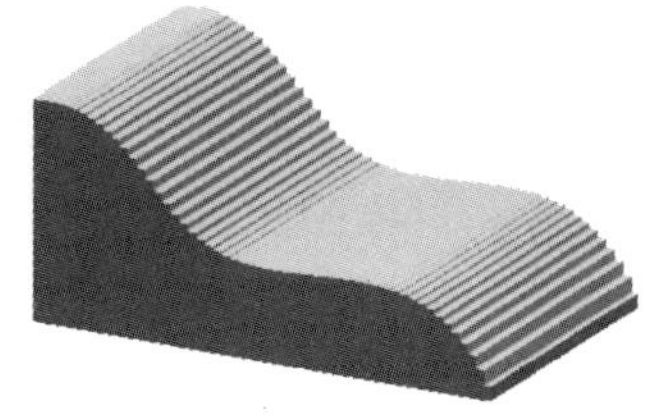

图 10.2.18 仿真结果

Step3. 保存文件。选择下拉菜单 文件 → 保存 命令，即可保存文件。

10.3 粗加工放射状加工

放射状加工是一种适合圆形、边界等值或对称性工件的加工方式，可以较好地完成各种圆形工件等模具结构的加工，所产生的刀具路径呈放射状。下面以图 10.3.1 所示的模型为例，讲解粗加工放射状加工的一般过程。

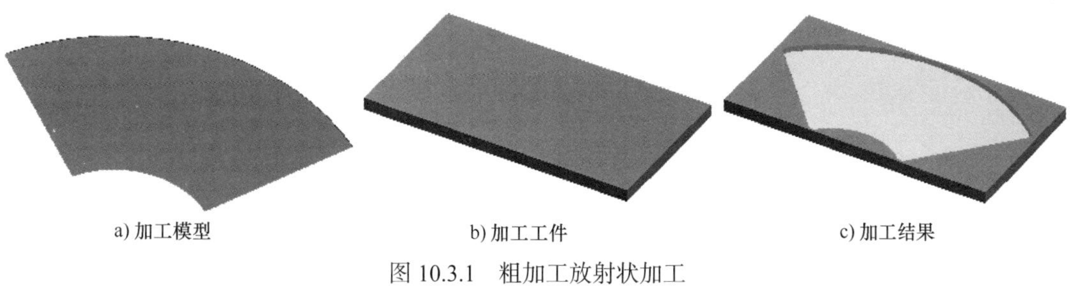

a) 加工模型　　b) 加工工件　　c) 加工结果

图 10.3.1 粗加工放射状加工

Stage1. 进入加工环境

打开文件 D:\mcx2024\work\ch10.03\ROUGH_RADIAL.mcam，系统默认进入铣削加工环境。

Stage2. 设置工件

Step1. 在“刀路管理”中单击 属性 - Mill Default MM 节点前的“+”号，将该节点展开，然后单击 毛坯设置 节点，系统弹出“机床群组设置”对话框。

Step2. 设置工件的形状。在“机床群组设置”对话框的 选择(S) 区域中单击 （创建矩形毛坯）按钮，按 <Ctrl+A> 键选取所有可见几何，然后按 Enter 键。

Step3. 设置工件参数。在“机床群组设置”对话框 矩形 区域的 长度(L): 文本框中输入值 220.0，在 宽度(W): 文本框中输入值 120.0，在 高度(H): 文本框中输入值 10.0；在 原点 区域的 X 文本框中输入值 0，在 Y 文本框中输入值 -15.0，在 Z 文本框中输入值 5.0。

Step4. 单击“机床群组设置”对话框中的 按钮，完成工件的设置。单击 刀路 功能选项卡 毛坯 区域中的 显示/隐藏毛坯 命令，可以观察到零件的边缘多了红色的双点画线，双点画线围成的图形即为工件，如图 10.3.2 所示。

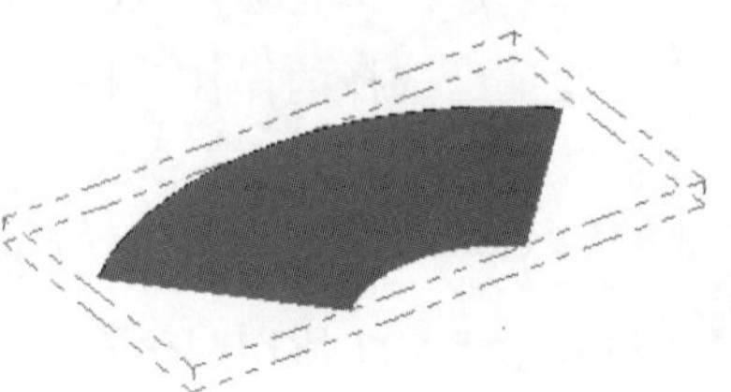

图 10.3.2　工件设置

Stage3. 选择加工类型

Step1. 选择加工方法。右击“刀路管理”中的空白区域，然后在系统弹出的快捷菜单中选择 铣床刀路 → 曲面粗切 → 放射 命令，单击 确定 按钮，系统弹出“选择工件形状”对话框，采用系统默认的设置，单击 按钮。

Step2. 选择加工面及放射中心。在图形区中选取图 10.3.3 所示的曲面，然后按 Enter 键，系统弹出“刀路曲面选择”对话框，在对话框的 选择放射中心点 区域中单击 按钮，选取图 10.3.4 所示的圆弧的中心为加工的放射中心，按 Enter 键返回“刀路曲面选择”对话框，对话框中的其他参数设置保持系统默认设置值，单击 按钮，系统弹出“曲面粗切放射”对话框。

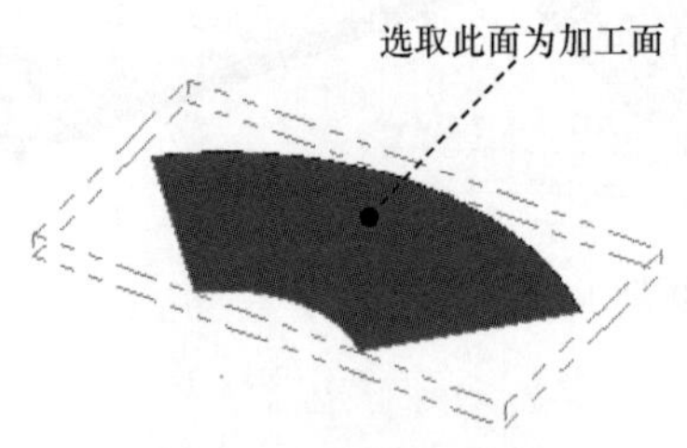

图 10.3.3　选取加工面

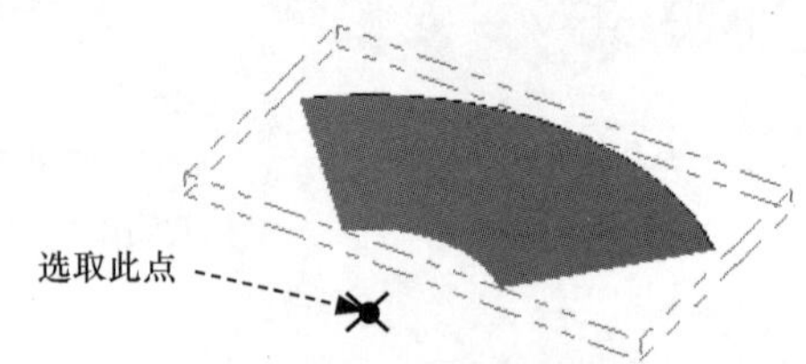

图 10.3.4　选取放射中心

Stage4. 选择刀具

Step1. 选择刀具。

（1）确定刀具类型。在“曲面粗切放射”对话框中单击 刀具过滤 按钮，系统弹出“刀具过滤列表设置”对话框，单击 刀具类型 区域中的 全关(N) 按钮后，在刀具类型按钮群中单击 （平底刀）按钮，单击 按钮，关闭“刀具过滤列表设置”对话框，系统

返回至“曲面粗切放射”对话框。

（2）选择刀具。在“曲面粗切放射”对话框中单击 选择刀库刀具... 按钮，系统弹出“选择刀具”对话框，在该对话框的列表框中选择图 10.3.5 所示的刀具。单击 ✔ 按钮，关闭“选择刀具”对话框，系统返回至“曲面粗切放射”对话框。

编号	刀具名称	直径	刀角半径	长度	刀齿数	类型	半径类型
5	FLAT END MILL - 3	3.0	0.0	5.0	4	平铣刀	无
5	FLAT END MILL - 4	4.0	0.0	7.0	4	平铣刀	无
5	FLAT END MILL - 5	5.0	0.0	8.0	4	平铣刀	无
5	FLAT END MILL - 6	6.0	0.0	10.0	4	平铣刀	无
5	FLAT END MILL - 8	8.0	0.0	13.0	4	平铣刀	无
5	FLAT END MILL - 10	10.0	0.0	16.0	4	平铣刀	无
5	FLAT END MILL - 12	12.0	0.0	19.0	4	平铣刀	无
5	FLAT END MILL - 14	14.0	0.0	22.0	4	平铣刀	无
5	FLAT END MILL - 16	16.0	0.0	26.0	4	平铣刀	无
5	FLAT END MILL - 18	18.0	0.0	29.0	4	平铣刀	无
5	FLAT END MILL - 20	20.0	0.0	32.0	4	平铣刀	无

图 10.3.5　“选择刀具”对话框

Step2. 设置刀具相关参数。

（1）在“曲面粗切放射”对话框 刀具参数 选项卡的列表框中双击上一步选择的刀具，系统弹出“编辑刀具”对话框。

（2）设置刀具号。单击 下一步 按钮，在 刀号: 文本框中将原有的数值改为 1。

（3）设置刀具参数。设置图 10.3.6 所示的参数。

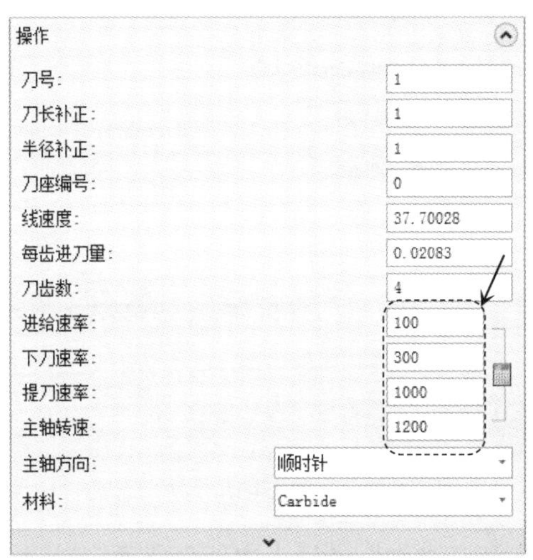

图 10.3.6　设置刀具参数

（4）设置冷却方式。单击 冷却液 按钮，系统弹出“冷却液”对话框，在 Flood（切削液）下拉列表中选择 On 选项，单击该对话框中的 确定 按钮，关闭“冷却液”对话框。

（5）单击“编辑刀具”对话框中的 完成 按钮，完成刀具的设置。

Stage5. 设置加工参数

Step1. 设置共性加工参数。

（1）在“曲面粗切放射”对话框中单击 曲面参数 选项卡，在 加工面毛坯预留量 文本框中输入值 0.5。

（2）在“曲面粗切放射”对话框中选中 ☑ 进/退刀(D)... 复选框，单击 进/退刀(D)... 按钮，系统弹出“方向”对话框。

（3）在“方向”对话框 进刀向量 区域的 进刀引线长度 文本框中输入值 10.0，对话框中的其他参数设置保持系统默认设置，单击 ✔ 按钮，系统返回至“曲面粗切放射”对话框。

Step2. 设置粗加工放射状参数。

（1）在“曲面粗切放射”对话框中单击 放射粗切参数 选项卡，设置参数如图 10.3.7 所示。

图 10.3.7　“放射粗切参数”选项卡

图 10.3.7 所示的“放射粗切参数”选项卡中部分选项的说明如下。

- 起始点 区域：此区域可以设置刀具路径的起始下刀点。
  - ☑ ⊙ 由内而外 单选项：此选项表示起始下刀点在刀具路径中心开始由内向外加工。
  - ☑ ⊙ 由外而内 单选项：此选项表示起始下刀点在刀具路径边界开始由外向内加工。
- 最大角度增量 文本框：用于设置角度增量值（每两刀路之间的角度值）。

- 起始补正距离 文本框：用于设置以刀具路径中心补正一个圆为不加工范围。此文本框中输入的值是此圆的半径值。
- 起始角度 文本框：用于设置刀具路径的起始角度。
- 扫描角度 文本框：用于设置刀具路径的扫描终止角度。

说明：图 10.3.7 所示“放射粗切参数”选项卡中的其他选项可参见图 10.2.9 的说明。

（2）单击“曲面粗切放射”对话框中的 按钮，同时在图形区生成图 10.3.8 所示的刀路轨迹。

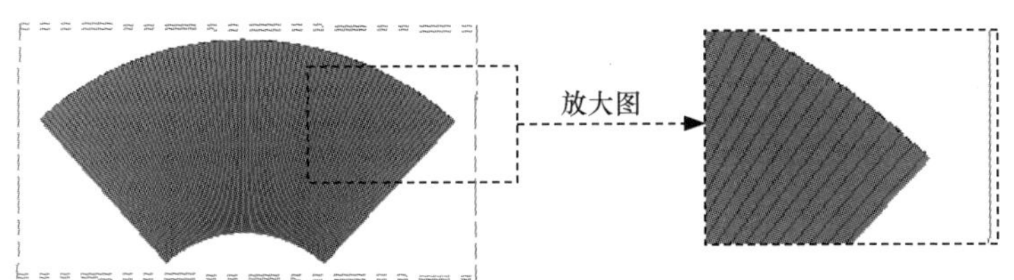

图 10.3.8　工件加工刀路轨迹

Stage6. 加工仿真

Step1. 路径模拟。

（1）在“刀路管理”中单击 刀路 - 26.5K - ROUGH_RADIAL.NC - 程序号 0 节点，系统弹出“刀路模拟”对话框及“路径模拟控制”操控板。

（2）在“路径模拟控制”操控板中单击 按钮，系统将开始对刀具路径进行模拟，结果与图 10.3.8 所示的刀具路径相同，在“刀路模拟”对话框中单击 按钮。

Step2. 实体切削验证。

（1）在“刀路管理”中单击“验证选择操作”按钮 ，系统弹出“Mastercam 模拟器”对话框。

（2）在“Mastercam 模拟器”对话框中单击 按钮，系统将开始进行实体切削仿真，仿真结果如图 10.3.9 所示，单击 按钮。

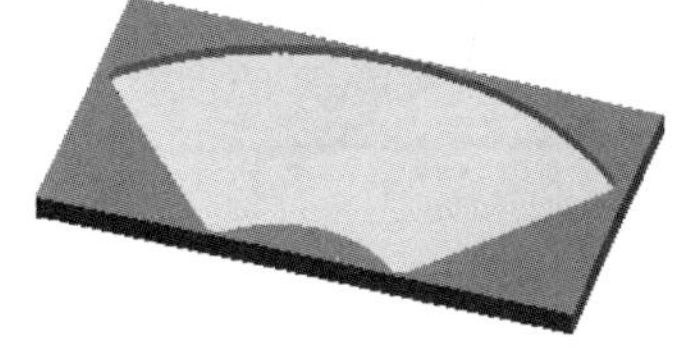

图 10.3.9　仿真结果

Step3. 保存文件。选择下拉菜单 文件(F) → 保存(S) 命令，即可保存文件。

10.4　粗加工投影加工

投影加工是将已有的刀具路径文件（NCI）或几何图素（点或曲线）投影到指定曲面模

型上并生成刀具路径来进行切削加工的方法。下面以图 10.4.1 所示的模型为例，讲解粗加工投影加工的一般操作过程（本例是将已有刀具路径投影到曲面进行加工的）。

a) 加工模型　　b) 加工工件　　c) 加工结果

图 10.4.1　粗加工投影加工

Stage1. 进入加工环境

Step1. 打开文件 D：\mcx2024\work\ch10.04\ROUGH_PROJECT.mcam。

Step2. 隐藏刀具路径。在“刀路管理”中单击 1 - 平面铣削 - [WCS: TOP] - [刀具平面: TOP] 节点，单击 按钮，将已存的刀具路径隐藏，结果如图 10.4.2 所示。

Stage2. 选择加工类型

Step1. 选择加工方法。单击 刀路 功能选项卡 3D 区域 粗切 列表中的“投影”命令，系统弹出“选择工件形状”对话框，采用系统默认的设置，单击 按钮。

Step2. 选取加工面。在图形区中选取图 10.4.3 所示的曲面，然后按 Enter 键，系统弹出“刀路曲面选择”对话框，采用系统默认的设置，单击 按钮，系统弹出“曲面粗切投影”对话框。

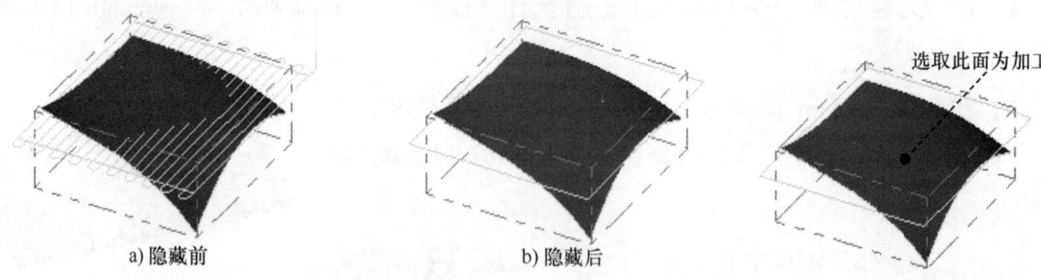

a) 隐藏前　　b) 隐藏后

图 10.4.2　隐藏刀具路径　　图 10.4.3　选取加工面

Stage3. 选择刀具

Step1. 选择刀具。

（1）确定刀具类型。在“曲面粗切投影”对话框中单击 刀具过滤 按钮，系统弹出“刀具过滤列表设置”对话框，单击 刀具类型 区域中的 全关(N) 按钮后，在刀具类型按钮

群中单击（球刀）按钮，单击 按钮，关闭“刀具过滤列表设置”对话框，系统返回至“曲面粗切投影”对话框。

（2）选择刀具。在“曲面粗切投影”对话框中单击 选择刀库刀具... 按钮，系统弹出“选择刀具”对话框，在该对话框的列表框中选择图 10.4.4 所示的刀具。单击 按钮，关闭“选择刀具”对话框，系统返回至“曲面粗切投影”对话框。

刀号	装配名称	刀具名称	刀柄名称	直径	转角半径	长度	刀齿	类型
233	--	BALL-NOSE EN...	--	3.0	1.5	8.0	4	球形铣刀
234	--	BALL-NOSE EN...	--	4.0	2.0	11.0	4	球形铣刀
235	--	BALL-NOSE EN...	--	5.0	2.5	13.0	4	球形铣刀
236	--	BALL-NOSE EN...	--	6.0	3.0	13.0	4	球形铣刀
237	--	BALL-NOSE EN...	--	7.0	3.5	16.0	4	球形铣刀

图 10.4.4 “选择刀具”对话框

Step2. 设置刀具相关参数。

（1）在“曲面粗切投影”对话框 刀具参数 选项卡的列表框中双击上一步选择的刀具，系统弹出“编辑刀具”对话框。

（2）设置刀具号。单击 下一步 按钮，在 刀号: 文本框中将原有的数值改为 1。

（3）设置刀具参数。设置图 10.4.5 所示的参数。

图 10.4.5 设置刀具参数

（4）设置冷却方式。单击 冷却液 按钮，系统弹出“冷却液”对话框，在 Flood（切削液）下拉列表中选择 On 选项，单击该对话框中的 确定 按钮，关闭“冷却液”对话框。

（5）单击“编辑刀具”对话框中的 完成 按钮，完成刀具的设置。

Stage4. 设置加工参数

Step1. 设置曲面参数。在“曲面粗切投影”对话框中单击 曲面参数 选项卡，在 加工面毛坯预留量 文本框中输入值 0.5，其他参数设置保持系统默认设置值。

Step2. 设置投影粗切参数。

（1）在“曲面粗切投影”对话框中单击 投影粗切参数 选项卡，设置参数如图 10.4.6 所示。

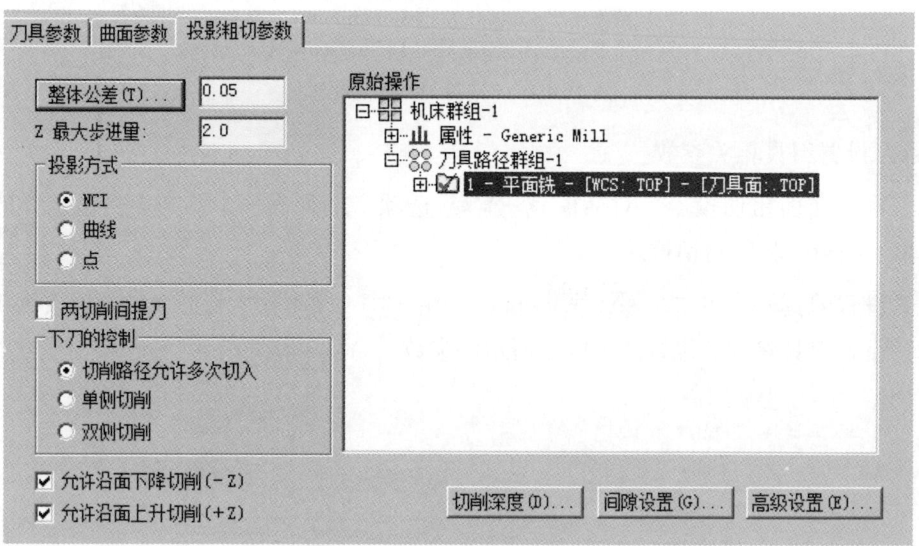

图 10.4.6 “投影粗切参数”选项卡

（2）对话框中的其他参数设置保持系统默认设置值，单击“曲面粗切投影”对话框中的 ✓ 按钮，图形区生成图 10.4.7 所示的刀路轨迹。

图 10.4.6 所示的“投影粗切参数”选项卡中部分选项的说明如下。

- 投影类型 区域：此区域用于设置得到刀路的投影方式，包括 ⊙ NCI、⊙ 曲线 和 ⊙ 点 三个单选项。
  - ☑ ⊙ NCI 单选项：选择此单选项，表示利用已存在的 NCI 文件进行投影加工。
  - ☑ ⊙ 曲线 单选项：选择此单选项，表示选取一条或多条曲线进行投影加工。
  - ☑ ⊙ 点 单选项：选择此单选项，表示可以通过一组点来进行投影加工。
- ☑ 两切削间提刀 复选框：如果选中此复选框，则在加工过程中强迫在两切削之间提刀。

说明：图 10.4.6 所示“投影粗切参数”选项卡中的其他选项可参见图 10.2.9 的说明。

Stage5. 加工仿真

Step1. 路径模拟。

（1）在“刀路管理”中单击上一步创建好的刀路节点，系统弹出“刀路模拟”对话框及“路径模拟控制”操控板。

（2）在“路径模拟控制”操控板中单击 按钮，系统将开始对刀具路径进行模拟，结果与图 10.4.7 所示的刀具路径相同，在“刀路模拟”对话框中单击 按钮。

Step2. 实体切削验证。

（1）在“刀路管理”中确认 2 - 曲面粗切投影 - [WCS: TOP] - [刀具面: TOP] 节点被选中，然后单击“验证已选择的操作”按钮，系统弹出“Mastercam 模拟器”对话框。

（2）在“Mastercam 模拟器”对话框中单击 按钮。系统将开始进行实体切削仿真，仿真结果如图 10.4.8 所示，单击 × 按钮。

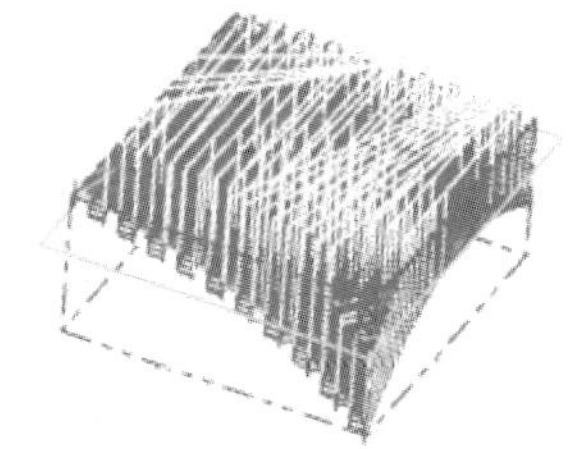

图 10.4.7 工件加工刀具路径

图 10.4.8 仿真结果

Step3. 保存文件。选择下拉菜单 文件(F) → 保存(S) 命令，即可保存文件。

10.5 粗加工流线加工

流线加工可以设定曲面切削方向是沿着截断方向加工或者是沿切削方向加工，同时也可以控制曲面的“残余高度”来产生一个平滑的加工曲面。下面通过图 10.5.1 所示的实例，讲解粗加工流线加工的操作过程。

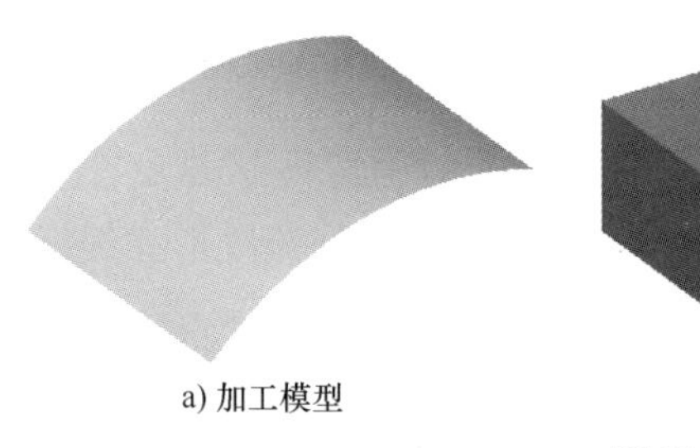

a) 加工模型　　b) 加工工件　　c) 加工结果

图 10.5.1 粗加工流线加工

Stage1. 进入加工环境

打开文件 D:\mcx2024\work\ch10.05\ROUGH_FLOWLINE.mcam，系统默认进入铣削加工环境。

Stage2. 设置工件

Step1. 在“刀路管理”中单击 属性 - Mill Default 节点前的“+”号，将该节点展开，然后单击 毛坯设置 节点，系统弹出“机床群组设置”对话框。

Step2. 设置工件的形状。在“机床群组设置”对话框的 选择(S) 区域中单击 （创建矩形毛坯）按钮，按 <Ctrl+A> 键选取所有可见几何，然后按 Enter 键。

Step3. 设置工件参数。在“机床群组设置”对话框 矩形 区域的 高度(H): 文本框中输入值 39.0；在 原点 区域的 Z 文本框中输入值 83.0。

Step4. 单击“机床群组设置”对话框中的 按钮，完成工件的设置。单击 刀路 功能选项卡 毛坯 区域中的 显示/隐藏毛坯 命令，可以观察到零件的边缘多了红色的双点画线，双点画线围成的图形即为工件，如图 10.5.2 所示。

Stage3. 选择加工类型

Step1. 选择加工方法。右击“刀路管理”中的空白区域，然后在系统弹出的快捷菜单中选择 铣床刀路 → 曲面粗切 → 流线 命令，单击 确定 按钮，系统弹出“选择工件形状”对话框，采用系统默认的设置，单击 按钮。

Step2. 选取加工面。在图形区中选取图 10.5.3 所示的曲面，然后按 Enter 键，系统弹出“刀路曲面选择”对话框。

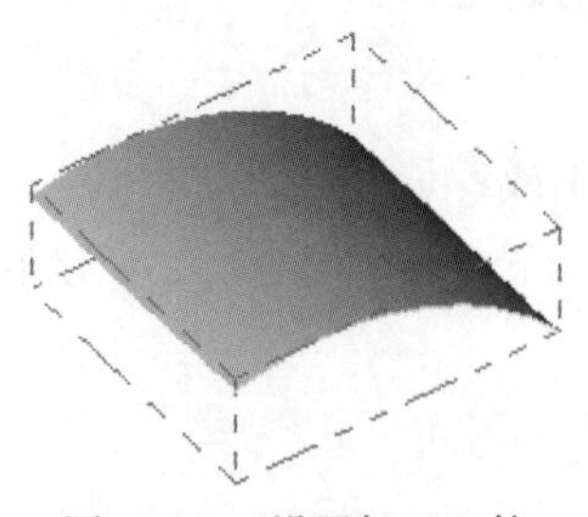
图 10.5.2　设置加工工件

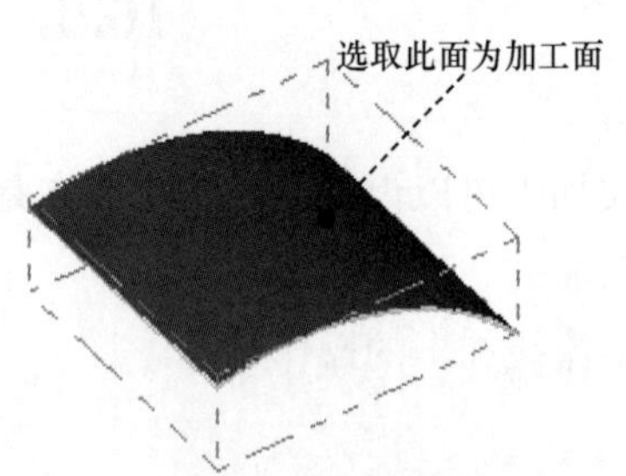

图 10.5.3　选取加工面

Step3. 设置曲面流线形式。单击“刀路曲面选择”对话框 曲面流线 区域的 按钮，系统弹出“流线数据”对话框，如图 10.5.4 所示。同时图形区出现流线形式线框，如图 10.5.5 所示。在“流线数据”对话框中单击 补正方向 按钮，改变曲面流线的方向，结果如图 10.5.6 所示。单击 按钮，系统重新弹出“刀路曲面选择”对话框，单击 按

钮，系统弹出“曲面粗切流线”对话框。

图 10.5.4 所示的“流线数据”对话框中部分选项的说明如下。

- 方向切换 区域：用于调整流线加工的各个方向。
  - ☑ 补正方向 按钮：用于调整补正方向。
  - ☑ 切削方向 按钮：用于调整切削的方向（平行或垂直流线的方向）。
  - ☑ 步进方向 按钮：用于调整步进方向。
  - ☑ 起始点 按钮：用于调整起始点。
- 边界公差: 文本框：用于定义创建流线网格的边界过滤误差。
- 绘制边缘 按钮：用于显示边界的颜色。

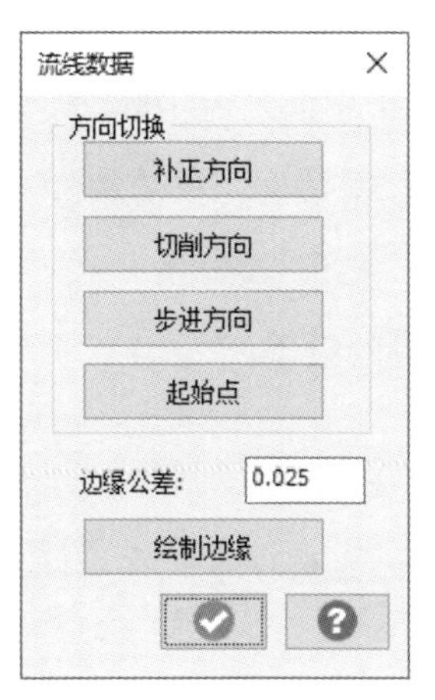

图 10.5.4 “流线数据”对话框

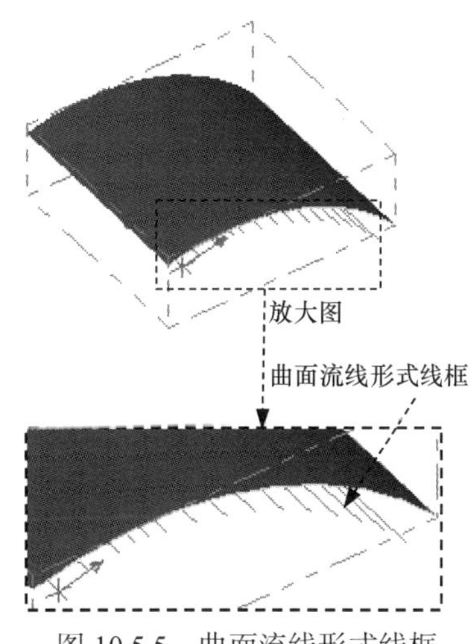

图 10.5.5 曲面流线形式线框

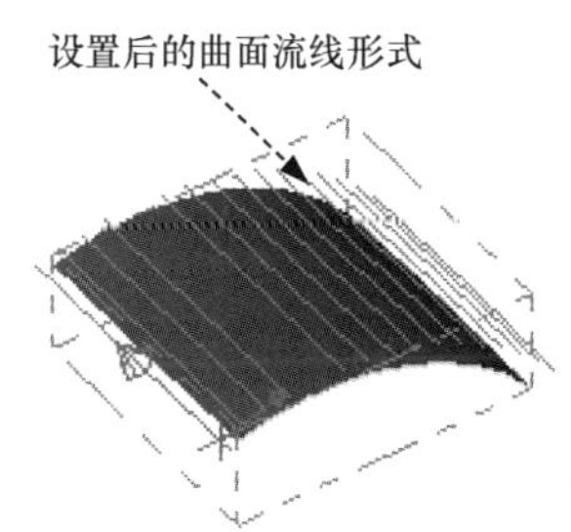

图 10.5.6 设置曲面流线形式

Stage4. 选择刀具

Step1. 选择刀具。

（1）确定刀具类型。在“曲面粗切流线”对话框中单击 刀具过滤 按钮，系统弹出“刀具过滤列表设置”对话框，单击 刀具类型 区域中的 全关(N) 按钮后，在刀具类型按钮群中单击 （球刀）按钮，单击 ✔ 按钮，关闭“刀具过滤列表设置”对话框，系统返回至“曲面粗切流线”对话框。

（2）选择刀具。在“曲面粗切流线”对话框中单击 选择刀库刀具... 按钮，系统弹出“选择刀具”对话框，在该对话框的列表框中选择图 10.5.7 所示的刀具，单击 ✔ 按钮，关闭“选择刀具”对话框，系统返回至“曲面粗切流线”对话框。

Step2. 设置刀具相关参数。

（1）在“曲面粗切流线”对话框 刀具参数 选项卡的列表框中显示出上一步选择的刀具，

双击该刀具，系统弹出“编辑刀具”对话框。

编号	刀具名称	直径	刀角半径	长度	刀齿数	类型	半径类型
6	BALL-NOSE END MILL - 3	3.0	1.5	8.0	4	球形铣刀	全部
6	BALL-NOSE END MILL - 4	4.0	2.0	11.0	4	球形铣刀	全部
6	BALL-NOSE END MILL - 5	5.0	2.5	13.0	4	球形铣刀	全部
6	BALL-NOSE END MILL - 6	6.0	3.0	13.0	4	球形铣刀	全部
6	BALL-NOSE END MILL - 7	7.0	3.5	16.0	4	球形铣刀	全部
6	BALL-NOSE END MILL - 8	8.0	4.0	19.0	4	球形铣刀	全部
6	BALL-NOSE END MILL - 9	9.0	4.5	19.0	4	球形铣刀	全部
6	BALL-NOSE END MILL - 10	10.0	5.0	22.0	4	球形铣刀	全部
6	BALL-NOSE END MILL - 12	12.0	6.0	26.0	4	球形铣刀	全部
6	BALL-NOSE END MILL - 16	16.0	8.0	32.0	4	球形铣刀	全部
6	BALL-NOSE END MILL - 20	20.0	10.0	38.0	4	球形铣刀	全部

图 10.5.7 选择刀具

（2）设置刀具号。单击 下一步 按钮，在 刀号: 文本框中将原有的数值改为 1。

（3）设置刀具参数。在其中的 进给速率: 文本框中输入值 200.0，在 下刀速率: 文本框中输入值 200.0，在 提刀速率 文本框中输入值 1000.0，在 主轴转速 文本框中输入值 1600.0。

（4）设置冷却方式。单击 冷却液 按钮，系统弹出“冷却液”对话框，在 Flood （切削液）下拉列表中选择 On 选项，单击该对话框中的 确定 按钮，关闭“冷却液”对话框。

（5）单击“编辑刀具”对话框中的 完成 按钮，完成刀具的设置。

Stage5. 设置加工参数

Step1. 设置曲面参数。在“曲面粗切流线”对话框中单击 曲面参数 选项卡，在 加工面毛坯预留量 + 文本框中输入值 0.5，其他参数设置保持系统默认设置。

Step2. 设置曲面流线粗加工参数。

（1）在“曲面粗切流线”对话框中单击 曲面流线粗切参数 选项卡，参数设置如图 10.5.8 所示。

（2）对话框中的其他参数设置保持系统默认设置，单击“曲面粗切流线”对话框中的 ✔ 按钮，同时在图形区生成图 10.5.9 所示的刀路轨迹。

图 10.5.8 所示的“流线粗切参数”选项卡中部分选项的说明如下。

- 切削控制 区域：此区域用于控制切削的步进距离值及误差值。
  - ☑ ☑ 距离 复选框：选中此复选框，可以通过设置一个具体数值来控制刀具沿曲面切削方向的增量。
  - ☑ ☑ 执行过切检查 复选框：选中此复选框，则表示在进行刀具路径计算时，将执行过切检查。
- ☐ 带状切削 复选框：该复选框用于在所选曲面的中部创建一条单一的流线刀具路径。
  - ☑ 刀具解析度百分比 文本框：用于设置垂直于切削方向的刀具路径间隔为刀具直径的定

义百分比。

- 截断方向控制 区域：用于设置控制切削方向的相关参数。
  - ☑ 距离 单选项：选中此单选项，可以通过设置一个具体数值来控制刀具沿曲面截面方向的步进增量。
  - ☑ 残脊高度 选项：选中此单选项，可以设置刀具路径间的剩余材料高度，系统会根据设定的数值对切削增量进行调整。
- ☑ 只有单行 复选框：用于创建一行越过邻近表面的刀具路径。

图 10.5.8 “流线粗切参数”选项卡

Step3. 路径模拟。

（1）在“刀路管理”中单击上一步创建好的刀路节点，系统弹出“刀路模拟”对话框及“路径模拟控制”操控板。

（2）在“路径模拟控制”操控板中单击 ▶ 按钮，系统将开始对刀具路径进行模拟，结果与图 10.5.9 所示的刀具路径相同，在“刀路模拟”对话框中单击 ✔ 按钮。

Stage6. 加工仿真

Step1. 实体切削验证。

（1）在“刀路管理”中单击“验证已选择的操作”按钮 ，系统弹出“Mastercam 模拟器”对话框。

（2）在“Mastercam 模拟器”对话框中单击 ▶ 按钮。系统将开始进行实体切削仿真，仿真结果如图 10.5.10 所示，单击 × 按钮。

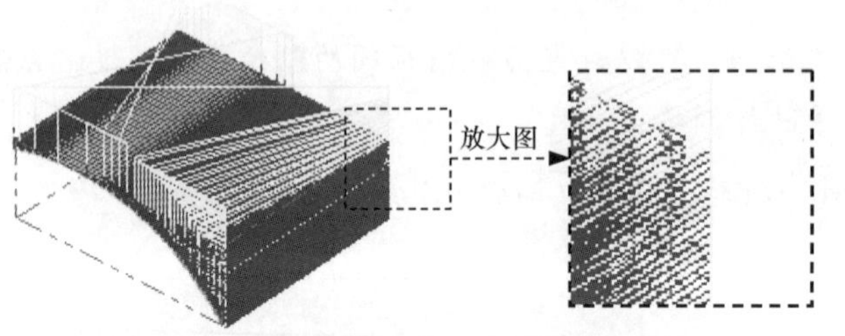

图 10.5.9 工件加工刀具路径

图 10.5.10 仿真结果

Step2. 保存文件。选择下拉菜单 文件(F) → 保存(S) 命令，即可保存文件。

10.6 粗加工挖槽加工

粗加工挖槽加工是分层清除加工面与加工边界之间所有材料的一种加工方法，采用曲面挖槽加工可以进行大量切削加工，以减少工件中的多余余量，同时提高加工效率。下面通过图 10.6.1 所示的实例，讲解粗加工挖槽加工的一般操作过程。

图 10.6.1 粗加工挖槽加工

Stage1. 进入加工环境

打开文件 D:\mcx2024\work\ch10.06\ROUGH_POCKET.mcam，系统进入加工环境。

Stage2. 设置工件

Step1. 在“刀路管理”中单击 属性 - Generic Mill 节点前的“+”号，将该节点展开，然后单击 毛坯设置 节点，系统弹出“机床群组设置”对话框。

Step2. 设置工件的形状。在“机床群组设置”对话框的 选择(S) 区域中单击 （创建矩

形毛坯）按钮，按 <Ctrl+A> 键选取所有可见几何，然后按 Enter 键。

Step3. 设置工件参数。在“机床群组设置”对话框 矩形 区域的 高度(H): 文本框中输入值 73.0；在 原点 区域的 Z 文本框中输入值 73.0。

Step4. 单击“机床群组设置”对话框中的 按钮，完成工件的设置。单击 刀路 功能选项卡 毛坯 区域中的 显示/隐藏毛坯 命令，可以观察到零件的边缘多了红色的双点画线，双点画线围成的图形即为工件，如图 10.6.2 所示。

Stage3. 选择加工类型

Step1. 单击 刀路 功能选项卡 3D 区域 粗切 列表中的“挖槽”命令 。

Step2. 选取加工面及加工范围。

（1）在图形区中选取图 10.6.3 所示的曲面，然后按 Enter 键，系统弹出“刀路曲面选择”对话框。

图 10.6.2 设置工件

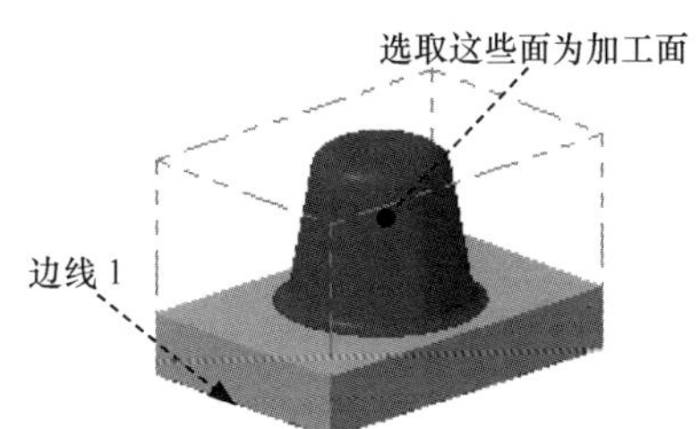

图 10.6.3 选取加工面

（2）在“刀路曲面选择”对话框的 切削范围 区域单击 按钮，系统弹出“线框串连”对话框，选取图 10.6.3 所示的边线 1，单击 按钮，系统重新弹出“刀路曲面选择”对话框，单击 按钮，系统弹出“曲面粗切挖槽”对话框。

Stage4. 选择刀具

Step1. 选择刀具。

（1）确定刀具类型。在“曲面粗切挖槽”对话框中单击 刀具过滤 按钮，系统弹出“刀具过滤列表设置”对话框，单击 刀具类型 区域中的 全关(N) 按钮后，在刀具类型按钮群中单击 （圆鼻铣刀）按钮，单击 按钮，关闭“刀具过滤列表设置”对话框，系统返回至“曲面粗切挖槽”对话框。

（2）选择刀具。在“曲面粗切挖槽”对话框中单击 选择刀库刀具... 按钮，系统弹出图 10.6.4 所示的“选择刀具”对话框，在该对话框的列表框中选择图 10.6.4 所示的刀具。单击 按钮，关闭“选择刀具”对话框，系统返回至“曲面粗切挖槽”对话框。

编号	刀具名称	直径	刀角半径	长度	刀齿数	类型	半径类型
5	END MILL WITH RADIUS - 8 / R1.0	8.0	1.0	13.0	4	圆鼻铣刀	角落
5	END MILL WITH RADIUS - 8 / R2.0	8.0	2.0	13.0	4	圆鼻铣刀	角落
5	END MILL WITH RADIUS - 10 / R0.5	10.0	0.5	16.0	4	圆鼻铣刀	角落
5	END MILL WITH RADIUS - 10 / R1.0	10.0	1.0	16.0	4	圆鼻铣刀	角落
5	END MILL WITH RADIUS - 10 / R2.0	10.0	2.0	16.0	4	圆鼻铣刀	角落
5	END MILL WITH RADIUS - 12 / R0.5	12.0	0.5	19.0	4	圆鼻铣刀	角落
5	END MILL WITH RADIUS - 12 / R2.0	12.0	2.0	19.0	4	圆鼻铣刀	角落
5	END MILL WITH RADIUS - 12 / R1.0	12.0	1.0	19.0	4	圆鼻铣刀	角落
5	END MILL WITH RADIUS - 16 / R2.0	16.0	2.0	26.0	4	圆鼻铣刀	角落
5	END MILL WITH RADIUS - 16 / R0.5	16.0	0.5	26.0	4	圆鼻铣刀	角落

图 10.6.4　选择刀具

Step2. 设置刀具相关参数。

（1）在“曲面粗切挖槽”对话框 刀具参数 选项卡的列表框中显示出上一步选择的刀具，双击该刀具，系统弹出“编辑刀具”对话框。

（2）设置刀具号。在 刀具编号: 文本框中将原有的数值改为 1。

（3）设置刀具参数。在其中的 进给速率: 文本框中输入值 400.0，在 下刀速率: 文本框中输入值 500.0，在 提刀速率 文本框中输入值 1200.0，在 主轴转速 文本框中输入值 1600.0。

（4）设置冷却方式。单击 冷却液 按钮，系统弹出“冷却液”对话框，在 Flood（切削液）下拉列表中选择 On 选项，单击该对话框中的 确定 按钮，关闭“冷却液”对话框。

（5）单击“编辑刀具”对话框中的 完成 按钮，完成刀具的设置。

Stage5. 设置加工参数

Step1. 设置曲面参数。在“曲面粗切挖槽”对话框中单击 曲面参数 选项卡，在 加工面毛坯预留量 文本框中输入值 1.0，曲面参数 选项卡中的其他参数设置保持系统默认设置。

Step2. 设置曲面粗加工参数。在“曲面粗切挖槽”对话框中单击 粗切参数 选项卡，在 Z 最大步进量: 文本框中输入值 3.0。

Step3. 设置曲面粗加工挖槽参数。

（1）在“曲面粗切挖槽”对话框中单击 挖槽参数 选项卡。

（2）设置切削方式。在 挖槽参数 选项卡的“切削方式”列表中选择 ▤（双向）选项。

（3）设置其他参数。在对话框中选中 ☑ 刀路最佳化(避免插刀) 选项，其他参数设置保持系统默认设置，单击“曲面粗切挖槽”对话框中的 ✔ 按钮，同时在图形区生成图 10.6.5 所示的刀路轨迹。

Stage6. 加工仿真

Step1. 路径模拟。

（1）在“刀路管理”中单击 刀路 - 111.8K - ROUGH_POCKET.NC - 程序号 0 节点，系统弹出

“刀路模拟”对话框及“路径模拟控制”操控板。

（2）在“路径模拟控制”操控板中单击 按钮，系统将开始对刀具路径进行模拟，结果与图 10.6.5 所示的刀具路径相同，在“刀路模拟”对话框中单击 按钮。

Step2. 实体切削验证。在“刀路管理”中单击“验证已选择的操作”按钮 ，系统弹出“Mastercam 模拟器”对话框，单击 按钮，系统开始进行实体切削仿真，仿真结果如图 10.6.6 所示，单击 按钮。

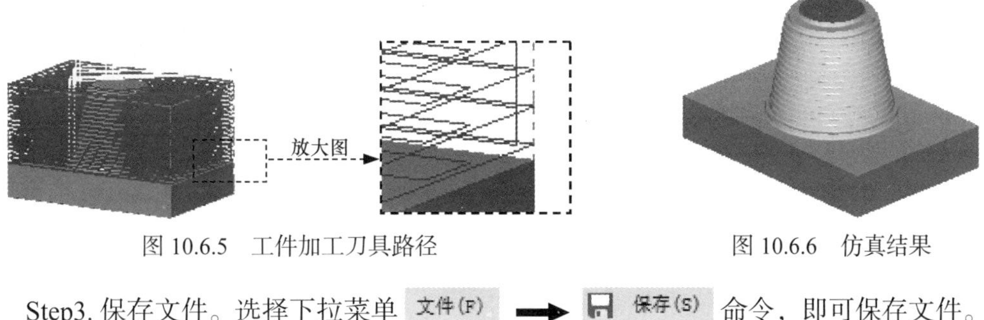

图 10.6.5 工件加工刀具路径

图 10.6.6 仿真结果

Step3. 保存文件。选择下拉菜单 文件(F) → 保存(S) 命令，即可保存文件。

10.7 粗加工等高外形加工

等高外形加工（CONTOUR）是刀具沿曲面等高曲线加工的方法，并且加工时工件余量不可大于刀具直径，以免造成切削不完整，此方法在半精加工过程中也经常被采用。下面通过图 10.7.1 所示的模型讲解其操作过程。

a) 加工模型　　b) 加工工件　　c) 加工结果

图 10.7.1 粗加工等高外形加工

Stage1. 进入加工环境

Step1. 打开文件 D:\mcx2024\work\ch10.07\ROUGH_CONTOUR.mcam。

Step2. 隐藏刀具路径。在“刀路管理”中单击 1 - 曲面粗切挖槽 - [WCS: 俯视图] - [刀具面: 俯视图] 节点，单击 按钮，将已存在的刀具路径隐藏。

Stage2. 选择加工类型

Step1. 选择加工方法。右击“刀路管理”中的空白区域，然后在系统弹出的快捷菜单中选择 铣床刀路 → 曲面粗切 → 等高 命令。

Step2. 选取加工面。在图形区中选取图 10.7.2 所示的曲面，然后按 Enter 键，系统弹出“刀路曲面选择”对话框，采用系统默认的设置，单击 ✔ 按钮，系统弹出“曲面粗切等高”对话框。

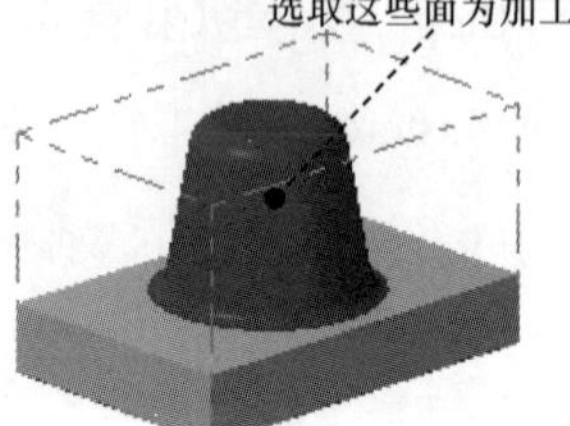

图 10.7.2　选择加工面

Stage3. 选择刀具

Step1. 选择刀具。

（1）确定刀具类型。在“曲面粗切等高”对话框中单击 刀具过滤 按钮，系统弹出“刀具过滤列表设置”对话框，单击 刀具类型 区域中的 全关(N) 按钮后，在刀具类型按钮群中单击 （球刀）按钮，单击 ✔ 按钮，关闭“刀具过滤列表设置”对话框，系统返回至“曲面粗切等高”对话框。

（2）选择刀具。在“曲面粗切等高”对话框中单击 选择刀库刀具... 按钮，系统弹出 10.7.3 所示的“选择刀具”对话框，在该对话框的列表框中选择图 10.7.3 所示的刀具。单击 ✔ 按钮，关闭“选择刀具”对话框，系统返回至“曲面粗切等高”对话框。

编号	刀具名称	直径	刀角半径	长度	刀齿数	类型	半径类型
6	BALL-NOSE END MILL - 3	3.0	1.5	8.0	4	球形铣刀	全部
6	BALL-NOSE END MILL - 4	4.0	2.0	11.0	4	球形铣刀	全部
6	BALL-NOSE END MILL - 5	5.0	2.5	13.0	4	球形铣刀	全部
6	BALL-NOSE END MILL - 6	6.0	3.0	13.0	4	球形铣刀	全部
6	BALL-NOSE END MILL - 7	7.0	3.5	16.0	4	球形铣刀	全部
6	BALL-NOSE END MILL - 8	8.0	4.0	19.0	4	球形铣刀	全部
6	BALL-NOSE END MILL - 9	9.0	4.5	19.0	4	球形铣刀	全部
6	BALL-NOSE END MILL - 10	10.0	5.0	22.0	4	球形铣刀	全部
6	BALL-NOSE END MILL - 12	12.0	6.0	26.0	4	球形铣刀	全部
6	BALL-NOSE END MILL - 16	16.0	8.0	32.0	4	球形铣刀	全部
6	BALL-NOSE END MILL - 20	20.0	10.0	38.0	4	球形铣刀	全部

图 10.7.3　选择刀具

Step2. 设置刀具相关参数。

（1）在“曲面粗切等高”对话框的 刀具参数 选项卡的列表框中显示出上一步选择的刀具，双击该刀具，系统弹出“编辑刀具”对话框。

（2）设置刀具号。单击 下一步 按钮，在 刀号: 文本框中将原有的数值改为 2。

（3）设置刀具参数。在其中的 进给速率: 文本框中输入值 200.0，在 下刀速率: 文本框中输入值 800.0，在 提刀速率 文本框中输入值 1300.0，在 主轴转速 文本框中输入值 1600.0。

（4）设置冷却方式。单击 冷却液 按钮，系统弹出“冷却液”对话框，在 Flood（切削液）下拉列表中选择 On 选项，单击该对话框中的 确定 按钮，关闭“冷却液”对话框。

（5）单击“编辑刀具”对话框中的 完成 按钮，完成刀具的设置。

Stage4. 设置加工参数

Step1. 设置曲面参数。在“曲面粗切等高”对话框中单击 曲面参数 选项卡，在 加工面毛坯预留量 文本框中输入值 0.5，曲面参数 选项卡中的其他参数设置保持系统默认设置。

Step2. 设置粗加工等高外形参数。

（1）在“曲面粗切等高”对话框中单击 等高粗切参数 选项卡，如图 10.7.4 所示。

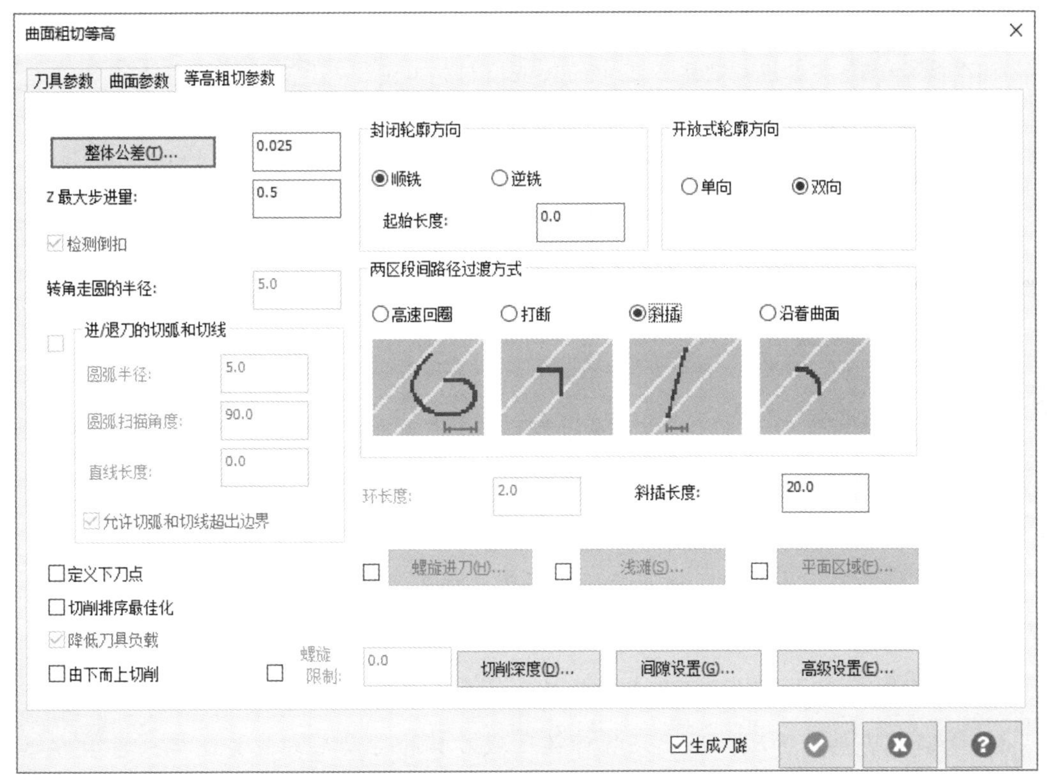

图 10.7.4 “等高粗切参数”选项卡

（2）设置切削方式。在 等高粗切参数 选项卡的 封闭轮廓方向 区域中选中 顺铣 单选项，在 开放式轮廓方向 区域中选中 双向 单选项。

（3）完成图 10.7.4 所示的参数设置。单击“曲面粗切等高”对话框中的 ✔ 按钮，同时在图形区生成图 10.7.5 所示的刀路轨迹。

图 10.7.4 所示的“等高粗切参数”选项卡中部分选项的说明如下。

● 转角走圆的半径: 文本框：刀具在高速切削时才有效，其作用是当拐角处于小于 135° 时，刀具走圆角。

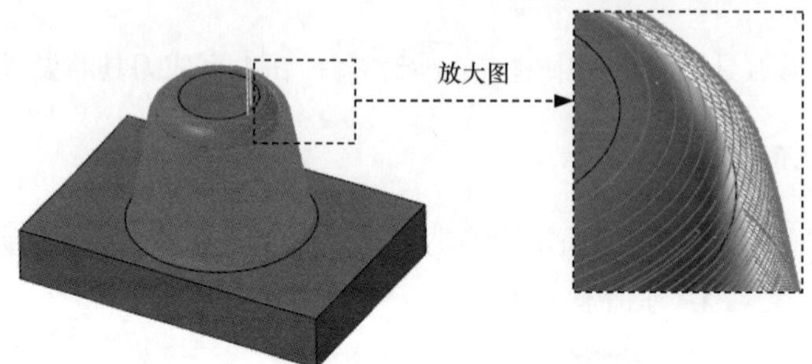

图 10.7.5　工件加工刀路轨迹

● 进/退刀的切弧和切线 区域：此区域用于设置加工过程中的进刀及退刀形式。

☑ 圆弧半径: 文本框：此文本框中的数值控制加工时进 / 退刀的圆弧半径。

☑ 圆弧扫描角度 文本框：此文本框中的数值控制加工时进 / 退刀的圆弧扫描角度。

☑ 直线长度: 文本框：此文本框中的数值控制加工时进 / 退刀的直线长度。

☑ ☑允许切弧和切线超出边界 复选框：选中此复选框，表示加工过程中允许进 / 退刀时超出加工边界。

● ☑ 切削排序最佳化 复选框：选中此复选框，则表示加工时将刀具路径顺序优化，从而提高加工效率。

● ☑ 降低刀具负载 复选框：选中此复选框，则表示加工时将插刀路径优化，以减少插刀情形，避免损坏刀具或工件。

● ☐ 由下而上切削 复选框：选中此复选框，表示加工时刀具将由下而上进行切削。

● 封闭轮廓方向 区域：此区域用于设置封闭区域刀具的运动形式，其包括 ⊙ 顺铣 单选项、⊙ 逆铣 单选项和 起始长度: 文本框。

☑ 起始长度: 文本框：用于设置相邻层之间的起始点间距。

● 开放式轮廓方向 区域：用于设置开放区域刀具的运动形式，其包括 ⊙ 单向 单选项和 ⊙ 双向 单选项。

☑ ⊙ 单向 单选项：选中此选项，则加工过程中刀具只做单向运动。

☑ ⊙ 双向 单选项：选中此选项，则加工过程中刀具只做往返运动。

● 两区段间路径过渡方式 区域：用于设置两区段间刀具路径的过渡方式，其包括 ⊙ 高速回圈 单选项、⊙ 打断 单选项、⊙ 斜插 单选项、⊙ 沿着曲面 单选项、回圈长度: 文本框和 斜插长度: 文本框。

☑ 高速回圈 单选项：用于在两区段间插入一段回圈的刀具路径。

☑ 打断 单选项：用于在两区段间小于定义间隙值的位置插入成直角的刀具路径。用户可以通过单击 间隙设置(G)... 按钮对间隙设置的相关参数进行设置。

☑ 斜插 单选项：用于在两区段间小于定义间隙值的位置插入与 Z 轴成定义角度的直线刀具路径。用户可以通过单击 间隙设置(G)... 按钮对间隙设置的相关参数进行设置。

☑ 沿着曲面 单选项：用于在两区段间小于定义间隙值的位置插入与曲面在 Z 轴方向上相匹配的刀具路径。用户可以通过单击 间隙设置(G)... 按钮对间隙设置的相关参数进行设置。

☑ 环长度: 文本框：用于定义高速回圈的长度。如果切削间距小于定义的环的长度，则插入回圈的切削量在 Z 轴方向为恒量；如果切削间距大于定义的环的长度，则将插入一段平滑移动的螺旋线。

☑ 斜插长度: 文本框：用于定义斜插直线的长度。此文本框仅在选中 高速回圈 单选项或 斜插 单选项时可以使用。

- 螺旋进刀(H)... 按钮：用于设置螺旋下刀的相关参数。螺旋下刀的相关设置在该按钮前的复选框被选中时方可使用，否则此按钮为不可用状态。单击此按钮，系统弹出图 10.7.6 所示的“螺旋进刀设置”对话框，用户可以通过此对话框对螺旋下刀的参数进行设置。

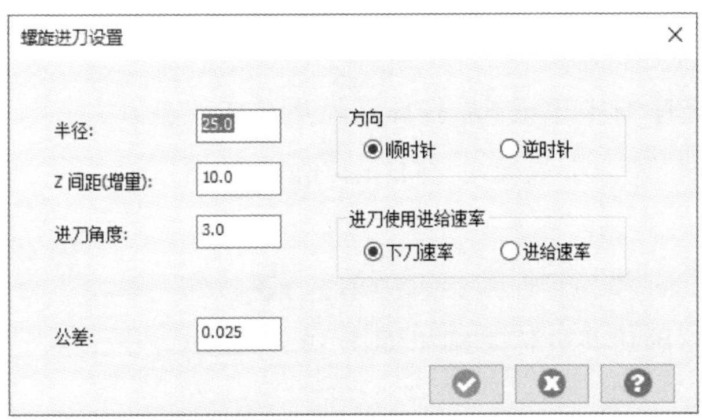

图 10.7.6 “螺旋进刀设置”对话框

- 浅滩(S)... 按钮：如选中此按钮前面的复选框，则表示在等高外形加工过程中同时加工浅平面。单击此按钮，系统弹出图 10.7.7 所示的“浅滩加工”对话框，通过该对话框，用户可以对加工浅平面时的相关参数进行设置。
- 平面区域(F)... 按钮：如选中此按钮前面的复选框，则表示在等高外形加工过程中同时加工平面。单击此按钮，系统弹出图 10.7.8 所示的“平面区域加工设置”对话框，通过该对话框，用户可以对加工平面时的相关参数进行设置。

● 螺旋限制 文本框：用于设置将 Z 轴方向上切削量不变的刀具路径转变为螺旋式的刀具路径。当此文本框前的复选框处于选中状态时可用，用户可以在该文本框中输入值来定义螺旋限制的最大距离。

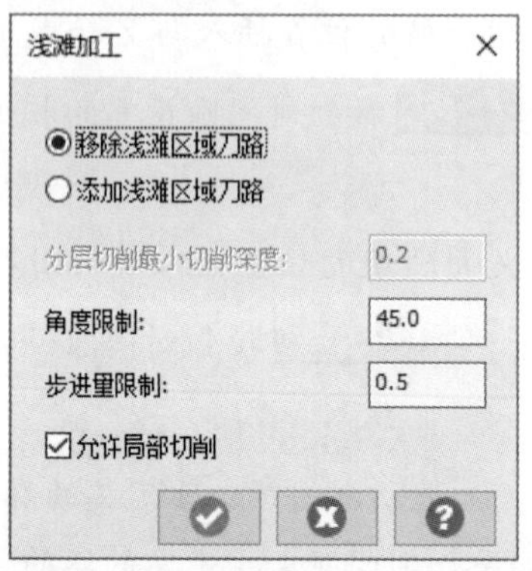

图 10.7.7 “浅滩加工”对话框

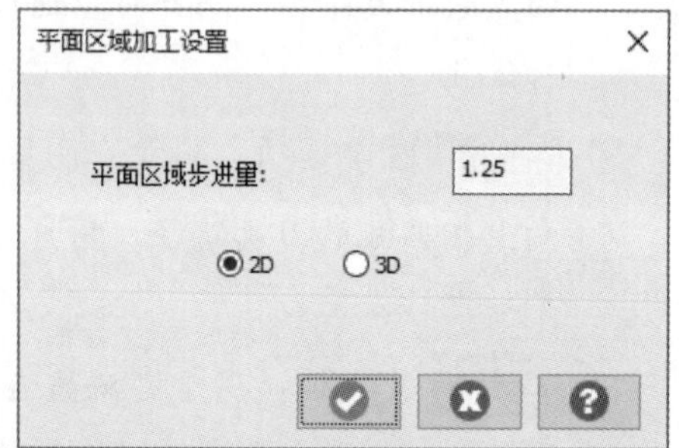

图 10.7.8 “平面区域加工设置”对话框

Stage5. 加工仿真

Step1. 路径模拟。

（1）在“刀路管理”中单击 刀路 - 2696.9K - ROUGH_POCKET.NC - 程序号 0 节点，系统弹出“刀路模拟”对话框及“路径模拟控制”操控板。

（2）在“路径模拟控制”操控板中单击 ▶ 按钮，系统将开始对刀具路径进行模拟，结果与图 10.7.5 所示的刀具路径相同，在“刀路模拟”对话框中单击 ✔ 按钮。

Step2. 实体切削验证。

（1）在 刀路 选项卡中单击 按钮，然后单击“验证已选择的操作”按钮 ，系统弹出“Mastercam 模拟器”对话框。

（2）在“Mastercam 模拟器”对话框中单击 ▶ 按钮，系统将开始进行实体切削仿真，仿真结果如图 10.7.9 所示，单击 × 按钮。

图 10.7.9 仿真结果

Step3. 保存文件。选择下拉菜单 文件(F) → 保存(S) 命令，即可保存文件。

10.8 粗加工残料加工

粗加工残料加工是依据已有的加工刀路数据进一步加工以清除残料的加工方法，该加工方法选择的刀具要比已有粗加工的刀具小，否则达不到预期效果。并且此种方法生成刀路的时间较长，抬刀次数较多。下面以图 10.8.1 所示的模型为例，讲解粗加工残料加工的一般操作过程。

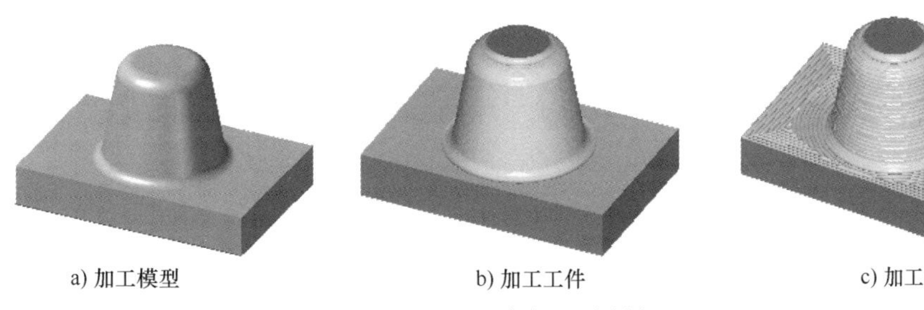

a) 加工模型　　b) 加工工件　　c) 加工结果

图 10.8.1　粗加工残料加工

Stage1. 进入加工环境

Step1. 打开文件 D：\mcx2024\work\ch10.08\ROUGH_RESTMILL.mcam。

Step2. 隐藏刀具路径。在 刀路 选项卡中单击 按钮，再单击 按钮，将已存的刀具路径隐藏。

Stage2. 选择加工类型

Step1. 选择加工方法。右击“刀路管理”中的空白区域，然后在系统弹出的快捷菜单中选择 铣床刀路 → 曲面粗切 → 残料 命令。

Step2. 选取加工面及加工范围。

（1）在图形区中选取图 10.8.2 所示的曲面，然后按 Enter 键，系统弹出“刀路曲面选择”对话框。

（2）单击“刀路曲面选择”对话框 切削范围 区域的 按钮，系统弹出“串连”对话框，选取图 10.8.2 所示的边线，单击 按钮，系统重新弹出“刀路曲面选择”对话框，单击 按钮，系统弹出“曲面残料粗切”对话框。

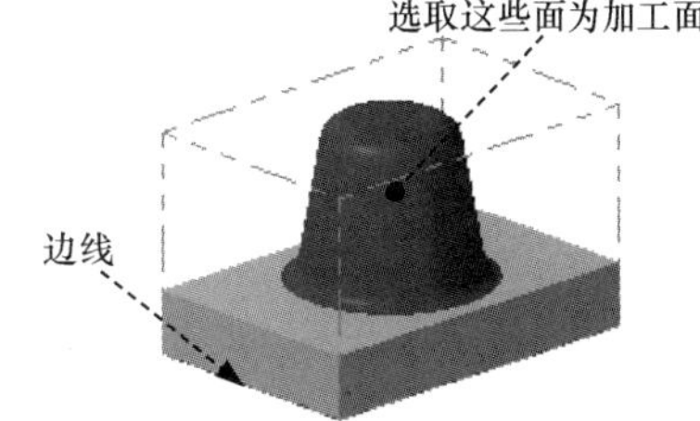

图 10.8.2　选取加工面

Stage3. 选择刀具

Step1. 选择刀具。

（1）确定刀具类型。在“曲面残料粗切”对话框中单击 刀具过滤 按钮，系统弹出“刀具过滤列表设置”对话框，单击 刀具类型 区域中的 全关(N) 按钮后，在刀具类型按钮群中单击 （球刀）按钮，单击 按钮，关闭“刀具过滤列表设置”对话框，系统返回至“曲面残料粗切”对话框。

（2）选择刀具。在“曲面残料粗切”对话框中单击 选择刀库刀具... 按钮，系统弹出图 10.8.3 所示的“选择刀具”对话框，在该对话框的列表框中选择图 10.8.3 所示的刀具，单击 ✔ 按钮，关闭“选择刀具”对话框，系统返回至“曲面残料粗切”对话框。

编号	刀具名称	直径	刀角半径	长度	刀齿数	类型	半径类型
6	BALL-NOSE END MILL - 3	3.0	1.5	8.0	4	球形铣刀	全部
6	BALL-NOSE END MILL - 4	4.0	2.0	11.0	4	球形铣刀	全部
6	BALL-NOSE END MILL - 5	5.0	2.5	13.0	4	球形铣刀	全部
6	BALL-NOSE END MILL - 6	6.0	3.0	13.0	4	球形铣刀	全部
6	BALL-NOSE END MILL - 7	7.0	3.5	16.0	4	球形铣刀	全部
6	BALL-NOSE END MILL - 8	8.0	4.0	19.0	4	球形铣刀	全部
6	BALL-NOSE END MILL - 9	9.0	4.5	19.0	4	球形铣刀	全部
6	BALL-NOSE END MILL - 10	10.0	5.0	22.0	4	球形铣刀	全部
6	BALL-NOSE END MILL - 12	12.0	6.0	26.0	4	球形铣刀	全部
6	BALL-NOSE END MILL - 16	16.0	8.0	32.0	4	球形铣刀	全部
6	BALL-NOSE END MILL - 20	20.0	10.0	38.0	4	球形铣刀	全部

图 10.8.3　选择刀具

Step2. 设置刀具相关参数。

（1）在“曲面残料粗切”对话框 刀具参数 选项卡的列表框中显示出上一步选择的刀具，双击该刀具，系统弹出“编辑刀具”对话框。

（2）设置刀具号。单击 下一步 按钮，在 刀号: 文本框中将原有的数值改为 3。

（3）设置刀具参数。在其中的 进给速率: 文本框中输入值 300.0，在 下刀速率: 文本框中输入值 300.0，在 提刀速率 文本框中输入值 1200.0，在 主轴转速 文本框中输入值 1500.0。

（4）设置冷却方式。单击 冷却液 按钮，系统弹出“冷却液”对话框，在 Flood（切削液）下拉列表中选择 On 选项，单击该对话框中的 确定 按钮，关闭“冷却液”对话框。

（5）单击“编辑刀具”对话框中的 完成 按钮，完成刀具的设置。

Stage4. 设置加工参数

Step1. 设置曲面参数。在“曲面残料粗切”对话框中单击 曲面参数 选项卡，在 加工面毛坯预留量 文本框中输入值 0.2，曲面参数 选项卡中的其他参数设置保持系统默认设置。

Step2. 设置残料加工参数。在“曲面残料粗切”对话框中单击 残料加工参数 选项卡，在 残料加工参数 选项卡的 封闭轮廓方向 区域中选中 ⊙ 顺铣 单选项，在 开放式轮廓方向 区域中选中 ⊙ 双向 单选项。

Step3. 设置剩余材料参数。在“曲面残料粗切”对话框中单击 剩余毛坯参数 选项卡，如图 10.8.4 所示，在 计算剩余毛坯依照: 区域选中 ⊙ 所有先前操作 单选项。其他参数设置接受系统的默认设置，单击“曲面残料粗切”对话框中的 ✔ 按钮，同时在图形区生成图 10.8.5 所示的刀路轨迹。

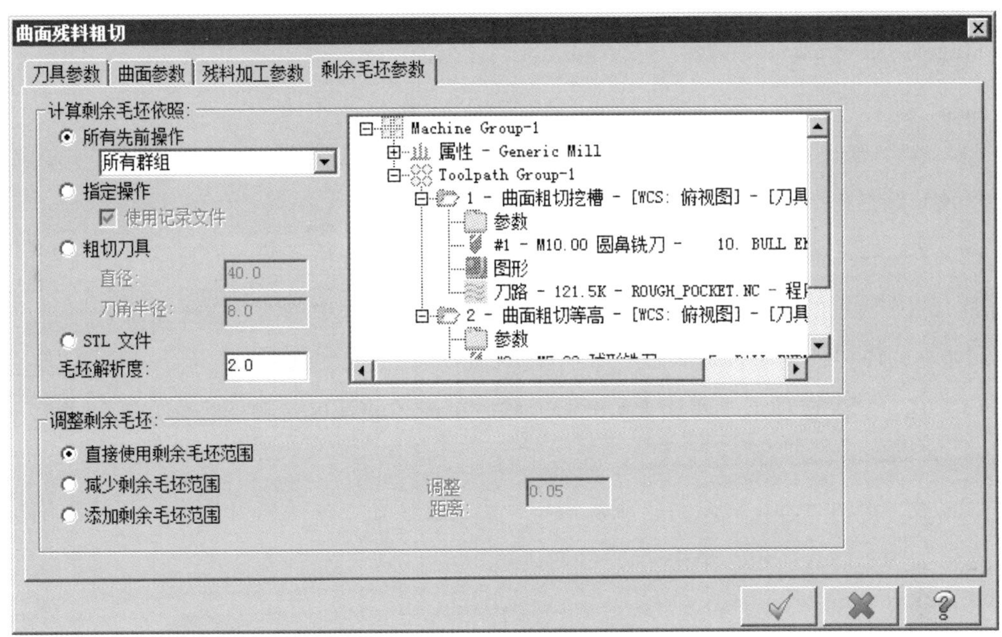

图 10.8.4 “剩余毛坯参数”选项卡

图 10.8.4 所示的“剩余毛坯参数”选项卡中部分选项的说明如下。

- 计算剩余毛坯依照: 区域：用于设置残料加工时残料的计算来源，有以下几种形式。
  - ☑ 所有先前操作 单选项：选中此单选项，则表示以之前的所有加工来计算残料。
  - ☑ 指定操作 单选项：选中此单选项，则表示在之前的加工中选择一个需要的加工来计算残料。
  - ☑ 使用记录文件 复选框：此选项表示用已经保存的记录为残料的计算依据。
  - ☑ 粗切刀具 单选项：选择此选项表示可以通过输入刀具的直径和刀角半径来计算残料。
  - ☑ STL 文件 单选项：当工件模型为不规则形状时选用此单选项，比如铸件。
  - ☑ 毛坯解析度: 文本框：用于定义刀具路径的质量。材料的解析度值越小，则创建的刀具路径越平滑；材料的解析度值越大，则创建的刀具路径越粗糙。
- 调整剩余毛坯: 区域：此区域可以对加工残料的范围进行设定。
  - ☑ 直接使用剩余毛坯范围 单选项：选中此单选项，表示直接利用先前的加工余量进行加工。
  - ☑ 减少剩余毛坯范围 单选项：选择此单选项，可以在已有的加工余量上减少一定范围的残料进行加工。
  - ☑ 添加剩余毛坯范围 单选项：选择此单选项，可以通过调整切削间距，在已有的加工余量上增加一定范围的残料进行加工。

Stage5. 加工仿真

Step1. 路径模拟。

（1）在“刀路管理”中单击“曲面残料粗切”下的刀路节点，系统弹出“刀路模拟”对话框及“路径模拟控制”操控板。

（2）在“路径模拟控制”操控板中单击 ▶ 按钮，系统将开始对刀具路径进行模拟，结果与图 10.8.5 所示的刀具路径相同，在“刀路模拟”对话框中单击 ✔ 按钮。

Step2. 实体切削验证。

（1）在 刀路 选项卡中单击 按钮，然后单击“验证已选择的操作”按钮 ，系统弹出“Mastercam 模拟器”对话框。

（2）在“Mastercam 模拟器”对话框中单击 ▶ 按钮，系统将开始进行实体切削仿真，仿真结果如图 10.8.6 所示，单击 × 按钮。

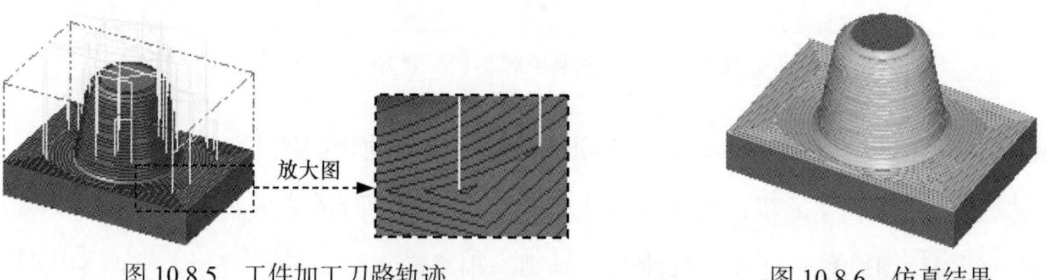

图 10.8.5　工件加工刀路轨迹　　　　图 10.8.6　仿真结果

Step3. 保存文件。选择下拉菜单 文件(F) → 保存(S) 命令，即可保存文件。

10.9　粗加工钻削式加工

粗加工钻削式加工是将铣刀像钻头一样沿曲面的形状进行快速钻削加工，快速地移除工件的材料。该加工方法要求机床有较高的稳定性和整体刚性。此种加工方法比普通曲面加工方法的加工效率高。下面通过图 10.9.1 所示的实例，讲解粗加工钻削式加工的一般操作过程。

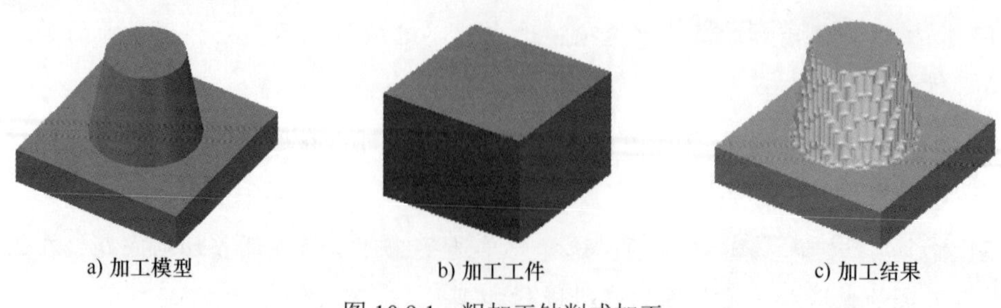

a) 加工模型　　b) 加工工件　　c) 加工结果

图 10.9.1　粗加工钻削式加工

Stage1. 进入加工环境

打开文件 D:\mcx2024\work\ch10.09\PARALL_STEEP.mcam，系统进入加工环境。

Stage2. 设置工件

Step1. 在“刀路管理”中单击 属性 - Generic Mill 节点前的“+”号，将该节点展开，然后单击 毛坯设置 节点，系统弹出“机床群组设置”对话框。

Step2. 设置工件的形状。在“机床群组设置”对话框的 选择(S) 区域中单击 （创建矩形毛坯）按钮，按 <Ctrl+A> 键选取所有可见几何，然后按 Enter 键。

Step3. 设置工件参数。在“机床群组设置”对话框 矩形 区域的 高度(H): 文本框中输入值 73.0；在 原点 区域的 Z 文本框中输入值 73.0。

Step4. 单击“机床群组设置”对话框中的 按钮，完成工件的设置。单击 刀路 功能选项卡 毛坯 区域中的 显示/隐藏毛坯 命令，可以观察到零件的边缘多了红色的双点画线，双点画线围成的图形即为工件，如图 10.9.2 所示。

Stage3. 选择加工类型

Step1. 单击 刀路 功能选项卡 3D 区域 粗切 列表中的“钻削”命令 。

Step2. 选择加工面及加工范围。

（1）在图形区中选取图 10.9.3 所示的曲面，然后按 Enter 键，系统弹出“刀路曲面选择”对话框。

（2）单击“刀路曲面选择”对话框 网格 区域的 按钮，选取图 10.9.4 所示的点 1 和点 2（点 1 和点 2 为棱线交点）为加工栅格点。系统重新弹出“刀路曲面选择”对话框，单击 按钮，系统弹出“曲面粗切钻削”对话框。

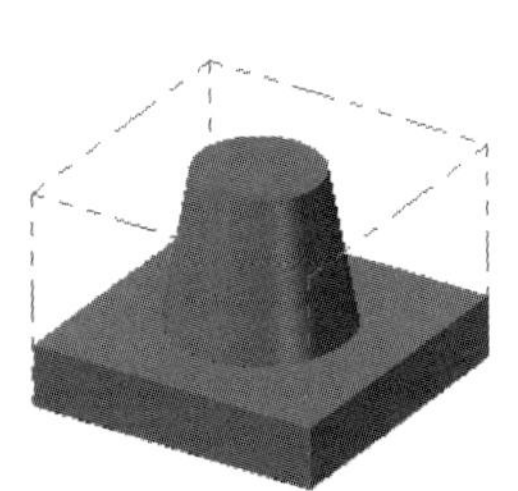

图 10.9.2 设置工件

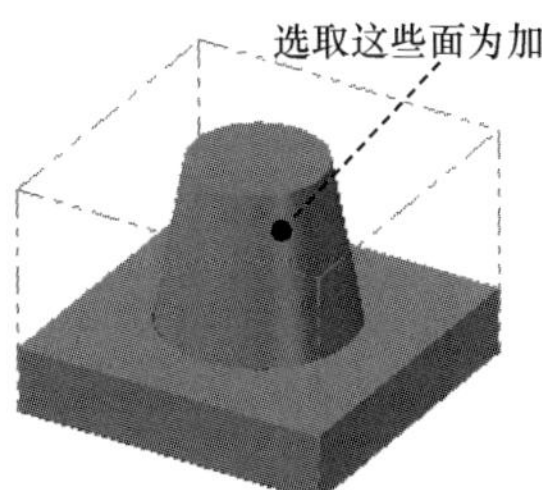

图 10.9.3 选取加工面

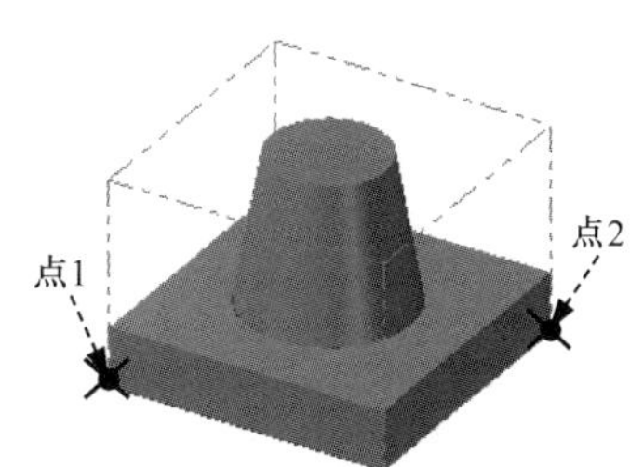

图 10.9.4 定义加工栅格点

Stage4. 选择刀具

Step1. 选择刀具。

（1）确定刀具类型。在“曲面粗切钻削”对话框中单击 刀具过滤 按钮，系统弹出

“刀具过滤列表设置”对话框，单击 刀具类型 区域中的 全关(N) 按钮后，在刀具类型按钮群中单击 （圆鼻铣刀）按钮，单击 按钮，关闭“刀具过滤列表设置”对话框，系统返回至“曲面粗切钻削”对话框。

（2）选择刀具。在“曲面粗切钻削”对话框中单击 选择刀库刀具... 按钮，系统弹出“选择刀具”对话框，在该对话框的列表框中选择刀具“END MILL WITH RADIUS-8/R2.0”。单击 按钮，关闭“选择刀具”对话框，系统返回至“曲面粗切钻削”对话框。

Step2. 设置刀具相关参数。

（1）在“曲面粗切钻削”对话框 刀具参数 选项卡的列表框中显示出上一步选择的刀具，双击该刀具，系统弹出“编辑刀具”对话框。

（2）设置刀具号。单击 下一步 按钮，在 刀号: 文本框中将原有的数值改为 1。

（3）设置刀具参数。在其中的 进给速率: 文本框中输入值 400.0，在 下刀速率: 文本框中输入值 200.0，在 提刀速率 文本框中输入值 1200.0，在 主轴转速 文本框中输入值 1000.0。

（4）单击“编辑刀具”对话框中的 完成 按钮，完成刀具的设置。

Stage5. 设置加工参数

Step1. 设置曲面参数。在“曲面粗切钻削”对话框中单击 曲面参数 选项卡，选中 安全高度 前面的 ☑ 复选框，并在 安全高度(L) 后的文本框中输入值 50.0，在 参考高度(A)... 文本框中输入值 20.0，在 下刀位置(F)... 文本框中输入值 10.0，在 加工面毛坯预留量 文本框中输入值 0.5，曲面参数 选项卡中的其他参数设置保持系统默认设置值。

Step2. 设置曲面钻销式粗加工参数。

（1）在“曲面粗切钻削”对话框中单击 钻削式粗切参数 选项卡，如图 10.9.5 所示。

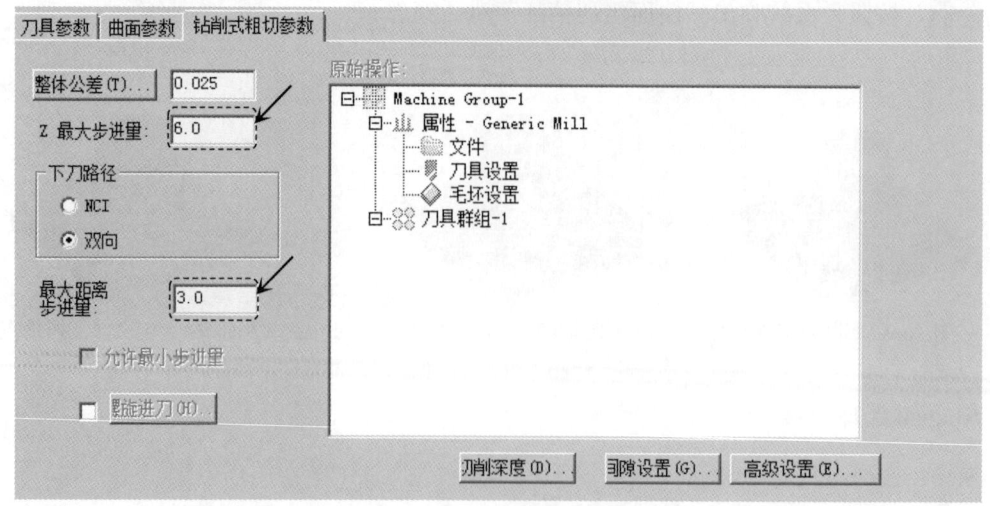

图 10.9.5 “钻削式粗切参数”选项卡

（2）在 钻削式粗切参数 选项卡的 Z 最大步进量: 文本框中输入值 6.0，在 最大距离步进量: 文本框中输入值 3.0。

（3）完成参数设置。对话框中的其他参数设置保持系统默认设置值，单击“曲面粗切钻削”对话框中的 ✔ 按钮，同时在图形区生成图 10.9.6 所示的刀路轨迹。

Stage6. 加工仿真

Step1. 路径模拟。

（1）在“刀路管理”中单击 刀路 - 6950.1K - PARALL_STEEP.NC - 程序号 0 节点，系统弹出“刀路模拟”对话框及“路径模拟控制”操控板。

（2）在“路径模拟控制”操控板中单击 ▶ 按钮，系统将开始对刀具路径进行模拟，结果与图 10.9.6 所示的刀具路径相同，在“刀路模拟”对话框中单击 ✔ 按钮。

Step2. 实体切削验证。

（1）在“刀路管理”中单击“验证已选择的操作”按钮，系统弹出“Mastercam 模拟器”对话框。

（2）在“Mastercam 模拟器”对话框中单击 ▶ 按钮，系统将开始进行实体切削仿真，仿真结果如图 10.9.7 所示，单击 × 按钮。

Step3. 保存文件。选择下拉菜单 文件(F) ➡ 保存(S) 命令，即可保存文件。

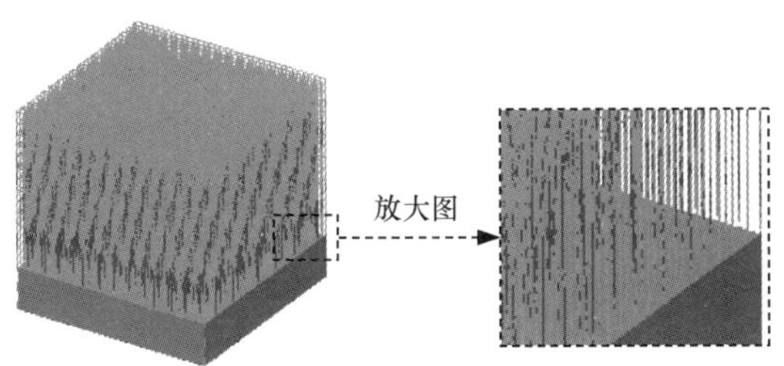

图 10.9.6 工件加工刀具路径

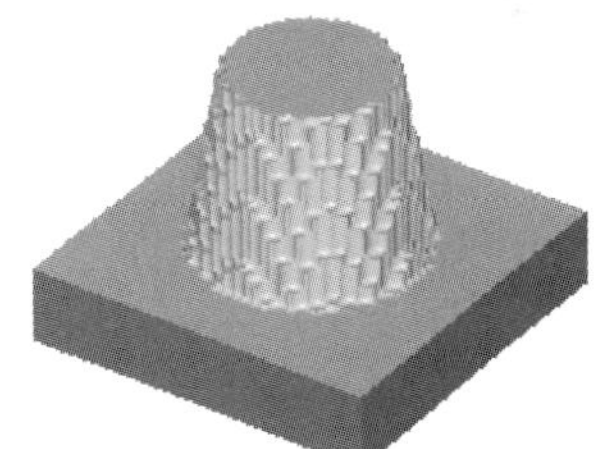

图 10.9.7 仿真结果

第 11 章　曲面精加工

11.1　概　　述

精加工就是把粗加工或半精加工后的工件进一步加工到工件的几何形状，并达到尺寸精度，其切削方式是通过加工工件的结构及选用的加工类型进行工件表面或外围单层单次切削加工。

11.2　精加工平行铣削加工

精加工平行铣削方式与粗加工平行铣削方式基本相同，加工时生成沿某一指定角度方向的刀具路径。此种方法加工出的工件较光滑，主要用于圆弧过渡及陡斜面的模型加工。下面以图 11.2.1 所示的模型为例，讲解精加工平行铣削加工的一般操作过程。

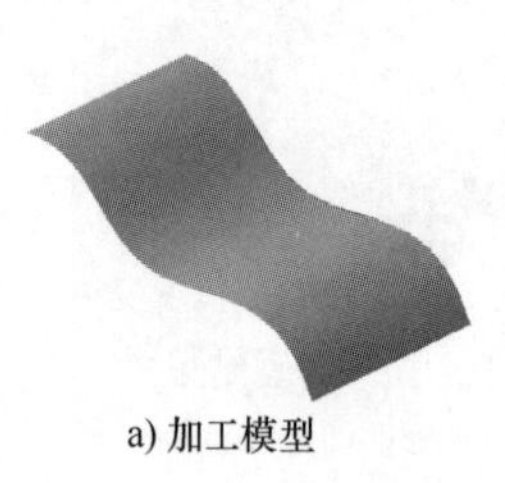

a) 加工模型

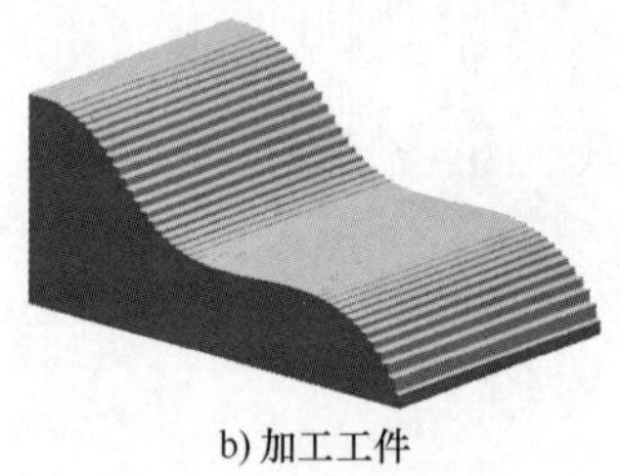

b) 加工工件

c) 加工结果

图 11.2.1　精加工平行铣削加工

Stage1. 进入加工环境

Step1. 打开文件 D:\mcx2024\work\ch11.02\FINISH_PARALL.mcam。

Step2. 隐藏刀具路径。在“刀路管理”中单击 ≋ 按钮，将已存的刀具路径隐藏。

Stage2. 选择加工类型

Step1. 选择加工方法。右击“刀路管理”中的空白区域，然后在系统弹出的快捷菜单中选择 铣床刀路 → 曲面精修 → 平行 命令。

Step2. 选取加工面。在图形区中选取图 11.2.2 所示的曲面，然后按 Enter 键，系统弹出“刀路曲面选择”对话框，采用系统默认的参数设置，单击 ✓ 按钮，系统弹出“曲面精修平行”对话框。

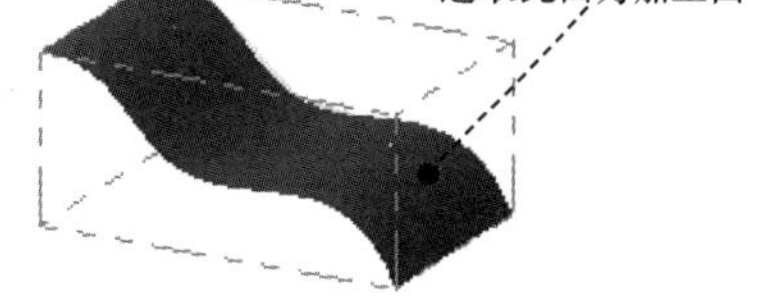

图 11.2.2 选取加工面

Stage3. 选择刀具

Step1. 选择刀具。

（1）确定刀具类型。在“曲面精修平行”对话框中单击 刀具过滤 按钮，系统弹出“刀具过滤列表设置”对话框，单击 刀具类型 区域中的 全关(N) 按钮后，在刀具类型按钮群中单击 （球刀）按钮，单击 ✓ 按钮，关闭“刀具过滤列表设置”对话框，系统返回至“曲面精修平行”对话框。

（2）选择刀具。在“曲面精修平行”对话框中单击 选择刀库刀具... 按钮，系统弹出“选择刀具”对话框，在该对话框的列表框中选择刀具“BALL-NOSE END MILL-5”。单击 ✓ 按钮，关闭“选择刀具”对话框，系统返回至“曲面精修平行”对话框。

Step2. 设置刀具相关参数。

（1）在“曲面精修平行”对话框 刀具参数 选项卡的列表框中显示出上一步选择的刀具，双击该刀具，系统弹出“编辑刀具”对话框。

（2）设置刀具号。单击 下一步 按钮，在 刀号: 文本框中将原有的数值改为 2。

（3）设置刀具参数。在其中的 进给速率: 文本框中输入值 300.0，在 下刀速率: 文本框中输入值 800.0，在 提刀速率 文本框中输入值 1200.0，在 主轴转速 文本框中输入值 2600.0。

（4）设置冷却方式。单击 冷却液 按钮，系统弹出“冷却液”对话框，在 Flood （切削液）下拉列表中选择 On 选项，单击该对话框中的 确定 按钮，关闭“冷却液”对话框。

（5）单击“编辑刀具”对话框中的 完成 按钮，完成刀具的设置。

Stage4. 设置加工参数

Step1. 设置曲面加工参数。在“曲面精修平行”对话框中单击 曲面参数 选项卡，此选项卡中的参数设置保持系统默认设置。

Step2. 设置精加工平行铣削参数。

（1）在“曲面精修平行”对话框中单击 平行精修铣削参数 选项卡，如图 11.2.3 所示。

（2）设置切削方式。在 平行精修铣削参数 选项卡的 切削方式 下拉列表中选择 双向 选项。

（3）设置切削间距。在 平行精修铣削参数 选项卡的 最大切削间距(M)... 文本框中输入值 0.6。

（4）完成参数设置。对话框中的其他参数设置保持系统默认设置，单击“曲面精修平行”对话框中的 ✓ 按钮，同时在图形区生成图 11.2.4 所示的刀路轨迹。

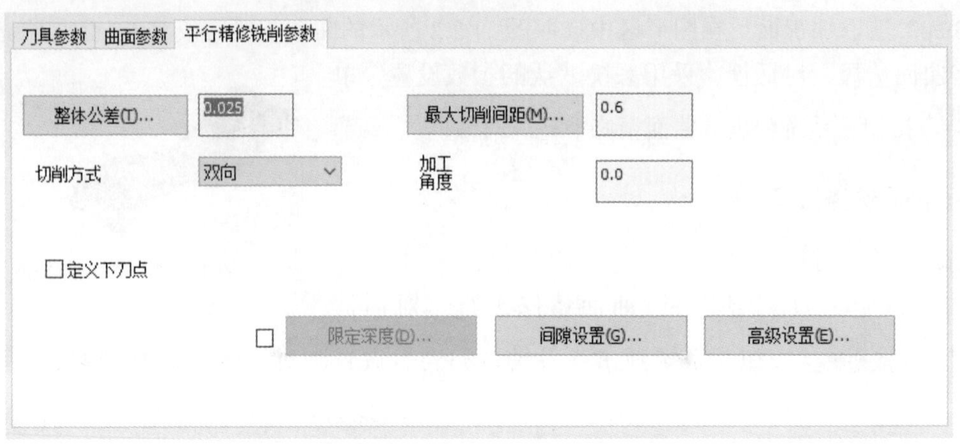

图 11.2.3 “平行精修铣削参数”选项卡

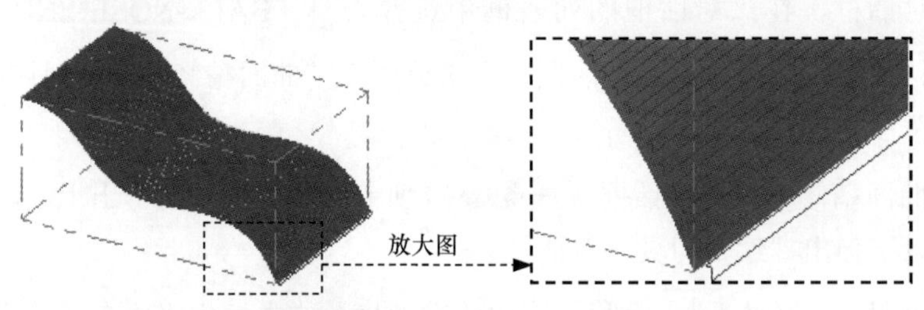

图 11.2.4 工件加工刀路轨迹

Stage5. 加工仿真

Step1. 路径模拟。

（1）在“操作管理”中单击上一步创建好的刀路节点，系统弹出“刀路模拟”对话框及“路径模拟控制”操控板。

（2）在“路径模拟控制”操控板中单击 ▶ 按钮，系统将开始对刀具路径进行模拟，结果与图 11.2.4 所示的刀具路径相同，在“刀路模拟”对话框中单击 ✔ 按钮。

Step2. 实体切削验证。

（1）在 刀路 选项卡中单击 按钮，然后单击“验证选定操作”按钮 ，系统弹出“Mastercam 模拟器”对话框。

（2）在“Mastercam 模拟器”对话框中单击 ▶ 按钮，系统将开始进行实体切削仿真，仿真结果如图 11.2.5 所示，单击 × 按钮。

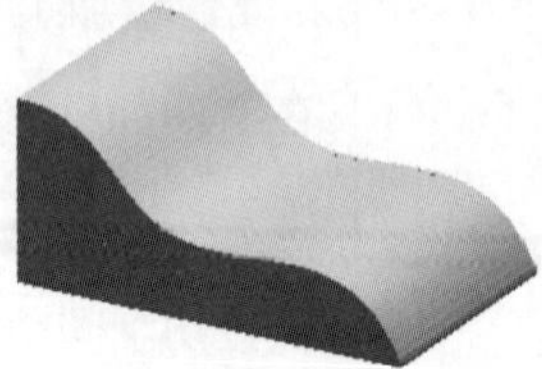

图 11.2.5 仿真结果

Step3. 保存文件。选择下拉菜单 文件(F) → 保存(S) 命令，即可保存文件。

11.3　精加工平行陡斜面加工

精加工平行陡斜面（PAR.STEEP）加工是指从陡斜区域切削残余材料的加工方法，陡斜面取决于两个斜坡角度。下面以图 11.3.1 所示的模型为例，讲解精加工平行陡斜面加工的一般操作过程。

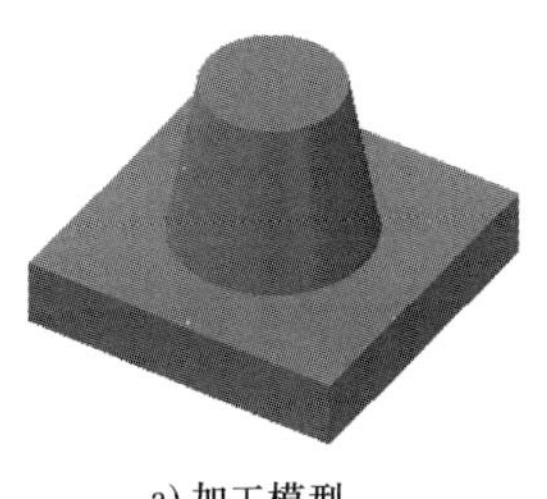

a) 加工模型

b) 加工工件

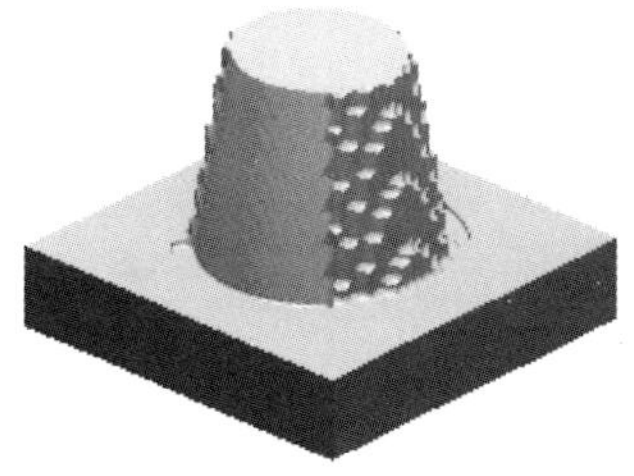

c) 加工结果

图 11.3.1　精加工平行陡斜面加工

Stage1. 进入加工环境

Step1. 打开文件 D：\mcx2024\work\ch11.03\FINISH_PAR.STEEP.mcam。

Step2. 隐藏刀具路径。在 刀路 选项卡中单击 按钮，再单击 按钮，将已存的刀具路径隐藏。

Stage2. 选择加工类型

Step1. 选择加工方法。右击“刀路管理”中的空白区域，然后在系统弹出的快捷菜单中选择 铣床刀路 → 曲面精修 → 平行陡斜面 命令。

Step2. 选取加工面。在图形区中选取图 11.3.2 所示的曲面，然后按 Enter 键，系统弹出“刀路曲面选择”对话框，对话框的其他参数设置保持系统默认设置值，单击 按钮，系统弹出“曲面精修平行式陡斜面”对话框。

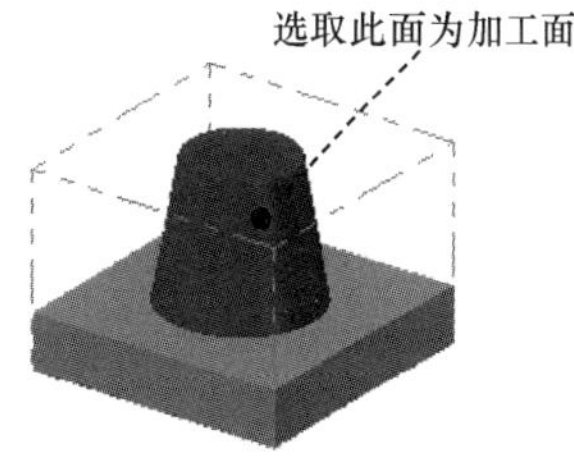

图 11.3.2　选取加工面

Stage3. 选择刀具

Step1. 选择刀具。

（1）确定刀具类型。在“曲面精修平行式陡斜面”对话框中单击 刀具过滤 按钮，系统弹出“刀具过滤列表设置”对话框，单击 刀具类型 区域中的 全关(N) 按钮后，在刀具类型按钮群中单击 （圆鼻铣刀）按钮，单击 按钮，关闭“刀具过滤列表设置”对话框，系统返回至“曲面精修平行式陡斜面”对话框。

（2）选择刀具。在“曲面精修平行式陡斜面”对话框中单击 选择刀库刀具... 按钮，系统弹出“选择刀具”对话框，在该对话框的列表框中选择刀具“END MILL WITH RADIUS-6/R1.0”。单击 ✔ 按钮，关闭“选择刀具”对话框，系统返回至“曲面精修平行式陡斜面”对话框。

Step2. 设置刀具相关参数。

（1）在“曲面精修平行式陡斜面”对话框 刀具参数 选项卡的列表框中显示出上一步选择的刀具，双击该刀具，系统弹出“编辑刀具”对话框。

（2）设置刀具号。单击 下一步 按钮，在 刀号: 文本框中将原有的数值改为 2。

（3）设置刀具参数。在其中的 进给速率: 文本框中输入值 200.0，在 下刀速率: 文本框中输入值 400.0，在 提刀速率 文本框中输入值 800.0，在 主轴转速 文本框中输入值 1200.0。

（4）设置冷却方式。单击 冷却液 按钮，系统弹出“冷却液”对话框，在 Flood（切削液）下拉列表中选择 On 选项，单击该对话框中的 确定 按钮，关闭“冷却液”对话框。

（5）单击“编辑刀具”对话框中的 完成 按钮，完成刀具的设置。

Stage4. 设置加工参数

Step1. 设置曲面加工参数。在“曲面精修平行式陡斜面”对话框中单击 曲面参数 选项卡，选中 安全高度(L) 前面的 ☑ 复选框，并在 安全高度(L) 文本框中输入值 50.0，在 参考高度(A)... 文本框中输入值 20.0，在 下刀位置(F)... 文本框中输入值 10.0，在 加工面毛坯预留量 文本框中输入值 0.0，曲面参数 选项卡中的其他参数设置保持系统默认设置。

Step2. 设置陡斜面平行精加工参数。

（1）在“曲面精修平行式陡斜面”对话框中单击 陡斜面精修参数 选项卡，如图 11.3.3 所示。

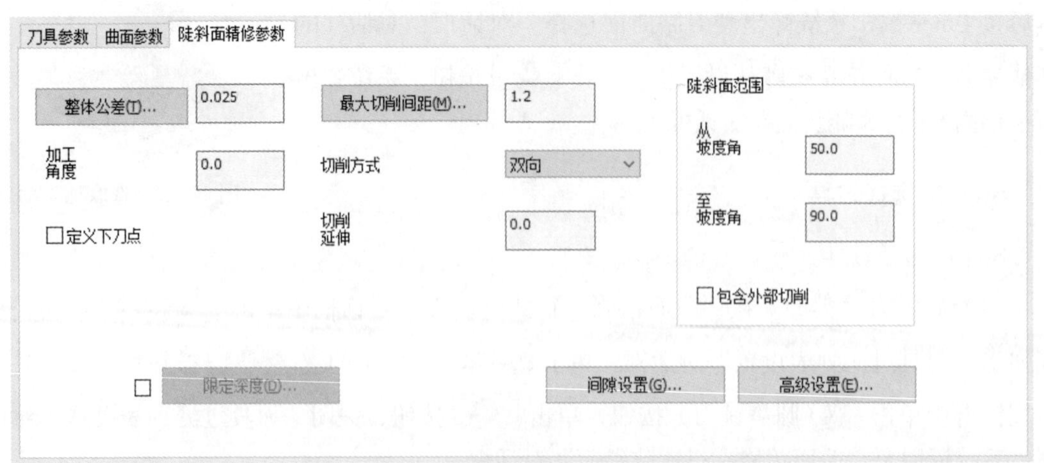

图 11.3.3 “陡斜面精修参数”选项卡

（2）设置切削方式。在 陡斜面精修参数 选项卡的 切削方式 下拉列表中选择 双向 选项。

（3）完成参数设置。对话框中的其他参数设置保持系统默认设置，单击“曲面精修平行式陡斜面”对话框中的 ✔ 按钮，同时在图形区生成图11.3.4所示的刀路轨迹。

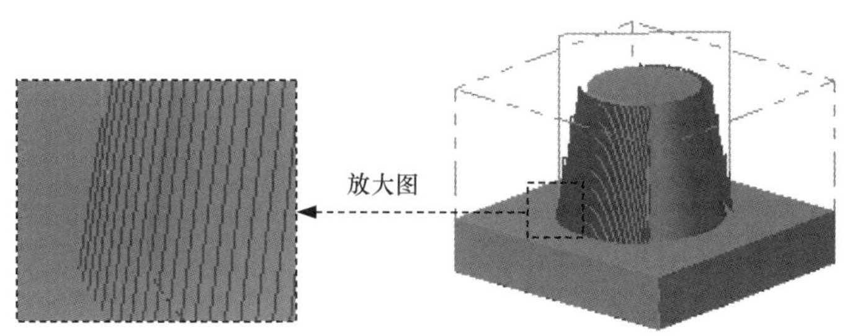

图 11.3.4　工件加工刀路轨迹

图 11.3.3 所示的“陡斜面精修参数”选项卡中部分选项的说明如下。

- 加工角度 文本框：用于定义陡斜面的刀具路径与X轴的角度。
- 切削延伸 文本框：用于定义刀具从前面切削区域下刀切削，消除不同刀具路径间产生的加工间隙，其延伸距离为两个刀具路径的公共部分，延伸刀具路径沿着曲面曲率变化。此文本框仅在 切削方式 为 单向 和 双向 时可用。
- 陡斜面范围 区域：此区域可以人为设置加工的陡斜面的范围，此范围是 从坡度角 文本框中的数值与 至坡度角 文本框中的数值之间的区域。
  - ☑ 从坡度角 文本框：设置陡斜面的起始加工角度。
  - ☑ 至坡度角 文本框：设置陡斜面的终止加工角度。
  - ☑ ☑ 包含外部切削 复选框：用于设置在陡斜范围角度外面的加工区域。选中此复选框时，系统会自动加工与加工角度成正交的区域和浅的区域，不加工与加工角度平行的区域，使用此复选框可以避免重复切削同一个区域。

Stage5. 加工仿真

Step1. 路径模拟。

（1）在“操作管理”中单击 刀路 - 67.6K - PARALL_STEEP.NC - 程序号 0 节点，系统弹出“刀路模拟”对话框及“路径模拟控制”操控板。

（2）在“路径模拟控制”操控板中单击 ▶ 按钮，系统将开始对刀具路径进行模拟，结果与图11.3.4所示的刀具路径相同，在“刀路模拟”对话框中单击 ✔ 按钮。

Step2. 实体切削验证。

（1）在 刀路 选项卡中单击 按钮，然后单击“验证选定操作”按钮，系统弹出“Mastercam 模拟器”对话框。

（2）在“Mastercam 模拟器”对话框中单击 按钮，系统将开始进行实体切削仿真，仿真结果如图 11.3.5 所示，单击 × 按钮。

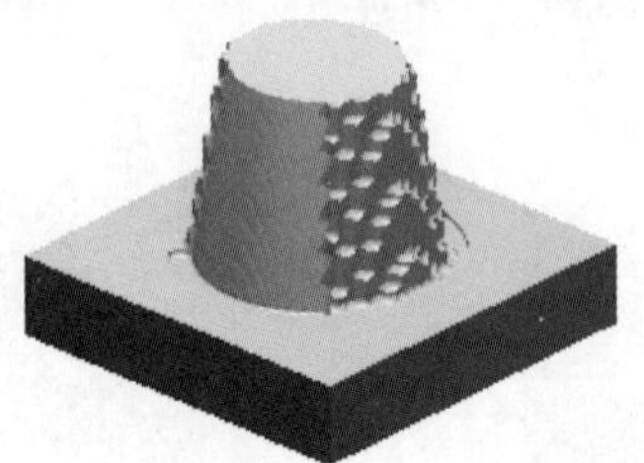

图 11.3.5　仿真结果

Step3. 保存文件。选择下拉菜单 文件(F) ➡ 保存(S) 命令，即可保存文件。

11.4　精加工放射状加工

放射状（RADIAL）精加工是指刀具绕一个旋转中心点对工件某一范围内的材料进行加工的方法，其刀具路径呈放射状。此种加工方法适合于圆形、边界等值或对称性模型的加工。下面通过图 11.4.1 所示的模型，讲解精加工放射状加工的一般操作过程。

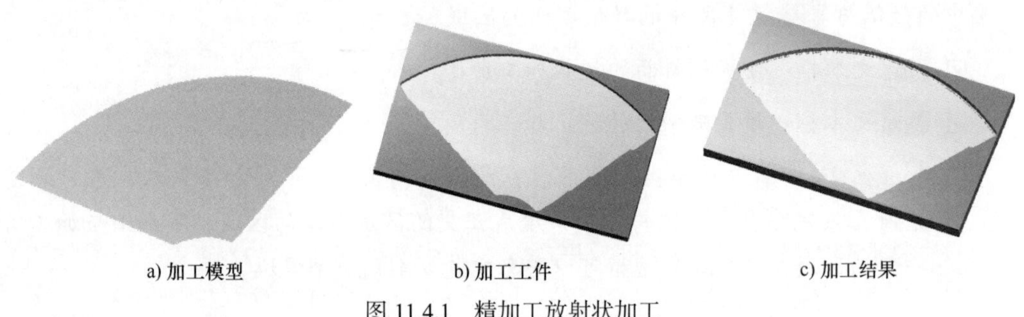

a) 加工模型　　b) 加工工件　　c) 加工结果

图 11.4.1　精加工放射状加工

Stage1. 进入加工环境

Step1. 打开文件 D: \mcx2024\work\ch11.04\FINISH_RADIAL.mcam。

Step2. 隐藏刀具路径。在 刀路 选项卡中单击 按钮，再单击 按钮，将已存的刀具路径隐藏。

Stage2. 选择加工类型

Step1. 选择加工方法。右击“刀路管理”中的空白区域，然后在系统弹出的快捷菜单中选择 铣床刀路 ➡ 曲面精修 ➡ 放射 命令。

Step2. 选取加工面及放射中心。在图形区中选取图 11.4.2 所示的曲面，然后按 Enter 键，系统弹出“刀路曲面选择”对话框，在对话框的 选择放射中心点 区域中单击 按钮，选取图 11.4.3 所示的圆弧的中心为加工的放射中心，对话框的其他参数设置保持系统默认设置，单击 按钮，系统弹出“曲面精修放射”对话框。

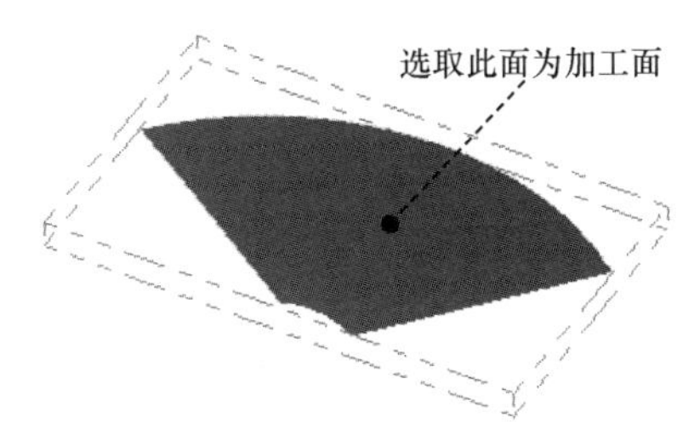

图 11.4.2 选取加工面

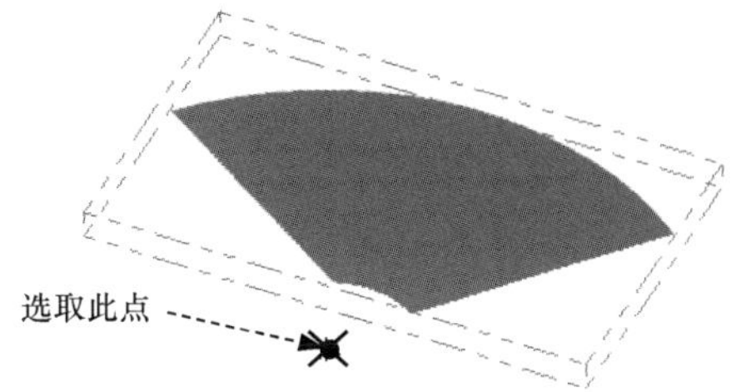

图 11.4.3 定义加工放射中心

Stage3. 选择刀具

Step1. 选择刀具。

（1）确定刀具类型。在“曲面精修放射”对话框中单击 刀具过滤 按钮，系统弹出“刀具过滤列表设置”对话框，单击 刀具类型 区域中的 全关(N) 按钮后，在刀具类型按钮群中单击 （平底刀）按钮，单击 按钮，关闭“刀具过滤列表设置”对话框，系统返回至“曲面精修放射”对话框。

（2）选择刀具。在“曲面精修放射”对话框中单击 选择刀库刀具... 按钮，系统弹出“选择刀具”对话框，在该对话框的列表框中选择刀具“FLAT END MILL-6”。单击 按钮，关闭“选择刀具”对话框，系统返回至“曲面精修放射”对话框。

Step2. 设置刀具相关参数。

（1）在“曲面精修放射”对话框 刀具参数 选项卡的列表框中显示出上一步选择的刀具，双击该刀具，系统弹出“编辑刀具”对话框。

（2）设置刀具号。单击 下一步 按钮，在 刀号: 文本框中将原有的数值改为 2。

（3）设置刀具参数。在其中的 进给速率: 文本框中输入值 200.0，在 下刀速率: 文本框中输入值 600.0，在 提刀速率 文本框中输入值 800.0，在 主轴转速 文本框中输入值 1200.0。

（4）设置冷却方式。单击 冷却液 按钮，系统弹出“冷却液”对话框，在 Flood （切削液）下拉列表中选择 On 选项，单击该对话框中的 确定 按钮，关闭“冷却液”对话框。

（5）单击“编辑刀具”对话框中的 完成 按钮，完成刀具的设置。

Stage4. 设置加工参数

Step1. 设置曲面加工参数。

（1）在“曲面精修放射”对话框中单击 曲面参数 选项卡，在 加工面毛坯预留量 文本框中输入值 0.2。

（2）在“曲面精修放射”对话框中选中 ☑ 进/退刀(I)... 复选框，单击 进/退刀(I)... 按钮，系统弹出“方向”对话框。

（3）在“方向”对话框 进刀向量 区域的 进刀引线长度 文本框中输入值 5.0，对话框中的其他参数设置保持系统默认设置值，单击 ✔ 按钮，系统返回至“曲面精修放射”对话框。

Step2. 设置精加工放射状参数。

（1）在“曲面精修放射”对话框中单击 放射精修参数 选项卡，如图 11.4.4 所示。

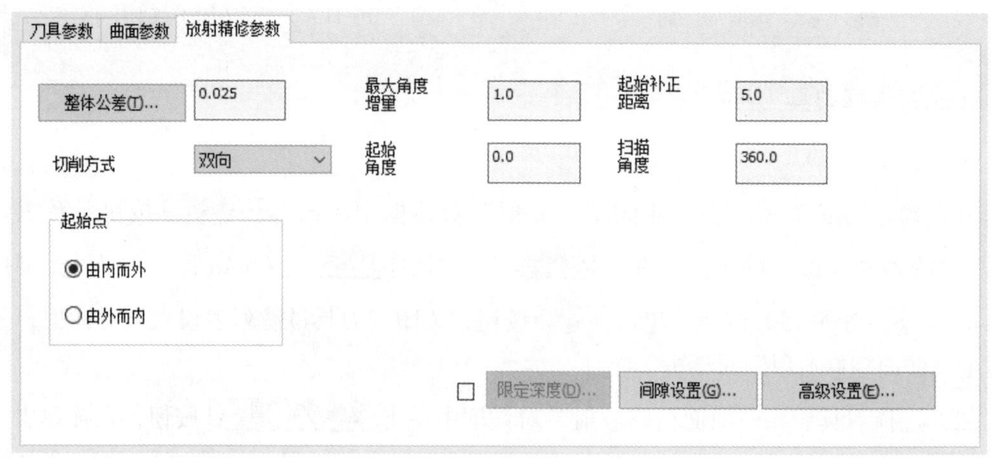

图 11.4.4 “放射精修参数”选项卡

（2）在 放射精修参数 选项卡的 整体公差(T)... 文本框中输入值 0.025。

（3）设置切削方式。在 放射精修参数 选项卡的 切削方式 下拉列表中选择 双向 选项。

图 11.4.4 所示的“放射精修参数”选项卡中部分选项的说明如下。

- 限定深度(D)... 按钮：要激活此按钮，先要选中此按钮前面的 ☑ 复选框。单击此按钮，系统弹出“限定深度”对话框，如图 11.4.5 所示。通过此对话框可以对切削深度进行具体设置。

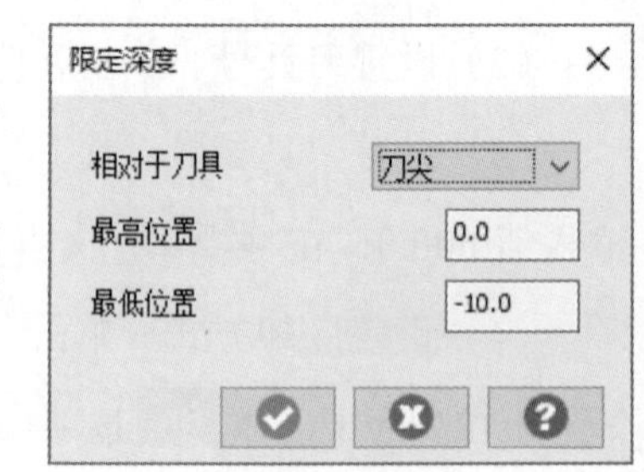

图 11.4.5 “限定深度”对话框

说明： 图 11.4.4 所示的“放射精修参数”选项卡中的部分选项与粗加工相同，此处不再赘述。

（4）完成参数设置。对话框中的其他参数设置保持系统默认设置，单击“曲面精修放射”对话框中的 ✔ 按钮，同时在图形区生成图 11.4.6 所示的刀路轨迹。

Stage5. 加工仿真

Step1. 路径模拟。

（1）在“操作管理”中单击上一步创建好的刀路节点，系统弹出“刀路模拟”对话框及“路径模拟控制”操控板。

（2）在“路径模拟控制”操控板中单击 ▶ 按钮，系统将开始对刀具路径进行模拟，结果与图 11.4.6 所示的刀具路径相同，在“刀路模拟”对话框中单击 ✔ 按钮。

Step2. 实体切削验证。

（1）在“操作管理” 刀路 选项卡中单击 ▶ 按钮，然后单击“验证选定操作”按钮，系统弹出“Mastercam 模拟器”对话框。

（2）在“Mastercam 模拟器”对话框中单击 ▶ 按钮，系统将开始进行实体切削仿真，仿真结果如图 11.4.7 所示，单击 × 按钮。

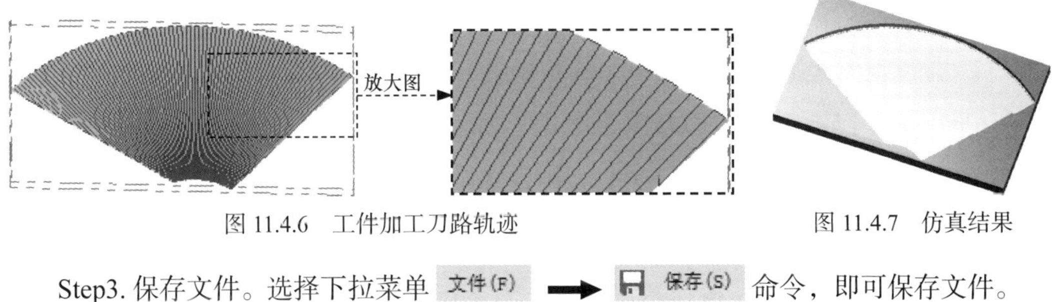

图 11.4.6　工件加工刀路轨迹　　图 11.4.7　仿真结果

Step3. 保存文件。选择下拉菜单 文件(F) → 保存(S) 命令，即可保存文件。

11.5　精加工投影加工

投影精加工是将已有的刀具路径文件（NCI）或几何图素（点或曲线）投影到指定曲面模型上并生成刀具路径来进行切削加工的方法。用来做投影图素的 NCI 所生成的刀具路径和工件形状越接近，几何图素越紧凑，加工出来的效果就越平滑。下面以图 11.5.1 所示的模型为例讲解精加工投影加工的一般操作过程（本例是将已有刀具路径投影到曲面进行加工的）。

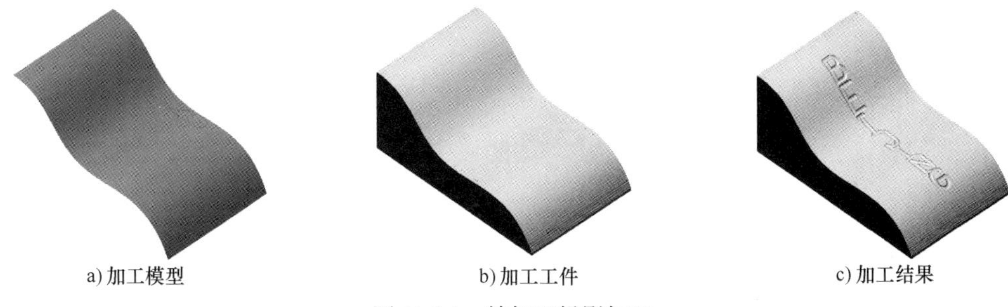

a) 加工模型　　b) 加工工件　　c) 加工结果

图 11.5.1　精加工投影加工

Stage1. 进入加工环境

Step1. 打开文件 D：\mcx2024\work\ch11.05\FINISH_PROJECT.mcam。

Step2. 隐藏刀具路径。在 刀路 选项卡中单击 按钮，再单击 按钮，将已保存的刀具路径隐藏。

Stage2. 选择加工类型

Step1. 选择加工方法。右击“刀路管理”中的空白区域，然后在系统弹出的快捷菜单中选择 铣床刀路 → 曲面精修 → 投影 命令。

Step2. 选择加工面及投影曲线。

（1）在图形区中选取图 11.5.2 所示的曲面，然后按 Enter 键，系统弹出“刀路曲面选择”对话框。

（2）单击“刀路曲面选择”对话框 选择曲线 区域的 按钮，系统弹出“线框串连”对话框，单击其中的 按钮，然后框选图 11.5.3 所示的所有曲线（字体曲线），此时系统提示“输入草图起始点”，选取图 11.5.3 所示的点 1（点 1 为直线的端点），在“线框串连”对话框中单击 按钮，系统重新弹出“刀路曲面选择”对话框。

（3）“刀路曲面选择”对话框的其他参数设置保持系统默认设置值，单击 按钮，系统弹出“曲面精修投影”对话框。

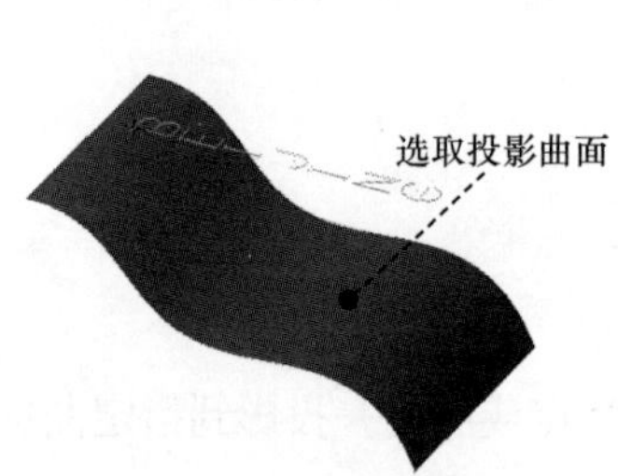

图 11.5.2 定义投影曲面

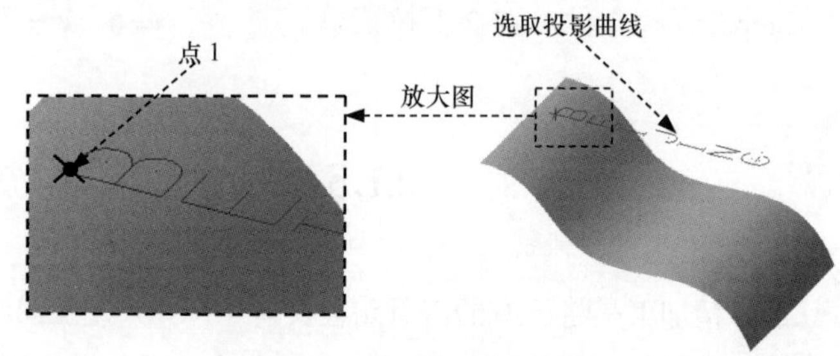

图 11.5.3 选取投影曲线和搜寻点

Stage3. 选择刀具

Step1. 选择刀具。

（1）确定刀具类型。在“曲面精修投影”对话框中单击 刀具过滤 按钮，系统弹出“刀具过滤列表设置”对话框，单击 刀具类型 区域中的 全关(N) 按钮后，在刀具类型按钮群中单击 （球刀）按钮，单击 按钮，关闭“刀具过滤列表设置”对话框，系统返回至“曲面精修投影”对话框。

（2）选择刀具。在“曲面精修投影”对话框中单击 选择刀库刀具... 按钮，系统弹出

“选择刀具”对话框，在该对话框的列表框中选择刀具“BALL-NOSE END MILL-4”。单击 ✔ 按钮，关闭“选择刀具”对话框，系统返回至“曲面精修投影”对话框。

Step2. 设置刀具相关参数。

（1）在“曲面精修投影”对话框 刀具参数 选项卡的列表框中显示出上一步选择的刀具，双击该刀具，系统弹出“编辑刀具”对话框。

（2）设置刀具号。单击 下一步 按钮，在 刀号: 文本框中将原有的数值改为 3。

（3）设置刀具参数。在其中的 进给速率 文本框中输入值 200.0，在 下刀速率: 文本框中输入值 1600.0，在 提刀速率 文本框中输入值 1600.0，在 主轴转速 文本框中输入值 2200.0。

（4）设置冷却方式。单击 冷却液 按钮，系统弹出“冷却液”对话框，在 Flood（切削液）下拉列表中选择 On 选项，单击该对话框中的 确定 按钮，关闭“冷却液”对话框。

（5）单击“编辑刀具”对话框中的 完成 按钮，完成刀具的设置。

（6）系统返回至“曲面精修投影”对话框，取消选中 参考点 按钮前的复选框。

Stage4. 设置加工参数

Step1. 设置曲面加工参数。在“曲面精修投影”对话框中单击 曲面参数 选项卡，在 加工面毛坯预留量 文本框中输入值 0.0，其他参数设置保持系统默认设置值。

Step2. 设置精加工投影参数。

（1）在“曲面精修投影”对话框中单击 投影精修参数 选项卡，如图 11.5.4 所示。

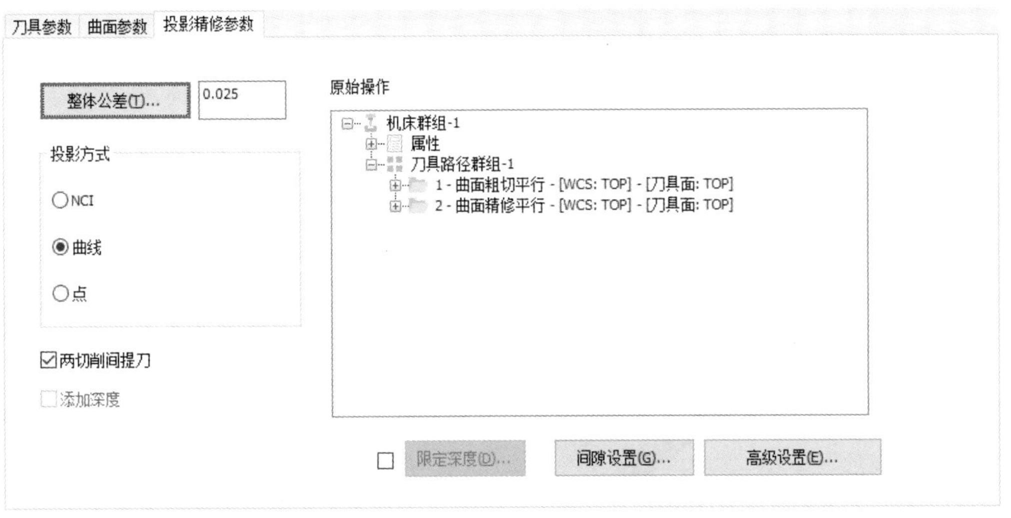

图 11.5.4 “投影精修参数”选项卡

（2）确认 投影精修参数 选项卡的 投影方式 区域的 ⦿ 曲线 选项处于选中状态，并选

中 ☑两切削间提刀 复选框，其他参数设置保持系统默认设置值，单击“曲面精修投影”对话框中的 ✔ 按钮，同时在图形区生成图 11.5.5 所示的刀路轨迹。

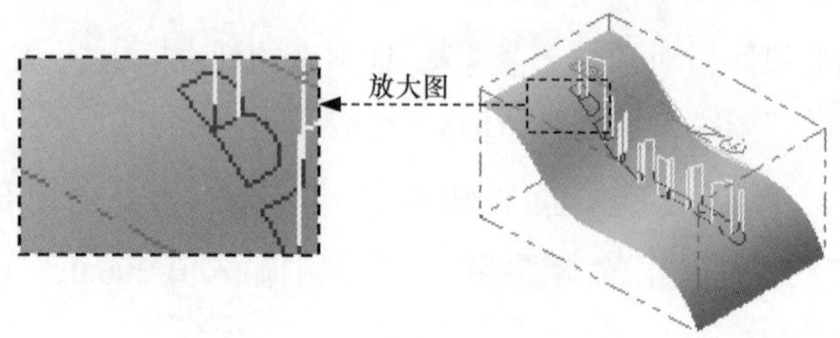

图 11.5.5　加工工件刀路轨迹

图 11.5.4 所示的“投影精修参数”选项卡中部分选项的说明如下。

- ☑添加深度 复选框：该复选框用于设置在所选操作中获取加工深度并应用于曲面精加工投影中。
- 原始操作 区域：此区域列出了之前的所有操作程序供选择。

Stage5. 加工仿真

Step1. 路径模拟。

（1）在“操作管理”中单击上一步创建好的刀路节点，系统弹出“刀路模拟”对话框及“路径模拟控制”操控板。

（2）在“路径模拟控制”操控板中单击 ▶ 按钮，系统将开始对刀具路径进行模拟，结果与图 11.5.5 所示的刀具路径相同，在“刀路模拟”对话框中单击 ✔ 按钮。

Step2. 实体切削验证。

（1）在 刀路 选项卡中单击 按钮，然后单击“验证选定操作”按钮 ，系统弹出“Mastercam 模拟器”对话框。

（2）在“Mastercam 模拟器”对话框中单击 ▶ 按钮，系统将开始进行实体切削仿真，仿真结果如图 11.5.6 所示，单击 × 按钮。

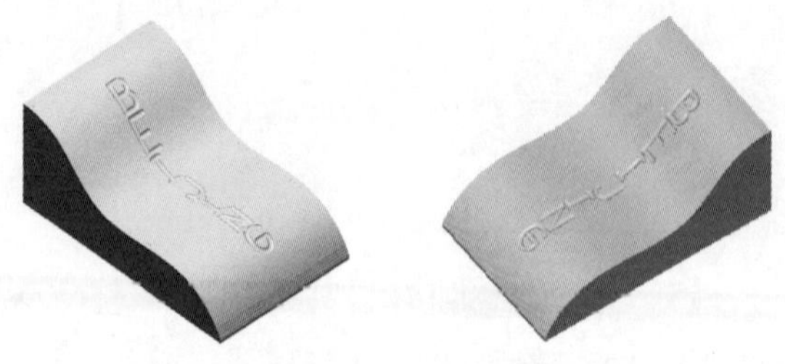

图 11.5.6　仿真结果

Step3. 保存文件。选择下拉菜单 文件(F) → 保存(S) 命令，即可保存文件。

11.6 精加工流线加工

曲面流线精加工可以将曲面切削方向设定为沿着截断方向加工或沿切削方向加工，同时还可以控制曲面的“残脊高度”来生成一个平滑的加工曲面。下面通过图 11.6.1 所示的实例，讲解精加工流线加工的操作过程。

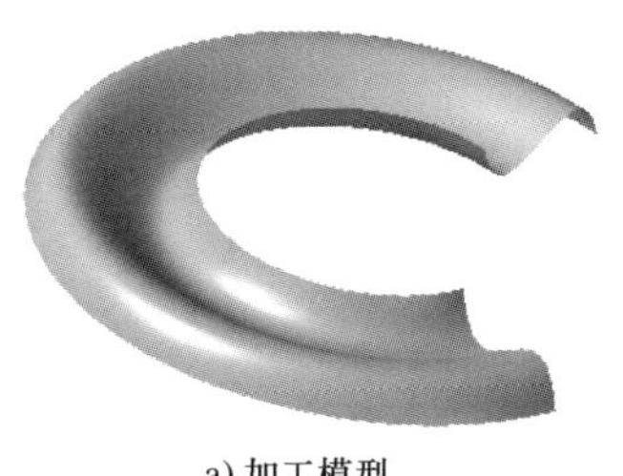

a) 加工模型

b) 加工工件

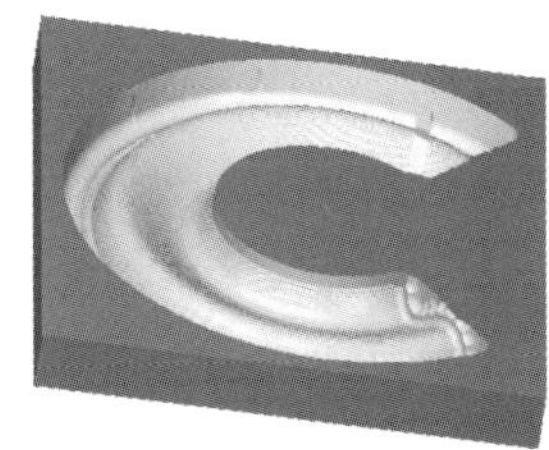

c) 加工结果

图 11.6.1 精加工流线加工

Stage1. 进入加工环境

Step1. 打开文件 D:\mcx2024\work\ch11.06\FINISH_FLOWLINE.mcam。

Step2. 隐藏刀具路径。在 刀路 选项卡中单击 按钮，再单击 按钮，将已保存的刀具路径隐藏。

Stage2. 选择加工类型

Step1. 选择加工方法。右击“刀路管理”中的空白区域，然后在系统弹出的快捷菜单中选择 铣床刀路 → 曲面精修 → 流线 命令。

Step2. 选取加工面。在图形区中选取图 11.6.2 所示的曲面，然后按 Enter 键，系统弹出“刀路曲面选择”对话框。

Step3. 设置曲面流线形式。单击“刀路曲面选择”对话框 曲面流线 区域的 按钮，系统弹出“曲面流线设置”对话框，同时图形区出现曲面流线形式线框，如图 11.6.3 所示。在“曲面流线设置”对话框中单击 补正方向 按钮和 切削方向 按钮，改变曲面流线的方向，结果如图 11.6.4 所示，单击 按钮，系统重新弹出“刀路曲面选择”对话框，单击 按钮，系统弹出“曲面精修流线”对话框。

选取此面为加工面

图 11.6.2 选择加工面

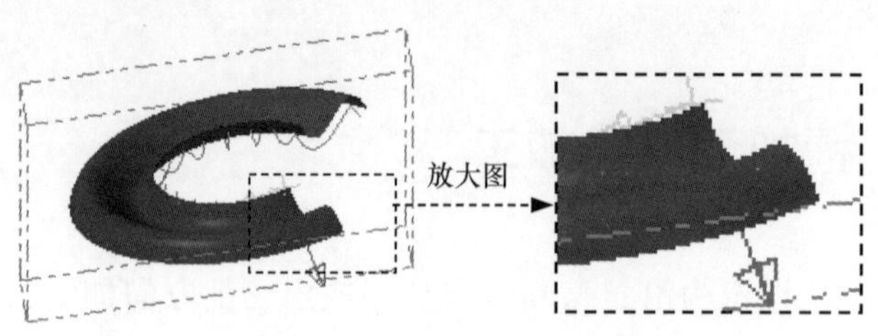

图 11.6.3　曲面流线形式线框

图 11.6.4　设置曲面流线形式

Stage3. 选择刀具

Step1. 选择刀具。

（1）确定刀具类型。在“曲面精修流线”对话框中单击 刀具过滤 按钮，系统弹出“刀具过滤列表设置”对话框，单击 刀具类型 区域中的 全关(N) 按钮后，在刀具类型按钮群中单击 （球刀）按钮，单击 ✔ 按钮，关闭“刀具过滤列表设置”对话框，系统返回至“曲面精修流线”对话框。

（2）选择刀具。在“曲面精修流线”对话框中单击 选择刀库刀具... 按钮，系统弹出“选择刀具”对话框，在该对话框的列表框中选择刀具“BALL-NOSE END MILL-5”。单击 ✔ 按钮，关闭“选择刀具”对话框，系统返回至“曲面精修流线”对话框。

Step2. 设置刀具相关参数。

（1）在“曲面精修流线”对话框 刀具参数 选项卡的列表框中显示出上一步选择的刀具，双击该刀具，系统弹出“编辑刀具”对话框。

（2）设置刀具号。单击 下一步 按钮，在 刀号: 文本框中将原有的数值改为 2。

（3）设置刀具参数。在其中的 进给速率: 文本框中输入值 300.0，在 下刀速率: 文本框中输入值 1000.0，在 提刀速率 文本框中输入值 1000.0，在 主轴转速 文本框中输入值 2400.0。

（4）设置冷却方式。单击 冷却液 按钮，系统弹出“冷却液”对话框，在 Flood （切削液）下拉列表中选择 On 选项，单击该对话框中的 确定 按钮，关闭“冷却液”对话框。

（5）单击“编辑刀具”对话框中的 完成 按钮，完成刀具的设置。

（6）单击 刀具/绘图面... 按钮，系统弹出“刀具面 / 绘图面设置”对话框，单击 刀具平面 区域中的 ▦ 按钮，系统弹出“选择平面”对话框，在该对话框的列表框中选择 BACK，单击 ✔ 按钮，系统返回至“刀具面 / 绘图面设置”对话框。单击 刀具平面 区域和 绘图平面 区域之间的 ▸ 按钮，再单击 ✔ 按钮。

Stage4. 设置加工参数

Step1. 设置曲面加工参数。在“曲面精修流线”对话框中单击 曲面参数 选项卡，在 加工面毛坯预留量 文本框中输入值 0.0，其他参数设置保持系统默认设置值。

Step2. 设置曲面流线精加工参数。

（1）在“曲面精修流线”对话框中单击 流线精修参数 选项卡，如图 11.6.5 所示。

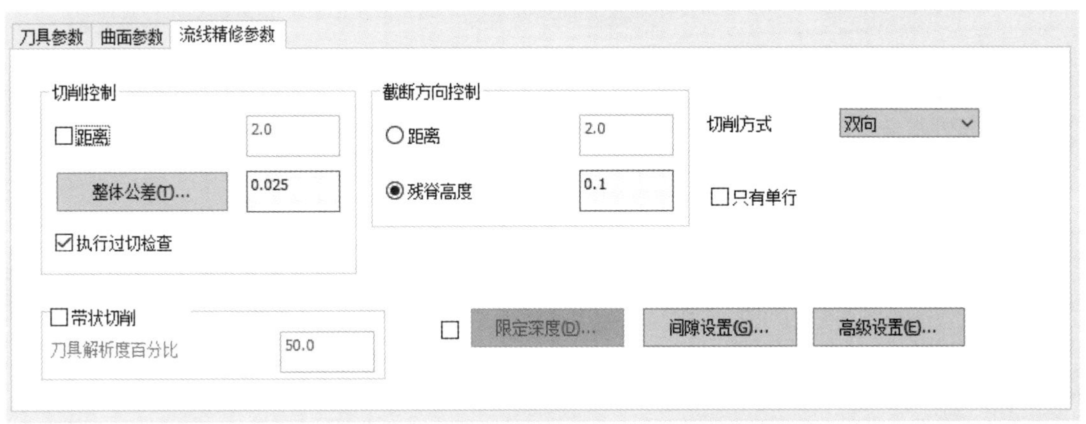

图 11.6.5 “流线精修参数”选项卡

（2）设置切削方式。在 流线精修参数 选项卡的 切削方式 下拉列表中选择 双向 选项。

（3）在 截断方向控制 区域的 残脊高度 文本框中输入值 0.1，对话框中的其他参数设置保持系统默认设置，单击“曲面精修流线”对话框中的 按钮，同时在图形区生成图 11.6.6 所示的刀路轨迹。

Stage5. 加工仿真

Step1. 路径模拟。

（1）在“操作管理”中单击上一步创建好的刀路节点，系统弹出“刀路模拟”对话框及“路径模拟控制”操控板。

（2）在“路径模拟控制”操控板中单击 按钮，系统将开始对刀具路径进行模拟，结果与图 11.6.6 所示的刀具路径相同，在“刀路模拟”对话框中单击 按钮。

Step2. 实体切削验证。

（1）在 刀路 选项卡中单击 按钮，然后单击“验证选定操作”按钮 ，系统弹出“Mastercam 模拟器”对话框。

（2）在“Mastercam 模拟器”对话框中单击 按钮，系统将开始进行实体切削仿真，仿真结果如图 11.6.7 所示，单击 按钮。

Step3. 保存文件。选择下拉菜单 文件(F) → 保存(S) 命令，即可保存文件。

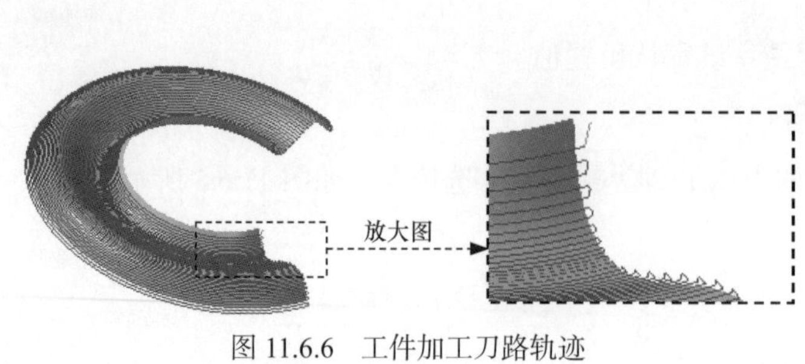

图 11.6.6　工件加工刀路轨迹

图 11.6.7　仿真结果

11.7　精加工等高外形加工

精加工中的等高外形加工和粗加工中的等高外形加工大致相同，加工时生成沿加工工件曲面外形的刀具路径。此方法在实际生产中常用于具有一定陡峭角度的曲面加工，对平缓曲面进行加工效果不很理想。下面通过图 11.7.1 所示的模型讲解其操作过程。

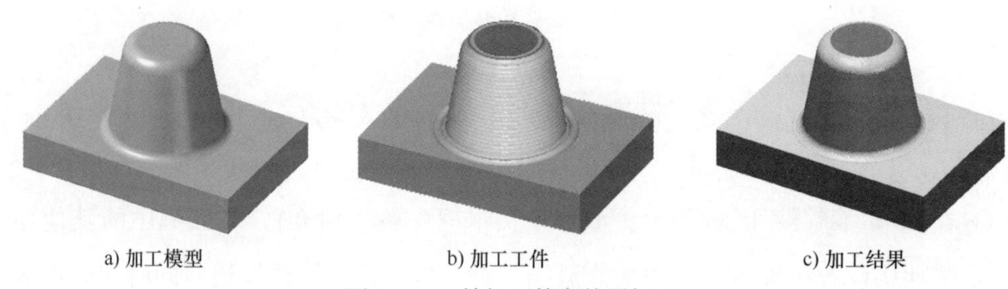

图 11.7.1　精加工等高外形加工

Stage1. 进入加工环境

Step1. 打开文件 D: \mcx2024\work\ch11.07\FINISH_CONTOUR.mcam。

Step2. 隐藏刀具路径。在 刀路 选项卡中单击 按钮，再单击 按钮，将已保存的刀具路径隐藏。

Stage2. 选择加工类型

Step1. 选择加工方法。右击“刀路管理”中的空白区域，然后在系统弹出的快捷菜单中选择 铣床刀路 → 曲面精修 → 等高 命令。

Step2. 选取加工面。在图形区中选取图 11.7.2 所示的曲面，然后按 Enter 键，系统弹出“刀路曲面选择”对话框，采用系统默认的参数设置，单击 按钮，系统弹出“曲面精修等高”对话框。

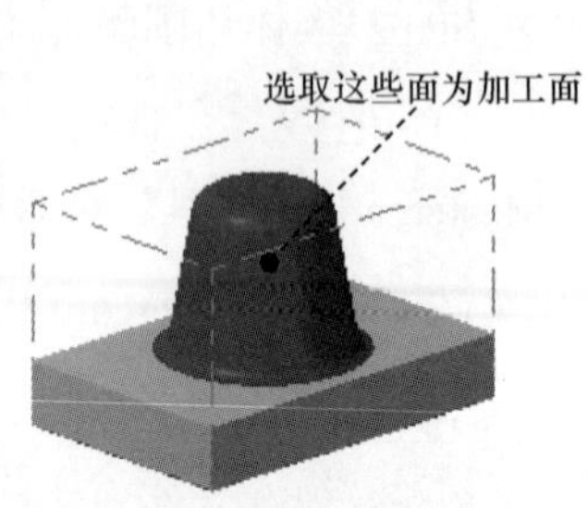

图 11.7.2　选取加工面

Stage3. 选择刀具

Step1. 选择刀具。

（1）确定刀具类型。在“曲面精修等高”对话框中单击 刀具过滤 按钮，系统弹出“刀具过滤列表设置”对话框，单击 刀具类型 区域中的 全关(N) 按钮后，在刀具类型按钮群中单击 （球刀）按钮，单击 按钮，关闭“刀具过滤列表设置”对话框，系统返回至“曲面精修等高”对话框。

（2）选择刀具。在“曲面精修等高”对话框中单击 选择刀库刀具... 按钮，系统弹出“选择刀具”对话框，在该对话框的列表框中选择刀具“BALL-NOSE END MILL-4”。单击 按钮，关闭“选择刀具”对话框，系统返回至“曲面精修等高”对话框。

Step2. 设置刀具相关参数。

（1）在“曲面精修等高”对话框 刀具参数 选项卡的列表框中显示出上一步选择的刀具，双击该刀具，系统弹出“编辑刀具”对话框。

（2）设置刀具号。单击 下一步 按钮，在 刀号: 文本框中将原有的数值改为 3。

（3）设置刀具参数。在其中的 进给速率 文本框中输入值 200.0，在 下刀速率: 文本框中输入值 1300.0，在 提刀速率 文本框中输入值 1300.0，在 主轴转速 文本框中输入值 1600.0。

（4）设置冷却方式。单击 冷却液 按钮，系统弹出“冷却液”对话框，在 Flood （切削液）下拉列表中选择 On 选项，单击该对话框中的 确定 按钮，关闭“冷却液”对话框。

（5）单击“编辑刀具”对话框中的 完成 按钮，完成刀具的设置。

Stage4. 设置加工参数

Step1. 设置曲面加工参数。在“曲面精修等高”对话框中单击 曲面参数 选项卡，保持系统默认参数设置值。

Step2. 设置精加工等高外形参数。

（1）在“曲面精修等高”对话框中单击 等高精修参数 选项卡，如图 11.7.3 所示。

（2）设置进给量。在 等高精修参数 选项卡的 Z 最大步进量: 文本框中输入值 0.5。

（3）设置切削方式。在 等高精修参数 选项卡中选中 ☑ 切削排序最佳化 复选框，在 封闭轮廓方向 区域中选中 ⊙ 顺铣 单选项，在 开放式轮廓方向 区域中选中 ⊙ 双向 单选项。

（4）完成参数设置。对话框中的其他参数设置保持系统默认设置值，单击“曲面精修等高”对话框中的 按钮，同时在图形区生成图 11.7.4 所示的刀路轨迹。

图 11.7.3 “等高精修参数”选项卡

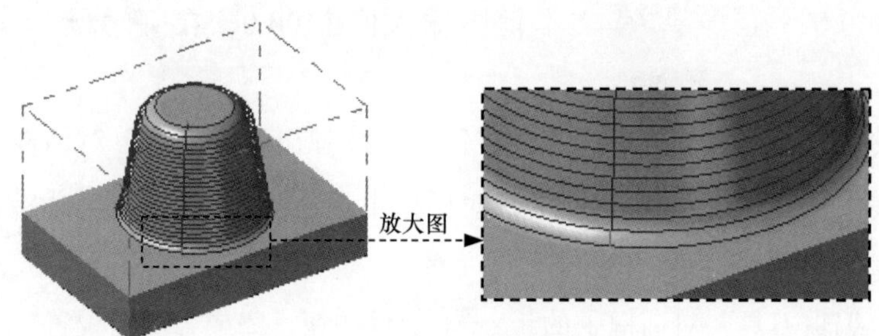

图 11.7.4 工件加工刀路轨迹

Stage5. 加工仿真

Step1. 路径模拟。

（1）在“操作管理”中单击上一步创建好的刀路节点，系统弹出“刀路模拟”对话框及“路径模拟控制”操控板。

（2）在“路径模拟控制”操控板中单击 ▶ 按钮，系统将开始对刀具路径进行模拟，结果与图 11.7.4 所示的刀具路径相同，在“刀路模拟”对话框中单击 ✔ 按钮。

Step2. 实体切削验证。

（1）在 刀路 选项卡中单击 按钮，然后单击“验证选定操作”按钮 ，系统弹出

“Mastercam 模拟器”对话框。

（2）在“Mastercam 模拟器”对话框中单击 按钮，系统将开始进行实体切削仿真，仿真结果如图 11.7.5 所示，单击 × 按钮。

Step3. 保存文件。选择下拉菜单 文件(F) → 保存(S) 命令，即可保存文件。

图 11.7.5 仿真结果

11.8 精加工残料加工

精加工残料加工是依据已有加工刀路数据进一步加工以清除残料的加工方法，该加工方法选择的刀具要比已有粗加工的刀具小，否则达不到预期效果，并且此方法生成刀路的时间较长，抬刀次数较多。下面以图 11.8.1 所示的模型为例讲解精加工残料加工的一般操作过程。

a) 加工模型

b) 加工工件

c) 加工结果

图 11.8.1 精加工残料加工

Stage1. 进入加工环境

Step1. 打开文件 D：\mcx2024\work\ch11.08\FINISH_RESTMILL.mcam。

Step2. 隐藏刀具路径。在 刀路 选项卡中单击 按钮，再单击 按钮，将已保存的刀具路径隐藏。

Stage2. 选择加工类型

Step1. 选择加工方法。右击“刀路管理”中的空白区域，然后在系统弹出的快捷菜单中选择 铣床刀路 → 曲面精修 → 残料 命令。

Step2. 选取加工面。在图形区中选取图 11.8.2 所示的曲面，然后按 Enter 键，系统弹出“刀路曲面选择”对话框，采用系统默认的设置，单击 按钮，系统弹出“曲面精修残料清角”

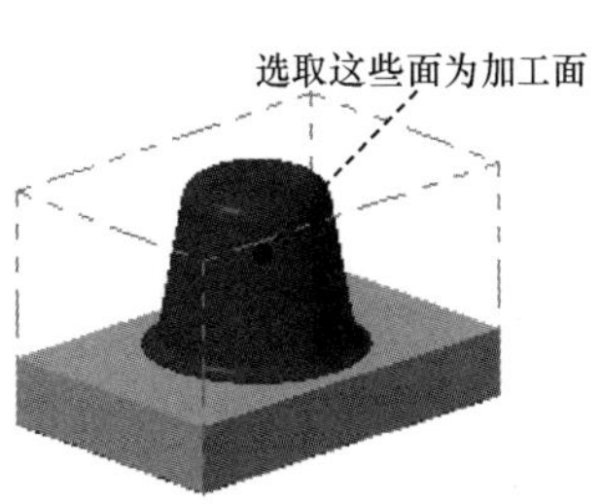

图 11.8.2 选取加工面

对话框。

Stage3. 选择刀具

Step1. 选择刀具。

（1）确定刀具类型。在“曲面精修残料清角”对话框中单击 刀具过滤 按钮，系统弹出“刀具过滤列表设置”对话框，单击 刀具类型 区域中的 全关(N) 按钮后，在刀具类型按钮群中单击 （圆鼻铣刀）按钮，单击 按钮，关闭“刀具过滤列表设置”对话框，系统返回至“曲面精修残料清角”对话框。

（2）选择刀具。在“曲面精修残料清角”对话框中单击 选择刀库刀具... 按钮，系统弹出“选择刀具”对话框，在该对话框的列表框中选择刀具“END MILL WITH RADIUS-4/R0.5”。单击 按钮，关闭“选择刀具”对话框，系统返回至“曲面精修残料清角”对话框。

Step2. 设置刀具相关参数。

（1）在“曲面精修残料清角”对话框 刀具参数 选项卡的列表框中显示出上一步选择的刀具，双击该刀具，系统弹出“编辑刀具”对话框。

（2）设置刀具号。单击 下一步 按钮，在 刀号: 文本框中将原有的数值改为 4。

（3）设置刀具参数。在其中的 进给速率: 文本框中输入值 200.0，在 下刀速率: 文本框中输入值 1300.0，在 提刀速率 文本框中输入值 1300.0，在 主轴转速 文本框中输入值 1600.0。

（4）设置冷却方式。单击 冷却液 按钮，系统弹出“冷却液”对话框，在 Flood （切削液）下拉列表中选择 On 选项，单击该对话框中的 确定 按钮，关闭“冷却液”对话框。

（5）单击“编辑刀具”对话框中的 完成 按钮，完成刀具的设置。

Stage4. 设置加工参数

Step1. 设置曲面加工参数。在“曲面精修残料清角”对话框中单击 曲面参数 选项卡，保持系统默认的参数设置。

Step2. 设置残料清角精加工参数。

（1）在“曲面精修残料清角”对话框中单击 残料清角精修参数 选项卡，如图 11.8.3 所示。

（2）设置切削间距。在 残料清角精修参数 选项卡的 最大切削间距(M)... 文本框中输入值 0.5。

（3）设置切削方式。在 残料清角精修参数 选项卡的 切削方式 下拉列表中选择 双向 选项。

（4）完成参数设置。对话框中的其他参数设置保持系统默认设置值，单击“曲面精修残料清角”对话框中的 按钮，同时在图形区生成图 11.8.4 所示的刀路轨迹。

刀具参数 曲面参数 残料清角精修参数 残料清角材料参数

整体公差(T)... 0.025
最大切削间距(M)... 0.5
定义下刀点
从 坡度角 0.0
至 坡度角 90.0
切削方式 双向
混合路径(在中断角度上方用等高切削，下方则用环绕切削)
中断角度 45.0
延伸长度 0.0
保持切削方向与残料区域垂直
加工角度 0.0
加工方向
逆时针 顺时针
反转切削顺序
限定深度(D)... 环绕设置(L)... 间隙设置(G)... 高级设置(E)...

图 11.8.3 “残料清角精修参数”选项卡

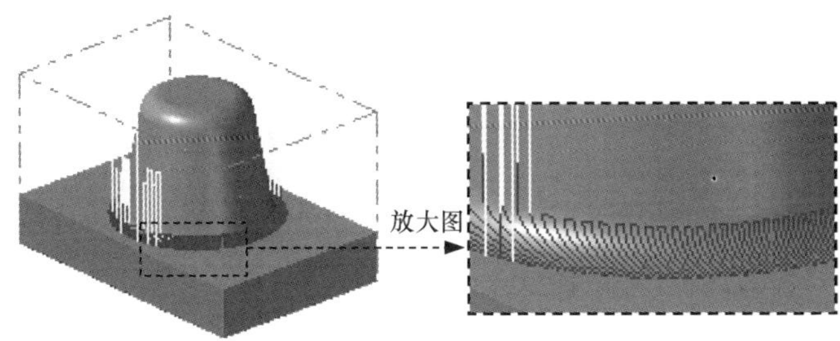

图 11.8.4 工件加工刀路轨迹

图 11.8.3 所示的“残料清角精修参数”选项卡中部分选项的说明如下。

- 从坡度角 文本框：此文本框可以设置开始加工曲面斜率角度。
- 至坡度角 文本框：此文本框可以设置终止加工曲面斜率角度。
- 切削方式 下拉列表：用于定义切削方式，其包括 双向 选项、单向 选项和 3D环绕 选项。
  - ☑ 3D环绕 选项：该选项表示采用螺旋切削方式。当选择此选项时，加工方向 文本框、☑ 由内而外环切 复选框和 环绕设置(L)... 按钮被激活。
  - ☑ ☑ 混合路径(在中断角度上方用等高切削，下方则用环绕切削) 复选框：用于创建 2D 和 3D 混合的切削路径。当选中此复选框时，系统在中断角度以上采用 2D 和 3D 混合的切削路径，在中断角度以下采用 3D 的切削路径。当 切削方向 为 3D环绕 时，此复选框不可用。

☑ 中断角度 文本框：用于定义混合区域，中断角度常常被定义为45°。当 切削方向 为 3D环绕 时，此文本框不可用。

☑ 延伸长度 文本框：用于定义混合区域的2D加工刀具路径的延伸距离。当 切削方向 为 3D环绕 时，此文本框不可用。

● ☑ 保持切削方向与残料区域垂直 复选框：用于设置切削方向始终与残料区域垂直。选中此复选框，系统会自动改良精加工刀具路径，减小刀具磨损。当 切削方向 为 3D环绕 时，此复选框不可用。

● 环绕设置(L)... 按钮：用于设置环绕设置的相关参数。单击此按钮，系统弹出“环绕设置”对话框，如图11.8.5所示。用户可以在此对话框中对环绕设置进行定义。该按钮仅当 切削方向 为 3D环绕 时可用。

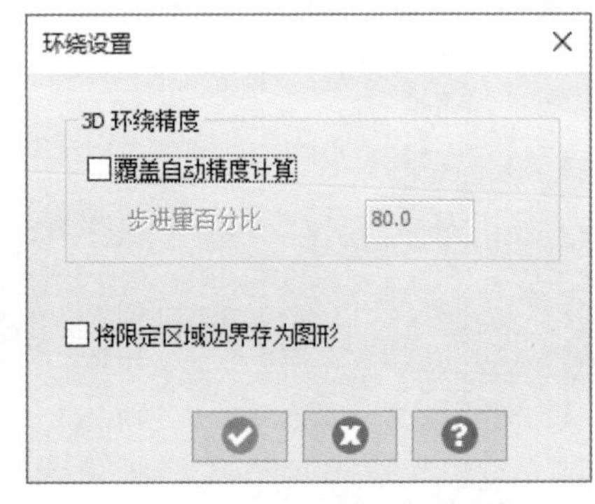

图11.8.5 “环绕设置”对话框

图11.8.5所示的“环绕设置”对话框中各选项的说明如下。

● 3D 环绕精度 区域：用于定义3D环绕的加工精度，包括 ☑ 覆盖自动精度计算 复选框和 步进量百分比 文本框。

☑ ☑ 覆盖自动精度计算 复选框：用于自动根据刀具、步进量和切削公差计算加工精度。

☑ 步进量百分比 文本框：用于定义允许改变的3D环绕精度为步进量的指定百分比。此值越小，加工精度越高，但是生成刀具路径时间长，并且NC程序较大。

● ☑ 将限定区域边界存为图形 复选框：用于将3D环绕最外面的边界转换成实体图形。

Stage5. 加工仿真

Step1. 路径模拟。

(1) 在“操作管理”中单击上一步创建好的刀路节点，系统弹出“刀路模拟”对话框及“路径模拟控制”操控板。

(2) 在“路径模拟控制”操控板中单击 ▶ 按钮，系统将开始对刀具路径进行模拟，结果与图11.8.4所示的刀具路径相同，在“刀路模拟”对话框中单击 ✔ 按钮。

Step2. 实体切削验证。

(1) 在 刀路 选项卡中单击 ↖ 按钮，然后单击“验证已选择的操作”按钮 ，系统弹出“Mastercam模拟器”对话框。

(2) 在“Mastercam模拟器”对话框中单击 ▶ 按钮，系统将开始进行实体切削仿真，仿真结果如图11.8.6所示，单击 × 按钮。

图 11.8.6　仿真结果

Step3. 保存文件。选择下拉菜单 文件(F) → 保存(S) 命令，即可保存文件。

11.9　精加工浅平面加工

浅平面精加工是对加工后残留下来的浅薄材料进行加工的方法，加工的浅薄区域由曲面斜面确定。该加工方法还可以通过两角度间的斜率来定义加工范围。下面通过图 11.9.1 所示的实例讲解精加工浅平面加工的一般操作过程。

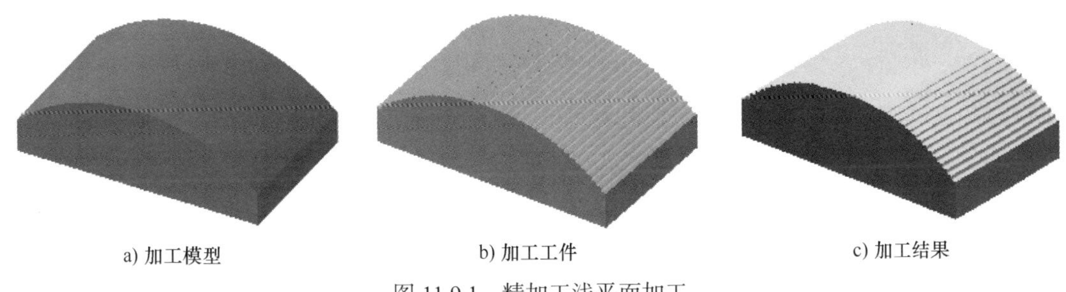

a) 加工模型　　b) 加工工件　　c) 加工结果

图 11.9.1　精加工浅平面加工

Stage1. 进入加工环境

Step1. 打开文件 D:\mcx2024\work\ch11.09\FINISH_SHALLOW.mcam。

Step2. 隐藏刀具路径。在 刀路 选项卡中单击 按钮，再单击 按钮，将已保存的刀具路径隐藏。

Stage2. 选择加工类型

Step1. 选择加工方法。右击“刀路管理”中的空白区域，然后在系统弹出的快捷菜单中选择 铣床刀路 → 曲面精修 → 浅滩 命令。

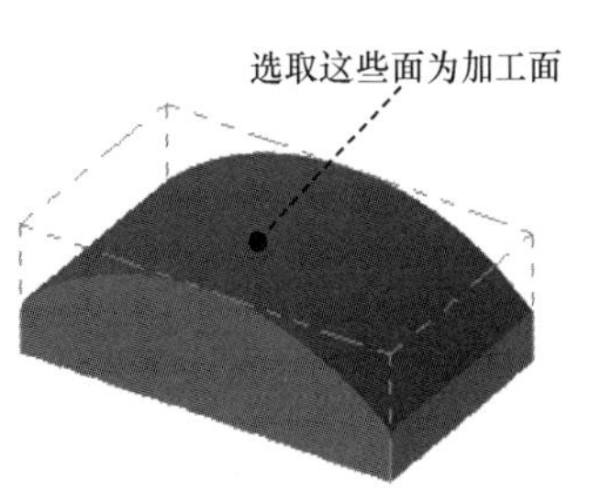

图 11.9.2　选取加工面

Step2. 选取加工面。在图形区中选取图 11.9.2 所示的曲面，然后按 Enter 键，系统弹出“刀路曲面选择”对话框。单

击 ✔ 按钮，完成加工面的选择，同时系统弹出“曲面精修浅滩”对话框。

Stage3. 选择刀具

Step1. 选择刀具。

（1）确定刀具类型。在“曲面精修浅滩”对话框中单击 刀具过滤 按钮，系统弹出“刀具过滤列表设置”对话框，单击 刀具类型 区域中的 全关(N) 按钮后，在刀具类型按钮群中单击 （圆鼻铣刀）按钮，单击 ✔ 按钮，关闭“刀具过滤列表设置”对话框，系统返回至“曲面精修浅滩”对话框。

（2）选择刀具。在“曲面精修浅滩”对话框中单击 选择刀库刀具... 按钮，系统弹出“选择刀具”对话框，在该对话框的列表框中选择刀具“END MILL WITH RADIUS-6/R1.0”。单击 ✔ 按钮，关闭“选择刀具”对话框，系统返回至“曲面精修浅滩”对话框。

Step2. 设置刀具相关参数。

（1）在“曲面精修浅滩”对话框 刀具参数 选项卡的列表框中显示出上一步选择的刀具，双击该刀具，系统弹出“编辑刀具”对话框。

（2）设置刀具号。单击 下一步 按钮，在 刀号: 文本框中将原有的数值改为 2。

（3）设置刀具参数。在其中的 进给速率: 文本框中输入值 200.0，在 下刀速率: 文本框中输入值 1600.0，在 提刀速率 文本框中输入值 1600.0，在 主轴转速 文本框中输入值 2000.0。

（4）设置冷却方式。单击 冷却液 按钮，系统弹出“冷却液”对话框，在 Flood（切削液）下拉列表中选择 On 选项，单击该对话框中的 确定 按钮，关闭“冷却液”对话框。

（5）单击“编辑刀具”对话框中的 完成 按钮，完成刀具的设置。

Stage4. 设置加工参数

Step1. 设置曲面加工参数。在“曲面精修浅滩”对话框中单击 曲面参数 选项卡，保持系统默认设置值。

Step2. 设置浅平面精加工参数。

（1）在“曲面精修浅滩”对话框中单击 浅滩精修参数 选项卡，如图 11.9.3 所示。

（2）设置切削方式。在 浅滩精修参数 选项卡的 最大切削间距(M)... 文本框中输入值 1.0，在 切削方式 下拉列表中选择 双向 选项。

（3）完成参数设置。对话框中的其他参数设置保持系统默认设置，单击“曲面精修浅滩”对话框中的 ✔ 按钮，同时在图形区生成图 11.9.4 所示的刀路轨迹。

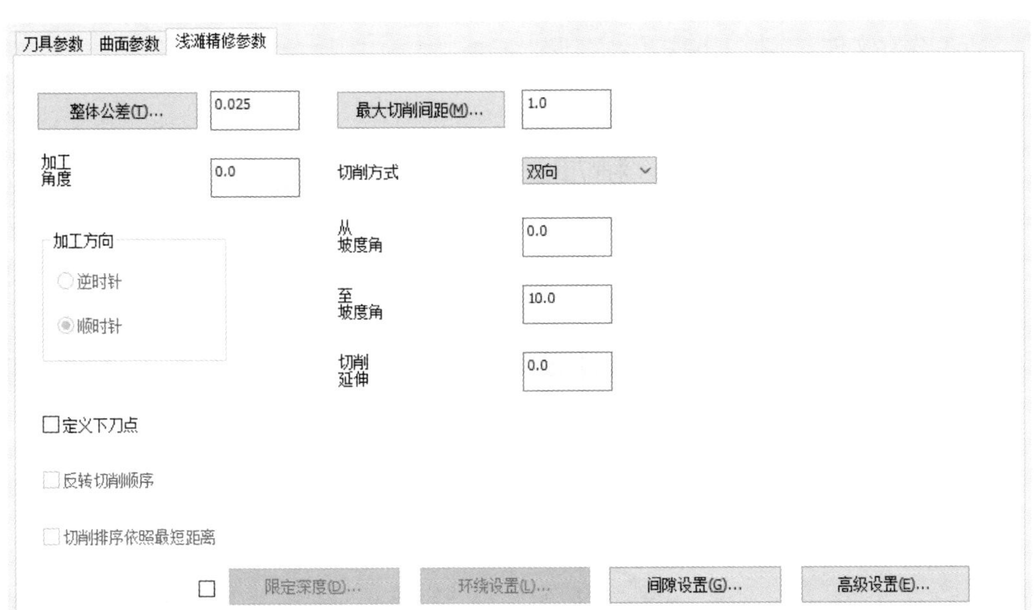

图 11.9.3 “浅滩精修参数”选项卡

Stage5. 加工仿真

Step1. 路径模拟。

（1）在“操作管理”中单击上一步创建好的刀路节点，系统弹出“刀路模拟”对话框及“路径模拟控制”操控板。

（2）在“路径模拟控制”操控板中单击 按钮，系统将开始对刀具路径进行模拟，结果与图 11.9.4 所示的刀具路径相同，在“刀路模拟”对话框中单击 按钮。

Step2. 实体切削验证。

（1）在 刀路 选项卡中单击 按钮，然后单击“验证选定操作”按钮 ，系统弹出“Mastercam 模拟器”对话框。

（2）在“Mastercam 模拟器”对话框中单击 按钮，系统将开始进行实体切削仿真，仿真结果如图 11.9.5 所示，单击 按钮。

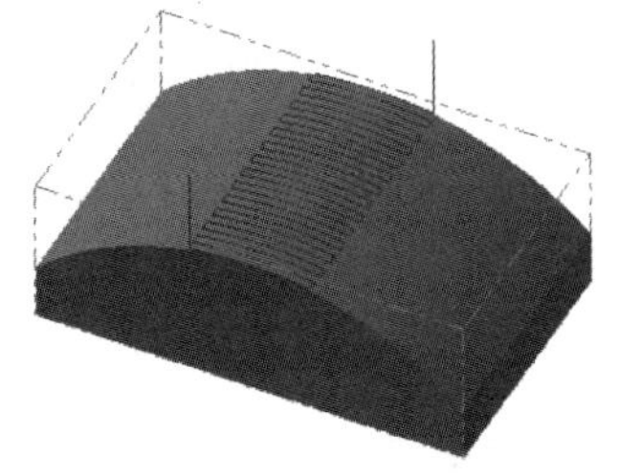

图 11.9.4 工件加工刀路轨迹

图 11.9.5 仿真结果

Step3. 保存文件。选择下拉菜单 文件(F) ➡ 保存(S) 命令，即可保存文件。

11.10 精加工环绕等距加工

精加工环绕等距（SCALLOP）加工是在所选加工面上生成等距离环绕刀路的一种加工方法。此方法既有等高外形又有平面铣削的效果，刀路较均匀、精度较高，但是计算时间长，加工后曲面表面有明显刀痕。下面通过图 11.10.1 所示的实例讲解精加工环绕等距加工的一般操作过程。

图 11.10.1 精加工环绕等距加工

Stage1. 进入加工环境

Step1. 打开文件 D：\mcx2024\work\ch11.10\FINISH_SCALLOP.mcam。

Step2. 隐藏刀具路径。在 刀路 选项卡中单击 按钮，再单击 按钮，将已保存的刀具路径隐藏。

Stage2. 选择加工类型

Step1. 选择加工方法。右击“刀路管理”中的空白区域，然后在系统弹出的快捷菜单中选择 铣床刀路 ➡ 曲面精修 ➡ 环绕 命令。

Step2. 选取加工面。在图形区中选取图 11.10.2 所示的曲面，然后按 Enter 键，系统弹出“刀路曲面选择”对话框，单击 按钮，系统弹出“曲面精修环绕等距”对话框。

图 11.10.2 选取加工面

Stage3. 选择刀具

Step1. 选择刀具。

（1）确定刀具类型。在“曲面精修环绕等距”对话框中单击 刀具过滤 按钮，系统弹出“刀具过滤列表设置”对话框，单击 刀具类型 区域中的 全关(N) 按钮后，在刀具类型按钮群中单击（球刀）按钮，单击按钮，关闭“刀具过滤列表设置”对话框，系统返回至“曲面精修环绕等距”对话框。

（2）选择刀具。在“曲面精修环绕等距”对话框中单击 选择刀库刀具... 按钮，系统弹出“选择刀具”对话框，在该对话框的列表框中选择刀具“BALL-NOSE END MILL-4”。单击按钮，关闭“选择刀具”对话框，系统返回至“曲面精修环绕等距”对话框。

Step2. 设置刀具相关参数。

（1）在“曲面精修环绕等距”对话框 刀具参数 选项卡的列表框中显示出上一步选择的刀具，双击该刀具，系统弹出“编辑刀具”对话框。

（2）设置刀具号。单击 下一步 按钮，在 刀号: 文本框中将原有的数值改为 2。

（3）设置刀具参数。在其中的 进给速率: 文本框中输入值 200.0，在 下刀速率: 文本框中输入值 1500.0，在 提刀速率 文本框中输入值 1500.0，在 主轴转速 文本框中输入值 1200.0。

（4）设置冷却方式。单击 冷却液 按钮，系统弹出“冷却液”对话框，在 Flood （切削液）下拉列表中选择 On 选项，单击该对话框中的 确定 按钮，关闭“冷却液”对话框。

（5）单击“编辑刀具”对话框中的 完成 按钮，完成刀具的设置。

Step3. 设置加工参数。

（1）设置曲面加工参数。在“曲面精修环绕等距”对话框中单击 曲面参数 选项卡，在 加工面毛坯预留量 文本框中输入值 0.0，曲面参数 选项卡中的其他参数设置保持系统默认设置值。

（2）设置环绕等距精加工参数。

① 在“曲面精修环绕等距”对话框中单击 环绕等距精修参数 选项卡，如图 11.10.3 所示。

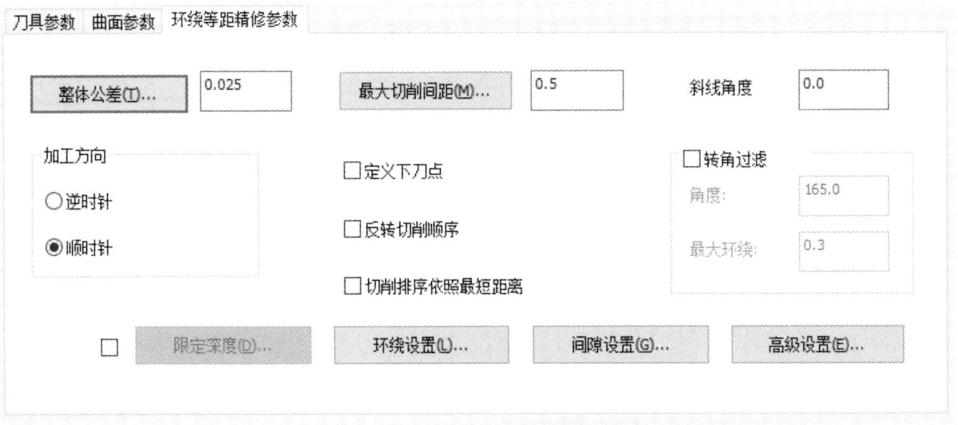

图 11.10.3 “环绕等距精修参数”选项卡

② 设置切削方式。在 环绕等距精修参数 选项卡的 最大切削间距(M)... 文本框中输入值 0.5，并确认 加工方向 区域的 ⊙ 顺时针 单选项处于选中状态，取消选中 限定深度(D)... 按钮前的复选框。

③ 完成参数设置。对话框中的其他参数设置保持系统默认设置值，单击“曲面精修环绕等距”对话框中的 ✔ 按钮，同时在图形区生成图 11.10.4 所示的刀路轨迹。

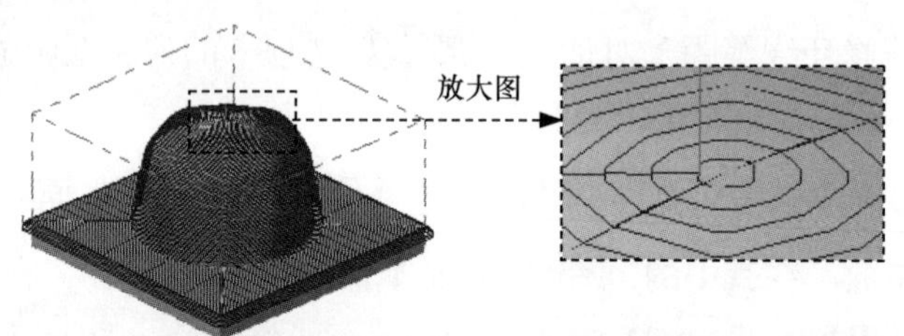

图 11.10.4　工件加工刀路轨迹

图 11.10.3 所示的“环绕等距精修参数”选项卡中部分选项的说明如下。

- 斜线角度 文本框：该文本框用于定义刀具路径中斜线的角度，斜线的角度常常在 0°~45° 之间。
- ☑ 转角过滤 区域：此区域可以通过设置偏转角度从而避免重要区域的切削。
  - ☑ 角度: 文本框：设置转角角度。较大的转角角度会使转角处更为光滑，但是会增加切削的时间。
  - ☑ 最大环绕: 文本框：用于定义最初计算的位置的刀具路径与平滑的刀具路径间的最大环绕距离（图 11.10.5），此值一般为最大切削间距的 25%。

Stage4. 加工仿真

Step1. 路径模拟。

（1）在“操作管理”中单击上一步创建好的刀路节点，系统弹出“刀路模拟”对话框及“路径模拟控制”操控板。

（2）在“路径模拟控制”操控板中单击 ▶ 按钮，系统将开始对刀具路径进行模拟，结果与图 11.10.4 所示的刀具路径相同，在“刀路模拟”对话框中单击 ✔ 按钮。

Step2. 实体切削验证。

（1）在 刀路 选项卡中单击 按钮，然后单击“验证已选择的操作”按钮 ，系统弹出“Mastercam 模拟器”对话框。

（2）在“Mastercam 模拟器”对话框中单击 ▶ 按钮，系统将开始进行实体切削仿真，仿真结果如图 11.10.6 所示，单击 × 按钮。

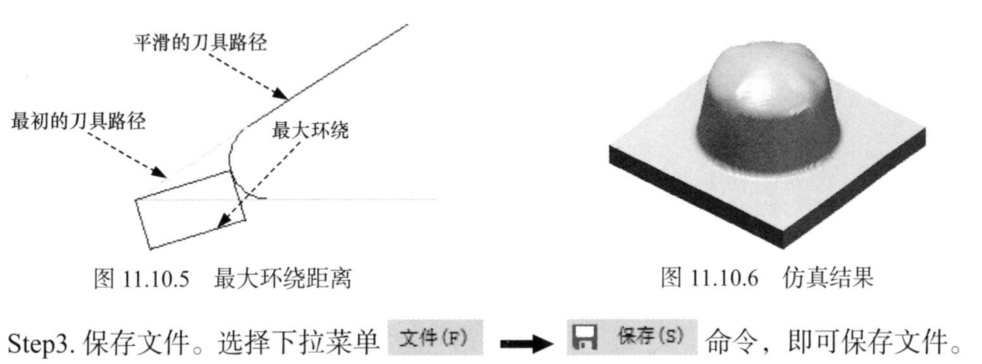

图 11.10.5 最大环绕距离　　　　图 11.10.6 仿真结果

Step3. 保存文件。选择下拉菜单 文件(F) → 保存(S) 命令，即可保存文件。

11.11 精加工交线清角加工

精加工交线清角（LEFTOVER）加工是对粗加工时的刀具路径进行计算，用小直径刀具清除粗加工时留下的残料。下面通过图 11.11.1 所示的实例讲解精加工交线清角加工的一般操作过程。

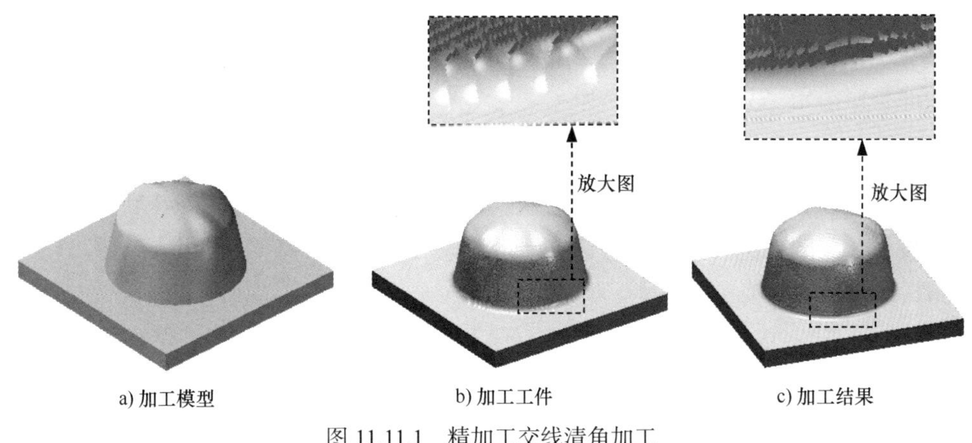

图 11.11.1 精加工交线清角加工

Stage1. 进入加工环境

Step1. 打开文件 D:\mcx2024\work\ch11.11\FINISH_LEFTOVER.mcam。

Step2. 隐藏刀具路径。在 刀路 选项卡中单击 按钮，再单击 按钮，将已保存的刀具路径隐藏。

Stage2. 选择加工类型

Step1. 选择加工方法。右击“刀路管理”中的空白区域，然后在系统弹出的快捷菜单中选择 铣床刀路 → 曲面精修 → 清角 命令。

Step2. 选取加工面。在图形区中选取图 11.11.2 所示的曲面，然后按 Enter 键，系统弹出“刀路曲面选择”对话框。单击 ✔ 按钮，系统弹出“曲面精修清角”对话框。

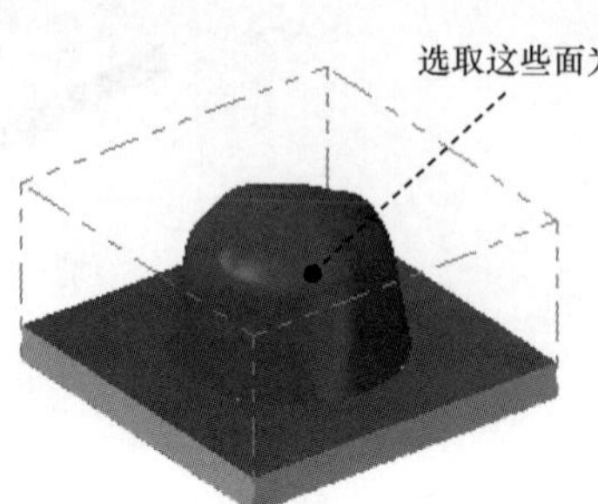

图 11.11.2　选取加工面

Stage3. 选择刀具

Step1. 选择刀具。

（1）确定刀具类型。在“曲面精修清角”对话框中单击 刀具过滤 按钮，系统弹出“刀具过滤列表设置”对话框，单击 刀具类型 区域中的 全关(N) 按钮后，在刀具类型按钮群中单击 （球刀）按钮，单击 ✔ 按钮，关闭“刀具过滤列表设置”对话框，系统返回至“曲面精修清角”对话框。

（2）选择刀具。在“曲面精修清角”对话框中单击 选择刀库刀具... 按钮，系统弹出“选择刀具”对话框，在该对话框的列表框中选择刀具“BALL-NOSE END MILL-3”。单击 ✔ 按钮，关闭“选择刀具”对话框，系统返回至“曲面精修清角”对话框。

Step2. 设置刀具相关参数。

（1）在“曲面精修清角”对话框 刀具参数 选项卡的列表框中显示出上步选取的刀具，双击该刀具，系统弹出“编辑刀具”对话框。

（2）设置刀具号。单击 下一步 按钮，在 刀号: 文本框中将原有的数值改为 3。

（3）设置刀具参数。在其中的 进给速率: 文本框中输入值 300.0，在 下刀速率: 文本框中输入值 800.0，在 提刀速率 文本框中输入值 800.0，在 主轴转速 文本框中输入值 1000.0。

（4）设置冷却方式。单击 冷却液 按钮，系统弹出“冷却液”对话框，在 Flood （切削液）下拉列表中选择 On 选项，单击该对话框中的 确定 按钮，关闭“冷却液”对话框。

（5）单击“编辑刀具”对话框中的 完成 按钮，完成刀具的设置。

Stage4. 设置加工参数

Step1. 设置曲面加工参数。在“曲面精修清角”对话框中单击 曲面参数 选项卡，在 加工面毛坯预留量

文本框中输入值 0.0，曲面参数 选项卡中的其他参数设置保持系统默认设置值。

Step2. 设置交线清角精加工参数。

（1）在“曲面精修清角”对话框中单击 清角精修参数 选项卡，如图 11.11.3 所示。

图 11.11.3 “清角精修参数”选项卡

（2）设置切削方式。在 整体公差(T)... 文本框中输入值 0.02。

（3）设置间隙参数。单击 间隙设置(G)... 按钮，系统弹出“刀路间隙设置”对话框，在 切弧半径: 文本框中输入值 5.0，在 切弧扫描角度: 文本框中输入值 90.0，其他参数设置保持系统默认设置值，单击 ✔ 按钮，系统返回到“曲面精修清角”对话框中，取消选中 限定深度(D)... 复选框。

图 11.11.3 所示的“清角精修参数”选项卡中部分选项的说明如下。

- 平行加工次数 区域：用于设置加工过程中平行加工的次数，有 无、单侧加工次数 和 无限制(U) 三个单选项。
  - ☑ 无 单选项：选中此单选项，即表示加工没有平行加工，一次加工到位。
  - ☑ 单侧加工次数 单选项：选择此单选项，在其后的文本框中可以输入交线中心线一侧的平行轨迹数目。
  - ☑ 无限制(U) 单选项：选中此单选项，即表示加工过程中依据几何图素从交线中心按切削距离向外延伸，直到加工边界。

☑ 步进量: 文本框：在此文本框中输入加工轨迹之间的切削距离。

（4）单击 按钮，同时在图形区生成图 11.11.4 所示的刀路轨迹。

Stage5. 加工仿真

Step1. 路径模拟。

（1）在“操作管理”中单击上一步创建好的刀路节点，系统弹出“刀路模拟”对话框及“路径模拟控制”操控板。

（2）在“路径模拟控制”操控板中单击 按钮，系统将开始对刀具路径进行模拟，结果与图 11.11.4 所示的刀具路径相同，在“刀路模拟”对话框中单击 按钮。

Step2. 实体切削验证。

（1）在 刀路 选项卡中单击 按钮，然后单击“验证已选择的操作”按钮 ，系统弹出“Mastercam 模拟器”对话框。

（2）在“Mastercam 模拟器”对话框中单击 按钮，系统将开始进行实体切削仿真，仿真结果如图 11.11.5 所示，单击 按钮。

Step3. 保存文件。选择下拉菜单 文件(F) → 保存(S) 命令，即可保存文件。

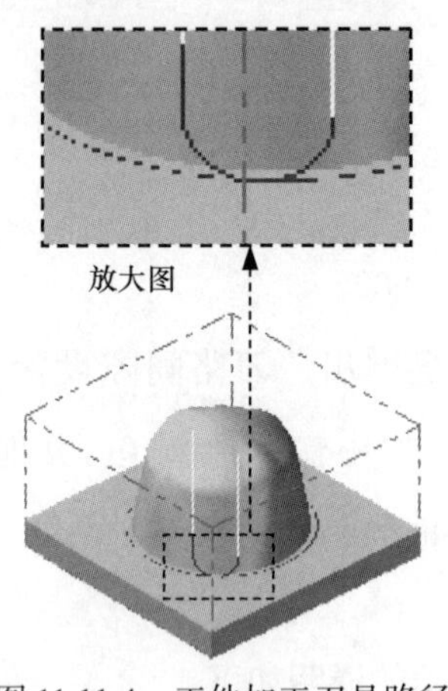

图 11.11.4　工件加工刀具路径

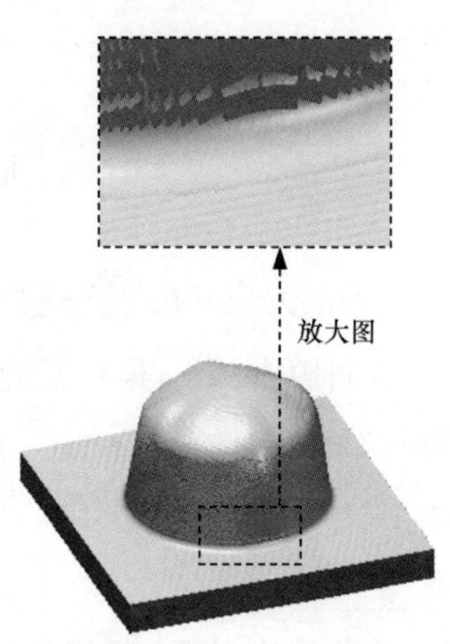

图 11.11.5　仿真结果

11.12　精加工熔接加工

精加工熔接加工是指刀具路径沿指定的熔接曲线以点对点连接的方式，沿曲面表面生成刀具轨迹的加工方法。下面通过图 11.12.1 所示的实例讲解精加工熔接加工的一般操作过程。

a) 加工模型

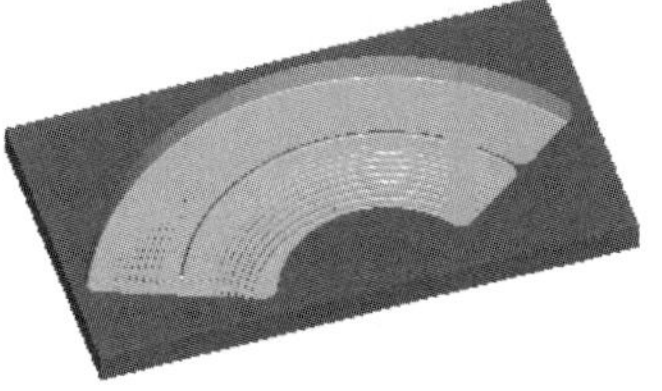

b) 加工工件

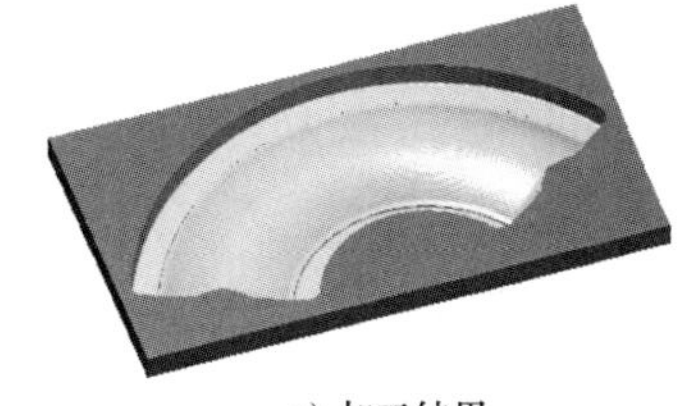

c) 加工结果

图 11.12.1 精加工熔接加工

Stage1. 进入加工环境

Step1. 打开文件 D：\mcx2024\work\ch11.12\FINISH_BLEND.mcam。

Step2. 隐藏刀具路径。在 刀路 选项卡中单击 按钮，再单击 按钮，将已保存的刀具路径隐藏。

Stage2. 选择加工类型

Step1. 选择加工方法。右击“刀路管理”中的空白区域，然后在系统弹出的快捷菜单中选择 铣床刀路 → 曲面精修 → 熔接 命令。

Step2. 选取加工面及熔接曲线。

(1) 在图形区中选取图 11.12.2 所示的曲面，然后按 Enter 键，系统弹出“刀路曲面选择”对话框。

(2) 单击“刀路曲面选择”对话框 选择熔接曲线 区域的 按钮，系统弹出“线框串连”对话框，在该对话框中单击 按钮，在图形区选取图 11.12.3 所示的曲线 1 和曲线 2 为熔接曲线，单击 按钮，系统重新弹出“刀路曲面选择”对话框，单击 按钮，系统弹出“曲面精修熔接”对话框。

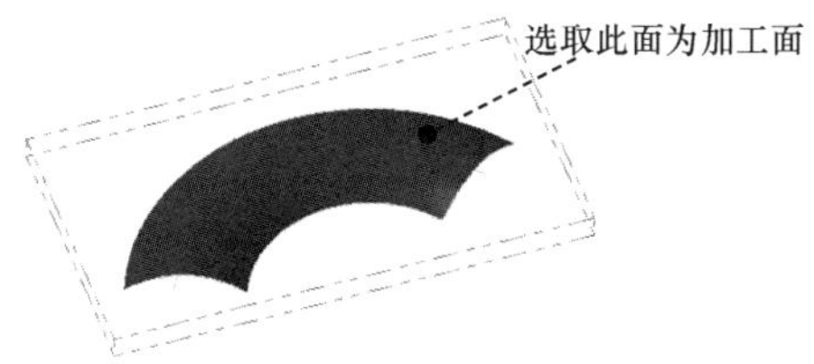

图 11.12.2 选取加工面

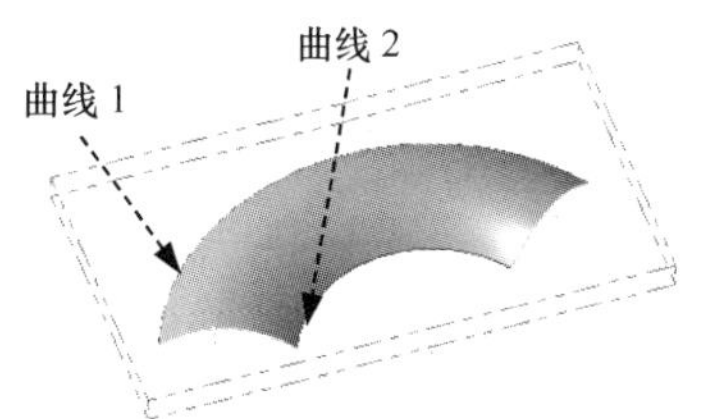

图 11.12.3 选取熔接曲线

注意：要使两曲线的箭头方向保持一致。

Stage3. 选择刀具

Step1. 选择刀具。

(1) 确定刀具类型。在“曲面精修熔接”对话框中单击 刀具过滤 按钮，系统弹出

“刀具过滤列表设置”对话框，单击 刀具类型 区域中的 全关(N) 按钮后，在刀具类型按钮群中单击 （球刀）按钮，单击 ✓ 按钮，关闭“刀具过滤列表设置”对话框，系统返回至“曲面精修熔接”对话框。

（2）选择刀具。在“曲面精修熔接”对话框中单击 选择刀库刀具... 按钮，系统弹出“选择刀具”对话框，在该对话框的列表框中选择刀具“BALL-NOSE END MILL-8”。单击 ✓ 按钮，关闭“选择刀具”对话框，系统返回至“曲面精修熔接”对话框。

Step2. 设置刀具相关参数。

（1）在“曲面精修熔接”对话框 刀具参数 选项卡的列表框中显示出上一步选择的刀具，双击该刀具，系统弹出“编辑刀具”对话框。

（2）设置刀具号。单击 下一步 按钮，在 刀号: 文本框中将原有的数值改为 2。

（3）设置刀具参数。在其中的 进给速率: 文本框中输入值 300.0，在 下刀速率: 文本框中输入值 800.0，在 提刀速率 文本框中输入值 800.0，在 主轴转速 文本框中输入值 1000.0。

（4）设置冷却方式。单击 冷却液 按钮，系统弹出“冷却液”对话框，在 Flood （切削液）下拉列表中选择 On 选项，单击该对话框中的 确定 按钮，关闭“冷却液”对话框。

（5）单击“编辑刀具”对话框中的 完成 按钮，完成刀具的设置。

Stage4. 设置加工参数

Step1. 设置曲面加工参数。在“曲面精修熔接”对话框中单击 曲面参数 选项卡，在 加工面毛坯预留量 文本框中输入值 0.0， 曲面参数 选项卡中的其他参数设置保持系统默认设置值。

Step2. 设置熔接精加工参数。

（1）在“曲面精修熔接”对话框中单击 熔接精修参数 选项卡，如图 11.12.4 所示，在 最大步进量: 文本框中输入值 0.8。

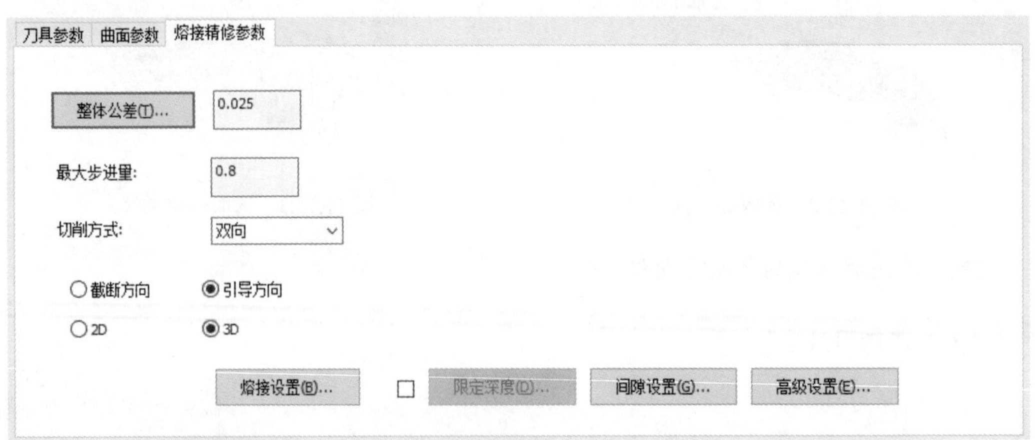

图 11.12.4 “熔接精修参数”选项卡

(2) 设置切削方式。在 熔接精修参数 选项卡中选中 ⊙ 引导方向 单选项和 ⊙ 3D 单选项。

图 11.12.4 所示的“熔接精修参数”选项卡中部分选项的说明如下。

- ⊙ 截断方向 单选项：从一个串联曲线到另一个串联曲线之间创建二维刀具路径，刀具从第一个被选串联曲线的起点开始加工。
- ⊙ 引导方向 单选项：沿串联曲线方向创建二维或三维刀具路径，刀具从第一个被选定串联曲线的起点开始加工。
- ⊙ 2D 单选项：该单选项用于创建一个二维平面的引导方向。
- ⊙ 3D 单选项：该单选项用于创建一个三维空间的引导方向。

注意：只有在“引导方向”单选项被选中的情况下，⊙ 2D、⊙ 3D 单选项才是有效的。

- 熔接设置(B)... 按钮：单击此按钮，系统弹出“引导方向熔接设置”对话框，如图 11.12.5 所示。

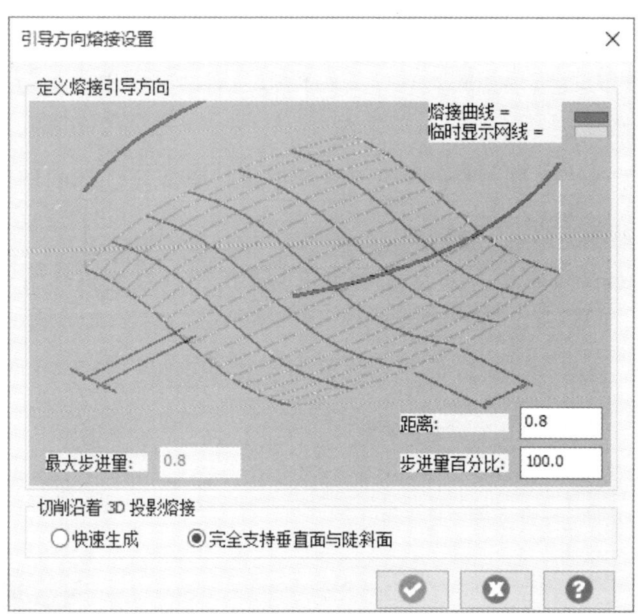

图 11.12.5 “引导方向熔接设置”对话框

图 11.12.5 所示的“引导方向熔接设置”对话框中部分选项的说明如下。

- 定义熔接引导方向 区域：用于定义假想熔接网格的参数，其包括 最大步进量: 文本框、距离: 文本框和 步进量百分比: 文本框。
  - ☑ 距离: 文本框：用于定义假想网格每一小格的长度。
  - ☑ 步进量百分比: 文本框：用于定义临时交叉的刀具路径间隔，此时定义的刀具路径并不包括在最后的刀具路径中。
- 切削沿着 3D 投影熔接 区域：用于设置创建引导方向熔接的 3D 投影方式，其包括 ⊙ 快速生成

单选项和 完全支持垂直面与陡斜面 单选项。此区域仅当 引导方向 选中 3D 单选项时才可用。

☑ 快速生成 单选项：该单选项用于减少创建最终熔接刀具路径的时间。

☑ 完全支持垂直面与陡斜面 单选项：该单选项用于设置确保在垂直面上和陡斜面上切削时有正确的刀具运动，但是创建最终熔接刀具路径的时间将增长。

（3）完成参数设置。对话框中的其他参数设置保持系统默认设置，单击“曲面精修熔接”对话框中的 按钮，同时在图形区生成图 11.12.6 所示的刀路轨迹。

Stage5. 加工仿真

Step1. 路径模拟。

（1）在“操作管理”中单击上一步创建好的刀路节点，系统弹出“刀路模拟”对话框及“路径模拟控制”操控板。

（2）在“路径模拟控制”操控板中单击 按钮，系统将开始对刀具路径进行模拟，结果与图 11.12.6 所示的刀具路径相同，在“刀路模拟”对话框中单击 按钮。

Step2. 实体切削验证。

（1）在 刀路 选项卡中单击 按钮，然后单击“验证已选择的操作”按钮 ，系统弹出“Mastercam 模拟器”对话框。

（2）在“Mastercam 模拟器”对话框中单击 按钮，系统将开始进行实体切削仿真，仿真结果如图 11.12.7 所示，单击 × 按钮。

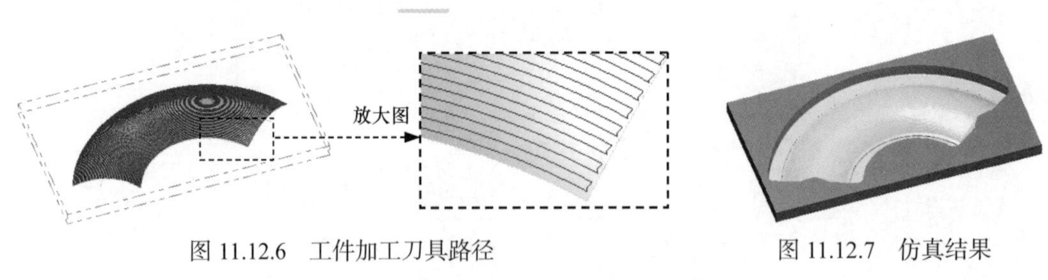

图 11.12.6 工件加工刀具路径

图 11.12.7 仿真结果

Step3. 保存文件。选择下拉菜单 文件(F) → 保存(S) 命令，即可保存文件。

11.13 综合实例

本实例通过对一个吹风机型芯的加工，让读者熟悉使用 Mastercam 2024 加工模块完成复杂零件的数控编程。下面结合曲面加工的各种方法来加工吹风机型芯（图 11.13.1），其操作如下。

a) 加工毛坯

b) 曲面挖槽加工

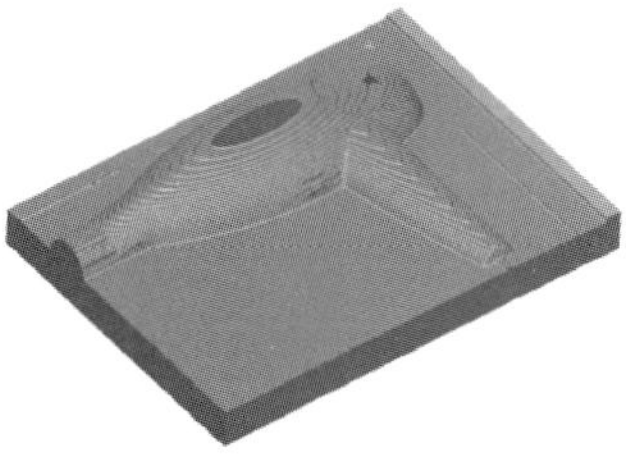

c) 曲面粗加工等高外形

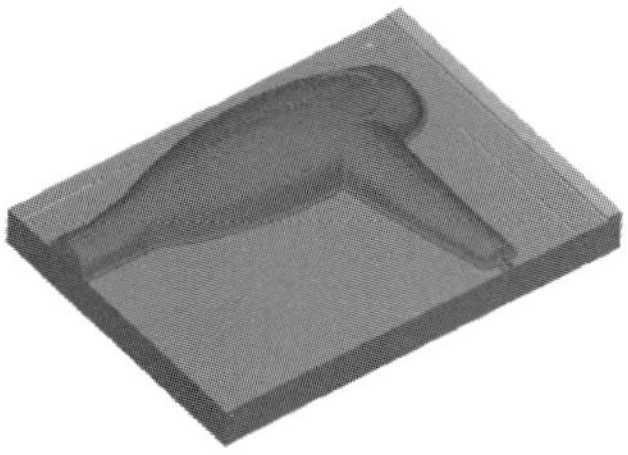

d) 曲面残料粗加工

e) 曲面精加工等高外形

f) 曲面精加工浅平面加工

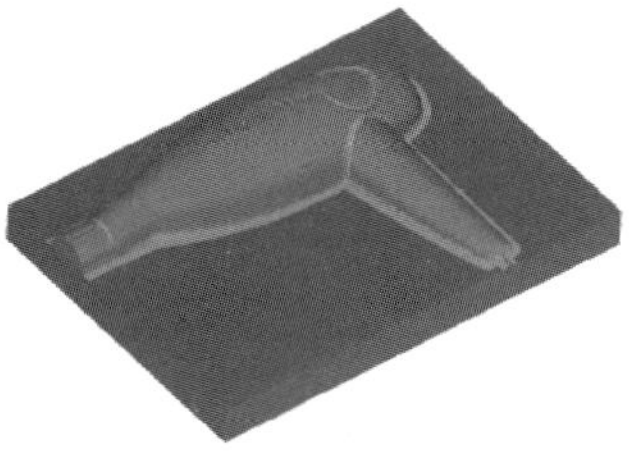

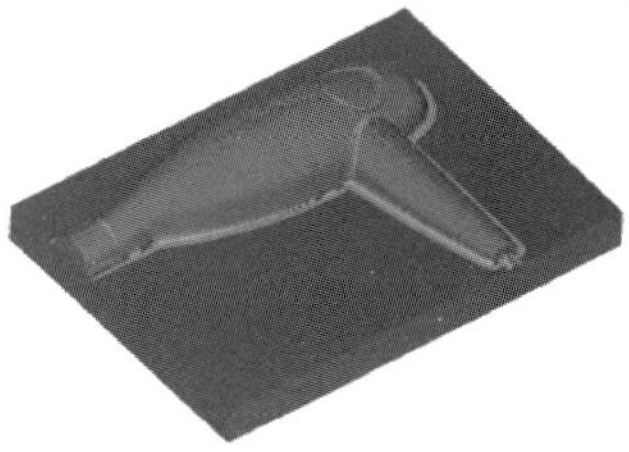

g) 曲面精加工残料清角

h) 曲面精加工交线清角

图 11.13.1 加工流程图

说明：本实例的详细操作过程请参见随书学习资源中 video 文件下的语音视频讲解文件。模型文件为 D:\mcx2024\work\ch11.13\BLOWER_MOLD。

第 12 章　多轴铣削加工

12.1　概　　述

多轴加工是指使用四轴或五轴以上坐标系的机床，加工结构复杂、控制精度高、加工程序复杂的零件。多轴加工适用于加工复杂的曲面、斜轮廓，以及分布在不同平面上的孔系等。在加工过程中，由于刀具与工件的位置可以随时调整，使刀具与工件达到最佳的切削状态，从而可以提高机床的加工效率。多轴加工能够提高复杂机械零件的加工精度，因此，它在制造业中发挥着重要作用。在多轴加工中，五轴加工应用范围最为广泛。所谓五轴加工，是指在一台机床上至少有五个坐标轴（三个直线轴和两个旋转轴），而且可在计算机数控系统（CNC）的控制下协调运动进行加工。五轴联动数控技术对工业制造，特别是对航空航天、军事工业有重要影响。由于其地位特殊，国际上把五轴联动数控技术作为衡量一个国家生产设备自动化水平的标志。

12.2　曲线五轴加工

曲线五轴加工主要应用于加工三维（3D）曲线或可变曲面的边界，其刀具定位在一条轮廓线上。采用此种加工方式也可以根据机床刀具轴的不同控制方式，生成四轴或者三轴的曲线加工刀具路径。下面以图 12.2.1 所示的模型为例来说明曲线五轴加工的过程，其操作步骤如下。

Stage1. 打开原始模型

打开文件 D: \mcx2024\work\ch12.02\LINE_5.mcam，系统进入加工环境，此时零件模型如图 12.2.2 所示。

Stage2. 选择加工类型

单击 刀路 功能选项卡 多轴加工 区域中的"曲线"命令，系统弹出图 12.2.3 所示的"多轴刀路 - 曲线"对话框。

a) 加工模型

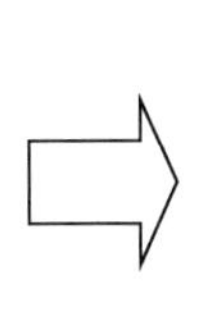

b) 刀具路径

图 12.2.1　曲线五轴加工

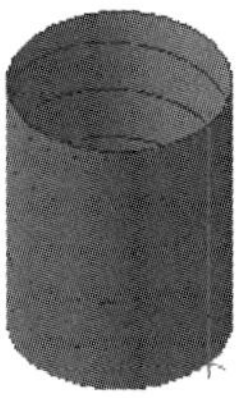

图 12.2.2　零件模型

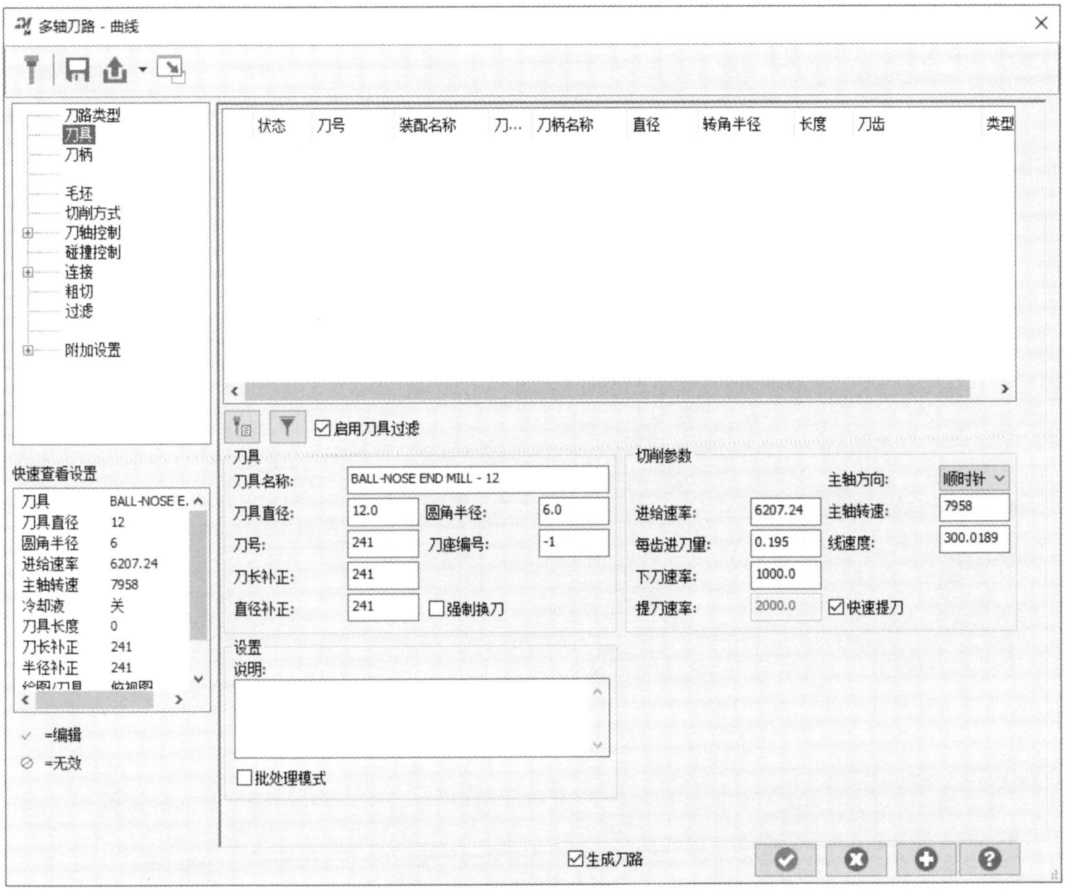

图 12.2.3　“多轴刀路 - 曲线”对话框

Stage3. 选择刀具

Step1. 选择加工刀具。

（1）确定刀具类型。在“多轴刀路 - 曲线”对话框左侧列表中单击 刀具 节点，切换到刀具参数界面，然后单击 按钮，系统弹出“刀具过滤列表设置”对话框，单击 刀具类型 区域中的 全关(N) 按钮后，在刀具类型按钮群中单击 （球刀）按钮，单

击 按钮，关闭“刀具过滤列表设置”对话框。

（2）选择刀具。在“多轴刀路 - 曲线”对话框中单击 按钮，系统弹出“选择刀具”对话框，在该对话框中选择刀具“BALL-NOSE END MILL-5”，单击 按钮，完成刀具的选择。

Step2. 设置刀具号。在“多轴刀路 - 曲线”对话框中双击上一步选择的刀具，系统弹出“编辑刀具”对话框，单击 下一步 按钮，在 刀号: 文本框中将原有的数值改为 1。

Step3. 定义刀具参数。在 进给速率: 文本框中输入值 200.0，在 下刀速率: 文本框中输入值 200.0，在 提刀速率 文本框中输入值 1000.0，在 主轴转速 文本框中输入值 1500.0；单击 冷却液 按钮，系统弹出“冷却液”对话框，在 Flood（切削液）下拉列表中选择 On 选项，单击该对话框中的 确定 按钮，关闭“冷却液”对话框。单击“编辑刀具”对话框中的 完成 按钮，完成定义刀具参数，同时系统返回至“多轴刀路 - 曲线”对话框。

Stage4. 设置加工参数

Step1. 定义切削方式。

（1）在“多轴刀路 - 曲线”对话框左侧列表中单击 切削方式 节点，切换到切削方式设置界面，如图 12.2.4 所示。

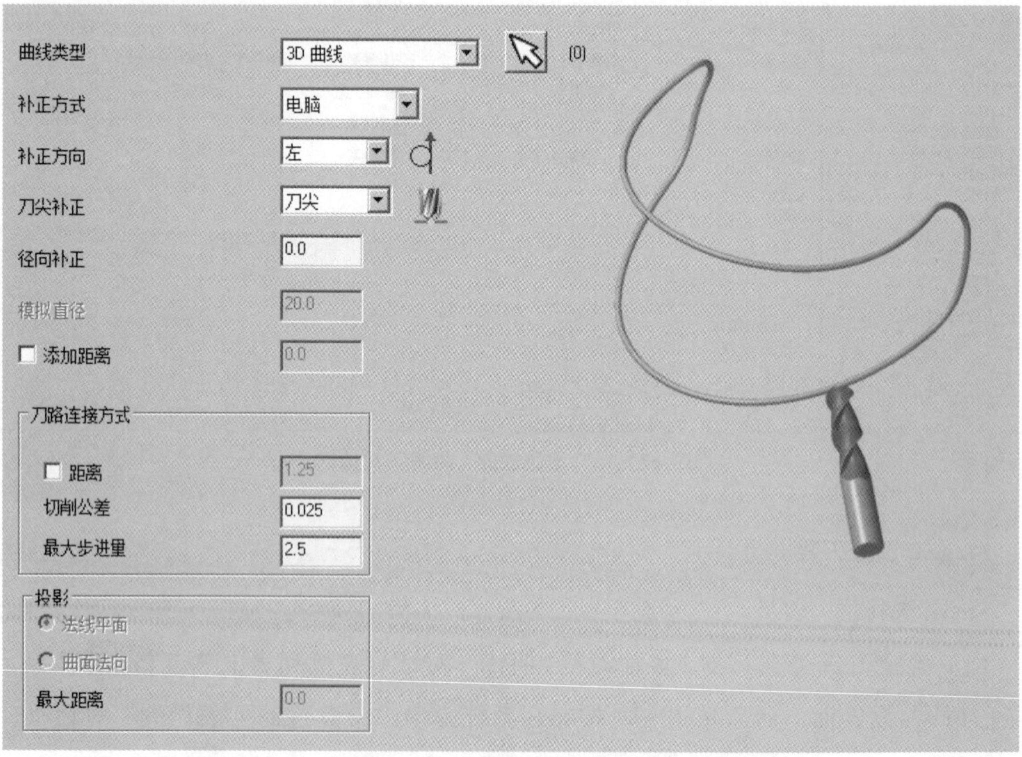

图 12.2.4 “切削方式”设置界面

图 12.2.4 所示的“切削方式”设置界面中部分选项的说明如下。

- 曲线类型 下拉列表：用于定义加工曲线的类型，其包括 3D 曲线、所有曲面边界 和 单一曲线边界 三个选项。
  - ☑ 3D 曲线 选项：用于根据选取的 3D 曲线创建刀具路径。选择该选项，单击其后的 按钮，在绘图区选取所需要的 3D 曲线。
  - ☑ 所有曲面边界 选项：用于根据选取的曲面的全部边界创建刀具路径。选择该选项，单击其后的 按钮，在绘图区选取所需要的曲面。
  - ☑ 单一曲线边界 选项：用于根据选取的曲面的某条边界创建刀具路径。选择该选项，单击其后的 按钮，在绘图区选取所需要的曲面。
- 补正方式 下拉列表：包括 电脑、控制器、磨损、反向磨损 和 关 五个选项。
- 补正方向 下拉列表：包括 左 和 右 两个选项。
- 刀尖补正 下拉列表：包括 中心 和 刀尖 两个选项。
- 径向补正 文本框：用于定义刀具中心的补正距离，默认为刀具半径值。
- 模拟直径 文本框：当补正方式选择 控制器、磨损 和 反向磨损 选项时，此文本框被激活，用于定义刀具的模拟直径数值。
- ☑ 添加距离 复选框：用于设置刀具沿曲线上测量的刀具路径的距离。
- 刀路连接方式 区域：用于设置拟合刀具路径的曲线计算方式。
  - ☑ ☑ 距离 复选框：用于设置每一刀具位置的间距。当选中此复选框时，其后的文本框被激活，用户可以在此文本框中指定刀具位置的间距。
  - ☑ 切削公差 文本框：用于定义刀具路径的切削误差值。切削的误差值越小，刀具路径越精确。
  - ☑ 最大步进量 文本框：用于指定刀具移动时的最大距离。
- 投影 区域：用于设置投影方向。
  - ☑ ◉ 法线平面 单选项：用于设置投影方向为沿当前刀具平面的法线方向进行投影。
  - ☑ ◉ 曲面法向 单选项：用于设置投影方向为沿当前曲面的法线方向进行投影。
  - ☑ 最大距离 文本框：用来设置投影的最大距离，仅在 ◉ 法线平面 单选项被选中时有效。

（2）定义 3D 曲线。在 曲线类型 下拉列表中选择 3D 曲线 选项，单击其后的 按钮，系统弹出“线框串连”对话框，在图形区中选取图 12.2.5 所示的曲线，单击“线框串连”对话框中的 按钮，完成加工曲线的选择，系统返回至“多轴刀路 - 曲线”对

螺旋线

图 12.2.5 选取加工曲线

话框。

（3）定义切削参数。在 刀路连接方式 区域的 切削公差 文本框中输入值 0.02，在 最大步进量 文本框中输入值 2.0；其他参数设置接受系统默认设置值。

Step2. 设置刀轴控制参数。

（1）在“多轴刀路 - 曲线”对话框左侧列表中单击 刀轴控制 节点，切换到刀轴控制参数设置界面，如图 12.2.6 所示。

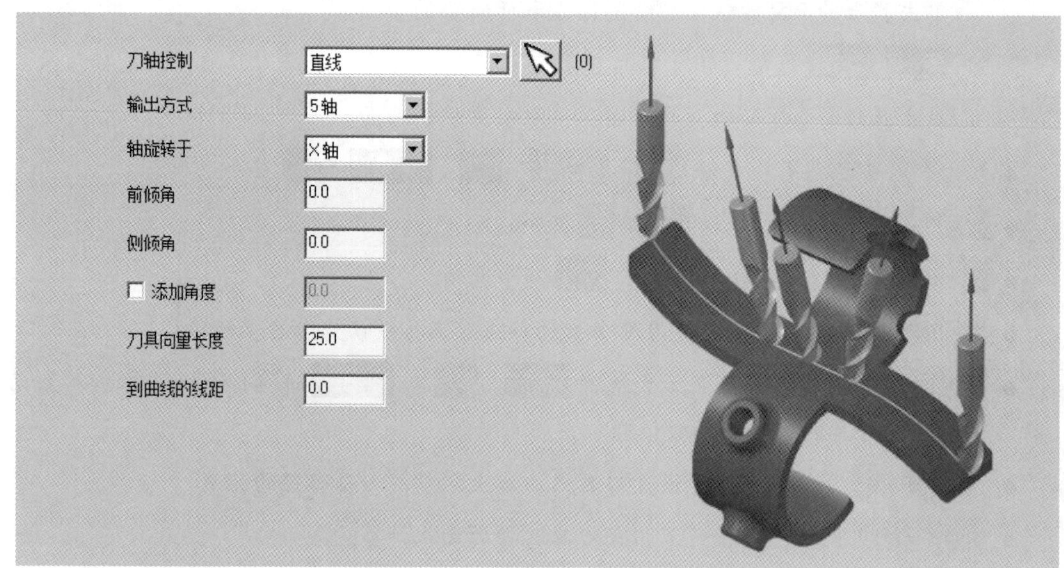

图 12.2.6 “刀轴控制”参数设置界面

图 12.2.6 所示的“刀轴控制”参数设置界面中部分选项的说明如下。

- 刀轴控制 下拉列表：用于控制刀具轴的方向，其包括 直线、曲面、平面、从点、到点 和 曲线 选项。
  - ☑ 直线 选项：选择该选项，单击其后的 按钮，在绘图区域选取一条直线来控制刀具轴向的方向。
  - ☑ 曲面 选项：选择该选项，单击其后的 按钮，在绘图区域选取一个曲面，系统会自动设置该曲面的法向方向来控制刀具轴向的方向。
  - ☑ 平面 选项：选择该选项，单击其后的 按钮，在绘图区域选取一平面，系统会自动设置该平面的法向方向来控制刀具轴向的方向。
  - ☑ 从点 选项：用于指定刀具轴线反向延伸通过的定义点。选择该选项，单击其后的 按钮，可在绘图区域选取一个基准点来指定刀具轴线反向延伸通过的定义点。
  - ☑ 到点 选项：用于指定刀具轴线延伸通过的定义点。选择该选项，单击其后

的 按钮，可在绘图区域选取一个基准点来指定刀具轴线延伸通过的定义点。

☑ 曲线 选项：选择该选项，单击其后的 按钮，用户在绘图区域选取一直线、圆弧或样条曲线来控制刀具轴向的方向。

- 输出方式 下拉列表：用于定义加工输出的方式。其主要包括 3轴、4轴 和 5 轴 三个选项。

☑ 3轴 选项：选择该选项，系统将不会改变刀具的轴向角度。

☑ 4轴 选项：选择该选项，需要在其下的 轴旋转于 下拉列表中选择 X 轴、Y 轴、Z 轴中任意一个轴为第四轴。

☑ 5 轴 选项：选择该选项，系统会以直线段的形式来表示 5 轴刀具路径，其直线方向便是刀具的轴向。

- 轴旋转于 下拉列表：分别对应 5 轴 和 4轴 方式下，用来指定旋转轴。
- 前倾角 文本框：用于定义刀具前倾角度或后倾角度。
- 侧倾角 文本框：用于定义刀具侧倾角度。
- ☑ 添加角度 复选框：用于定义相邻刀具路径间的角度增量。
- 刀具向量长度 文本框：用于指定刀具向量的长度，系统会在每一刀的位置通过此长度控制刀具路径的显示。

（2）选取刀轴控制平面。在 刀轴控制 下拉列表选中 平面 选项，单击其后的 按钮，然后在系统弹出的“选择平面”对话框中单击 Z 按钮，完成后如图 12.2.7 所示。单击 按钮，系统返回到“多轴刀路 - 曲线”对话框，然后在 侧倾角 文本框中输入值 45。

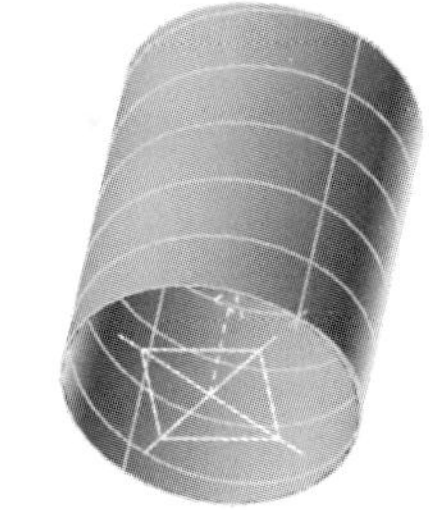

图 12.2.7 选取刀轴控制平面

Step3. 设置轴的限制参数。在“多轴刀路 - 曲线”对话框左侧列表中单击 刀轴控制 节点下的 限制 节点，切换到轴的限制参数设置界面，如图 12.2.8 所示。在 限制方式 区域中选中 ⊙ 移除超过限制的移动 单选项。

图 12.2.8 所示的“轴的限制”参数设置界面中部分选项的说明如下。

- X轴 区域：用于设置 X 轴的旋转角度限制范围，其包括 最小角度 文本框和 最大角度 文本框。

☑ 最小角度 文本框：用于设置 X 轴的最小旋转角度。

☑ 最大角度 文本框：用于设置 X 轴的最大旋转角度。

说明： Y轴 和 Z轴 与 X轴 的设置是完全一致的，这里就不再赘述。

- 限制方式 区域：用于设置刀具的偏置参数。

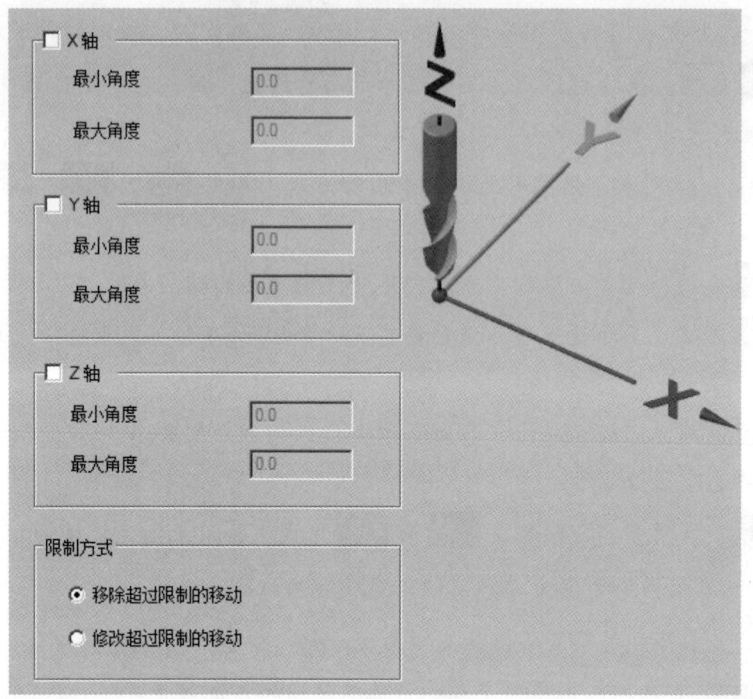

图 12.2.8 “轴的限制”参数设置界面

☑ 移除超过限制的移动 单选项：选中该单选项，系统在计算刀路时会自动将设置角度极限以外的刀具路径删除。

☑ 修改超过限制的移动 单选项：选中该单选项，系统在计算刀路时将以锁定刀具轴线方向的方式修改设置角度极限以外的刀具路径。

Step4. 设置碰撞控制参数。在“多轴刀路 - 曲线”对话框左侧列表中单击 碰撞控制 节点，切换到碰撞控制参数设置界面，如图 12.2.9 所示。在 刀尖控制 区域中选中 在补正曲面上 单选项，单击 按钮，在系统弹出的“刀路 / 曲面选择”对话框中单击 按钮，选取图 12.2.10 所示的曲面。

图 12.2.9 所示的“碰撞控制”参数设置界面中部分选项的说明如下。

- 刀尖控制 区域：用于设置刀尖顶点的控制位置，其包括 在选择曲线上 单选项、在投影曲线上 单选项和 在补正曲面上 单选项。

☑ 在选择曲线上 单选项：选中该单选项，刀尖的位置将沿选取曲线进行加工。

☑ 在投影曲线上 单选项：选中该单选项，刀尖的位置将沿选取曲线的投影进行加工。

☑ 在补正曲面上 单选项：用于调整刀尖始终与指定的曲面接触。单击其后的 按钮，系统弹出“刀路 / 曲面选择”对话框，用户可以通过此对话框选择一个曲面作为刀尖的补正对象。

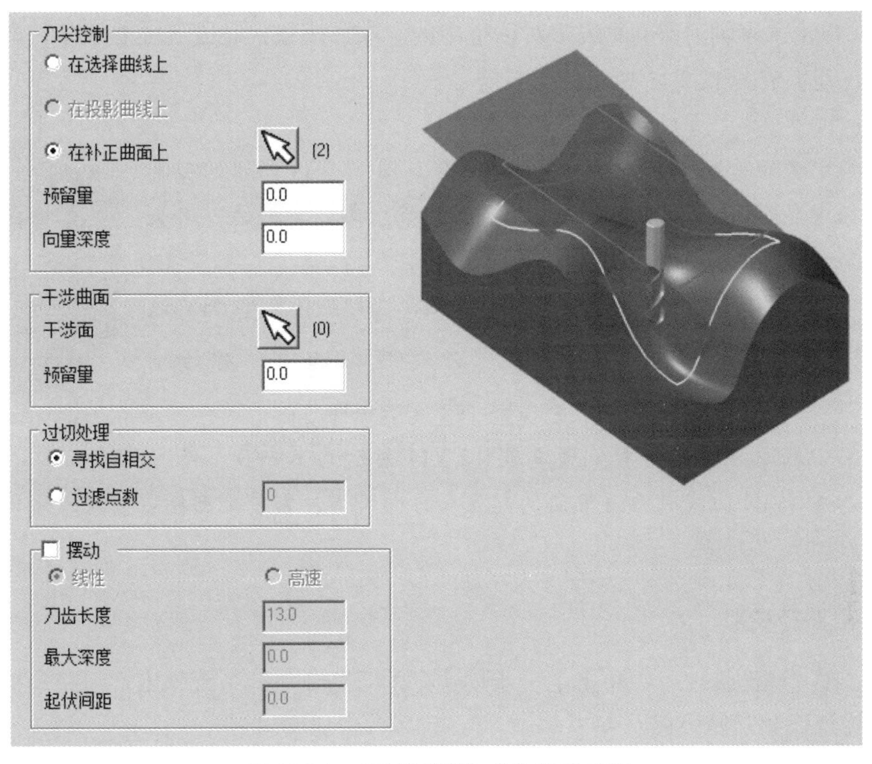

图 12.2.9 “碰撞控制”参数设置界面

图 12.2.10 选取补正曲面

- 干涉曲面 区域：用于检测刀具路径的曲面干涉。

  ☑ 干涉面 ：单击其后的 按钮，系统弹出“刀路 / 曲面选择”对话框，用户可以利用该对话框中的按钮来选取要检测的曲面，并将干涉显示出来。

  ☑ 预留量 文本框：用来指定刀具与干涉面之间的间隙量。

- 过切处理 区域：用于设置产生过切时的处理方式，其包括 寻找自相交 单选项和 过滤点数 单选项。

  ☑ 寻找自相交 单选项：该单选项表示在整个刀具路径进行过切检查。

  ☑ 过滤点数 单选项：该单选项表示在指定的程序节中进行过滤检查，用户可以在其后的文本框中指定程序节数。

Step5. 设置连接参数。在“多轴刀路 - 曲线”对话框左侧列表中单击 连接 节点，切换到连接参数设置界面。在 安全高度... 文本框中输入值 100.0，在 参考高度... 文本框中输入值 50.0；在 下刀位置... 文本框中输入值 5.0；其他参数设置接受系统默认设置值。

Step6. 设置过滤参数。在“多轴刀路 - 曲线”对话框左侧列表中单击 过滤 节点，切换到过滤参数设置界面，参数保持系统默认设置值。

Step7. 单击“多轴刀路 - 曲线”对话框中的 [按钮图标] 按钮，完成五轴曲线参数的设置，此时系统将自动生成图 12.2.11 所示的刀具路径。

说明：

- 本例中实际的刀具路径与参考曲线重合，图 12.2.11 所示的刀具路径中显示了刀具的刀轴向量，后面章节中部分案例的刀路及刀轴向量也会按此样式显示。
- 显示刀轴向量的方法是在“刀路模拟”对话框中单击“选项”按钮 [按钮图标]，在系统弹出的“刀路模拟选项”对话框的 4-5轴刀具向量 区域中选中 ☑ 显示向量 复选框即可。
- 如果刀具路径中的刀轴向量与图 12.2.11 所示的不一致，有可能是选择 3D 曲线时系统默认的起点和方向有误，需要重新选取曲线或者调整曲线的起点。

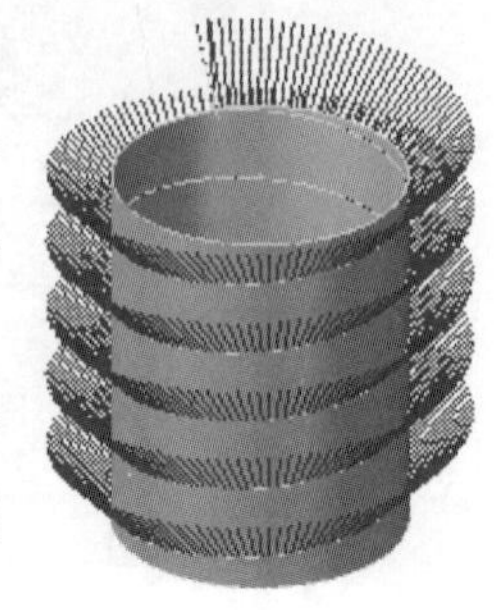

图 12.2.11　刀具路径

Stage5. 路径模拟

Step1. 在“操作管理”中单击上一步创建好的刀路节点，系统弹出“刀路模拟”对话框及“路径模拟控制”操控板。

Step2. 在“路径模拟控制”操控板中单击 [按钮图标] 按钮，系统将开始对刀具路径进行模拟，结果与图 12.2.11 所示的刀具路径相同，单击“刀路模拟”对话框中的 [按钮图标] 按钮，关闭“路径模拟控制”操控板。

Step3. 保存文件模型。选择下拉菜单 文件(F) → 保存(S) 命令，保存模型。

12.3　曲面五轴加工

曲面五轴加工可以用于曲面的粗、精加工，系统以相对曲面的法线方向来设定刀具轴线方向。曲面五轴加工的参数设置与曲线五轴的参数设置相似，下面以图 12.3.1 所示的模型为例来说明曲面五轴加工的过程，其操作步骤如下。

a) 加工模型　　b) 刀具路径

图 12.3.1　曲面五轴加工

Stage1. 打开原始模型

打开文件 D:\mcx2024\work\ch12.03\5_AXIS_FACE.mcam，系统进入加工环境，此时零件模型如图 12.3.2 所示。

Stage2. 选择加工类型

单击 刀路 功能选项卡 多轴加工 区域中的“多曲面”命令，系统弹出“多轴刀路 - 多曲面”对话框。

图 12.3.2　零件模型

Stage3. 选择刀具

Step1. 选择加工刀具。

（1）确定刀具类型。在“多轴刀路 - 多曲面”对话框左侧列表中单击 刀具 节点，切换到刀具参数界面，然后单击 按钮，系统弹出“刀具过滤列表设置”对话框，单击 刀具类型 区域中的 全关(N) 按钮后，在刀具类型按钮群中单击 （圆鼻铣刀）按钮，单击 按钮，关闭“刀具过滤列表设置”对话框。

（2）选择刀具。在对话框中单击 按钮，系统弹出“选择刀具”对话框，在该对话框中选择刀具“END MILL WITH RADIUS-6/R1.0”，单击 按钮，完成刀具的选择。

Step2. 设置刀具号。在“多轴刀路 - 多曲面”对话框中双击上一步选择的刀具，系统弹出“编辑刀具”对话框，单击 下一步 按钮，在 刀号: 文本框中将原有的数值改为 1。

Step3. 定义刀具参数。在 进给速率: 文本框中输入值 200.0，在 下刀速率: 文本框中输入值 200.0，在 提刀速率 文本框中输入值 200.0，在 主轴转速 文本框中输入值 500.0；单击 冷却液 按钮，系统弹出“冷却液”对话框，在 Flood（切削液）下拉列表中选择 On 选项，单击该对话框中的 确定 按钮，关闭“冷却液”对话框。单击“编辑刀具”对话框中的 完成 按钮，完成刀具的设置。

Stage4. 设置切削方式

Step1. 设置切削方式。在“多轴刀路 - 多曲面”对话框左侧列表中单击 切削方式 节点，切换到切削方式参数界面，如图 12.3.3 所示。

图 12.3.3 所示的“切削方式”参数界面中部分选项的说明如下。

- 模型选项 区域：用于定义加工区域，其包括 曲面 选项、圆柱体 选项、球形 选项和 立方体 选项。

☑ 曲面 选项：用于定义加工曲面。选择此选项后单击 按钮，用户可以在绘图区选择要加工的曲面。选择曲面后，系统会自动弹出“流线设置”对话框，用户可进一步设置方向参数。

模型选项 曲面 (0)
切削方向 双向
补正方式 电脑
补正方向 左
刀尖补正 刀尖
加工面预留量 0.0
添加距离 2.0
切削公差 0.02
截断方向步进量 2.0
引导方向步进量 2.0
沿面参数
模拟直径 10.0

图 12.3.3 “切削方式”参数界面

☑ 圆柱体 选项：用于根据指定的位置和尺寸创建简单的圆柱作为加工面。选择此选项后单击 按钮，系统弹出图 12.3.4a 所示的“圆柱体选项”对话框，用户可输入相关参数定义一个图 12.3.4b 所示的圆柱面作为加工区域。

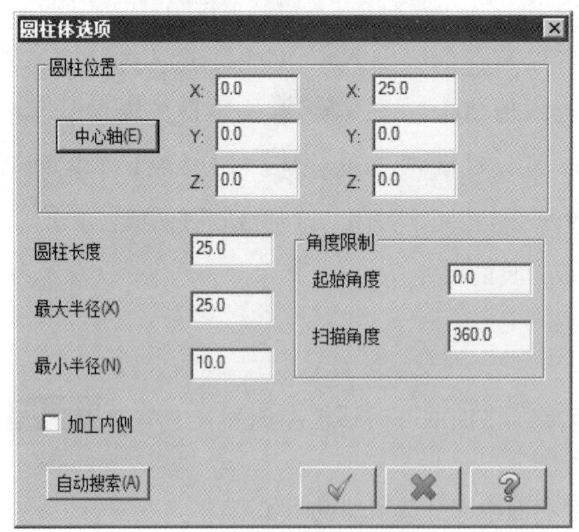

a)“圆柱体选项”对话框

b) 定义圆柱面

图 12.3.4 圆柱体模式

☑ 球形 选项：用于根据指定的位置和尺寸创建简单的球作为加工面。选择此选项后单击 按钮，系统弹出图 12.3.5a 所示的“球型选项”对话框，用户可输入相关

参数定义一个图 12.3.5b 所示的球面作为加工区域。

☑ 立方体 选项：用于根据指定的位置和尺寸创建简单的立方体作为加工面。选择此选项后单击按钮，系统弹出图 12.3.6a 所示的“立方体选项”对话框，用户可输入相关参数定义一个图 12.3.6b 所示的立方体作为加工区域。

☑ 沿面参数 按钮：单击此按钮，系统弹出“曲线流线设置”对话框，用户可以定义刀具运动的切削方向、步进方向、起始位置和补正方向。

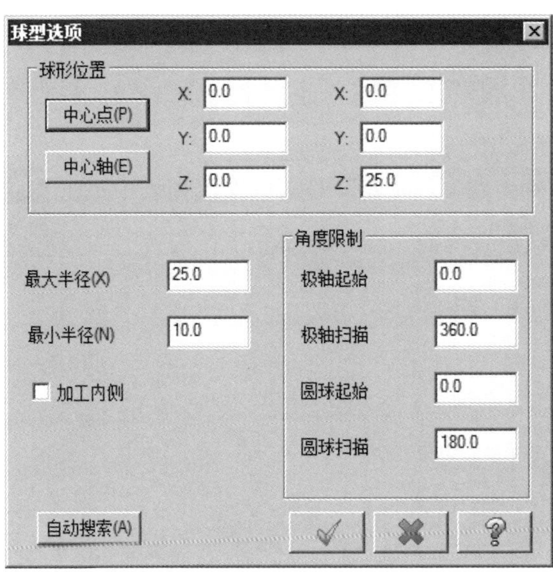

a)“球型选项”对话框

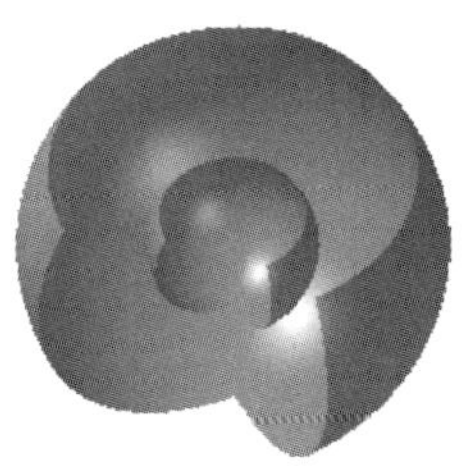

b) 定义球面

图 12.3.5 球形模式

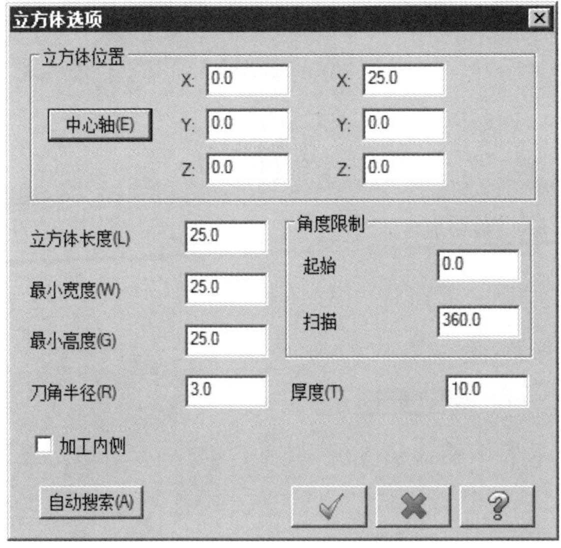

a)“立方体选项”对话框

b) 定义立方体

图 12.3.6 立方体模式

Step2. 选取加工区域。在“多轴刀路 - 多曲面”对话框的 模型选项 下拉列表中选择 曲面 选项；单击其后的 按钮，在图形区中选取图 12.3.7 所示的曲面，按 Enter 键，系统弹出“流线数据”对话框；单击 按钮，系统返回至“多轴刀路 - 多曲面”对话框。

图 12.3.7　加工区域

Step3. 设置切削方式参数。在 切削方向 下拉列表中选择 双向 选项；在 切削公差 文本框中输入值 0.02；在 断面方向步进量 文本框中输入值 2.0；在 引导方向步进量 文本框中输入值 2.0；其他参数为系统默认设置值。

Step4. 设置刀轴控制参数。在“多轴刀路 - 多曲面”对话框左侧列表中单击 刀轴控制 节点，切换到图 12.3.8 所示的刀轴控制参数设置界面。在 刀轴控制 下拉列表中选择 曲面 选项，其他参数为系统默认设置值。

刀轴控制　曲面　(8)
输出方式　5轴
轴旋转于　X轴
前倾角　0.0
侧倾角　0.0
添加角度　3.0
刀具向量长度　25.0
最小倾斜
最大角度(增量)　0.0
刀杆及刀柄间隙　0.0

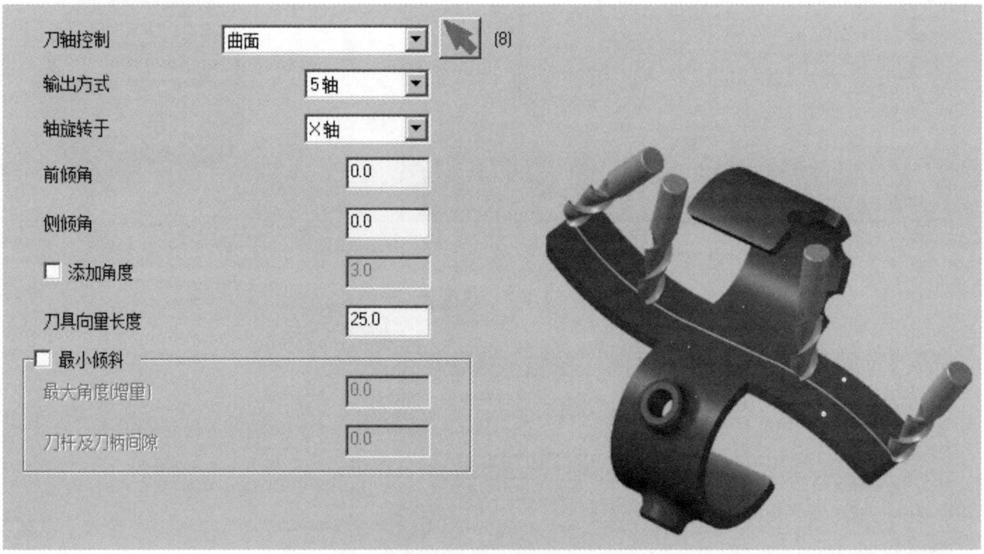

图 12.3.8　设置刀具轴参数

Step5. 设置连接参数。在“多轴刀路 - 多曲面”对话框左侧列表中单击 连接 节点，切换到连接参数设置界面。在 安全高度... 文本框中输入值 100.0，在 参考高度... 文本框中输入值 50.0，在 下刀位置... 文本框中输入值 5.0；其他参数设置接受系统默认设置值。

Step6. 单击“多轴刀路 - 多曲面”对话框中的 按钮，完成曲面五轴参数的设置，此时系统生成图 12.3.9 所示的刀具路径。

图 12.3.9　刀具路径

Stage5. 路径模拟

Step1. 在“操作管理”中单击上一步创建好的刀路节点，系统弹出“刀路模拟”对话框及“路径模拟控制”操控板。

Step2. 在“路径模拟控制”操控板中单击 ▶ 按钮，系统将开始对刀具路径进行模拟，结果与图 12.3.9 所示的刀具路径相同，单击“刀路模拟”对话框中的 ✔ 按钮，关闭“路径模拟控制”操控板。

Step3. 保存文件模型。选择下拉菜单 文件(F) → 保存(S) 命令，保存模型。

12.4 钻孔五轴加工

钻孔五轴加工可以以一点或者一个钻孔向量在曲面上产生钻孔的刀具路径，其参数的设置与前面所讲的曲线五轴加工和曲面五轴加工相似。下面以图 12.4.1 所示的模型为例来说明钻孔五轴加工的操作过程。

Stage1. 打开原始模型

打开文件 D:\mcx2024\work\ch12.04\5_AXIS_DRILL.mcam，系统进入加工环境，此时零件模型如图 12.4.2 所示。

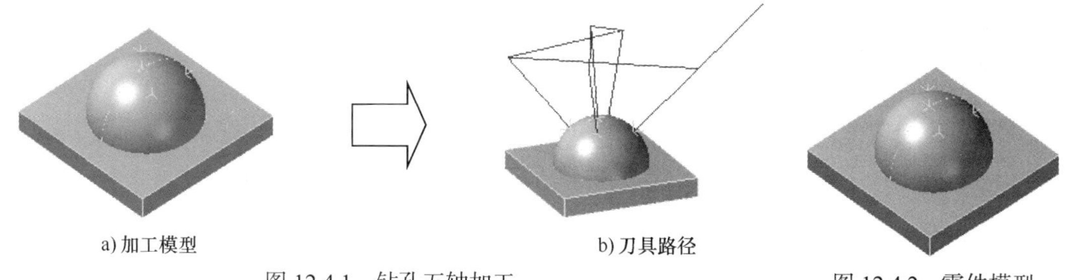

a) 加工模型　　b) 刀具路径

图 12.4.1　钻孔五轴加工　　图 12.4.2　零件模型

Stage2. 选择加工类型

Step1. 单击 刀路 功能选项卡 2D 区域中的“钻孔”命令，系统弹出“刀路孔定义”对话框，在图形区窗选图 12.4.3 所示的所有钻孔点。

Step2. 单击 ✔ 按钮，完成选取钻孔点的操作，同时系统弹出“2D 刀路 - 钻孔 深孔钻 - 无啄孔”对话框。

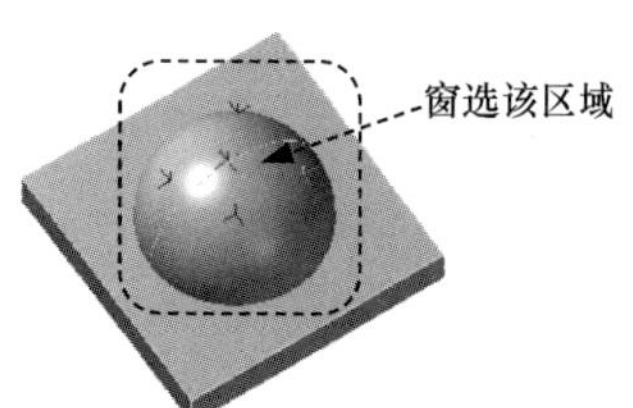

图 12.4.3　选取钻孔点

Stage3. 选择刀具

Step1. 选择加工刀具。

（1）确定刀具类型。在“2D 刀路 - 钻孔 深孔钻 - 无啄孔”

对话框左侧列表中单击 刀具 节点，切换到刀具参数界面，然后单击 按钮，系统弹出“刀具过滤列表设置”对话框，单击 刀具类型 区域中的 全关(N) 按钮后，在刀具类型按钮群中单击 （定位钻）按钮，单击 按钮，关闭“刀具过滤列表设置”对话框。

（2）选择刀具。在对话框中单击 按钮，系统弹出“选择刀具”对话框，在该对话框中选择刀具“NC SPOT DRILL-10”，单击 按钮，完成刀具的选择。

Step2. 设置刀具号。在“2D 刀路 – 钻孔 深孔钻 - 无啄孔”对话框中双击上一步选择的刀具，系统弹出“编辑刀具”对话框，单击 下一步 按钮，在 刀号: 文本框中将原有的数值改为 1。

Step3. 定义刀具参数。在 进给速率: 文本框中输入值 200.0，在 下刀速率: 文本框中输入值 200.0，在 提刀速率 文本框中输入值 200.0，在 主轴转速 文本框中输入值 500.0；单击 冷却液 按钮，系统弹出“冷却液”对话框，在 Flood（切削液）下拉列表中选择 On 选项，单击该对话框中的 确定 按钮，关闭“冷却液”对话框。单击“编辑刀具”对话框中的 完成 按钮，完成刀具的设置。

Stage4. 设置加工参数

Step1. 设置切削方式。在“2D 刀路 - 钻孔 深孔钻 - 无啄孔”对话框左侧列表中单击 切削参数 节点，切换到切削方式设置界面，在 循环方式 下拉列表中选择 深孔啄钻(G83) 选项，其他参数采用系统默认设置值，如图 12.4.4 所示。

Step2. 设置刀轴控制参数。在“2D 刀路 - 钻孔 深孔钻 - 无啄孔”对话框左侧列表中单击 刀轴控制 节点，切换到刀轴控制参数设置界面。在 输出方式 下拉列表中选择 5 轴 选项，在 刀轴控制 下拉列表中选择 曲面(s) 选项，然后单击其后的 按钮，在图形区中选取图 12.4.5 所示的曲面，并按 Enter 键；系统返回至“2D 刀路 - 钻孔 深孔钻 - 无啄孔”对话框。其他选项为系统默认设置。

循环方式	深孔啄钻(G83)
Peck	0.0
副次啄钻	0.0
安全余隙	0.0
回缩量	0.0
暂停时间	0.0
提刀偏移量	0.0

图 12.4.4 “切削方式”设置界面

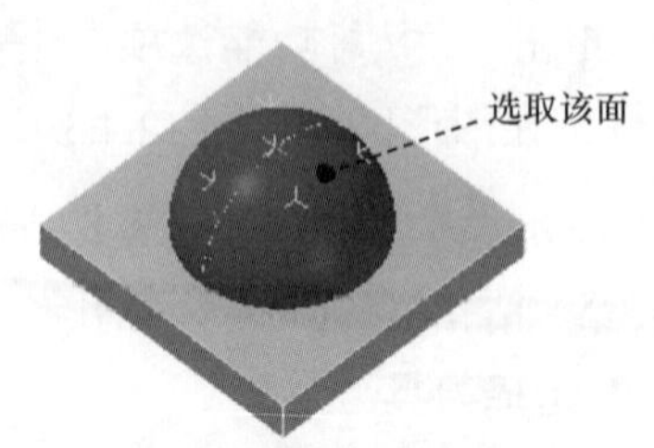

图 12.4.5 选取刀轴控制面

Step3. 设置连接参数。在“2D 刀路 - 钻孔 深孔钻 - 无啄孔”对话框左侧列表中单击 连接参数 节点，切换到连接参数设置界面，选中 安全高度... 按钮前的复选框，并在其后的文本框中输入值 100.0；在 深度... 文本框中输入值 –5.0，完成连接参数的设置。

Step4. 单击“2D 刀路 - 钻孔 深孔钻 - 无啄孔”对话框中的 ✔ 按钮，完成钻孔五轴加工参数的设置，此时系统将自动生成图 12.4.6 所示的刀具路径。

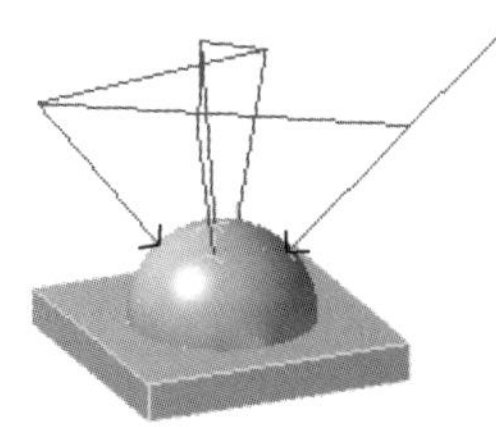

图 12.4.6 刀具路径

Stage5. 路径模拟

Step1. 在“操作管理”中单击上一步创建好的刀路节点，系统弹出“刀路模拟”对话框及“路径模拟控制”操控板。

Step2. 在“路径模拟控制”操控板中单击 ▶ 按钮，系统将开始对刀具路径进行模拟，结果与图 12.4.6 所示的刀具路径相同，单击“刀路模拟”对话框中的 ✔ 按钮，关闭“路径模拟控制”操控板。

Step3. 保存文件模型。选择下拉菜单 文件(F) ➡ 保存(S) 命令，保存模型。

12.5 沿面五轴加工

沿面五轴加工可以用来控制球刀所产生的残脊高度，从而产生平滑且精确的精加工刀具路径，系统以相对于曲面法线方向来设定刀具轴向。下面以图 12.5.1 所示的模型为例来说明沿面五轴加工的操作过程。

Stage1. 打开原始模型

打开文件 D:\mcx2024\work\ch12.05\5_AXIS_FLOW.mcam，系统进入加工环境，此时零件模型如图 12.5.2 所示。

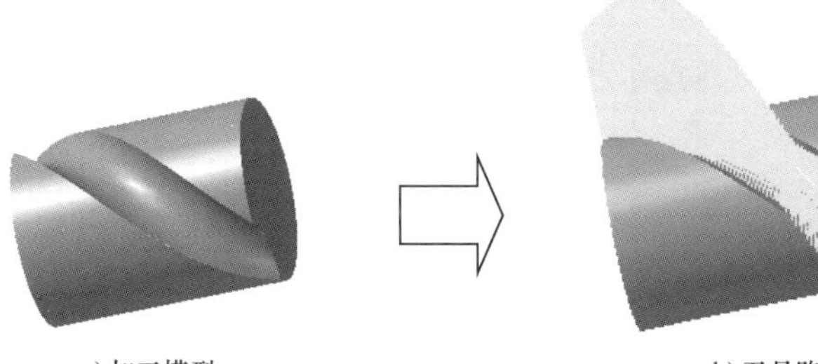

a) 加工模型　　b) 刀具路径

图 12.5.1 沿面五轴加工

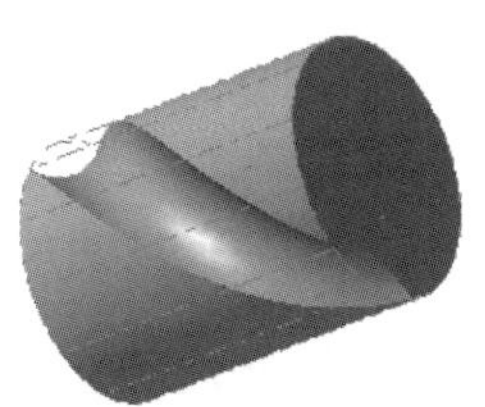

图 12.5.2 零件模型

Stage2. 选择加工类型

单击 刀路 功能选项卡 多轴加工 区域中的“沿面”命令，系统弹出“多轴刀路 - 沿面”对话框。

Stage3. 选择刀具

Step1. 选择加工刀具。

（1）确定刀具类型。在“多轴刀路 - 沿面”对话框左侧列表中单击 刀具 节点，切换到刀具参数界面，然后单击 按钮，系统弹出“刀具过滤列表设置”对话框，单击 刀具类型 区域中的 全关(N) 按钮后，在刀具类型按钮群中单击 （球刀）按钮，单击 按钮，关闭“刀具过滤列表设置”对话框。

（2）选择刀具。在对话框中单击 按钮，系统弹出“选择刀具”对话框，在该对话框中选择刀具“BALL-NOSE END MILL-4”，单击 按钮，完成刀具的选择。

Step2. 设置刀具号。在“多轴刀路 - 沿面”对话框中双击上一步选择的刀具，系统弹出“编辑刀具”对话框，单击 下一步 按钮，在 刀号: 文本框中将原有的数值改为 1。

Step3. 定义刀具参数。在 进给速率: 文本框中输入值 1000.0，在 下刀速率: 文本框中输入值 500.0，在 提刀速率 文本框中输入值 1500.0，在 主轴转速 文本框中输入值 2200.0；单击 冷却液 按钮，系统弹出“冷却液”对话框，在 Flood （切削液）下拉列表中选择 On 选项，单击该对话框中的 确定 按钮，关闭“冷却液”对话框。单击“编辑刀具”对话框中的 完成 按钮，完成刀具的设置。

Stage4. 设置加工参数

Step1. 设置切削方式。在“多轴刀路 - 沿面”对话框左侧列表中单击 切削方式 节点，切换到切削方式设置界面，如图 12.5.3 所示。

图 12.5.3 所示的“切削方式”设置界面中部分选项的说明如下。

- 切削间距 区域：用于设置切削方向的相关参数，其包括 ⊙ 距离: 单选项和 ⊙ 残脊高度: 单选项。
  - ☑ ⊙ 距离: 单选项：用于定义切削间距。当选中此单选项时，其后的文本框被激活，用户可以在此文本框中指定切削间距。
  - ☑ ⊙ 残脊高度: 单选项：用于设置切削路径间残留材料高度。当选中此单选项时，其后的文本框被激活，用户可以在此文本框中指定残留材料的高度。

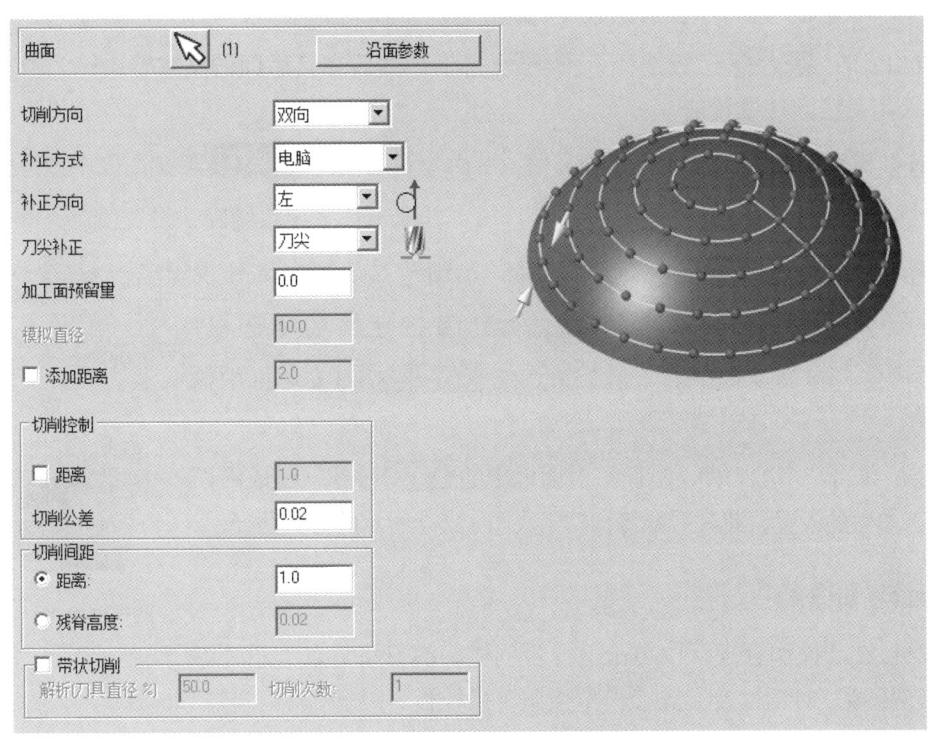

图 12.5.3 “切削方式”设置界面

Step2. 选取加工曲面。在“多轴刀路 - 沿面”对话框中单击 按钮，在图形区中选取图 12.5.4 所示的曲面；然后在图形区空白处双击，系统弹出图 12.5.5 所示的“流线数据”对话框，调整加工方向如图 12.5.6 所示，单击 按钮，系统返回至“多轴刀路 - 沿面”对话框。

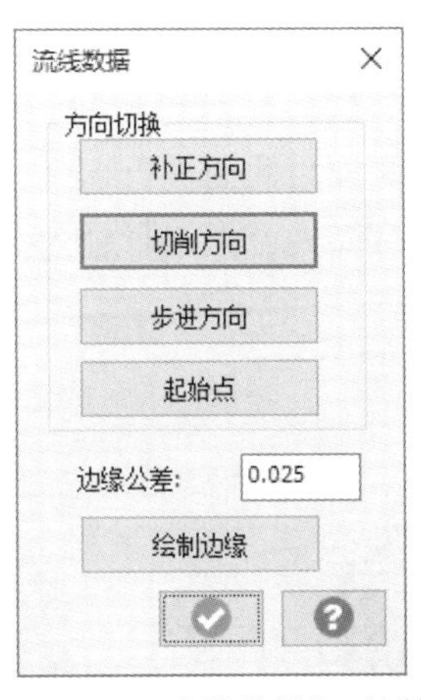

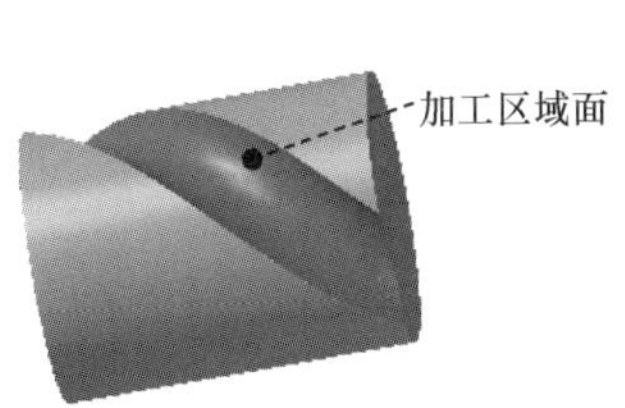

图 12.5.4 加工区域

图 12.5.5 “流线数据”对话框

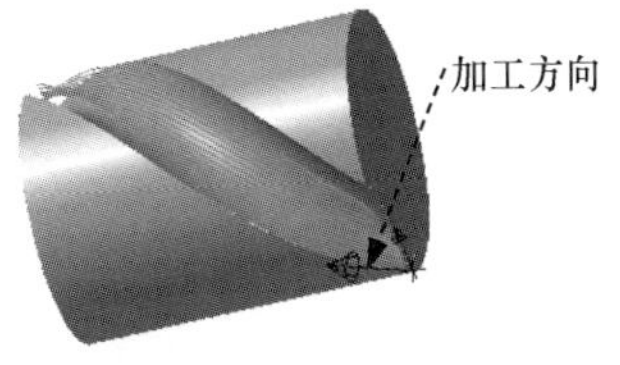

图 12.5.6 加工方向

说明：在该对话框的 方向切换 区域中单击 切削方向 和 步进方向 按钮可调整加工方向。

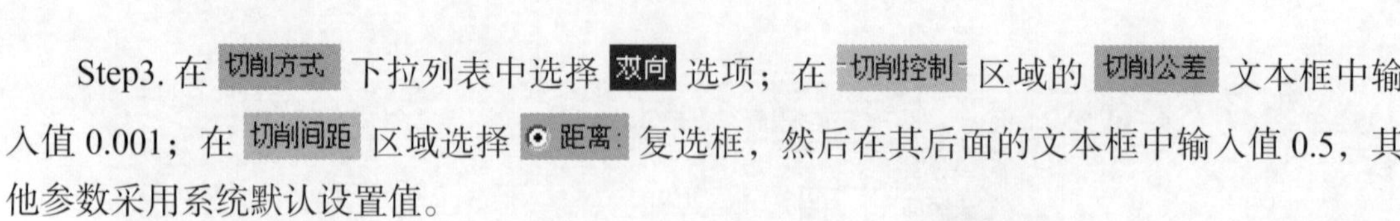

Step3. 在 切削方式 下拉列表中选择 双向 选项；在 切削控制 区域的 切削公差 文本框中输入值 0.001；在 切削间距 区域选择 ⊙ 距离 复选框，然后在其后面的文本框中输入值 0.5，其他参数采用系统默认设置值。

Step4. 设置刀轴控制。在“多轴刀路 - 沿面”对话框的 刀轴控制 下拉列表中选择 曲面 选项，在 输出方式 下拉列表中选择 4 轴 选项，其他参数采用系统默认设置值。

Step5. 设置连接参数。在“多轴刀路 - 沿面”对话框左侧列表中单击 连接 节点，切换到连接参数设置界面，取消 安全高度... 按钮前的复选框；在 参考高度... 文本框中输入值 25.0；在 下刀位置... 文本框中输入值 5.0。

Step6. 单击“多轴刀路 - 沿面”对话框中的 ✔ 按钮，完成沿面五轴加工参数的设置，此时系统将自动生成图 12.5.7 所示的刀具路径。

图 12.5.7　刀具路径

Stage5. 路径模拟

Step1. 在“操作管理”中单击上一步创建好的刀路节点，系统弹出“刀路模拟”对话框及“路径模拟控制”操控板。

Step2. 在“路径模拟控制”操控板中单击 ▶ 按钮，系统将开始对刀具路径进行模拟，结果与图 12.5.7 所示的刀具路径相同，单击“刀路模拟”对话框中的 ✔ 按钮，关闭“路径模拟控制”操控板。

Step3. 保存文件模型。选择下拉菜单 文件(F) ➡ 保存(S) 命令，保存模型。

12.6　沿边五轴加工

沿边五轴加工可以控制刀具的侧面沿曲面进行切削，从而产生平滑且精确的精加工刀具路径，系统通常以相对于曲面切线方向来设定刀具轴向。下面以图 12.6.1 所示的模型为例来说明沿边五轴加工的操作过程。

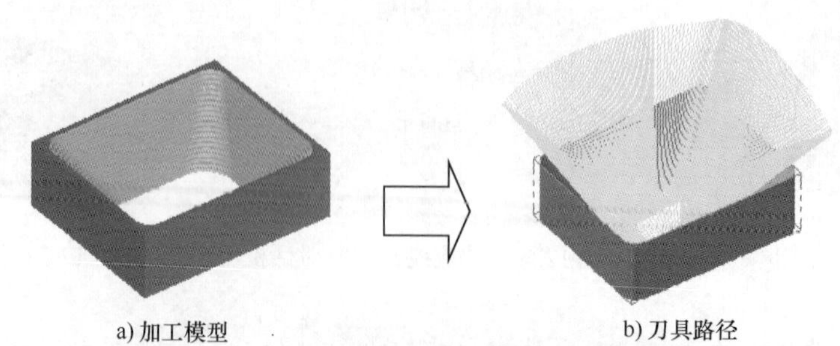

a) 加工模型　　b) 刀具路径

图 12.6.1　沿边五轴加工

Stage1. 打开原始模型

打开文件 D:\mcx2024\work\ch12.06\SWARF_MILL.mcam，系统进入加工环境，此时零件模型如图 12.6.2 所示。

图 12.6.2 零件模型

Stage2. 选择加工类型

单击 刀路 功能选项卡 多轴加工 区域中的“沿边”命令，系统弹出“多轴刀路 - 沿边”对话框。

Stage3. 选择刀具

Step1. 选择加工刀具。

（1）确定刀具类型。在“多轴刀路 - 沿边”对话框左侧列表中单击 刀具 节点，切换到刀具参数界面，然后单击 按钮，系统弹出“刀具过滤列表设置”对话框，单击 刀具类型 区域中的 全关(N) 按钮后，在刀具类型按钮群中单击 （平底刀）按钮，单击 按钮，关闭“刀具过滤列表设置”对话框。

（2）选择刀具。在对话框中单击 按钮，系统弹出“选择刀具”对话框，在该对话框中选择刀具“FLAT END MILL-6”，单击 按钮，完成刀具的选择。

Step2. 设置刀具号。在“多轴刀路 - 沿边”对话框中双击上一步选择的刀具，系统弹出“编辑刀具”对话框，单击 下一步 按钮，在 刀号: 文本框中将原有的数值改为 2。

Step3. 定义刀具参数。在 进给速率: 文本框中输入值 200.0，在 下刀速率: 文本框中输入值 100.0，在 提刀速率 文本框中输入值 500.0，在 主轴转速 文本框中输入值 1500.0；单击 冷却液 按钮，系统弹出“冷却液”对话框，在 Flood（切削液）下拉列表中选择 On 选项，单击该对话框中的 确定 按钮，关闭“冷却液”对话框。单击“编辑刀具”对话框中的 完成 按钮，完成刀具的设置。

Stage4. 设置加工参数

Step1. 设置切削方式。在“多轴刀路 - 沿边”对话框左侧列表中单击 切削方式 节点，切换到切削方式设置界面，如图 12.6.3 所示。

图 12.6.3 所示的“切削方式”设置界面中部分选项的说明如下。

- 壁边 区域：用于设置壁边的定义参数，其包括 ⊙ 曲面 单选项和 ⊙ 串连 单选项。
  - ☑ ⊙ 曲面 单选项：用于设置壁边的曲面。当选中此选项时，单击其后的 按钮，用户可以依次选择代表壁边的曲面。
  - ☑ ⊙ 串连 单选项：用于设置壁边的底部和顶部曲线。当选中此选项时，单击其后

的 [按钮图标] 按钮，用户可以依次选择代表壁边的底部和顶部曲线。

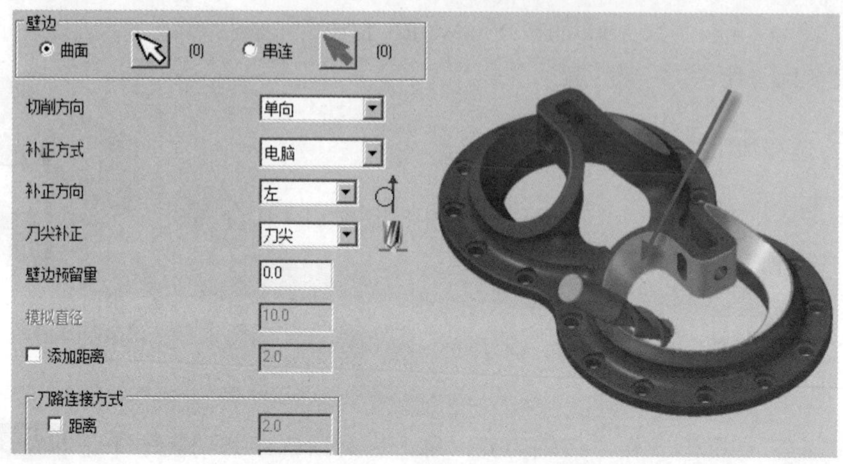

图 12.6.3 “切削方式”设置界面

- 刀路连接方式 区域：用于设置壁边的计算方式参数。
  - ☑ 距离 复选框：用于定义沿壁边的切削间距。当选中此复选框时，其后的文本框被激活，用户可以在此文本框中指定切削间距。
  - ☑ 切削公差 文本框：用于设置切削路径的偏离公差。
  - ☑ 最大步进量：用于定义沿壁边的最大切削间距。当 ☑ 距离 复选框被选中时，此文本框不能被设置。
- 封闭壁边 区域：用于设置切削壁边的进入点。
  - ☑ 由第一壁边中心进入：从组成壁边的第一个边的中心进刀。
  - ☑ 由第一壁边开始点进入：从组成壁边的第一个边的一个端点进刀。

Step2. 选取壁边曲线。在“多轴刀路 - 沿边”对话框中选择 串连 单选项，单击其后的 [按钮图标] 按钮，系统弹出“线框串连”对话框并提示“沿边 5 轴：定义底部外形”，在图形区中选取图 12.6.4 所示的曲线串；此时系统提示“沿边 5 轴：定义顶部外形”，在图形区中选取图 12.6.5 所示的曲线串；单击 [确定按钮] 按钮，系统返回至“多轴刀路 - 沿边”对话框。

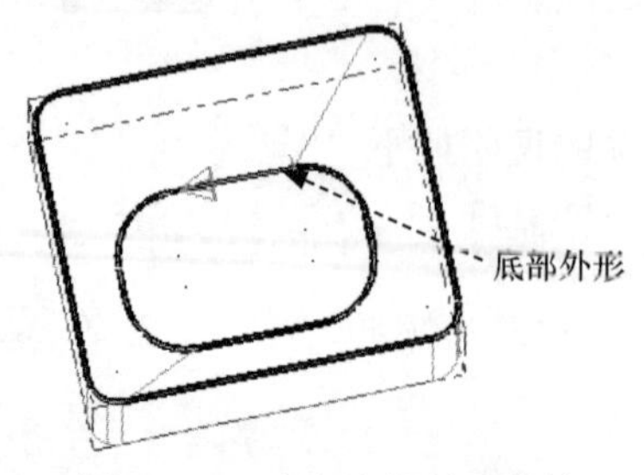

图 12.6.4 定义底部外形曲线

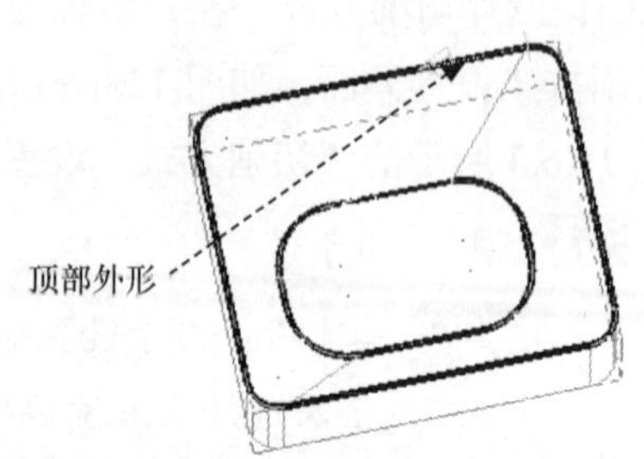

图 12.6.5 定义顶部外形曲线

Step3. 定义其余参数。在 切削方向 下拉列表中选择 双向 选项；在 刀路连接方式 区域的 切削公差 文本框中输入值 0.01；在 最大步进量 文本框中输入值 1，其他参数采用系统默认设置值。

Step4. 设置刀轴控制。在“多轴刀路 - 沿边”对话框左侧列表中单击 刀轴控制 节点，设置图 12.6.6 所示的“刀轴控制”参数。

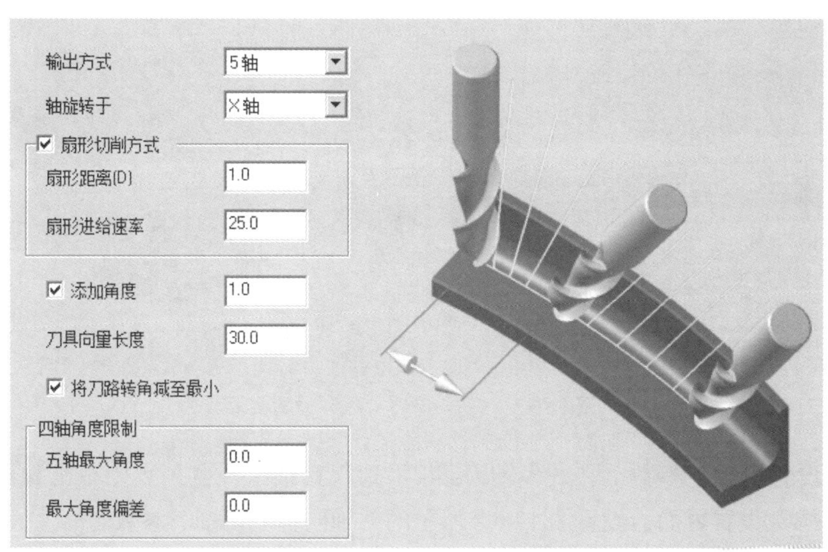

图 12.6.6 “刀轴控制”参数设置

图 12.6.6 所示的“刀轴控制”参数设置界面中部分选项的说明如下。

- ☑ 扇形切削方式 区域：用于设置壁边的扇形切削参数。
  - ☑ 扇形距离 文本框：用于设置扇形切削时的最小扇形距离。
  - ☑ 扇形进给速率 文本框：用于设置扇形切削时的进给率。
- ☑ 添加角度 文本框：用于设置相邻刀具轴之间的增量角度数值。
- 刀具向量长度 文本框：用于设置刀具切削刃沿刀轴方向的长度数值。
- ☑ 将刀路转角减至最小 复选框：选中该复选框，可减少刀具路径的转角动作。

Step5. 设置碰撞控制参数。在“多轴刀路 - 沿边”对话框左侧列表中单击 碰撞控制 节点，切换到碰撞控制参数设置界面。在 刀尖控制 区域选中 ⊙ 底部轨迹(L) 单选项，在 在底部轨迹之上距离 文本框中输入数值 –5，其余选项采用系统默认参数设置值。

Step6. 设置连接参数。在“多轴刀路 - 沿边”对话框左侧列表中单击 连接 节点，切换到连接参数设置界面，取消 安全高度... 按钮前的复选框；在 参考高度... 文本框中输入值 25.0；在 下刀位置... 文本框中输入值 5.0。

Step7. 设置进退刀参数。在“多轴刀路 - 沿边”对话框左侧列表中单击 连接 节点下

的 进/退刀 节点，切换到进 / 退刀参数设置界面，设置图 12.6.7 所示的参数。

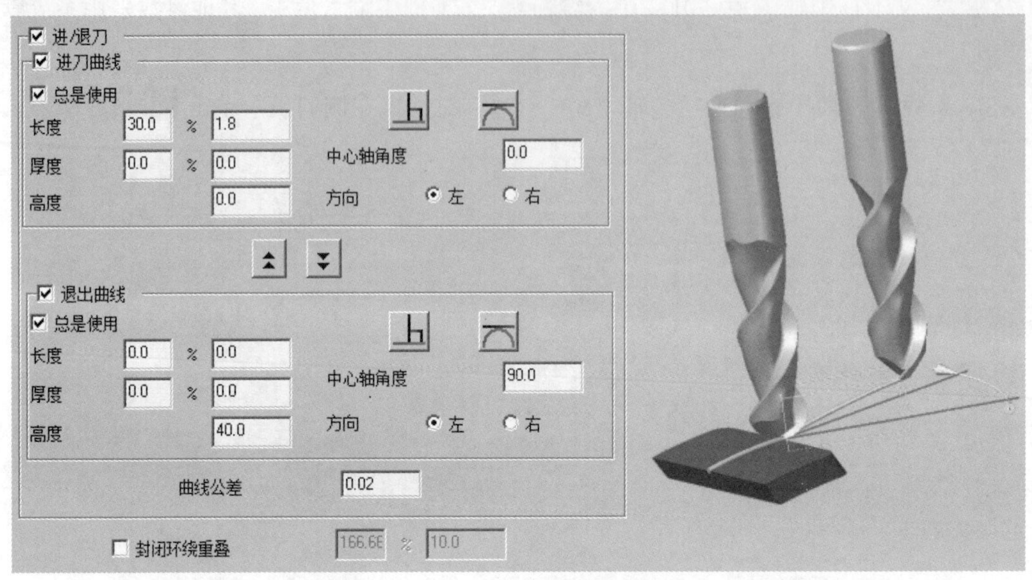

图 12.6.7 “进 / 退刀参数”设置界面

Step8. 设置粗加工参数。在“多轴刀路 - 沿边”对话框左侧列表中单击 粗切 节点，切换到粗加工参数设置界面，设置图 12.6.8 所示的“轴向分层切削”参数。

Step9. 单击“多轴刀路 - 沿边”对话框中的 按钮，此时系统将自动生成图 12.6.9 所示的刀具路径。

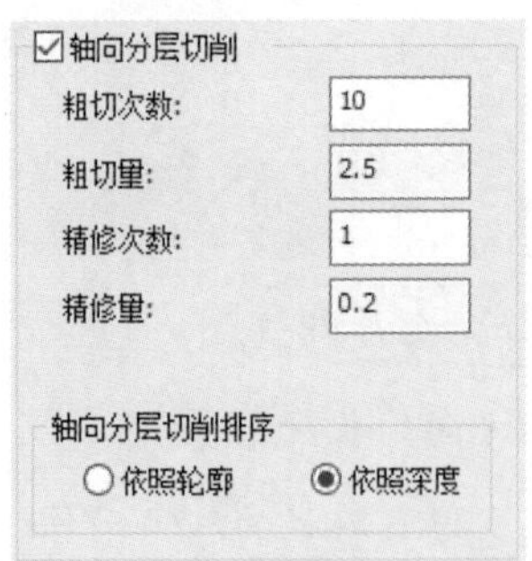

图 12.6.8 “轴向分层切削”参数设置

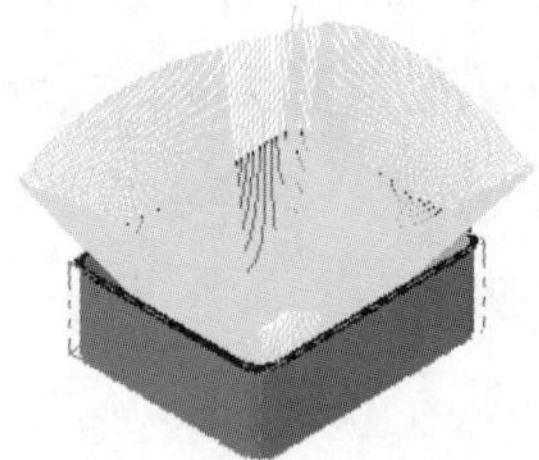

图 12.6.9 刀具路径

Stage5. 路径模拟

Step1. 在“操作管理”中单击上一步创建好的刀路节点，系统弹出“刀路模拟”对话框及“路径模拟控制”操控板。

Step2. 在“路径模拟控制”操控板中单击 按钮，系统将开始对刀具路径进行模拟，结果与图 12.6.9 所示的刀具路径相同，单击“刀路模拟”对话框中的 按钮，关闭“路

径模拟控制”操控板。

Step3. 保存文件模型。选择下拉菜单 文件(F) ➡ 保存(S) 命令，保存模型。

12.7　旋转四轴加工

旋转四轴加工主要用来产生圆柱类工件的旋转四轴精加工的刀具路径，其刀具轴或者工作台可以在垂直于 Z 轴的方向上旋转。下面以图 12.7.1 所示的模型为例来说明多轴刀具路径 - 旋转四轴加工的过程，其操作步骤如下。

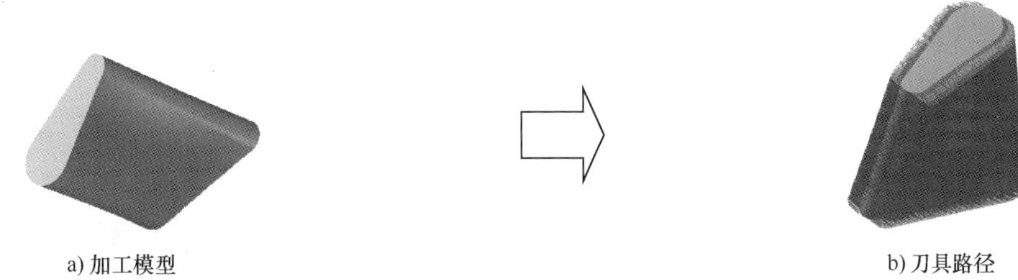

图 12.7.1　多轴刀具路径 - 旋转四轴加工

Stage1. 打开原始模型

打开文件 D:\mcx2024\work\ch12.07\4_AXIS_ROTARY.mcam，系统进入加工环境，此时零件模型如图 12.7.2 所示。

Stage2. 选择加工类型

单击 刀路 功能选项卡 多轴加工 区域中的“旋转”命令，系统弹出“多轴刀路 – 旋转”对话框。

图 12.7.2　零件模型

Stage3. 选择刀具

Step1. 选择加工刀具。

（1）确定刀具类型。在“多轴刀路 - 旋转”对话框左侧列表中单击 刀具 节点，切换到刀具参数界面，然后单击 按钮，系统弹出“刀具过滤列表设置”对话框，单击 刀具类型 区域中的 全关(N) 按钮后，在刀具类型按钮群中单击 （球刀）按钮，单击 按钮，关闭“刀具过滤列表设置”对话框。

（2）选择刀具。在对话框中单击 按钮，系统弹出“选择刀具”对话框，在该对话框中选择刀具“BALL-NOSE END MILL-9”，单击 按钮，完成刀具的选择。

Step2. 定义刀具参数。在“多轴刀路 - 旋转”对话框中双击上一步所选择的刀具，系统弹出“编辑刀具”对话框。在 刀具编号: 文本框中输入值 1。

Step3. 定义刀具参数。在 进给速率: 文本框中输入值 300.0，在 下刀速率: 文本框中输入值 1200.0，在 提刀速率 文本框中输入值 1200.0，在 主轴转速 文本框中输入值 800.0；单击 冷却液 按钮，系统弹出“冷却液”对话框，在 Flood （切削液）下拉列表中选择 On 选项，单击该对话框中的 确定 按钮，关闭“冷却液”对话框。单击“编辑刀具”对话框中的 完成 按钮，完成刀具的设置。

Stage4. 设置加工参数

Step1. 设置切削方式。在“多轴刀路 - 旋转”对话框左侧列表中单击 切削方式 节点，切换到切削方式设置界面，如图 12.7.3 所示。

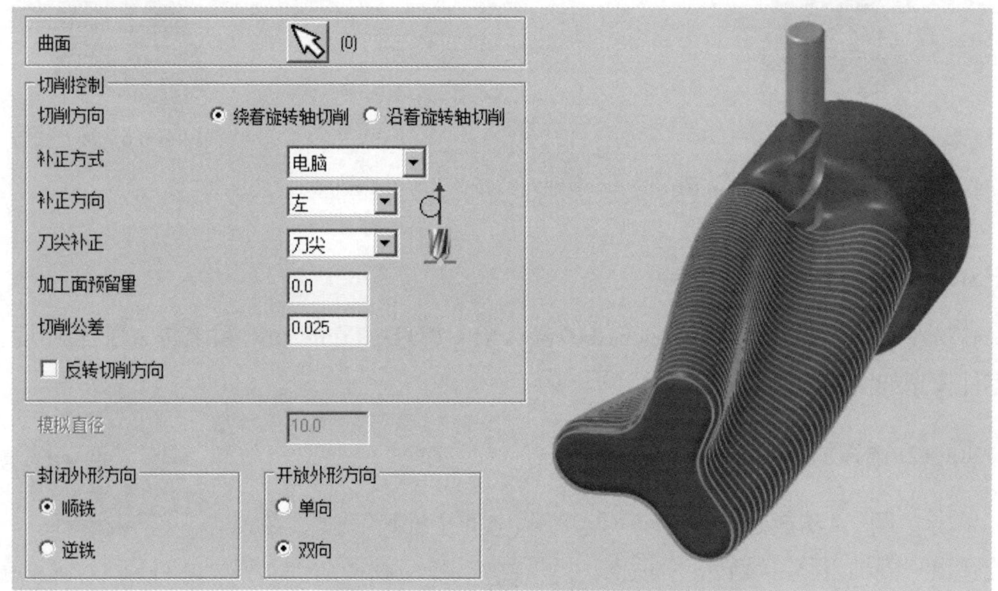

图 12.7.3 “切削方式”设置界面

图 12.7.3 所示的“切削方式”设置界面中部分选项的说明如下。

- 绕着旋转轴切削 单选项：用于设置绕着旋转轴进行切削。
- 沿着旋转轴切削 单选项：用于设置沿着旋转轴进行切削。

Step2. 选取加工区域。单击“曲面”后的 按钮，在图形区中选取图 12.7.4 所示的曲面，系统返回“多轴刀路 - 旋转”对话框。在 切削公差 文本框中输入值 0.02，其他采用系统默认的参数值。

Step3. 设置刀轴控制参数。在“多轴刀路 - 旋转”对话框左侧列表中单击 刀轴控制 节点，切换到刀轴控制参数设置界面。单击 按钮，选取图 12.7.5 所示的点作为 4 轴点，

在 旋转轴 下拉列表中选择 Z轴 选项。

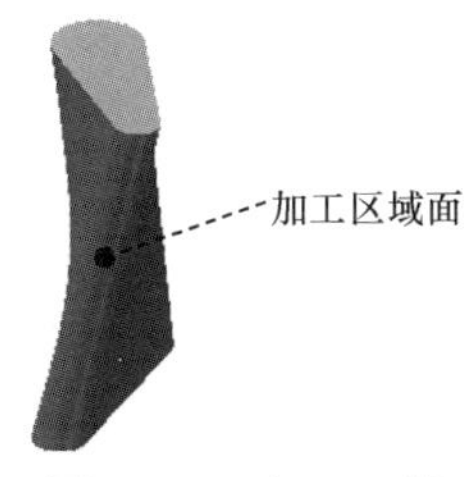

图 12.7.4 加工区域

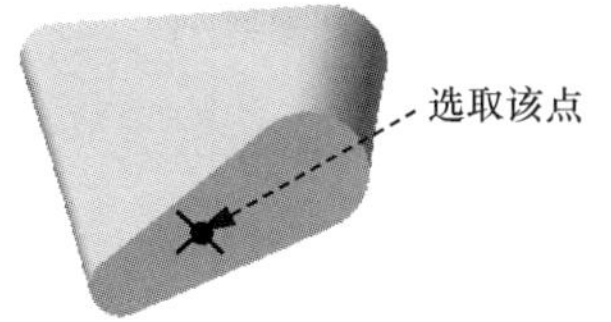

图 12.7.5 定义 4 轴点

Step4. 设置连接参数。在“多轴刀路 - 旋转”对话框左侧列表中单击 连接 节点，切换到连接参数设置界面，选中 安全高度... 按钮前的复选框，并在其后的文本框中输入值 100.0；在 参考高度... 文本框中输入值 50.0；在 下刀位置... 文本框中输入值 5.0。

Step5. 单击“多轴刀路 - 旋转”对话框中的 ✔ 按钮，完成“多轴刀路 - 旋转”参数的设置，此时系统将自动生成图 12.7.6 所示的刀具路径。

Stage5. 路径模拟

Step1. 在“操作管理”中单击上一步创建好的刀路节点，系统弹出“刀路模拟”对话框及“路径模拟控制”操控板。

Step2. 在“路径模拟控制”操控板中单击 ▶ 按钮，系统将开始对刀具路径进行模拟，结果与图 12.7.6 所示的刀具路径相同，单击“刀路模拟”对话框中的 ✔ 按钮，关闭“路径模拟控制”操控板。

图 12.7.6 刀具路径

Step3. 保存文件模型。选择下拉菜单 文件(F) → 保存(S) 命令，保存模型。

12.8 渐变多轴加工

渐变多轴加工用于创建形状逐渐变化的刀路，可以选择两曲线或者两曲面为参考，刀路的形状由一个参考对象的形状向另一对象过渡变化，并且可以通过控制刀具轴向产生平滑且精确的精加工刀具路径。下面以图 12.8.1 所示的模型为例来说明渐变多轴加工的操作过程。

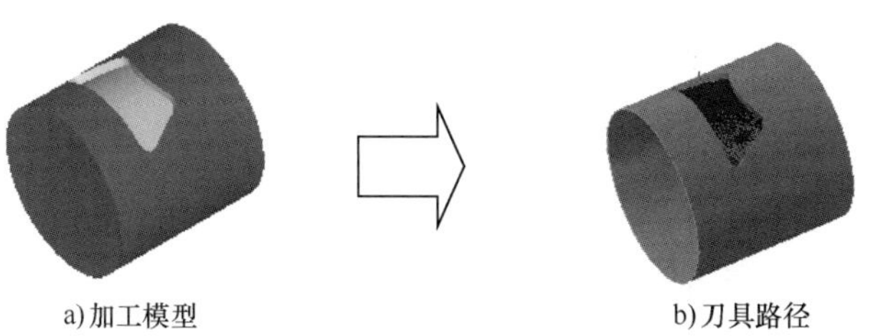

图 12.8.1 渐变多轴加工

Stage1. 打开原始模型

打开文件 D:\mcx2024\work\ch12.08\BETWEEN_2_CURVES.mcam，系统进入加工环境，此时零件模型如图 12.8.2 所示。

Stage2. 选择加工类型

单击 刀路 功能选项卡 多轴加工 区域中的 智能综合 命令，系统弹出“多轴刀路 - 智能综合”对话框。

图 12.8.2　零件模型

Stage3. 选择刀具

Step1. 选择加工刀具。

（1）确定刀具类型。在“多轴刀路 - 智能综合”对话框左侧列表中单击 刀具 节点，切换到刀具参数界面，然后单击 按钮，系统弹出“刀具过滤列表设置”对话框，单击 刀具类型 区域中的 全关(N) 按钮后，在刀具类型按钮群中单击 （平底刀）按钮，单击 按钮，关闭“刀具过滤列表设置”对话框。

（2）选择刀具。在对话框中单击 按钮，系统弹出“选择刀具”对话框，在该对话框中选择刀具“FLAT END MILL-4”，单击 按钮，完成刀具的选择。

Step2. 设置刀具号。在“多轴刀路 - 智能综合”对话框中双击上一步选择的刀具，系统弹出“编辑刀具”对话框，单击 下一步 按钮，在 刀号: 文本框中将原有的数值改为 1。

Step3. 定义刀具参数。在 进给速率: 文本框中输入值 150.0，在 下刀速率: 文本框中输入值 100.0，在 提刀速率 文本框中输入值 500.0，在 主轴转速 文本框中输入值 2500.0；单击 冷却液 按钮，系统弹出“冷却液”对话框，在 Flood （切削液）下拉列表中选择 On 选项，单击该对话框中的 确定 按钮，关闭“冷却液”对话框。单击“编辑刀具”对话框中的 完成 按钮，完成刀具的设置。

Stage4. 设置加工参数

Step1. 设置切削方式。在“多轴刀路 - 智能综合”对话框左侧列表中单击 切削方式 节点，切换到切削方式设置界面，如图 12.8.3 所示。

图 12.8.3 所示的“切削方式”设置界面中部分选项的说明如下。

- 区域 区域：用于设置切削的加工范围。
  - ☑ 类型 下拉列表：用来定义切削路径在加工曲面边缘和中间范围的多种切削形式，包括图 12.8.4 所示的 4 种形式。
  - ☑ □ 圆角 复选框：用于设置刀具路径在尖角处的额外圆角路径。勾选该选项后，可

单击 切削方式 节点下的 圆角 节点定义圆角半径的数值。

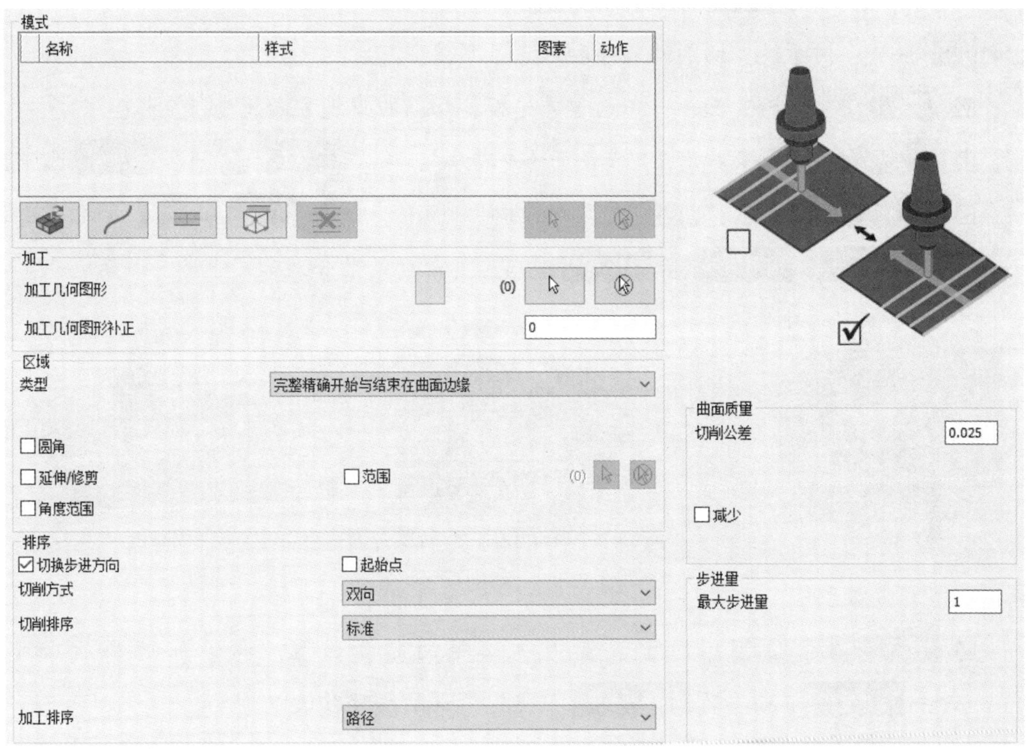

图 12.8.3 “切削方式”设置界面

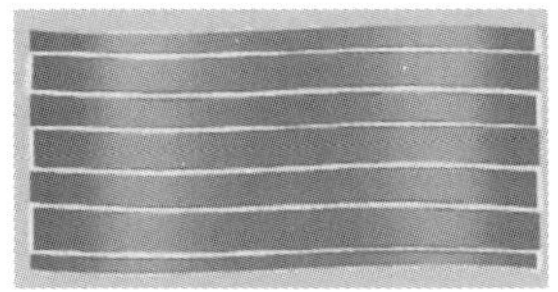

a) 完整精确避让切削边缘

b) 完整精确开始与结束在曲面边缘

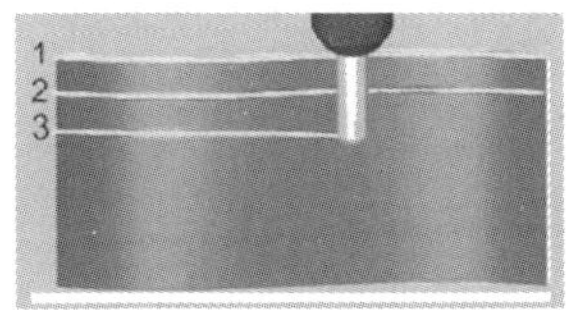

c) 自定义切削次数

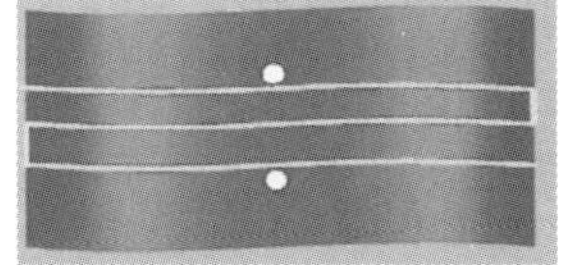

d) 依照一个或两个点限制切削

图 12.8.4 切削范围的 4 种形式

☑ □延伸/修剪 复选框：用于设置刀具路径在曲线两端的延伸和修整刀路长度。勾选该选项后，可单击 切削方式 节点下的 修整/延伸 节点定义详细参数数值。

☑ □角度范围 复选框：用于设置刀具路径沿视角方向的加工角度范围。勾选该选项后，可单击 切削方式 节点下的 角度范围 节点定义详细参数数值。

☑ □范围 复选框：用于设置刀具路径通过2D曲线投影后的边界范围。勾选该选项后，可单击 切削方式 节点下的 范围 节点定义详细参数数值。

- 排序 区域：用于设置切削的顺序和起点等参数。

☑ □切换步进方向 复选框：勾选该复选框，切削的步进方向将进行翻转。

☑ 切削方式 下拉列表：用来定义切削的走刀方式，包括 双向、单向 和 螺旋式 选项。

☑ 切削排序 下拉列表：用来定义切削的走刀顺序，仅在 双向 和 单向 方式下可用，包括 标准、由内而外 和 由外而内 选项，其示意效果分别如图12.8.5所示。

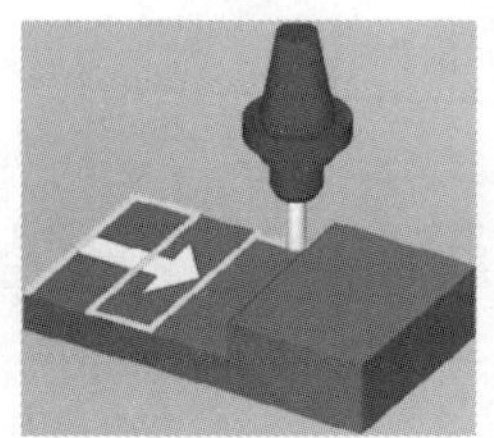
a) 标准

b) 由内而外

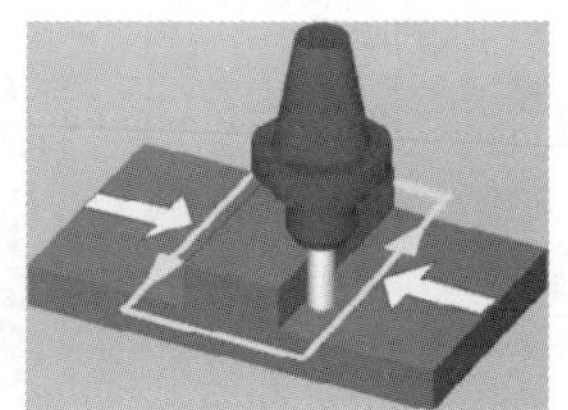
c) 由外而内

图 12.8.5　切削顺序

☑ □起始点 复选框：用于设置刀具路径的起始位置。勾选该选项后，可单击 切削方式 节点下的 起始点参数 节点定义详细参数数值。

Step2. 选取加工曲线和曲面。

（1）在“多轴刀路 - 智能综合”对话框的 模式 区域中单击“添加曲线行”按钮 ，添加第1个曲线参考，单击右侧的 按钮，系统弹出“线框串连”对话框，在图形区中选取图12.8.6所示的曲线串1；单击 按钮，系统返回至“多轴刀路 - 智能综合”对话框。

（2）再次单击 模式 区域中的“添加曲线行”按钮 ，添加第2个曲线参考，单击右侧的 按钮，系统弹出“线框串连”对话框，在图形区中选取图12.8.6所示的曲线串2；单击 按钮，系统返回至“多轴刀路 - 智能综合”对话框。

（3）在任一参考曲线的 样式 下拉列表中选择 渐变 选项。

（4）单击 加工 区域 加工几何图形 右侧的 按钮，进入曲面选取界面，选取图12.8.7所示的曲面，并按Enter键，系统返回“多轴刀路 - 智能综合”对话框。

（5）在 排序 区域中选中 ☑切换步进方向 复选框，其余切削参数采用系统默认设置值。

说明： 如果在选取加工曲线时的顺序与前面所述相反，此处就不需要调整步进的方向。

Step3. 设置刀轴控制。在“多轴刀路 - 智能综合”对话框左侧列表中单击 刀轴控制 节点，设置图12.8.8所示的参数。

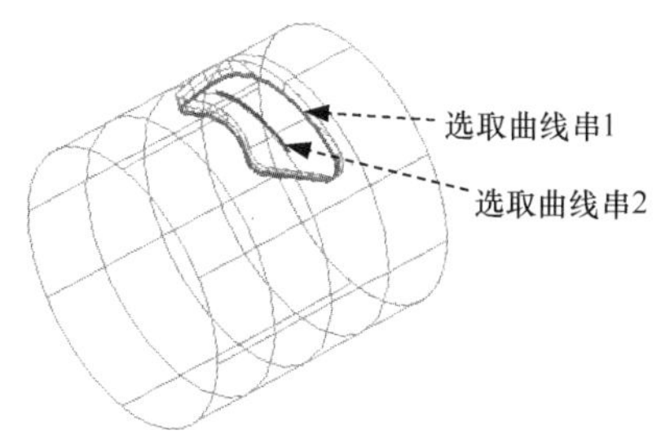

图 12.8.6 定义曲线串

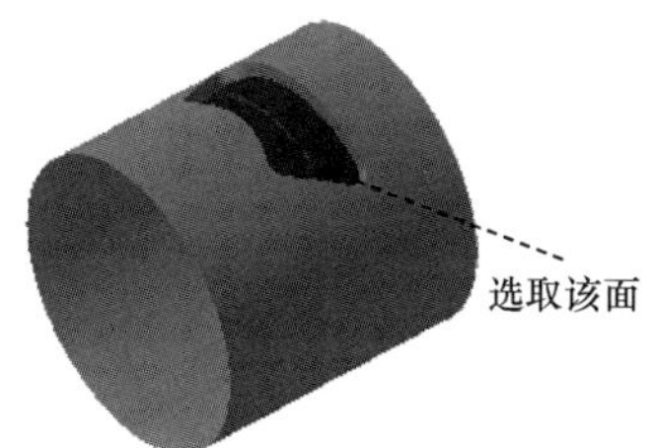

图 12.8.7 定义加工曲面

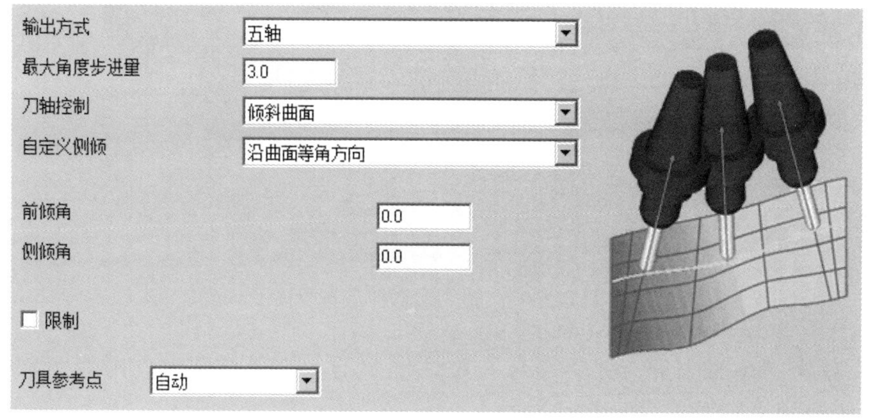

图 12.8.8 “刀轴控制”设置界面

图 12.8.8 所示的“刀轴控制”设置界面中部分选项的说明如下。

- 刀轴控制 下拉列表：用于设置刀具轴的控制参数，主要包括以下选项。
  - ☑ 倾斜曲面 选项：用于设置刀具轴的方向在引导曲面法向基础上进行倾斜。
  - ☑ 倾斜轴角度 选项：用于设置刀具轴的方向可沿某个轴向倾斜一定角度。
  - ☑ 固定轴角度 选项：用于设置刀具轴的方向可沿某个轴向固定倾斜一定角度。
  - ☑ 绕轴旋转 选项：用于设置刀具轴的方向可沿某个轴向倾斜一定角度。
  - ☑ 直线 选项：用于设置刀具轴的方向沿倾斜的直线进行分布。
  - ☑ 到串连 选项：用于设置刀具轴的方向从刀尖延伸后汇聚于某个曲线串。
  - ☑ 垂直于叶轮底面 选项：用于设置刀具轴的方向按照叶轮加工来进行控制。

说明：刀轴控制的部分选项与前面 5 轴加工的设置含义是完全一致的，此处不再赘述，读者可参考前面小节的介绍。

Step4. 设置进退刀参数。在“多轴刀路 - 智能综合”对话框左侧列表中单击 连接方式 节点下的 默认切入/切出 节点，切换到进刀参数设置界面，设置图 12.8.9 所示的参数。

Step5. 设置粗加工参数。在“多轴刀路 - 智能综合”对话框左侧列表中单击 粗切 节点，切换到粗加工参数设置界面，选中 ☑径向分层切削 复选框，设置图 12.8.10 所示的“分

层切削”参数。

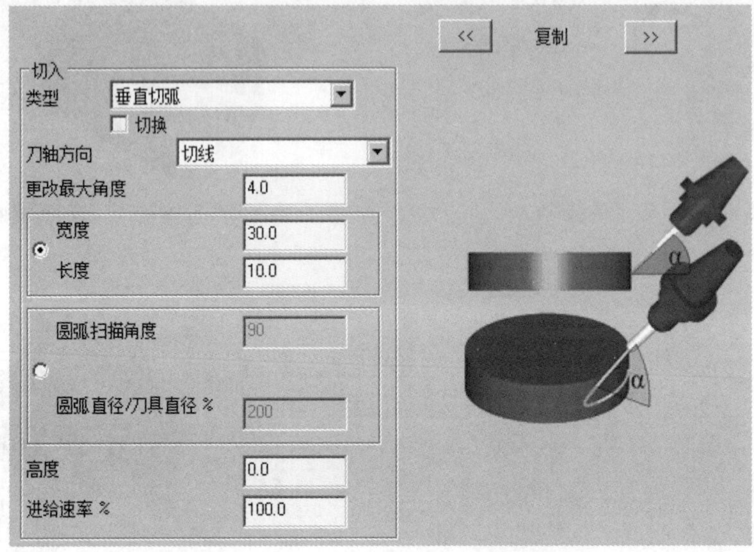

图 12.8.9 “进刀参数”设置界面

Step6. 单击“多轴刀路 - 智能综合”对话框中的 按钮，此时系统将自动生成图 12.8.11 所示的刀具路径。

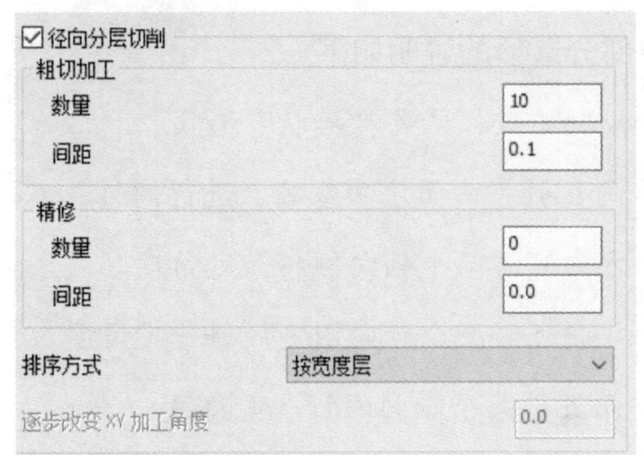

图 12.8.10 设置“分层切削”参数

图 12.8.11 刀具路径

Stage5. 路径模拟

Step1. 在“操作管理”中单击上一步创建好的刀路节点，系统弹出“刀路模拟”对话框及“路径模拟控制”操控板。

Step2. 在“路径模拟控制”操控板中单击 按钮，系统将开始对刀具路径进行模拟，结果与图 12.8.11 所示的刀具路径相同，单击“刀路模拟”对话框中的 按钮，关闭“路径模拟控制”操控板。

Step3. 保存文件模型。选择下拉菜单 文件(F) → 保存(S) 命令，保存模型。

第13章 车削加工

13.1 概　　述

车削加工主要应用于轴类和盘类零件的加工，是工厂中应用最广泛的一种加工方式。车床为二轴联动，相对于铣削加工，车削加工要简单得多。在工厂中多数数控车床都采用手工编程，但随着科学技术的进步，也开始使用软件编程。

使用 Mastercam 2024 可以快速生成车削加工刀具路径和 NC 文件，在绘图时，只需绘制零件图形的一半即可用软件进行加工仿真。

13.2 粗车加工

粗车加工用于大量切除工件中多余的材料，使工件接近于最终的尺寸和形状，为精车加工做准备。粗车加工一次性去除材料多，加工精度不高。下面以图 13.2.1 所示的模型为例讲解粗车加工的一般过程，其操作步骤如下。

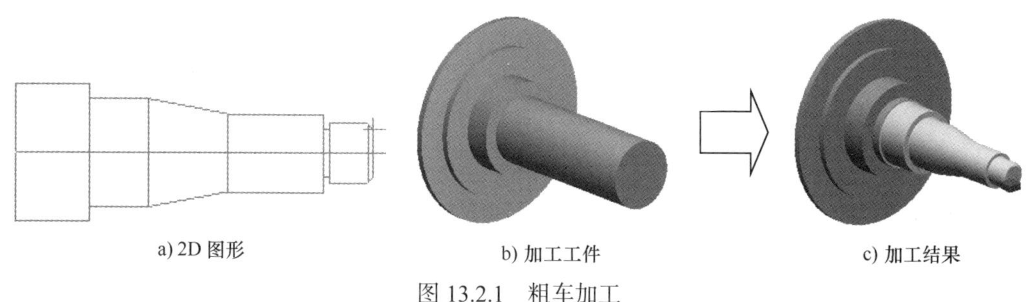

图 13.2.1　粗车加工

Stage1. 进入加工环境

打开文件 D: \mcx2024\work\ch13.02\ROUGH_LATHE.mcam，系统进入加工环境，此时零件模型如图 13.2.2 所示。

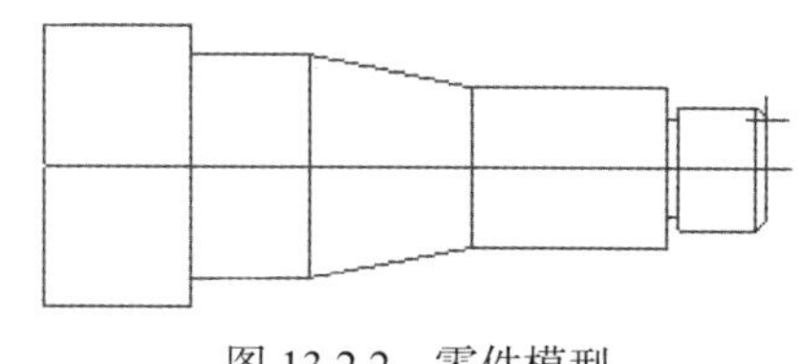

图 13.2.2　零件模型

Stage2. 设置工件和夹爪

Step1. 在“操作管理”中单击 属性 - Lathe Default 节点前的“+”号，将该节点展开，然后单击 毛坯设置 节点，系统弹出图 13.2.3 所示的“机床群组属性”对话框。

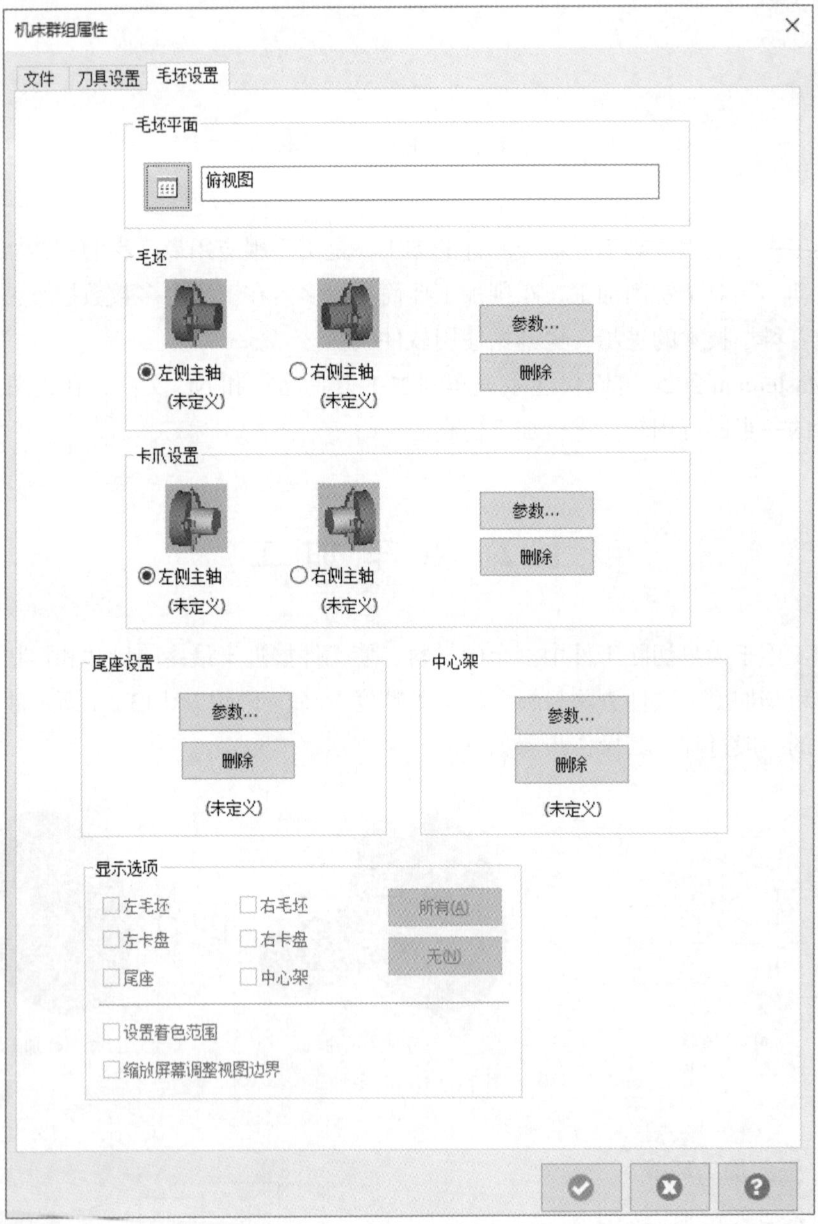

图 13.2.3 “机床群组属性”对话框

图 13.2.3 所示的“机床群组属性”对话框中部分选项的说明如下。

- 毛坯平面 区域：用于定义素材的视角方位，单击 按钮，在系统弹出的“选择平

面”对话框中可以更改素材的视角。

- 毛坯 区域：用于定义工件的形状和大小，其包括 左侧主轴 单选项、右侧主轴 单选项、参数... 按钮和 删除 按钮。
  - ☑ 左侧主轴 单选项：用于定义主轴在机床左侧。
  - ☑ 右侧主轴 单选项：用于定义主轴在机床右侧。
  - ☑ 参数... 按钮：单击此按钮，系统弹出“机床组件管理 - 素材”对话框，此时可以详细定义工件的形状、大小和位置。
  - ☑ 删除 按钮：单击此按钮，系统将删除已经定义的工件等信息。
- 卡爪设置 区域：用于定义夹爪的形状和大小，其包括 左侧主轴 单选项、右侧主轴 单选项、参数... 按钮和 删除 按钮。
  - ☑ 左侧主轴 单选项：用于定义夹爪在机床左侧。
  - ☑ 右侧主轴 单选项：用于定义夹爪在机床右侧。
  - ☑ 参数... 按钮：单击此按钮，系统弹出“机床组件管理 - 卡爪”对话框，此时可以详细定义夹爪的信息。
  - ☑ 删除 按钮：单击此按钮，系统将删除已经定义的夹爪等信息。
- 尾座设置 区域：用于定义尾座的大小，定义方法同夹爪类似。
- 中心架 区域：用于定义中间支撑架的大小，定义方法同夹爪类似。
- 显示选项 区域：通过选中或取消选中不同的复选框来控制各素材的显示或隐藏。

Step2. 设置工件的形状。在“机床群组属性”对话框的 毛坯 区域中单击 参数... 按钮，系统弹出“机床组件管理：毛坯”对话框，如图 13.2.4 所示。

图 13.2.4 所示的“机床组件管理：毛坯”对话框中各选项的说明如下。

- 图形: 下拉列表：用来设置工件的形状。
- 由两点产生(2)... 按钮：通过选择两个点来定义工件的大小。
- 外径: 文本框：通过输入数值定义工件的外径大小或通过单击其后的 选择.. 按钮，在绘图区选取点定义工件的外径大小。
- ☑ 内径: 文本框：通过输入数值定义工件的内孔大小或通过单击其后的 选择.. 按钮，在绘图区选取点定义工件的内孔大小。
- 长度: 文本框：通过输入数值定义工件的长度或通过单击其后的 选择.. 按钮，在绘图区选取点定义工件的长度。
- 轴向位置 区域：可用于设置 Z 坐标或通过单击其后的 选择.. 按钮，在绘图区选取点定义毛坯一端的位置。

● ☑使用边缘 复选框：选中此复选框，可以通过输入沿零件各边缘的延伸量来定义工件。

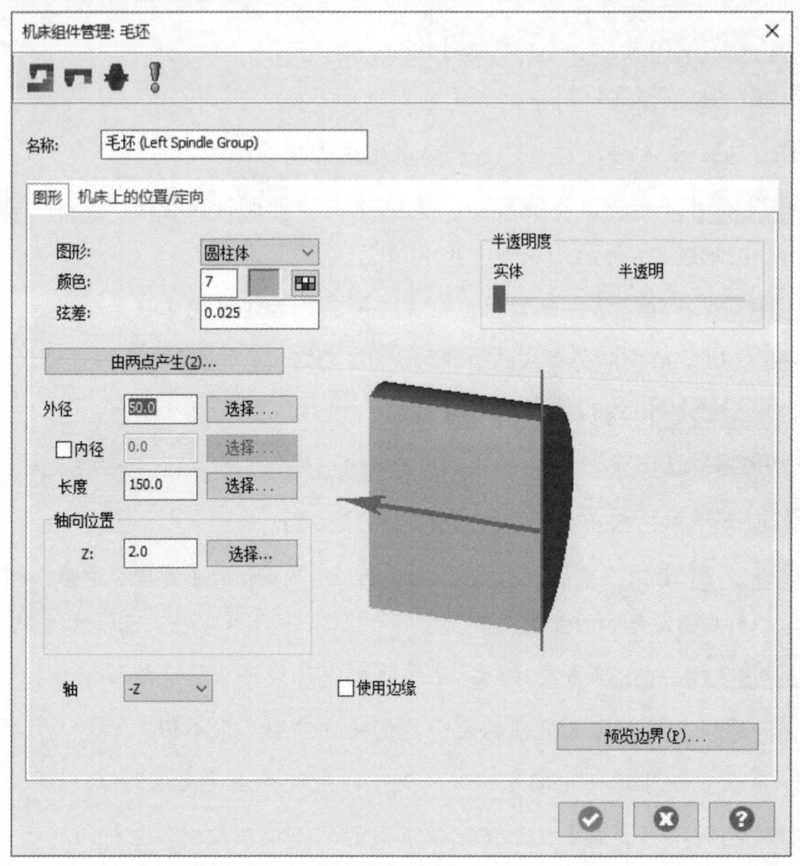

图 13.2.4 “机床组件管理：毛坯”对话框

Step3. 设置工件的尺寸。在“机床组件管理：毛坯”对话框中单击 由两点产生(2)... 按钮，然后在图形区选取图 13.2.5 所示的两点（点 1 为最右段上边竖直直线的下端点，点 2 的位置大致如图所示即可），系统返回到“机床组件管理：毛坯”对话框，在 外径 文本框中输入值 50.0，在 长度 文本框中输入值 150.0，在 轴向位置 区域的 Z: 文本框中输入值 2.0，其他参数采用系统默认设置值，单击 预览边界(P)... 按钮预览工件，如图 13.2.6 所示。按 Enter 键，然后在“机床组件管理：毛坯”对话框中单击 ✔ 按钮，系统返回到“机床群组属性”对话框。

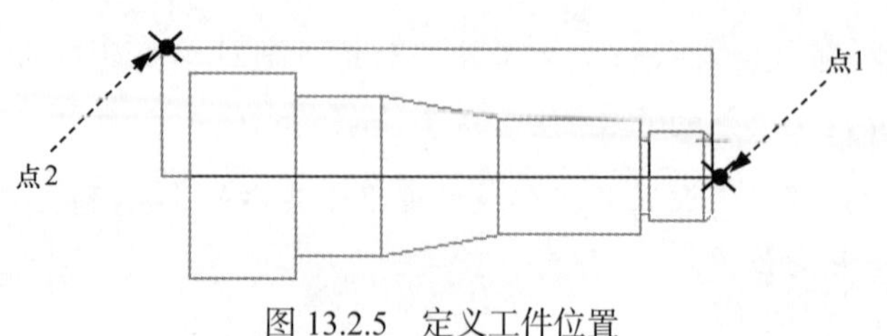

图 13.2.5 定义工件位置

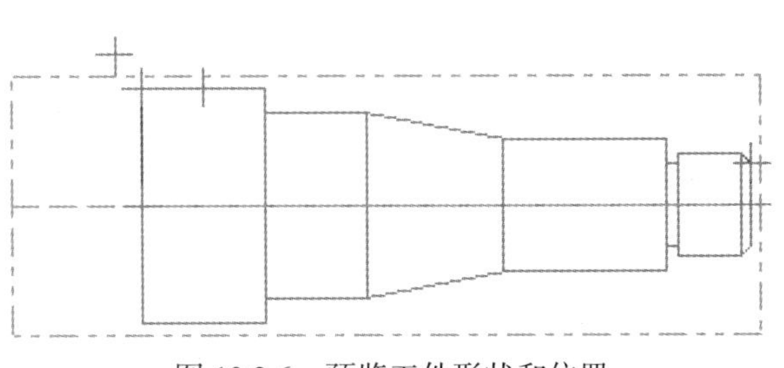

图 13.2.6 预览工件形状和位置

Step4. 设置夹爪的形状。在“机床群组属性”对话框的 卡爪设置 区域中单击 参数... 按钮，系统弹出“机床组件管理：卡爪”对话框，单击该对话框中的 图形 选项卡，设置图 13.2.7 所示的参数。

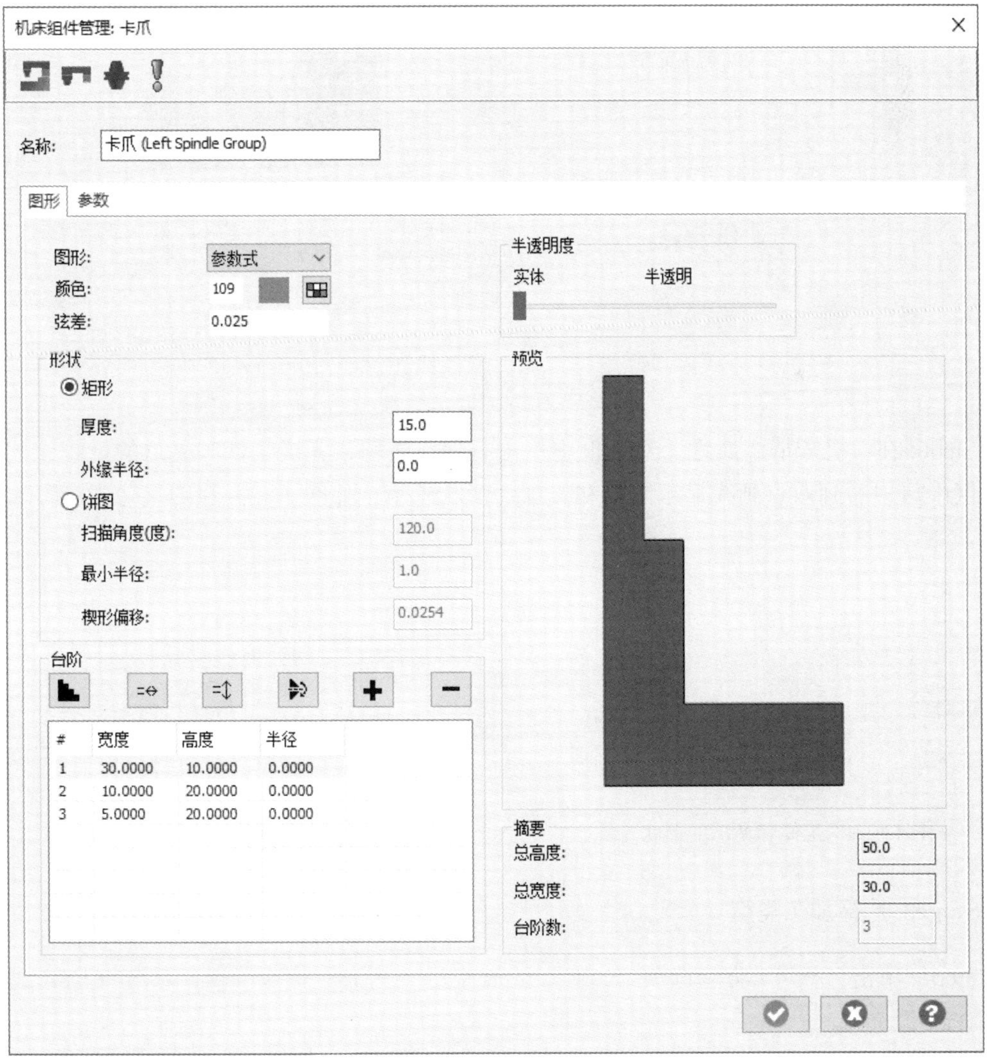

图 13.2.7 设置夹爪的形状

Step5. 设置夹爪的尺寸。在“机床组件管理：卡爪”对话框中单击 参数 选项卡，设置图 13.2.8 所示的参数，单击 ✔ 按钮，系统返回到“机床群组属性”对话框。

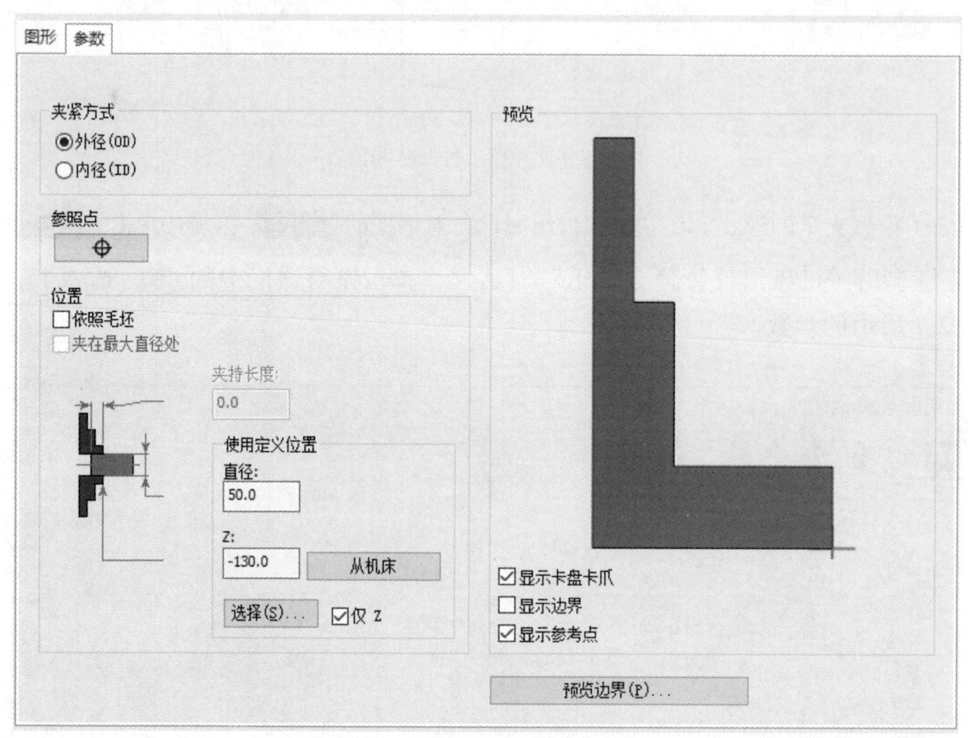

图 13.2.8 设置夹爪的尺寸

Step6. 在“机床群组属性”对话框中单击 ✔ 按钮，完成工件和夹爪的设置，此时在图形区中可以看到双点画线显示工件和夹爪的形状轮廓，如图 13.2.9 和图 13.2.10 所示。

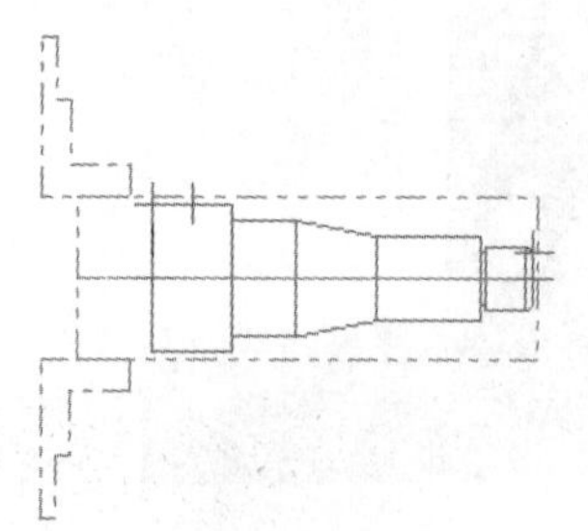

图 13.2.9 工件和夹爪的形状轮廓

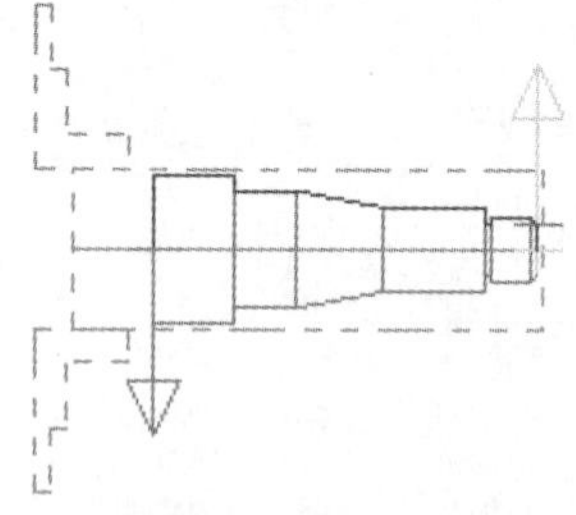

图 13.2.10 选取加工轮廓

Stage3. 选择加工类型

Step1. 单击 车削 功能选项卡 标准 区域中的“粗车”命令，系统弹出“线框串连”对话框。

Step2. 定义加工轮廓。在该对话框中单击 按钮，然后在图形区中依次选取

图 13.2.10 所示的加工轮廓线（中心线以上的部分），单击 ✓ 按钮，系统弹出图 13.2.11 所示的“粗车”对话框。

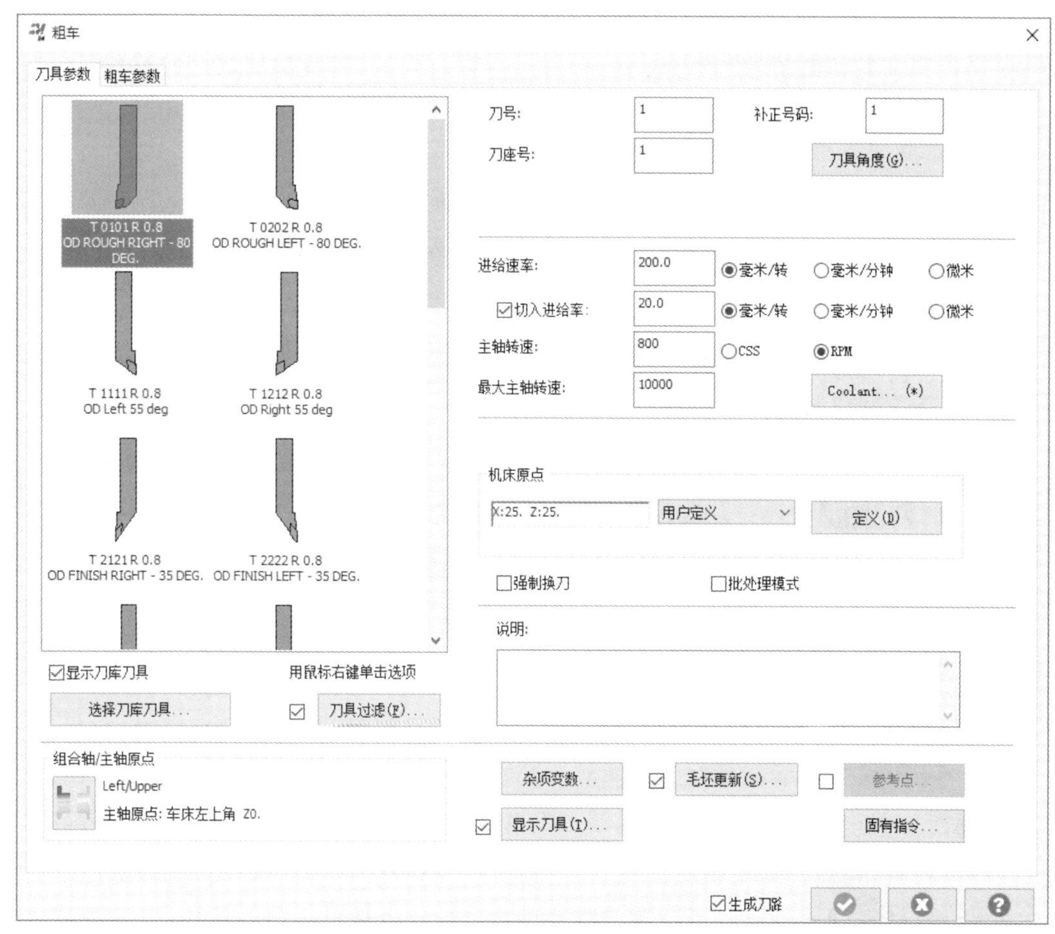

图 13.2.11 “粗车”对话框

说明：在选取加工轮廓时建议用串联的方式选取加工轮廓，如果用单体的方式选择加工轮廓，应保证所选轮廓的方向一致。

图 13.2.11 所示的“粗车”对话框中部分选项的说明如下。

- ☑显示刀库刀具 复选框：用于在刀具显示窗口内显示当前的刀具组。
- 选择刀库刀具... 按钮：用于在刀具库中选取加工刀具。
- 刀具过滤(F)... 按钮：用于设置刀具过滤的相关选项。
- 刀号: 文本框：用于显示程序中的刀具号码。
- 补正号码: 文本框：用于显示每个刀具的补正号码。
- 刀座号: 文本框：用于显示每个刀具的刀座号码。
- 刀具角度(G)... 按钮：用于设置刀具进刀、切削以及刀具角度的相关选项。单击此按钮，系统弹出“刀具角度”对话框，用户可以在此对话框中设置相关角度选项。

- 进给速率: 文本框：用于定义刀具在切削过程中的进给率值。
- 切入进给率: 文本框：用于定义下刀的速率值。当此文本框前的复选框被选中时，下刀速率文本框及其后的单位设置单选项方可使用，否则下刀速率的相关设置为不可用状态。
- 主轴转速: 文本框：用于定义主轴的转速值。
- 最大主轴转速: 文本框：用于定义用户允许的最大主轴转速值。
- Coolant... 按钮：用于选择加工过程中的冷却方式。单击此按钮，系统弹出“Coolant…”对话框，用户可以在此对话框中选择冷却方式。
- 机床原点 区域：该区域包括换刀点的坐标 X:125. Z:250.、用户定义 下拉列表和 定义(D) 按钮。
  - ☑ 用户定义：用于选取换刀点的位置，其包括 根据机床 选项、用户定义 选项和 依照刀具 选项。根据机床 选项：用于设置换刀点的位置来自车床，此位置根据定义的轴结合方式的不同而有所差异。用户定义 选项：用于设置任意的换刀点。依照刀具 选项：用于设置换刀点的位置来自刀具。
  - ☑ 定义(D) 按钮：用于定义换刀点的位置。当选择 用户定义 选项时，此按钮为激活状态，否则为不可用状态。
- ☑ 强制换刀 复选框：用于设置强制换刀的代码。例如：当使用同一把刀具进行连续的加工时，可将无效的刀具代码（1000）改为 1002，并写入 NCI，同时建立新的连接。
- ☑ 批处理模式 复选框：用于设置刀具成批次处理。当选中此复选框时，刀具路径会自动添加到刀具路径管理器中，直到批次处理运行才能生成 NCI 程序。
- 说明: 文本框：用于添加刀具路径注释。
- 按钮：用于选择轴的结合方式。在加工时，车床刀具对同一个轴向具有多重的定义时，可以选择相应的结合方式。
- 杂项变数... 按钮：用于设置杂项变数的相关选项。
- 毛坯更新(S)... 按钮：用于设置工件更新的相关选项。当此按钮前的复选框被选中时方可使用，否则杂项变数的相关设置为不可用状态。
- 参考点... 按钮：用于设置备刀的相关选项。当此按钮前的复选框被选中时方可使用，否则备刀的相关设置为不可用状态。
- 显示刀具(T)... 按钮：用于设置刀具显示的相关选项。
- 固有指令... 按钮：用于输入有关的指令。

Stage4. 选择刀具

Step1. 在“粗车”对话框中采用系统默认的刀具，在 进给速率: 文本框中输入值 200.0；在 主轴转速: 文本框中输入值 800.0，并选中 ⊙ RPM 单选项；在 机床原点 下拉列表中选择 用户定义 选项，单击 自定义(U)... 按钮，在系统弹出的“依照用户定义原点”对话框的 X: 文本框中输入值 25.0，在 Z: 文本框中输入值 25.0。单击该对话框中的 ✔ 按钮，系统返回至“粗车”对话框，其他参数采用系统默认设置值。

Step2. 设置冷却方式。单击 Coolant... 按钮，系统弹出“Coolant…”对话框，在 Flood（切削液）下拉列表中选择 On 选项，单击该对话框中的 ✔ 按钮，关闭“Coolant…”对话框。

Stage5. 设置加工参数

Step1. 设置粗车参数。在“粗车”对话框中单击 粗车参数 选项卡，设置图 13.2.12 所示的参数。

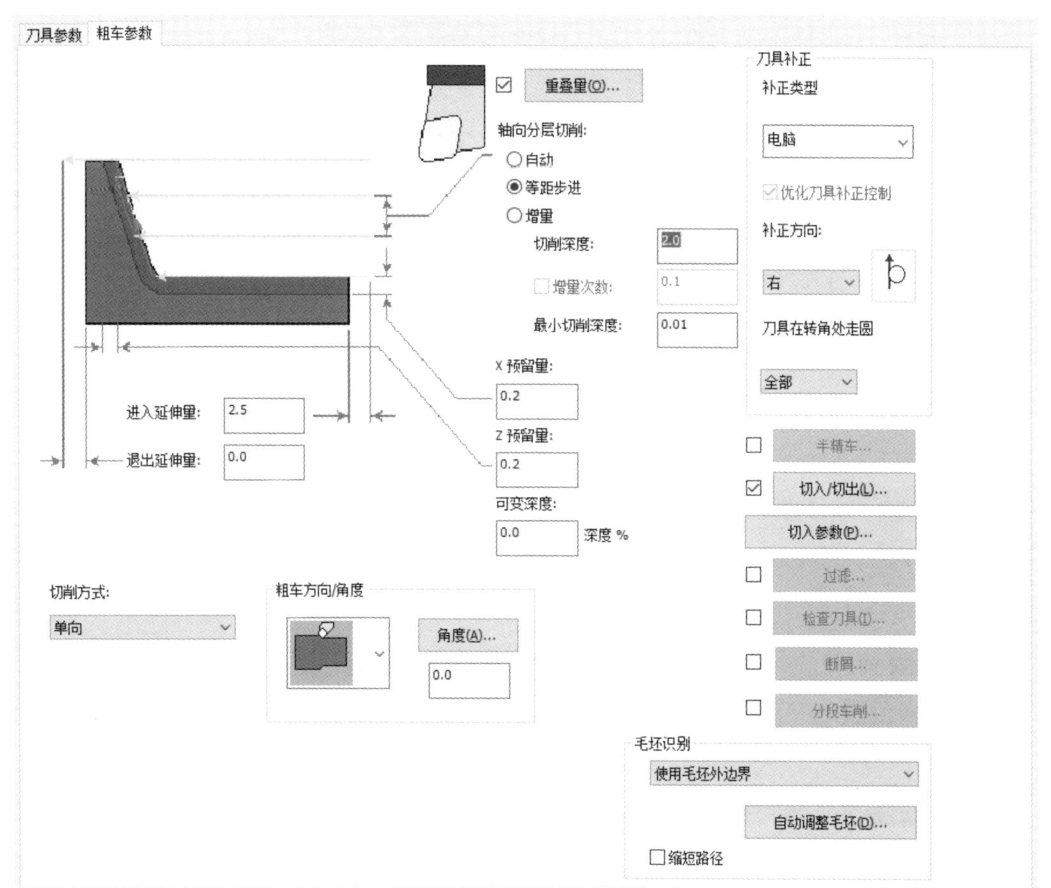

图 13.2.12 “粗车参数”选项卡

图 13.2.12 所示的“粗车参数”选项卡中部分选项的说明如下。

- 重叠量(O) 按钮：当该按钮前的复选框处于选中状态时，该按钮可用。单击此按钮，系统会弹出图 13.2.13 所示的“粗车重叠量参数”对话框，用户可以通过此对话框设置相邻两次粗车之间的重叠距离。

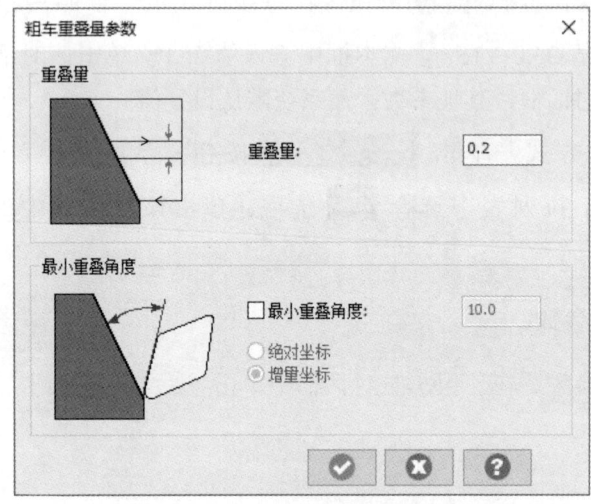

图 13.2.13 “粗车重叠量参数”对话框

- 切削深度: 文本框：用于设置每一次切削的深度，若选中 等距步进 复选框则表示将步进量设置为刀具允许的最大切削深度。
- 最小切削深度: 文本框：用于定义最小切削量。
- X 预留量: 文本框：用于定义粗车结束时工件在 X 方向的剩余量。
- Z 预留量: 文本框：用于定义粗车结束时工件在 Z 方向的剩余量。
- 可变深度: 文本框：用于定义粗车切削深度为比例值。
- 进入延伸量: 文本框：用于定义开始进刀时刀具与工件之间的距离。
- 退出延伸量: 文本框：用于定义退刀时刀具与工件之间的距离。
- 切削方式: 区域：用于定义切削方法，其包括 单向 和 双向往复、双向斜插 三个单选项。
  - ☑ 单向 选项：用于设置刀具只在一个方向进行切削。
  - ☑ 双向往复 选项：用于设置刀具在水平方向进行往复切削，但要注意选择可以双向切削的刀具。
  - ☑ 双向斜插 选项：用于设置刀具在斜向下方向进行往复切削，但要注意选择可以双向切削的刀具。
- 粗车方向/角度 下拉列表：用于定义粗车的方向和角度。其中包括 、 、 和 选项，单击 角度(A) 按钮，系统弹出“角度”对话框，用户可以通过此对话框设置粗车角度。

- 半精车... 按钮：选中此按钮前的复选框可以激活此按钮，单击此按钮，系统弹出“半精车参数”对话框，通过设置半精车参数可以增加一道半精车工序。
- 切入/切出(L)... 按钮：选中此按钮前的复选框可以激活此按钮，单击此按钮，系统弹出图 13.2.14 所示的“切入 / 切出设置”对话框，其中“切入”选项卡用于设置进刀刀具路径，“切出”选项卡用于设置退刀刀具路径。

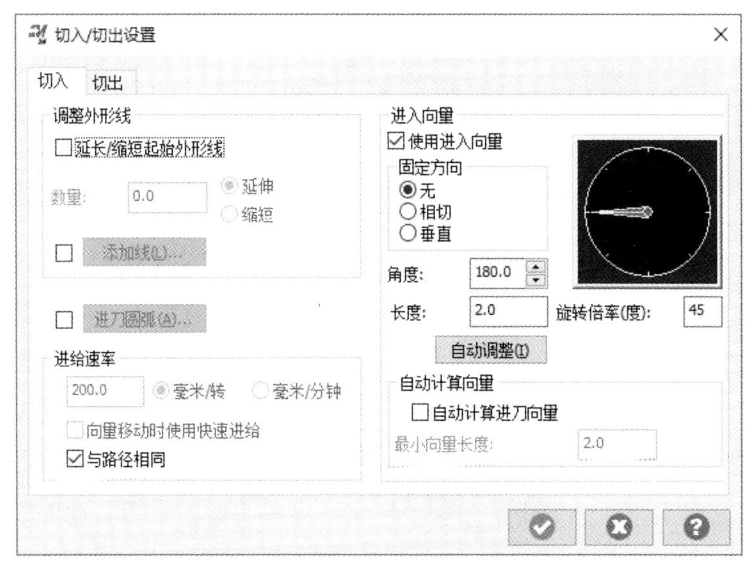

图 13.2.14 “切入 / 切出设置”对话框

- 切入参数(P)... 按钮：单击此按钮，系统弹出图 13.2.15 所示的“车削切入参数”对话框，用户可以通过此对话框对进刀的切削参数进行设置。
- 过滤... 按钮：用于设置除去加工中不必要的刀具路径。当该按钮前的复选框被选中时方可使用，否则此按钮为不可用状态。单击此按钮，系统弹出“过滤设置”对话框，用户可以在此对话框中对过滤设置的相关选项进行设置。
- 毛坯识别 下拉列表：用于定义调整工件去除部分的方式，其包括 剩余毛坯 选项、使用毛坯外边界 选项、仅延伸外形至毛坯 选项和 禁用毛坯识别 选项。
  - ☑ 剩余毛坯 选项：用于设置工件是上一个加工操作后的剩余部分。
  - ☑ 使用毛坯外边界 选项：用于定义工件的边界为外边界。
  - ☑ 仅延伸外形至毛坯 选项：用于把串联的轮廓线性延伸至工件边界。
  - ☑ 禁用毛坯识别 选项：用于设置不使用上述选项。
- 自动调整毛坯(D)... 按钮：用于调整粗加工时的去除部分。

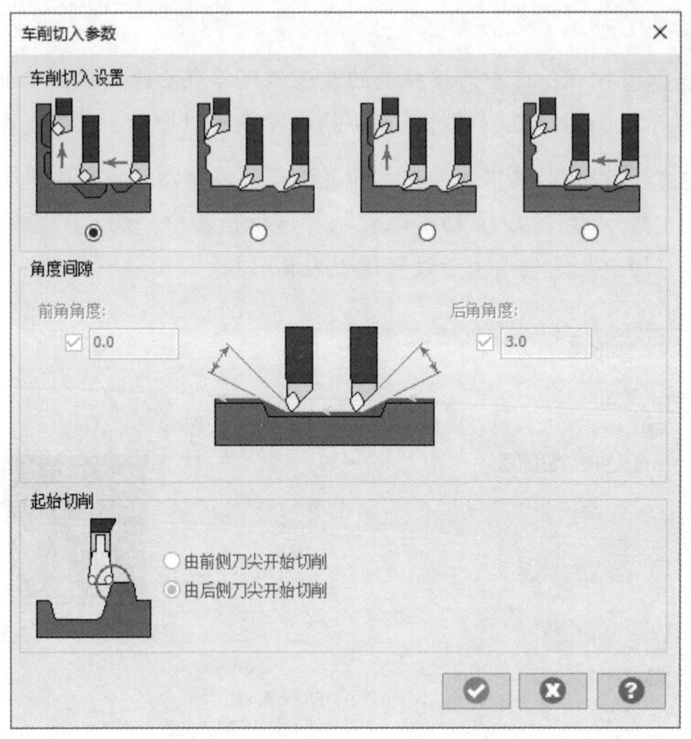

图 13.2.15 “车削切入参数”对话框

Step2. 单击“粗车”对话框中的 按钮，完成参数的设置，此时系统将自动生成图 13.2.16 所示的刀具路径。

Stage6. 加工仿真

Step1. 路径模拟。

（1）在“操作管理”中单击上一步创建好的刀路节点，系统弹出图 13.2.17 所示的“刀路模拟”对话框及“路径模拟控制”操控板。

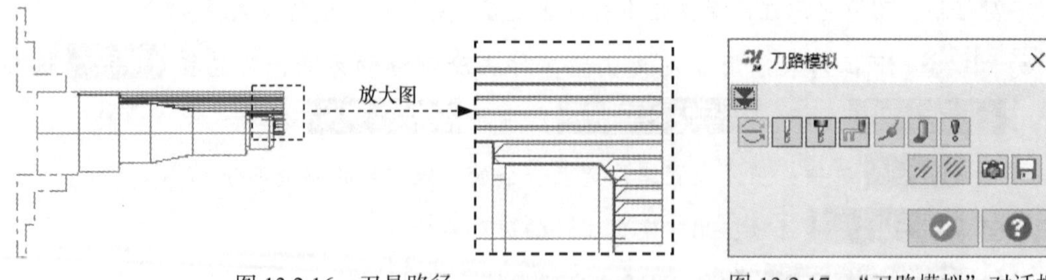

图 13.2.16 刀具路径

图 13.2.17 “刀路模拟”对话框

（2）在“路径模拟控制”操控板中单击 按钮，系统将开始对刀具路径进行模拟，结果与图 13.2.16 所示的刀具路径相同，在“刀路模拟”对话框中单击 按钮。

Step2. 实体切削验证。

（1）在 刀路 选项卡中单击“验证选定操作”按钮，系统弹出“Mastercam 模拟器”。

（2）在“Mastercam 模拟器”中单击 按钮，系统将开始进行实体切削仿真，仿真结果如图 13.2.18 所示，单击 按钮。

Step3. 保存加工结果。选择下拉菜单 文件(F) → 保存(S) 命令，即可保存加工结果。

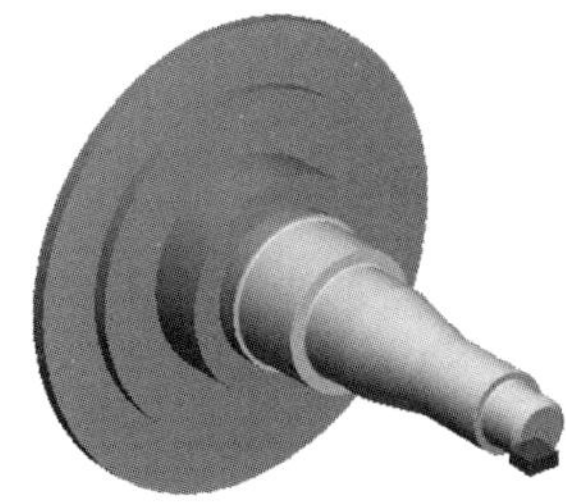

图 13.2.18 仿真结果

13.3 精车加工

精车加工与粗车加工基本相同，用于切除工件外形外侧、内侧或端面的粗加工留下来的多余材料。精车加工与其他车削加工方法相同，也要在绘图区域选择线串来定义加工边界。下面以图 13.3.1 所示的模型为例讲解精车加工的一般操作过程。

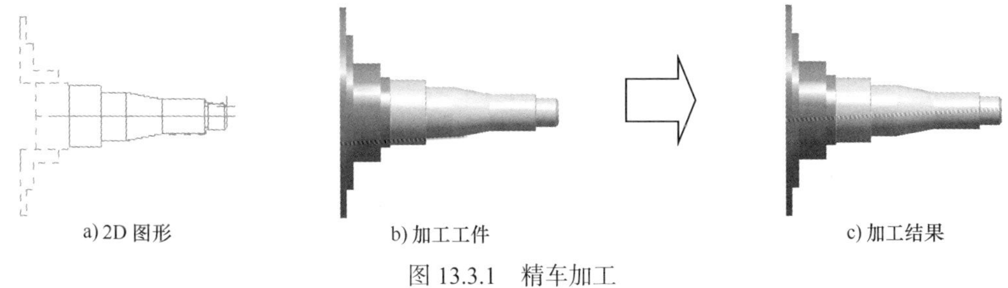

a) 2D 图形　　b) 加工工件　　c) 加工结果

图 13.3.1 精车加工

Stage1. 进入加工环境

Step1. 打开文件 D:\mcx2024\work\ch13.03\FINISH_LATHE.mcam，模型如图 13.3.2 所示。

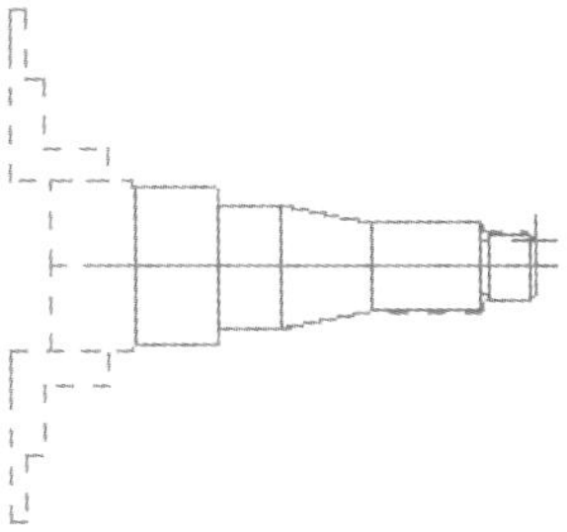

Step2. 隐藏刀具路径。在 刀路 选项卡中单击 按钮，再单击 按钮，将已保存的刀具路径隐藏。

图 13.3.2 打开模型

Stage2. 选择加工类型

Step1. 单击 车削 功能选项卡 标准 区域中的“精车”命令，系统弹出“线框串连”对话框。

Step2. 定义加工轮廓。在该对话框中单击 按钮，然后在图形区中依次选取图 13.3.3 所示的轮廓线（中心线以上的部分），单击 按钮，系统弹出“精车”对话框。

Stage3. 选择刀具

Step1. 在“精车”对话框中选择“T2121 R0.8 OD FINISH RIGHT”刀具，在 进给速率: 文本框中输入值 2.0；在 主轴转速: 文本框中输入值 1200.0，并选中 ⊙ RPM 单选项；在 机床原点 下拉列表中选择 用户定义 选项，单击 自定义(D)... 按钮，在系统弹出的“依照用户定义原点”对话框的 X: 文本框中输入值 25.0，Z: 文本框中输入值 25.0，单击该对话框中的 ✔ 按钮，系统返回到“精车”对话框，其他参数采用系统默认设置值。

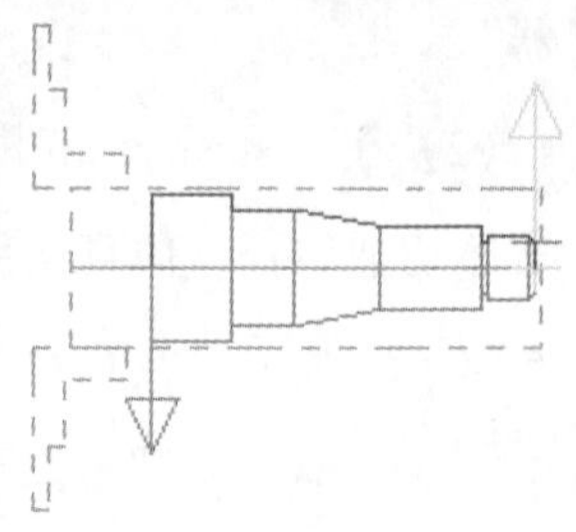

图 13.3.3　选取加工轮廓

Step2. 设置冷却方式。单击 Coolant... 按钮，系统弹出“Coolant…”对话框，在 Flood（切削液）下拉列表中选择 On 选项，单击该对话框中的 ✔ 按钮，关闭“Coolant…”对话框。

Stage4. 设置加工参数

Step1. 设置精车参数。在“精车”对话框中单击 精车参数 选项卡，如图 13.3.4 所示，在该选项卡的 精车步进量: 文本框中输入值 0.5，在 刀具在转角处走圆 下拉列表中选择 无 选项。

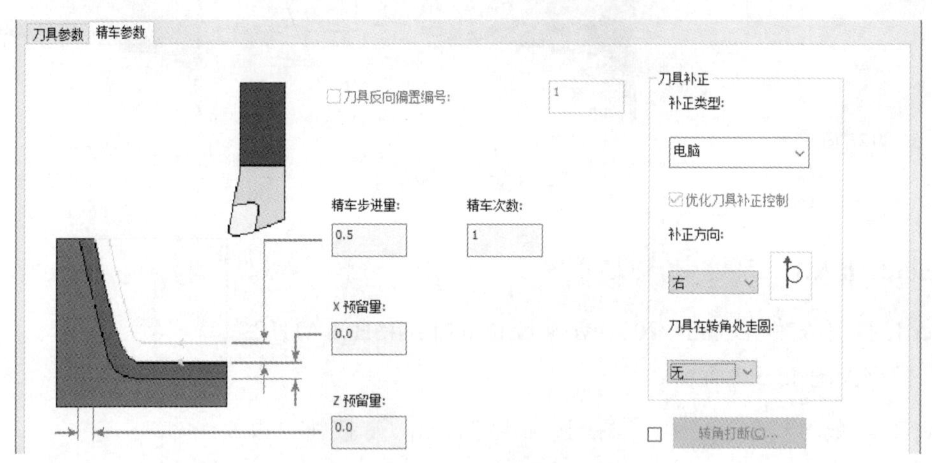

图 13.3.4　“精车参数”选项卡

Step2. 单击该对话框中的 ✔ 按钮，完成加工参数的选择，此时系统将自动生成图 13.3.5 所示的刀具路径。

图 13.3.4 所示的“精车参数”选项卡中部分选项的说明如下。

- 精车次数: 文本框：用于定义精修的次数。如果精修次数大于 1，并且 补正类型 为“电脑”，则系统将根据计算机的刀具补偿参数来决定补正方向；如果 补正类型 为“控制器”，则系统将根据控制器来决定补正方向；如果 补正类型 为“关”，则 补正类型 为未知的，且每次精修刀路将为同一个路径。

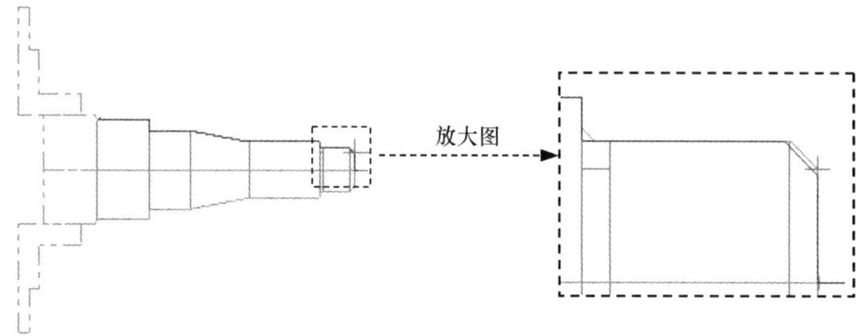

图 13.3.5 刀具路径

- 转角打断(C)... 按钮：用于设置在外部所有转角处打断原有的刀具路径，并自动创建圆弧或斜角过渡。当该按钮前的复选框处于选中状态时，该按钮可用，单击该按钮后，系统弹出图 13.3.6 所示的“转角打断参数”对话框，用户可以对角落打断的参数进行设置。

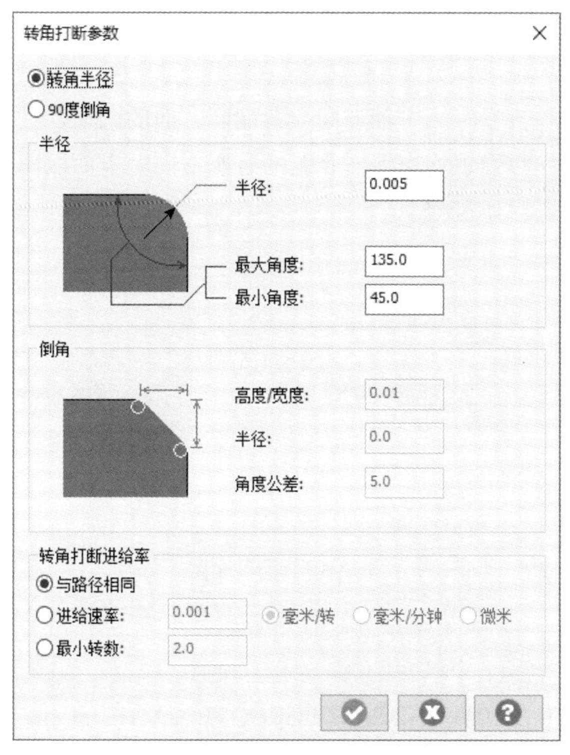

图 13.3.6 “转角打断参数”对话框

Stage5. 加工仿真

Step1. 路径模拟。

(1) 在“操作管理”中单击上一步创建好的刀路节点，系统弹出“刀路模拟”对话框及“路径模拟控制”操控板。

（2）在“路径模拟控制”操控板中单击 按钮，系统将开始对刀具路径进行模拟，结果与图 13.3.5 所示的刀具路径相同，在“刀路模拟”对话框中单击 按钮。

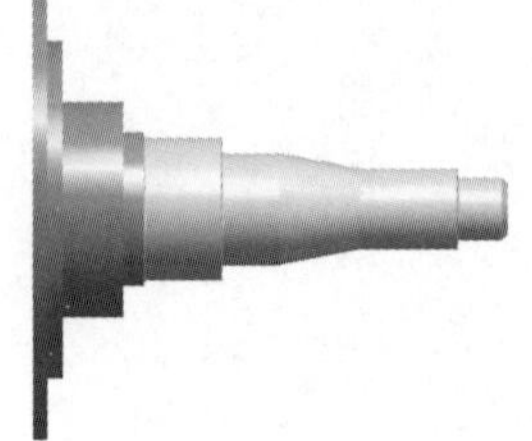
图 13.3.7 仿真结果

Step2. 实体切削验证。

（1）在 刀路 选项卡中单击“验证选定操作”按钮 ，系统弹出“Mastercam 模拟器”。

（2）在“Mastercam 模拟器”中单击 按钮，系统将开始进行实体切削仿真，仿真结果如图 13.3.7 所示，单击 按钮。

Step3. 保存加工结果。选择下拉菜单 文件(F) → 保存(S) 命令，即可保存加工结果。

13.4 沟槽车削

沟槽车削用于加工垂直于车床主轴方向或者端面方向的凹槽。在径向加工命令中，其加工几何模型的选择以及参数设置均与前面介绍的有所不同。下面以图 13.4.1 所示的模型为例讲解沟槽车削加工的一般操作过程。

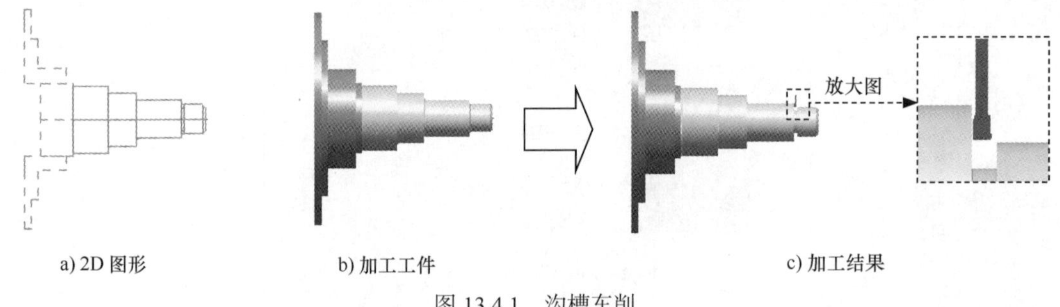

a) 2D 图形　　b) 加工工件　　c) 加工结果

图 13.4.1 沟槽车削

Stage1. 进入加工环境

Step1. 打开文件 D:\mcx2024\work\ch13.04\GROOVE_LATHE.mcam，模型如图 13.4.2 所示。

Step2. 隐藏刀具路径。在 刀路 选项卡中单击 按钮，再单击 按钮，将已保存的刀具路径隐藏。

Stage2. 选择加工类型

Step1. 单击 车削 功能选项卡 标准 区域中的“沟槽”命令 ，系统弹出图 13.4.3 所示的“沟槽选项”对话框。

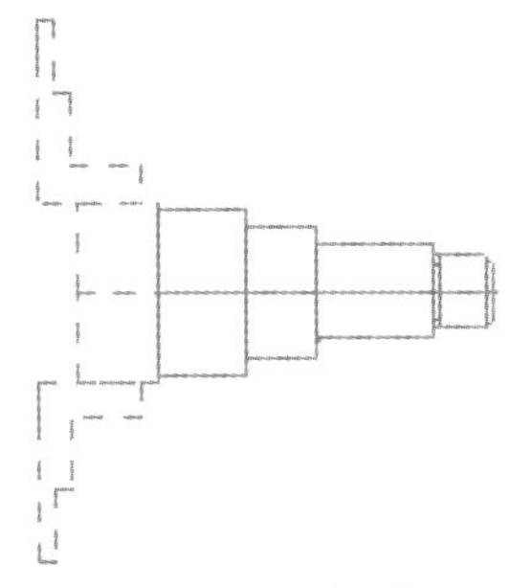

图 13.4.2 实例模型

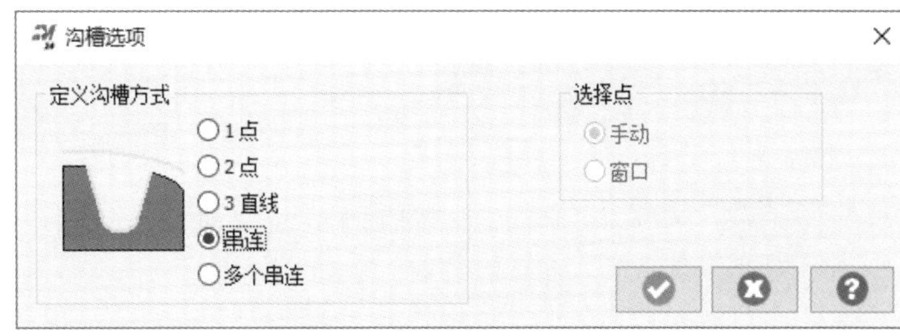

图 13.4.3 “沟槽选项”对话框

图 13.4.3 所示的“沟槽选项”对话框各选项的说明如下。

- 定义沟槽方式 区域：用于定义切槽的方式，其包括 1点 单选项、2点 单选项、3 直线 单选项、串连 单选项和 多个串连 单选项。
  - ☑ 1点 单选项：用于以一点的方式控制切槽的位置，每一点控制单独的槽角。如果选取了两个点，则加工两个槽。
  - ☑ 2点 单选项：用于以两点的方式控制切槽的位置，第一点为槽的上部角，第二点为槽的下部角。
  - ☑ 3 直线 单选项：用于以三条直线的方式控制切槽的位置，这三条直线应为矩形的三条边线，第一条和第三条平行且相等。
  - ☑ 串连 单选项：用于以内 / 外边界的方式控制切槽的位置及形状。当选中此单选项时，定义的外边界必须延伸并经过内边界的两个端点，否则将产生错误的信息。
  - ☑ 多个串连 单选项：用于以多条串连的边界控制切槽的位置。
- 选择点 区域：用于定义选择点的方式，其包括 手动 单选项和 窗口 单选项。此区域仅当 切槽定义 为 1点 时可用。
  - ☑ 手动 单选项：当选中此单选项时，一次只能选择一点。
  - ☑ 窗口 单选项：当选中此单选项时，可以框选在定义的矩形边界以内的点。

Step2. 定义加工轮廓。在“沟槽选项”对话框中选中 2点 单选项，单击 ✔ 按钮，在图形区依次选择图 13.4.4 所示的两个端点，然后按 Enter 键，系统弹出图 13.4.5 所示的“沟槽粗车”对话框。

Stage3. 选择刀具

Step1. 在“沟槽粗车”对话框中双击系统默认选中的刀具，系统弹出“定义刀具”对话框，设置 刀片 参数如图 13.4.6 所示。

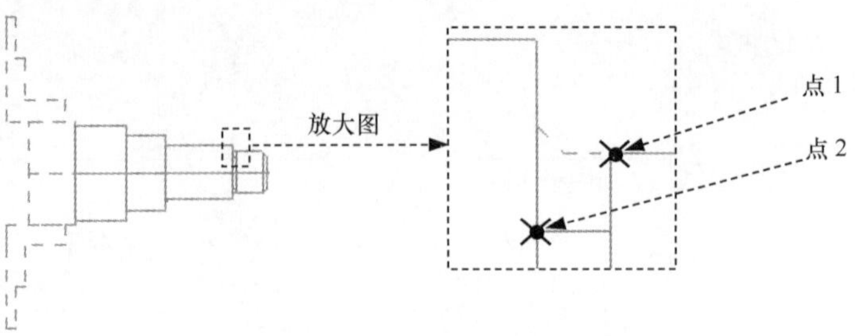

图 13.4.4　定义加工轮廓

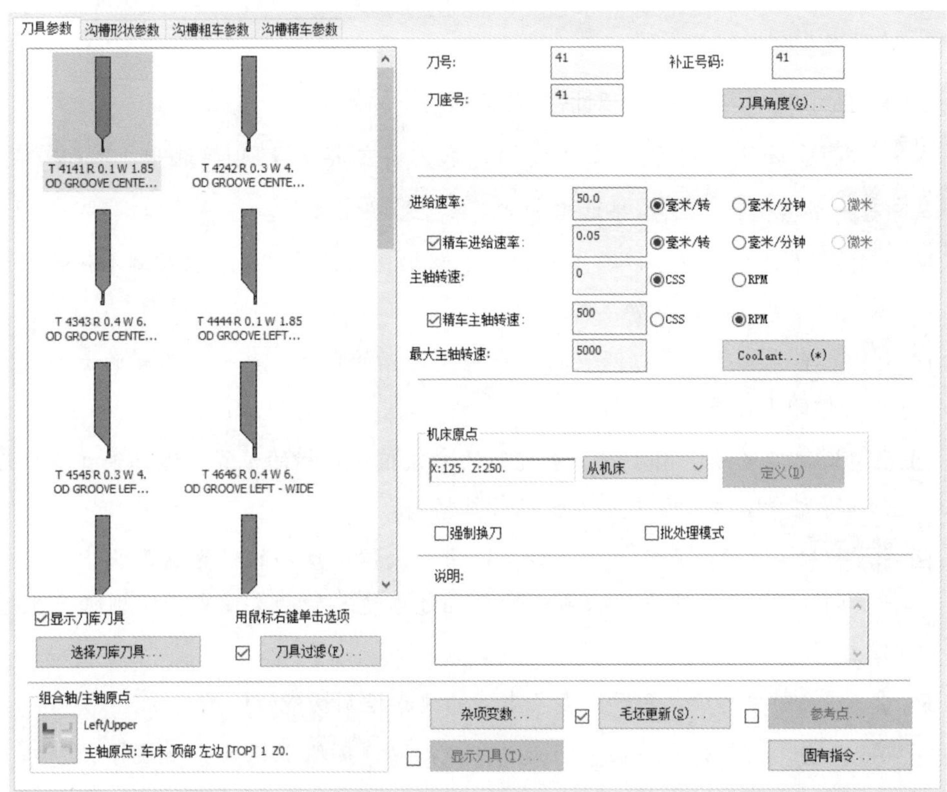

图 13.4.5　“沟槽粗车”对话框

图 13.4.6 所示的“定义刀具”对话框中各选项的说明如下。

- 选择目录(E) 按钮：通过指定目录选择已存在的刀具。
- 选择刀片(G)... 按钮：单击此按钮，系统弹出“沟槽车削 / 切断刀片”对话框，在其列表框中可以选择不同序号来指定刀片。
- 保存刀片(S) 按钮：单击此按钮，可以保存当前的刀片类型。
- 删除刀片(D) 按钮：单击此按钮，系统弹出“沟槽车削 / 切断刀片”对话框，可以选中其列表框中的刀把进行删除。
- 刀片名称 文本框：用于定义刀片的名称。

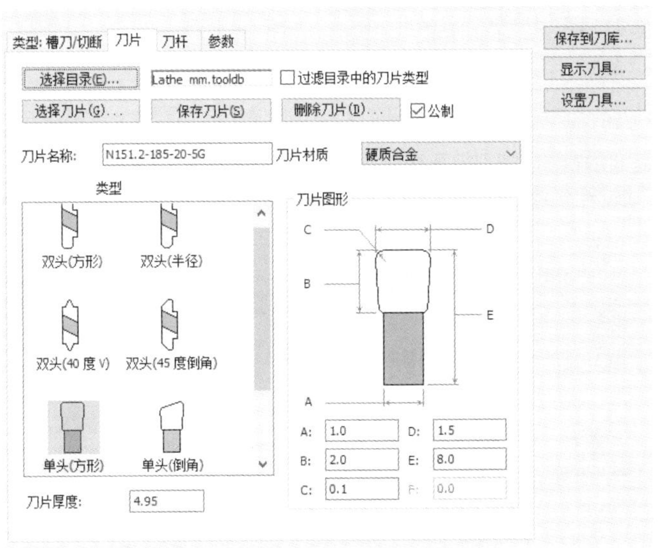

图 13.4.6 “定义刀具”对话框

- 刀片材质 下拉列表：用于选择刀片的材质，系统提供了 硬质合金、金属陶瓷、陶瓷、烧结体、金刚石 和 未知 六个选项。
- 刀片厚度: 文本框：用于指定刀片的厚度。
- 保存到刀库... 按钮：将当前设定的刀具保存在指定的刀具库中。
- 显示刀具... 按钮：单击此按钮，在图形区显示刀具形状。
- 设置刀具... 按钮：单击此按钮，系统弹出图 13.4.7 所示的“车刀设置”对话框，用于设定刀具的物理方位和方向等。

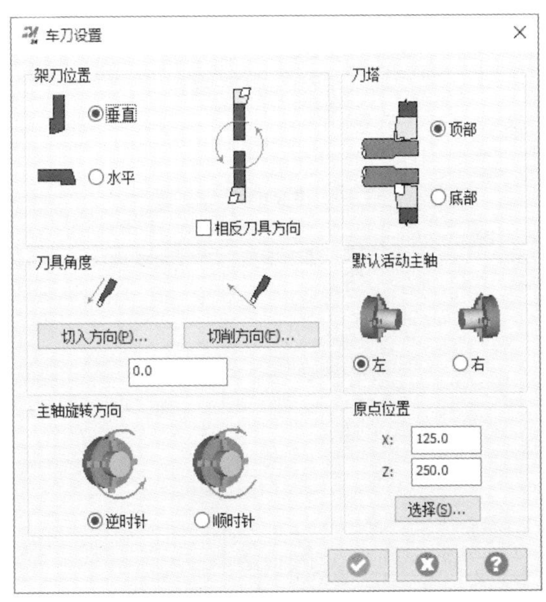

图 13.4.7 “车刀设置”对话框

Step2. 在“定义刀具”对话框中单击 刀杆 选项卡，设置参数如图 13.4.8 所示。

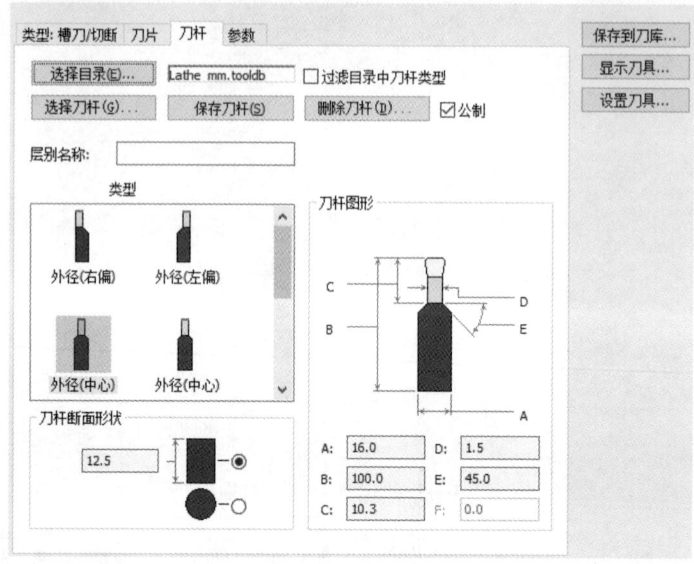

图 13.4.8 “刀杆”选项卡

Step3. 在“定义刀具”对话框中单击 参数 选项卡，如图 13.4.9 所示，在 主轴转速: 文本框中输入值 500.0，并选中 ⊙ RPM 单选项，单击 ✔ 按钮，系统返回至“沟槽粗车”对话框。

定义刀具: C:\Users\Public\Documents\Shared Mastercam 2024\Lathe\Tools\Lathe_mm.Tooldb
类型: 槽刀/切断 | 刀片 | 刀杆 | 参数
保存到刀库...
显示刀具...
设置刀具...
程序参数
刀号: 41
刀塔号码: 41
刀具偏置编号: 41
刀具反向偏置编号: 41
默认切削参数
进给速率: 0.1 ⊙毫米/转 ○毫米/分钟
下刀速率: 0.1 ⊙毫米/转 ○毫米/分钟
材料每转进给 %: 100.0
Coolant...
主轴转速: 500 ○CSS ⊙RPM
材料表面速率 %: 100.0
根据材料计算(C)...
沟槽车削/切断参数:
粗车切削量: 2.5
退刀距离 %: 0.0
精车切削量: 0.25
毛坯安全间隙: 1.5
补正
刀具间隙(T)...
公制
刀具名称: OD GROOVE CENTER - NARROW
制造商刀具代码:
机床侧连接类型: 通用
需要刀具定位器

图 13.4.9 “参数”选项卡

图 13.4.9 所示的“参数”选项卡中部分选项的说明如下。

- 刀具间隙(T)... 按钮：单击此按钮，系统弹出“车刀间隙设定”对话框，如图 13.4.10 所示，同时在图形区显示刀具。在“车刀间隙设定”对话框中修改刀具参数，可以在图形区看到刀具动态变化。

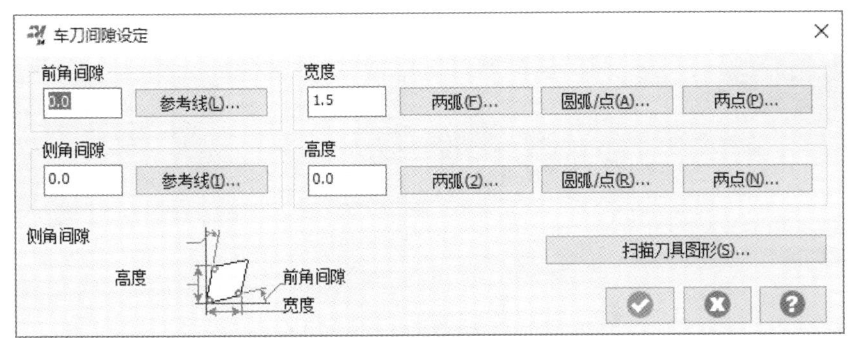

图 13.4.10 “车刀间隙设定”对话框

Stage4. 设置加工参数

Step1. 在“沟槽粗车”对话框 进给速率: 后的文本框中输入值 3.0；在 主轴转速: 后的文本框中输入值 700.0，并选中 RPM 单选项；单击 Coolant... 按钮，系统弹出“Coolant…”对话框，在 Flood 下拉列表中选择 On 选项，单击该对话框中的 ✔ 按钮，关闭“Coolant…”对话框，在 用户定义 下拉列表中选择 用户定义 选项，单击 自定义(O)... 按钮，在系统弹出的“依照用户定义原点”对话框的 X: 文本框中输入值 25.0，在 Z: 文本框中输入值 25.0，单击 ✔ 按钮。

Step2. 在“沟槽粗车”对话框中单击 沟槽形状参数 选项卡，“沟槽形状参数”界面如图 13.4.11 所示，选中 ☑ 使用毛坯外边界 复选框，其他参数采用系统默认设置值。

图 13.4.11 所示的“沟槽形状参数”选项卡中各选项的说明如下。

- ☑ 使用毛坯外边界 复选框：用于开启延伸切槽到工件外边界的类型区域。当选中该复选框时，延伸沟槽到毛坯 区域可以使用。
- 延伸沟槽到毛坯 区域：用于定义延伸切槽到工件外边界的类型，包括 与沟槽角度平行 单选项和 与沟槽壁边相切 单选项，用户可以通过这两个单选项来指定延伸切槽到工件外边界的类型。
- 角度: 文本框：用于定义切槽的角度。
- 外径(O) 按钮：用于定义切槽的位置为外径槽。
- 内径(I) 按钮：用于定义切槽的位置为内径槽。

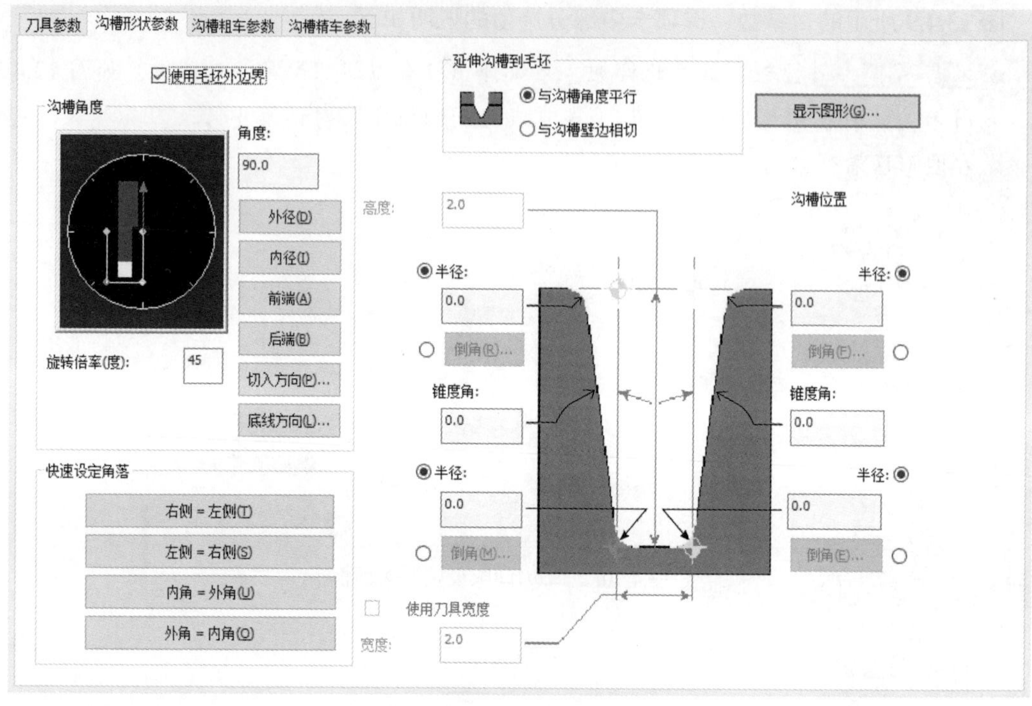

图 13.4.11 “沟槽形状参数”选项卡

- 前端(A) 按钮：用于定义切槽的位置为端面槽。
- 后端(B) 按钮：用于定义切槽的位置为背面槽。
- 切入方向(P)... 按钮：用于定义进刀方向。单击此按钮，然后在图形区选取一条直线为切槽的进刀方向。
- 底线方向(L)... 按钮：用于定义切槽的底线方向。单击此按钮，然后在图形区选择一条直线为切槽的底线方向。
- 旋转倍率(度): 文本框：用于定义每次旋转倍率基数的角度值。用户可以在文本框中输入某个数值，然后通过单击此文本框上方的角度盘上的位置来定义切槽的角度，系统会以定义的数值的倍数来确定相应的角度。
- 右侧 = 左侧(T) 按钮：用于指定切槽右边的参数与左边相同。
- 左侧 = 右侧(S) 按钮：用于指定切槽左边的参数与右边相同。
- 内角 = 外角(U) 按钮：用于指定切槽内角的参数与外角相同。
- 外角 = 内角(O) 按钮：用于指定切槽外角的参数与内角相同。

Step3. 在“沟槽粗车”对话框中单击 沟槽粗车参数 选项卡，切换到“沟槽粗车参数”界面，参数设置如图 13.4.12 所示。

图 13.4.12 所示的“沟槽粗车参数”选项卡中各选项的说明如下。

- ☑ 粗车 复选框：用于创建粗车切槽的刀具路径。

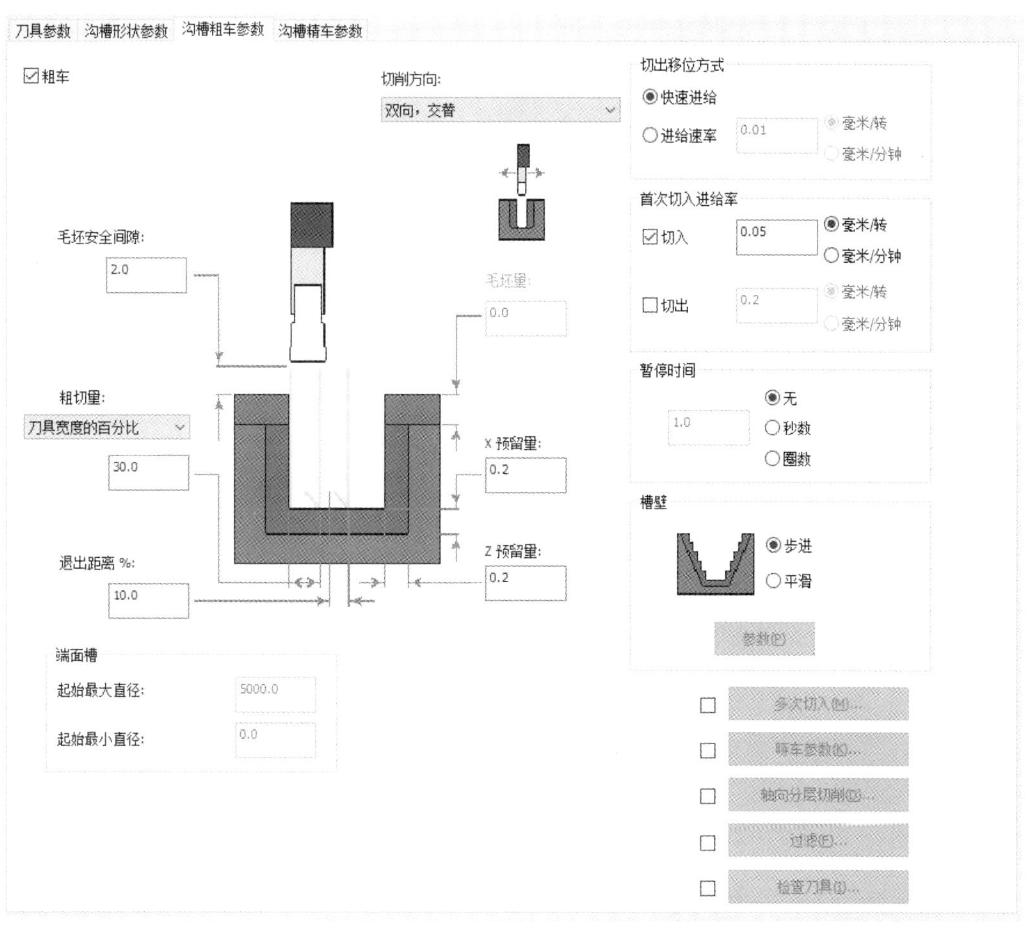

图 13.4.12 “沟槽粗车参数”选项卡

- 毛坯安全间隙: 文本框：用于定义每次切削时刀具退刀位置与槽之间的高度。
- 粗切量: 下拉列表：用于定义进刀量的方式，其包括 切削次数 选项、步近量 选项和 刀具宽度的百分比 选项。用户可以在其下的文本框中输入粗切量的值。
- 退出距离 %: 文本框：用于定义退刀前刀具离开槽壁的距离。
- 切出移位方式 区域：用于定义退刀的方式，其包括 快速进给 单选项和 进给速率 单选项。
  - ☑ 快速进给 单选项：该单选项用于定义以快速移动的方式退刀。
  - ☑ 进给速率 单选项：用于定义以进给率的方式退刀。
- 暂停时间 区域：用于定义刀具在凹槽底部的停留时间，包括 无、秒数 和 圈数 三个选项。
  - ☑ 无 单选项：用于定义刀具在凹槽底部不停留直接退刀。
  - ☑ 秒数 单选项：用于定义刀具以时间为单位的停留方式。用户可以在 暂停时间 区域的文本框中输入相应的值来定义停留的时间。

☑ 圈数 单选项：用于定义刀具以转数为单位的停留方式。用户可以在 暂停时间 区域的文本框中输入相应的值来定义停留的转数。

- 槽壁 区域：用于设置当切槽方式为斜壁时的加工方式，其包括 步进 和 平滑 两个选项。

☑ 步进 单选项：用于设置以台阶的方式加工侧壁。

☑ 平滑 单选项：用于设置以平滑的方式加工侧壁。

☑ 参数(P) 按钮：用于设置平滑加工侧壁的相关参数。当选中 平滑 单选项时激活该按钮。单击此按钮，系统弹出图 13.4.13 所示的"槽壁平滑设定"对话框，用户可以对该对话框中的参数进行设置。

- 啄车参数(K)... 按钮：用于设置啄钻参数的相关参数。当选中此按钮前的复选框时，该按钮被激活。单击此按钮，系统弹出图 13.4.14 所示的"啄钻参数"对话框，用户可以在"啄钻参数"对话框中对啄车的相关参数进行设置。

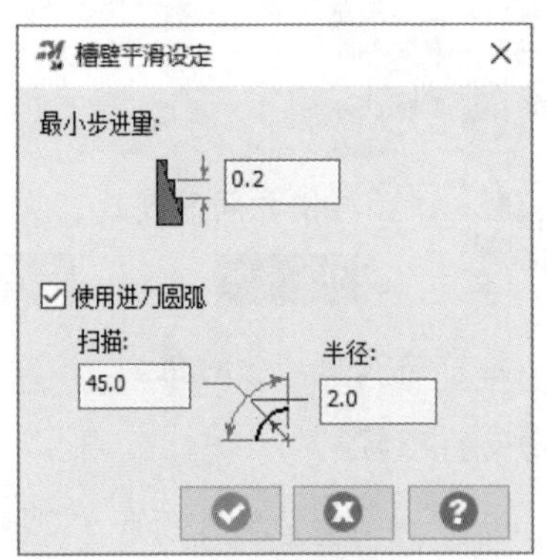

图 13.4.13 "槽壁平滑设定"对话框

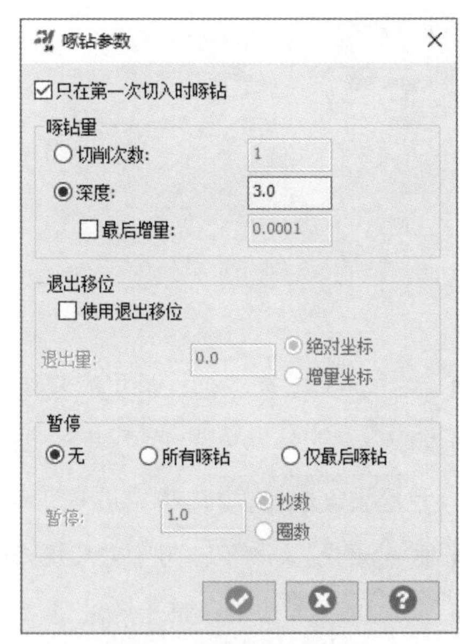

图 13.4.14 "啄钻参数"对话框

- 轴向分层切削(D)... 按钮：当切削的厚度较大，并需要得到光滑的表面时，用户需要采用分层切削的方法进行加工。选中 轴向分层切削(D)... 前的复选框，单击此按钮，系统弹出图 13.4.15 所示的"沟槽分层切深设定"对话框，用户可以通过该对话框对分层加工进行设置。

- 过滤(F)... 按钮：用于设置除去精加工时不必要的刀具路径。选中 过滤(F)... 前的复选框，单击此按钮，系统弹出图 13.4.16 所示的"过滤设置"对话框，用户可以通过该对话框对程序过滤的相关参数进行设置。

图 13.4.15 “沟槽分层切深设定”对话框

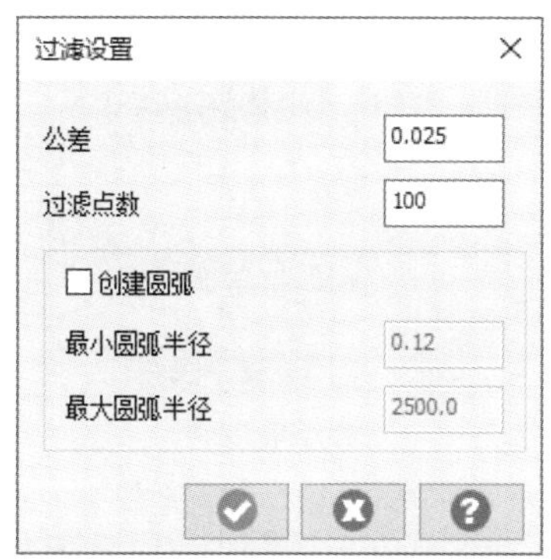

图 13.4.16 “过滤设置”对话框

Step4. 在“沟槽粗车”对话框中单击 沟槽精车参数 选项卡，切换到“沟槽精车参数”界面，如图 13.4.17 所示，单击 切入(L)... 按钮，系统弹出“切入”对话框，如图 13.4.18 所示。在 第一个路径引入 选项卡的 固定方向 区域选中 相切 单选项；单击 第二个路径引入 选项卡，在 固定方向 区域选中 垂直 单选项，单击“切入”对话框中的 ✓ 按钮，关闭“切入”对话框。

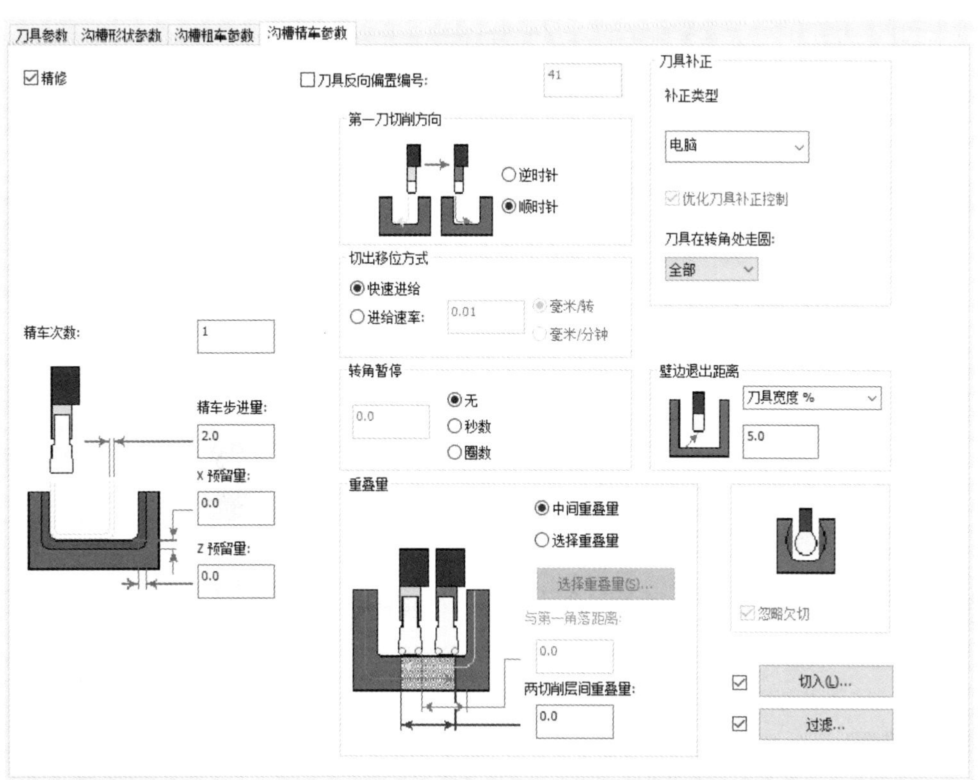

图 13.4.17 “沟槽精车参数”选项卡

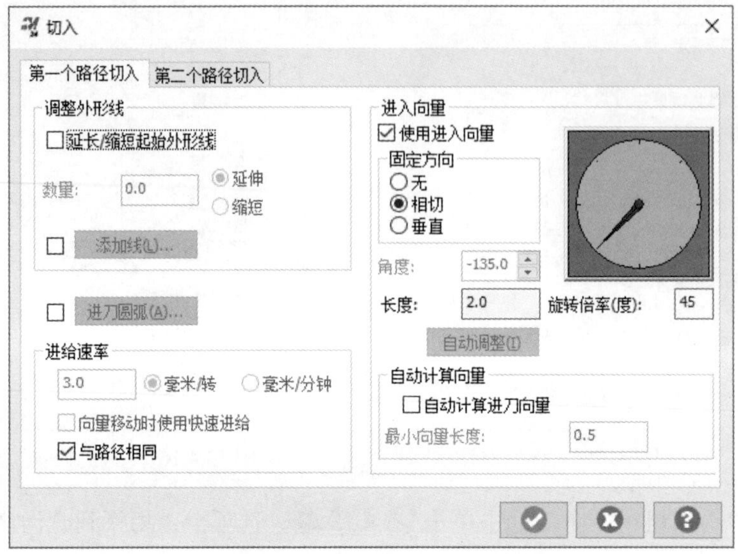

图 13.4.18 “切入”对话框

图 13.4.17 所示的“沟槽精车参数”选项卡中部分选项的说明如下。

- ☑ 精修 复选框：用于创建精车切槽的刀具路径。
- ☐ 刀具反向偏置编号: 复选框：用于设置刀背补正号码。当在切槽的精加工过程中出现用刀背切削时，就需要选中此复选框并设置刀具补偿的号码。
- 第一刀切削方向 区域：用于定义第一刀的切削方向，其包括 ⊙ 顺时针 和 ⊙ 逆时针 两个单选项。
- 重叠量 区域：用于定义切削时的重叠量，其包括 选择重叠量(S) 按钮、与第一角落距离: 文本框和 两切削层间重叠量: 文本框。
  - ☑ 选择重叠量(S) 按钮：用于在绘图区直接定义第一次精加工终止的刀具位置和第二次精加工终止的刀具位置，系统将自动计算出刀具与第一角落的距离值和两切削间的重叠量。
  - ☑ 与第一角落距离: 文本框：用于定义第一次精加工终止的刀具位置与第一角落的距离值。
  - ☑ 两切削层间重叠量: 文本框：用于定义两次精加工的刀具重叠量值。
- 壁边退出距离 区域的下拉列表：用于设置退刀前离开槽壁的距离方式。
  - ☑ 刀具宽度 % 选项：该选项表示以刀具宽度定义百分比的方式确定退刀的距离，可以通过其下的文本框指定退刀距离。
  - ☑ 距离 选项：该选项表示以值的方式确定退刀的距离，可以通过其下的文本框指定退刀距离。

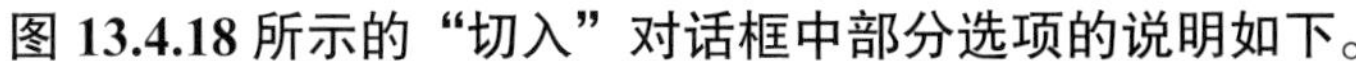

图 13.4.18 所示的“切入”对话框中部分选项的说明如下。

- 调整外形线 区域：用于设置起始端的轮廓线，其包括 ☑ 延长/缩短起始外形线 复选框、数量 文本框、⊙ 延伸 单选项、⊙ 缩短 单选项和 添加线(L)... 按钮。
  - ☑ ☑ 延长/缩短起始外形线 复选框：用于设置延伸 / 缩短现有的起始轮廓线刀具路径。
  - ☑ ⊙ 延伸 单选项：用于设置起始端轮廓线的类型为延伸现有的起始端刀具路径。
  - ☑ ⊙ 缩短 单选项：用于设置起始端轮廓线的类型为缩短现有的起始端刀具路径。
  - ☑ 数量 文本框：用于定义延伸或缩短的起始端刀具路径长度值。
  - ☑ 添加线(L)... 按钮：用于在现有的刀具路径的起始端前创建一段进刀路径。当此按钮前的复选框处于选中状态时，该按钮可用。单击此按钮，系统弹出图 13.4.19 所示的“新建轮廓线”对话框，用户可以通过此对话框来设置新轮廓线的长度和角度，或者通过单击“新建轮廓线”对话框中的 自定义(D)... 按钮选取起始端的新轮廓线。
- 切入圆弧(A)... 按钮：用于在每次刀具路径的开始位置添加一段进刀圆弧。当此按钮前的复选框处于选中状态时，该按钮可用。单击此按钮，系统弹出图 13.4.20 所示的“进 / 退刀切弧”对话框，用户可以通过此对话框来设置进刀 / 退出圆弧的扫描角度和半径。

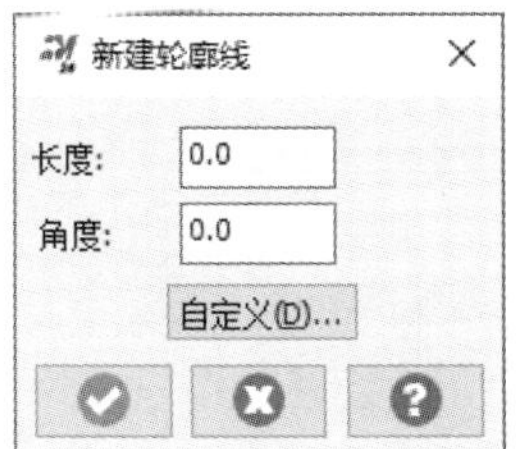

图 13.4.19 “新建轮廓线”对话框

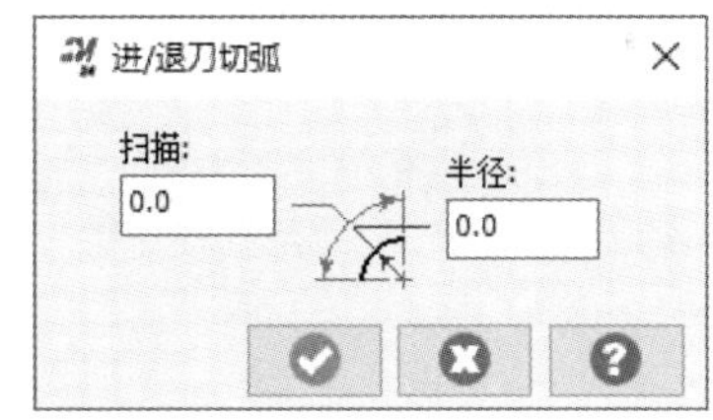

图 13.4.20 “进 / 退刀切弧”对话框

- 进给速率 区域：用于设置圆弧处的进给率，其包括 进给速率 区域的文本框、☑ 向里移动时使用快速进给 复选框和 ☑ 与路径相同 复选框。
  - ☑ 进给速率 区域的文本框：用于指定圆弧处的进给率。
  - ☑ ☑ 向里移动时使用快速进给 复选框：用于设置在刀具路径的起始端采用快速移动的进刀方式。如果原有的进刀向量分别由 X 轴和 Z 轴的向量组成，则刀具路径不会改变，保持原有的刀具路径。
  - ☑ ☑ 与路径相同 复选框：用于设置在刀具路径的起始端采用与现有的刀具路径进给率相同的进刀方式。
- 进入向量 区域：用于对进刀向量的相关参数进行设置，其包括 ☑ 使用进入向量 复选框、

固定方向 区域、角度: 文本框、长度: 文本框、自动调整(I) 按钮和 自动计算向量 区域。

- ☑ ☑ 使用进入向量 复选框：用于在进刀圆弧前创建一个进刀向量，进刀向量是由长度和角度控制的。
- ☑ 固定方向 区域：用于设置进刀向量的方向，其包括 ⊙ 无 单选项、⊙ 相切 单选项和 ⊙ 垂直 单选项。
- ☑ 角度: 文本框：用于定义进刀向量的角度。当进刀向量方向为 ⊙ 无 的时候，此文本框为可用状态。用户可以在其后的文本框中输入值来定义进刀方向的角度。
- ☑ 长度: 文本框：用于定义进刀向量的长度。用户可以在其后的文本框中输入值来定义进刀方向的长度。
- ☑ 自动调整(I) 按钮：用于根据现有的进刀路径自动调整进刀向量的参数。当进刀向量方向为 ⊙ 无 的时候，此文本框为可用状态。
- ☑ 自动计算向量 区域：用于自动计算进刀向量的长度，该长度将根据工件、夹爪和模型的相关参数进行计算。此区域包括 ☑ 自动计算进刀向量 复选框和 最小向量长度: 文本框。当选中 ☑ 自动计算进刀向量 复选框时，最小向量长度: 文本框处于激活状态，用户可以在其中输入一个最小的进刀向量长度值。

Step5. 在“沟槽粗车”对话框中单击 ✔ 按钮，完成加工参数的选择，此时系统将自动生成图 13.4.21 所示的刀具路径。

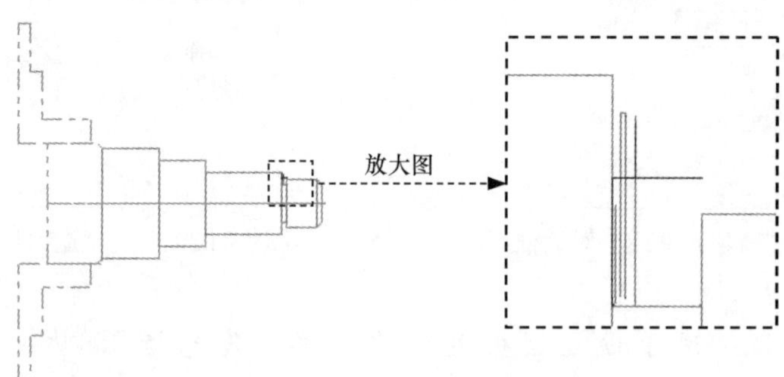

图 13.4.21 刀具路径

Stage5. 加工仿真

Step1. 路径模拟。

（1）在“操作管理”中单击上一步创建好的刀路节点，系统弹出“刀路模拟”对话框及“路径模拟控制”操控板。

（2）在“路径模拟控制”操控板中单击 ▶ 按钮，系统将开始对刀具路径进行模拟，在“刀路模拟”对话框中单击 ✔ 按钮。

Step2. 实体切削验证。

（1）在 刀路 选项卡中单击“验证选定操作”按钮，系统弹出“Mastercam 模拟器”。

（2）在“Mastercam 模拟器”中单击 按钮，系统将开始进行实体切削仿真，仿真结果如图 13.4.22 所示，单击 × 按钮。

Step3. 保存加工结果。选择下拉菜单 文件(F) → 保存(S) 命令，即可保存加工结果。

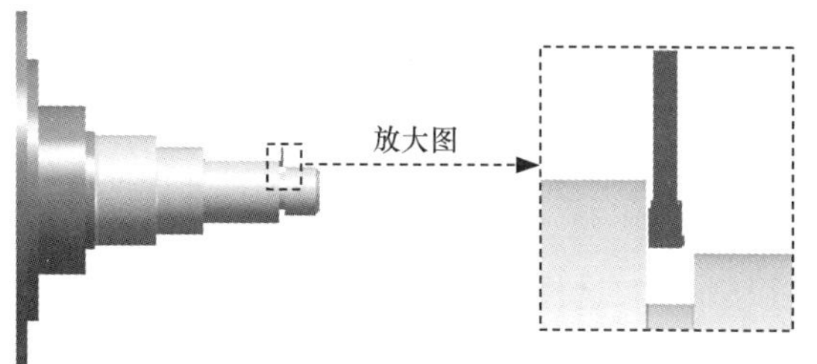

图 13.4.22　仿真结果

13.5　车螺纹刀具路径

车螺纹刀具路径包括车削外螺纹、内螺纹和螺旋槽等，在设置加工参数时，只要指定了螺纹的起点和终点就可以进行加工。下面将详细介绍外螺纹车削和内螺纹车削的加工过程，而螺旋槽车削与螺纹车削相似，请读者自行学习，此处不再赘述。

13.5.1　外螺纹车削

Mastercam 中外螺纹车削加工与其他的加工不同，在加工螺纹时不需要选取加工的几何模型，只需定义螺纹的起始位置与终止位置即可。下面以图 13.5.1 所示的模型为例讲解外螺纹车削加工的一般过程，其操作步骤如下。

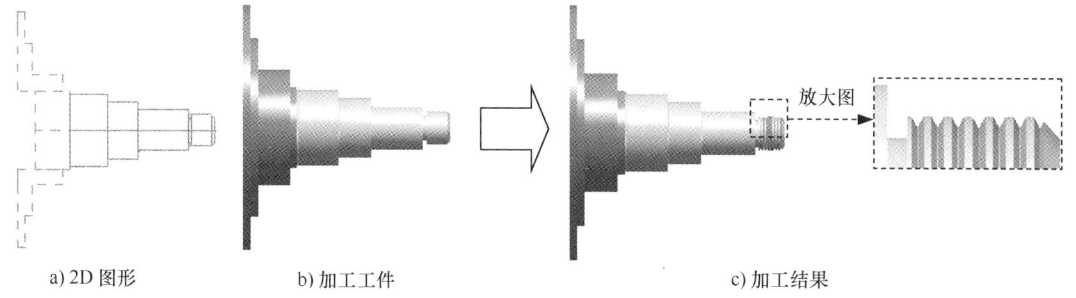

a) 2D 图形　　b) 加工工件　　c) 加工结果

图 13.5.1　外螺纹车削加工

Stage1. 进入加工环境

Step1. 打开文件 D：\mcx2024\work\ch13.05.01\THREAD_OD_LATHE.mcam，模型如图 13.5.2 所示。

Step2. 隐藏刀具路径。在 刀路 选项卡中单击 按钮，再单击 按钮，将已保存的刀具路径隐藏。

Stage2. 选择加工类型

单击 车削 功能选项卡 标准 区域中的“车螺纹”命令 ，系统弹出图 13.5.3 所示的“车螺纹”对话框。

图 13.5.2　实例模型

Stage3. 选择刀具

Step1. 设置刀具参数。选取图 13.5.3 所示的“T9494 R0.072 OD THREAD RIGHT-SMALL”刀具，在“车螺纹”对话框的 进给速率: 文本框中输入值 100.0。

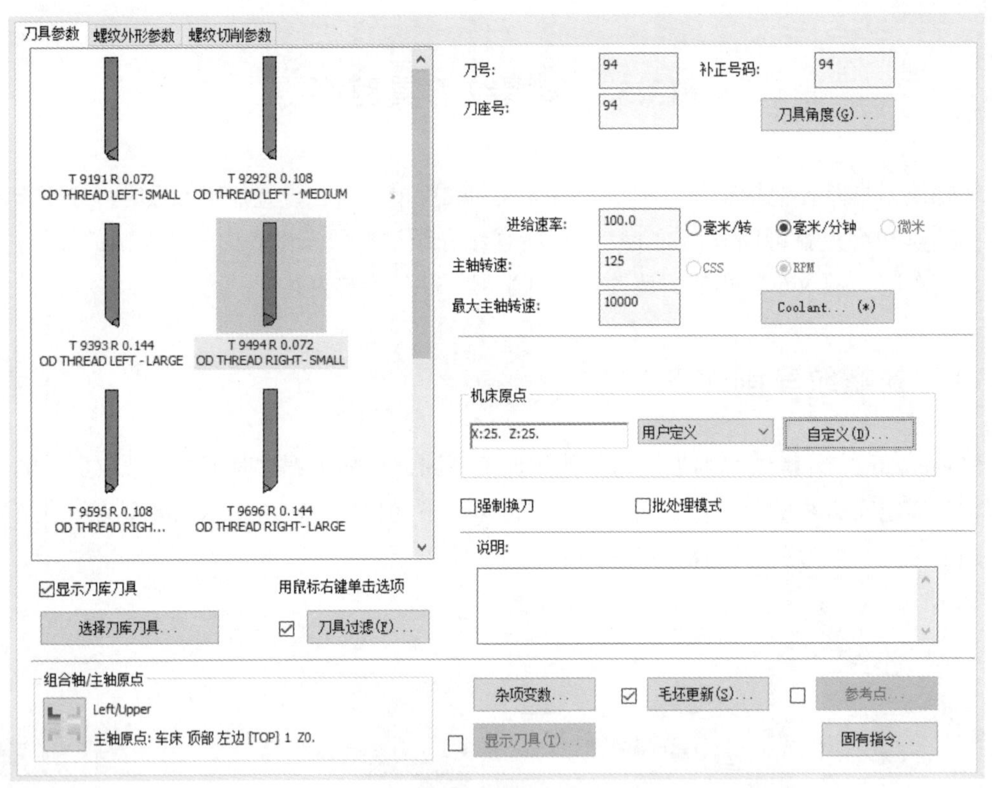

图 13.5.3　“车螺纹”对话框

Step2. 设置冷却方式。单击 Coolant... 按钮，系统弹出“Coolant...”对话框，在 Flood 下拉列表中选择 On 选项，单击该对话框中的 按钮，关闭“Coolant...”对话框。

Step3. 设置刀具路径参数。在 用户定义 下拉列表中选择 用户定义 选项，单击 自定义(D)... 按钮，在系统弹出的“依照用户定义原点”对话框的 X: 文本框中输入值

25.0，Z: 文本框中输入值 25.0，单击该对话框中的 ✓ 按钮，系统返回至“车螺纹”对话框，其他参数采用系统默认设置值。

Stage4. 设置加工参数

Step1. 在“车螺纹”对话框中单击 螺纹外形参数 选项卡，切换到图 13.5.4 所示的“螺纹外形参数”界面。

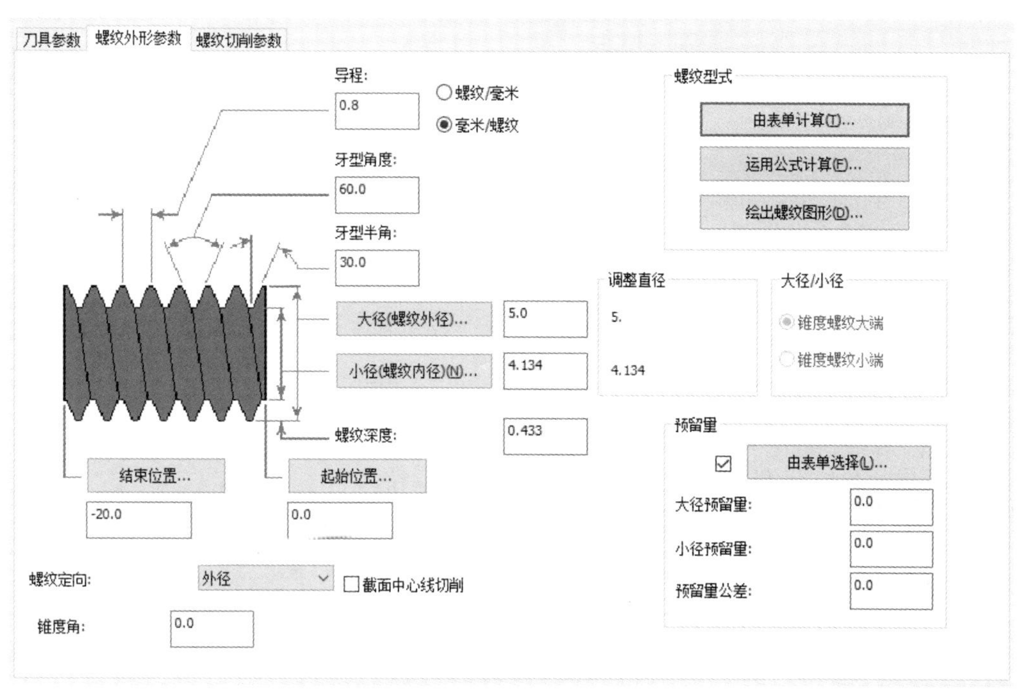

图 13.5.4 “螺纹外形参数”选项卡

图 13.5.4 所示的“螺纹外形参数”选项卡中部分选项的说明如下。

- 结束位置 按钮：单击此按钮，可以在图形区选取螺纹的结束位置。
- 起始位置 按钮：单击此按钮，可以在图形区选取螺纹的起始位置。
- 螺纹定向: 下拉列表：用于定义螺纹所在位置，包括 内径、外径 和 正面/背面 三个选项。
- 锥度角: 文本框：用于定义螺纹的圆锥角度。如果指定的值为正值，即从螺纹开始到螺纹尾部，螺纹的直径将逐渐增加；如果指定的值为负值，即从螺纹的开始到螺纹的尾部，螺纹的直径将逐渐减小；如果用户直接在绘图区选取了螺纹的起始位置和结束位置，则系统会自动计算角度并显示在此文本框中。
- 由表单计算(T)... 按钮：单击此按钮，系统弹出“螺纹表格”对话框，通过此对话框可以选择螺纹的类型和规格。

- 运用公式计算(F)... 按钮：单击此按钮，系统弹出“运用公式计算螺纹”对话框，如图 13.5.5 所示，用户可以通过此对话框对计算螺纹公式及相关设置进行定义。

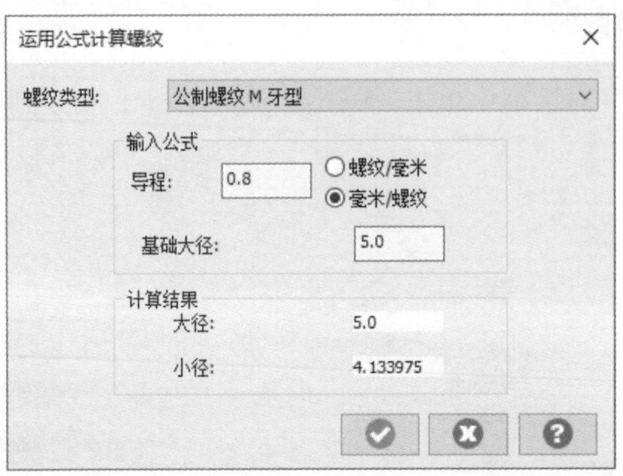

图 13.5.5 “运用公式计算螺纹”对话框

- 绘出螺纹图形(D)... 按钮：单击此按钮后可以在图形区绘制所需的螺纹。
- 预留量 区域：用于定义切削的预留量，其包括 由表单选择(L)... 按钮、大径预留量: 文本框、小径预留量: 文本框和 预留量公差: 文本框。
- 由表单选择(L)... 按钮：单击此按钮，系统弹出“Allowance Table”对话框，通过此对话框可以选择不同螺纹类型的预留量。当选中此按钮前的复选框时，该按钮可用。
  - ☑ 大径预留量: 文本框：用于定义螺纹外径的加工预留量。当 螺纹方向 为 正面/背面 时，此文本框不可用。
  - ☑ 小径预留量: 文本框：用于定义螺纹内径的加工预留量。当 螺纹方向 为 正面/背面 时，此文本框不可用。
  - ☑ 预留量公差: 文本框：用于定义螺纹外径和内径的加工公差。当 螺纹方向 为 正面/背面 时，此文本框不可用。

Step2. 设置螺纹外形参数选项卡。在“螺纹外形参数”选项卡中单击 起始位置... 按钮，然后在图形区选取图 13.5.6 所示的点 1（最右端竖直线的上端点）作为起始位置；单击 结束位置 按钮，然后在图形区选取图 13.5.6 所示的点 2（水平直线的右端点）作为结束位置；单击 大径... 按钮，然后在图形区选取图 13.5.6 所示的边线的中点作为大的直径参考；单击 小径(M)... 按钮，然后选取图 13.5.6 所示的边线的中点作为牙底直径参考；在 螺纹方向 下拉列表中选择 外径 选项，在 导程: 文本框中输入值 2.0，其他参数采用系统默认设置值。

Step3. 设置螺纹切削参数选项卡。在“车螺纹”对话框中单击 螺纹切削参数 选项卡，结果如图 13.5.7 所示，在 退出延伸量: 文本框中输入值 1.0，其他采用系统默认的设置参数值。

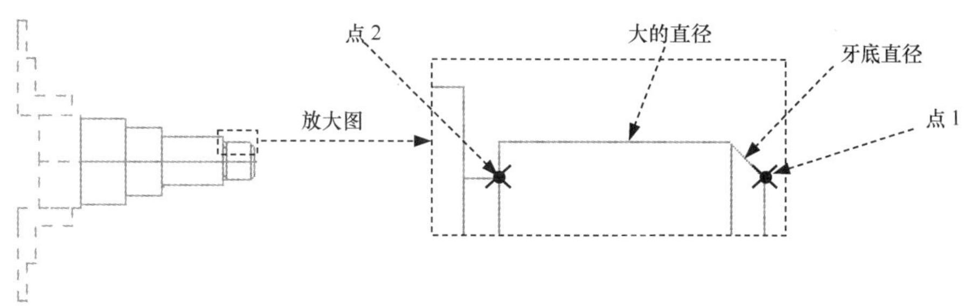

图 13.5.6 定义螺纹参数

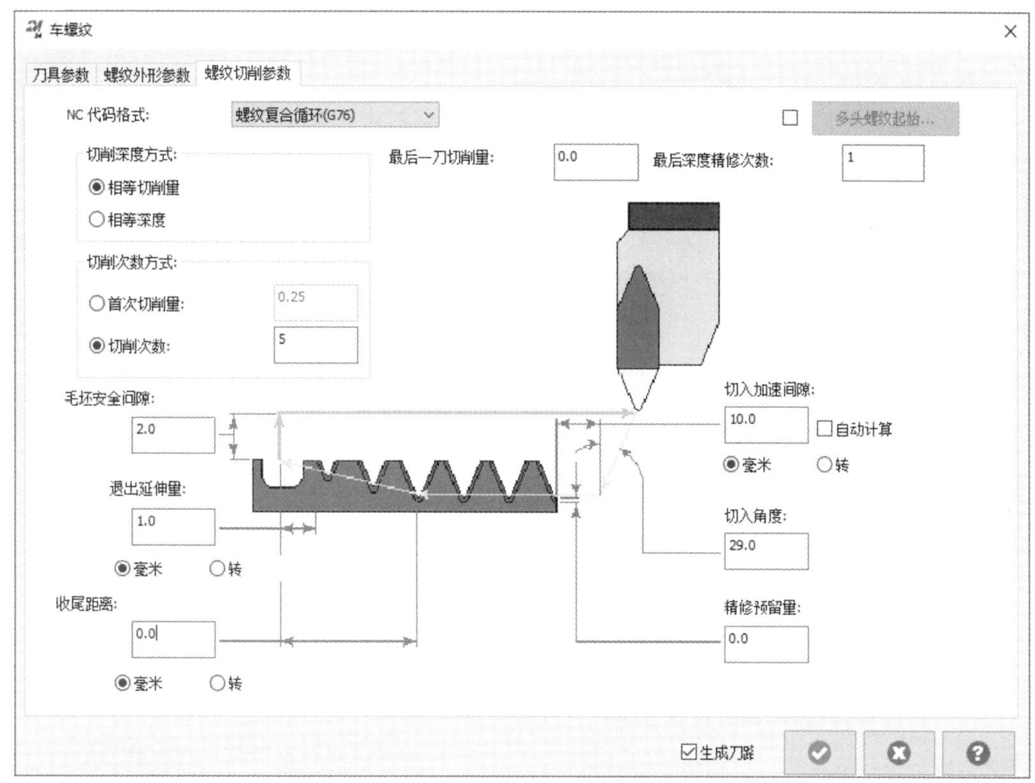

图 13.5.7 "螺纹切削参数"选项卡

图 13.5.7 所示的"螺纹切削参数"选项卡中部分选项的说明如下。

- NC 代码格式: 下拉列表：该下拉列表中包含 长代码(G32) 选项、螺纹复合循环(G76) 选项、矩形(G92) 选项和 交替(G32) 选项。
- 切削深度方式: 区域：用于定义切削深度的决定因素。
  - ☑ 相等切削量 单选项：选中此单选项，系统按相同的切削材料量进行加工。
  - ☑ 相等深度 单选项：选中此单选项，系统按相同的切削深度进行加工。

- 切削次数方式: 区域：用于选择定义切削次数的方式，其包括 首次切削量: 单选项和 切削次数: 单选项。
  - ☑ 首次切削量: 单选项：选择此单选项，系统根据第一刀的切削量、最后一刀的切削量和螺纹深度计算切削次数。
  - ☑ 切削次数: 单选项：选中此单选项，直接输入切削次数即可。
- 毛坯安全间隙: 文本框：用于定义刀具每次切削前与工件间的距离。
- 退出延伸量: 文本框：用于定义最后一次切削时的刀具位置与退刀槽的径向中心线间的距离。
- 收尾距离: 文本框：用于定义开始退刀时的刀具位置与退刀槽的径向中心线间的距离。
- 切入加速间隙: 文本框：用于定义刀具切削前与加速到切削速度时在Z轴方向上的距离。
- 多头螺纹起始... 复选框：用于自动计算进刀加速间隙。
- 最后一刀切削量: 文本框：用于定义最后一次切削的材料去除量。
- 最后深度精修次数: 文本框：用于定义螺纹精加工的次数。当精加工无材料去除时，所有的刀具路径将为相同的加工深度。

Step4. 在“车螺纹”对话框中单击 ✔ 按钮，完成加工参数的设置，此时系统将自动生成图 13.5.8 所示的刀具路径。

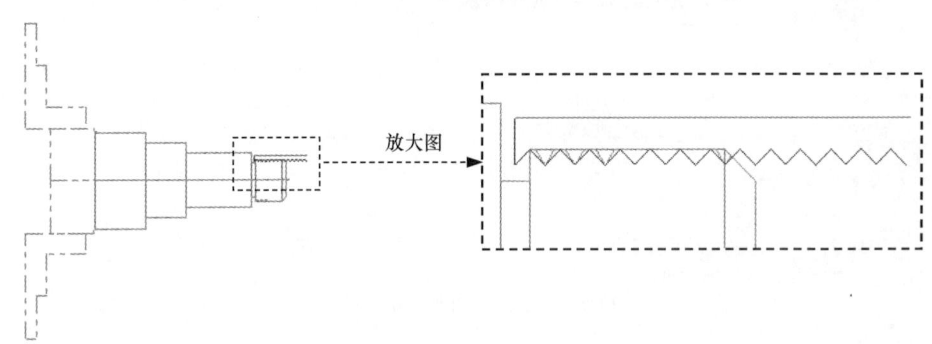

图 13.5.8 刀具路径

Stage5. 加工仿真

Step1. 路径模拟。

（1）在“操作管理”中单击上一步创建好的刀路节点，系统弹出“刀路模拟”对话框及“路径模拟控制”操控板。

（2）在“路径模拟控制”操控板中单击 ▶ 按钮，系统将开始对刀具路径进行模拟，结果与图 13.5.8 所示的刀具路径相同，在“刀路模拟”对话框中单击 按钮。

Step2. 实体切削验证。

（1）在 刀路 选项卡中单击“验证选定操作”按钮 ，系统弹出“Mastercam 模拟器”。

（2）在“Mastercam 模拟器”中单击 按钮，系统将开始进行实体切削仿真，仿真结果如图 13.5.9 所示，单击 按钮。

Step3. 保存加工结果。选择下拉菜单 文件(F) → 保存(S) 命令，即可保存加工结果。

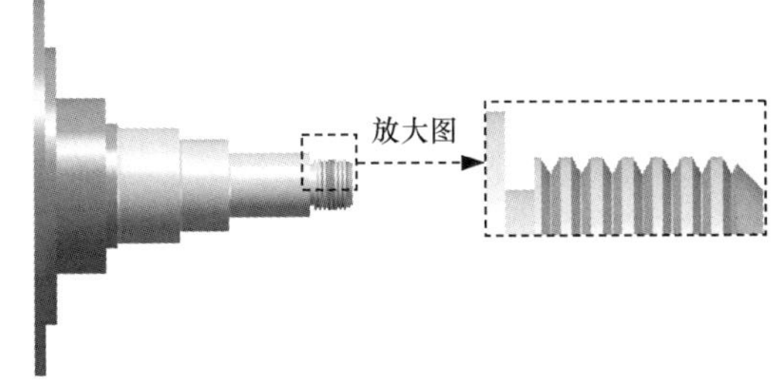

图 13.5.9 仿真结果

13.5.2 内螺纹车削

内螺纹车削加工与外螺纹车削加工基本相同，只是在螺纹的方向参数设置上有所区别。在加工内螺纹时也不需要选择加工的几何模型，只需定义螺纹的起始位置与终止位置即可。下面以图 13.5.10 所示的模型为例讲解内螺纹车削加工的一般过程，其操作步骤如下。

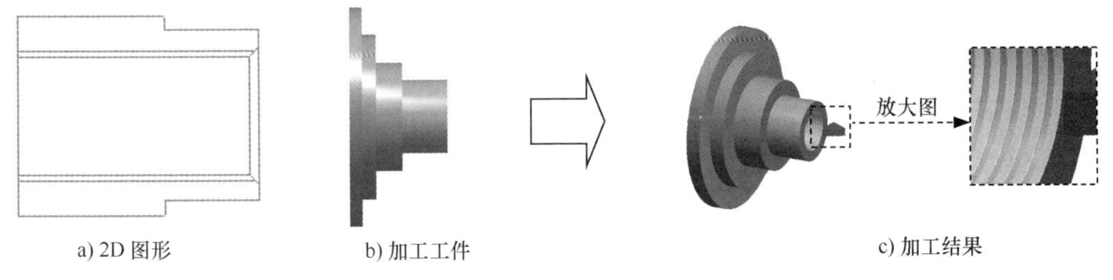

a) 2D 图形　b) 加工工件　c) 加工结果

图 13.5.10 内螺纹车削加工

Stage1. 进入加工环境

打开文件 D：\mcx2024\work\ch13.05.02\THREAD_ID_LATHE.mcam，模型如图 13.5.11 所示，系统进入加工环境。

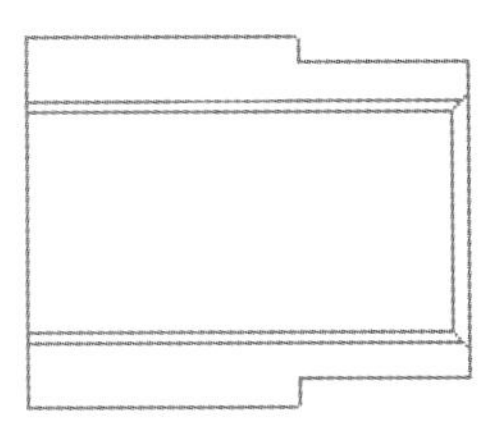
图 13.5.11 实例模型

Stage2. 设置工件和夹爪

Step1. 在“操作管理”中单击 属性 - Lathe Default MM 节点前的“+”号，将该节点展开，然后单击 毛坯设置 节点，系统弹出“机床群组属性”对话框。

Step2. 设置工件的形状。在“机床群组属性”对话框的 毛坯 区域中单击 参数... 按钮，系统弹出“机床组件管理：毛坯”对话框。

Step3. 设置工件的尺寸。在“机床组件管理：毛坯”对话框中单击 由两点产生(2)... 按钮，然后在图形区选取图 13.5.12 所示的两点（两点的位置大致如图所示即可），系统返回到“机床组件管理：毛坯”对话框；在 外径: 文本框中输入值 40.0，选中 ☑内径: 复选框，并在 ☑内径: 文本框中输入值 24.0，在 长度: 文本框中输入值 50.0，在 轴向位置 区域的 Z: 文本框中输入值 0.0，其他参数采用系统默认设置值。单击 预览边界(P)... 按钮预览工件，结果如图 13.5.13 所示。按 Enter 键，然后在“机床组件管理：毛坯”对话框中单击 ✔ 按钮，系统返回至“机床群组属性”对话框。

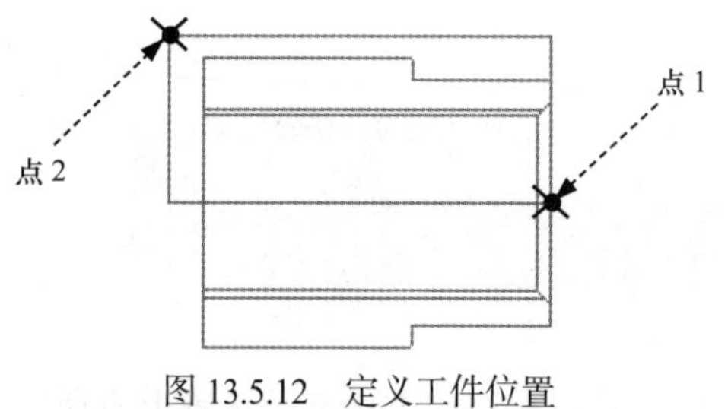

图 13.5.12 定义工件位置

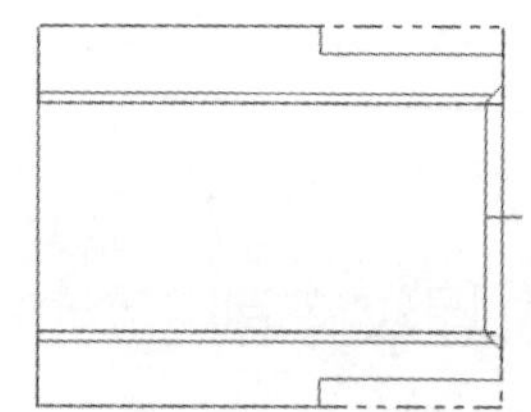
图 13.5.13 预览工件形状和位置

Step4. 设置夹爪的形状。在“机床群组属性”对话框的 卡爪设置 区域中单击 参数... 按钮，系统弹出“机床组件管理：卡爪”对话框，单击该对话框中的 图形 选项卡，设置图 13.5.14 所示的参数。

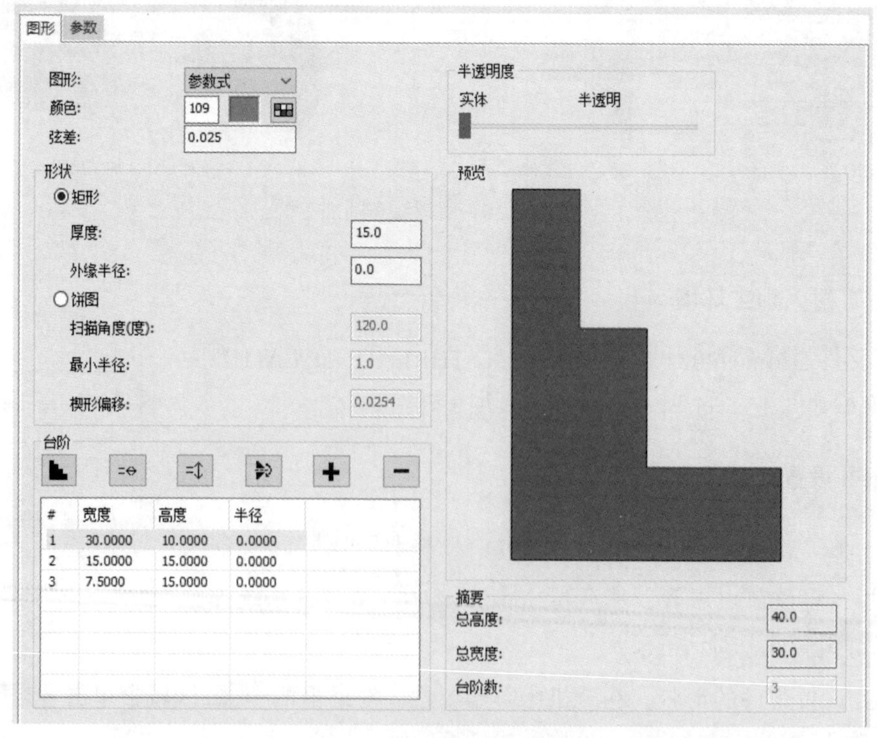

图 13.5.14 设置夹爪的形状

Step5. 设置夹爪的尺寸。在“机床组件管理：卡爪”对话框中单击 参数 选项卡，设置图 13.5.15 所示的参数，单击 ✔ 按钮，系统返回到“机床群组属性”对话框。

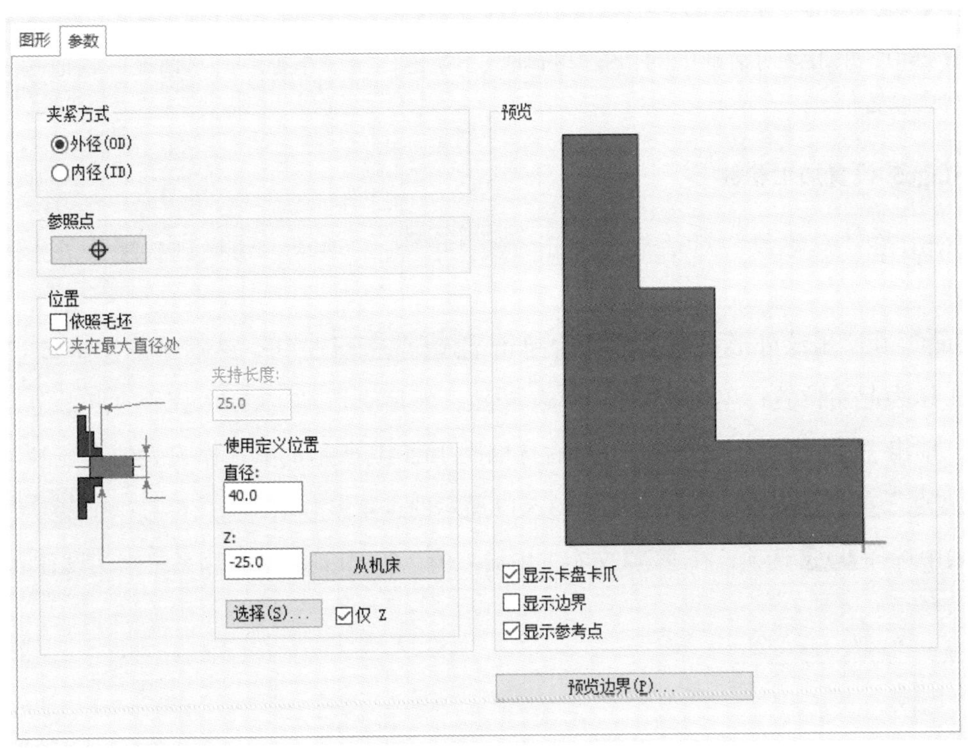

图 13.5.15 设置夹爪的尺寸

Step6. 在“机床群组属性”对话框中单击 ✔ 按钮，完成工件和夹爪的设置，此时在图形区中可以看到双点画线显示工件和夹爪的形状轮廓，如图 13.5.16 所示。

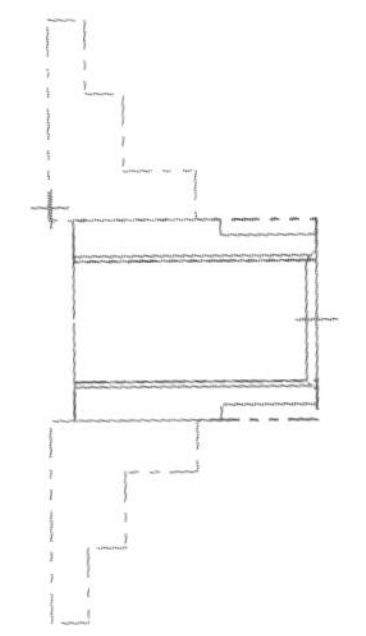

图 13.5.16 工件和夹爪的形状轮廓

Stage3. 选择加工类型

单击 车削 功能选项卡 标准 区域中的“车螺纹”命令 ，系统弹出“车螺纹”对话框。

Stage4. 选择刀具

Step1. 在“车螺纹”对话框中选择“T102102 R0.072 ID THREAD MIN.30.DIA..”刀具并双击，系统弹出“编辑刀具”对话框，在 刀片 选项卡 刀片图形 区域的 A: 文本框中输入值 5.0，单击 刀杆 选项卡，在 刀杆图形 区域的 A: 文本框中输入值 10.0，在 C: 文本框中输入值 6.0，单击 ✔ 按钮，系统返回至“车螺纹”对话框。

Step2. 在 进给速率: 文本框中输入值 1000.0；单击 Coolant... 按钮，系统弹出

"Coolant..."对话框，在 Flood 下拉列表中选择 On 选项，单击该对话框中的 ✓ 按钮，关闭"Coolant..."对话框，在 原点位置 下拉列表中选择 用户定义 选项，单击 自定义(U)... 按钮，在系统弹出的"依照用户定义原点"对话框的 X: 文本框中输入值 25.0，Z: 文本框中输入值 25.0，单击该对话框中的 ✔ 按钮，系统返回至"车螺纹"对话框，其他参数采用系统默认设置值。

Stage5. 设置加工参数

Step1. 在"车螺纹"对话框中单击 螺纹外形参数 选项卡，切换到"螺纹外形参数"界面。

Step2. 在"螺纹外形参数"界面中单击 起始位置 按钮，然后选取图 13.5.17 所示的点 1 作为起始位置；单击 结束位置 按钮，然后选取图 13.5.17 所示的点 2 作为结束位置；单击 大径... 按钮，然后选取图 13.5.17 所示的点 3 作为大的直径参考；单击 小径(M)... 按钮，然后选取图 13.5.17 所示的点 4 作为牙底直径参考；在 螺纹定向: 下拉列表中选择 内径 选项，在 导程: 文本框中输入值 2.0，其他参数采用系统默认设置值。

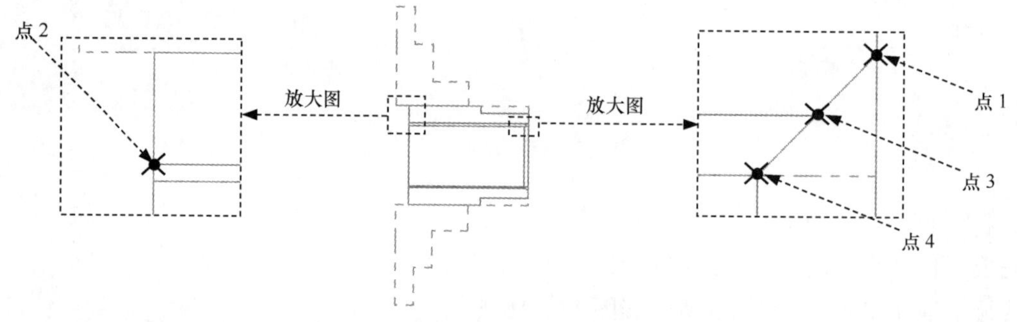

图 13.5.17　定义螺纹形式参数

Step3. 在"车螺纹"对话框中单击 ✔ 按钮，完成加工参数的设置，此时系统将自动生成图 13.5.18 所示的刀具路径。

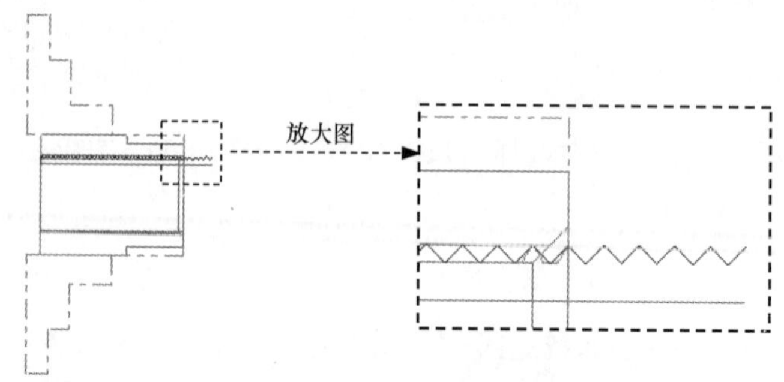

图 13.5.18　刀具路径

Stage6. 加工仿真

Step1. 路径模拟。

（1）在“操作管理”中单击上一步创建好的刀路节点，系统弹出“刀路模拟”对话框及“路径模拟控制”操控板。

（2）在“路径模拟控制”操控板中单击 ▶ 按钮，系统将开始对刀具路径进行模拟，结果与图 13.5.18 所示的刀具路径相同，在“刀路模拟”对话框中单击 ✔ 按钮。

Step2. 实体切削验证。

（1）在 刀路 选项卡中单击“验证选定操作”按钮，系统弹出“Mastercam 模拟器”。

（2）在“Mastercam 模拟器”中单击 ▶ 按钮，系统将开始进行实体切削仿真，仿真结果如图 13.5.19 所示，单击 × 按钮。

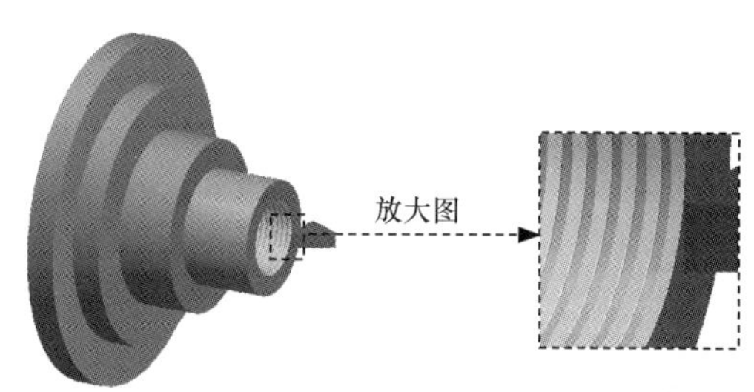

图 13.5.19 仿真结果

Step3. 保存加工结果。选择下拉菜单 文件(F) → 保存(S) 命令，即可保存加工结果。

13.6 车削截断

在 Mastercam 2024 中，车削截断只需定义一个点即可进行加工，其参数设置较前面所叙述的加工方式来说比较简单。下面通过图 13.6.1 所示的实例来讲解车削截断的详细操作过程，其操作过程如下。

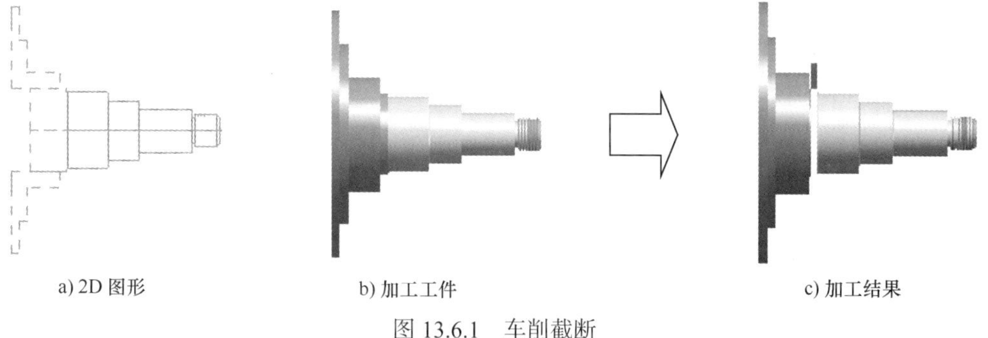

a) 2D 图形　b) 加工工件　c) 加工结果

图 13.6.1 车削截断

Stage1. 进入加工环境

Step1. 打开模型。选择文件 D：\mcx2024\work\ch13.06\LATHE_CUT.mcam，模型如

图 13.6.2 所示。

Step2. 隐藏刀具路径。在 刀路 选项卡中单击 按钮，再单击 按钮，将已保存的刀具路径隐藏。

Stage2. 选择加工类型

Step1. 单击 车削 功能选项卡 标准 区域中的“切断”命令 ，系统提示“选择切断边界点：”。

Step2. 定义边界点。在图形区选取图 13.6.3 所示的边界点作为截断边界点，系统弹出“车削截断”对话框。

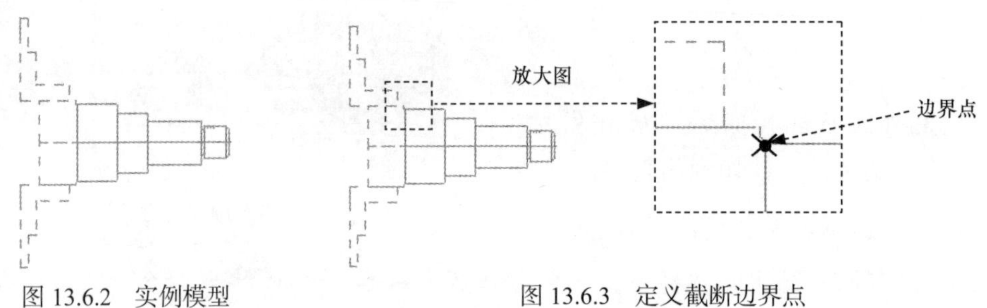

图 13.6.2　实例模型　　图 13.6.3　定义截断边界点

Stage3. 选择刀具

Step1. 在“车削截断”对话框中选择“T151151 R0.4 W4.OD CUTOFF RIGHT”刀具，在 主轴转速: 文本框中输入值 500.0，并选中 RPM 单选项；在 机床原点 下拉列表中选择 用户定义 选项，单击 自定义(D)... 按钮，在系统弹出的“依照用户定义原点”对话框的 X: 文本框中输入值 25.0， Z: 文本框中输入值 25.0，单击该对话框中的 按钮，系统返回到“车削截断”对话框，其他参数采用系统默认设置值。

Step2. 设置冷却方式。在“车削截断”对话框中单击 Coolant... 按钮，系统弹出“Coolant...”对话框，在 Flood（切削液）下拉列表中选择 On 选项，单击该对话框中的 按钮，关闭“Coolant...”对话框。

Stage4. 设置加工参数

Step1. 在“车削截断”对话框中单击 切断参数 选项卡，如图 13.6.4 所示，采用系统默认的参数设置值。

图 13.6.4 所示的“切断参数”选项卡中部分选项的说明如下。

- 退出距离 区域：用于选择定义退刀距离的方式。包括 无、 绝对坐标:、 增量坐标: 和 依照毛坯 四个选项。

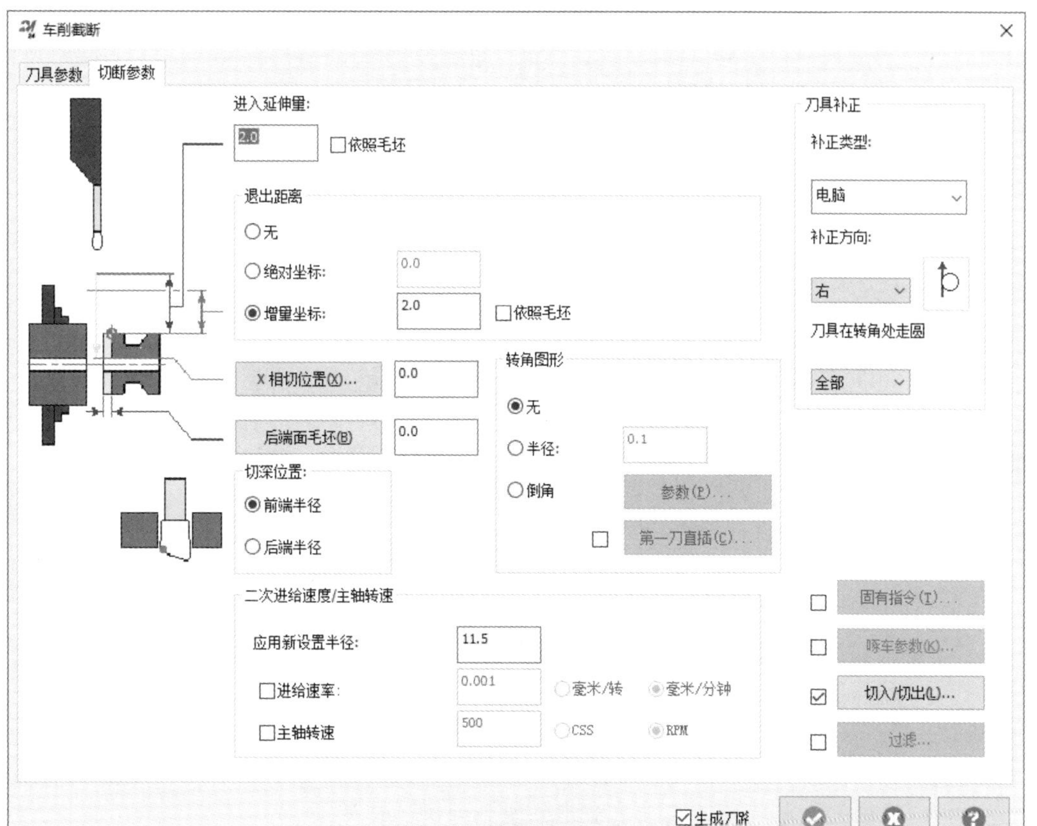

图 13.6.4 “切断参数”选项卡

- X 相切位置(X)... 按钮：用于定义截断车削终点的 X 坐标，单击此按钮可以在图形区选取一个点。
- 后端面毛坯(B) 按钮：用于定义工件反向的材料。
- 切深位置: 区域：用于定义截断车削的位置。
  ☑ 前端半径 单选项：刀具的前端点与指定终点的 X 坐标重合。
  ☑ 后端半径 单选项：刀具的后端点与指定终点的 X 坐标重合。
- 转角图形 区域：用于定义刀具在工件转角处的切削外形。
  ☑ 无 单选项：选中此选项则切削外形为直角。
  ☑ 半径: 单选项：选中此选项则切削外形为圆角，可以在其后的文本框中指定圆角半径。
  ☑ 倒角 单选项：选中此选项则切削外形为倒角，单击 参数(P) 按钮，系统弹出图 13.6.5 所示的“切断倒角”对话框，用户可以通过此对话框对倒角的参数进行设置。
  ☑ 第一刀直插(C)... 按钮：选中 ☑ 选项，此按钮就会加亮显示，单击此按钮，系统弹

出图 13.6.6 所示的“切削间隙”对话框，用户可以通过此对话框设置第一刀下刀的参数。当此按钮前的复选框处于选中状态时可用。

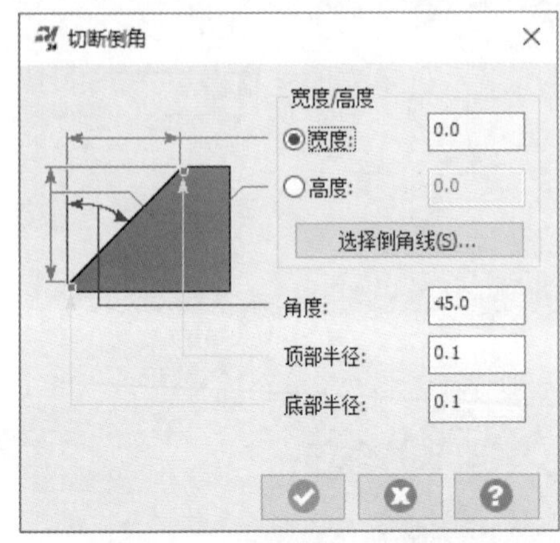

图 13.6.5 “切断倒角”对话框

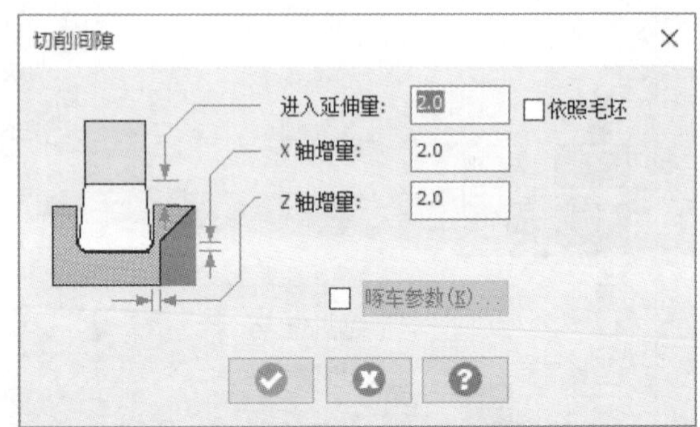

图 13.6.6 “切削间隙”对话框

- 二次进给速度/主轴转速 区域：用于定义第二速率和主轴转速。
  - ☑ 应用新设置半径 文本框：用于定义应用范围的半径值。
  - ☑ 进给速率 复选框：用于定义第二速率的数值。
  - ☑ 主轴转速 复选框：用于定义第二主轴转速的数值。

Step2. 在“车削截断”对话框中单击 ✔ 按钮，完成刀具的选择，此时系统将自动生成图 13.6.7 所示的刀具路径。

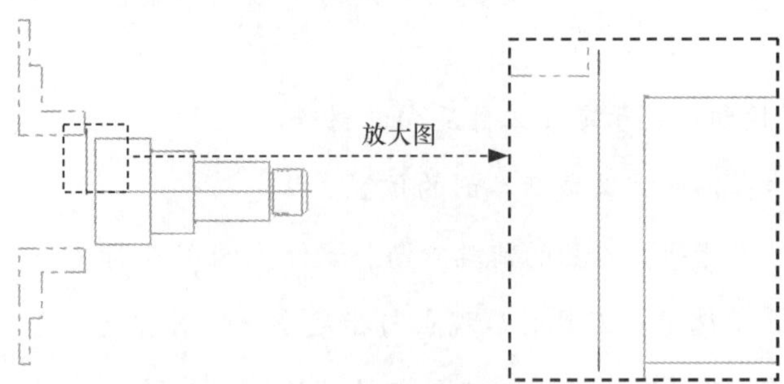

图 13.6.7 刀具路径

Stage5. 加工仿真

Step1. 路径模拟。

（1）在“操作管理”中单击上一步创建好的刀路节点，系统弹出“刀路模拟”对话框及“路径模拟控制”操控板。

（2）在“路径模拟控制”操控板中单击 ▶ 按钮，系统将开始对刀具路径进行模拟，结果与图 13.6.7 所示的刀具路径相同，在“刀路模拟”对话框中单击 ✔ 按钮。

Step2. 实体切削验证。

（1）在 刀路 选项卡中单击“验证选定操作”按钮，系统弹出“Mastercam 模拟器”。

（2）在“Mastercam 模拟器”中单击 按钮，系统将开始进行实体切削仿真，仿真结果如图 13.6.8 所示。

Step3. 保存加工结果。选择下拉菜单 文件(F) → 保存(S) 命令，即可保存加工结果。

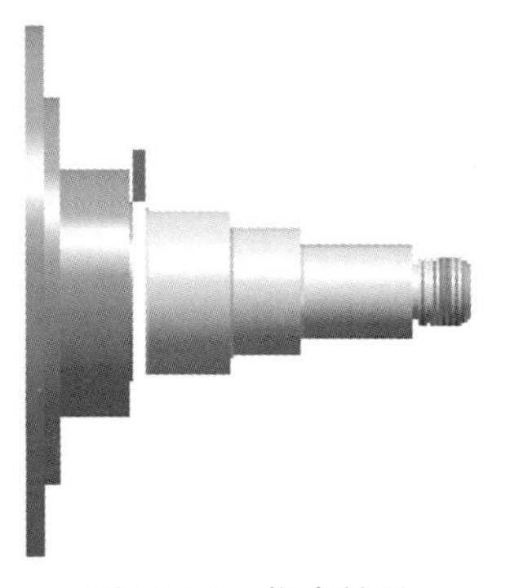

图 13.6.8 仿真结果

13.7 车 端 面

车端面用于车削工件的端面。加工区域是由两点定义的矩形来确定的。下面以图 13.7.1 所示的模型为例讲解车端面的一般过程，其操作步骤如下。

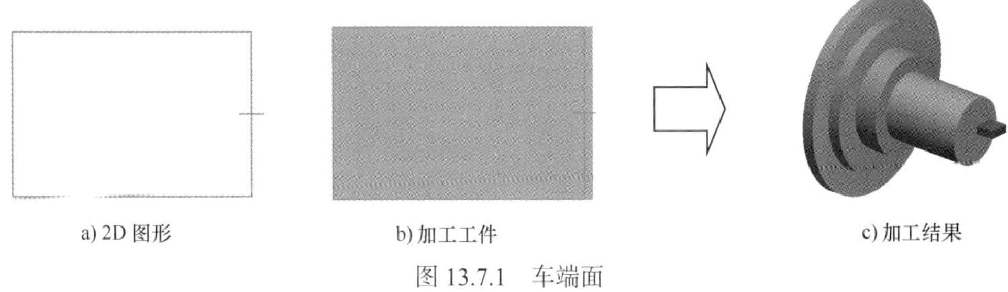

a) 2D 图形　　b) 加工工件　　c) 加工结果

图 13.7.1 车端面

Stage1. 进入加工环境

打开文件 D：\mcx2024\work\ch13.07\LATHE_FACE_DRILL.mcam，模型如图 13.7.2 所示。

图 13.7.2 实例模型

Stage2. 设置工件和夹爪

Step1. 在“操作管理”中单击 属性 - Lathe Default MM 节点前的“+”号，将该节点展开，然后单击 毛坯设置 节点，系统弹出“机床群组属性”对话框。

Step2. 设置工件的形状。在“机床群组属性”对话框的 毛坯 区域中单击 参数... 按钮，系统弹出“机床组件管理：毛坯”对话框。

Step3. 设置工件的尺寸。在“机床组件管理：毛坯”对话框中单击 由两点产生(2)... 按钮，然后在图形区选取图 13.7.3 所示的两点（点 1 为最左边直线的端点，点 2 的位置大致如图所示即可），系统返回至“机床组件管理：毛坯”对话框，在 外径: 文本框中输入值 40.0，

在 长度: 文本框中输入值 62.0，在 轴向位置 区域的 Z: 文本框中输入值 2.0，其他参数采用系统默认设置值，单击 预览边界(P)... 按钮预览工件，如图 13.7.4 所示。按 Enter 键，然后在“机床组件管理：毛坯”对话框中单击 ✔ 按钮，系统返回至“机床群组属性”对话框。

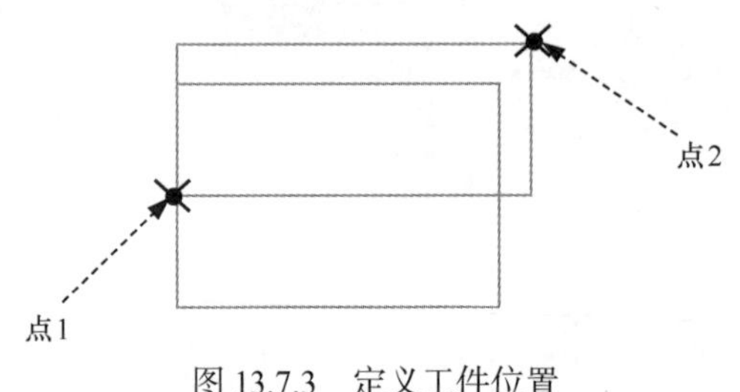

图 13.7.3　定义工件位置

图 13.7.4　预览工件形状和位置

Step4. 设置夹爪的形状。在“机床群组属性”对话框的 卡爪设置 区域中单击 参数... 按钮，系统弹出“机床组件管理：卡爪”对话框，单击该对话框中的 图形 选项卡，设置图 13.7.5 所示的参数。

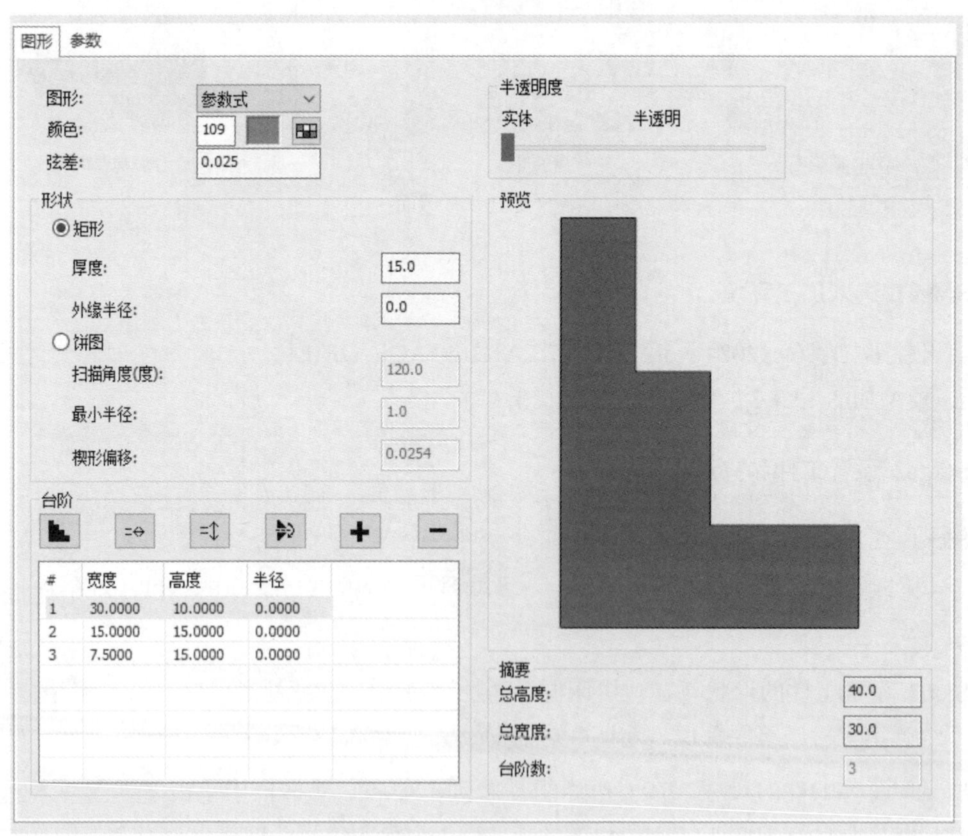

图 13.7.5　设置夹爪的形状

Step5. 设置夹爪的尺寸。在“机床组件管理：卡爪”对话框中单击 参数 选项卡，设置图 13.7.6 所示的参数，单击 ✔ 按钮，系统返回到“机床群组属性”对话框。

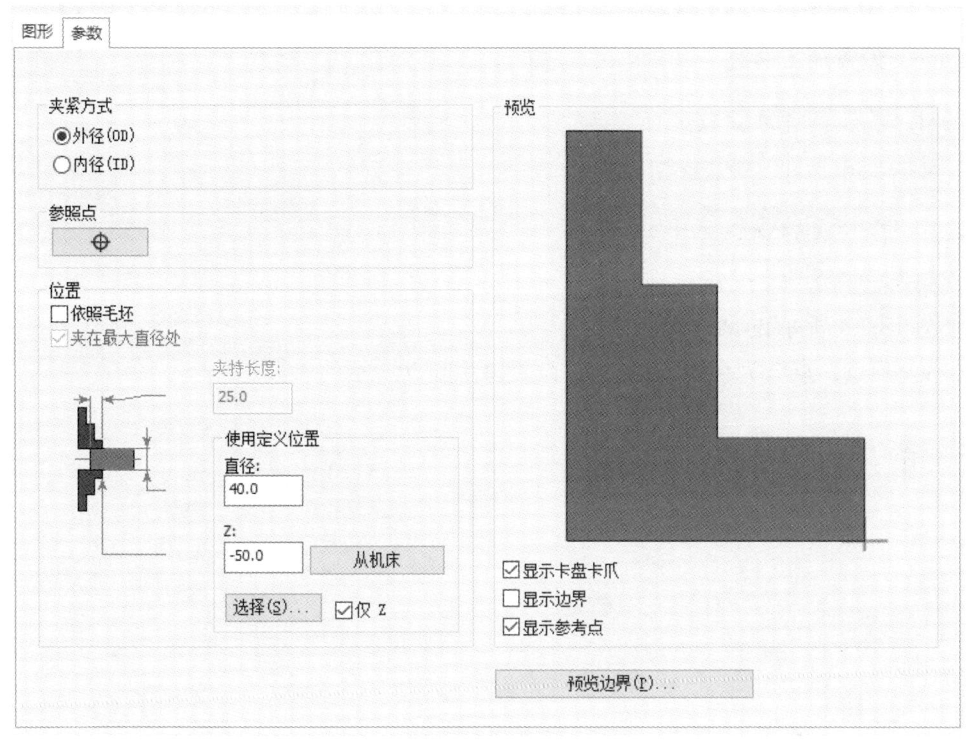

图 13.7.6 设置夹爪的尺寸

Step6. 在“机床群组属性”对话框中单击 ✔ 按钮，完成工件和夹爪的设置，此时在图形区中可以看到双点画线显示工件和夹爪的形状轮廓，如图 13.7.7 所示。

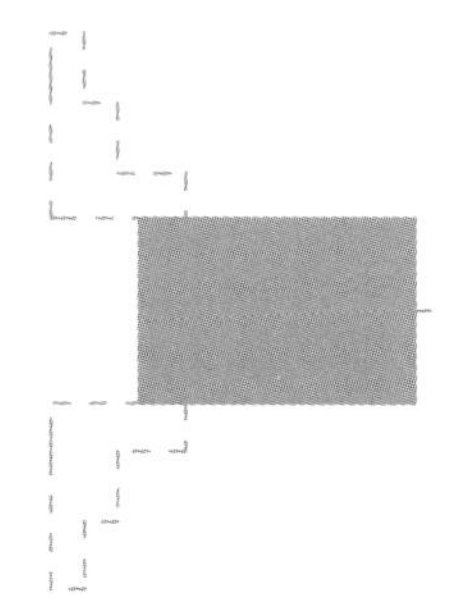

图 13.7.7 预览夹爪形状和位置

Stage3. 选择加工类型

单击 车削 功能选项卡 标准 区域中的“车端面”命令，系统弹出“车端面”对话框。

Stage4. 选择刀具

Step1. 在“车端面”对话框中采用系统默认的刀具，在 进给速率: 文本框中输入值 5.0；在 主轴转速: 文本框中输入值 800.0，并选中 RPM 单选项；在 机床原点 下拉列表中选择 用户定义 选项，单击 自定义(D)... 按钮，在系统弹出的“依照用户定义原点”对话框的 X: 文本框中输入值 25.0， Z: 文本框中输入值 25.0，单击该对话框中的 ✔ 按钮，系统返回到“车端面”对话框，其他参数采用系统默认设置值。

Step2. 设置冷却方式。单击 Coolant... 按钮，系统弹出“Coolant...”对话框，在 Flood（切削液）下拉列表中选择 On 选项，单击该对话框中的 ✔ 按钮，关闭“Coolant...”对话框。

Stage5. 设置加工参数

Step1. 设置车端面参数。在“车端面”对话框中单击 车端面参数 选项卡，选中 ◉ 选择点(S) 单选项，单击 ◉ 选择点(S) 按钮，在图形区选取图 13.7.8 所示的两个点（点 1 为毛坯右上顶点，点 2 为直线的端点），设置图 13.7.9 所示的参数。

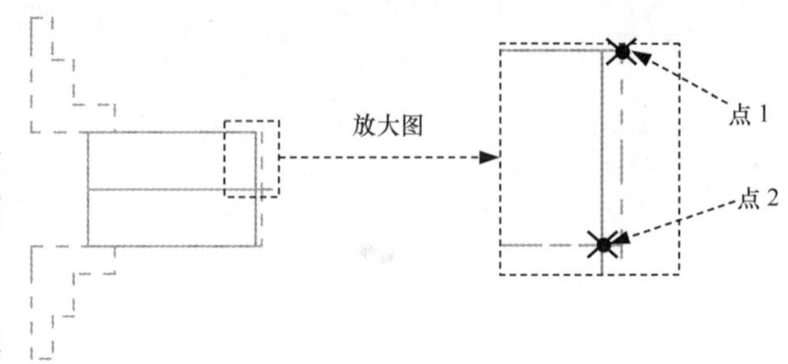

图 13.7.8　定义参考点

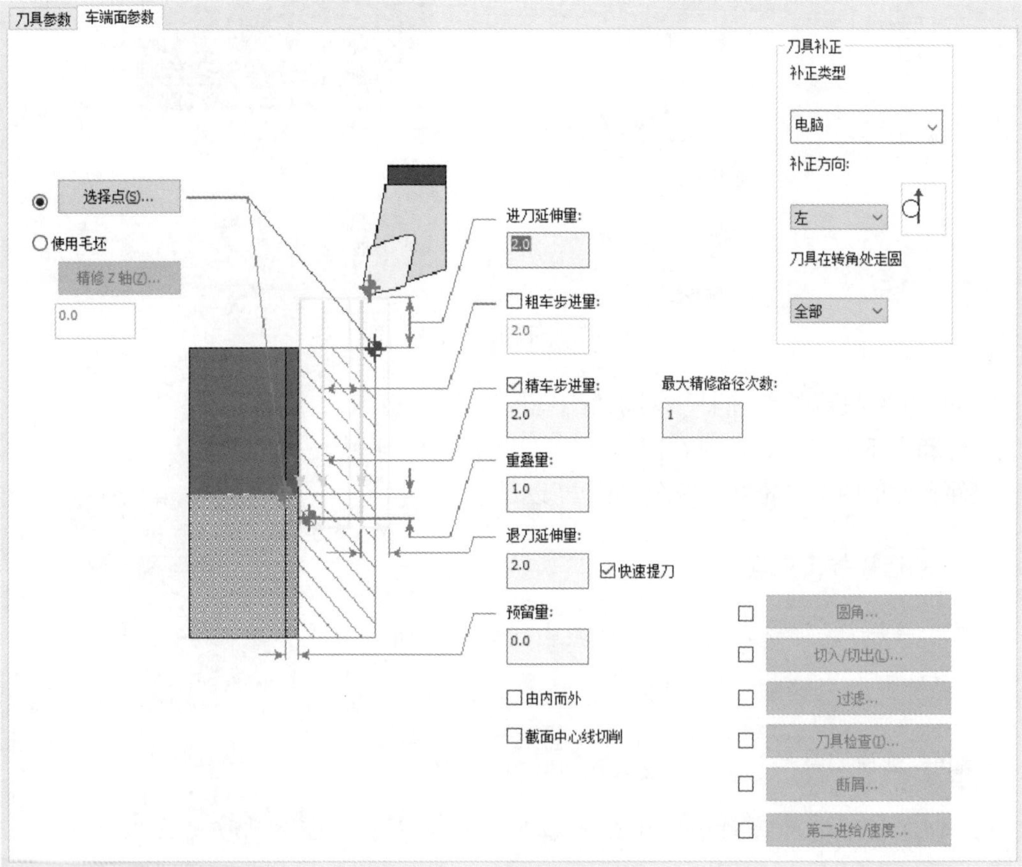

图 13.7.9　“车端面参数”选项卡

图 13.7.9 所示的“车端面参数”选项卡中部分选项的说明如下。

- 退刀延伸量: 文本框：用于定义在端面车削时，刀具在 X 方向超过所定义的矩形框的切削深度。

- 预留量: 文本框：用于定义刀具在开始下一次切削之前退回的位置与端面间的增量。
- □ 截面中心线切削 复选框：选中此复选框，切削时，刀具从工件中心线向外切削。

Step2. 单击 ✔ 按钮，完成刀具的选择，此时系统将自动生成图 13.7.10 所示的刀具路径。

Stage6. 加工仿真

Step1. 路径模拟。

（1）在“操作管理”中单击上一步创建好的刀路节点，系统弹出“刀路模拟”对话框及“路径模拟控制”操控板。

（2）在“路径模拟控制”操控板中单击 ▶ 按钮，系统将开始对刀具路径进行模拟，结果与图 13.7.10 所示的刀具路径相同，在“刀路模拟”对话框中单击 ✔ 按钮。

Step2. 实体切削验证。

（1）在 刀路 选项卡中单击“验证选定操作”按钮 ，系统弹出“Mastercam 模拟器”。

（2）在“Mastercam 模拟器”中单击 ▶ 按钮，系统将开始进行实体切削仿真，仿真结果如图 13.7.11 所示，单击 × 按钮。

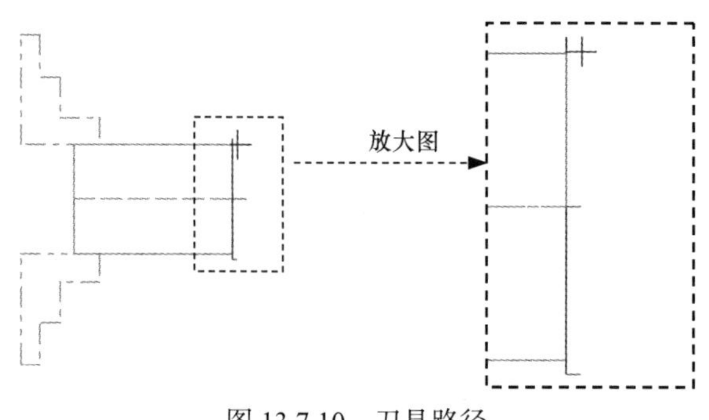

图 13.7.10 刀具路径

图 13.7.11 仿真结果

Step3. 保存加工结果。选择下拉菜单 文件(F) ➡ 保存(S) 命令，即可保存加工结果。

13.8 车削钻孔

车床钻孔加工与铣床钻孔加工的方法相同，主要用于钻孔、铰孔或攻丝。但是车床钻孔加工不同于铣床钻孔加工，在车床钻孔加工中，刀具沿 Z 轴移动而工件旋转；而在铣床钻

孔加工中，刀具既沿 Z 轴移动又沿 Z 轴旋转。下面以图 13.8.1 所示的模型为例讲解车削钻孔加工的一般过程，其操作步骤如下。

a) 2D 图形　　b) 加工工件　　c) 加工结果

图 13.8.1　车削钻孔

Stage1. 进入加工环境

Step1. 打开文件 D:\mcx2024\work\ch13.08\LATHE_DRILL.mcam，模型如图 13.8.2 所示。

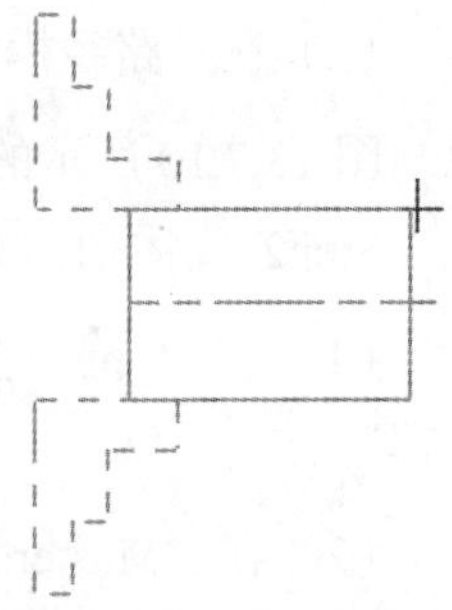

图 13.8.2　实例模型

Step2. 隐藏刀具路径。在 刀路 选项卡中单击 按钮，再单击 按钮，将已保存的刀具路径隐藏。

Stage2. 选择加工类型

单击 车削 功能选项卡 标准 区域中的“钻孔”命令，系统弹出“车削钻孔”对话框。

Stage3. 选择刀具

Step1. 在“车削钻孔”对话框中选择“T126126 20.Dia.DRILL　20.DIA.”刀具，在 进给速率: 文本框中输入值 10.0，并选中 毫米/转 单选项；在 主轴转速: 文本框中输入值 1200.0，并选中 RPM 单选项；在 机床原点 下拉列表中选择 用户定义 选项，单击 自定义(D)... 按钮，在系统弹出的“依照用户定义原点”对话框 X: 后的文本框中输入值 25.0，Z: 文本框中输入值 25.0，单击该对话框中的 按钮，系统返回至“车削钻孔”对话框，其他参数采用系统默认设置值。

Step2. 设置冷却方式。单击 Coolant... 按钮，系统弹出“Coolant...”对话框，在 Flood 下拉列表中选择 On 选项，单击该对话框中的 按钮，关闭“Coolant...”对话框。

Stage4. 设置加工参数

在“车削钻孔”对话框中单击 深孔钻-无啄孔 选项卡，如图 13.8.3 所示，在 深度... 后的文本框中输入值 –35.0，单击 钻孔位置(P)... 按钮，在图形区选取图 13.8.4 所示的点（最右端竖线与轴中心线的交点处），其他参数采用系统默认设置值，单击该对话框中的 ✔ 按钮，完成钻孔参数的设置，此时系统将自动生成图 13.8.5 所示的刀具路径。

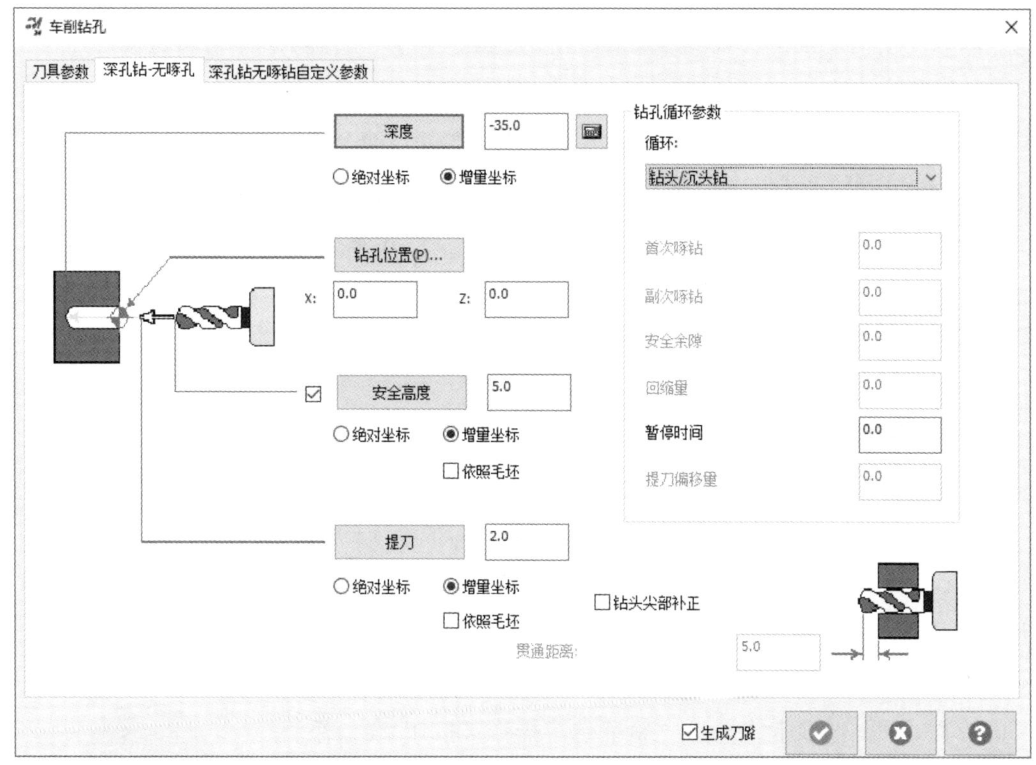

图 13.8.3 “车削钻孔”对话框

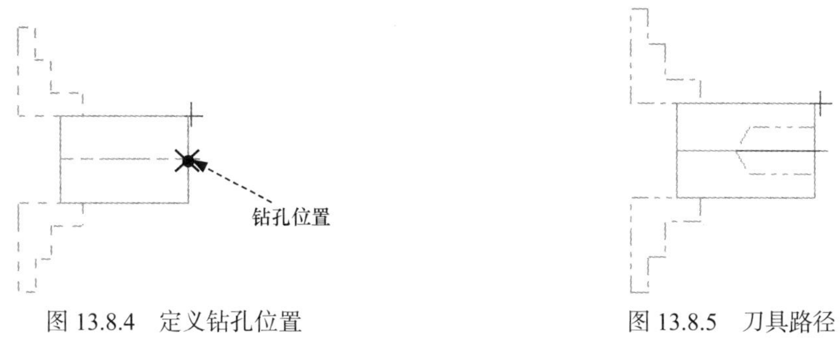

图 13.8.4 定义钻孔位置

图 13.8.5 刀具路径

图 13.8.3 所示的“深孔钻 - 无啄孔”选项卡中部分选项的说明如下。

- 深度... 按钮：单击此按钮，可以在图形区选取一个点定义孔的深度，也可以在其后的文本框中直接输入孔深，通常为负值。
- ▦ 按钮：用于设置精加工时刀具的有关参数。单击此按钮，系统弹出“深度的计算”对话框，通过此对话框用户可以对深度计算的相关参数进行修改。
- 钻孔位置(P)... 按钮：用于定义钻孔开始的位置，单击此按钮，可以在图形区选取一个点，也可以在其下的两个坐标文本框中输入点的坐标值。

- 安全高度 按钮：用于定义在钻孔之前刀具与工件之间的距离。当此按钮前的复选框处于选中状态时可用。单击此按钮可以选择一个点，或直接在其后的文本框中输入安全高度值，包括 绝对坐标、增量坐标 和 依照毛坯 三个附属选项。
- 提刀 按钮：用于定义刀具进刀点，单击此按钮，可以在图形区选取一个点，也可以在其后的文本框中直接输入进刀点与工件端面之间的距离值。
- 钻头尖部补正 复选框：用于计算孔的深度，以便确定钻孔的贯穿距离。
- 贯通距离: 文本框：当钻孔为通孔时，指定刀尖与工件末端的距离。当选中 钻头尖部补正 复选框时，此文本框可用。

Stage5. 加工仿真

Step1. 路径模拟。

（1）在“操作管理”中单击上一步创建好的刀路节点，系统弹出“刀路模拟”对话框及“路径模拟控制”操控板。

（2）在“路径模拟控制”操控板中单击 按钮，系统将开始对刀具路径进行模拟，在“刀路模拟”对话框中单击 按钮。

Step2. 实体切削验证。

（1）在 刀路 选项卡中单击“验证选定操作”按钮，系统弹出“Mastercam 模拟器”。

（2）在“Mastercam 模拟器”中单击 按钮，系统将开始进行实体切削仿真，仿真结果如图 13.8.6 所示，单击 按钮。

Step3. 保存加工结果。选择下拉菜单 文件(F) → 保存(S) 命令，即可保存加工结果。

图 13.8.6　仿真结果

13.9　车　内　径

车内径与粗 / 精车加工基本相同，只是在选取加工边界时有所区别。粗 / 精车加工选取的是外部线串，而车内径选取的是内部线串。下面以图 13.9.1 所示的模型为例讲解车内径加工的一般过程，其操作步骤如下。

Stage1. 进入加工环境

打开文件 D:\mcx2024\work\ch13.09\ROUGH_ID_LATHE.mcam，模型如图 13.9.2 所示。

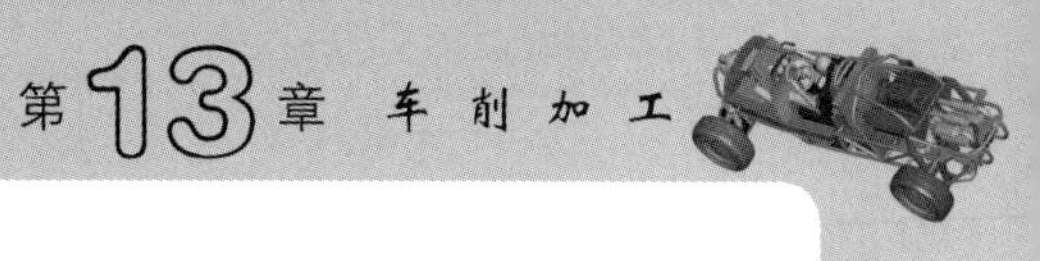

图 13.9.1　车内径加工

Stage2. 选择加工类型

Step1. 单击 车削 功能选项卡 标准 区域中的“粗车”命令，系统弹出“线框串连”对话框。

Step2. 定义加工轮廓。在图形区中选取图 13.9.3 所示的轮廓，单击 ✔ 按钮，系统弹出“粗车”对话框。

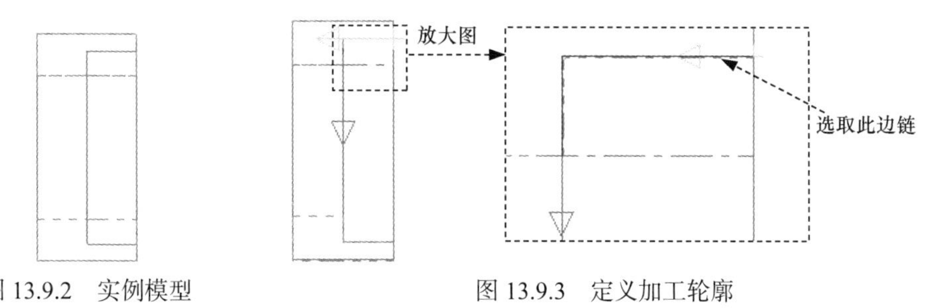

图 13.9.2　实例模型　　图 13.9.3　定义加工轮廓

Stage3. 选择刀具

Step1. 在“粗车”对话框中选择“T0909 R0.4”刀具并双击，系统弹出“定义刀具 - 机床群组 -1”对话框，设置刀片参数如图 13.9.4 所示，在“定义刀具 - 机床群组 -1”对话框中单击 镗杆 选项卡，在 镗杆图形 区域的 A: 文本框中输入值 15.0，在 C: 文本框中输入值 10.0，单击 参数 选项卡，在 刀具名称: 文本框中输入“T0909 R0.4”，单击该对话框中的 ✔ 按钮，系统返回至“粗车”对话框。

Step2. 在“粗车”对话框的 主轴转速: 文本框中输入值 500.0，并选中 ⊙ RPM 单选项；在 机床原点 下拉列表中选择 用户定义 选项，单击 自定义(D)... 按钮，在系统弹出的“依照用户定义原点”对话框的 X: 文本框中输入值 25.0，Z: 文本框中输入值 25.0，单击该对话框中的 ✔ 按钮，系统返回至“粗车”对话框，其他参数采用系统默认设置值。

Step3. 设置冷却方式。单击 Coolant... 按钮，系统弹出“Coolant...”对话框，在 Flood（切削液）下拉列表中选择 On 选项，单击该对话框中的 ✔ 按钮，关闭

"Coolant..." 对话框。

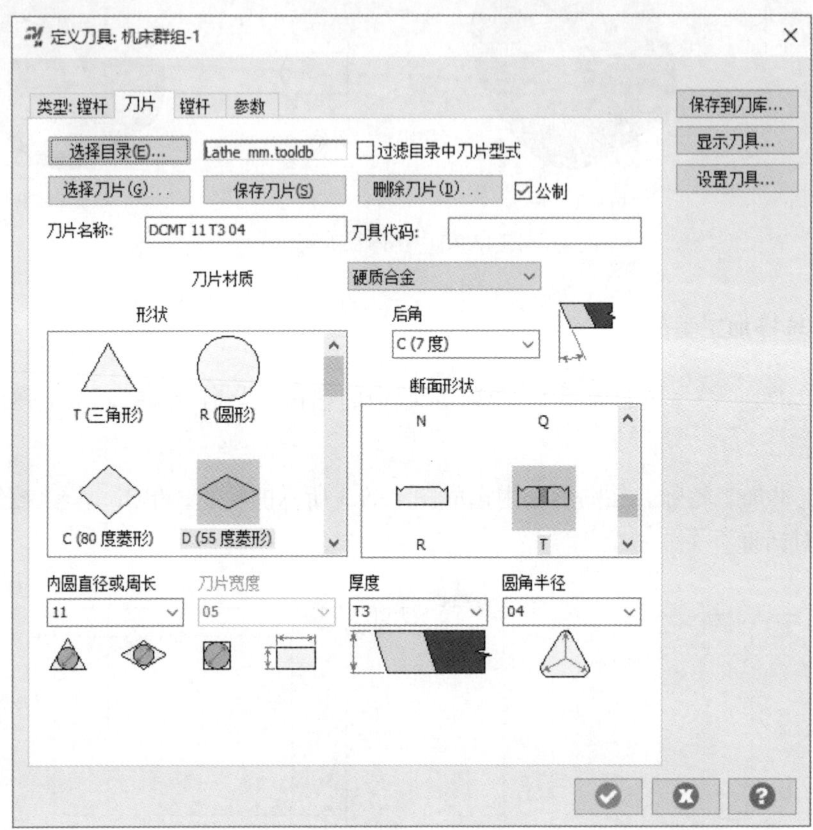

图 13.9.4 "定义刀具 - 机床群组 -1" 对话框

Stage4. 设置加工参数

在"粗车"对话框中单击 粗车参数 选项卡，在 粗车方向/角度 后的下拉列表中选择 选项，其他参数采用系统默认设置值，单击该对话框中的 按钮，完成粗车内径参数的设置，此时系统将自动生成图 13.9.5 所示的刀具路径。

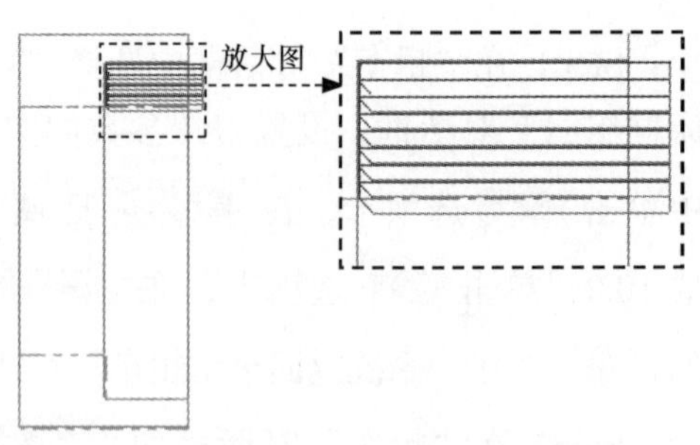

图 13.9.5 刀具路径

Stage5. 加工仿真

Step1. 路径模拟。

（1）在"操作管理"中单击上一步创建好的刀路节点，系统弹出"刀路模拟"对话框及"路径模拟控制"操控板。

（2）在"路径模拟控制"操控板中单击 按钮，系统将开始对刀具路径进行模拟，结果与图 13.9.5 所示的刀具路径相同，在"刀路模拟"对话框中单击 按钮。

Step2. 实体切削验证。

（1）在 刀路 选项卡中单击“验证选定操作”按钮，系统弹出“Mastercam 模拟器”。

（2）在“Mastercam 模拟器”中单击 按钮，系统将开始进行实体切削仿真，仿真结果如图 13.9.6 所示，单击 × 按钮。

Step3. 保存加工结果。选择下拉菜单 文件(F) → 保存(S) 命令，即可保存加工结果。

图 13.9.6　仿真结果

13.10　内槽车削

内槽车削也是沟槽车削的一种，只是其加工的位置与外槽车削不同，但其参数设置基本与沟槽车削相同。下面以图 13.10.1 所示的模型为例讲解内槽车削加工的一般过程，其操作步骤如下。

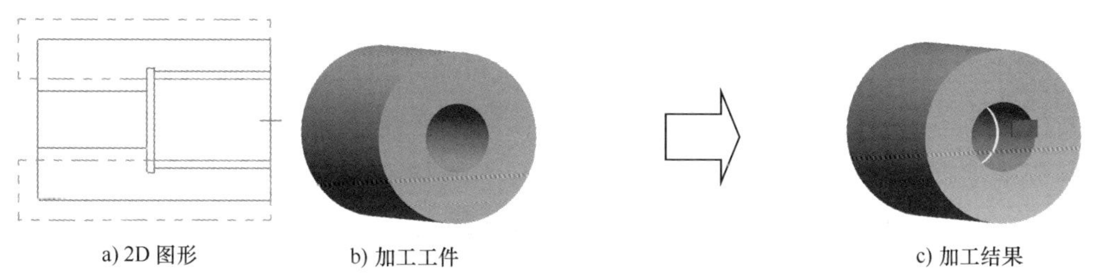

a) 2D 图形　b) 加工工件　c) 加工结果

图 13.10.1　内槽车削

Stage1. 进入加工环境

打开文件 D:\mcx2024\work\ch13.10\LATHE_FACE_DRILL_ID.mcam，模型如图 13.10.2 所示。

Stage2. 选择加工类型

Step1. 单击 车削 功能选项卡 标准 区域中的“沟槽”命令，系统弹出“沟槽选项”对话框。

Step2. 定义加工轮廓。在“沟槽选项”对话框中选中 2 点 单选项，单击 按钮，然后在图形区依次选择图 13.10.3 所示的两个点（直线的端点），按 Enter 键，系统弹出“沟槽粗车”对话框。

Stage3. 选择刀具

Step1. 定义刀具。在“沟槽粗车”对话框中选择“T3333 R0.1 W1.5”刀具并双击，系统弹出“定义刀具-机床群组-1”对话框，在 刀片图形 区域的 A: 文本框中输入值 1.0，在 D: 文本框中输入值 1.5，单击 参数 选项卡，在 刀具名称: 文本框中输入“T3333 R0.1 W1.5”，单击该对话框中的 ✓ 按钮，系统返回至“沟槽粗车”对话框。

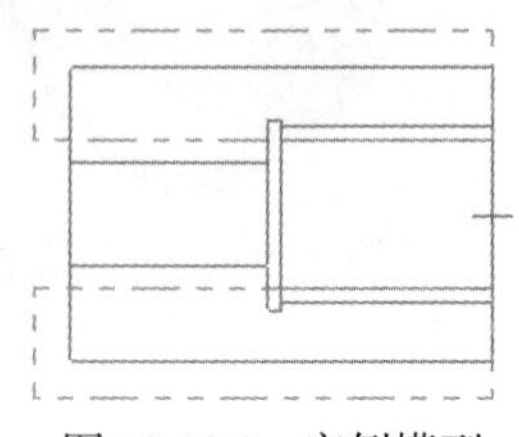

图 13.10.2　实例模型

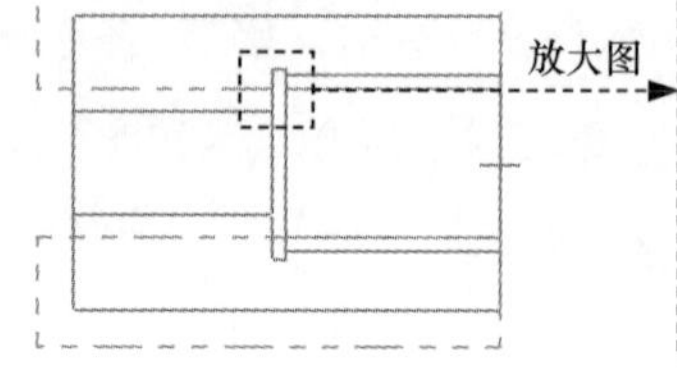

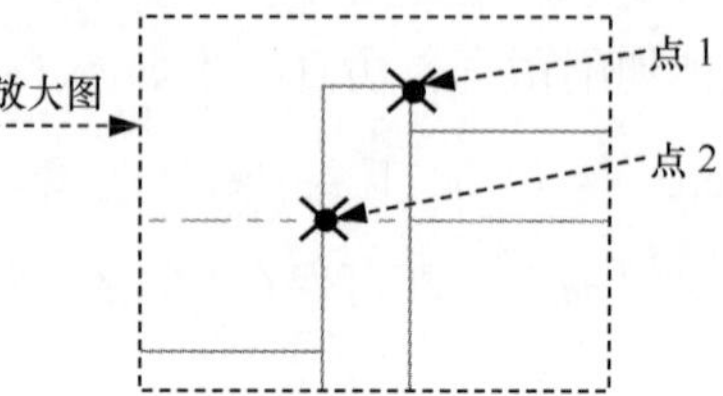

图 13.10.3　定义加工轮廓

Step2. 在“沟槽粗车”对话框的 进给速率: 文本框中输入值 3.0；在 主轴转速: 后的文本框中输入值 800.0，并选中 ⊙ RPM 单选项，在 机床原点 下拉列表中选择 用户定义 选项，单击 自定义 按钮，在系统弹出的“依照用户定义原点”对话框的 X: 文本框中输入值 25.0，Z: 文本框中输入值 25.0，单击该对话框中的 ✓ 按钮，完成刀具参数的设置。

Stage4. 设置加工参数

Step1. 在“沟槽粗车”对话框中单击 沟槽形状参数 选项卡，切换到“沟槽形状参数”界面，采用系统默认的参数设置值。

Step2. 在“沟槽粗车”对话框中单击 沟槽粗车参数 选项卡，切换到“沟槽粗车参数”界面，采用系统默认的参数设置值。

Step3. 在“沟槽粗车”对话框中单击 ✓ 按钮，完成加工参数的选择，此时系统将自动生成图 13.10.4 所示的刀具路径。

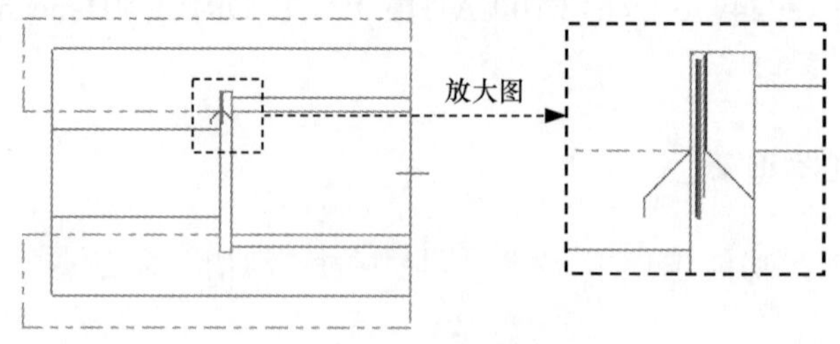

图 13.10.4　刀具路径

Stage5. 加工仿真

Step1. 路径模拟。

（1）在“操作管理”中单击上一步创建好的刀路节点，系统弹出“刀路模拟”对话框及“路径模拟控制”操控板。

（2）在“路径模拟控制”操控板中单击 ▶ 按钮，系统将开始对刀具路径进行模拟，结果与图 13.10.4 所示相同，在“刀路模拟”对话框中单击 ✔ 按钮。

Step2. 实体切削验证。

（1）在 **刀路** 选项卡中单击“验证选定操作”按钮 ，系统弹出“Mastercam 模拟器”。

（2）在“Mastercam 模拟器”中单击 ▶ 按钮，系统将开始进行实体切削仿真，仿真结果如图 13.10.5 所示，单击 × 按钮。

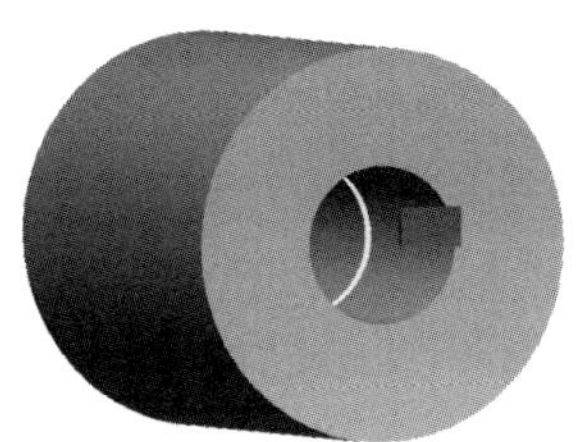

图 13.10.5 仿真结果

Step3. 保存加工结果。选择下拉菜单 文件(F) → 保存(S) 命令，即可保存加工结果。

第14章 线切割加工

14.1 概　　述

线切割加工是电火花线切割加工的简称，它是利用一根运动的线状金属丝（钼丝或铜丝）作为工具电极，在工件和金属丝间通以脉冲电流，靠火花放电对工件进行切割的加工方法。在 Mastercam 2024 中，线切割主要分为两轴和四轴两种。

线切割加工的原理如图 14.1.1 所示。工件上预先打好穿丝孔，电极丝穿过该孔后，经导向轮由储丝筒带动进行正、反向交替移动。放置工件的工作台按预定的控制程序，在 X、Y 两个坐标方向上进行伺服进给移动，把工件切割成形。加工时，需在电极和工件间不断浇注工作液。

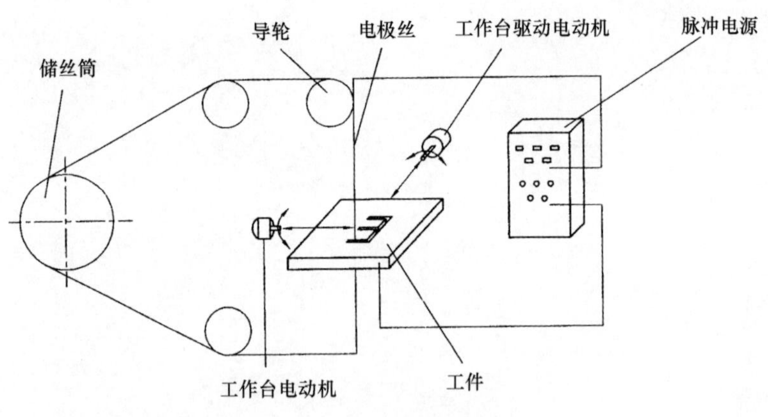

图 14.1.1　线切割加工原理

线切割加工的工作原理与电火花穿孔加工相似，但线切割加工不需要特定形状的电极，减少了电极的制造成本，缩短了生产准备时间，相对于电火花穿孔加工生产效率高、加工成本低，在加工过程中工具电极损耗很小，可获得较高的加工精度。小孔，窄缝，凸、凹模加工可一次完成，多个工件可叠起来加工，但不能加工不通孔和立体成形表面。由于电火花线切割加工具有上述特点，在国内外的发展都比较迅速，它已经成为一种高精度和高自动化的特种加工方法，在成形刀具与难切削材料、模具制造和精密复杂零件加工等方面得到广泛应用。

14.2 外形切割路径

外形线切割加工可以用于任何类型的二维轮廓加工。在两轴线切割加工时，刀具（钼丝或铜丝）沿着指定的刀具路径切割工件，在工件上留下细线切割所形成的轨迹线，从而使零件和工件分离得到所需的零件。下面以图 14.2.1 所示的模型为例来说明外形线切割加工过程，其操作步骤如下。

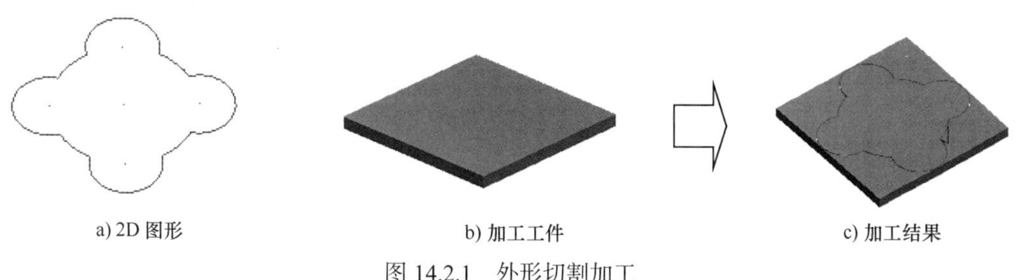

a) 2D 图形　　b) 加工工件　　c) 加工结果

图 14.2.1　外形切割加工

Stage1. 进入加工环境

打开原始模型文件 D:\mcx2024\work\ch14.02\WIRED.mcam，系统进入加工环境，此时零件模型如图 14.2.2 所示。

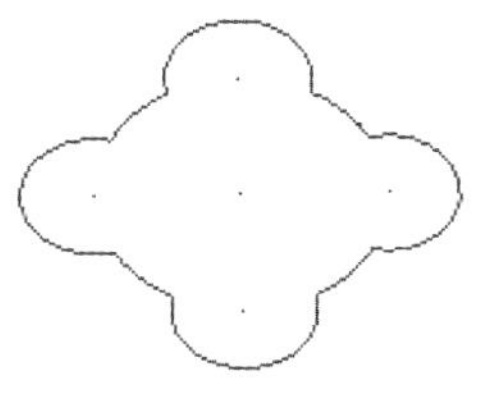

图 14.2.2　零件模型

Stage2. 设置工件

Step1. 在“操作管理”中单击 属性 - Generic Wire EDM 节点前的“+”号，将该节点展开，然后单击 毛坯设置 节点，系统弹出“机床群组属性”对话框。

Step2. 设置工件的形状。在“机床群组属性”对话框的 工件形状 区域选中 立方体 单选项。

Step3. 设置工件的尺寸。在“机床群组属性”对话框中单击 边界框(B) 按钮，系统弹出“边界框”对话框，在该对话框的 图素 区域中选择 全部显示(A) 选项，在 形状 区域中选择 立方体(R) 选项，在 立方体设置 区域的 X、Y 和 Z 文本框中分别输入值 150.0、150.0、10.0，单击 按钮，系统返回至“机床群组属性”对话框，此时该对话框如图 14.2.3 所示。

Step4. 单击“机床群组属性”对话框中的 按钮，完成工件的设置。此时工件如图 14.2.4 所示，从图中可以观察到零件的边缘多了红色的双点画线，双点画线围成的图形即为工件。

Stage3. 选择加工类型

Step1. 单击 线割刀路 功能选项卡 线割刀路 区域中的“外形”命令，系统弹出“线框串连”对话框。

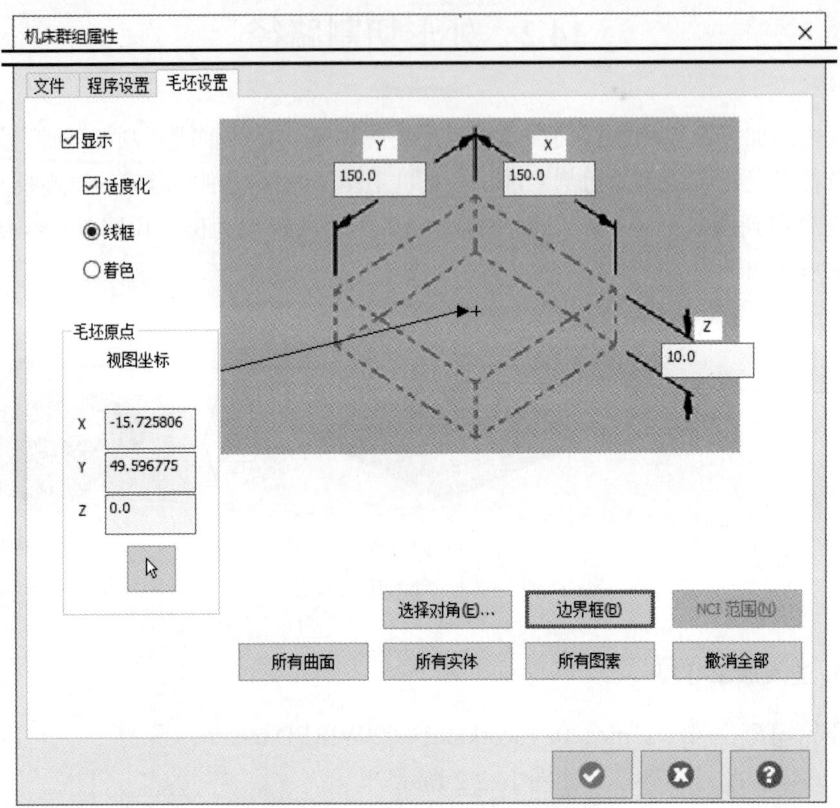

图 14.2.3 “机床群组属性”对话框

Step2. 设置加工区域。在图形区中选取图 14.2.5 所示的曲线串，然后按 Enter 键，完成加工区域的选择，同时系统弹出“线切割刀路 - 外形参数”对话框（图 14.2.6）。

图 14.2.4 显示工件　　　　图 14.2.5 加工区域

Stage4. 设置加工参数

Step1. 在“线切割刀路 - 外形参数”对话框左侧列表中单击 钼丝 / 电源 节点，结果如图 14.2.6 所示，然后单击 按钮，系统弹出图 14.2.7 所示的“编辑数据库”对话框，采用系统默认的参数设置值，单击 按钮，系统返回至“线切割刀路 - 外形参数”对话框。

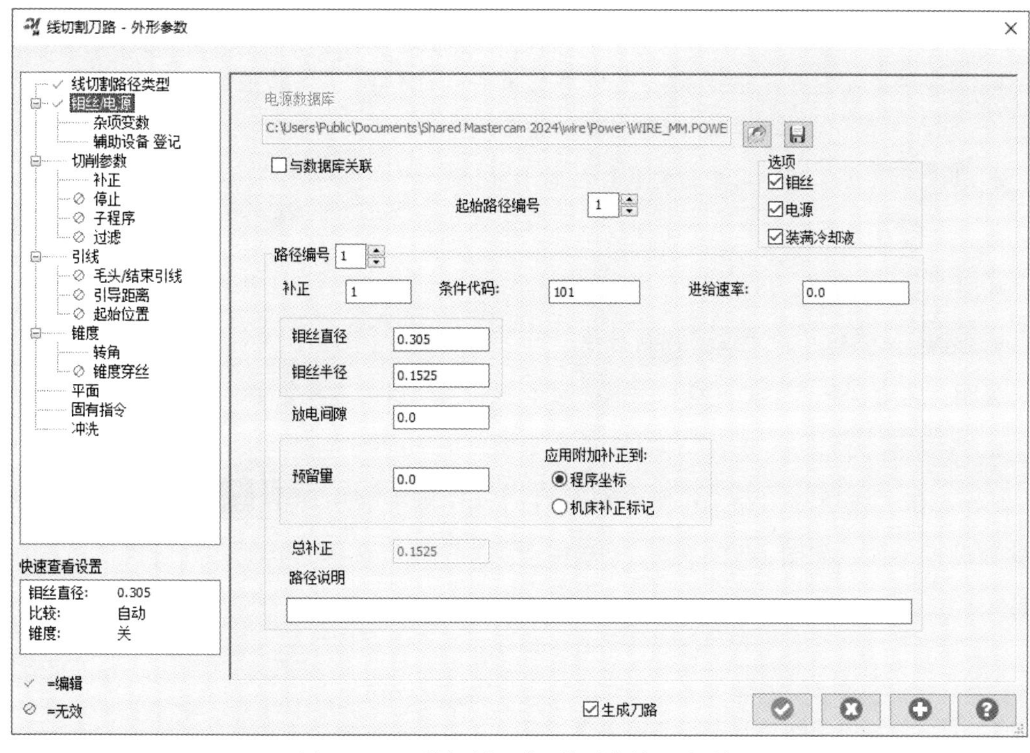

图 14.2.6 “线切割刀路 - 外形参数”对话框

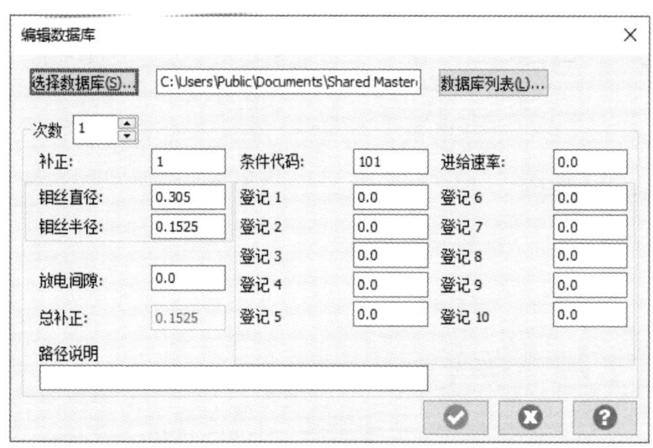

图 14.2.7 “编辑数据库”对话框

图 14.2.7 所示的“编辑数据库”对话框中部分选项的说明如下。

- 次数 文本框：用于在当前的资料库中指定编辑参数的编号。
- 数据库列表(L)... 按钮：用于列出当前资料库中的所有电源。
- 补正: 文本框：用于设置线切割刀具的补正码（与电火花加工设备有关）。
- 条件代码: 文本框：用于设置与补正码相协调的线切割特殊值。
- 进给速率: 文本框：用于定义线切割刀具的进给率。

注意：大部分的线切割加工是不使用进给率的，除非用户需要对线切割刀具进行控制。

- 钼丝直径: 文本框：用于指定电极丝的直径。此值与“钼丝半径”是相联系的，当“钼丝半径”值改变时，此值也会自动更新。
- 钼丝半径: 文本框：用于指定电极丝的半径值。
- 放电间隙: 文本框：用于定义线切割的放电间隙值。
- 总补正: 文本框：用于显示刀具半径、放电间隙和毛坯的补正总和。
- 登记 1 文本框：用于设置控制器号。

说明：其他“登记”文本框与 登记 1 文本框相同，因此不再赘述。

- 路径说明 文本框：用于添加电源设置参数的注释。

Step2. 在“线切割刀路 - 外形参数”对话框左侧列表中单击 切削参数 节点，显示切削参数设置界面，如图 14.2.8 所示，选中 ☑ 执行粗切 复选框，其他参数设置值接受系统默认。

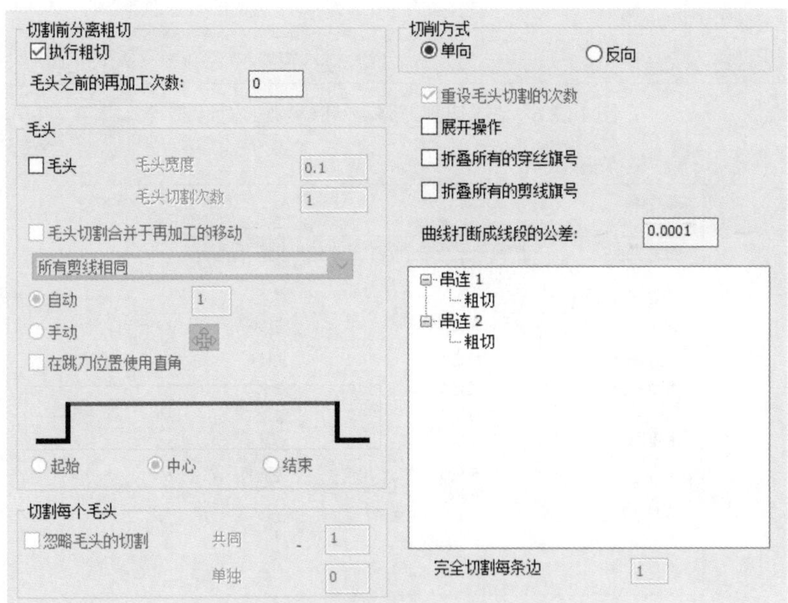

图 14.2.8 “切削参数”设置界面

图 14.2.8 所示的“切削参数”设置界面中部分选项的说明如下。

- ☑ 执行粗切 复选框：用于创建粗加工。
- 毛头之前的再加工次数: 文本框：用于指定加工毛头前的加工次数。
- ☑ 毛头 复选框：用于创建毛头加工，选中该项后，其他相关选项被激活。
- 毛头宽度: 文本框：用于指定毛头沿轮廓边缘的延伸距离。
- 毛头切割次数 文本框：用于定义切割毛头的加工次数。

- ☑ 毛头切割合并于再加工的移动 复选框：选中此项，则表示毛头加工在加工中进行。
- 所有剪线相同 下拉列表：用于设置加工顺序，其包括 所有剪线相同 选项、合并毛头及精修 选项和 粗切毛头和精修分开 选项。当选中 ☑ 展开操作 复选框时此下拉列表可用。
  - ☑ 所有剪线相同 选项：用于定义粗加工、毛头加工、精加工等加工为同一个轮廓。
  - ☑ 合并毛头及精修 选项：用于定义先进行粗加工，然后再进行毛头加工和精加工。
  - ☑ 粗切毛头和精修分开 选项：用于定义先进行粗加工，再进行毛头加工，最后进行精加工。
- ⊙ 自动 单选项：用于自动设置毛头位置。
- ⊙ 手动 单选项：用于手动设置毛头位置。可以通过单击其后的 按钮，在绘图区选取一点来确定毛头的位置。
- ☐ 在跳刀位置使用直角 复选框：在 ⊙ 手动 单选项被选中的情况下有效，用于使用方形的点作为毛头的位置。当选中此复选框时，○ 起始 单选项、⊙ 中心 单选项和 ○ 结束 单选项被激活，用户可以通过这三个单选项来定义毛头的位置。
- 切削方式 区域：用于定义切削的方式，其包括 ⊙ 单向 单选项和 ○ 反向 单选项。
  - ☑ ⊙ 单向 单选项：用于设置始终沿一个方向进行切削。
  - ☑ ○ 反向 单选项：用于设置沿一个方向切削，然后换向进行切削，如此循环直到加工完成。
- ☑ 重设毛头切割的次数 复选框：当选中此复选框，系统会使用资料库中路径 1 的相关参数加工第一个毛头部位，并使用路径 1 的相关参数进行其后的粗加工，在第二个毛头部位使用资料库中路径 2 的相关参数进行加工，然后使用路径 1 的相关参数进行其后的粗加工，依此类推进行加工。
- ☑ 展开操作 复选框：用于激活 所有剪线相同 下拉列表。
- ☐ 折叠所有的穿丝旗号 复选框：当选中此复选框时，将不标记穿线旗号，而且不写入 NCI 程序中。
- ☐ 折叠所有的剪线旗号 复选框：当选中此复选框时，将不标记剪线旗号，而且不写入 NCI 程序中。

Step3. 在“线切割刀路 - 外形参数”对话框左侧列表中单击 ⊘ 停止 节点，显示“停止”设置界面，如图 14.2.9 所示，参数设置接受系统默认设置值。

图 14.2.9 所示的“停止”设置界面中部分选项的说明如下。

说明：“停止”设置界面的选项在“切削参数”界面中选择 ☑ 毛头 选项后被激活。

- ☑ 产生停止指令 区域：用于设置在毛头加工过程中输出停止代码的位置。
  - ☑ ○ 从每个毛头 单选项：用于设置在加工所有毛头前输出停止代码。
  - ☑ ⊙ 在第一个毛头的操作 单选项：用于设置在第一次毛头加工前输出停止代码。

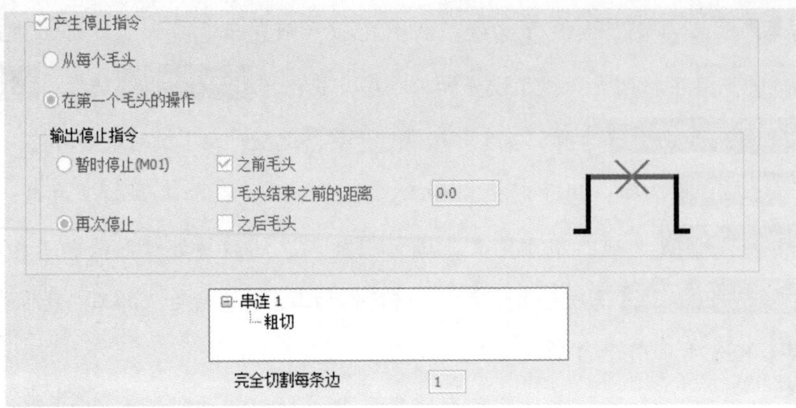

图 14.2.9 “停止”设置界面

- 输出停止指令 区域：用于设置停止指令的形式。
  - ☑ 暂时停止 单选项：用于设置输出暂时停止代码。
  - ☑ 之前毛头 复选框：用于设置输出停止指令的位置为在加工毛头之前。
  - ☑ 毛头结束之前的距离：用于设置在停止代码的距离数，需在其后的文本框中输入具体数值。
  - ☑ 再次停止 单选项：用于设置输出永久停止代码。
  - ☑ 之后毛头 复选框：用于设置输出停止指令的位置为在加工毛头之后。

Step4. 在“线切割刀路 - 外形参数”对话框左侧列表中单击 引线 节点，显示“引导”参数设置界面，如图 14.2.10 所示，在 进刀 和 退刀 区域均选中 只有直线 单选项，其他参数设置接受系统默认设置值。

进刀
只有直线
线与圆弧
2 线和圆弧
退刀
只有直线
单一圆弧
圆弧与直线
圆弧和2线
进/退刀
圆弧半径: 0.5
圆弧扫描角度: 90.0
重叠里: 0.0
最大引出长度: 0.0
重置锥度
修剪最后的引出
毛头切割(不脱离的方式)
自动设定剪线位置
设置切入点=穿丝点
快速移动选项
快速到穿丝点
快速到切线点
快速到开始位置的程序端点

图 14.2.10 “引导”参数设置界面

图 14.2.10 所示的“引导”参数设置界面中部分选项的说明如下。

- 进刀 区域：用于定义电极丝引入运动的形状，其包括 只有直线 单选项、线与圆弧 单选项和 2线和圆弧 单选项。
  - ☑ 只有直线 单选项：用于在穿线点和轮廓开始处创建一条直线。
  - ☑ 线与圆弧 单选项：用于在穿线点和轮廓开始处增加一条直线和一段圆弧。
  - ☑ 2线和圆弧 单选项：用于在穿线点和轮廓开始处创建两条直线和一段圆弧。
- 退刀 区域：用于定义引出运动的形状，其包括 只有直线 单选项、单一圆弧 单选项、圆弧与直线 单选项和 圆弧和2线 单选项。
  - ☑ 只有直线 单选项：选中此单选项后，电极丝切出工件后会以直线的形式运动到切削点或者运动到设定的位置。
  - ☑ 单一圆弧 单选项：电极丝切出工件后会形成一段圆弧，用户可以自定义圆弧的半径和扫掠角。
  - ☑ 圆弧与直线 单选项：电极丝切出工件后会形成一段圆弧，接着以直线的形式运动到切削点。
  - ☑ 圆弧和2线 单选项：电极丝切出工件后会形成一段圆弧，接着创建两条直线，运动到切削点。
- 进/退刀 区域：用于定义进入/退出的直线和圆弧的参数，其包括 圆弧半径: 文本框、圆弧扫描角度: 文本框和 重叠量: 文本框。
  - ☑ 圆弧半径: 文本框：用于指定引入/引出的圆弧半径。
  - ☑ 圆弧扫描角度: 文本框：用于指定引入/引出的圆弧转角。
  - ☑ 重叠量: 文本框：用于在轮廓的开始和结束定义需要去除的振动值。
- ☑ 最大引出长度: 复选框：用于缩短引出长度的值，用户可以在其后的文本框中输入引出长度的缩短值。如果不选中此复选框，则引出长度为每一个切削点到轮廓终止位置的平均距离。
- ☑ 修剪最后的引出 复选框：用于设置以指定的“最大引出长度”来修剪最后的引出距离。
- ☑ 毛头切割(不脱离的方式) 复选框：用于设置去除短小的突出部。当毛坯为长条状时选中此复选框。
- ☑ 自动设定剪线位置 复选框：用于设置系统自动测定最有效切削点。
- ☑ 设置切入点=穿丝点 复选框：用于设置切入点与穿丝点的位置相同。
- ☐ 快速到穿丝点 复选框：用于设置从引入穿丝点到轮廓链间快速移动。
- ☐ 快速到切线点 复选框：用于设置引出运动为快速移动。

● 快速到开始位置的程序端点 复选框：用于设置在最初的起始位置和刀具路径的结束位置间建立快速移动。

Step5. 在“线切割刀路 - 外形参数”对话框左侧列表中单击 引导距离 节点，显示“引导距离”设置界面，如图 14.2.11 所示，选中 ☑ 引导距离(不考虑穿丝/切入点) 复选框，并在 引进距离: 文本框中输入值 10.0，其他参数接受系统默认设置值。

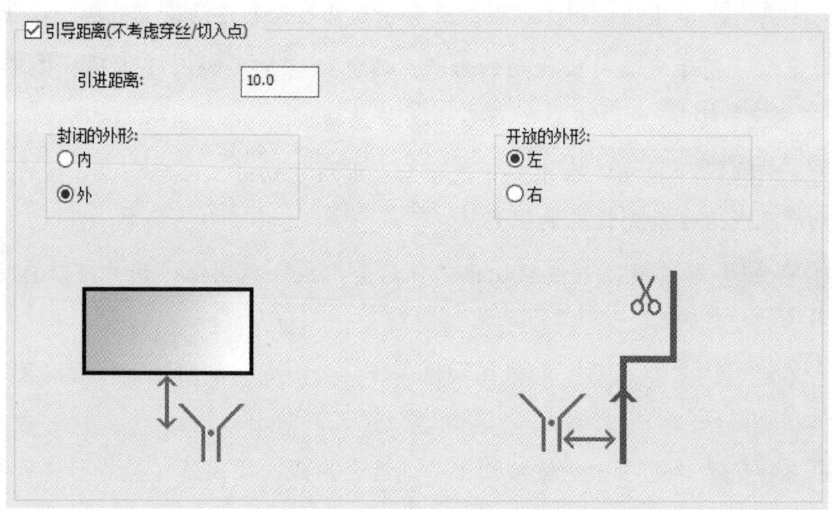

图 14.2.11 “引导距离”设置界面

图 14.2.11 所示的“引导距离”设置界面中部分选项的说明如下。

● ☑ 引导距离(不考虑穿丝/切入点) 复选框：用于设置引导的距离。用户可以在 引进距离: 后的文本框中指定距离值。

● 封闭的外形: 区域：用于设置封闭轮廓时的引导位置。

☑ 内 单选项：用于设置在轮廓边界内进行引导。

☑ 外 单选项：用于设置在轮廓边界外进行引导。

● 开放的外形: 区域：用于设置开放式轮廓时的引导位置。

☑ 左 单选项：用于设置在轮廓边界左边进行引导。

☑ 右 单选项：用于设置在轮廓边界右边进行引导。

Step6. 在“线切割刀路 - 外形参数”对话框左侧列表中单击 锥度 节点，显示“锥度”设置界面，设置参数如图 14.2.12 所示。

图 14.2.12 所示的“锥度”设置界面中部分选项的说明如下。

● ☑ 锥度 区域：用于定义轮廓锥形的类型，包括 单选项组、锥度方向 区域和 起始锥度 文本框等内容。

● 起始锥度 文本框：用于设置锥度的最初值。

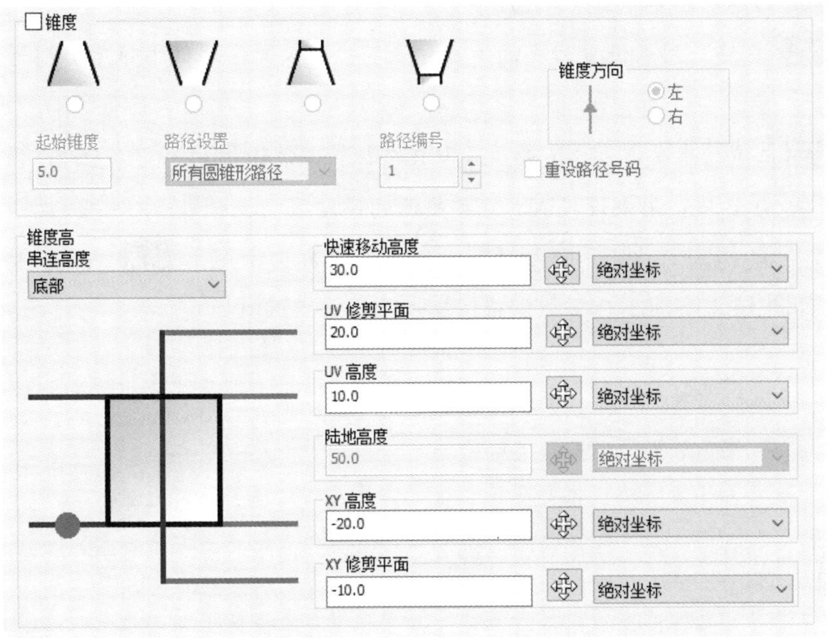

图 14.2.12 “锥度”设置界面

- 左 单选项：用于设置刀具路径向左倾斜。
- 右 单选项：用于设置刀具路径向右倾斜。
- 路径设置 下拉列表：用于定义锥形轮廓的走刀方式，其包括 所有圆锥形路径 选项、取消圆锥形路径之后 选项和 应用圆锥形路径之后 选项。
  - ☑ 所有圆锥形路径 选项：用于设置所有的刀具路径采用锥形切削的走刀方式。
  - ☑ 取消圆锥形路径之后 选项：用于设置在指定的路径之后采用垂直切削的走刀方式。用户可以在其后的文本框中指定路径值。
  - ☑ 应用圆锥形路径之后 选项：用于设置在指定的路径之后采用锥形切削的走刀方式。用户可以在其后的文本框中指定路径值。
- 串连高度 下拉列表：用于设置刀具路径的高度。
  - ☑ 顶部 选项：用于设置刀具路径的高度在顶部。
  - ☑ 底部 选项：用于设置刀具路径的高度在底部。
- 快速移动高度 区域：用户可在其下的文本框中输入具体数值设置快速位移的 Z 高度，或者单击其后的 按钮，直接在图形区中选取一点来进行定义。

说明：以下几个参数设置方法与此处类似，故不再赘述。

- UV 修剪平面 区域：用来设置 UV 修整平面的位置。一般 UV 修整平面的位置应略高于 UV 高度。

- UV 高度 区域：用来设置 UV 高度。
- 陆地高度 区域：用来设置刀具的角度支点的位置，此区域仅当锥度类型为最后两个时可使用。
- XY 高度 区域：用来设置 XY 高度（刀具路径的最低轮廓）。
- XY 修剪平面 区域：用来设置 XY 修整平面的高度。

Step7. 在“线切割刀路 - 外形参数”对话框左侧列表中单击 转角 节点，显示“转角”设置界面，如图 14.2.13 所示，参数设置接受系统默认设置值。

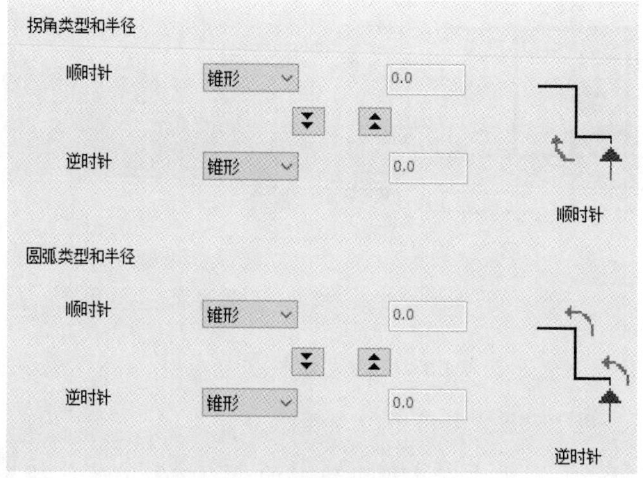

图 14.2.13 “转角”设置界面

图 14.2.13 所示的“转角”设置界面中部分选项的说明如下。

- 拐角类型和半径 区域：当轮廓覆盖尖角时，用于控制转角的轮廓形状，其包括 顺时针 下拉列表和 逆时针 下拉列表。
  - ☑ 顺时针 下拉列表：用于设置刀具以指定的方式在转角处顺时针行进，其包括 锥形 选项、尖角 选项、恒定角 选项、其它 选项、固定角 选项和 鱼尾角 选项。
  - ☑ 逆时针 下拉列表：用于设置刀具以指定的方式在转角处逆时针行进，其包括 锥形 选项、尖角 选项、恒定角 选项、其它 选项、固定角 选项和 鱼尾角 选项。
- 圆弧类型和半径 区域：当轮廓覆盖平滑圆角时，用于控制圆弧处的轮廓形状，其包括 顺时针 下拉列表和 逆时针 下拉列表。
  - ☑ 顺时针 下拉列表：用于设置刀具以指定的方式在圆弧处顺时针行进，其包括 锥形 选项、尖角 选项、恒定角 选项、其它 选项和 固定角 选项。
  - ☑ 逆时针 下拉列表：用于设置刀具以指定的方式在圆弧处逆时针行进，其包括 锥形 选项、尖角 选项、恒定角 选项、其它 选项和 固定角 选项。

Step8. 在“线切割刀路 - 外形参数”对话框左侧列表中单击 ✓ 冲洗 节点，显示“冲洗”设置界面，如图 14.2.14 所示，在 Flushing 下拉列表中选择 On 选项开启切削液，其余参数接受系统默认设置值。

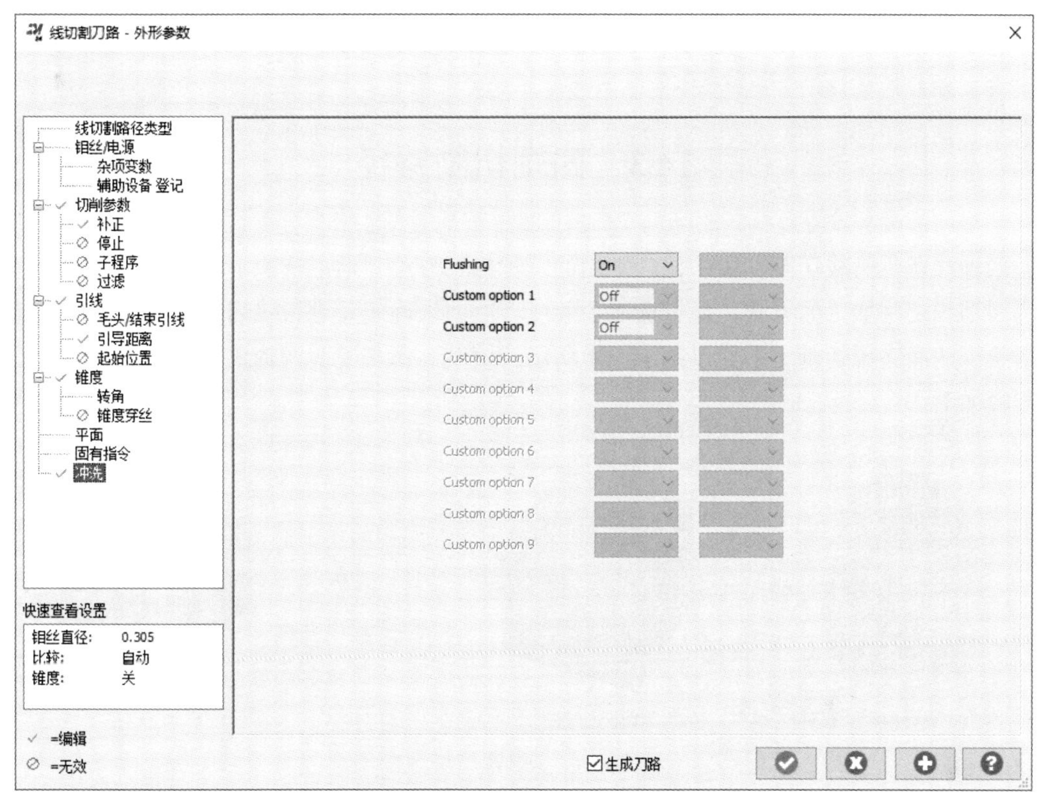

图 14.2.14 “冲洗”设置界面

Step9. 在“线切割刀路 - 外形参数”对话框中单击 ✔ 按钮，完成参数的设置，此时系统弹出“线框串连”对话框，单击 ✔ 按钮，系统自动生成图 14.2.15 所示的刀具路径。

Stage5. 加工仿真

Step1. 实体切削验证。

（1）在“操作管理”中单击 按钮，然后单击“验证选定操作”按钮 ，系统弹出“Mastercam 模拟器”对话框。

（2）在“Mastercam 模拟器”对话框中单击 ▶ 按钮，系统将开始进行实体切削仿真，仿真结果如图 14.2.16 所示，单击 ✕ 按钮，完成操作。

Step2. 保存文件模型。选择下拉菜单 文件(F) ➡ 保存(S) 命令，保存模型。

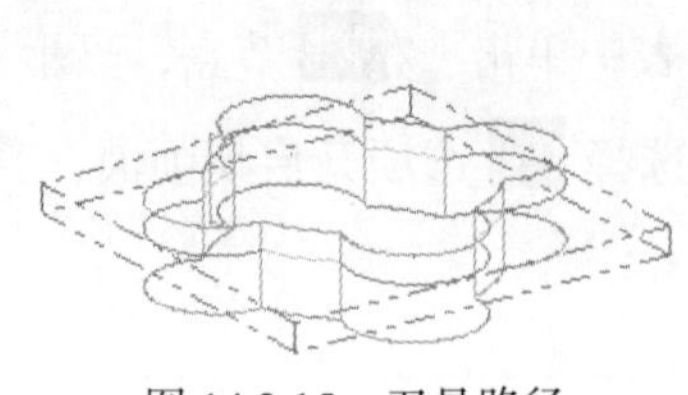

图 14.2.15　刀具路径

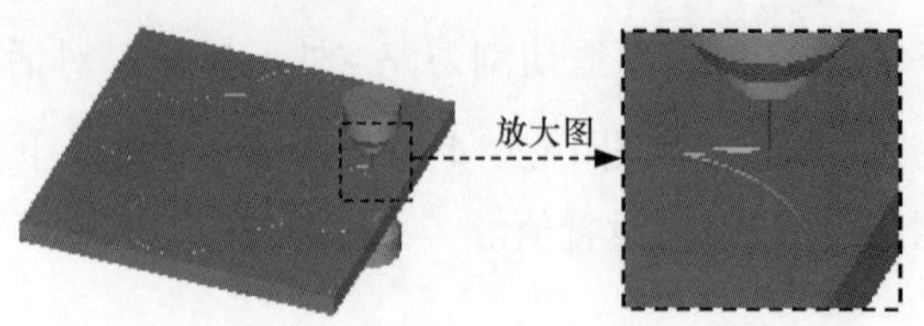

图 14.2.16　仿真结果

14.3　四轴切割路径

四轴线切割是线切割加工中比较常用的一种加工方法，通过选取不同类型的轴，可以指定为四轴线切割加工的方式，通过选取顶面或者侧面来确定要进行线切割的上下两个面的边界形状，从而完成切割。下面以图 14.3.1 所示的模型为例来说明四轴线切割加工过程，其操作步骤如下。

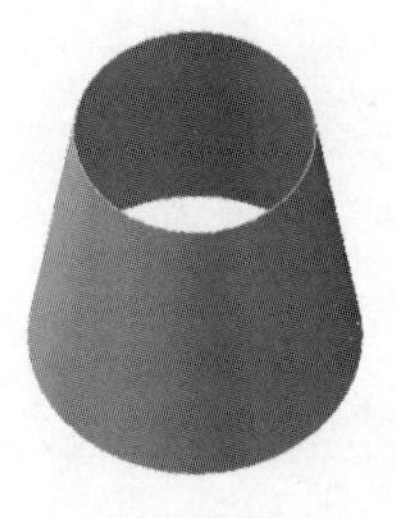

a) 3D 图形

b) 加工工件

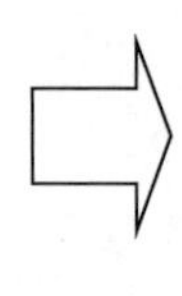

c) 加工结果

图 14.3.1　四轴线切割加工

Stage1. 进入加工环境

Step1. 打开文件 D:\mcx2024\work\ch14.03\4_AXIS_WIRED.mcam。

Step2. 进入加工环境。单击 机床 功能选项卡 机床类型 区域 线切割 下拉列表中的 默认(D) 命令，系统进入加工环境，此时零件模型如图 14.3.2 所示。

图 14.3.2　零件模型

Stage2. 设置工件

Step1. 在“操作管理”中单击 属性 - Generic Wire EDM 节点前的“+”号，将该节点展开，然后单击 毛坯设置 节点，系统弹出“机床群组属性”对话框。

Step2. 设置工件的形状。在“机床群组属性”对话框的 形状 区域选中 立方体 单选项。

Step3. 设置工件的尺寸。在“机床群组属性”对话框中单击 边界框(B) 按钮，系统弹出“边界框”对话框，在该对话框的 图素 区域中选择 全部显示(A) 选项，单击 按钮，系统返回至“机床群组属性”对话框，接受系统生成工件的尺寸参数。

Step4. 单击“机床群组属性”对话框中的 ✔ 按钮，完成工件的设置。此时工件如图 14.3.3 所示，从图中可以观察到零件的边缘多了红色的双点画线，该双点画线围成的图形即为工件。

Stage3. 选择加工类型

Step1. 单击 线割刀路 功能选项卡 线割刀路 区域中的“四轴”命令 4|，系统弹出“线框串连”对话框。

Step2. 设置加工区域。在图形区中选取图 14.3.4 所示的两条曲线，然后按 Enter 键，系统弹出图 14.3.5 所示的“线切割刀路 -4 轴”对话框。

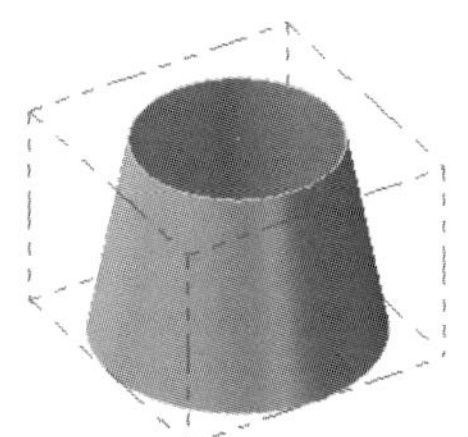

图 14.3.3 显示工件

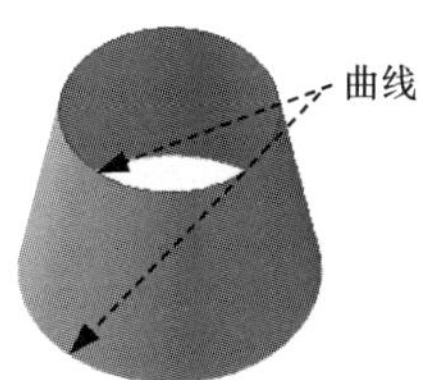

图 14.3.4 加工区域

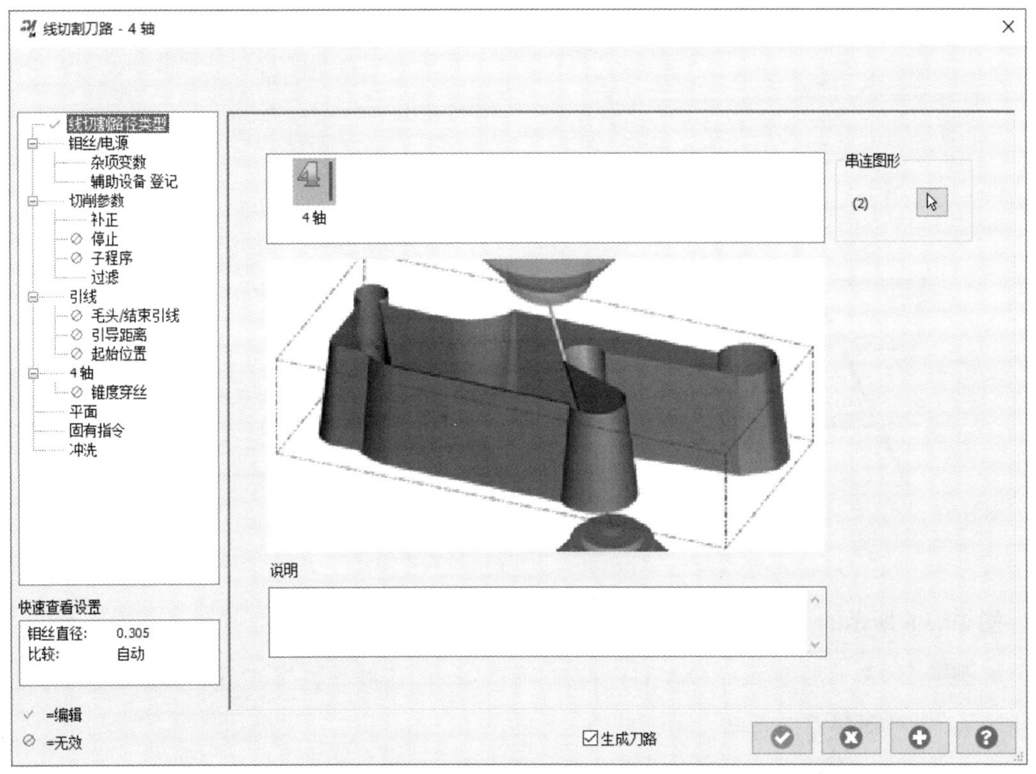

图 14.3.5 “线切割刀路 -4 轴”对话框

Stage4. 设置加工参数

Step1. 设置切割参数选项卡。单击“线切割刀路 -4 轴”对话框中的 切削参数 选项卡，在该选项卡中选中 ☑ 执行粗切 复选框，其他参数接受系统默认设置值。

Step2. 设置引导参数。在“线切割刀路 -4 轴”对话框左侧列表中单击 引线 节点，显示引导参数设置界面，在 进刀 和 退刀 区域均选中 ⊙ 只有直线 单选项，其他参数接受系统默认设置值。

Step3. 设置进刀距离。在“线切割刀路 -4 轴”对话框左侧列表中单击 引导距离 节点，显示进刀距离设置界面，选中 ☑ 引导距离(不考虑穿丝/切入点) 复选框，在 引进距离: 文本框中输入值 20.0。其他参数接受系统默认设置值。

Step4. 在“线切割刀路 -4 轴”对话框左侧列表中单击 四轴 节点，显示四轴设置界面，如图 14.3.6 所示，在 图形对应的模式 下拉列表中选择 依照图素 选项。

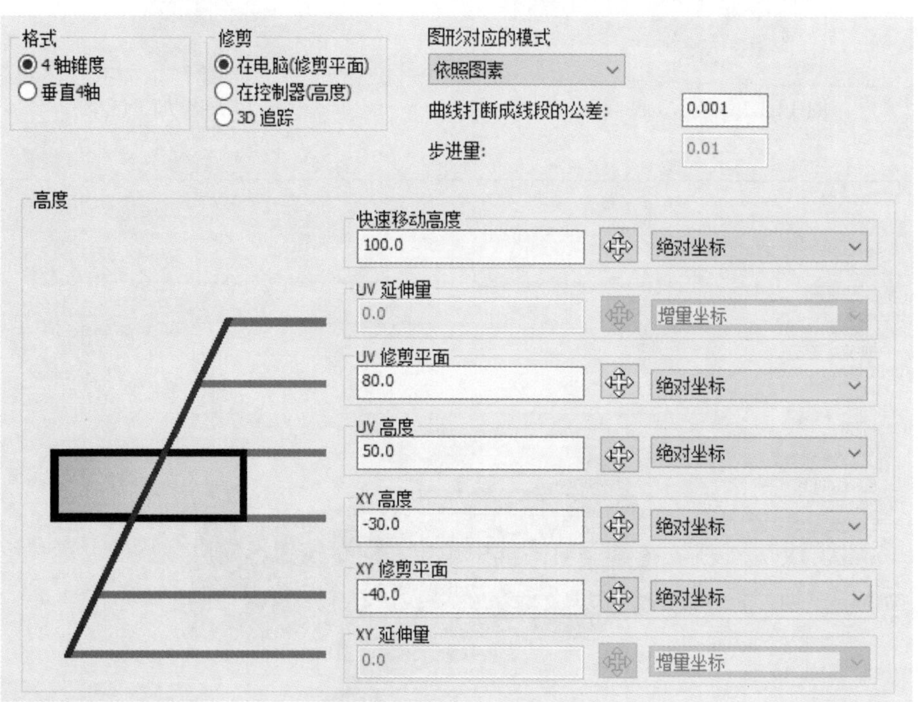

图 14.3.6 “四轴”设置界面

图 14.3.6 所示的“四轴”设置界面中部分选项的说明如下。

- 格式 区域：用于设置 XY/UV 高度的路径输出形式，其包括 ○ 垂直4轴 单选项和 ⊙ 4 轴锥度 单选项。

☑ ⊙ 4 轴锥度 单选项：用于设置将 XY/UV 高度所有的圆弧路径根据线性公差改变

成直线路径，并输出。

☑ 垂直4轴 单选项：用于设置输出 XY/UV 高度的直线和圆弧路径。

- 修剪 区域：用于设置切割路径的修整方式，其包括 在电脑(修剪平面) 单选项、在控制器(高度) 单选项和 3D 追踪 单选项。

  ☑ 在电脑(修剪平面) 单选项：当选中此单选项时，系统会自动去除不可用的点以便创建平滑的切割路径。

  ☑ 在控制器(高度) 单选项：当选中此单选项时，系统会以 XY 高度和 UV 高度来限制切割路径的 Z 轴方向值。

  ☑ 3D 追踪 单选项：当选中此单选项时，系统会以空间的几何图形限制切割路径。

- 图形对应的模式 下拉列表：用于设置划分轮廓链的方式并在 XY 平面与 UV 平面之间放置同步轮廓点，其包括 无 选项、依照图素 选项、依照分支点 选项、依照节点 选项、依照存在点 选项、手动 选项和 手动/密度 选项。

  ☑ 无 选项：用于设置以步长把轮廓链划分成偶数段。

  ☑ 依照图素 选项：用于设置以线性公差值计算切割路径的同步点。

  ☑ 依照分支点 选项：用于设置以分支线添加几何图形来创建同步点。

  ☑ 依照节点 选项：用于设置根据两个链间的节点创建同步点。

  ☑ 依照存在点 选项：用于设置根据点创建同步点

  ☑ 手动 选项：用于设置以手动的方式放置同步点。

  ☑ 手动/密度 选项：用于设置以手动的方式放置同步点，并以密度约束其分布。

Step5. 设置刀具位置参数。在 快速移动高度 文本框中输入值 100.0，在 UV 高度 文本框中输入值 50.0，在 XY 高度 文本框中输入值 −30.0，在 XY 修剪平面 文本框中输入值 −40.0，在各文本框后的下拉列表中均选择 绝对坐标 选项；其他参数接受系统默认设置值。

Step6. 在“线切割刀路 -4 轴”对话框中单击 ✔ 按钮，完成参数的设置，生成刀具路径如图 14.3.7 所示。

Stage5. 加工仿真

Step1. 实体切削验证。

（1）在“操作管理”中单击 按钮，然后单击“验证选定操作”按钮 ，系统弹出“Mastercam 模拟器”对话框。

（2）在“Mastercam 模拟器”对话框中单击 ▶ 按钮。系统将开始进行实体切削仿真，仿真结果如图 14.3.8 所示，单击 × 按钮。

Step2. 保存文件模型。选择下拉菜单  命令，保存模型。

图 14.3.7　刀具路径

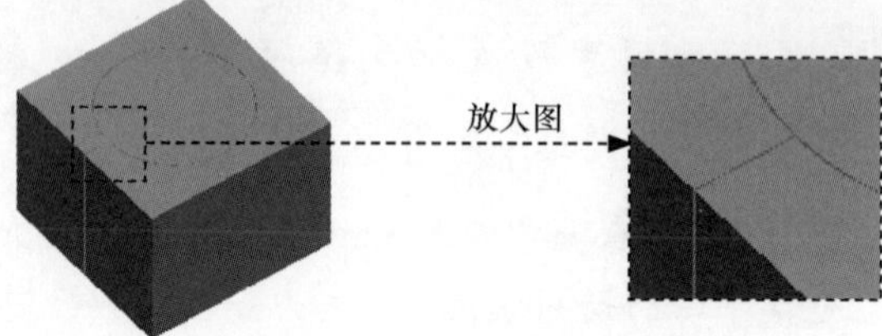

图 14.3.8　仿真结果

读者意见反馈卡

尊敬的读者：

感谢您购买机械工业出版社出版的图书！

我们一直致力于 CAD、CAPP、PDM、CAM 和 CAE 等相关技术的跟踪，希望能将更多优秀作者的宝贵经验与技巧介绍给您。当然，我们的工作离不开您的支持。如果您在看完本书之后，有什么好的意见和建议，或是有一些感兴趣的技术话题，都可以直接与我联系。E-mail：兆迪科技 zhanygjames@163.com，丁锋 fengfener@qq.com。

策划编辑：丁锋

为了感谢广大读者对兆迪科技图书的信任与支持，兆迪科技面向读者推出“免费送课”活动，即日起，读者凭有效购书证明，可以领取价值 100 元的在线课程代金券 1 张，此券可在兆迪科技网校（http://www.zalldy.com/）免费换购在线课程 1 门。活动详情可以登录兆迪网校或者关注兆迪公众号查看。

兆迪网校

兆迪公众号

书名：《Mastercam 2024 从入门到精通》

1. 读者个人资料：

姓名：______性别：___年龄：___职业：______职务：______学历：______

专业：______单位名称：________电话：______手机：______

邮寄地址：__________邮编：______E-mail：________

2. 影响您购买本书的因素（可以选择多项）：

□内容　□作者　□价格

□朋友推荐　□出版社品牌　□书评广告

□工作单位（就读学校）指定　□内容提要、前言或目录　□封面封底

□购买了本书所属丛书中的其他图书　□其他______

3. 您对本书的总体感觉：

□很好　□一般　□不好

4. 您认为本书的语言文字水平：

□很好　□一般　□不好

5. 您认为本书的版式编排：

□很好　□一般　□不好

6. 您认为还有哪些 Mastercam 方面的内容是您所迫切需要的？

---

7. 其他哪些 CAD/CAM/CAE 方面的图书是您所需要的？

---

8. 您认为我们的图书在叙述方式、内容选择等方面还有哪些需要改进？